压电周期结构动力学原理与应用

Dynamics Principles and Applications of Periodic Piezoelectric Structures

李琳　范雨　著

国防工業出版社
·北京·

图书在版编目(CIP)数据

压电周期结构动力学原理与应用 / 李琳, 范雨著.
北京 : 国防工业出版社, 2024. 8. -- ISBN 978-7-118-13353-0

Ⅰ. TM220.14

中国国家版本馆 CIP 数据核字第 2024TD0809 号

※

国防工業出版社 出版发行

(北京市海淀区紫竹院南路 23 号　邮政编码 100048)

雅迪云印（天津）科技有限公司印刷

新华书店经售

*

开本 710 × 1000　1/16　**插页** 8　**印张** 27½　**字数** 434 千字

2024 年 8 月第 1 版第 1 次印刷　**印数** 1—1500 册　**定价** 178.00 元

国防书店:(010)88540777　　书店传真:(010)88540776

发行业务:(010)88540717　　发行传真:(010)88540762

致　读　者

本书由中央军委装备发展部**国防科技图书出版基金**资助出版。

为了促进国防科技和武器装备发展,加强社会主义物质文明和精神文明建设,培养优秀科技人才,确保国防科技优秀图书的出版,原国防科工委于1988年初决定每年拨出专款,设立国防科技图书出版基金,成立评审委员会,扶持、审定出版国防科技优秀图书。这是一项具有深远意义的创举。

国防科技图书出版基金资助的对象是:

1. 在国防科学技术领域中,学术水平高、内容有创见,在学科上居领先地位的基础科学理论图书;在工程技术理论方面有突破的应用科学专著。

2. 学术思想新颖,内容具体、实用,对国防科技和武器装备发展具有较大推动作用的专著;密切结合国防现代化和武器装备现代化需要的高新技术内容的专著。

3. 有重要发展前景和有重大开拓使用价值,密切结合国防现代化和武器装备现代化需要的新工艺、新材料内容的专著。

4. 填补目前我国科技领域空白并具有军事应用前景的薄弱学科和边缘学科的科技图书。

国防科技图书出版基金评审委员会在中央军委装备发展部的领导下开展工作,负责掌握出版基金的使用方向,评审受理的图书选题,决定资助的图书选题和资助金额,以及决定中断或取消资助等。经评审给予资助的图书,由国防工业出版社出版发行。

国防科技和武器装备发展已经取得了举世瞩目的成就,国防科技图书承担着记载和弘扬这些成就,积累和传播科技知识的使命。开展好评审工作,使有限的基金发挥出巨大的效能,需要不断摸索、认真总结和及时改进,更需要国防科技和武器装备建设战线广大科技工作者、专家、教授,以及社会各界朋友的热情支持。

让我们携起手来,为祖国昌盛、科技腾飞、出版繁荣而共同奋斗!

国防科技图书出版基金

评审委员会

国防科技图书出版基金
2020 年度评审委员会组成人员

前言

周期结构是指结构的几何构形或材料参数在空间任意方向每隔一定长度或旋转一定角度重复出现、具有完全相同形式的一类结构。周期结构广泛应用于各类工程结构，如交通结构工程中桁架形式的桥梁、高速公路两侧的隔声墙、船舶与飞机结构中的加筋板、航空发动机中的叶盘结构等。周期结构具有在同等刚度条件下质量更轻的特点，一般用于对结构总质量和结构刚度都有较高设计要求的结构。对于这类结构，振动问题往往是一个不容忽视的问题，而人们恰恰可以通过对结构周期的设计，调整其禁带特性——一个周期结构所特有的、可对弹性波传播产生直接影响的频带特性；在禁带中，弹性波不能通过结构传播。如果能设计出与由外力引起的弹性波频率相匹配的禁带，则可有效抑制周期结构的振动，从而获得不仅质量轻、刚度大而且“安静”的结构。

最常见的弹性波禁带为布拉格禁带，它由材料或几何尺寸的周期性改变而产生，因此布拉格禁带的频率与结构周期的尺寸密切相关——周期尺寸越小，禁带频率越高。将整体几何尺寸一定的实际结构设计成周期结构时，其周期尺寸受到限制、不可能很大；这意味着所得到的禁带频率会很高。而结构减振降噪设计中所关心的频率范围较宽，不仅有高频段，还有较宽的低频域，后者是振动消减领域的研究者更为关心的领域。上述矛盾构成了周期结构研究领域的一个持续的热点，即如何构造长波长（低频）、宽频域的禁带。近年来，研究人员陆续发现了局域共振禁带、非线性禁带、耦合禁带等新的禁带产生机理，为了触发这些机理而设计的结构在形式和功能上与工程中为了追求“轻质高强”而设计的加筋板、蜂窝板等（可称为“工程周期结构”）已有较大的区别。因此本书将这一类为了实现预定的弹性波禁带而设计的结构称为“禁带周期结构”。有的学者将后者称为“人工周期结构”，但笔者认为其与“工程周期结构”的区分似乎还不够明确，因而并未采用。

对于机械结构而言，周期性是一个“可选项”，即结构既可以设计为具有某种周期性，也可以设计为不具有周期性，只要满足功能（承载、密封、隔声等）即可。与此不同，周期性对于比机械结构小一个尺度的材料层面，却是一个普遍特征,在金属、某些合金和半导体的晶体中,理想情况下可认为原子在空间上周期性地排列,因此其中必然存在关于电磁波和机械波的禁带。而禁带是半导体电子器件中重要的基本参数之一,精确调控半导体中的电子禁带是提高半导体性能的重要方法。学界普遍认为:半导体设计领域的研究者要比机械结构领域的研究者更早利用设计周期性调控波传导特性。为了获得预期的电磁波禁带而设计的晶体材料则称为“光子晶体”(photonic crystal);与此对应,学界将为了获得预期声波或弹性波禁带而设计的机械结构统称为“声子晶体”(phononic crystals)。

由此可见,借由“力-电-磁-声”领域数学描述的高度一致性,如何利用周期性设计对波动特性进行调控是一个跨基础学科、跨应用领域的交叉研究热点领域。近年来,这方面的研究层出不穷,对周期性的利用已不仅仅局限在空间的周期性上,有的学者已开始关注利用材料参数的时间周期性打破弹性波传播的时空可逆性,以构造只能单向传播的弹性波;有的学者主动“打破”周期性,在空间上引入一定程度的扰动,使其“禁带”范围更广。这些以周期性为基调的新结构展现出丰富、奇特的动力学特性。因此人们将这些结构统称为“超材料”(meta-materials),其标准定义尚待斟酌,通常是指一类具有亚波长人工微结构的材料,其宏观等效属性表现出传统材料很难具有的性质,如负密度、负体积模量和负弹性模量等。由此可见,“超材料”这一术语所概括的技术领域非常宽广,声子晶体只是它的一个子集,而本书所指的禁带周期结构又是声子晶体技术的一个子集(调控弹性波传导)。为使表达准确、避免引喻失义,我们不使用“超材料”“声子晶体”等术语,而使用紧密覆盖我们研究的“周期结构”这一术语。另外,考虑到本书的目标读者是结构动力学领域的研究人员和研究生,这样的术语选择也可以降低读者的心理“门槛”。

让我们重新回到“周期结构”这个主题上来。如前所述,根据设计目的不同,我们将它们分为“禁带周期结构”和“工程周期结构”。此外,还可以按照空间周期性的维度将它们分为一维周期结构、二维周期结构、三维周期结构(本书不涉及)。“几维”周期结构体现在它沿着空间的几个独立方向上体现出周期性,即它的最小可重复子结构(元胞)可以在几个独立方向上进行周期延拓而获得最初的周期结构。例如:铁轨如果简化为周期性简支的梁,那么就可视为一维周期结构;周期加筋板可视为二维周期结构。最后,按照周期性的方向,还可以将周期结构分为平移周期结构和循环周期结构。如果结构周期延拓的方向为空间中的直线,则称为平移周期结构,如铁轨(沿一条直线延拓)、加筋板(沿两条直线延拓)。如果结构周期延拓的方向是一个圆,即若干元胞在周向排列、首尾相连形成在周向具有周期性的结构,则称为循环周期结构。航空发动机中压气机或涡轮中的一级转子叶盘就是一个典型的循环周期结构。

在对周期结构动力学特性的分析方法上,有两条相互独立又相互闭环的技术途径。其一,侧重在“周期”二字上,可称为“波动分析”方法,即通过在周期结构的一个元胞上施加“周期边界条件”(Bloch 定理),获得结构的弹性波传导特性:在各频率下结构中将有何种形式的波形传导、其波长(或波数)是多少等。此时可直接通过波数的性质判断各种弹性波的禁带,因此这条技术路径多被禁带周期结构的研究人员采用。其二,侧重在“结构”二字上,可称为“模态分析”方法,即采用结构动力学分析中通用的分析方法分析周期结构的模态特性和响应特性。这些结果直接反映了结构在自由和受载状态下的响应,因此这条技术路径多被工程周期结构的研究人员采用。这里之所以不强调利用周期性,是由于制造完美周期结构是不可能的:由于加工、安装、磨损等因素,实际中的周期结构各元胞之间总有微小的差异,因而我们只能获得“拟周期结构”(near-periodic structures)。正所谓失之毫厘差之千里,这些小小的偏差(称为失谐)使周期结构的动力学特性发生了不可忽视的改变:它使本来只出现在禁带中的振动局部化也出现在了通带中。以航空发动机叶盘结构为例,失谐情况下往往会出现一些振动集中在少数叶片上的模态。这些模态由于不具有理想情况下“全局广延”特征,可以被具有多种空间谐波成分的流场载荷激起,极有可能使少数叶片提前达到高周疲劳。

我们还可以从对边界条件的处理上体会上述“波动分析”和“模态分析”方法的异同。“波动分析”方法一开始并未考虑边界条件,因此直接获得的是无界(无限大)结构的自由和受迫振动特性。在后续分析中,边界条件将以反射矩阵的形式引入方程中,这样就可以用相位闭合原理求得有界结构的模态——将模态视为一种弹性波在有界结构中经过边界反射最终形成的驻波。有界结构的受迫振动可以通过将激振力变换到波形空间(wave basis)后进行波传导分析获得。与此不同,“模态分析”方法一开始就考虑了有界结构的边界条件,因此通过经典的特征值分析和模态坐标变换就可以获得有界结构的模态和响应特征。要用此方法获得无界结构的自由和受迫响应特性,就必须通过额外的手段取消边界的影响,例如采用人工边界条件(artificial boundary condition)模拟将无限大结构做有限截断后,在截断处的力-位移关系。虽然“波动分析”和“模态分析”方法各擅胜场,但它们都可以独立且正确地分析有界/无界结构在自由/受载情况下的响应,因此它们是从登上结构动力特性分析这一座山峰到同归的殊途。学界将这两种技术途径的相互闭环称为“波－模态二象性”(wave－mode duality)。在本书中,我们将根据所分析的对象和研究目标,选择合适的技术路径,或用二者的结果互为印证。

从模态分析和波动分析的视角来看待“降低结构振动”这一经久不衰的工程需求。从模态分析的角度,主要采用的减振原理是降低目标频段内的被动态载荷激起的模态对总体响应的贡献,其实现方式有引入阻尼器或动力吸振器等,这也是在工程发展得最成熟、最常用的减振思路。从波动分析的角度,降低结构振动的重点是控制结构各部分之间由于弹性波传导所携带的功率流。因此,在结构系统中构建人为设计的周期子结构,通过其在频率禁带对弹性波传播的阻碍作用来降低子结构之间的功率流,就成了一种顺理成章的思路。

然而,无论是控制振动模态还是控制弹性波,如果采用纯机械结构实现,都需要设计额外的机械装置或引入较大量的附加质量(表1),无法满足航空、航天等工业中对轻质化的要求。且一经加工就无法改变,无法根据不同工况改变设计参数。压电分支电路技术为各种结构振动抑制原理提供了轻质、可调的实现方式,从20世纪90年代开始成为一个非常活跃的研究领域。原结构、压电材料及其外界电路构成一个机电耦合系统,称为压电结构。压电材料的双向机电耦合能力可以将能量在机械场和电场之间相互转换,从而将外接的电路阻抗等效为一种对机械阻抗的改变。这样就可以用轻质、可调的电路元件分别实现等效的“加强筋”“阻尼器”或“动力吸振器”效果。将压电材料周期性地分布,并周期性地外接相应的电路,就可以实现等效的“周期结构”(表1)。

表1　结构振动抑制的基本原理及对应的典型实现方式

<table>
<tr><th colspan="2">原理</th><th>通过机械结构实现
(大质量、不可改变)</th><th>通过压电分支电路实现
(轻质、可调)</th></tr>
<tr><td rowspan="2">控制振动模态</td><td>增加模态阻尼</td><td>阻尼器</td><td>电阻电路</td></tr>
<tr><td>构造反共振频率</td><td>动力吸振器</td><td>电阻－电感电路</td></tr>
<tr><td rowspan="2">控制弹性波</td><td>构造布拉格禁带</td><td>周期性的材料/几何改变</td><td>周期分布的负电容电路</td></tr>
<tr><td>构造局部共振禁带</td><td>周期分布的振子</td><td>周期分布的谐振电路</td></tr>
</table>

我们有信心通过本书使读者看到,压电材料的引入不仅为周期结构提供了一种轻质、可调的实现方式——这只是这段精彩旅程的起点,压电材料(或以其为代表的智能材料)的引入实际上还为周期结构的动力学设计问题带来了更丰富的学术内涵,它是一片大有可为的广阔天地。

这里试举一例。压电结构的“机电耦合能力”的强弱直接决定了通过电路参数对机械场进行改变的最大限度,从而决定了其对结构动力学特性所能达到的调控上限。这种“机电耦合能力”是一种固有属性,与其所受的载荷和外接电路无关,只取决于压电材料的特性和几何参数。因此,一个压电结构的设计可分为两个部分:一是几何设计,保证系统具有较强的机电耦合能力;二是电路设计,通过优化电学参数达到对相应的等效机械场参数的最佳改变。这一认知在本书的多个章节都得到了体现。

关于压电结构中各振动模态所具有的机电耦合能力,学术界已经发展完善的“模态机电耦合系数”理论,其计算方法、物理意义和优化方法都已基本成熟。“模态机电耦合系数”理论与近 30 年来发展的各种电路设计方法一起,较完善地解决了针对低频模态的压电结构设计方法的问题。

然而,针对压电结构中各弹性波,尚没有完整的“波机电耦合系数”理论。其定义、计算方法以及与模态机电耦合系数的相容性等基本理论问题尚待研究。这也与目前关于压电分支电路用于改变弹性波传播特性方面尚处于开放探索阶段有关。随着关于压电周期结构的研究及其在减振/隔振上应用的深入,关于“波机电耦合系数”的研究是一个不可绕过的基础理论问题。在应用中,它可以使人们在针对特定弹性波设计周期分布的压电材料时,有一个定量的指标来选择压电材料和设计几何参数,达到使用少量的压电材料对多个弹性波控制的目的。尤其针对较复杂的结构中的高频弹性波时,这种定量的设计方式是非常有必要的,将明显优于定性的设计方式。在学术上,这项工作将揭示在弹性波理论框架下,如何理解和体现压电结构所带来的力-电耦合机理:它使得“波模态二象性”在压电周期结构上再次闭环,在“模态分析”方法中有“模态机电耦合系数”,在“波动分析”方法中就必然有“波机电耦合系数”,且二者必须相容。在本书的第 5 章,我们将给出此问题的一个相对完整的回答。

作者所在学术团队(北京航空航天大学、能源与动力工程学院、航空发动机结构强度北京市重点实验室)长期从事航空发动机结构动力学分析与减振方面的工作。当 2009 年我们开始在科研工作中考虑利用压电材料时,首先想到的是发展某种被动压电技术,以解决失谐叶盘结构的振动局部化问题。我们提出了“压电网络”这一概念，即在各叶片上布置压电材料，并将所有压电材料连接起来形成一个具有“结构 - 电路 - 结构”耦合关系的新系统。我们发现压电网络在各叶片的响应中引入了对网络平均激振力的响应分量，可以将局部化的能量在各叶片间进行再次分配，从而降低结构响应。这是当时主流研究的“压电分支阻尼”技术所不能实现的。

以此工作为起点，在10余年，我们持续开展了压电结构用于调控周期结构动力学特性的研究。在对一维周期结构的研究中，将波传导理论引入对复杂结构系统的分析中，建立了可高效分析结构中 - 高频动力学特性的“有限元 - 波有限元”混合方法；发展了多种波空间和模态空间的减缩方法；提出了几种数值稳定性更好、计算效率更高的特征值格式。在对二维周期结构的研究中，以均质板、加筋板等为研究对象，分别发展了调控其高、低频动力学行为的压电网络技术；尤其是阐明了机电耦合禁带的产生机理和调控方法，为这类结构的隔声和减振提供了新的途径。在循环周期结构方面，以叶盘结构为对象开展了电感型压电网络和同步开关压电网络的研究，并实验验证了其减振效果。

在基础理论方面，建立了波机电耦合理论，提出了适用于任意结构的压电材料拓扑优化方法，发展了压电纤维复合材料的非线性本构关系的数学描述和实验测定方法。在实验技术方面，基于压电材料实现了循环周期结构的阶次激励，基于数字电路技术实现了低功率的同步开关电路和可编程电路阻抗(可实现电阻、电感、负电容等)。

这些研究成果总结成了50余篇论文，分别发表于国内外期刊和学术会议上。

本书是对我们10多年来研究思路和成果的一次系统性梳理。我们针对压电材料及其连接电路构成周期结构的几种基本形式：压电分支电路、负电容电路、开关电路和压电网络，从基本理论、分析方法和应用技术三方面对所形成的一维、二维以及循环压电周期结构进行系统论述，详细阐述了多种用于调控周期结构动力学特性以及弹性波传播禁带的被动/半主动压电技术的理论基础、计算模型和设计方法。本书分为四篇，共10章。第一篇为基础理论，包括第1章和第2章两章内容，分别整理了周期结构技术和压电结构技术的基础理论和研究现状。后续三篇按压电周期结构的特点展开。第二篇为一维压电周期结构，包括第3章~第5章三章内容，分别从分析方法、机电耦合基本理论以及应用中的组合结构特性等方面对一维压电周期结构进行了深入研究，所得结论构成了二维与三维压电周期结构动力学理论与分析方法的基础。第三篇为二维压电周期结构，由第6章和第7章两章构成，论述了基于两种不同的模型对压电网络复合板的结构低频与中高频振动传播特性以及复合板的振动抑制设计方法。第四篇为循环压电周期结构，包括第8章～第10章三章的内容，主要针对航空发动机中的核心部件——叶盘结构的振动问题展开研究，分别从压电材料用量、压电网络形式、开关电路几方面对压电循环周期结构的特性及其减振/抑振的理论与设计方法进行论述。

值此付梓之际，我们向为本书作出贡献的研究生们致以诚挚的谢意，他们是：博士研究生王培屹、邓鹏程、刘久周、姜周等；硕士研究生刘学、易凯军、李俊、尹顺华、宋志强、马皓晔、田开元等。感谢课题组研究生胡誉、王文君、李安略、石佳慧、钱鑫等在书稿录入和核对方面付出的辛勤劳动。

中国科学院声学研究所的隋富生研究员和南京航空航天大学的臧朝平教授审阅了全书并提出了许多建议，国防工业出版社的周敏文编辑在本书出版过程中给予了细致热情的帮助。衷心感谢他们的大力支持。

本书的顺利出版离不开国防科技图书出版基金的资助。本书所述研究得到了国家自然科学基金（11702011、1675022），国家科技重大专项（2017－Ⅳ－0002－0039），航空科学基金（2019ZB051002），先进航空动力创新工作站项目（HKCX2022－01－009），博士后基金（2017M610741、2018T11－0032），北航青年拔尖人才支持计划（YWF20BJJ1027）等科研项目和标志－雪铁龙公司的资助。在此一并致谢。

作者希望本书的出版能够对智能周期结构动力学理论的发展有所贡献，能为工程技术人员设计出更多有“智慧”的“安静”结构提供理论基础与参考。由于作者水平有限，书中难免存在疏漏和不妥之处，恳请读者不吝指正。

李琳　范雨

2023年12月于北京

目录

第一篇　基础理论

第二篇 一维压电周期结构

第三篇 二维压电周期结构

第四篇 循环压电周期结构

Contents

Part 1 Basic theories

Part 4 cyclic piezoelectric periodic structures

第一篇
基础理论

第 1 章 周期结构的基本动力学特性

1.1 引言

周期结构是指由完全相同的结构单元(元胞)在边界上互相连接而形成的结构,根据周期性的延拓方向可以分为一维周期结构、二维周期结构和三维周期结构,如图 1-1 所示。

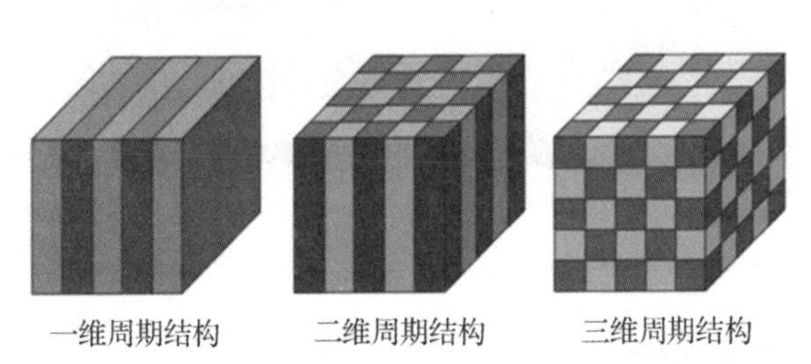

图 1-1 各维度周期结构示意图[1]

根据设计目的的不同,又可以将周期结构分为以高比刚度等为设计目标的"工程周期结构"(如目前工程中绝大部分加筋板、壳等结构)和以禁带为设计目标的"禁带周期结构"。前者主要关注结构的承载能力及可靠性;后者主要关注弹性波的传播特性和调控规律。虽然都具有周期性,但关注点的不同导致二者研究的侧重点相差较大。

在文献中,我们经常看到研究者通过有限大周期结构的强迫响应分析来验证弹性波禁带的存在。其原因在于:研究禁带的波动理论和研究强迫响应的模态理论是针对同一现象(结构动力学响应)的不同描述,二者的区别为波动理论用弹性波的传播来描述振动,模态理论则通过不同模态叠加来分析振动。这一点使二者理论上的一些基本概念可以相互推导和验证[1-3]。禁带作为无限大周期结构的固有属性,将其波传导性质推广到有限大周期结构时,应该给出必要的理论证明。

本章首先介绍了工程周期结构和禁带周期结构的研究现状,并对一类特殊的周期结构——循环周期结构进行专门的论述,因为它与航空发动机中叶盘结构的动力学特性密切相关。其次综述了目前学界发展的几种用于分析周期结构波动特性的计算方法。最后阐明了弹性波传导特性和有界结构频率响应特性之间的关系,进而论证了禁带的减振原理。

1.2 国内外研究现状

1.2.1 工程周期结构研究现状

常见工程周期结构示意图如图 1-2 所示,其结构形式有周期蜂窝板[图1-2(a)]、纯格栅板[图1-2(b)]、加筋板[图1-2(c)]等。

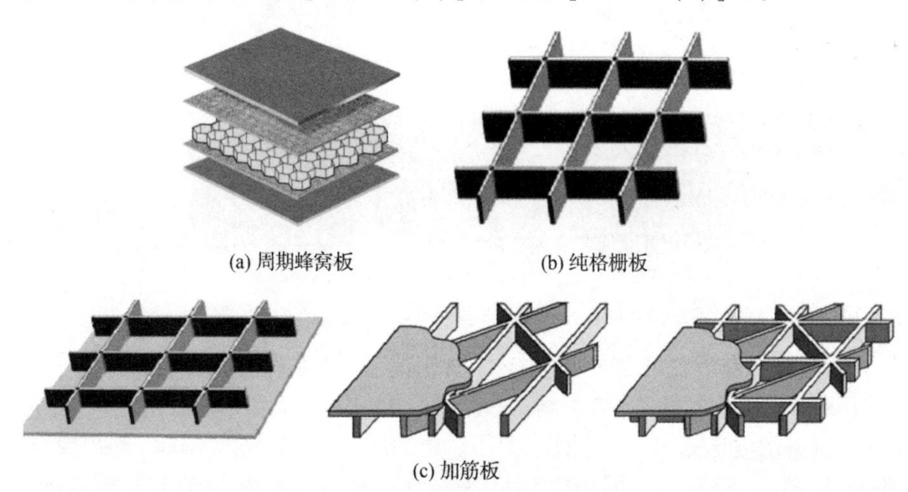

(a) 周期蜂窝板　(b) 纯格栅板

(c) 加筋板

图1-2　常见工程周期结构示意图

周期蜂窝板等层合板,通常由上下两块较薄且刚度较强的基板和中间的轻质芯层材料组成。通过选取不同的芯层材料,可以使层合板具有减振降噪和较好的导热、抗变形能力[4-6]。其点阵构成的芯层部分往往存在大量孔隙,如蜂窝形、三角形、Kagome 形、V 形等点阵材料,较大的孔隙率使结构在总质量较低的前提下,具有较高的比刚度和比强度,因此在航空工业上也有广泛应用。如图 1－3 所示的全自动尾翼,采用正交各向异性的蜂窝夹层结构具有气动表面光滑、抗弯刚度高的特点[7]。

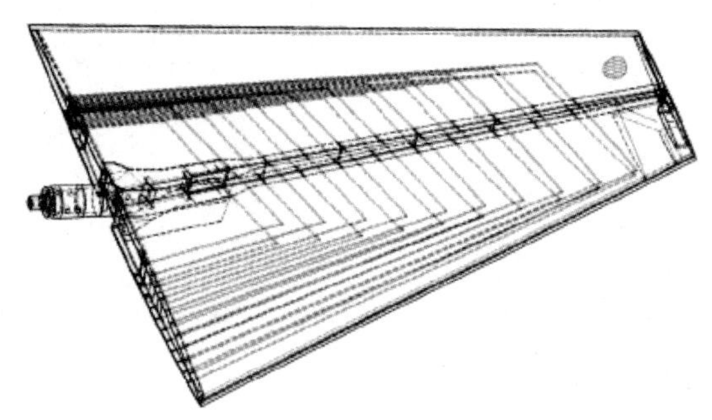

图 1－3　蜂窝夹层结构全自动尾翼[7]

由于设计初衷是承载,因此对这类工程周期结构的研究多集中在力学性能上。例如:Jin 等[8]以木质层合板为研究对象,实验对比验证了其压缩和弯曲等静力学性能。Wang 等[9]对碳纤维增强夹芯板进行了静力学测试,发现其具有较高的剪切应力和弯曲刚度。张磊等[10]利用等效理论,对比发现四面体形和金字塔形的夹芯结构的屈服强度差别较小。郑华勇等[11]将 Kagome 结构等效为实体板,利用本构关系研究了理想冲击时的动态响应,验证了 Kagome 夹芯板具有良好的抗冲击性能。虽然这种夹芯结构具有周期性,但相关学者在研究时常常用等效均匀化理论对其进行研究,即将整个结构等效成等刚度的各向同性均质板[12－15]。

相比于纯格栅板,加筋板中的基板和筋条共同承受剪切应力和弯矩,基板也能约束筋条的变形,从而具有更好的整体刚度。此外,其还具有受到冲击时裂纹不易扩散的特点。20 世纪末,美国麦道公司便开始在航天器中使用加筋板[16]。加筋板的设计主要包括基板和加强筋两部分,如基板的结构尺寸(长、宽、高)和加强筋的位置、类型和截面尺寸等。考虑到加筋板作为承力部件,需要面对复杂的载荷环境。故其设计目的一方面是降低结构质量[17－19],另一方面是考虑不同加载模式下结构的极限承载能力和屈服形式[20－24]。

目前对加筋板的设计大多体现在对筋条的布局和尺寸设计上[17－19]。如选用纤维复合材料替代铝合金作为加强筋,相对于同类型的蜂窝夹层结构,可以降低 40% 的质量[22]。满林涛等[24]对图 1－4(a)所示的矩形加筋板进行了优化,通过改变筋条的截面形式和所处位置[结果如图 1－4(b)所示]使结构在满足最大承载能力的情况下质量降低了一半。

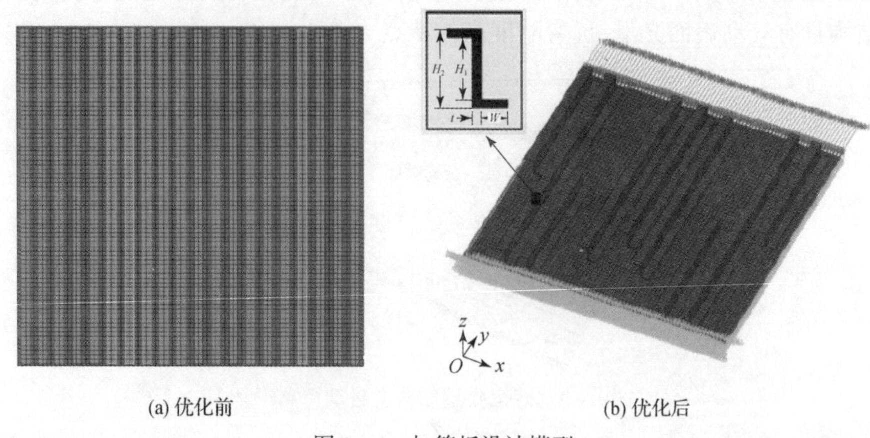

(a) 优化前　　(b) 优化后

图 1-4　加筋板设计模型

由于在工程中加筋板受到的激励形式多变,即使内部应力小于屈服应力极限,也可能由于产生垂直于压力方向的位移使结构承载能力降低而发生屈服,故存在稳定性问题。因此在不同加载模式下对加筋板进行稳定性分析,判断其失效形式和极限承载能力,也是一个研究的热点。如在轴压载荷下,如何改善模型屈服失稳或后屈服破坏等问题[20-24]。

近年来,有研究者将二者综合起来考虑,如 Alinia 等[25]利用 Ritz 法研究了加筋板内多参数设计的问题,结果表明可以通过增加筋条的宽度来增强结构的剪切应力,在设计阶段就考虑了参数的失稳问题。通过分析加筋板复杂的工作环境,Wang 等[26]考虑了剪切载荷下板内筋条的优化问题,将屈服和优化进行了综合考虑,通过采用加筋板的柔性夹芯,可以提高其屈服刚度。

对工程周期结构的动力学特性的研究,尤其是波传导特性的研究,集中开始于 20 世纪中期。早在 1953 年,Cremer 等[27]就开展了关于周期结构中波传播特性的研究,其研究对象为周期性简支梁结构以及附加周期性集中质量的梁结构,如图 1-5 所示。他们计算发现其中具有弯曲波的禁带,并通过了实验进行验证。他们还发现:禁带数取决于元胞的自由度数,对于连续体构成的周期结构内存在无穷多禁带,而由集总参数模型构造的离散周期结构内禁带数目等于元胞的自由度数。随后,Ungar[28]利用波在结构边界的反射及透射原理对二维格栅结构中波传播特性进行了研究,提出了通过波动特性计算谐响应的方法。

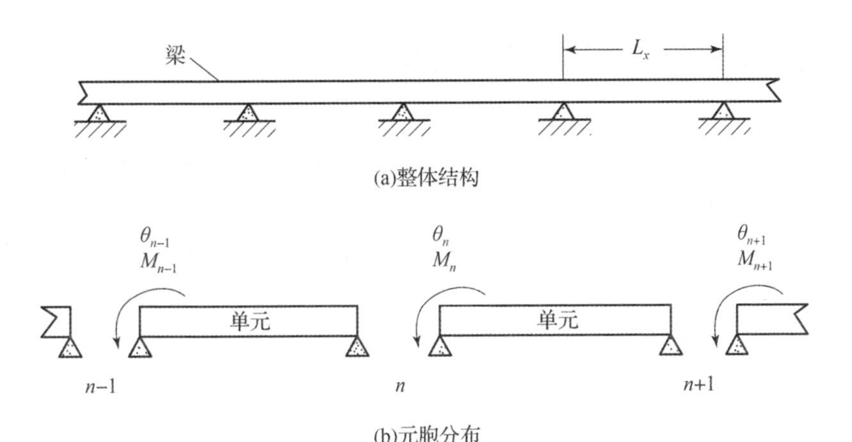

图1-5 周期梁模型

从1960年开始,Mead对一维周期结构进行了系统的研究。他从结构的波动方程入手,分别研究了周期支撑梁[29]、周期加筋梁[30]以及铁摩辛柯梁[31]的弹性波传播和耦合情况,随后在综述[32]中,以不同的计算分析方法展开介绍了其在波动领域所做的工作和后续发展的展望。为了分析加筋板的波动特性,Mead[30]提出了有限元分层算法。Langley等[33]利用统计能量法对加筋板的高频振动传递进行了分析,根据结构的投射和吸收系数分析了由加筋板相连的两个板的强迫响应,计算结果与实验符合。这些研究为周期结构波动分析提供了完整的理论基础,也初步形成了"波有限元"的主要框架。

工程周期结构作为承力件,在时变载荷作用下常常会产生较大的振动和噪声,目前有大量研究提出利用被动[34-38]或主动[39-41]的控制方法对其中的噪声和振动进行控制。被动控制方法包括利用铺设阻尼层[34]、布置吸振器[35]等对结构振动进行控制,利用声学覆盖层[36]、轻质Helmholtz共鸣器[37]、声学衰减器[38]等对噪声进行控制。主动控制方法则包括利用自适应Helmholtz共鸣器[39]、主动吸振器[40]和主动声学覆盖层[41]等方式对振动、噪声进行控制。

这些方法大部分基于模态理论,用调频、耗能、吸振等方法对振动和噪声进行控制。虽然相关文献早已指出周期结构中弹性波禁带中结构响应明显降低,但在工程实践中仍少见基于此原理对工程周期结构进行动力学设计的案例。目前,无法直接利用工程周期结构内禁带特性的原因之一就在于设计时并未把禁带作为设计指标,导致其中禁带的频率较高,往往超出了其工作频带,无法直接满足减振降噪的要求。

1.2.2 禁带周期结构研究现状

1.2.2.1 基本概念及特征

弹性波在周期结构中传播时,会在某一频带内形成特殊的传播关系,即使结构中没有阻尼,在该频带内这种弹性波的幅值也是随空间衰减的,该频带称为禁带。近10年来禁带作为周期性结构的固有特性由于能抑制其中弹性波的传播而受到了人们广泛关注[42-45]。这种独特的滤波特性在减振[46-47]、能量收集[48]和声学斗篷[49]等方面都存在潜在应用。

周期结构中最小可重复单元称为元胞,元胞的结构尺寸称为晶格常数。元胞中每种波都可看作 Bloch 波,均满足 Bloch 理论,每种模式的 Bloch 波都可以用一个波矢 $\boldsymbol{k}$ 表征。波矢通常由倒晶格定义,元胞的对称性主要体现在结构的几何形状等周期性分布,而倒晶格的对称性则表现在波动空间的周期性。求解结构内弹性波的波动方程就可以得到波矢 $\boldsymbol{k}$ 和波动频率 ω 的关系即频散关系,用来描述结构的波动特性。根据倒晶格的对称性可以对频散曲线做进一步简化,即只求解某一区域的波矢分布,再通过对称性获得整个结构的波动特性,该区域为第一布里渊区(first Brillouin zone),图1-6中黑粗线围成的区域为一维周期结构、二维周期结构和三维周期结构的第一布里渊区分布,而由于第一布里渊区的对称性,可以只考虑不可约布里渊区(irreducible Brillouin zone)的分布,即图1-6中的阴影部分。在波动空间研究系统的波动特性时,只需考虑波矢在不可约布里渊区内的分布,从而极大简化了求解过程[50]。

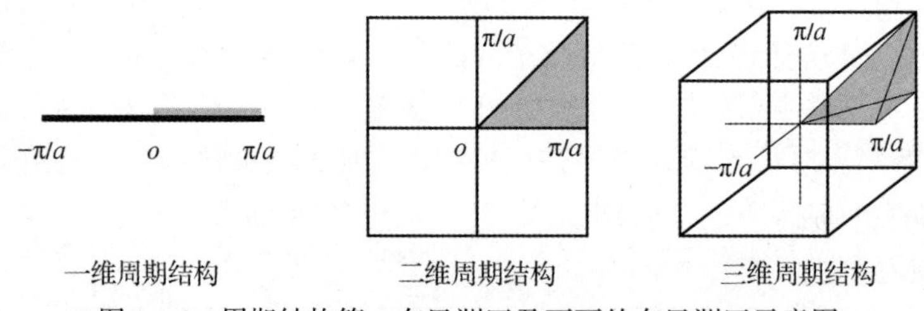

图1-6 周期结构第一布里渊区及不可约布里渊区示意图

以文献中常关注的一维周期结构和二维周期结构情况为例,简要介绍周期结构波动特性的描述方法。一维周期结构常由 A、B 两种材料构成,如图1-7(a)所示。选取图1-7(a)中虚线所示的元胞后,求解其频散曲线见图1-7(b),其中横坐标为频率,纵坐标为波数的实部 Re[k]及虚部 Im[k](以下 Re[·]均表示实部,Im[·]均表示虚部)。

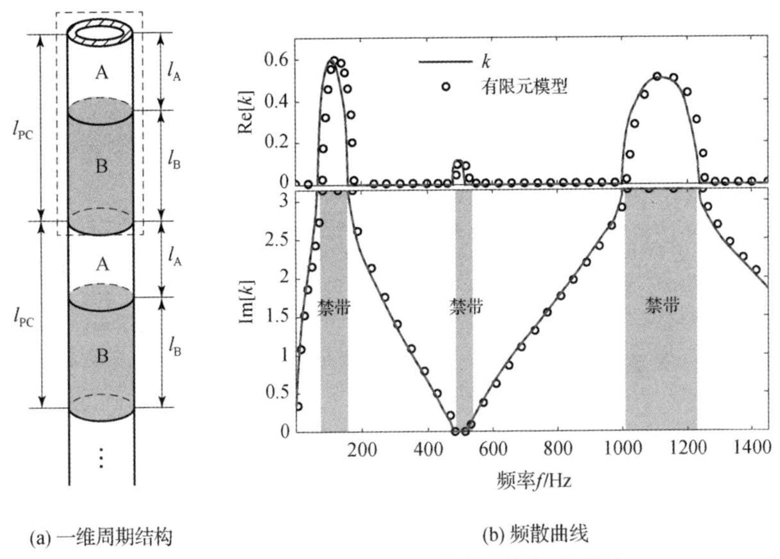

图1-7　一维周期结构及频散曲线[51]（附彩插）

对于一维周期结构，用波数 k 描述结构的波动特性，此时有 $k=\delta_k+\mathrm{i}\varepsilon_k$，实部 δ_k 为相位常数，表征弹性波在空间上传播时的相位变化，虚部 ε_k 为衰减常数，表征弹性波在空间上传播时衰减的程度，故频散曲线由波数 k 的实部和虚部构成。一维周期结构的不可约布里渊区分布为 $[0,\pi/a]$，其中 a 为元胞长度，此处为1，故实部 δ_k 的变化范围为 $[0,\pi]$。当其虚部 ε_k 为零时，表明弹性波会无阻碍地在结构进行传播，当存在一个连续的频率区间使得虚部 ε_k 不为零时，则构成了一个禁带，如图1-7(b)中灰色阴影部分所示。

对于图1-8所示的二维周期结构，其中虚线标示区域为选取的元胞。由于其中传播的弹性波具有方向性，故波矢 $\boldsymbol{k}$ 需要用两个方向的波数 k_x 和 k_y 描述，这二者定义了一个波动空间。由图1-6可知，该波空间内第一布里渊区的取值范围为 $[-\pi/L_x,\pi/L_x]\times[-\pi/L_y,\pi/L_y]$，其中 L_x、L_y 分别为元胞在 x 方向和 y 方向的长度。

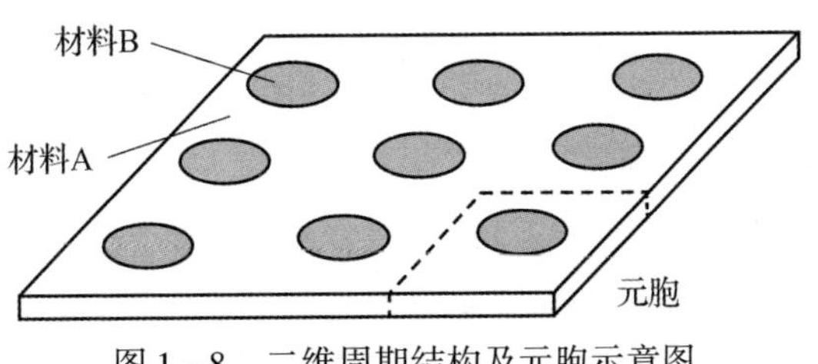

图1-8　二维周期结构及元胞示意图

考虑到元胞的对称性,往往仅研究波矢在不可约布里渊区内的变化,所得的能带结构图可以用于表征二维周期结构的波动特性。图1-9(a)为计算图1-8中元胞所得的二维声子晶体能带结构图。横坐标描述的是某种二维周期结构的波矢 $\boldsymbol{k}$ 在不可约布里渊区边界上的取值,代表了沿不同方向传播的波矢,纵坐标为频率,图中阴影部分由于没有传播波的分布,故为禁带区域,此时沿各个方向的波都无法传播,为完全禁带。图1-9(b)中为有限大周期结构的振动传递曲线,可见在禁带内系统的响应得到了明显抑制。

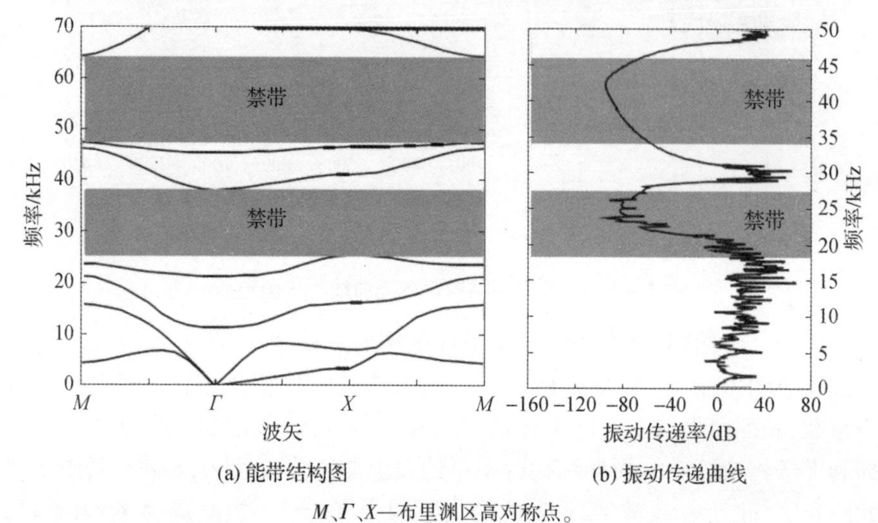

(a) 能带结构图　　(b) 振动传递曲线

M、Γ、X—布里渊区高对称点。

图1-9　二维声子晶体能带结构图及强迫响应

目前,周期结构构造禁带的机理有三种,分别为布拉格散射机理、局域共振机理及频率锁定机理,可以形成布拉格禁带、局域共振禁带及耦合禁带。

1.2.2.2　布拉格禁带

结构中布拉格禁带中心频率对应的半波长约为元胞长度的整数倍,这一性质与英国物理学家布拉格研究晶体中X射线的衍射行为相同,故称为布拉格禁带[52]。由于周期结构相邻元胞上具有周期性的反射点,当弹性波入射时各交界面将产生周期性的反射,在特定的频率范围内各个周期所反射的波具有相同的相位,这样就产生了一组具有同一相位、传播方向相同的反射波。它们叠加起来则会由于相互干涉而抵消,从而对入射波产生强烈的衰减作用,进而形成布拉格禁带。

含布拉格禁带的典型周期结构常常由两种或两种以上的材料组成,其示意如图1-10所示。通常有两种设计思路,即嵌入型和组合型。区别在于通过将散射体周期性嵌入基体或直接在基体上施加散射体，二者的设计目的都在于研究结构参数对布拉格禁带的影响，从而获得对禁带调节的规律。

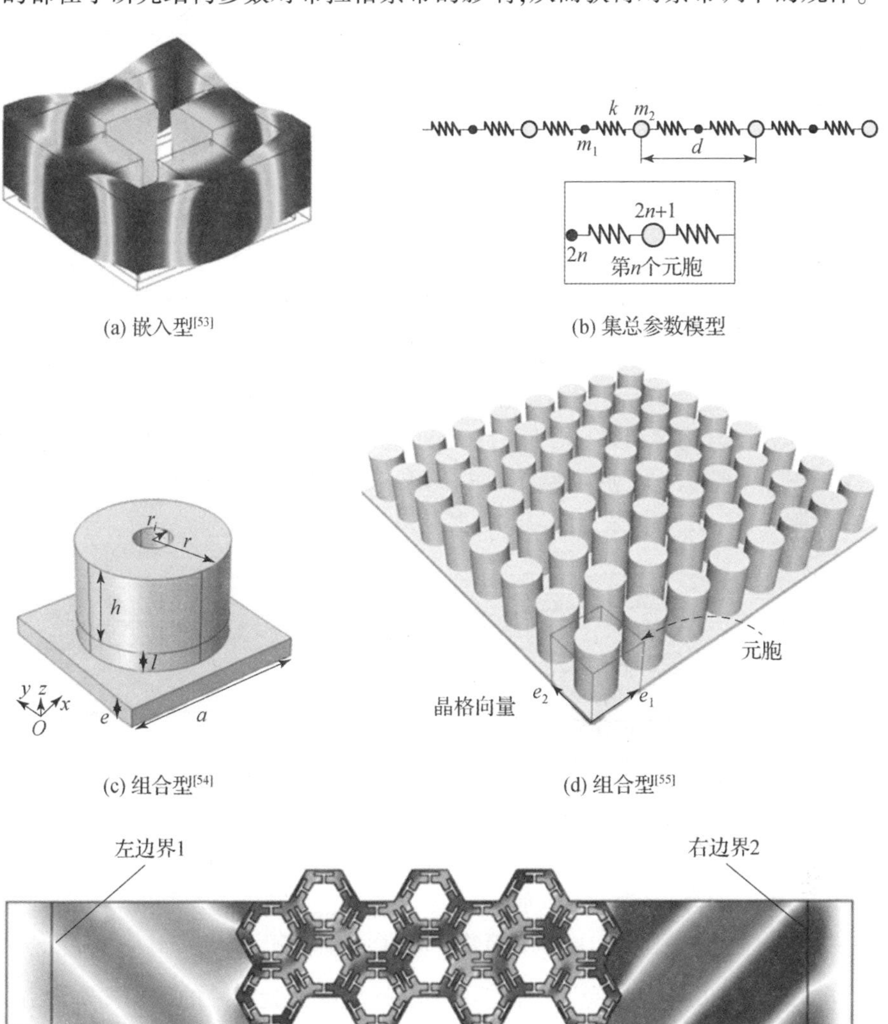

(a) 嵌入型[53]　(b) 集总参数模型

(c) 组合型[54]　(d) 组合型[55]

(e) 嵌入型[56]

图 1-10　含布拉格禁带的典型周期结构

如 JIN 等[53]将圆柱固定在基板上，试图在低频实现布拉格禁带。发现其元胞长度为 15cm 时，能使布拉格禁带覆盖 135～435Hz 的频带。WANG 等[54]通过设计一种中心镂空的周期铝结构，计算发现其厚度为 6cm 时，会在 0.32～0.21MHz 内产生一个极宽的布拉格禁带。

实际上工程周期结构内的禁带大部分都是布拉格禁带，早期周期结构内禁带构造的研究也主要基于布拉格散射机理[57-60]，其出现的频率位置主要受布拉格条件控制，即

$$a=\frac{n\lambda}{2}\quad (n=0,1,2,\cdots) \tag{1-1}$$

式中：a 为晶格尺寸；λ 为声子晶体中弹性波波长。考虑到有 $\lambda=c/f$，其中 c 为弹性波的波速，f 为频率。

式(1-1)又可以表示描述禁带中心频率 f 的关系：

$$f=\frac{nc}{2a}\quad (n=0,1,2,\cdots) \tag{1-2}$$

式中：c 为弹性波的波速。此时波数满足 $k\in[0,\pi/a]$。典型布拉格禁带能带分布图如图1-11(a)所示，其阴影部分为禁带分布[61]。可见布拉格禁带带宽较宽，强迫响应结果[图1-11(b)]显示布拉格禁带内响应较低，并无模态分布。研究表明，周期结构内材料参数(如密度、质量等)和结构参数(如元胞长度、填充率等)差异越大，禁带效果越明显[58-59]。

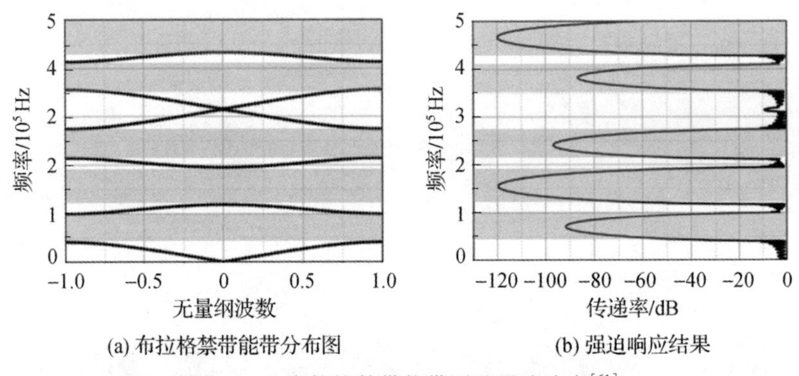

(a) 布拉格禁带能带分布图　　(b) 强迫响应结果

图1-11　布拉格禁带能带图及强迫响应[61]

由式(1-2)可知，弹性波禁带的中心频率随元胞尺寸的增加而降低，故为了在低频构造禁带，往往需要增加元胞尺寸。可见布拉格禁带虽然带宽较宽，但其位置由元胞尺寸决定，因此要实现低频的布拉格禁带，必须采用较大的尺寸。这一特性从理论上限制了布拉格禁带在低频减振隔声中的应用，因为频率越低所需要的元胞尺寸越大。当结构的周期尺寸较小时(几厘米或更小)，很难得到低频(特别是1kHz以下)禁带。

1.2.2.3　局域共振禁带

局域共振禁带是由局域共振机理产生的。这一机理是由刘正猷等于

2000年首次提出的[62]。他采用简立方晶格形式,将覆盖2.5mm厚橡胶层的铅球周期性地嵌入树脂基体内,实验和理论都表明该结构可以产生位于低频的狭窄禁带,其中心频率不满足布拉格条件而对应于铅球/环氧树脂这一局部振子的共振频率。常见的含局域共振禁带的周期结构主要还是通过构造不同的谐振子,使其与弹性波交互作用而产生禁带的,如图1-12所示。

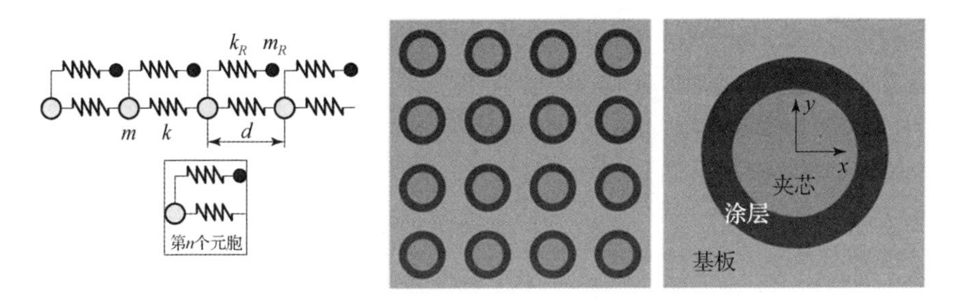

(a) 集总参数模型[63]　　(b) 夹芯/涂层局域共振禁带模型[64]

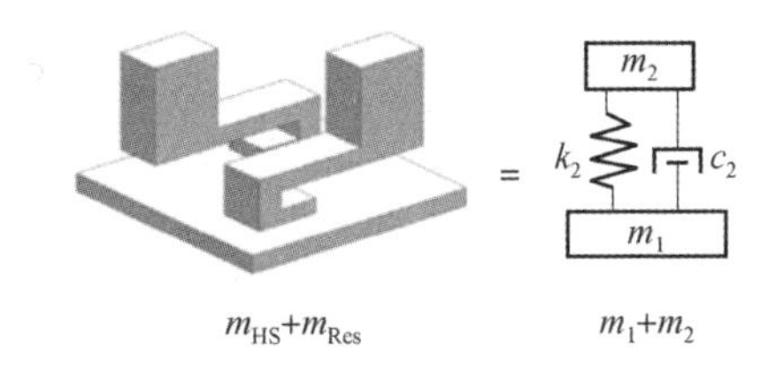

(c) 含多个局域共振禁带模型[65]

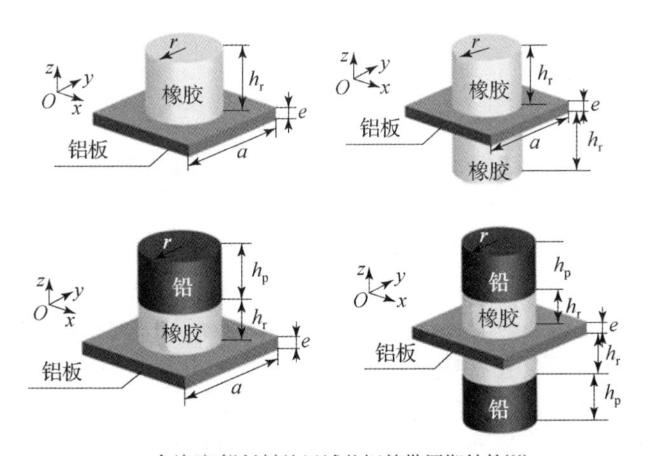

(d) 含橡胶/铅材料的局域共振禁带周期结构[66]

图1-12 常见的含局域共振禁带的周期结构

其原理在于通过局域共振的思路，在基体内周期性地分布谐振子，从而在谐振子共振频率附近产生局域共振禁带。该禁带典型的频散曲线如图1-13所示[64]，其中阴影部分为局域共振禁带分布。可见此时禁带频率较低(81.3~97.3Hz)，且为完全禁带，可以抑制沿各个方向传播的弹性波，但其带宽较窄，仅为16Hz。

Wang等[67-70]通过分析弹簧谐振子的共振模式，确定了局域共振禁带的边界频率。研究表明，局域共振的产生主要是因为谐振子与基体内弹性波的相互作用，因此禁带性能与散射体固有振动特性密切相关。这一性质决定了局域共振禁带仅在谐振子共振峰附近发生作用，导致其带宽较窄。

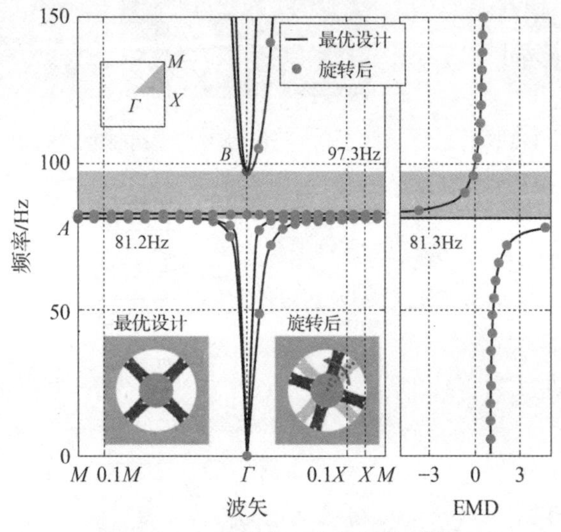

图1-13 局域共振禁带能带图[64]

实际上如图1-14所示，谐振子可以等效为一个质量随频率变化的模型[71]，这一等效为局域共振禁带的研究提供了新的思路。如用推导结构的等效质量密度来确定禁带的起始位置等[71-73]。

值得注意的是，布拉格禁带和局域共振禁带都是散射体与基体共同作用的结果[74]，区别在于布拉格禁带依赖结构的周期性，而局域共振禁带主要依赖散射体的共振。故有些模型内二者的界限并不明显，从频散曲线上说二者的禁带边界频率都满足布拉格条件。如Wang等分析二维结构内谐振子模态对应的禁带分布时，指出其频散曲线具有布拉格禁带的特征[75]，研究手性周期结构也有类似的结论[76]，即两种机理在结构中可以共存和转化[77]。

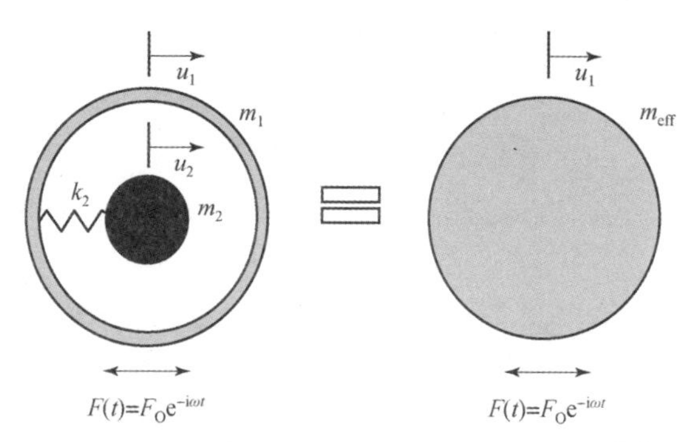

图 1－14　局域共振禁带周期结构的等效模型[71]

1.2.2.4　耦合禁带

结构中的波动特性是由频散方程决定的。在给定频率下，频散曲线可能有多个分支，每个分支代表同一种波模态在不同频率下的演化。当结构中存在耦合时，不同波模态间可能会相互影响而产生耦合禁带。这种耦合可以通过结构的非对称性实现，如 Yaman 等[78]就发现非对称弹性杆中弯曲波和扭转波存在一个耦合禁带。

耦合禁带是由频率锁定原理产生的，其示意见图 1－15。当结构中存在弱耦合时(与单个波导中的弹性力和惯性力相比，耦合力较小)，在两条未耦合的频散曲线(图 1－15(a)中灰色虚线)相交处附近会产生禁带。耦合后两条频散曲线的传播常数保持一致，即锁定在一起，并产生一对快衰波[图 1－15(b)]。随着频率增加，二者不再耦合而解锁为一对传播波。其产生的必要条件有三点：结构中存在弱耦合，耦合前的频散曲线相交，且相交处二者的斜率相反。当相交时频散曲线的斜率相同，则会发生转向现象，不会形成耦合禁带。这种耦合力通常由刚度耦合或陀螺力矩耦合产生，前者常见于机械结构，后者主要存在于流固耦合的系统中。

由于耦合禁带产生于两条频散曲线相交处附近，故禁带内的波数并不需要满足布拉格条件，理论上可以位于[0，π]的任意位置。从而相比于布拉格禁带和局域共振禁带，耦合禁带的设计具有更丰富的裕度。

为了构造耦合禁带，首先需要使波模态之间存在耦合。耦合是指两种波形中包含相似的横截面变形形式，比如一种弹性波含有弯曲和扭转的变形成分，而另一种含有弯曲和拉压的变形形式，则我们称这两种波是耦合的。这一耦合常见于复杂周期结构内，如夹芯板[80]、圆柱壳[81]等。边界条件[82]的变化也会产生耦合禁带。另外，不同物理场之间的耦合也会产生耦合禁带，如充满液体的管路等[83]。

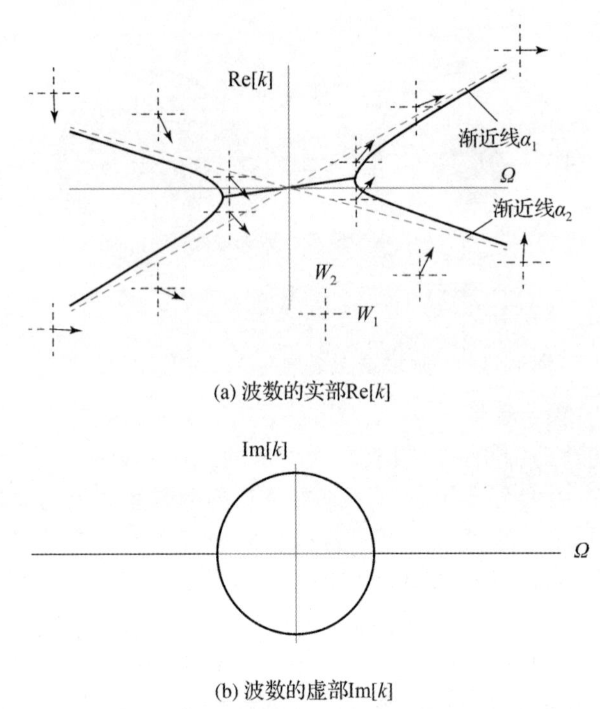

(a) 波数的实部Re[k]

(b) 波数的虚部Im[k]

图 1 - 15　含耦合禁带的频散曲线[79]

如图 1 - 16(a) 中所示的由钢和环氧树脂组成的非对称 C 形梁，Fan 等[84]计算的频散曲线如图 1 - 16(b) 所示。可见波 0 和波 2 在 734 ~ 890Hz 内产生了一个宽为 156Hz 的耦合禁带[图 1 - 16(b) 中阴影部分]，相交处二者频散曲线的斜率相反，波数位于$[0,\pi/L]$。虽然 Fan 并未对该禁带进行设计，但相比于局域共振禁带，耦合禁带的带宽较宽，可见其具有带宽宽的潜力。

在图 1 - 16(b) 中，703Hz 下波 0 和波 2 的波形分布如图 1 - 17 所示，可见这两种波都以弯曲和扭转变形为主，之所以存在这种弯扭耦合，是因为结构的不对称。故该禁带可以控制一种弯扭耦合波的传播。

由于耦合禁带产生于两种未耦合频散曲线的相交处，因此对其进行设计时需要获得未耦合时的频散曲线。而对于含两种机械波耦合的复杂结构，如图 1 - 16(a) 中的 C 形梁，同时调控两种弹性波的传导特性，从而在目标频带产生耦合禁带基本上不可能实现。原因在于对于复杂结构，难以建立对应两种波未耦合状态的模型，调整结构必然对两种波都产生影响，给设计带来了极大不便。这也是目前耦合禁带研究较少的原因之一。

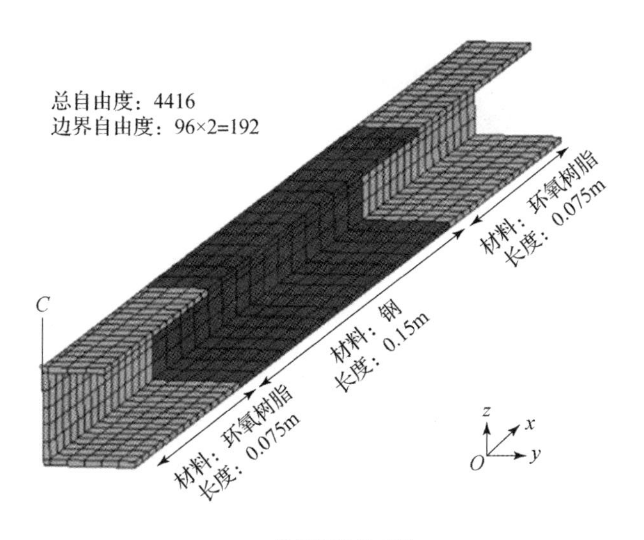

(a) 一维周期结构元胞

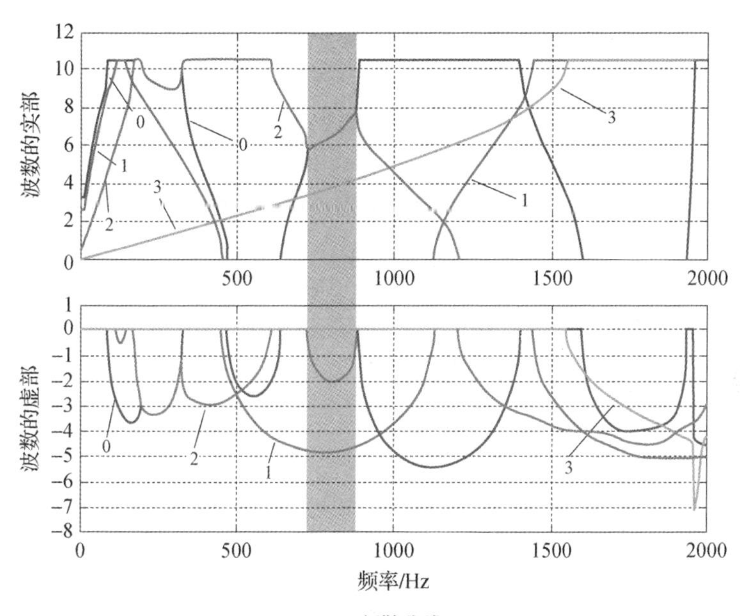

(b) 频散曲线

图 1-16　耦合禁带一维周期结构元胞及频散曲线[84]

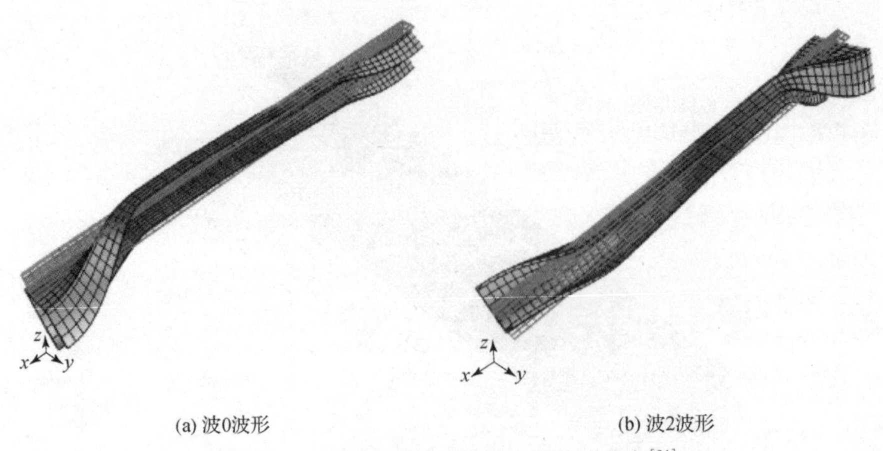

图 1-17　703Hz 下波 0 和波 2 的波形分布[84]

频率锁定机理决定耦合禁带的位置可以随着非耦合频散曲线相交位置的变化而变化,以往的分析和计算结果表明这一禁带带宽较宽,这为本书的工作提供了动力。只需找到一种不同于机械场内或流固耦合等的耦合方式,便获得两种非耦合波的频散曲线。再通过调节其中一种波,即可改变耦合禁带的位置分布,从而达到影响第二种波传播特性的目的,使构造宽频且低频的禁带成为可能。

总的来说,三种禁带由于形成机理不同,在频散曲线上也有不同的特点,图 1-18 给出了三者的对比以及利用机械场实现禁带的简单形式。

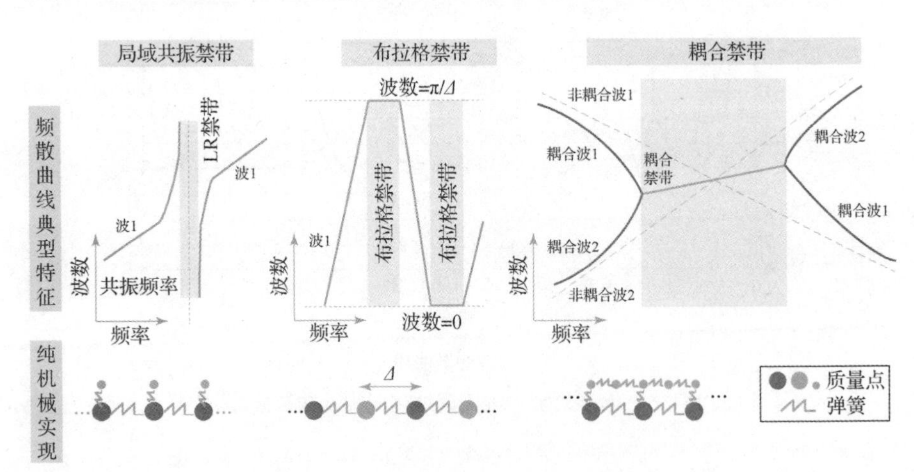

图 1-18　三种禁带机理及构造示意图

最左边的频散曲线刻画的是局域共振禁带的特征,可以由弹簧质量构成的谐振子产生,所以禁带位于谐振子的共振频率附近。中间的频散曲线展示了由不同质量单元构成的布拉格禁带的特征。最右则表示了耦合禁带在频散曲线上的表现,可见耦合禁带内的波数并不满足布拉格条件。为了分析耦合禁带的分布及调节规律,首先需要确定耦合禁带的边界频率满足的条件。而由于对耦合禁带的研究较少,因此对这一条件的分析也有所欠缺。

实际上,周期结构的禁带特性是其工程设计和应用的基础,如何对禁带进行设计和调节决定了周期结构的应用范围。目前,对禁带的调节大体分为两类,分别基于结构和材料两种层次展开。

结构层次包括元胞的对称性、散射体的位置和构型等,常见的有蜂窝周期结构[85]、分形周期结构[86]以及手性周期结构[87]等。现阶段还有学者利用拓扑优化等方法[88-89]反向设计周期结构。然而对这种基于结构设计的禁带随着结构的确定而确定,难以满足不同工况的减振需求。

材料层次则包括利用被动材料和主动材料。由于以往的周期结构大都由被动材料构成,结构固定后系统的禁带特性便随之确定。因此如何提高结构的可调性,以针对特定频带内的减振降噪需求进行设计,是周期结构研究的热点之一。如有学者引入磁流变材料,通过施加外部电场/磁场来改变禁带的位置[90];另外也有学者从温控材料出发,设计不同温度下禁带对结构性能的调整[91-92],基于电流变材料[93-94]、磁致伸缩材料[95]、形状记忆合金[96]等对禁带的调控也有所研究。这些引入外场控制(电场、磁场、温度场等)的周期结构往往需要配套的辅助系统,虽然能影响禁带的宽度和位置,但距离工程应用还有一段距离。

总的来说,周期结构的研究集中在利用不同材料或结构来调控弹性波的传播,因此侧重于探索新的物理现象和机理(负折射、缺陷态、声学斗篷等),在这一基础上寻找它们潜在的应用前景。而工程周期结构主要针对工程中已有的杆梁、板壳等结构,通过研究其振动和噪声特性,来进行动力学设计和优化。然而它们都统一在周期结构的框架内,因此如何利用禁带特性来指导周期结构的设计,以满足其减振降噪的需求,为设计提供理论依据和工程指导,是一个有待解决的问题。

1.2.3 循环周期结构研究现状

如果结构周期延拓的方向是一整个圆,即若干元胞在周向排列、首尾相连形成在周向具有周期性的结构,则称为循环周期结构。航空发动机中压气机或涡轮中的一级转子叶盘就是一个典型的循环周期结构。作为航空发动机的核心部件(图1-19),叶盘结构的工作环境十分恶劣(较高的转速产生的离心力、流场引起的交变载荷、外物冲击等),其工作状态直接影响整机的结构完整性和可靠性,由叶盘结构振动引起的高周疲劳问题是整机故障最主要的来源之一。

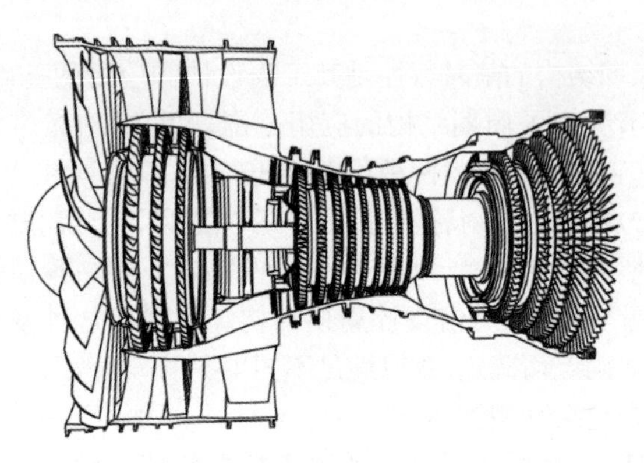

图1-19 航空发动机转子结构简图

理想的叶盘结构是循环对称的[图1-20(a)],即叶盘结构各个扇区的几何性质及物理性质完全相同,这样的叶盘结构一般称为谐调叶盘结构。谐调叶盘结构的典型振动形式为节径型振动或节圆型振动,如图1-20(b)所示为谐调叶盘结构的节径型振动[97]。然而,实际的叶盘结构并非完美的循环对称结构,其各扇区之间存在不同程度的失谐。MIL-STD-1783《发动机结构完整性大纲》[98]将实际叶盘结构的失谐划分为被动失谐和主动失谐两大类。被动失谐是自然随机产生的,是制造误差、材料属性分散性以及在使用过中的磨损等因素造成的各个叶片的几何形状和物理性质的微小差异。主动失谐是人为制造的叶片间差别,包括为抑制颤振而采取的“错频”,以及为降低系统对被动失谐的敏感度而设计的人为失谐。在此需要指出,为了论述方便,后文中如果没有特殊强调,所有的失谐均指的是被动失谐。失谐往往会造成叶盘结构的响应放大,使少数几个叶片的振动应力水平超过设计许用振幅,进而过早地发生高周疲劳失效(high cycle fatigue,HCF),严重制约了发动机的结构完整性和可靠性。因此,国内外相关研究人员对于失谐叶盘结构的振动特性进行了大量的研究[99-103]。

(a) 叶盘结构有限元模型

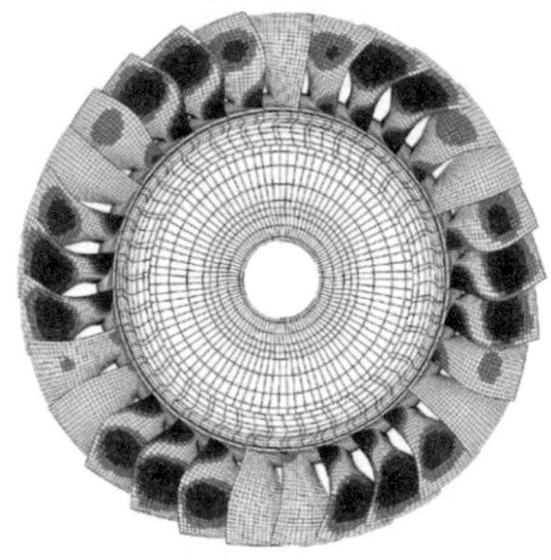

(b)谐调叶盘结构的节径型振动

图1-20　叶盘结构有限元模型及其模态振型[97]

由于上游静子叶片尾流激励的作用,叶盘结构在工作时会受到周期性的气动激励。以往的研究中多将载荷假设为谐波的形式,叶盘结构各个扇区所受的激振力幅值相等,只是相差一个相位差,即阶次激励,并将激振力在一个圆周上的行波波数称为激励阶次[97]。在实际中由于上游静子在加工制造过程中不可避免的误差、进气畸变以及静子叶栅的非均匀或非对称设计等因素[104-106],造成了流体激励一般不是理想的具有单一谐波成分的阶次激励,其谐波成分非常复杂[107-108]。由于叶盘的模态振型在周向上呈现出行波形式,因此其共振条件较一般结构特殊。叶盘结构发生共振需要同时满足以下两个条件[109-112]。

(1)激振力的激励阶次与叶盘结构振型的节径数满足以下关系:

$$\mathrm{EO} = \mathrm{j}N_{\mathrm{b}} \pm \mathrm{ND} \quad (j = 0,1,2,\cdots) \tag{1-3}$$

式中:EO 为激振力的激励阶次;ND 为叶盘结构振型的节径数;N_{b} 为叶盘结构扇区数。

(2)激振力的频率与叶盘结构固有频率相等:

$$f_{\mathrm{exc}} = \frac{\mathrm{EO} \cdot \Omega}{60} = f_n \tag{1-4}$$

式中:f_{exc} 为激振力的频率;f_n 为叶盘结构的某阶固有频率;Ω 为发动机转速。

如图1-21所示为典型叶盘结构的 Campbell 图,横坐标为发动机转速,纵坐标为叶盘结构的固有频率,斜线为不同激励阶次对应的激励线,图中的实心圆圈为满足叶盘结构共振条件的工况,在这些情况下,叶盘结构将发生共振。

理论和实验结果均表明，失谐叶盘结构的振动特性与相对应的谐调结构有很大的不同，这种不同主要表现在失谐叶盘结构的模态局部化[图1-22(a)]和响应放大[图1-22(b)]两个方面。模态局部化现象是指失谐叶盘的固有振动模态振型不再是节径型振动或节圆型振动，振动能量集中在少数几个扇区的情况。响应放大是指失谐叶盘在外激励作用下，仅少数几个叶片发生振动，其他叶片振动不明显，而少数几个发生振动的叶片的振动幅值明显高于相应的谐调叶盘响应幅值的情况，因此也称响应局部化。研究人员在对失谐叶盘进行研究时所采用的模型经历了从集总参数模型，到连续参数模型，再到高保真有限元模型的不同阶段[113]。1982年Hodges[114]研究发现，若叶盘结构的失谐强度增加或者叶盘耦合强度下降，模态局部化会加重，即模态局部化程度取决于失谐大小与叶盘耦合强度的比。Bdeniken[115]在综述中对结构力学中存在的模态局部化现象进行了深入的探讨，基于稳定性理论重新给出了线性、非线性系统的模态局部化定义。王建军等[116-117]分别采用了集总参数模型和连续参数模型计算了失谐叶盘结构中的失谐现象，并得到了其概率模态特性。为了考察实际叶盘结构的失谐现象，文献[118]以失谐叶盘结构的有限元模型为研究对象，将材料属性、叶片几何尺寸等因素引入有限元模型的方法，详细地讨论了随机失谐造成的局部化现象，总结了模态位移型、模态应力型和模态应变能三种模态局部化因子，并在理论分析的基础上进行了实验验证[119]。

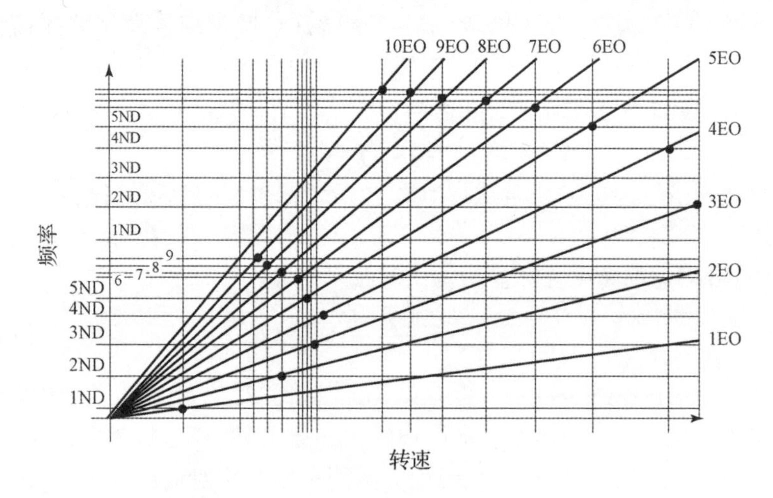

图1-21　典型叶盘结构的Campbell图

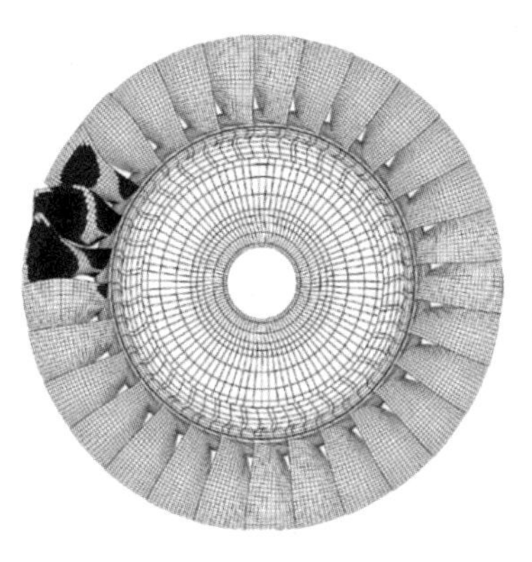

(a) 失谐叶盘结构的模态局部化

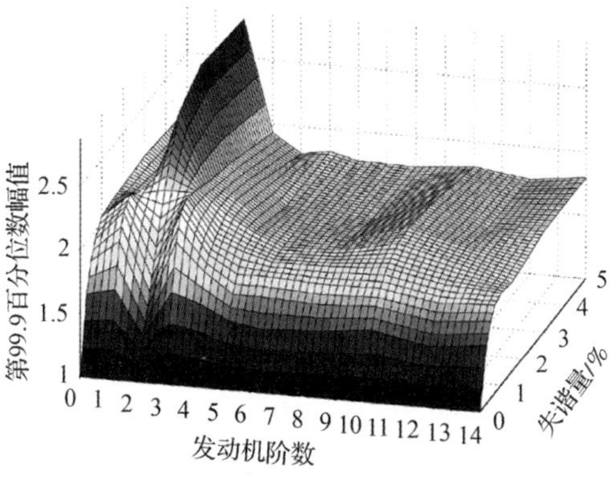

(b) 失谐叶盘结构的响应放大

图 1-22　失谐叶盘结构的振动局部化现象[97]

尽管失谐叶盘结构的固有特性研究初步揭示了失谐参数对叶盘结构的影响，但工程上更为关心的是与叶片高周疲劳直接相关的振动位移和应力等响应参数，因此必须进行失谐叶盘结构的响应分析。评价失谐叶盘结构响应特性的重要指标是失谐响应放大系数，即失谐情况下的最大响应幅值与相应的谐调结构的响应幅值的比。大量研究[120-122]表明，随着失谐强度的增加，响应放大系数具有“阈值”效应，即随着失谐增加响应放大系数存在极值，当过了极值之后，随着失谐强度的增加，响应放大系数会降低。但是根据 Wang 等[123]的研究可知，响应放大系数相对于失谐强度是否存在“阈值”取决于耦合刚度的取值范围，不存在绝对的“阈值”。

由于叶盘结构的失谐模式是随机的，因此采用概率的方法对失谐叶盘的振动特性进行研究是叶盘失谐研究中一个重要的方向。蒙特卡罗方法因其简单易用的优点成为进行失谐叶盘结构响应的统计分析的首选方法[124-126]。由于研究的叶盘对象不同，可能需要上千次甚至上万次的抽样才能找到最坏的失谐模式，对于不同的失谐强度（标准差），又要重复上述过程若干次，因此即使对于集总参数模型，蒙特卡罗的计算规模也是惊人的。由于失谐破坏了叶盘结构的周期对称性，无法只利用单个扇区对失谐叶盘结构的动力学特性进行分析。因此对于叶盘结构高保真有限元模型的统计分析的计算量成为失谐问题研究的关键。鉴于大型复杂结构减缩计算的必要性，研究人员相继提出了一系列的减缩计算方法。其中最为典型的是 Craig 和 Bampton[127]提出的固定界面模态子结构模态综合法（也称 C-B 模态综合法），其基本思路是将大型复杂结构按照一定的原则划分为若干个子结构,首先分析每个子结构的动力特性,并保留其低阶主要模态信息,然后再根据子结构交界面的谐调关系,组装得到整体结构的动力学特性。在C－B模态综合法的基础上,研究人员相继开发了大量的减缩计算方法,形成了一套较为系统的减缩计算理论体系,基本解决了高保真失谐叶盘结构的动力学特性进行统计分析的计算量方面的障碍[128－132]。

除此之外,Mignolet 等[133－135]提出了不需要进行蒙特卡罗模拟的方法。Castanier 等[136]利用极限值统计的方法得到结论,失谐叶盘强迫响应统计特性可以将较少样本的蒙特卡罗仿真拟合为威布尔分布进行计算,从而加速计算过程。Wei[137]将叶片的模态特性处理为随机变量,对失谐叶盘进行强迫响应的统计分析,并比较了蒙特卡罗方法、摄动法等常规方法在计算精度、计算规模方面的优缺点。

1.3 波动特性计算方法

波动特性计算是研究结构中振动和声学特性的基础[138]。目前,常用的波动特性计算方法有平面波展开法、传递矩阵法、有限差分法、波有限元法等。

1.3.1 平面波展开法

平面波展开法(plane－wave expansion method)在周期结构中的应用可追溯到1990年左右[139－140]。该方法的核心在于将结构的材料系数和弹性波等需求解的变量在傅里叶空间展开。利用基底函数的正交性,将波动方程以平面波的形式进行展开,从而获得解耦的特征方程。如对于一个一维连续系统,其波动方程为

$$\rho \frac{\partial^2 u(x,t)}{\partial t^2} = \frac{\partial}{\partial x}\left[\rho(x) c(x)^2 \frac{\partial u(x,t)}{\partial x}\right) \tag{1-5}$$

式中:$u(x,t)$为结构的位移;$\rho(x)$为密度;$c(x)$为媒介中的声速。考虑到周期结构内,位移$u(x,t)$和材料参数$\rho(x)$与$c(x)$都是随元胞周期性变化。由Bloch定理可知,可以将上述参数进行傅里叶展开:

$$\begin{aligned} u(x,t) &= \mathrm{e}^{\mathrm{j}(kx-\omega t)} \sum_l u_k(l) \mathrm{e}^{\mathrm{j}lx} \\ \rho(x) &= \sum_m \rho(m) \mathrm{e}^{\mathrm{j}mx} \\ \rho(x) c^2(x) &= \sum_m \tau(m) \mathrm{e}^{\mathrm{j}mx} \end{aligned} \tag{1-6}$$

式中:x 为位置;k 为波数;$\rho(m)$ 和 $\tau(m)$ 分别为变换后的密度和刚度。式(1-6)也是平面波的展开式,故因此得名。将式(1-6)代入方程(1-5),就可以获得以下方程:

$$\sum_{l}[-\omega^2\rho(m)+(k+l)(k+m+l)\tau(m)]u_k(l)=0 \tag{1-7}$$

通过选取 l 和 m 的值,对展开的傅里叶级数进行截断,求解该方程即可获得频散曲线或能带结构。该方法的收敛准则依赖合适的 l 和 m 值,当取值过小时,截断误差较大,导致收敛性差。因此有方法对其进行改进,如通过拓展 $\rho(x)c^2(x)$ 的倒数,可以加速收敛[141]。

1.3.2 传递矩阵法

传递矩阵法(transfer matrix method)是一种解析方法,主要用于求解一维周期结构的波动特性。该方法首先需要获得位移、力等变量的基本动力学方程:

$$\tilde{\boldsymbol{D}}\boldsymbol{q}=(-\omega^2\boldsymbol{M}+\mathrm{j}\omega\boldsymbol{C}+\boldsymbol{K})\boldsymbol{q}=\boldsymbol{F} \tag{1-8}$$

式中:$\tilde{\boldsymbol{D}}$ 为动刚度矩阵;$\boldsymbol{M}$、$\boldsymbol{C}$、$\boldsymbol{K}$ 分别为质量矩阵、阻尼矩阵和刚度矩阵;$\boldsymbol{q}$ 为位移向量;$\boldsymbol{F}$ 为力向量。再将动刚度矩阵 $\boldsymbol{D}$ 转化为联系左右边界节点的传递矩阵 $\boldsymbol{T}$,边界位移向量和力向量为

$$\boldsymbol{T}\begin{pmatrix}\boldsymbol{q}_{\mathrm{L}}\\ \boldsymbol{F}_{\mathrm{L}}\end{pmatrix}=\begin{pmatrix}\boldsymbol{q}_{\mathrm{R}}\\ -\boldsymbol{F}_{\mathrm{R}}\end{pmatrix} \tag{1-9}$$

考虑到边界条件满足 Bloch 定理,即

$$\begin{pmatrix}\boldsymbol{q}_{\mathrm{L}}\\ \boldsymbol{F}_{\mathrm{L}}\end{pmatrix}=\lambda\boldsymbol{I}\begin{pmatrix}\boldsymbol{q}_{\mathrm{R}}\\ -\boldsymbol{F}_{\mathrm{R}}\end{pmatrix} \tag{1-10}$$

方程(1-9)可以转化为特征值问题:

$$(\boldsymbol{T}-\lambda\boldsymbol{I})\begin{pmatrix}\boldsymbol{q}_{\mathrm{L}}\\ \boldsymbol{F}_{\mathrm{L}}\end{pmatrix}=0 \tag{1-11}$$

求解传递矩阵 $\boldsymbol{T}$ 的特征值即可获得结构的波动特征值 λ。由于该传递矩阵一般只能考虑沿单方向传播的波,因此常用于计算一维周期结构的波动特性,如 Timoshenko 梁[142]、欧拉-伯努利梁[143],以及具有含弹簧振子的周期结构等[144],难以适用于二维周期结构或三维周期结构。

1.3.3 有限差分法

有限差分法(finite difference mehod)是1966年 Yee 提出的一种方法,开

始是为了解决电磁波动问题[145]。该方法通过将含时间和空间偏导的波动方程离散成差分方程,如中心差分格式为

$$\frac{\partial^2 u}{\partial x^2} \approx \frac{u_{l+1} - 2u_l + u_{l-1}}{h^2} \tag{1-12}$$

式中:h 为离散长度;l 为网格点。可以将单个元胞的差分方程表示为

$$-\omega^2 \boldsymbol{AU} = \frac{1}{h^2}\boldsymbol{BU} \tag{1-13}$$

式中:$\boldsymbol{U}$ 为不同节点的位移;$\boldsymbol{A}$ 和 $\boldsymbol{B}$ 分别为对角矩阵和三对角矩阵,分别包含与每个网格点关联的材料属性。对方程(1-13)施加周期性边界条件后就可以进行结构波动特性的求解。在周期结构的频散特性研究中都有较广泛的应用[146-150]。由于它的核心在于利用函数的差分形式来近似表示其偏导数,因此对差分格式的要求较高,要满足稳定性、相容性和收敛性的基本要求。降低网格尺寸和时间步长一定程度上能减小离散误差,但网格太密会导致求解较慢,在高频时这一缺点尤为明显。只是该方法原理简单,操作性强,可对非均匀、非线性和各向异性结构进行求解,受结构影响较小,因此较为常见。

1.3.4 波有限元法

波有限元法(wave finite element method)是一种基于周期结构理论的有限元算法。2006 年,Duhamel 等[151]通过研究波动理论,将周期结构有限元法[152]发展成波有限元法。其主要优势在于可以高效计算有限长周期结构的强迫响应。2009 年,Mead[153]对波有限元法进行了系统的整理,并进一步推广到可以用于计算无限和半无限周期结构的强迫响应。Lossouarn 等[154]对波有限元法计算时可能出现的数值不稳定性问题进行了改进。

对于波有限元法的使用分为两个部分,即波动特性的求解及强迫响应的求解。波动特性的求解最主要的是获得频散曲线。对于如图 1-23 所示的二维元胞模型,可以用常见的有限元软件对其进行建模。

从而得到元胞的动力学方程为

$$\tilde{\boldsymbol{D}}\boldsymbol{q} = (-\omega^2\boldsymbol{M} + \mathrm{j}\omega\boldsymbol{C} + \boldsymbol{K})\boldsymbol{q} = \boldsymbol{F} \tag{1-14}$$

考虑到节点自由度和节点力应满足周期性边界条件:

$$\boldsymbol{q}_{\mathrm{b}} = \boldsymbol{T}(\lambda_x, \lambda_y)\tilde{\boldsymbol{q}},\ \boldsymbol{T}^{\mathrm{T}}(\lambda_x^{-1}, \lambda_y^{-1})\boldsymbol{F}_{\mathrm{b}} = 0 \tag{1-15}$$

其中 $\tilde{\boldsymbol{q}} = [\boldsymbol{q}_1^{\mathrm{T}} \quad \boldsymbol{q}_{\mathrm{L}}^{\mathrm{T}} \quad \boldsymbol{q}_{\mathrm{B}}^{\mathrm{T}}]^{\mathrm{T}}$,$\boldsymbol{q}_1$、$\boldsymbol{q}_{\mathrm{L}}$ 和 $\boldsymbol{q}_{\mathrm{B}}$ 分别为角节点、左边节点和下边节点的位移自由度。其转换矩阵 $\boldsymbol{T}$ 为

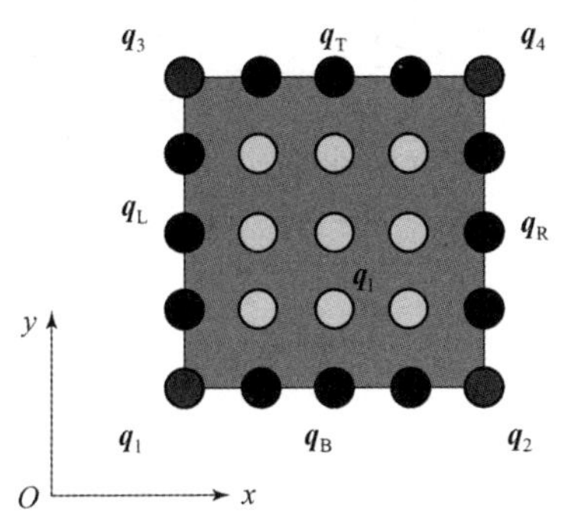

图 1－23　元胞有限元模型(下标代表不同节点的位置)

$$T(\lambda_x,\lambda_y)=\begin{bmatrix} I & 0 & 0 \\ I\lambda_y & 0 & 0 \\ 0 & I & 0 \\ 0 & I\lambda_x & 0 \\ 0 & 0 & I \\ 0 & 0 & I\lambda_x \\ 0 & 0 & I\lambda_y \\ 0 & 0 & I\lambda_x\lambda_y \end{bmatrix} \tag{1-16}$$

式中：λ_x、λ_y 为结构在两个方向上的波动特征值。遍历其在布里渊区的取值，即可获得结构的能带图，从而分析结构的波动特性。

有限元法以严格的数学理论为基础，是目前最常用的一种数值分析方法，具有很强的通用性和有效性。目前，商业有限元软件十分丰富，但大部分都难以施加复数形式的周期性边界条件，导致无法用常规的有限元软件直接求解，需要编程实现施加边界条件和求解过程。

对强迫响应的求解也需要先获得结构的波动特性，即结构的波模态，再利用波模态叠加的思路，考虑有限周期结构边界上波的反射后，可以求解有限结构的振动响应问题。它的计算规模只与单个元胞的有限元模型规模有关，因此在求解周期数较多的有限长周期结构时优势巨大。

考虑到波有限元法可以较方便地完成对复杂模型的建模与分析，与现有的有限元软件结合可以提高算法稳定性。细化网格虽然可以提高结果的精度，但降低了计算效率，因此还可以与减缩算法结合，提高计算精度，节约计算时间。因此最近几年，波有限元法在周期结构中自由波动和强迫振动的研究中都有广泛的应用[155-161]。

这4种方法的对比如表1-1所示,可见波有限元法收敛性好,适用于各维度周期结构波动特性的求解。虽然利用有限元软件难以求解,但可以利用其获得复杂模型的动力学方程,编程实现求解,故本书选用这一方法来研究周期结构的波动特性。

表1-1 波动方法对比

算法	算法性质	适用范围	优点	缺点
平面波展开法	数值	各维度	理论简单	收敛性差
传递矩阵法	解析	一维结构	精度高	适用范围有限
有限差分法	数值	各维度	应用范围广	差分格式要求高
波有限元法	数值	各维度	收敛性好	网格高时计算效率低

在利用波有限元法求解压电周期结构的波动特性时,无法从商用软件(如ANSYS等)中直接获得含电路的元胞动力学方程,常见的减缩算法也不适用于这一周期结构。因此本书对这一方法进行了改进,提出了适用于压电周期结构的波有限元减缩算法,方便对压电周期结构进行建模和求解,提高了计算效率,以研究其中耦合禁带的构造和调控。

1.4 弹性波传导特性与有界结构频率响应特性之间的关系

研究结构中弹性波传导的最简单的动力学模型是如图1-24所示的无限大串联弹簧质量系统,其中弹簧的刚度为β,质点的质量为m,两个相邻质点间的距离记为a。该模型在相关文献中常被称为"单原子"(monoatomic)周期结构。由于仅考虑质点的水平方向振动,因此该模型中仅存在一种弹性波,为理论推导和机理研究提供了便利。本节中我们将基于该模型,分别展开波动特性分析(考虑无限周期)和振动特性分析(考虑有限周期),解析地给出有界结构的模态密度与弹性波群速度之间的关系,从而阐明当激振频率位于弹性波通带和禁带中时,有界结构振动水平显著变化的原因。

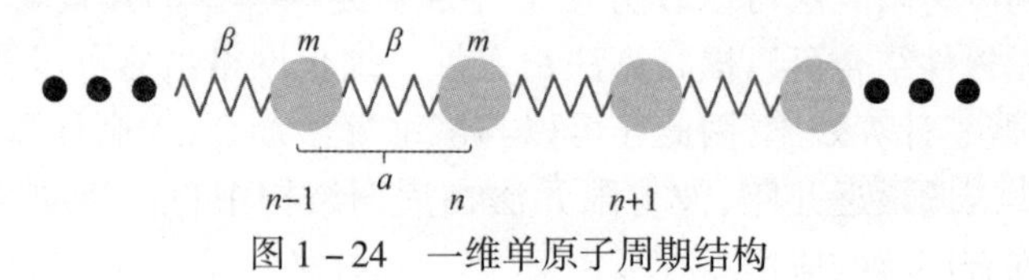

图1-24 一维单原子周期结构

1.4.1 弹性波的频散特性

在分析结构中各弹性波的频散特性时,均不考虑外力,即分析结构中自由波传导特性。对于如图1-24所示的周期结构,其中第n个原子的动力学方程为

$$m\ddot{u}_n=\beta(u_{n+1}-u_n)-\beta(u_n-u_{n-1}) \tag{1-17}$$

式中:u为原子的位移。式(1-17)表达一个方程数量为无穷多(但可数)的常微分方程组,有以下形式的通解:

$$u_n=A\mathrm{e}^{\mathrm{j}\omega t}\mathrm{e}^{\mathrm{j}kna} \tag{1-18}$$

式中:k为系统的波数;ω为角频率;j为虚数单位。一个弹性波的波数k的物理意义是:当结构中只有这种弹性波传播时,相邻两个元胞中对应点之间的相位差。通俗地讲,可以将波数理解为弹性波在空间上的"频率",其与角频率ω的类比如图1-25所示。

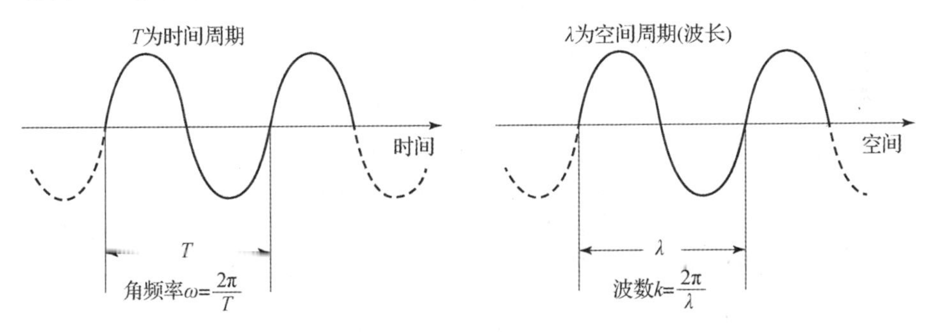

(a) 角频率:周期信号在单位时间内的重复次数　(b) 波数:周期变形在单位长度上的重复次数

图1-25 角频率和波数对比图

将式(1-18)代入方程(1-17),可以得到频率ω和波数k之间的关系,即频散曲线。定义无量纲的波数$\mu=ka$,此时方程(1-17)变为

$$-\omega^2 m+2\beta(1-\cos\mu)=0 \tag{1-19}$$

再定义无量纲频率$\Omega=\omega/\omega_0$,其中$\omega_0=\sqrt{\beta/m}$。式(1-19)可以写为

$$\Omega^2=2(1-\cos\mu) \tag{1-20}$$

根据这个关系,可以给定波数求对应弹性波的频率,也可以给定频率求波数。下面根据无量纲波数μ的取值范围分情况讨论。

1. 无量纲波数μ为实数,对应于传播波

如果μ为实数,则$\Omega^2\leqslant 4$。由式(1-18)可知,此时结构中的位移场是在

空间和时间上均呈周期性的函数,表达的是弹性波可以在空间中无衰减地传播,这样的弹性波称为传播波。可以使μ在实数范围内取值,根据式(1-18)算出对应的频率,如图1-26所示。

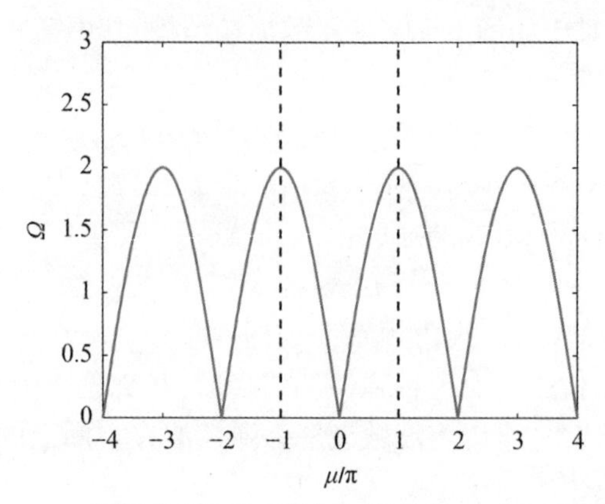

图1-26 单原子系统的无量纲频散曲线(仅展示传播波)

可见该曲线是以2π为周期的图像,因此一般只表达$\mu\in[-\pi,\pi]$的关系即可展示频散曲线的全部特征,这一范围也称第一布里渊区[42]。注意到在$\mu\in[-\pi,\pi]$区间上,一个频率下对应着一正一负两个波数。它们分别表达的是沿着X轴正向($\mu>0$)和负向($\mu<0$)传播的波。对于线弹性结构,沿其正/负方向传播的弹性波的频散特性是关于$\mu=0$对称的。因此,可以进一步简化频散曲线的绘制,即可以只给出$\mu\in[0,\pi]$的区域。这个区域也称不可约布里渊区[50]。

2. 无量纲波数μ为复数(虚部不为零),对应于快衰波

由图1-26中的频散曲线可知,传播波的频率分布为$\Omega\in[0,2]$,当$\Omega>2$时,不存在对应实数的波数,此时为了求解式(1-20),只能将波数μ的取值范围扩大到复数域,即$\mu=\delta+\mathrm{j}\varepsilon$。此时空间变形的形式为

$$u_n=A\mathrm{e}^{\mathrm{j}\omega t}\mathrm{e}^{-\varepsilon n}\mathrm{e}^{\mathrm{j}\delta n} \tag{1-21}$$

式中:A为响应幅值。可以发现振幅随着n的增大而迅速减小,表达了一种局部化在扰动点附近(近场)的变形模式。这样的弹性波称为快衰波,其存在的频带为禁带。

将式(1-21)代入式(1-17),可得

$$-\omega^2 m=\beta\left(\mathrm{e}^{-\mathrm{j}\frac{\delta}{2}}\mathrm{e}^{k\frac{\varepsilon}{2}}-\mathrm{e}^{\mathrm{j}\frac{\delta}{2}}\mathrm{e}^{-k\frac{\varepsilon}{2}}\right)^2 \tag{1-22}$$

考虑到不存在负的质量和角频率,故$\left(\mathrm{e}^{-\mathrm{j}\frac{\delta}{2}}\mathrm{e}^{k\frac{\varepsilon}{2}}-\mathrm{e}^{\mathrm{j}\frac{\delta}{2}}\mathrm{e}^{-k\frac{\varepsilon}{2}}\right)$必定为纯虚数,此

时必定有 $\delta=\pi$。此时快衰波的频散关系为

$$\Omega=\cosh\left(\frac{\varepsilon}{2}\right) \tag{1-23}$$

这一关系仅在 $\Omega>2$ 时成立，即 $\omega>2\omega_0$。据此可得传播波和快衰波的频散曲线，如图1-27所示，白色区域（$0\leqslant\Omega\leqslant2$）为通带，灰色区域（$2<\Omega$）为禁带。

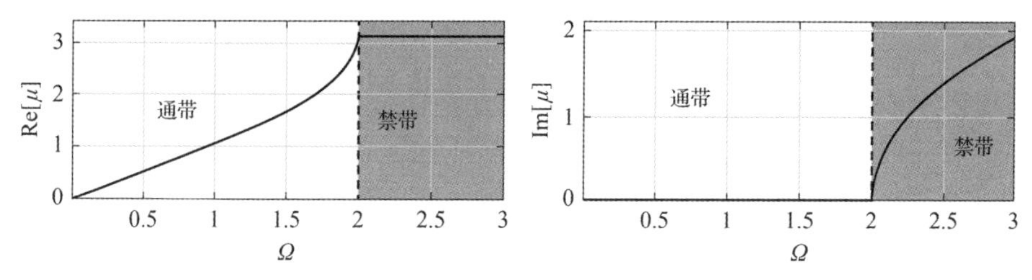

图1-27　单原子系统的无量纲频散曲线（包含传播波和快衰波）

综上所述，波数是弹性波的一个重要参数：波数虚部的性质决定了弹性波是否可以远距离传播（传播波、快衰波）；波数实部的性质决定了弹性波的传播方向。可作如下归纳：

当一个弹性波的波数 k 是实数时（虚部为零），表明该弹性波为传播波；此时，如果 $k>0$ 则表明其沿正方向传播，$k<0$ 时表明其沿负方向传播。

当一个弹性波的波数 k 是复数时（虚部不为零），表明该弹性波为快衰波；此时其传播方向不采用 k 的实部（相速度）定义，而是按照其衰减的方向定义。此时我们首先计算 $\lambda=\mathrm{e}^{-\mathrm{j}kL}$（$L$ 为元胞长度），如果 λ 的模小于1则该快衰波沿正方向传播，如果大于1则沿负方向传播。

由于禁带中快衰波无法远距离传播，而结构的整体振动可理解为由激振力直接引起的弹性波和边界上反射的弹性波的叠加。因此，从上述力学常识出发，可定性地认为：当结构所受简谐激振力处于某弹性波的禁带内时，由这种弹性波引起的振动水平会显著低于激振频率处于通带的情况。由于单原子系统仅存在一种弹性波，因此更容易验证这样的认知。考虑由 $N=10$ 个质量构成的有限大弹簧振子系统[图1-28（a）]，两端自由，在最左侧施加简谐激励 f_0，计算系统的稳态响应。其右侧节点 u_n 的频率响应曲线如图1-28（b）所示。由于该有限大结构有10个自由度，因此一共有10个共振频率（峰值）。但10个共振峰都位于通带内，禁带内（$\Omega>2$）没有共振峰，且响应随着频率的升高快速衰减，从而体现了禁带对弹性波的控制效果。

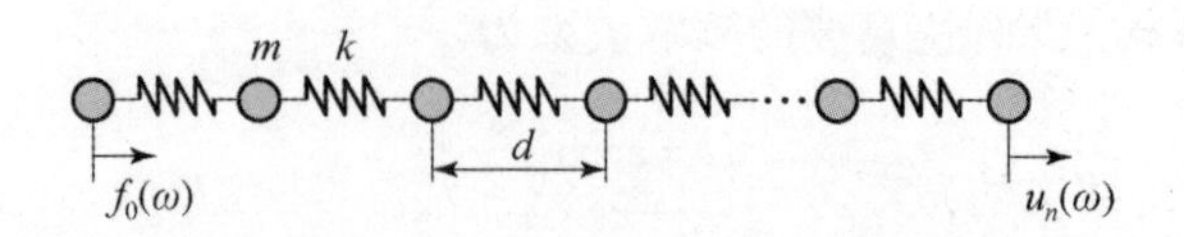

(a) 计算模型：质点数N=10，两端自由，最左侧质点受简谐激励

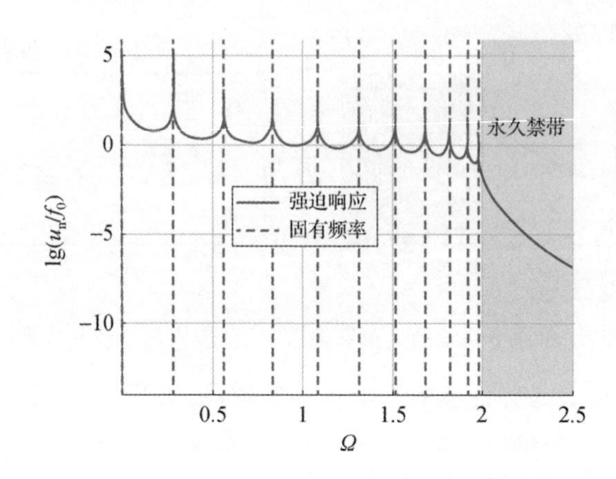

(b) 最右侧节点的无量纲频率响应曲线

图 1－28　有限大单原子系统的强迫响应

增加质点数 N 至 30，仍可以发现所有共振峰均位于通带内（图 1－29）。此时，不同频率激励下的振型如图 1－30 所示。可见当激励频率位于通带内时[Ω＝1.99，图 1－30(a)]，整个结构的振动是全局的且存在驻点（位移为零的点），说明传播波到达了边界，并经由反射与激振力直接激起的波叠加形

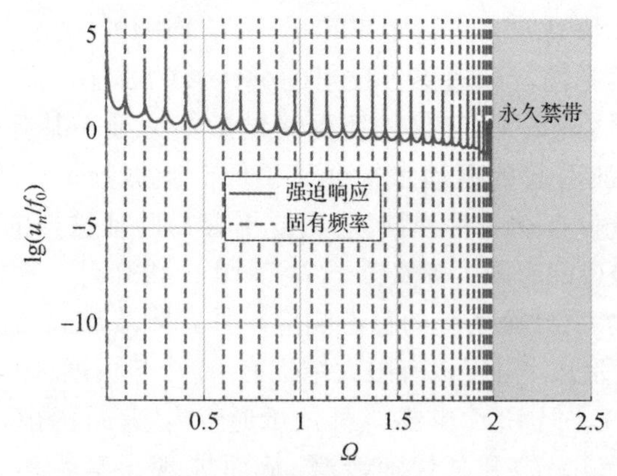

图 1－29　有限大单原子系统的强迫响应（质点数 N＝30）

成了驻波。当我们稍稍增加频率，使其处于禁带内[$\Omega=2.001$，图 1-30(b)]，结构的响应形式发生了显著的变化。随着频率的增加[图 1-30(c)和图 1-30(d)]，结构的振动进一步局部化在激振点附近，清晰地展示出快衰波的空间衰减特性。由图 1-30 可见，在通带内($\Omega=1.99$)，所有节点都在运动，波动无衰减地通过各节点，表明弹性波能自由传播。在禁带内，随着频率的增加，弹性波的幅值则迅速衰减。

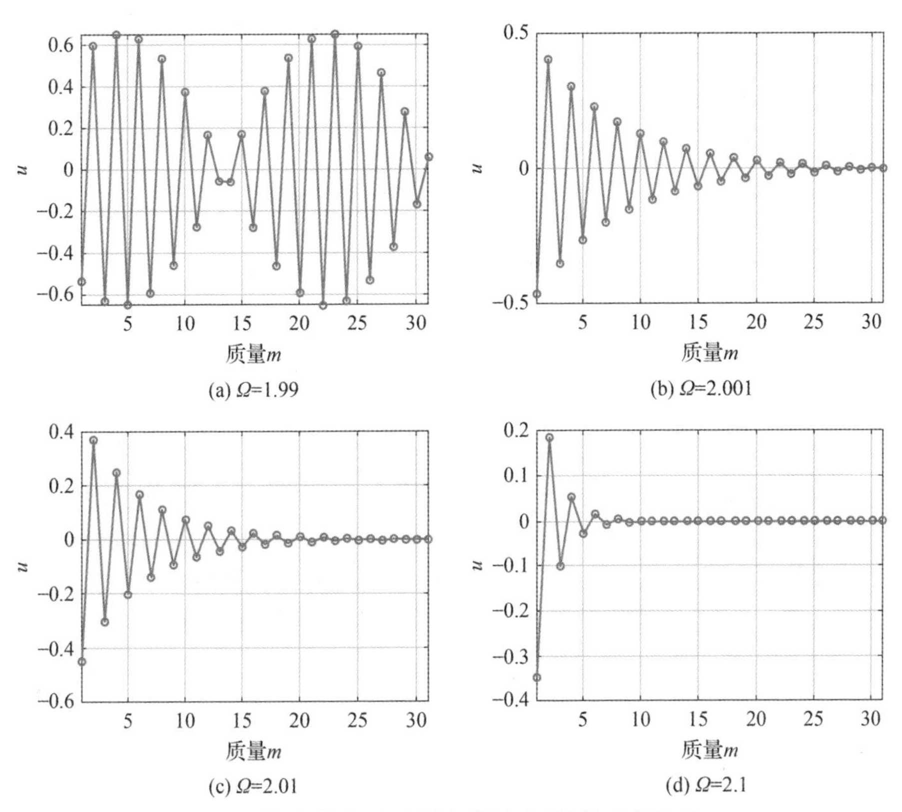

(a) Ω=1.99　(b) Ω=2.001　(c) Ω=2.01　(d) Ω=2.1

图 1-30　不同频率激励下，有限大单原子系统的响应振型($N=30$)

1.4.2　有限大周期结构的模态特性

对于含有 N 个质量(N 个周期)的有限大单原子周期结构，其模态特性除了直接建立描述整个结构的质量和刚度矩阵进行特征值分析外，还可以通过弹性波的传导特性给出。通过波动特性表达模态特性，可以直观地展示弹性波处于禁带和通带中时，所导致的结构全局振动特性显著不同。

根据波动特性的分析,我们知道在频率 ω 下结构中存在沿坐标轴正、负方向传播的弹性波各一种(也仅有一种)。因此,有限大结构中的振动总可以表示为这两个波的叠加:

$$u(x)=A_R e^{-jkx}+A_L e^{jkx} \tag{1-24}$$

式中:$u(x)$ 为位于 x 处的系统位移(复数的模表达最大振幅,复数的相位表达了各点间振动的相位),此处省去了时间项 $e^{j\omega t}$。假设在系统两端($x=0$ 和 $x=L$)处的反射系数为 $R_1=e^{-j\phi_2}$ 和 $R_2=e^{-j\phi_2}$。考虑到式(1-24)在边界处也成立,故有

$$\begin{cases}A_R=R_1A_L\\A_Le^{jkL}=R_2A_Re^{-jkL}\end{cases} \tag{1-25}$$

当某一频率 ω 下,式(1-25)能全部满足,此时的 ω 就是系统的固有频率。整理式(1-25),可得此时的波数满足:

$$1-R_1R_2e^{-2jkL}=0 \tag{1-26}$$

将反射系数 R_1 和 R_2 代入式(1-26),结合欧拉公式可知,此时波数为

$$2kL+\phi_1+\phi_2=2\pi n \tag{1-27}$$

式中:kL 为弹性波在系统内从左端传递到右端时的相位变化。

式(1-27)的左端 $2kL+\phi_1+\phi_2$ 表达的是弹性波在系统内传播一周(经过左右边界的反射回到原点)时的总相位变化。如果这一相位变化为 2π 的整数倍,表明原点产生的扰动在结构中传播一整圈并未衰减,可以继续无休止地传播下去。这就相当于找到了有界结构在不受外力时可以持续发生的振动。按定义,这就是有界结构的一种模态振动,其所对应的频率就是该模态的固有频率。如式(1-27)这样,用弹性波传遍结构回到原点的相位条件来判断结构模态的方法,称为相位闭合原理(phase - closure principle)[3]。

对于图 1-28 中的一维模型,自由边界时有 $u(0)=u(L)=0$,故有

$$\begin{cases}A_R+A_L=0\\A_Le^{jkL}+A_Re^{-jkL}=0\end{cases} \tag{1-28}$$

从而推出 $R_1=R_2=-1$,即 $\phi_1=\phi_2=\pi$,此时系统的固有频率对应的波数满足:

$$k=\frac{\pi(n-1)}{L} \tag{1-29}$$

当系统存在 N 个质量块时,有 $L=Na$,考虑到 $\mu=ka$,故 $\mu=\dfrac{\pi(n-1)}{N}$。从而在自由边界下,系统的固有频率为

$$\Omega^2 = 2\left[1 - \cos\left(\frac{\pi(n-1)}{N}\right)\right] \quad (n=1,2,\cdots,N) \tag{1-30}$$

对于不同的边界条件,只影响边界反射时的相位改变,求解的过程并无差别。且此时有 $\Omega \leqslant 2$,即此时固有频率都位于通带内,禁带内无共振峰。利用式(1－30)计算质量块为 $N=10$ 和 $N=30$ 所得的固有频率见图 1－28(b)和图 1－29 中的虚线,由图可知,式(1－30)可以准确计算其中的固有频率。另外该式(1－30)也解释了禁带中没有任何振动峰值的机理[162]。

1.4.3　有限大周期结构的响应特性

利用式(1－27),我们还可以得到模态密度(单位频率内含有的模态数),并通过模态密度和频带内平均响应的近似关系,阐述禁带对有限大结构响应的影响机理。

由式(1－27)可以得出在单位频率 $\mathrm{d}\omega$ 内,固有频率数 $\mathrm{d}n$ 为

$$\mathrm{d}n = (N/\pi)(\partial\mu/\partial\omega)\mathrm{d}\omega + (1/2\pi)(\mathrm{d}\phi_1 + \mathrm{d}\phi_2) \tag{1-31}$$

当 N 较大时(在一般对周期结构的研究中,N 往往不小于 10,满足这一假设),$\mathrm{d}\phi_1$、$\mathrm{d}\phi_2$ 的相对贡献较小,故可忽略,因而模态密度 v 可近似为:

$$v = \frac{\mathrm{d}n}{\mathrm{d}\omega} = \frac{N}{\pi}\frac{\partial\mu}{\partial\omega} \tag{1-32}$$

由于群速度定义为 $v_g = a(\partial\omega/\partial\mu)$,故有

$$\frac{\mathrm{d}n}{\mathrm{d}\omega} = \frac{Na}{\pi v_g} \tag{1-33}$$

在禁带内,有$\partial\mu/\partial\omega = 0$,如图 1－27 所示,即群速度无穷大,模态密度为零,故图 1－28 中模型的所有模态都位于通带中。值得注意的是,由于禁带内快衰波不会传递能量,但快衰波之间有可能存在能量交换,故禁带内也有可能存在共振,只是相比于通带,其模态密度处于较低的水平[163－164]。二维结构中的模态密度也有类似的形式,区别在于需要考虑其相位平面中波矢的分布,来推导其中模态密度的方程。

用相位平面描述二维结构的波动特性时,其方程形式如下:

$$\omega = f(\mu_x, \mu_y) \quad (0 < \mu_x, \mu_y < \pi) \tag{1-34}$$

对于由 $N_x \times N_y$ 个质量块构成的二维周期结构,其中固有频率也满足相位闭合原理[165]:

$$\begin{cases} 2N_x\mu_x + \phi_{x1} + \phi_{x2} = 2\pi n_x & (0 \leqslant n_x \leqslant N_x - 1) \\ 2N_y\mu_y + \phi_{y1} + \phi_{y2} = 2\pi n_y & (0 \leqslant n_y \leqslant N_y - 1) \end{cases} \tag{1-35}$$

式中：ϕ_x、ϕ_y 分别为弹性波的反射系数，当 N_x 和 N_y 较大时，其变化率可以忽略，从而有

$$\frac{\mathrm{d}n_x}{\mathrm{d}\mu_x}=\frac{N_x}{\pi},\frac{\mathrm{d}n_y}{\mathrm{d}\mu_y}=\frac{N_y}{\pi} \tag{1-36}$$

故每阶模态在(μ_x,μ_y)平面内由面积(π^2/N_xN_y)确定。故频率 ω_0 下总的模态数 N 满足：

$$N = \frac{N_xN_y}{\pi^2}\iint\limits_{f(\mu_x,\mu_y)<\omega_0}\mathrm{d}\mu_x\mathrm{d}\mu_y \tag{1-37}$$

模态密度为

$$v=\frac{\partial N}{\partial\omega_0}=\frac{N_xN_y}{\pi^2}\int_c\frac{\mathrm{d}c}{\sqrt{(\partial\omega/\partial\mu_x)^2+(\partial\omega/\partial\mu_y)^2}} \tag{1-38}$$

即当频率变化 $\mathrm{d}\omega_0$ 时，导致相位平面移动沿着向量$(\partial\omega/\partial\mu_x,\partial\omega/\partial\mu_y)$的方向移动了$[(\partial\omega/\partial\mu_x)^2+(\partial\omega/\partial\mu_y)^2]^{-1/2}\mathrm{d}\omega_0$ 的距离，故单位面积内的模态 $\mathrm{d}N\frac{\pi}{N_xN_y}$为该距离乘以 $\mathrm{d}\omega_0$，从而可得二维结构中的模态密度求解式(1-38)。

结构的模态密度与平均响应是紧密相连的，Cremer 等[166]推导了模态密度 v 和频带内平均响应 A 的近似关系为

$$|A|^2=\frac{\pi v}{2M^2\omega^3\eta}|F|^2 \tag{1-39}$$

式中：η 为损失系数；F 为节点载荷的幅值；M 为结构总质量。可见结构模态密度越小，对应的平均响应越低。这就从响应层面揭示了禁带减振的机理。

在上述推导中，我们并未假设某种特定的禁带形式，故结论对于任何禁带都是成立的，即有限大结构在禁带内具有模态密度低、响应水平低的特点。但不同禁带的形成机理又导致了其带宽、衰减程度和分布规律有所区别。

1.5 小结

结构的振动和噪声问题广泛存在于航空航天等工业领域，对轻质、高比强度材料的追求使得这一问题更加突出，因此需要探索新的减振技术以及设计方案。通过在传播途径中周期性布置结构或材料，利用其中的禁带特性来抑制弹性波的传播，可以达到减振降噪的目的。工程中常见的加筋板、蜂窝板等虽然具有周期性，但其设计目的主要是在单位质量承载能力最大时，具有较好的比强度和比刚度，导致其中的禁带往往位于高频，难以直接

应用。造成这一现状的原因,是没有考虑利用周期结构的禁带特性减振,且缺少反向设计禁带的方法。同时为了解决其中的振动问题,往往需要引入阻尼层、减振器等附加结构。这些附加结构都需要对结构进行调整,调整后结构是否依然具有良好的力学性能是一个存疑的问题。目前,工程周期结构中弹性波的传播特性的研究主要是为了预报和分析这类结构的振动与噪声响应特性,更侧重于发展高效快捷的计算方法,因而忽视了通过设计结构的周期性来实现减振的需求。

目前,有三种禁带构造机理,分别可以构造布拉格禁带、局域共振禁带和耦合禁带。布拉格禁带对应的元胞尺寸与弹性波的半波长大致相同,工程周期结构内元胞尺寸较小,导致其中具有的布拉格禁带往往位于高频区域,为了实现低频控制效果需要较大的元胞尺寸,因此限制了其在低频带的应用。局域共振禁带可以突破这一限制,其中心频率位于散射体固有频率附近,与元胞尺寸无关。但局域共振禁带频带较窄,难以实现宽频控制。而由频率锁定机理产生的耦合禁带,虽然从原理上有望同时满足“低频”和“宽带”两种性质,但需要同时调控两种弹性波的传导特性,难以通过机械设计实现。目前对布拉格禁带和局域共振禁带的理论和实验研究较多,产生机理和影响规律较为清晰,而对耦合禁带的研究较少,尚不存在完善的理论来描述其变化特性以及评价标准。

研究人员已经对失谐叶盘结构响应放大问题进行了大量的研究,但这些研究主要集中在失谐叶盘结构响应放大机理及减缩计算方法等方面,而对于失谐响应放大的抑制方法目前依然欠缺足够多的研究,特别是在探索适合新型航空发动机整体叶盘结构振动抑制的新技术方面,仍有大量的问题等待研究人员解决。

在某种弹性波禁带中,有限周期结构中由这种弹性波的驻波所构成模态的模态密度为零,这使禁带内由这种弹性波的传导而引发的平均响应较低。不同禁带的形成只会影响禁带带宽、衰减程度和分布规律,而不会改变禁带的这一特性。

通过大量的理论、仿真研究和实验数据,可以确信周期结构具有许多有趣的动力学特性。有的动力学特性可以为我们所用,例如利用其禁带达到减振、降噪等目的;有的动力学特性我们则想尽量避开,例如在少量失谐情况下出现的振动局部化;等等。那么,如何才能调控周期结构的动力学特性使其向我们的预期靠拢呢？利用压电材料及其外接电路也许是一个值得研究的方向,这也是在第2章中我们要重点概述的内容。

参考文献

[1]WANG X Q, SO R M, CHAN K T, et al. Resonant beam vibration: A wave evolution analysis[J]. Journal of Sound and Vibration, 2006, 291(3): 681 – 705.

[2] LANGLEY R S. Some perspectives on wave – mode duality in SEA[C]//IUTAM symposium on statistical energy analysis. Dordrecht, 1999.

[3]MEAD D J. Waves and Modes in Finite Beams: Application of the Phase – Closure Principle[J]. Journal of Sound and Vibration, 1994, 171(5): 695 – 702.

[4]SONG Z Z, CHENG S, ZENG T, et al. Compressive behavior of C/SiC composite sandwich structure with stitched lattice core[J]. Composites Part B Engineering, 2015, 69: 243 – 248.

[5]XIONG J, MA L , WU L, et al. Fabrication and crushing behavior of low density carbon fiber composite pyramidal truss structures[J]. Composite Structures, 2010, 92(11): 2695 – 2702.

[6]XIONG J, MA L , WU L, et al. Mechanical behavior and failure of composite pyramidal truss core sandwich columns[J]. Composites, 2011, 42B(4): 938 – 945.

[7]陈龙辉，付杰斌，王强，等. 复合材料夹层结构在航空领域的应用[J]. 教练机，2014(2): 44 – 48.

[8]JIN M, HU Y, WANG B. Compressive and bending behaviours of wood – based two – dimensional lattice truss core sandwich structures[J]. Composite Structures, 2015, 124: 337 – 344.

[9]WANG B, WU L, MA L, et al. Mechanical behavior of the sandwich structures with carbon fiber – reinforced pyramidal lattice truss core[J]. Materials and design, 2010, 31(5): 2659 – 2663.

[10]张磊，邱志平. 碳纤维增强点阵夹芯结构的屈曲强度[J]. 航空动力学报，2013(3): 50 – 55.

[11]郑华勇，吴林志，马力，等. Kagome 点阵夹芯板的抗冲击性能研究[J]. 工程力学，2007(8): 94 – 100.

[12]王兴业，杨孚标，曾竟成. 夹层结构复合材料设计原理及其应用[M]. 北京:化学工业出版社，2006.

[13]王盛春. 蜂窝夹层结构复合材料的声振特性研究[D]. 重庆：重庆大学，2011.

[14]卢天健，辛锋先. 轻质板壳结构设计的振动和声学基础[M]. 北京:科学出版社，2012.

[15]张广平，戴干策. 复合材料蜂窝夹芯板及其应用[J]. 纤维复合材料，2000(2): 25 – 27,6.

[16]HUYBRECHTS S, MEINK T E. Advanced grid stiffened structures for the next generation of launch vehicles[J]. IEEE, 1997, 1: 263 – 270.

[17]HOU A, GRAMOLL K. Design and fabrication of CFRP interstage attach fitting for launch vehicles[J]. Journal of Aerospace Engineering, ASCE, 1999, 12(3): 83 – 91.

[18]ORIFICI A C, THOMSON R S, DEGENHARDT R, et al. Degradation investigation in a postbuckling composite stiffened fuselage panel[J]. Composite Structures, 2008, 82(2): 217 – 224.

[19]WANG Y, LI S, XU Q, et al. Optimization design and analysis of stiffened composite panels in post – buckling under shear[J]. Hangkong Xuebao/Acta Aeronautica et Astronautica Sinica, AAAS Press of Chinese Society of Aeronautics and Astronautics, 2016, 37(5): 1512 – 1525.

[20]TRIPATHI M, DHAKAL R P, DASHTI F, et al. Low – cycle fatigue behaviour of reinforcing bars

including the effect of inelastic buckling[J]. Construction and Building Materials, 2018, 190: 1226 - 1235.

[21] LAHUERTA F, KOORN N, SMISSAERT D. Wind turbine blade trailing edge failure assessment with sub - component test on static and fatigue load conditions[J]. Composite Structures, 2018, 204: 755 - 766.

[22] WEGNER P M, GANLEY J M, HUYNRECHTS S M, et al. Advanced grid stiffened composite payload shroud for the OSP launch vehicle[C]//Aerospace Conference. IEEE, 2000.

[23] WILLIAMS P A, KIM H A, BUTLER R. Bimodal buckling of optimized truss - lattice shear panels[J]. AIAA Journal, 2008, 46(8): 1937 - 1943.

[24] 满林涛, 杨婵. 矩形加筋板结构优化设计[J]. 中国科技信息, 2018, 591(19):48 - 51.

[25] ALINIA M M. A study into optimization of stiffeners in plates subjected to shear loading[J]. Thin - Walled Structures, 2005, 43(5): 845 - 860.

[26] WANG B, TIAN K, HAO P, et al. Hybrid analysis and optimization of hierarchical stiffened plates based on asymptotic homogenization method[J]. Composite Structures, 2015, 132: 136 - 147.

[27] CREMER L, LEILICH H O. Zur theorie der biegekettenleiter [J]. Archiv der elektrischen Ubertragung, 1953, 7: 261 - 270.

[28] UNGAR E E. Steady - state responses of one - dimensional periodic flexural systems[J]. The Journal of the Acoustical Society of America, 1966, 39(5A): 887 - 894.

[29] MEAD D J. Free - Wave Propagation In Periodically - Supported, Infinite Beams[J]. Journal of Sound and Vibration, 1970, 11(2): 181 - 197.

[30] MEAD D J, MARKUS S. Coupled flexural - longitudinal wave motion in a periodic beam[J]. Journal of Sound and Vibration, 1983, 90(1): 1 - 24.

[31] MEAD D J. A new method of analyzing wave propagation in periodic structures; Applications to periodic timoshenko beams and stiffened plates[J]. Journal of Sound and Vibration, 1986, 104(1): 9 - 27.

[32] MEAD D M. Wave propagation in continuous periodic structures: research contributions from Southampton, 1964 - 1995[J]. Journal of Sound and Vibration, 1996, 190(3): 495 - 524.

[33] LANGLEY R S, SMITH J R D, FAHY F J. Statistical energy analysis of periodically stiffened damped plate structures[J]. Journal of Sound and Vibration, 1997, 208(3): 407 - 426.

[34] BAZ A, RO J. Vibration control of plates with active constrained layer damping[J]. Smart materials and structures, 1996, 5(3): 272.

[35] OSMAN H, JOHNSON M, FULLER C, et al. Interior noise reduction of composite cylinders using distributed vibration absorbers [C]. 7th AIAA/CEAS Aeroacoustics Conference and Exhibit, Maastricht, 2001.

[36] SUJITH R I, WALDHERR G A, JAGODA J I, et al. A theoretical investigation of the behavior of droplets in axial acoustic fields[J]. Journal of Vibration and Acoustics, 1999, 121(3): 286 - 294.

[37] ESTÈVE S J. Control of sound transmission into payload fairings using distributed vibration absorbers and Helmholtz resonators[D]. Montgomery: Virginia Polytechnic Institute and State University, 2004.

[38] GRIFFIN S , GUSSY J , LANE S , et al. Innovative passive mechanisms for control of sound in a

launch vehicle fairing[C]. 41st Structures, Structural Dynamics, and Materials Conference and Exhibit, Atlanta,2000.

[39] CRANE S P, CUNEFARE K A, ENGELSTAD S P, et al. Comparison of design optimization formulations for minimization of noise transmission in a cylinder[J]. Journal of Aircraft, 1997, 34(2): 236-243.

[40] XIE C, WU Y, LIU Z. Modeling and active vibration control of lattice grid beam with piezoelectric fiber composite using fractional order PDμ algorithm[J]. Composite Structures, 2018, 198: 126-134.

[41] HOUSTON B, MARCUS M, Bucaro J. Active blankets for the control of payload fairing interior acoustics[C]. 38th Structures, Structural Dynamics, and Materials Conference, Kissimmee,1997.

[42] MEAD D J. Wave propagation and natural modes in periodic systems: I. Mono-coupled systems[J]. Journal of Sound and Vibration, 1975, 40(1): 1-18.

[43] MEAD D J. Wave propagation and natural modes in periodic systems: II. Multi-coupled systems, with and without damping[J]. Journal of Sound and Vibration, 1975, 40(1): 19-39.

[44] BRILLOUIN L. Wave Propagation in Periodic Structures Electric Filters and Crystal Lattices[M]. New York: Dover Publications, Inc., 1953.

[45] LANGLEY R S. On the modal density and energy flow characteristics of periodic structures[J]. Journal of Sound and Vibration, 1994, 172(4): 491-511.

[46] ASSOUAR B, OUDICH M, ZHOU X. Acoustic metamaterials for sound mitigation[J]. Comptes Rendus Physique, 2016, 17(5): 524-532.

[47] YU D, WEN J, ZHAO H, et al. Vibration reduction by using the idea of phononic crystals in a pipe-conveying fluid[J]. Journal of Sound and Vibration, 2008, 318(1/2): 193-205.

[48] GUENNEAU S, MOVCHAN A, PÉTURSSON G, et al. Acoustic metamaterials for sound focusing and confinement[J]. New Journal of Physics, 2007, 9(11): 399.

[49] CUMMER S A, SCHURIG D. One path to acoustic cloaking[J]. New Journal of Physics, 2007, 9(3): 45.

[50] BRADLEY C, CRACKNELL A. The mathematical theory of symmetry in solids: representation theory for point groups and space groups[M]. Oxford: Oxford University Press, 2010.

[51] LIANG F, YANG X D. Wave properties and band gap analysis of deploying pipes conveying fluid with periodic varying parameters[J]. Applied Mathematical Modelling, 2020, 77(1): 522-538.

[52] KUSHWAHA M S, HALEVI P, DOBRZYNSKI L, et al. Acoustic band structure of periodic elastic composites[J]. Physical review letters, 1993, 71(13): 2022.

[53] JIN Y, PENNEC Y, PAN Y, et al. Phononic crystal plate with hollow pillars actively controlled by fluid filling[J]. Crystals, 2016, 6(6): 64.

[54] WANG Y F, WANG Y S. Multiple wide complete bandgaps of two-dimensional phononic crystal slabs with cross-like holes[J]. Journal of Sound and Vibration, 2013, 332(8): 2019-2037.

[55] CASADEI F, RIMOLI J J, RUZZENE M. Multiscale finite element analysis of wave propagation in periodic solids[J]. Finite Elements in Analysis and Design, 2016, 108: 81-95.

[56] YU K, CHEN T, WANG X. Band gaps in the low-frequency range based on the two-dimensional phononic crystal plates composed of rubber matrix with periodic steel stubs[J]. Physica B: Condensed

Matter, 2013, 416: 12 – 16.

[57]SIGALAS M M, ECONOMOU E N. Elastic and acoustic wave band structure[J]. Journal of Sound and Vibration, 1992, 158(2): 377 – 382.

[58]KUSHWAHA M S, HALEVI P, MARTINEZ G, et al. Theory of acoustic band structure of periodic elastic composites. [J]. Physical Review B, 1994, 49(4): 2313 – 2322.

[59]WU F, LIU Z, LIU Y, et al. Acoustic band gaps in 2D liquid phononic crystals of rectangular structure[J]. Journal of Physics D, 2002, 35(2): 162 – 165.

[60]VASSEUR J O, DEYMIER P A, CHENNI B, et al. Experimental and theoretical evidence for the existence of absolute acoustic band gaps in two – dimensional solid phononic crystals[J]. Physical Review Letters, 2001, 86(14): 3012.

[61]LI Y, ZHOU X, BIAN Z, et al. Thermal tuning of the interfacial adhesive layer on the band gaps in a one – dimensional phononic crystal[J]. Composite Structures, 2017, 172: 311 – 318.

[62]LIU Z, ZHANG X, MAO Y, et al. Locally resonant sonic materials[J]. Science, 2000, 289(5485): 1734 – 1736.

[63]HUSSEIN M I, LEAMY M J, RUZZENE M. Dynamics of Phononic Materials and Structures: Historical Origins, Recent Progress, and Future Outlook[J]. Applied Mechanics Reviews, 2014, 66(4): 040802.

[64]YANG X W, LEE J S, KIM Y Y. Effective mass density based topology optimization of locally resonant acoustic metamaterials for bandgap maximization[J]. Journal of Sound and Vibration, 2016, 383: 89 – 107.

[65]Claeys C, FILHO N G R, VAN B L, et al. Design and validation of metamaterials for multiple structural stop bands in waveguides[J]. Extreme Mechanics Letters, 2017, 12: 7 – 22.

[66]BADREDDINE A M, OUDICH M. Enlargement of a locally resonant sonic band gap by using double – sides stubbed phononic plates[J]. Applied Physics Letters, 2012, 100(12): 123506.

[67]WANG G, Liu Z Y, Wen J H, et al. Formation mechanism of the low – frequency locally resonant band gap in the two – dimensional ternary phononic crystals[J]. Chinese Physics, 2006, 15(2): 407 – 411.

[68]WANG G, SHAO L H, LIU Y Z, et al. Accurate evaluation of lowest band gaps in ternary locally resonant phononic crystals[J]. Chinese Physics, 2006, 15(8): 1843.

[69]WANG G, Wen X S, Wen J H, et al. Two – dimensional locally resonant phononic crystals with binary structures[J]. Physical Review Letters, 2004, 93(15): 154302.

[70]王刚. 声子晶体局域共振禁带机理及减振特性研究[D]. 长沙: 国防科学技术大学, 2005.

[71]TAN K T, HUANG H H, SUN C T. Blast – wave impact mitigation using negative effective mass density concept of elastic metamaterials[J]. International Journal of Impact Engineering, 2014, 64: 20 – 29.

[72]ZHU R, LIU X N, HU G K, et al. Microstructural designs of plate – type elastic metamaterial and their potential applications: A review[J]. International Journal of Smart and Nano Materials, 2015, 6(1): 14 – 40.

[73]CHEN Y Y, HUANG G L. Active elastic metamaterials for subwavelength wave propagation control[J].

Acta Mechanica Sinica, 2015, 31(3): 349 -363.

[74]KUSHWAHA M S. The phononic crystals: An unending quest for tailoring acoustics[J]. Modern Physics Letters B, 2016, 30(19): 1630004.

[75]WANG X P, JIANG P, SONG A L. Low - frequency and tuning characteristic of band gap in a symmetrical double - sided locally resonant phononic crystal plate with slit structure[J]. International Journal of Modern Physics B, 2016, 30(27): 1650203.

[76]CROEENNE C, LEE E J S, HU H, et al. Band gaps in phononic crystals: Generation mechanisms and interaction effects[J]. AIP Advances, 2011, 1(4): 2022 -2025.

[77]XIAO Y, MACE B R, Wen J, et al. Formation and coupling of band gaps in a locally resonant elastic system comprising a string with attached resonators[J]. Physics Letters A, 2011, 375(12): 1485 -1491.

[78]YAMAN Y. Vibrations of open - section channels: a coupled flexural and torsional wave analysis[J]. Journal of Sound and Vibration, 1997, 204(1): 131 -158.

[79]MACE B R, MANCONI E. Wave motion and dispersion phenomena: veering, locking and strong coupling effects. [J]. Journal of the Acoustical Society of America, 2012, 131(2): 1015 -1028.

[80]THOMPSON D J, FERGUSON N S, YOO J W, et al. Structural waveguide behaviour of a beam - plate system[J]. Journal of Sound and Vibration, 2008, 318(1/2): 206 -226.

[81]KOHL T, DATTA S K, SHAH A H, et al. Mode - coupling of waves in laminated tubes[J]. Journal of Composite Materials, 1992, 26(5): 661 -682.

[82]NORRIS A N. Flexural waves on narrow plates[J]. Journal of the Acoustical Society of America, 2003, 113(5): 2647 -2658.

[83]FULLER C R, FAHY F J. Characteristics of wave propagation and energy distributions in cylindrical elastic shells filled with fluid[J]. Journal of Sound and Vibration, 1982, 81(4): 501 -518.

[84]FAN Y, ZHOU C W, LAINE J P, et al. Model reduction schemes for the wave and finite element method using the free modes of a unit cell[J]. Computers & Structures, 2017, 197(2): 42 -57.

[85]MOUSANEZHAD D, BABAEE S, GHOSH R, et al. Honeycomb phononic crystals with self - similar hierarchy[J]. Physical Review B, 2015, 92(10): 104304.

[86]KUO N K, PIAZZA G. Fractal phononic crystals in aluminum nitride: An approach to ultra high frequency bandgaps[J]. Applied Physics Letters, 2011, 99(16): 163501.

[87]LIU X N, HU G K, SUN C T, et al. Wave propagation characterization and design of two - dimensional elastic chiral metacomposite[J]. Journal of Sound and Vibration, 2011, 330(11): 2536 -2553.

[88]LIU Z F, WU B, HE C F. Band - gap optimization of two - dimensional phononic crystals based on genetic algorithm and FPWE[J]. Waves in Random & Complex Media, 2014, 24(3): 286 -305.

[89]LIU Z F, WU B, HE C F. The properties of optimal two - dimensional phononic crystals with different material contrasts[J]. Smart Materials and Structures, 2016, 25(9): 095036.

[90]YEH J. Control analysis of the tunable phononic crystal with electrorheological material[J]. Physica B - condensed Matter, 2007, 400(1): 137 -144.

[91]HUANG Z G, WU T T. Temperature effect on the bandgaps of surface and bulk acoustic waves in two - dimensional phononic crystals[J]. Ultrasonics Ferroelectrics & Frequency Control IEEE Transactions

on, 2005, 52(3): 365 - 370.

[92]JIM K L, LEUNG C W, LAU S T, et al. Thermal tuning of phononic bandstructure in ferroelectric ceramic/epoxy phononic crystal[J]. Applied Physics Letters, 2009, 94(19): 2486.

[93]YEH J Y. Control analysis of the tunable phononic crystal with electrorheological material[J]. Physica B: Condensed Matter, 2007, 400(1): 137 - 144.

[94]BAYAT A, GORDANINEJAD F. Band - gap of a soft magnetorheological phononic crystal[J]. Journal of Vibration and Acoustics, 2015, 137(1): 1013.

[95]ROBILLARD J F, MATAR O B, VASSEUR J O, et al. Tunable magnetoelastic phononic crystals[J]. Applied Physics Letters, 2009, 95(12): 124104.

[96]RUZZENE M, BAZ A. Control of wave propagation in periodic composite rods using shape memory inserts[J]. Journal of Vibration and Acoustics, 2000, 122(2): 151 - 159.

[97]CASTANIER M P, PIERRE C. Modeling and analysis of mistuned bladed disk vibration: Status and emerging directions[J]. Journal of Propulsion and Power. 2006, 22(2): 384 - 396.

[98]U. S. Air Force. Engine structural integrity program(ENSIP):MIL - STD - 1783[S]. Washington:U. S. Air Force,1984.

[99]WHITEHEAD D S. Effect of mistuning on the vibration of turbo - machine blades induced by wakes[J]. Journal of Mechanical Engineering Science, 1966, 8(1): 15 - 21.

[100]WHITEHEAD D S. The maximum factor by which forced vibration of blades can increase due to mistuning[J]. Journal of Engineering for Gas Turbines and Power. 1998. 120(1): 115 - 119.

[101]EWINS D J. The effects of detuning upon the forced vibrations of bladed disks[J]. Journal of Sound and Vibration, 1969, 9(1): 65 - 79.

[102]EWINS D J. A study of resonance coincidence in bladed discs[J]. Journal of Mechanical Engineering Science, 1970, 12(5): 305 - 312.

[103]EWINS D J. Vibration modes of mistuned bladed disks[J]. Journal of Engineering for Gas Turbines and Power, 1976, 98(3): 349 - 355.

[104]孟越, 李琳, 李其汉. 不对称静子叶片非谐方案研究[J]. 航空动力学报, 2007, 22(12): 2083 - 2088.

[105]孟越, 李琳, 李其汉. 气动非谐对叶片非定常气动激振力影响[J]. 航空动力学报, 2007, 22(7): 1060 - 1064.

[106]辛健强. 航空发动机叶盘转子结构的典型振动问题研究[D]. 北京: 北京航空航天大学, 2011.

[107]MARTEL C, CORRAL R. Asymptotic description of maximum mistuning amplification of bladed disk forced response[J]. Journal of engineering for gas turbines and power, 2009, 131(2): 022506.

[108]FIGASCHEWSKY F, GIERSCH T, KÜHHORN A. Forced response prediction of an axial turbine rotor with regard to aerodynamically mistuned excitation[C]. ASME Turbo Expo 2014: Turbine Technical Conference and Exposition. American Society of Mechanical Engineers, Dusseldorf, 2014.

[109]WILDHEIM S J. Excitation of rotationally periodic structures[J]. ASME J. Appl. Mech, 1979, 46(4): 878 - 882.

[110]WILDHEIM S J. Excitation of rotating circumferentially periodic structures[J]. Journal of Sound and

Vibration, 1981, 75(3): 397 -416.

[111]王培屹. 航空发动机叶盘结构流致振动抑制的理论研究[D]. 北京: 北京航空航天大学, 2014.

[112]BATTIATO G, FIRRONE C M, BERRUTI T M. Forced response of rotating bladed disks: Blade Tip - Timing measurements[J]. Mechanical Systems & Signal Processing, 2017, 85: 912 -926.

[113]王建军, 李其汉. 航空发动机失谐叶盘振动减缩模型与应用[M]. 北京: 国防工业出版社, 2009.

[114] HODGES C H. Confinement of vibration by structural irregularity [J]. Journal of sound and vibration, 1982, 82(3): 411 -424.

[115]BENDIKSEN O O. Localization phenomena in structural dynamics[J]. Chaos, Solitons & Fractals, 2000, 11(10): 1621 -1660.

[116]王建军, 姚建尧, 李其汉. 刚度随机失谐叶盘结构概率模态特性分析[J]. 航空动力学报, 2008, 23(2): 256 -262.

[117]叶先磊, 王建军, 朱梓根, 等. 大小叶盘结构连续参数模型和振动模态[J]. 航空动力学报, 2005, 20(1): 66 -72.

[118]于长波. 航空发动机叶片转子结构的典型振动问题分析[D]. 北京: 北京航空航天大学, 2011.

[119]王帅. 整体叶盘结构失谐识别方法和动态特性实验研究[D]. 北京: 北京航空航天大学, 2010.

[120]WEI S T, PIERRE C. Localization phenomena in mistuned assemblies with cyclic symmetry part I: free vibrations[J]. Journal of Vibration, Acoustics, Stress, and Reliability in Design, 1988, 110(4): 429 -438.

[121]WEI S T, PIERRE C. Localization phenomena in mistuned assemblies with cyclic symmetry part II: Forced vibrations[J]. Journal of Vibration, Acoustics, Stress, and Reliability in Design, 1988, 110(4): 439 -449.

[122]MACBAIN J C, WHALEY P W. Maximum resonant response of mistuned bladed disks[J]. Journal of vibration, acoustics, stress, and reliability in design, 1984, 106(2): 218 -223.

[123]WANG P, LI L. Parametric dynamics of mistuned bladed disk [C]. ASME Turbo Expo 2014: Turbine Technical Conference and Exposition. American Society of Mechanical Engineers, Dusseldorf,2014.

[124]MIGNOLET M P, LIN C C. A novel limit distribution for the analysis of randomly mistuned bladed disks[C]. ASME 1996 International Gas Turbine and Aeroengine Congress and Exhibition. American Society of Mechanical Engineers, Birmingham, 1996.

[125]BLADH R, PIERRE C, CASTANIER M P, et al. Dynamic response predictions for a mistuned industrial turbomachinery rotor using reduced - order modeling[J]. Journal of Engineering for Gas Turbines and Power, 2002, 124(2): 311 -324.

[126]KENYON J A, GRIFFIN J H, KIM N E. Mistuned bladed disk forced response with frequency veering[C]//Proceedings of the 8th National Turbine Engine High Cycle Fatigue Conference. Monterey, 2003.

[127] CRAIG Jr R R, BAMPTON M C C. Coupling of substructures for dynamic analyses[J]. AIAA journal, 1968, 6(7): 1313 - 1319.
[128] CASTANIER M P, OTTARSSON G, PIERRE C. A reduced order modeling technique for mistuned bladed disks[J]. Journal of Vibration and Acoustics, 1997, 119: 439 - 447.
[129] YANG M T, GRIFFIN J H. A reduced - order model of mistuning using a subset of nominal system modes[J]. Journal of Engineering for Gas Turbines & Power, 1999, 123(4): 135 - 181.
[130] FEINER D M, GRIFFIN J H. A fundamental model of mistuning for a single family of modes[J]. Journal of Turbomachinery, 2002, 124(4): 953 - 964.
[131] MARTEL C, CORRAL R, LLORENS J. Stability Increase of aerodynamically unstable rotors using intentional mistuning[J]. Journal of Turbomachinery, 2008, 130(1): 1045 - 1058.
[132] SALAS M G, BLADH R, MÅRTENSSON H, et al. Forced response analysis of a mistuned, compressor blisk comparing three different reduced order model approaches[J]. Journal of engineering for gas turbines and power, 2017, 139(6): 062501.
[133] CASTANIER M, PIERRE C. Investigation of the combined effects of intentional and random mistuning on the forced response of bladed disks[C]. 34th AIAA/ASME/SAE/ASEE Joint Propulsion Conference and Exhibit, Cleveland, 1998.
[134] SINHA A, CHEN S. A higher order technique to compute the statistics of forced response of a mistuned bladed disk assembly[J]. Journal of Sound and Vibration, 1989, 130(2): 207 - 221.
[135] MIGNOLET M P, RIVAS G A, LABORDE B. Towards a comprehensive direct prediction strategy of the effects of mistuning on the forced response of turbomachinery blades[J]. Aircraft Engineering and Aerospace Technology, 1999, 71(5): 462 - 469.
[136] CASTANIER M P, PIERRE C. Consideration on the benefits of intentional blade mistuning for the forced response of turbomachinery rotors[J]. Analysis and design issues for modern aerospace vehicles, 1997, 1:419 - 425.
[137] WEI S T, PIERRE C. Statistical analysis of the forced response of mistuned cyclic assemblies[J]. AIAA Journal, 1990, 28(5): 861 - 868.
[138] 温激鸿. 人工周期结构中弹性波的传播：振动与声学特性[M]. 北京:科学出版社, 2015.
[139] KUSHWAHA M S, HALEVI P, DOBRZYNSKI L, et al. Acoustic band structure of periodic elastic composites[J]. Physical Review Letters, 1993, 71(13): 2022 - 2025.
[140] SIGALAS M M, ECONOMOU E N. Band structure of elastic waves in two dimensional systems[J]. Solid State Communications, 1993, 86(3):141 - 143.
[141] CAO Y, HOU Z, LIU Y, et al. Convergence problem of plane - wave expansion method for phononic crystals[J]. Physics Letters A, 2004, 327(2): 247 - 253.
[142] CHEN T, WANG L. Suppression of bending waves in a periodic beam with timoshenko beam theory[J]. Acta Mechanica Solida Sinica, 2013, 26(2): 177 - 188.
[143] YU D, FANG J, CAI L, et al. Triply coupled vibrational band gap in a periodic and nonsymmetrical axially loaded thin - walled Bernoulli - Euler beam including the warping effect[J]. Physics Letters A, 2009, 373(38): 3464 - 3469.
[144] GAO Y, BRENNAN M J, SUI F. Control of flexural waves on a beam using distributed vibration

neutralisers[J]. Journal of Sound and Vibration, 2011, 330(12): 2758 - 2771.

[145] YEE K. Numerical solution of initial boundary value problems involving maxwell's equations in isotropic media[J]. IEEE Transactions on Antennas & Propagation, 1966, 14(3): 302 - 307.

[146] SEO M K, SONG G, HWANG I K, et al. Nonlinear dispersive three - dimensional finite - difference time - domain analysis for photonic - crystal lasers[J]. Optics Express, 2005, 13(24): 9645.

[147] LIU S, WEI H, YUAN N. Finite - difference time - domain analysis of unmagnetized plasma photonic crystals[J]. International Journal of Infrared & Millimeter Waves, 2006, 27(3): 403 - 423.

[148] SUN J H, WU T T. Propagation of acoustic waves in phononic - crystal plates and waveguides using a finite - difference time - domain method[J]. Physical Review B - Condensed Matter and Materials Physics, 2007, 76(10): 1 - 8.

[149] CAO Y, HOU Z, LIU Y. Finite difference time domain method for band - structure calculations of two - dimensional phononic crystals[J]. Solid State Communications, 2004, 132(8): 539 - 543.

[150] SIGALAS M M, GARCIA N. Theoretical study of three dimensional elastic band gaps with the finite - difference time - domain method[J]. Journal of Applied Physics, 2000, 87(6): 3122 - 3125.

[151] DUHAMEL D, MACE B R, BRENNAN M J. Finite element analysis of the vibrations of waveguides and periodic structures[J]. Journal of Sound and Vibration, 2006, 294(1/2): 205 - 220.

[152] ORRIS R M, PETYT M. A finite element study of harmonic wave propagation in periodic structures[J]. Journal of Sound and Vibration, 1974, 33(2): 223 - 236.

[153] MEAD D J. The forced vibration of one - dimensional multi - coupled periodic structures: An application to finite element analysis[J]. Journal of Sound and Vibration, 2009, 319(1): 282 - 304.

[154] LOSSOUARN B, AUCEJO M, DEÜ J F. Electromechanical wave finite element method for interconnected piezoelectric waveguides[J]. Computers & Structures, 2018, 199: 46 - 56.

[155] HOUILLON L, ICHCHOU M N, JEZEQUEL L. Wave motion in thin - walled structures[J]. Journal of Sound and Vibration, 2005, 281(3 - 5): 483 - 507.

[156] ZHOU W J, ICHCHOU M N. Wave propagation in mechanical waveguide with curved members using wave finite element solution[J]. Computer Methods in Applied Mechanics and Engineering, 2010, 199(33/34/35/36): 2099 - 2109.

[157] ZHOU C W, LAINE J P, ICHCHOU M N, et al. Multi - scale modelling for two - dimensional periodic structures using a combined mode/wave based approach[J]. Computers & Structures, 2015: 145 - 162.

[158] WAKI Y, MACE B R, BRENNAN M J. Numerical issues concerning the wave and finite element method for free and forced vibrations of waveguides[J]. Journal of Sound and Vibration, 2009, 327(1/2): 92 - 108.

[159] MEAD D J. A general theory of harmonic wave propagation in linear periodic systems with multiple coupling[J]. Journal of Sound and Vibration, 1973, 27(2): 235 - 260.

[160] ZHOU C W, LAINÉ J P, ICHCHOU M N, et al. Numerical and experimental investigation on broadband wave propagation features in perforated plates[J]. Mechanical Systems and Signal Processing, 2016, 75: 556 - 575.

[161] ZHOU C W, LAINÉ J P, ICHCHOU M N, et al. Wave finite element method based on reduced

model for one - dimensional periodic structures[J]. International Journal of Applied Mechanics, 2015, 7(2): 1550018.

[162] MACE B R. Discussion of "Dynamics of Phononic Materials and Structures: Historical Origins, Recent Progress and Future Outlook"[J]. Applied Mechanics Reviews, 2014, 66(4): 045502.

[163] BOBROVNITSKII Y I. On the energy flow in evanescent waves[J]. Journal of Sound and Vibration, 1992, 152(1): 175 - 176.

[164] KURZE U J. Comments On "On The Energy Flow In Evanescent Waves"1992[J]. Journal of Sound and Vibration, 1992, 161: 355 - 356.

[165] MEAD D J, PARTHAN S. Free wave propagation in two - dimensional periodic plates[J]. Journal of Sound and Vibration, 1979, 64(3): 325 - 348.

[166] CREMER L, HECKL M, UNGAR E E, et al. Structure - borne sound[J]. Physics Today, 1975, 28(1): 81 - 85.

第2章 压电结构和压电分支

2.1 引言

压电材料是指一类具有压电效应的材料或复合材料。学术界普遍认为,压电效应是由法国科学家居里兄弟[1-2]于1880年左右发现的,包含正、逆压电效应两个方面。他们首先注意到,当某些晶体材料发生弹性变形时,在这些材料的表面上会呈比例地积累电荷[1],呈现出电势差。人们用术语“正压电效应”[3]来描述这一现象,即从机械能到电能的转换。在同一时期,居里兄弟还发现如果在这些晶体的表面上人为施加电荷,也可以反过来呈比例地导致弹性变形[2]。这一现象用术语“逆压电效应”[3]来描述,表达能量从电场到机械场的转换。值得注意的是,具有正压电效应的材料一定也具有逆压电效应,这一结论由Lippmann[4]用热力学理论给出了证明。

压电效应是由材料所具有的非对称晶格构型产生的。为了获得这种构型,需要对材料进行极化。在极化过程中,通常会将材料加热,同时施加一个强电场(电场强度通常大于2000V/mm)。这会迫使晶体的正、负电荷中心沿极化(电场)方向分离,构成电偶极子;或迫使本来就存在的无序电偶极子都指向极化方向。当温度降低到室温并撤去外电场后,电偶极子的指向就被固定了下来,这就获得了压电材料,如图2-1所示,其中T_c表示居里温度,P是极化电场。如果向压电材料施加一个外部电场,电偶极子就会有移动或转动的趋势,从而迫使材料在宏观层面产生相应的弹性变形,反之亦然。在极化过程,材料必须被加热到一个可以使晶格的对称性发生上述变化的临界温度之上,这个温度称为“居里温度”。因此,居里温度也是使压电材料失效的温度,压电材料的居里温度一般在 200～500℃。

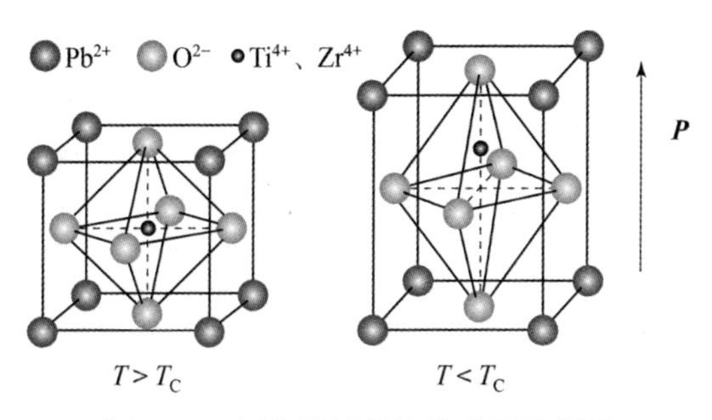

图 2－1　压电材料的极化过程示意图

虽然压电材料的发现于 18 世纪末,但直到 19 世纪中叶才开始得到较多的关注和较大的发展,主要原因之一是没有高输入阻抗的功率放大器来稳定地检测压电材料由于变形产生的电荷。从 1951 年开始,日本的学者和企业联合发现了多种新型压电材料,并设计了相关的信号处理设备,成功地将压电材料用到了多个工程领域中并取得了显著的商业成功[5]。其中最著名的案例有燃气灶的点火器和超声波换能器等。至今,作为传感器、激振器或换能器,压电材料已经在包括航空、航天、汽车、能源、制造、生物、医学等大量工业场合中得到应用。随着材料制备成熟和应用的广泛,关于压电材料的相关概念、术语约定和测试方法已经在 1988 年形成了国际规范[3]。

在力学研究中,压电材料的机电耦合特性一般用下列线性本构方程来描述:

$$\begin{cases}\boldsymbol{T}=\boldsymbol{c}^{\mathrm{E}}\boldsymbol{S}-\boldsymbol{e}\boldsymbol{E}\\ \boldsymbol{D}=\boldsymbol{e}^{\mathrm{T}}\boldsymbol{S}+\boldsymbol{\varepsilon}^{\mathrm{S}}\boldsymbol{E}\end{cases} \tag{2-1}$$

式中:$\boldsymbol{T}$ 和 $\boldsymbol{S}$ 分别为有 6 个分量的应力、应变向量;$\boldsymbol{D}$ 和 $\boldsymbol{E}$ 分别为有 3 个分量的电位移、电场强度向量;$\boldsymbol{c}^{\mathrm{E}}$、$\boldsymbol{\varepsilon}^{\mathrm{S}}$ 和 $\boldsymbol{e}$ 分别为等电场强度下的材料刚度矩阵、等应力条件下的介电常数矩阵和压电系数矩阵。矩阵 $\boldsymbol{e}$ 表达了压电效应的两个方面,它使得机械应力可以产生电位移(正压电效应),同时使得电场强度可以产生应力(逆压电效应)。根据应用场合和测试条件,本构关系还有多种其他形式,例如用应力和电场强度来表示应变和电位移:

$$\begin{cases}\boldsymbol{S}=\boldsymbol{s}^{\mathrm{E}}\boldsymbol{T}-\boldsymbol{d}\boldsymbol{E}\\ \boldsymbol{D}=\boldsymbol{d}^{\mathrm{T}}\boldsymbol{T}+\boldsymbol{\varepsilon}^{\mathrm{T}}\boldsymbol{E}\end{cases} \tag{2-2}$$

其中各矩阵的意义、其他形式的本构关系,以及等价的张量表述,请参见文献[3,5]。

目前,使用得最广泛的压电材料有以 PZT(Lead - Zirconate - Titanate)为代表的压电陶瓷、以 PVDF[6](Polyvinylidene Fluoride)为代表的压电薄膜、以 MFC(Macro Fiber Composite)为代表的压电纤维复合材料等,如图 2 - 2 所示。PZT 是一种横观各向同性材料,它在与极化方向(3 方向)垂直的平面内(1、2 方向)可视作各向同性材料,即 $d_{31}=d_{32}$。而 PVDF 不具备这一性质,通常 $d_{31}\approx 5d_{32}$,即在极化方向施加的电压会在其法平面内的两个特征方向上产生显著区别的应变。从密度上看,PVDF(约 1800kg/m^3)要比 PZT(约 7800kg/m^3)小得多;但从刚度上看,PVDF(约 2.5GPa)也要比 PZT(约 50GPa)"柔"得多。在工程应用中,用 PZT 可获得较好的作动性能,但较脆且容易断裂,难以与曲面贴合和裁剪加工;PVDF 虽然可与曲面贴合,但其驱动能力又较弱,无法兼顾性能。为了进一步提高压电材料的性能和适用性,Newnham[7]提出了一种将压电陶瓷作为纤维植入环氧树脂的基体中的概念。在这种复合材料中,压电纤维作为主动相,聚合物作为被动相。这种复合压电材料由于具有很好的裁剪性而被广泛看好。在此基础上,美国航空航天局(NASA)兰利研发中心开发了 MFC[8]。MFC 主要由压电纤维、叉指式电极和环氧树脂基体构成,由于植入环氧树脂基体中的压电纤维可以做得很细,因此具有比 PZT 低很多的弯曲刚度,可贴合复杂的零件曲面。同时,由于采用 33 机电耦合模式(即在 3 方向施加电压产生 3 方向的正应力,注意 3 约定为极化方向),MFC 的作动能力是相同尺寸压电晶片的 3 倍以上[9]。各种压电材料之间没有绝对的优劣,应根据应用场合的需求和限制选用合适的压电材料。

(a) 压电陶瓷/薄膜

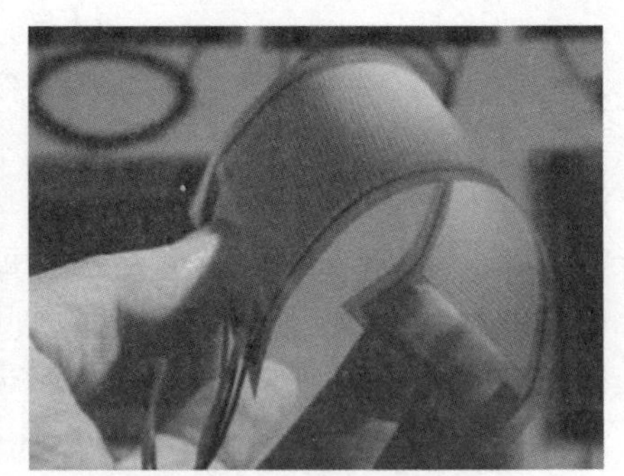

(b) 压电纤维复合材料

图 2 - 2　压电材料

值得注意的是,研究人员发现压电材料并不精确地按照线性本构关系所预测的方式工作,即具有一定的非线性。例如,Williams 等[10]发现 MFC 电压与位移呈非线性关系,他们通过实验数据的拟合,最终建立了与电场强度呈二次函数关系的压电应变系数。这种非线性特性并不只来源于压电材料本身,也来源于 MFC 内部叉指电极产生的非均匀电场[11]。除了电压/应变系数的非线性,MFC 还存在明显的迟滞特性行为[12],即其应变不仅取决于电压的幅值,而且取决于输入电压的历程。在利用压电材料对结构进行精确作动的应用场合,例如对飞行器附翼、方向舵和升降舵的控制时,必须结合实验数据对上述非线性特征进行全面考虑[13-16]。

压电材料的非线性特征成因复杂,尚没有能与实验结果完全吻合的理论模型,大多数非线性压电模型还需依靠实验测试来确定特征参数[17]。在研究和工程应用中仍广泛使用线性压电理论,尤其是在本书所讨论的被动、半主动振动抑制领域[18-20],采用线性压电理论即可取得相对满意的结果。因此,本书不涉及压电材料的非线性特性。

2.2　压电结构的动力学模型

2.2.1　机电耦合系统的哈密顿原理

对于一般机械结构系统,其动力学模型可以通过哈密顿原理建立。首先需要建立描述结构变形且满足边界约束条件的广义坐标,再将系统的动能和势能用这些广义坐标表示出,最后通过拉格朗日方程获得结构动力学方程[21]。对于包含机械材料、压电材料,甚至外接电路的机电耦合系统,也存在类似的思路[18-19]。此时,可构造下列变分算子:

$$\mathrm{V.I.} = \int_{t_1}^{t_2} \left(\delta T^* + \delta W_\mathrm{m}^* - \delta V - \delta W_\mathrm{e} + \sum_j F_j \delta x_j + \sum_k E_k \delta q_k \right) \mathrm{d}t \tag{2-3}$$

式中:W_m^* 为磁余能;W_e 为电能;T^* 为动余能;V 为弹性势能;q_k 为第 k 个电荷广义坐标;x_j 为第 j 个位移广义坐标;E_k 为作用在第 k 个广义电荷坐标上的广义电势;F_j 为作用在第 j 个广义位移坐标上的广义力。式(2-3)表达的是:在满足条件

$$\delta x_j(t_1) = \delta x_j(t_2) = \delta q_k(t_1) = \delta q_k(t_2) = 0 \tag{2-4}$$

的两个时间点 t_1 和 t_2 之间,机电耦合系统的真实解使得变分算子 V.I. 关于广义坐标的所有相容变分(δx_j 和 δq_k)都为零。进一步可导出描述机电耦合系统的广义拉格朗日方程:

$$\frac{\mathrm{d}}{\mathrm{d}t}\left(\frac{\partial \mathcal{L}}{\partial \dot{q}_k}\right) - \frac{\partial \mathcal{L}}{\partial q_k} = E_k \tag{2-5}$$

$$\frac{\mathrm{d}}{\mathrm{d}t}\left(\frac{\partial \mathcal{L}}{\partial \dot{x}_j}\right)-\frac{\partial \mathcal{L}}{\partial x_j}=F_j \tag{2-6}$$

式中:$\mathcal{L}$ 为拉格朗日函数,定义为

$$\mathcal{L}=T^*+W_{\mathrm{m}}^*-V-W_{\mathrm{e}}^* \tag{2-7}$$

这样,就可以完成对任意机电耦合系统的建模。值得注意的是,除了采用上述“位移-电量”格式,有时为了方便某些特性场合的研究,还可以采用“位移-磁通量”格式等,详见文献[18-19]。

虽然哈密顿原理和拉格朗日方程适用于任意(线性)机电耦合系统,但针对一些特殊的压电结构,存在一些更简单的方式获得其动力学模型。尤其是那些在工作中只承受单轴应力/应变状态的情况,例如圆轴的扭转[22]或弯曲[23]压电作动器。在有些场合,例如在处理压电传感器时[18],人们甚至不考虑压电材料的质量(动能),因为其远远小于主结构的质量(动能)。当压电材料被设计成杆、梁、环、板等形式时,例如用来作为“振子”从环境中收集能量[24],其电场和机械场的性质也可以得到极大的简化。总之,在上述情况下,完整的弹性力学偏微分方程组,包括压电材料和机械材料的本构关系、外力与应力之间的平衡关系、位移与应变之间的协调关系,可以一直简化到所建立的动力学方程(组)具有解析解的程度。马上我们就会谈到,这些简单的模型对理解压电结构所具有的机电耦合特性及其应用原理有至关重要的作用,至今仍活跃在科研前沿。有时,即使解析解不存在,要利用有限元法,也可以建立诸如压电梁单元、压电板单元等简化形式。

2.2.2 集总参数模型及其机电类比

在压电结构的集总参数模型中,空间分布的机械场和电场性质全部都简化到少量的离散机械和电场元件中,如质量、弹簧、阻尼器、电感、电容、电阻等。压电结构最简单的集总参数模型只包含两个自由度,分别用来描述机械场和电场。对于如图2-3所示的压电堆换能器,如果忽略压电材料惯性和顶部质量块的刚度,就可以直接根据压电材料的单轴应力状态(拉压)导出该压电结构的动力学方程:

$$\begin{pmatrix} V \\ -M\ddot{x} \end{pmatrix}=\frac{K_{\mathrm{a}}}{C_{\mathrm{p}}(1-k^2)}\begin{bmatrix} 1/K_{\mathrm{a}} & -nd_{33} \\ -nd_{33} & C_{\mathrm{p}} \end{bmatrix}\begin{pmatrix} Q \\ x \end{pmatrix} \tag{2-8}$$

式中:x、V 和 Q 分别为顶部质量的位移、电压和电荷,其余参数均与材料参数有关,见参考文献[18-19]。这个非常简单的模型可以用来理解许多关于压电结构的基本概念,例如外电路开路和短路的区别、机电耦合系数、本征

电容等。这类集总参数模型可见于与压电双晶片元件[25-26]、拉压振子[27]，以及扭转换能器[22]相关的文献。由于这类模型简洁，学者们还利用它初步论证非线性电路对结构动力学的影响[28]。

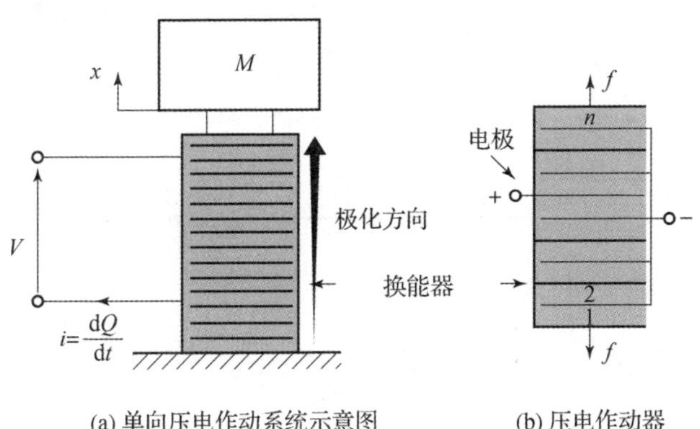

(a) 单向压电作动系统示意图　　(b) 压电作动器

图 2-3　压电堆换能器

对于更复杂的情况，例如当上述压电堆集成到一个弹性结构中(图 2-4)，即考虑图 2-3 中的质量还连接着一个弹性机械系统且压电片外接一个电感-电阻-电容(RLC)电路，此时压电结构的动力学方程[29]为

$$\begin{bmatrix} m & 0 \\ c_{33}d_{33}L & C_{\mathrm{ps}}L \end{bmatrix}\begin{bmatrix} \ddot{x} \\ \ddot{u}_{\mathrm{p}} \end{bmatrix}+\begin{bmatrix} d_0 & 0 \\ c_{33}d_{33}R & C_{\mathrm{ps}}R \end{bmatrix}\begin{bmatrix} \dot{x} \\ \dot{u}_{\mathrm{p}} \end{bmatrix}+\begin{bmatrix} c_0+c_{33} & -c_{33}d_{33} \\ \dfrac{c_{33}d_{33}}{C} & 1+\dfrac{C_{\mathrm{ps}}}{C} \end{bmatrix}\begin{bmatrix} x \\ u_{\mathrm{p}} \end{bmatrix}=\begin{bmatrix} F(t) \\ 0 \end{bmatrix} \tag{2-9}$$

其中，机械(x)和电路(u_{p})同样各只有一个自由度。如果重新定义两个自由度：

$$\begin{cases} x_1 = x \\ x_2 = x + u_{\mathrm{p}}C_{\mathrm{ps}}(c_{33}d_{33})^{-1} \end{cases} \tag{2-10}$$

式(2-9)重写为

$$\begin{bmatrix} m & 0 \\ 0 & m_{\mathrm{p}} \end{bmatrix}\begin{bmatrix} \ddot{x}_1 \\ \ddot{x}_2 \end{bmatrix}+\begin{bmatrix} d_0 & 0 \\ 0 & d_{\mathrm{sd}} \end{bmatrix}\begin{bmatrix} \dot{x}_1 \\ \dot{x}_2 \end{bmatrix}+\begin{bmatrix} c_0+c_{33}+c_{\mathrm{sd}} & -c_{\mathrm{sd}} \\ -c_{\mathrm{sd}} & c_{\mathrm{sd}}+c_{\delta} \end{bmatrix}\begin{bmatrix} x_1 \\ x_2 \end{bmatrix}=\begin{bmatrix} F(t) \\ 0 \end{bmatrix} \tag{2-11}$$

这意味着这一机电耦合系统可以等价于一个有 x_1 和 x_2 两个自由度的纯机械系统，称为“机械替代模型”，如图 2-4 所示。外接的 RLC 谐振电路等效为一个弹簧-质量-阻尼振子，机电耦合作用等效为连接机械质量与

“电感”质量的弹簧。在上述推导中并未引入任何假设,因此机电比拟是压电结构一个通用属性。从数学上讲,其存在的原因是无论机械场还是电场,都可以用类似的常微分(离散模型)或偏微分方程(连续模型)描述。

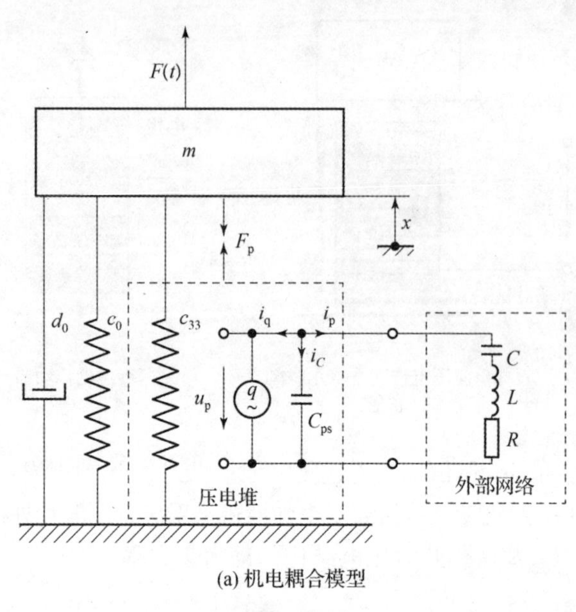

(a) 机电耦合模型

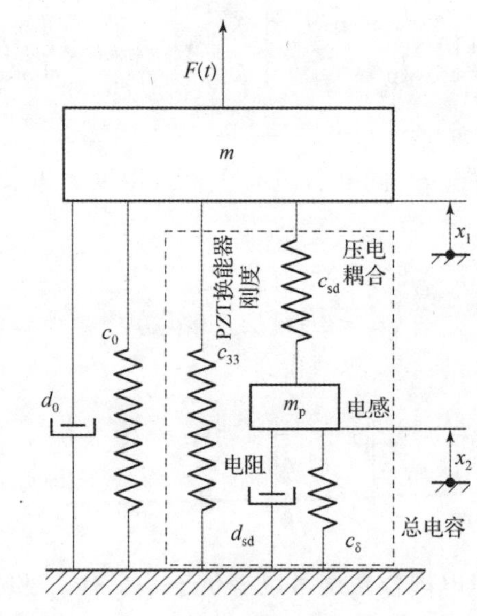

(b) 机械替代模型

图 2-4 外接 RLC 电路的压电结构的集总参数模型[29]

机械替代模型可以用来帮助理解压电效应和压电结构,更重要的是,它提供了一种设计和应用压电结构的重要途径,即人们首先可以根据需要设计一个机械系统,再通过机电类比用压电结构来实现这一机械系统。这样往往可以将一些因为空间、质量或加工工艺限制而难以实现的机械结构用轻质、可调谐的压电材料及其外接电路实现。实际上这一思路已经在振动抑制等领域的研究中得到了应用[30-31],这一方面的研究综述将在 2.4 节详细展开。

除了将压电结构这一机电耦合系统比拟为一个纯机械系统,也可以反其道而行之,将其比拟为一个纯电路系统[27],称为"电路替代模型",如图 2-5 所示。在电路替代模型中,质量、弹簧和阻尼等效为电感、电容和电阻;机电耦合效应等效为变压器;外力和位移等效为电压和电荷。这一替代模型表明,可以完全用电路元件模拟具有压电材料的单自由度振子的动力学行为,因而可以大大简化一些侧重于电路研究的实验平台的搭建。这一思路已经在阻尼分支电路的研究中得到应用[32-34]。

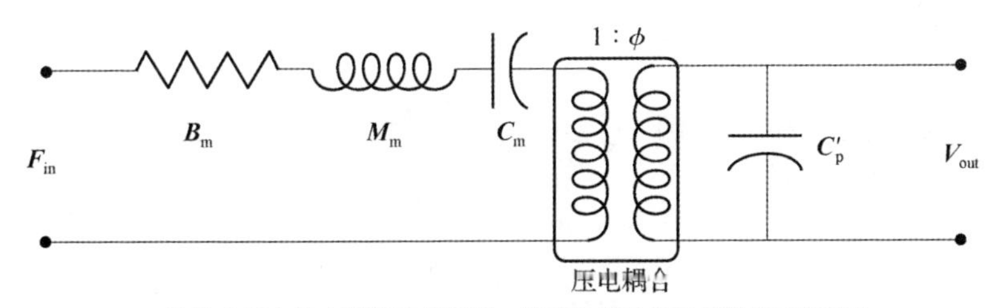

(a) 将机电耦合效应等效为变压器,此时各等效参数的数值不用变化

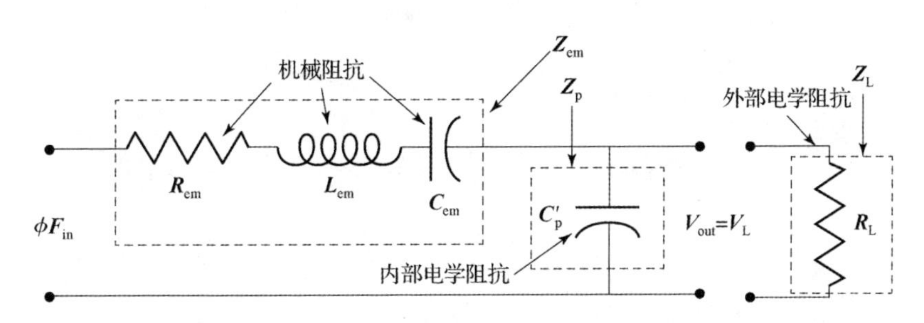

(b) 将变压器的作用化简,此时各等效参数需要进行相应的比例缩放

图 2-5 二自由度压电结构的电路替代模型[27]

集总参数模型可以通过对压电结构的几何外形、变形方式等的假设和简化获得,如式(2-8)和式(2-9)的建立过程。此外,集总参数模型也可以通过对任意压电结构只取少量模态振动的贡献获得。对于具有 M 个相互独

立的压电材料的压电结构(图 2-6),如果用其模态向量(一般是开路状态[21,35-36])的一个子集表达机械场和电场的广义坐标向量 $\boldsymbol{U}(\boldsymbol{x},t)$,即

$$\boldsymbol{U}(\boldsymbol{x},t)=\sum_{i=1}^{N}\phi_i(\boldsymbol{x})\eta_i(t) \tag{2-12}$$

则可获得以下 N 个描述力平衡关系的动力学方程:

$$\overbrace{\ddot{\eta}_i+2\xi_i\omega_i\dot{\eta}_i+\omega_i^2\eta_i}^{\text{机械场}}-\sum_{j=1}^{M}\overbrace{\chi_i U_j}^{\text{机电耦合}}=f_i\quad(i=1,2,\cdots,N) \tag{2-13}$$

以及具有 M 个在压电材料上体现基尔霍夫电压定理的动力学方程:

$$\underbrace{CU_j-Q_j}_{\text{电场}}+\sum_{i=1}^{N}\underbrace{\chi_i\eta_i}_{\text{机电耦合}}=0\quad(j=1,2,\cdots,M) \tag{2-14}$$

最后,再通过外接电路给出 M 个关于电路阻抗的动力学方程,如果各区域的压电材料在电路上没有连接,则

$$U_j=Z_jQ_j\quad(j=1,2,\cdots,M) \tag{2-15}$$

如果分支电路相互连接,则

$$U_j=\sum_{i=1}^{M}Z_{ij}Q_i\quad(j=1,2,\cdots,M) \tag{2-16}$$

式中:Z 为一个包含微分或积分操作的算子,例如对于 RLC 电路,有

$$Z=L\frac{\mathrm{d}^2}{\mathrm{d}t^2}+R\frac{\mathrm{d}}{\mathrm{d}t}+\frac{1}{C} \tag{2-17}$$

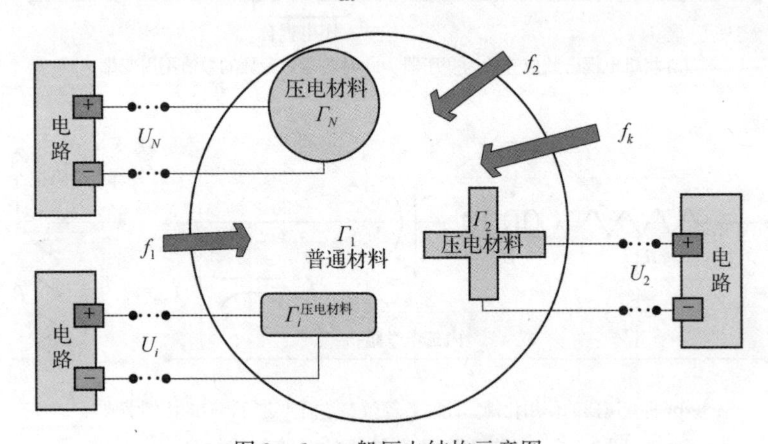

图 2-6　一般压电结构示意图

注意:各压电片所连接的电路也可以是相互连通的。

文献[37]还给出了另一种建立上述一般压电结构动力学方程的方式,这里不再展开论述。在式(2-13)~式(2-15)中,未知数和方程个数都是

$N+2M$,因此具备求解的基本前提。如果机械场和电场的自由度数量均退化到 1,即令 $M=N=1$,就是前文所述的集总参数模型。总之,通过类似的方式,可以将由有限元法等建立的具有大量自由度的动力学方程减缩到只具有少量自由度。因此,集总参数模型在研究中也可以用来描述实际上相当复杂的结构[38-39]。例如可以用如图 2-7 所示的航空发动机叶盘结构。

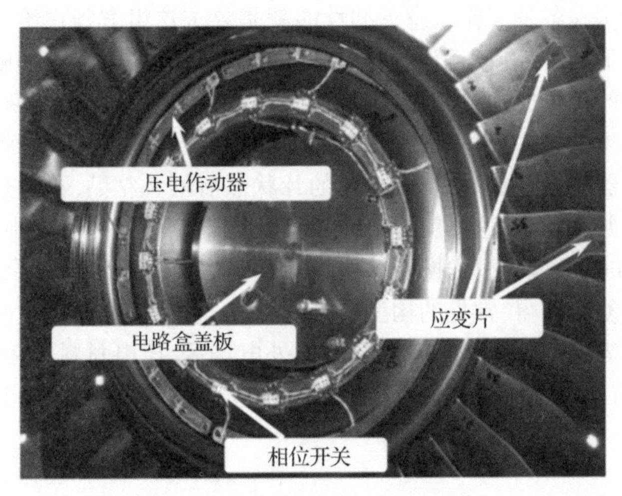

(a) 压电阻尼叶盘结构

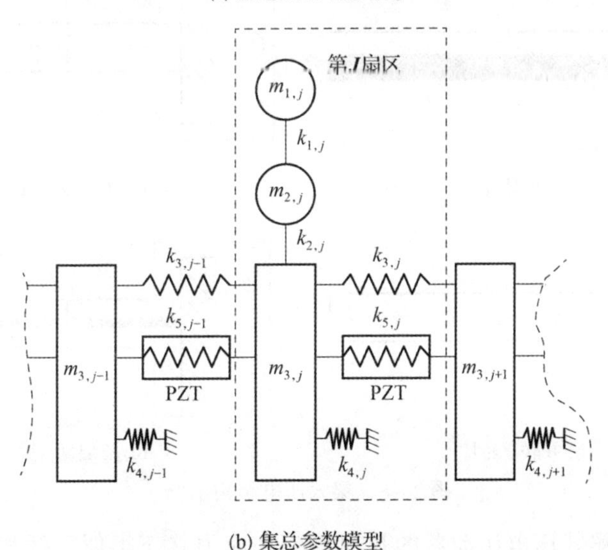

(b) 集总参数模型

图 2-7　文献[38]中研究压电阻尼对叶盘结构的减振效果

2.2.3 连续参数模型及其机电类比

用弹性力学理论处理压电结构时,除了在本构方程中考虑了电场(电位移、电场强度)和机械场(应力、应变)的线性耦合外,无须对几何方程和平衡方程进行修正。因此,描述压电结构动力学特性的也是一组偏微分方程组,了解压电结构在各种工作状态下的性能就是寻求这组方程在给定边界条件和初始条件下的特性或通解。这样获得的解析解有助于深入理解压电结构在各种场合的工作原理、参数影响规律等,相关研究自 20 世纪 90 年代起就引起了学术界的关注。早期的研究围绕堆式和梁式压电作动器展开。在堆式压电作动器中,压电片被切成较薄的片状然后堆叠粘贴,再通过电路设计使它们处于并联状态,这样就成倍地提升了压电片内部的电场强度,使之具有较好的 33 机电耦合模式换能性能。梁式作动器则通常由多层细长比较大的压电材料复合获得,常见的构型有:单晶片(unimorph)、双晶片(bimorph)、三层复合梁等,如图 2-8 所示。在施加外电场后,压电材料采用 31 机电耦合模式(即在 3 方向施加电压 1 方向的正应力)工作,主要用于产生弯曲变形。

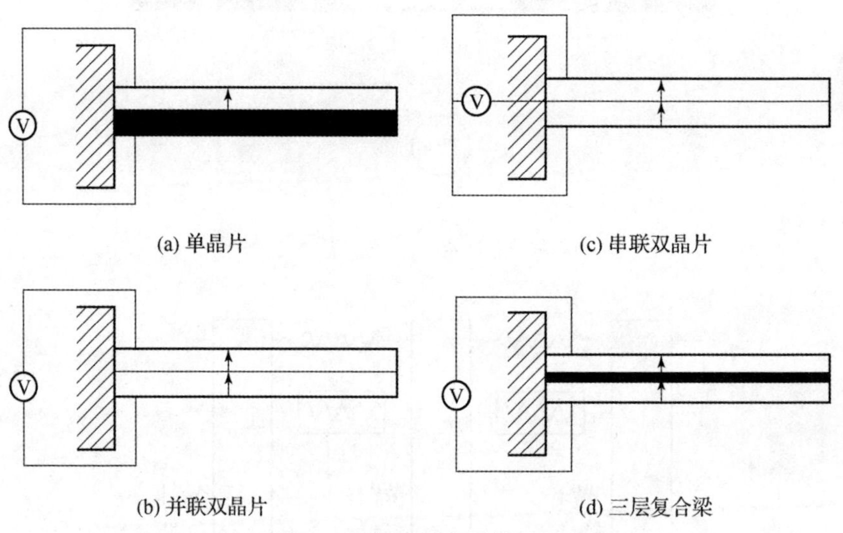

(a) 单晶片　(c) 串联双晶片
(b) 并联双晶片　(d) 三层复合梁

图 2-8　梁式压电结构示例

堆式和梁式压电作动器的几何参数和应力状态类似于杆和梁结构,因此在研究中通常借鉴杆和梁的研究思路或结论。1990 年,Smits 等[41]在研究用于机器手臂的压电弯曲作动器时,推导了压电双晶片的准静态输入-输出关系,包括弯矩-自由端转角、横向力-自由端位移、均布载荷-体积位移、电压-电荷。后来,Smits 和 Ballato[26]又给出了压电双晶片的动态输入-输出关系,仍具有类似形式。这些理论工作的基础均是欧拉-伯努利梁理论。动态输入-输出矩阵中的每个分量都是与频率相关的,且在共振频率处趋于无穷大(无阻尼)或极值(有阻尼)。对于三层复合梁模型[42],应满足的一个条件是,当其中间普通材料层的厚度退化到0时,其静态和动态方程与压电双晶片一致。Crawley 等[40]对比了有限元模型、欧拉-伯努利梁模型、等应变模型在分析梁式压电作动器时的精度,如图2-9所示。结果说明欧拉-伯努利梁理论对于压电梁结构仍然具有较好的适用性。要想了解更多关于这一时期内学术界对梁式压电作动器的建模方法研究,请参见 Smits 等[43]于1991年发表的综述文献。

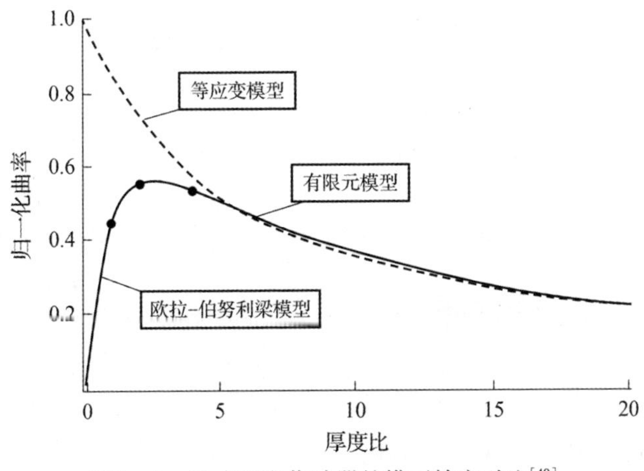

图2-9 梁式压电作动器的模型精度对比[40]

在2.2.2节中我们看到,无须引入任何新的假设,即可导出集总参数的机电耦合模型的两种等价的理解方式——机械替代模型和电路替代模型。对于连续体模型也存在类似的替代模型。Cho 等[44]提出了一种与 Smits 等所建立的压电双晶片/复合梁输入-输出关系等价的电路替代模型,共5个端口(1个原来的电路端口,4个由机械场等价而来的电路端口)。通过在这些端口补充电压/电量方程来表达不同的机械/电路边界条件,使方程组闭合(方程个数等于未知数个数)。例如,当压电材料只覆盖了一个悬臂梁的某个局部时,可视为一个压电复合梁与一个纯机械梁的连接,如图2-10所示。此时,就可以分别建立压电复合梁和机械梁的电路替代模型,(机械梁只有4个端口)，再将两个子结构的机械连接处理为等价电路模型的连接，这样就建立了该压电结构的完整电路替代模型。

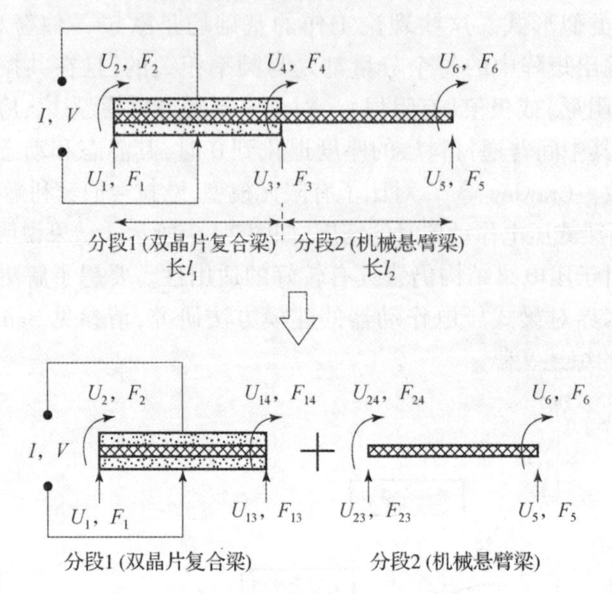

(a) 划分子结构，确定子结构界面力平衡和变形协调关系

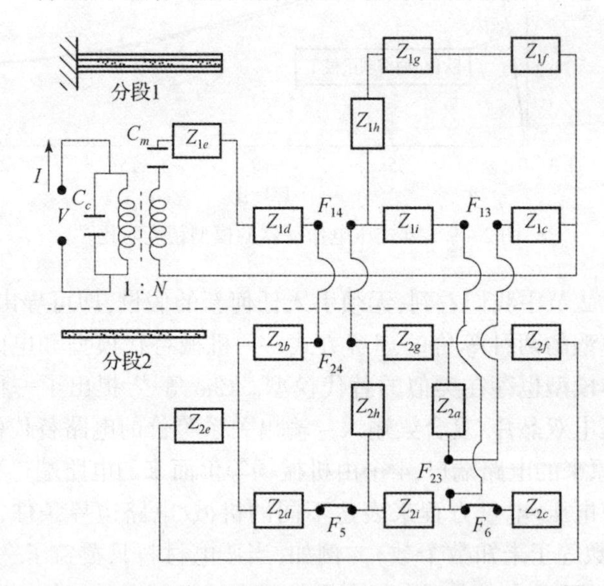

(b) 分别建立各子结构的电路替代模型，再用电路接口的连接表达子结构界面约束

图2-10　部分覆盖压电材料的梁结构的电路替代模型建立过程

由于在 Smits 等所建立的动态输入 - 输出关系中并未考虑转动惯量和剪切变形,因此 Cho 等建立的等价模型也就无法考虑这些因素。Ha 等[45]的研究表明,如果考虑转动惯量和剪切变形,则压电梁的电路替代模型将有 8 个端口,且可以在更广的细长比范围内取得较好的计算精度。上述机电耦合模型及其等价形式,虽然是以偏微分方程为基础推导的,但其表现形式仍然是少数自由度上的输入 - 输出关系。这是因为这些研究的目的都是为作动器的设计提供依据,所以研究最关心的是输入电压、电流和作动端的位移、转角等的关系,而对于压电结构其他部分的变形并不十分关注。这些动力学模型的另一个局限是它们通常假设梁上完全覆盖压电材料或梁就是由压电材料构造的。虽然可以通过图 2 - 10 所示的方式,用子结构的方式来处理部分覆盖压电材料的情况,最终获得压电结构的(频域)输入 - 输入关系。但这种方式对于分析系统的固有频率和振型时,需要在每个频率计算传递矩阵的行列式,效率低下。

对于较一般的情况,包括单层、双层、部分铺设压电材料等情形在内,Erturk 和 Inman[46]基于欧拉 - 伯努利假设给出了压电梁的偏微分方程:

$$\frac{\partial^2 M(x,t)}{\partial x^2} + m\frac{\partial^2 w_{\mathrm{rel}}(x,t)}{\partial t^2} = p(x,t) \tag{2-18}$$

式中:$M(x,t)$ 为弯矩内力,由横向位移 w_{rel} 和电机两端的电势差 V 共同决定,即

$$M(x,t) = YI\frac{\partial^2 w_{\mathrm{rel}}(x,t)}{\partial x^2} + \upsilon V(t)\overbrace{\left\{\frac{\mathrm{d}\delta}{\mathrm{d}x}(x-x_1) - \frac{\mathrm{d}\delta}{\mathrm{d}x}(x-x_2)\right\}}^{\text{表达电极铺设于从}x_1\text{到}x_2\text{的位置上}} \tag{2-19}$$

该模型最初是为了研究能量收集振子的设计而提出的,因此主要关注的是压电梁在某个频带内的固有振动特性。利用无电极时的振型构造坐标变换矩阵,可以获得与式(2 - 13)和式(2 - 14)相似的动力学方程,只不过模态坐标的个数是无穷多。Erturk 和 Inman[47]后来分别用串联、并联的三层压电悬臂梁对该模型进行了实验验证,结果吻合较好。与这一模型类似的建模思路可见于对阶梯压电梁[48]、多层压电梁[49]、端部带质点的压电梁[50]的研究。

经过坐标变换,连续参数模型转换为具有无穷多个自由度的离散模型;此时结构的振动由多个单自由度模态振子的响应叠加而成。由于每个单自由度振子均可以由一个电路替代模型表示(图 2 - 5),因此连续参数模型也有相应的电路替代模型[51],如图 2 - 11 所示。由于坐标变换中所用的基向

量是在“无电极”情况下获得的模态向量，与铺设电极甚至连接电路之后的边界条件不同，因此各“无电极”模态坐标之间是相互耦合的，即压电悬臂梁无法只按照一阶“无电极”模态振动。可以用反证法证明：假设只有第1阶“无电极”模态坐标（图2-11中的第一个回路）有振动，就会导致非零的电势差出现在V_{in}端；而由于V_{in}端同时连接着所有的其他回路，因此会导致其他“无电极”模态坐标有振动；这些振动通过各自的机电耦合变压器放大后叠加在一起，构成系统的合位移。而这样的合位移中就总是有多阶“无电极”模态坐标的贡献，与假设冲突。

同理，当在电路上施加电压时，也会有多阶模态同时被激起，它们的贡献程度取决于两个方面。首先是该模态的机电耦合强度，取决于压电材料和布置与电极的形状；例如 Preumont[18] 的推导表明，可以人为设计电极的宽度，甚至可使得只有一阶模态具有显著的机电耦合效应。其次是模态频率与激振频率的远近程度（将每个回路视为一个带通滤波器，通带中心频率为固有频率）。如果激振力频率或外加电场的频率较靠近某一阶具有较显著机电耦合能力的“无电极”模态，通常可忽略回路之间的影响[18-35]，使图2-11退化为图2-5所示的单回路电路替代模型，也就相当于将连续参数模型退化为集总参数模型。

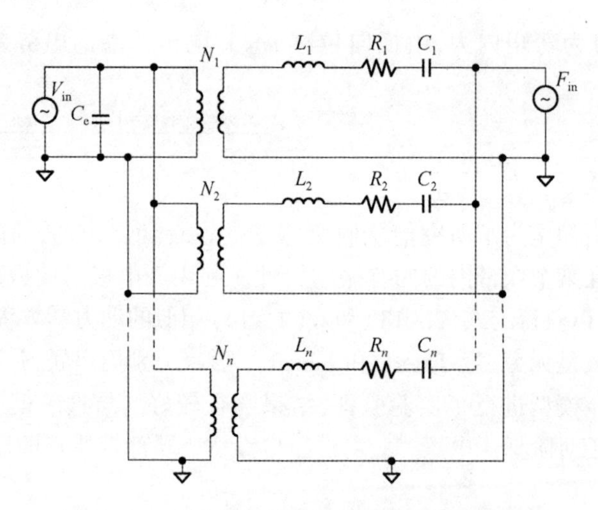

图2-11　压电梁连续参数模型的电路替代模型

除了各种梁式压电结构，板式压电结构的动力学模型也得到了大量的研究。Benjeddon 和 Deü[52-53] 利用一阶剪切变形理论和电势沿厚度方向呈四次多项式变化的假设,给出了四边简支压电复合板的自由振动封闭解;结果对比表明这一模型与弹性力学的精确解误差较小。上述作者[54]用该模型研究了电学边界条件、板的长细比和压电片厚度/位置对平面内振动模态和出平面振动模态机电耦合强度的影响。Preumont[18]基于克希霍夫板理论指出,在压电片上加载电压所产生的作用在板上的力包含两个部分:①垂直于压电片几何边界的平面内作用力;②作用于压电片边界的出平面弯矩。据此可以设计出针对板壳结构的模态作动器或模态传感器。

除了上述针对一般压电梁、板的动力学模型,还有一类针对周期压电梁、板的动力学模型。限定词“周期”是指这些压电结构(包括机械场和电路)可以通过一个子结构(元胞)平移重复得到,即具有周期性。对于周期压电结构,当然也可以直接利用前述“通用”动力学模型;也可以利用周期结构理论(详见第1章),只用通用方法建立元胞的动力学模型,再结合周期边界条件等进行后续分析。根据机电比拟原理,将电路自由度当成机械自由度同等对待,在绝大部分情况下无须特殊处理就可以直接将用于一般周期结构的方法用于周期压电结构。

除此以外,还有一类特殊的周期压电结构,可以用一种特殊的动力学模型处理。这类特殊的周期压电结构就是由意大利学者 Dell'Isola 及其团队首先提出的 PEM(Piezo - Electro - mechanical)结构[55-56],包括 PEM 梁和 PEM 板,分别如图 2-12 和图 2-13 所示。一个 PEM 结构首先应该是一个周期压电结构,即原始结构、压电材料和电路的各参数在空间的分布都应该呈周期性;PEM 结构的额外要求是各压电片所连的电路必须相互连接,即各压电片都连接到同一个网络电路中。

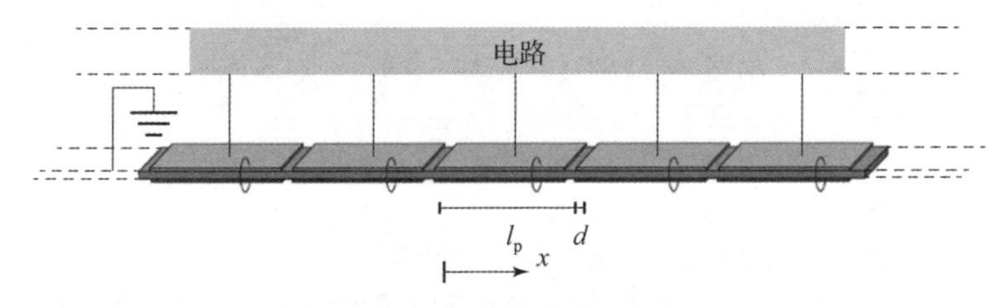

图 2-12 PEM 梁[57]示意图

利用机电比拟原理,可以构造一种特殊的、只适用于 PEM 结构的动力学模型。主要思路是把将压电片相互连接起来的电路网络(图 2-14)当成一种连续的电介质,即将离散的电路元件看成对这种连续电介质的差分离

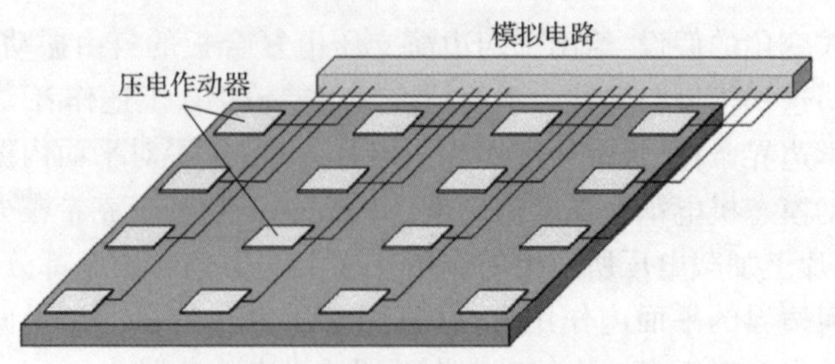

图 2-13 PEM 板[56]示意图

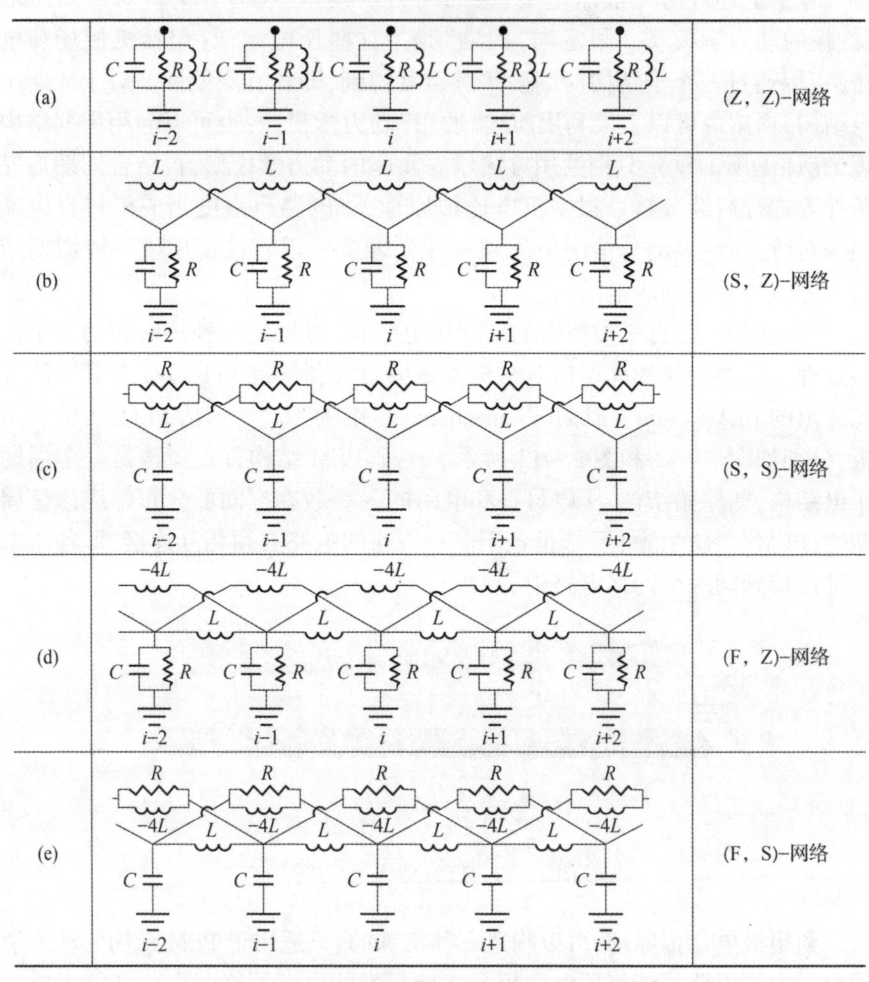

图 2-14 PEM 梁可连接的部分电路网络[58]

散——这样,就可以用一套常系数偏微分方程来表达离散的电路网络。同时,在机械场上也进行均匀化操作,将具有离散压电片的梁、板结构等效为一种均匀机械介质,同样对应于一套常系数偏微分方程。这相当于在电场和机械场上分别进行了一次均匀化处理。以具有图2-14中(S,S)-网络的PEM梁[58]为例,如果电路网络没和压电材料连接,则其均匀化模型包含两个解耦的动力学方程:

$$\begin{cases} U^{(4)}(X,t)+\dfrac{1}{c_{\mathrm{b}}^{2}}\ddot{U}(X,t)=0 \\ \ddot{\psi}(X,t)-\delta_2\dot{\psi}^{(2)}(X,t)-\beta_2\psi^{(2)}(X,t)=0 \end{cases} \tag{2-20}$$

式中:U为梁的横向位移;ψ为电势关于时间的一阶导数。当压电片接入电路网络时,机械场和电场的均匀化方程将产生耦合。例如,当周期压电板接入一种可比拟为薄膜的电路网络(图2-15)时,其机电耦合动力学方程为

$$\begin{cases} \overbrace{\ddot{v}+\alpha\Delta\Delta v}^{\text{机械场}}\overbrace{-\gamma\Delta\dot{\phi}}^{\text{耦合}}=0 \\ \underbrace{\ddot{\phi}+\delta\dot{\phi}-\beta\Delta\phi}_{\text{电场}}+\underbrace{\gamma\Delta\dot{v}+\delta\gamma\Delta v}_{\text{耦合}}=0 \end{cases} \tag{2-21}$$

式中:v为梁的横向位移;ϕ为电势关于时间的一阶导数。根据补充的初始条件或边界条件,求解方程(2-20)或方程(2-21),就可以获得PEM梁或PEM板的波传导特件或模态特性。值得注意的是,上述均匀化模型的解只在长波长假设有效时才有较好的精度,即要求结构中弯曲弹性波的波长远大于压电材料的尺寸。

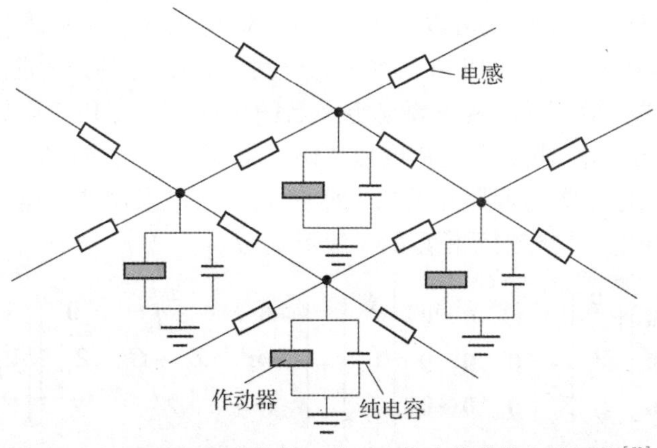

图2-15 PEM板可连接的一种可比拟为薄膜的电路网络[59]

不同的电路网络对应于不同的均匀化方程,可等价于不同的弹性结构,如板结构或薄膜结构。连接不同的弹性结构(电路网络)可为原结构的动力学特性提供各种不同的修正,例如附加上一层薄膜或一层薄板,可以达到减振或隔声的目的(2.4 节)。这是 PEM 板最初提出的基本出发点,也体现了机电比拟思想的“威力”——机械工程师们可以通过一个完全等价的机械结构来理解电路网络和压电结构;更重要的是,人们也可以先设计满足目标期望的机械结构,再通过电路网络近似地“实现”这个机械结构[60]。

2.2.4 有限元模型

有限元法是一种成熟的通用偏微分方程组数值求解工具,其基本思想是将微分方程及边界条件写成等效的弱积分形式,再通过在各离散的子区域(称为“单元”)上对积分方程进行近似求解,达到对全域未知函数的近似求解。通过对单元插值函数、单元形状和数量等参数的合理选取,有限元模型可以无限逼近偏微分方程组的精确解;同时由于单元划分的任意性,可以处理复杂的几何形状和边界条件[61]。由于这些优势,有限元法在分析压电结构时也大有作为,例如:优化压电换能器的相互连接模式、空间分布[62]和权重向量[63];优化压电片在板上可达到最佳阻尼效果的位置[64];分析具有压电阻尼的叶片[65]或叶盘结构[66]。

要用有限元法处理压电结构,其要点是提出可以考虑压电材料横观各向异性材料参数的有限单元。自 20 世纪 70 年代开始,已发展了包括实体、杆、梁、壳等在内的各种形式的压电单元[67]。在目前流行的商用软件中,也包含了部分可处理压电结构的单元。例如,ANSYS 中的多物理场实体单元 SOLID 5 和 SOLID 226 就可以处理压电结构,但未内置可处理压电材料的杆、梁、壳等单元形式。如果在研究中想要利用 ANSYS 的强大前后处理功能来分析压电杆、梁、壳等,就需要自定义新的单元。在采用有限元法建立压电结构动力学方程时,通常选用电压或磁通量等与节点关联的电学参数,较少采用电流、电量等与回路相关的电学参数。如果采用节点电压作为电学自由度,则压电结构有限元模型的一般形式为

$$\begin{bmatrix} \boldsymbol{M} & \boldsymbol{0} & \boldsymbol{0} \\ \boldsymbol{0} & \boldsymbol{0} & \boldsymbol{0} \\ \boldsymbol{0} & \boldsymbol{0} & \boldsymbol{0} \end{bmatrix} \begin{Bmatrix} \ddot{\boldsymbol{x}} \\ \ddot{\boldsymbol{V}}_{\mathrm{p}} \\ \ddot{\boldsymbol{V}}_{\mathrm{e}} \end{Bmatrix} + \begin{bmatrix} \boldsymbol{C} & \boldsymbol{0} & \boldsymbol{0} \\ \boldsymbol{0} & \boldsymbol{0} & \boldsymbol{0} \\ \boldsymbol{0} & \boldsymbol{0} & \boldsymbol{0} \end{bmatrix} \begin{Bmatrix} \dot{\boldsymbol{x}} \\ \dot{\boldsymbol{V}}_{\mathrm{p}} \\ \dot{\boldsymbol{V}}_{\mathrm{e}} \end{Bmatrix} + \begin{bmatrix} \boldsymbol{K} & \boldsymbol{\eta} & \boldsymbol{0} \\ -\boldsymbol{\eta}^{\mathrm{T}} & \boldsymbol{Z}_{\mathrm{p}} + \boldsymbol{C}_{\mathrm{p}} & \boldsymbol{Z}_{\mathrm{pe}} \\ \boldsymbol{0} & \boldsymbol{Z}_{\mathrm{pe}}^{\mathrm{T}} & \boldsymbol{Z}_{\mathrm{e}} \end{bmatrix} \begin{Bmatrix} \boldsymbol{x} \\ \boldsymbol{V}_{\mathrm{p}} \\ \boldsymbol{V}_{\mathrm{e}} \end{Bmatrix} = \begin{Bmatrix} \boldsymbol{f} \\ \boldsymbol{Q}_{\mathrm{p}} \\ \boldsymbol{Q}_{\mathrm{e}} \end{Bmatrix} \tag{2-22}$$

式中：$\boldsymbol{V}_{\mathrm{p}}$ 为压电材料电极上的电压向量；$\boldsymbol{V}_{\mathrm{e}}$ 为电路中的节点电压向量；$\boldsymbol{Z}$ 为电路阻抗算子矩阵；$\boldsymbol{Q}$ 表达的是电流源的作用。

由于求解精度的要求或由于复杂的几何形状，有限元模型通常具有大量的自由度。而压电材料和电路还增加了额外的电场自由度，例如三层压电梁的每个节点除了机械场的 2 个横向位移、2 个转角、1 个轴向位移自由度外，还有 2 个电压自由度，这导致压电结构的有限元模型的自由度数常常要比纯机械结构多 10%~20%。针对这一问题，有些学者提出了不显含电自由度的压电单元[67]，这样做的前提是已知外接电路，即首先推导出外接电路的阻抗，再通过动力凝缩将电路的影响和压电效应直接处理为对机械场的修正。这样做的缺点是压电单元不再具有通用性，只能用于计算连接某些特殊外接电路的压电结构；但考虑到压电结构在一个特定工程场景下的应用本来就是有限的，例如外接电阻或电阻－电感电路用于产生阻尼，或外接电桥电路用于能量收集，或外接电压源用于激振，在这些情况下用不显含电自由度的单元确实可以节省可观的计算资源。

除了减少单元的自由度数目，针对整个压电结构建立减缩模型也可以节省大量的计算资源。Lazarus 等[68]用短路模态子集建立坐标变换矩阵，建立了减缩的机电耦合模型，最终每个压电片只用一对电学量描述（电压和电量）。Collet 和 Cunefare[69]提出了一种修正的固定界面模态综合法，可以准确地在减缩模型中保留原系统的机电耦合特性。在目前的主流有限元软件如 ANSYS 中，尚不支持类似的可用于压电结构的减缩模型。

2.2.5 讨论

术语“压电结构”描述的机电耦合系统包含四个方面：①由非压电材料构成的基底结构；②以薄膜、晶片或复合材料等形式存在的压电材料；③压电材料上铺设的电极；④电极两端外接的电路。如果压电结构中有多个区域分布压电材料，它们之间还可能通过电路网络相互连接起来，以达到某些特殊的功能，例如去除振动局部化、构造模态滤波器、模态换能器等。对压电结构的建模包含了对上述各方面的数学表达。相比于传统的机械结构动力学模型，压电结构的动力学模型的特殊性在于对②③④方面的处理，其中③方面可以理解为电学边界条件，而④方面则纯粹是电路动力学问题，可以由基尔霍夫电流和电压定理完整地解决。因此，实际上对压电结构建模的重点是如何表示出分布在基底结构上的，以晶片或复合材料等形式存在的压电材料。无论用于何种领域的何种动力学模型,其出发点都是压电材料的本构关系,再辅以弹性力学的几何方程和平衡关系。应注意各模型建立过程中所采用的假设。集总参数模型只在低频或某一阶模态(非模态密集区)附近时成立;连续体模型的成立与否常常伴随着对几何尺寸比例和应力/应变模式的假设;均匀化模型的成立与否取决于特征弹性波波长是否远大于压电片的特征尺寸;有限元模型的精度取决于单元插值函数的阶次、网格的数量和质量等。

不能片面地用计算精度或速度作为评判一种建模方法好坏的标准,实际上每种建模方法都可视为某种在精确度和效率之间取舍的结果。如果应用于振动能量收集或单模态振动抑制领域,而工作的重点是电路的设计,则可以用集总参数模型提供一阶机械共振的环境。如果应用于对某个空间分布的场(如模态变形)的测试或激发,又或是同时对多阶模态的振动抑制,则至少要采用连续参数模型。如果应用对象是航空发动机叶片等具有复杂几何形状的结构,而工作的重点是压电材料的空间分布和几何参数设计,则有限元法更加适用,同时可以考虑用不含电自由度的单元或减缩模型来减少需要的计算资源。

我们还多次提到了“机电比拟”这个概念,这里我们想强调,机电比拟不是一个建立压电结构动力学方程的方法,它是一种理解压电结构动力学方程的方法。它并不需要引入新的假设,只是利用这样一个事实,即某些结构系统和某些机电耦合/电路系统具有完全相同的偏微分/常微分方程组形式,因此我们完全可以期待某些发生在机械系统上的特性也会出现在机电耦合/电路系统上。这样就可以将两个领域的知识融会贯通,快速而准确地把握机电耦合系统,甚至产生科研的灵感。

机电比拟通过动力学方程的相似性提供一种理解机械或电学参数的角度,并不代表这些量之间存在任何直接的物理等价关系。例如,以电量为自变量时,建立压电结构的集总参数模型,可以得出“电容的倒数类比于机械刚度”的结论,但并不意味着“电容的导数就是机械刚度”。甚至这种类比本身也不是唯一的,如果我们改用磁通量(电压的时间积分)作为自变量来建立压电结构的集总参数模型,又可以得出“电容类比于质量”的结论,同样这不意味着“电容就是质量”。也就是说,对物理量的理解最终应在数学层面从动力学方程组中进行确认,要利用机电比拟理解动力学方程,但不应过度解读机电比拟得来的结论。

2.3 机电耦合系数

压电效应是所有压电结构的基石,这一效应保证了能量在机械场和电场之间交换的可能性。但如何定量地描述一个压电结构在机械场和电场之间交换能量的能力,如何在各种动力学模型中计算这一指标,这一能力与其作动、传感、阻尼、换能等目标之间有何关系,如何进一步通过设计机械设计来增强这一能力,都是压电结构面临的共性问题。定量描述一个压电结构机电耦合能力强弱的指标称为“机电耦合系数”(electro - mechanical coupling factor,EMCF),大致涉及两个层面,分别是材料尺度和结构尺度。在材料尺度,机电耦合系数用来评估压电材料在某些理想的(多是单轴应力状态)状态下的性能,因此只与材料参数有关,与压电片的尺寸无关。在结构尺度,机电耦合系数用来刻画和评估整个压电结构不同变形方式的性能,受压电材料的尺寸和位置的影响。因此,在进行压电结构的设计时,更适合采用结构尺度的机电耦合系数作为评估指标。

2.3.1 定义

机电耦合系数的定义不是唯一的,原则上任何可以表达其机电耦合强弱的数学公式都可以使用,但这样容易引起混乱,不便于研究人员展开交流。美国电子电器工程师协会(IEEE)整理了大量关于压电材料及压电结构的机电耦合系数的研究[70-73],在 1988 年发布的压电材料国际标准[3]中约定了两种机电耦合系数的定义,一种针对材料尺度(沿用文献[71]中的定义),另一种针对结构尺度(沿用文献[70]中的定义)。

在材料层面,采用能量分数来定义机电耦合系数。首先写出压电材料的势能表达式:

$$U = \frac{1}{2}\int_V (\boldsymbol{T}^{\mathrm{T}}\boldsymbol{S} + \boldsymbol{E}^{\mathrm{T}}\boldsymbol{D})\mathrm{d}V \tag{2-23}$$

将压电材料的本构关系式(2 -2)代入式(2 -23),可得

$$U = U_{\mathrm{e}} + 2U_{\mathrm{m}} + U_{\mathrm{d}} \tag{2-24}$$

式中:U_{e} 为由机械场产生的弹性势能;U_{d} 为由电场产生的电势能;U_{m} 既表示由机械场和电场相互作用引起的电势能,又表示由两个场相互作用引起的弹性势能。注意,压电材料的总弹性势能为 $U_{\mathrm{e}} + U_{\mathrm{m}}$,总电势能为 $U_{\mathrm{m}} + U_{\mathrm{d}}$。上述能量的具体表达式如下:

$$U_{e}=\frac{1}{2}\int_{V}\boldsymbol{T}^{T}\cdot\boldsymbol{s}^{E}\cdot\boldsymbol{T}\mathrm{d}V \tag{2-25}$$

$$U_{m}=\frac{1}{2}\int_{V}\boldsymbol{T}^{T}\cdot\boldsymbol{d}\cdot\boldsymbol{E}\mathrm{d}V \tag{2-26}$$

$$U_{d}=\frac{1}{2}\int_{V}\boldsymbol{E}^{T}\cdot\boldsymbol{\varepsilon}^{T}\cdot\boldsymbol{E}\mathrm{d}V \tag{2-27}$$

直观地理解,如果机械场和电场相互作用产生的能量 U_{m} 在两个场各自作用产生的能量 U_{e} 或 U_{d} 中的占比越高,则可认为该压电材料的机电耦合能力越强。因此,ANSI/IEEE 176—1987 标准[3]约定材料尺度的机电耦合系数 k_{S}^{2} 的定义为

$$k_{S}^{2}=\frac{U_{m}^{2}}{U_{e}U_{d}} \tag{2-28}$$

这样定义的 k_{S}^{2} 又称“静态”机电耦合系数,因为其中的机械场和电场都是常值。假如压电材料工作在 31 机电耦合模式,通常用于与结构的弯曲变形耦合,式(2-26)中只有 T_{1} 和 E_{3} 分量非零,因此 k_{S}^{2} 退化为

$$k_{31}^{2}=\frac{d_{13}^{2}}{\varepsilon_{33}^{T}s_{11}^{E}} \tag{2-29}$$

类似地,还可以得出压电材料工作于 33 机电耦合模式和 51 机电耦合模式(即在 1 方向施加电压产生 5 方向的切应力)下的机电耦合系数 k_{33}^{2} 和 k_{51}^{2}。压电材料在这些单轴应力状态下的机电耦合系数都只与材料参数有关,因此使用 k_{31}^{2}、k_{33}^{2} 和 k_{51}^{2} 可以方便地对不同压电材料的准静态性能进行评估。

对于一个压电结构,其机电耦合能力的强弱就不能只考虑其上分布的压电材料本身的准静态性能,而是要考虑这些压电材料最终导致了结构层面的多少能量交换或动力学特性改变。为此,ANSI/IEEE 176—1987 标准[3]约定结构尺度的机电耦合系数 k_{d}^{2} 的定义为

$$k_{d}^{2}=\frac{\omega_{r}^{2}-\omega_{a}^{2}}{\omega_{r}^{2}}\approx 2\,\frac{\omega_{r}-\omega_{a}}{\omega_{r}} \tag{2-30}$$

式中:ω_{r} 为压电材料上电压对电量频率响应函数 V/Q 的共振(极点)频率;ω_{a} 为频率响应函数 V/Q 上离 ω_{r} 最近的反共振(零点)频率。可以证明[18]:ω_{r} 对应于压电结构的一阶开路固有频率;而 ω_{a} 对应于同一阶短路固有频率。因此 k_{d}^{2} 又被称为“模态机电耦合系数”(modal electro - mechanical coupling factor, MEMCF)。开路和短路分别对应着外接电路的阻抗的两个极限(零和无穷大),因此用这两个极端状态下的固有频率相对偏差作为压电结构机电耦合

能力强弱的评价指标也是可以直观理解的。

定义式(2－30)实际上也有能量层面的含义。注意到不是直接使用固有频率,而是固有频率的平方——这可以与固有振型的正交性条件联系起来,从而证明实际上 k_d^2 也是某些能量指标的比例关系。这里以压电结构的离散动力学方程式(2－22)为起点进行说明。压电结构的开路模态振型 $\{\boldsymbol{x}\quad \boldsymbol{V}_p\}^T$ 和开路固有频率 ω_r 满足特征方程:

$$\left(\begin{bmatrix} \boldsymbol{K} & \boldsymbol{\eta} \\ -\boldsymbol{\eta}^T & \boldsymbol{C}_p \end{bmatrix} - \omega_r^2 \begin{bmatrix} \boldsymbol{M} & \boldsymbol{0} \\ \boldsymbol{0} & \boldsymbol{0} \end{bmatrix}\right)\begin{Bmatrix} \boldsymbol{x} \\ \boldsymbol{V}_p \end{Bmatrix} = \begin{Bmatrix} \boldsymbol{0} \\ \boldsymbol{0} \end{Bmatrix} \tag{2-31}$$

根据振型的正交性条件,有

$$\begin{Bmatrix} \boldsymbol{x} \\ \boldsymbol{V}_p \end{Bmatrix}^T \begin{bmatrix} \boldsymbol{K} & \boldsymbol{\eta} \\ -\boldsymbol{\eta}^T & \boldsymbol{C}_p \end{bmatrix}\begin{Bmatrix} \boldsymbol{x} \\ \boldsymbol{V}_p \end{Bmatrix} = \omega_r^2 \begin{Bmatrix} \boldsymbol{x} \\ \boldsymbol{V}_p \end{Bmatrix}^T \begin{bmatrix} \boldsymbol{M} & \boldsymbol{0} \\ \boldsymbol{0} & \boldsymbol{0} \end{bmatrix}\begin{Bmatrix} \boldsymbol{x} \\ \boldsymbol{V}_p \end{Bmatrix} \tag{2-32}$$

如果振型按照质量归一,即满足 $\boldsymbol{x}^T\boldsymbol{M}\boldsymbol{x}=\boldsymbol{I}$,则式(2－32)以进一步化简为

$$\omega_r^2 = \begin{Bmatrix} \boldsymbol{x} \\ \boldsymbol{V}_p \end{Bmatrix}^T \begin{bmatrix} \boldsymbol{K} & \boldsymbol{\eta} \\ -\boldsymbol{\eta}^T & \boldsymbol{C}_p \end{bmatrix}\begin{Bmatrix} \boldsymbol{x} \\ \boldsymbol{V}_p \end{Bmatrix} = \boldsymbol{x}^T\boldsymbol{K}\boldsymbol{x} + \boldsymbol{V}_p^T\boldsymbol{C}_p\boldsymbol{V}_p \tag{2-33}$$

另外,压电结构的短路模态振型 $\boldsymbol{y}$ 和短路固有频率 ω_a 满足特征方程:

$$(\boldsymbol{K} - \omega_a^2\boldsymbol{M})\boldsymbol{y} = \boldsymbol{0} \tag{2-34}$$

同样,根据振型的正交性条件和质量归一的前提,有

$$\omega_a^2 = \boldsymbol{y}^T\boldsymbol{K}\boldsymbol{y} \tag{2-35}$$

如果认为开路和短路状态下的振型的机械场分量近似相等[18],即 $\boldsymbol{y}\approx\boldsymbol{x}$,则将式(2－33)和式(2－35)代入式(2－30)中,可得

$$k_d^2 = \frac{\omega_r^2-\omega_a^2}{\omega_r^2} = \frac{\boldsymbol{V}_p^T\boldsymbol{C}_p\boldsymbol{V}_p}{\boldsymbol{x}^T\boldsymbol{K}\boldsymbol{x}} = \frac{\boldsymbol{V}_p^T\boldsymbol{\eta}^T x}{\boldsymbol{x}^T\boldsymbol{K}\boldsymbol{x}} = \frac{\boldsymbol{x}^T\boldsymbol{\eta}\boldsymbol{V}_p}{\boldsymbol{x}^T\boldsymbol{K}\boldsymbol{x}} \tag{2-36}$$

注意这里还用到了从式(2－31)中得出的 $\boldsymbol{\eta}^T\boldsymbol{x}=\boldsymbol{C}_p\boldsymbol{V}_p$。这说明模态机电耦合系数 k_d^2 还有三种等价的能量解释:①它表示储存在约束电容中的电势能与仅由机械场产生的弹性势能的峰值的比例;②它表示由机械场和电场相互作用产生的弹性势能与仅由机械场产生的弹性势能的峰值的比例;③它表示由机械场和电场相互作用产生的电势能与仅由机械场产生的弹性势能的峰值的比例。

如果读者无法认同开路和短路状态下的振型的机械场分量近似相等这一假设,可以考虑在二者之间引入一个准静态修正项,即

$$\boldsymbol{x} \approx \boldsymbol{y} - K^{-1}\boldsymbol{\eta}\boldsymbol{V}_p \tag{2-37}$$

相当于从开路振型的机械场分量中去除了电压变化所带来的影响。此时,

将式(2－37)代入式(2－33),再和式(2－35)一起代入式(2－30)中,可得

$$k_{\mathrm{d}}^{2}=\frac{\omega_{\mathrm{r}}^{2}-\omega_{\mathrm{a}}^{2}}{\omega_{\mathrm{r}}^{2}}=\frac{\boldsymbol{V}_{\mathrm{p}}^{\mathrm{T}}(\boldsymbol{C}_{\mathrm{p}}+\boldsymbol{\eta}^{\mathrm{T}}K^{-1}\boldsymbol{\eta})\boldsymbol{V}_{\mathrm{p}}}{\boldsymbol{x}^{\mathrm{T}}\boldsymbol{K}\boldsymbol{x}}=\frac{\boldsymbol{V}_{\mathrm{p}}^{\mathrm{T}}\boldsymbol{\eta}^{\mathrm{T}}(\boldsymbol{x}+\boldsymbol{K}^{-1}\boldsymbol{\eta}\boldsymbol{V}_{\mathrm{p}})}{\boldsymbol{x}^{\mathrm{T}}\boldsymbol{K}\boldsymbol{x}}=\frac{(\boldsymbol{x}^{\mathrm{T}}+\boldsymbol{V}_{\mathrm{p}}^{\mathrm{T}}\boldsymbol{\eta}^{\mathrm{T}}\boldsymbol{K}^{-1})\boldsymbol{\eta}\boldsymbol{V}_{\mathrm{p}}}{\boldsymbol{x}^{\mathrm{T}}\boldsymbol{K}\boldsymbol{x}} \tag{2-38}$$

其中,$\boldsymbol{C}_{\mathrm{p}}+\boldsymbol{\eta}^{\mathrm{T}}\boldsymbol{K}^{-1}\boldsymbol{\eta}$ 实际上表达的是压电结构在机械场无位移约束时所对应的电容,称为自由电容。与式(2－36)对比,可以发现模态机电耦合系数 k_{d}^{2} 还有三种等价的能量解释仍然成立,只是电势能修正为储存在自由电容中的电势能。

无论采用式(2－36)还是式(2－38)对 k_{d}^{2} 的频率定义式进行解释,都是某种近似的表述。在实际中很少会真正用能量的比例去计算 k_{d}^{2},因为利用其定义式(2－30)就已经可以很方便进行计算模态机电耦合系数了——只需在动力学模型中设置开路和短路电路边界条件,进行两次模态分析即可。在实验中,只需将电极设置为短路和开路,再分别测试固有频率即可。无论在计算还是实验中,获得固有频率相对于获得各能量之间的比例都是较容易实现的。

要依据式(2－30)计算结构尺度的机电耦合系数,首先要获得两种电极状态下的固有频率。其中隐含的前提是当前的结构具有固有频率——应当注意到,并不是所有的结构都具有固有频率。第一类例子是无限大(无界)均匀结构,由于没有边界条件和非均匀的机械阻抗来反射弹性波,无法形成弹性波的驻波,也就没有振动模态;第二类例子是具有一种特殊边界条件的有限大(有界)结构,这样的特殊边界条件(边界上的力－位移关系,可能包含对时间的积分或微分操作,一般有耗散特性,称为“人工边界条件”[74－76])刚好使入射的弹性波无法产生发射弹性波。入射弹性波就像在无界结构中传递那样“通过”边界,这样无法产生驻波,也就无法形成振动模态。对于这样的结构,其动力学响应不再能以模态向量的线性叠加表示出来,而是由弹性波向量的线性叠加表示出来。此时结构尺度的机电耦合系数应该由弹性波的相关参数来定义。在文献中可以找到多种类似的定义。例如,Chen 等[77]定义

$$k=\frac{V_{\mathrm{OC}}-V_{\mathrm{SC}}}{V_{\mathrm{SC}}} \tag{2-39}$$

来表达由交替的压电和非压电材料构成的半无界结构中的瑞利表面波的机电耦合系数,其中 V_{OC} 和 V_{SC} 分别是开路和短路时瑞利表面波的群速度。又如,Fan 等[78]利用格林函数定义了多层压电板中 Lamb 波的机电耦合系数。

据作者所知,目前还没有公认的用于弹性波层面的“波机电耦合系数”。针对这一问题,本书的第 5 章给出了一种解决思路。

2.3.2　几何优化和电路优化

如果压电结构具有较高的机电耦合系数,就会使利用电路参数来调控机械场参数变得更容易,因此如何使压电结构的机电耦合系数变得尽可能地高一直是压电结构研究领域的一个热点问题。要注意机电耦合系数并不一定随着压电材料的用量简单地增加,它的提高涉及压电材料的类型、用量、布置位置、几何参数(高度、厚度、形状)、电极的形状等。此外,所针对的目标模态也是一个重要的影响因素,为了说明这一点,这里以一个无电极的三层压电悬臂梁为例。第 1 阶模态振动在同一个压电片的表面产生了同种电荷,而第 3 阶模态振动则会产生异种电荷,如图 2-16 所示。如果在压电片的表面连续地铺设电极,则可以预见第 1 阶模态将会具有较好的机电耦合特性,而第 3 阶模态则不会。因此,受上述多种因素影响,机电耦合系数的提高是一个较复杂的问题,关于这一方面的研究大致可归于“几何优化”和“电路优化”两类。

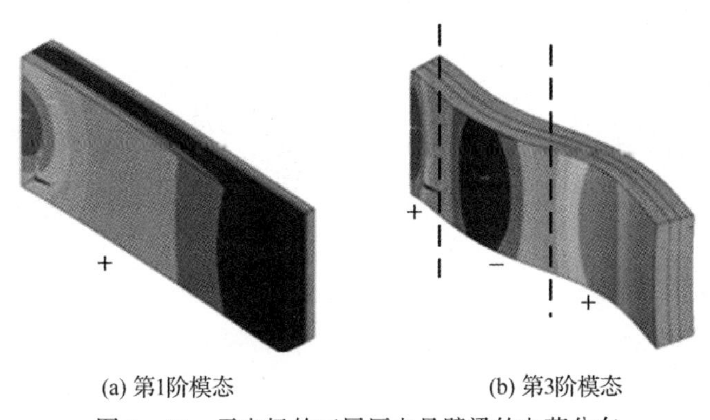

(a) 第1阶模态　　(b) 第3阶模态

图 2-16　无电极的三层压电悬臂梁的电荷分布

几何优化方法包括优化电极形状和压电材料形状两种思路。电极通常由一层极薄的铜镀在压电材料的表面构成,它对结构动力学的影响(质量、刚度、阻尼)可以忽略,它的主要作用是积累分布在压电片上的电荷,以便于压电材料与外接电路产生能量交换。可以认为,只有铺设了电极的压电材料才会参与机电耦合,相当于被“激活”;而没有铺设电极的压电材料只产生对机械场的影响,其电荷无法与外接电路相互作用,因此没有被激活。以图 2-16 中第 3 阶模态为例,全部铺设电极会导致正负电荷的抵消,反而不如只在一种电荷积累的区域铺设电极。Vasques 等[79]提出用变宽度的电极来达到只与结构中一阶振动模态构成最佳机电耦合的目的,即构造“空间模态滤波器”。这样的模态滤波器可以精确地控制传感其目标模态的振动而不受其他阶次模态振动的影响。在他们的研究中以压电悬臂梁为例,得出了电极的宽度 $S(x)$ 应该与振型 $\phi(x)$ 的二阶空间导数成正比的结论,即

$$S(x) \propto \frac{\mathrm{d}^2\phi(x)}{\mathrm{d}x^2} \tag{2-40}$$

针对前四阶优化结果如图 2-17 所示,注意要达到空间模态滤波的效果,电极的宽度要随坐标连续变化,这给实际加工带来了挑战。

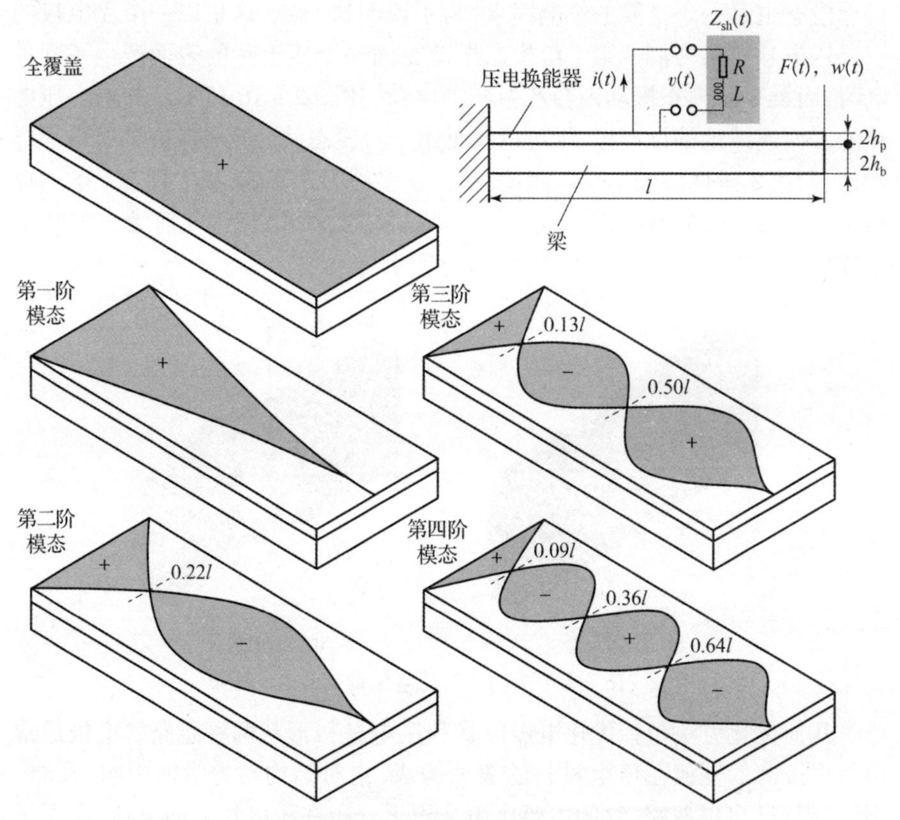

图 2-17 根据变化宽度原理构造的模态滤波器[79]

直接利用市面上加工技术较成熟、成本较低的正方形压电片也可以达到较好的机电耦合。关键是要找到针对目标模态的最佳铺设位置、长度和厚度。Ducarne 等[80]针对单侧和双侧贴压电片的构型,分别给出了最佳的铺

设位置、长度和厚度,如图 2-18 所示。双层压电材料的最佳机电耦合系数要明显好于单层,但由于在他们的研究中并未限制压电材料的用量,因此有些情况下最佳的压电材料厚度甚至远超基底结构的厚度。

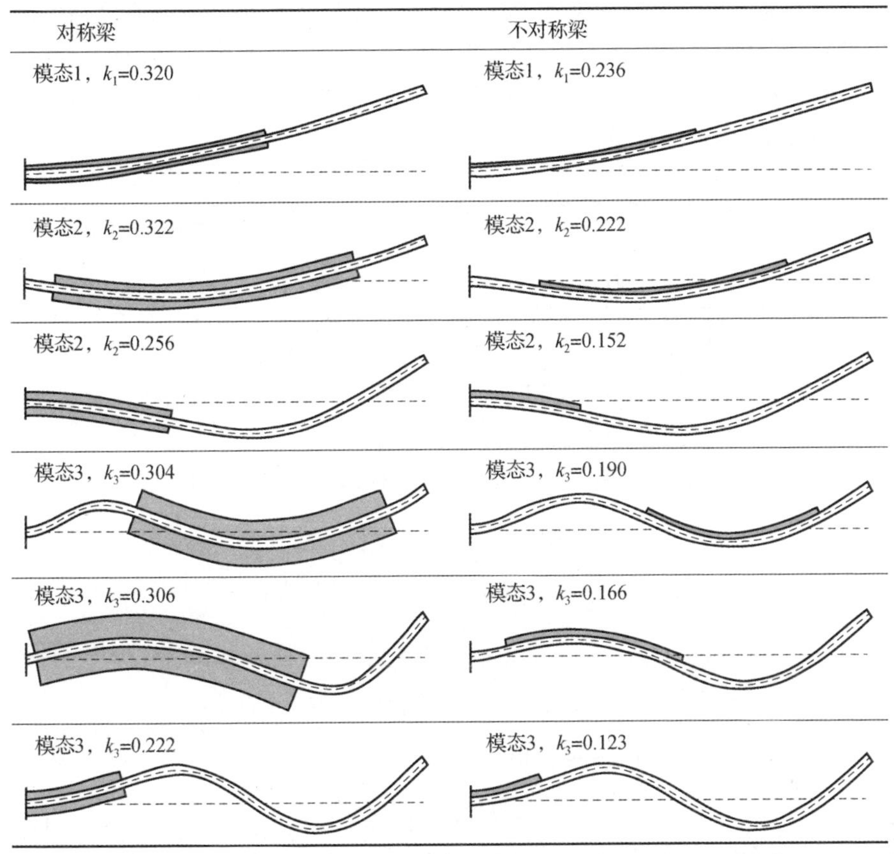

图 2-18　各振型下对应的最佳压电材料铺设位置、长度和厚度[80]

上述研究结果表明,模态振型对最佳(获得最大机电耦合系数)压电材料布置方式的影响很大,一种压电材料的分布形式通常只能使某一阶振动模态具有最佳机电耦合系数。在工程中,由于工况的变化,结构所受的激振力往往是在一个较广的频带内变动,这就要求控制多阶模态的振动。而用压电阻尼技术达到多模态振动抑制的前提是同时对多阶模态具有较好的机电耦合能力。Li 等[81]设计了一个具有多阶模态强机电耦合能力的压电悬臂梁,如图 2-19 所示。其基本思路是:首先将压电材料铺满整个悬臂梁,再通过模态分析,根据电荷积累的性质将压电片上的电极离散成若干个区域,使每个区域上的电荷在所考虑的几阶模态上都积累同一种类型的电荷。这样,问题就转化为如何使离散的电极区域按照最佳的方式连接起来,而这种连接方式又是根据模态而定的。他们通过将离散的电极连入一个具有按频率选通功能的电路网络中来达到这一目的。当结构的振动频率靠近某一阶模态时,电路网络中的选通电路使离散电极的连接模式恰好就是这一阶模态下的最佳方式,而靠近另一阶模态时,选通电路的性质时电极的连接方式相应地变化,总是保持最佳。

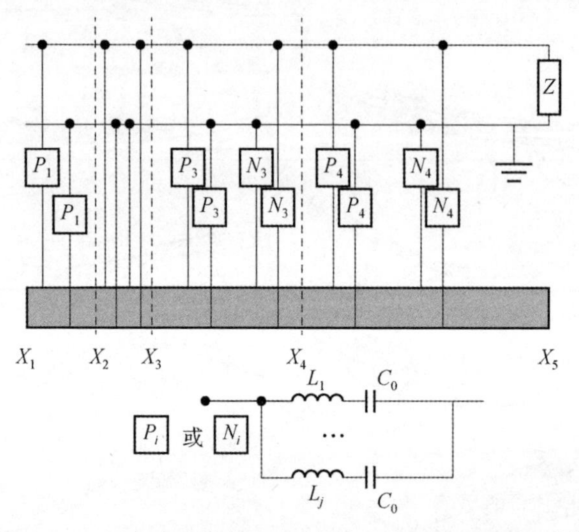

图 2-19　具有多阶模态强机电耦合能力的压电悬臂梁[81]

由式(2-13)、式(2-14)和模态机电耦合系数的定义式(2-30)可得:

$$k_i^2 = \frac{\chi_i^2}{\omega_r^2 C} \tag{2-41}$$

通过几何方式优化第 i 阶模态机电耦合系数的原理是提升第 i 阶模态的力系数 χ_i,使得单位位移可以转换到更多的电压,反之亦然。注意到如果可以使压电材料的本征电容减小,也可以达到提高机电耦合系数的目的,而且可以同时提高所有模态(只要 $\chi_i \neq 0$)的机电耦合系数。在压电片的电极上外接一种"负电容"的半主动电路[82-86],就可以达到这一目的。在理想情况下,负电容可由如图 2-20 所示的理想电路实现,由一个运算放大器、一个电容和两个电阻构成。该电路的阻抗中只有一个负的容抗成分,且其等效负电容的绝对值为

$$C_{\text{neg}}=\frac{R_1}{R_2}\hat{C} \tag{2-42}$$

其中,各参数的意义如图 2-20 所示。在实际中,由于运算放大器不是理想运算放大器等因素的影响,如果按照图 2-20 所示的电路将难以稳定地实现负电容。通常要在正电容上并联一个电阻,还要注意监测运算放大器的电流是否饱和,因此实际电路要更复杂,图 2-21 给出了一种可稳定工作的负电容电路[82,87],由法国贝桑松机电学院研发。

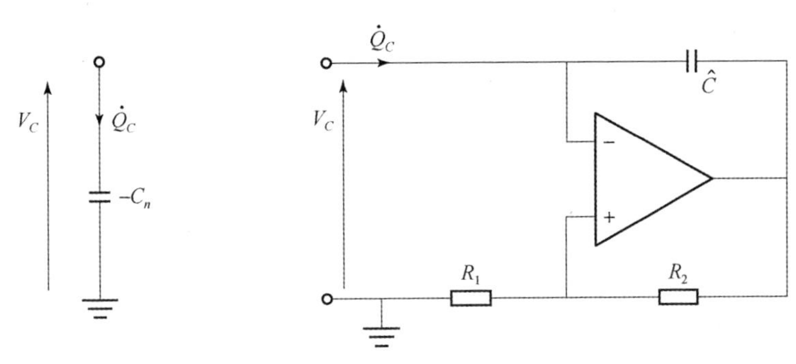

(a) 其阻抗可等效为一个具有负电容值的电容　　(b) 理想情况下的合成电路图

图 2-20　负电容电路

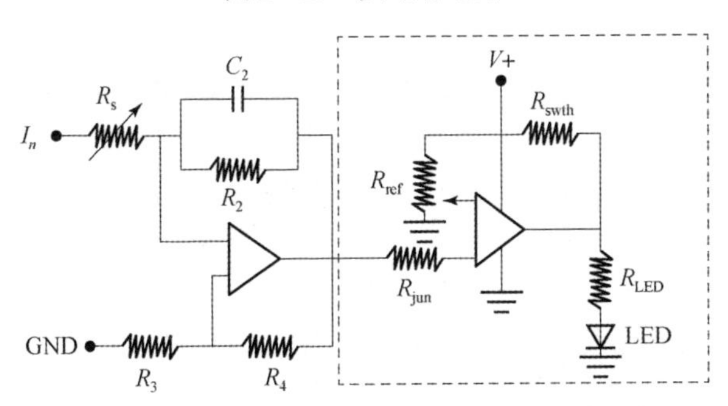

图 2-21　一种实际中使用的负电容电路[82,87]
(方框中是监测负电容运算放大器是否饱和的电路)

在连接负电容电路之后,如果再引入其他外接电路,就存在两种形式:①外接电路与负电容并联;②外接电路与负电容串联,如图 2-22 所示。如果采用并联形式,则压电结构的短路固有频率不受影响,开路固有频率变为

$$\hat{\omega}_{\text{oc}}^2=\omega_{\text{oc}}^2+\frac{\chi_i^2}{C_{\text{p}}-C_{\text{neg}}} \tag{2-43}$$

这导致模态机电耦合系数变为

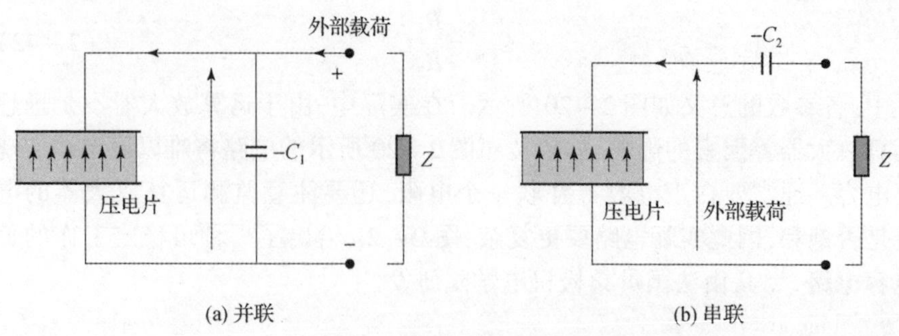

图 2-22 负电容与外接电路的并联和串联方式示意图

$$\hat{k}_i^2 = \frac{C_p}{C_p - C_{neg}} k_i^2 \tag{2-44}$$

如果 $C_p > C_{neg}$,则可提高机电耦合系数,即使得 $\hat{k}_i^2 > k_i^2$。如果采用串联形式,则压电结构的开路固有频率不受影响,短路固有频率变为

$$\tilde{\omega}_{sc}^2 = \omega_{sc}^2 - \frac{\chi_i^2}{C_{neg} - C_p} \tag{2-45}$$

这导致模态机电耦合系数变为

$$\tilde{k}_i^2 = \frac{C_{neg}}{C_{neg} - (1 - k_i^2) C_p} k_i^2 \tag{2-46}$$

如果 $(1 - k_i^2) C_p < C_{neg} < C_p$,则可提高机电耦合系数,即使得 $\tilde{k}_i^2 > k_i^2$。Berardengo 等[86]详细对比了并联形式和串联形式的优劣,最后得出串联形式更好的结论。主要的依据是串联形式的稳定性更好,且在外接电感 - 电阻分支用于减振时,串联形式所需要的电感值更小。Berardengo 等还提出了一种新的串并联混合形式,如图 2-23 所示。在这种新的连接方式中,用两个负电容同时改变系统的开路和短路固有频率,所以可更好地提高模态机电耦合系数,且具有更好的稳定性。

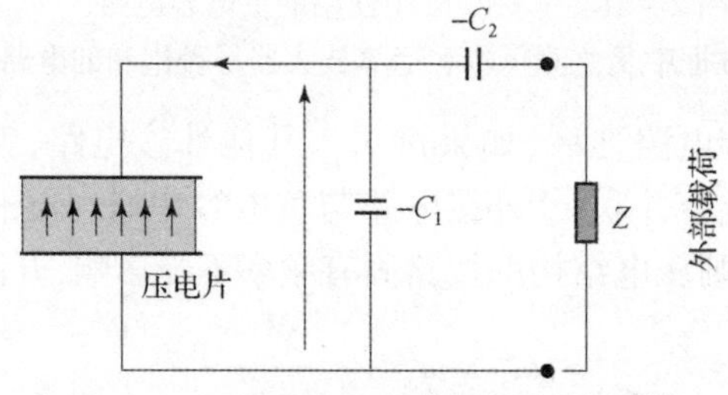

图 2-23 负电容的串并联混合形式[86]

2.4 半主动压电技术

2.4.1 压电分支技术

将压电片固定在弹性体上，在电极间连接不同电路阻抗 $Z(s)$，即构成了分支电路，含分支电路的压电结构示意见图2-24。压电分支技术是1991年由Hagood等[30]提出的。当压电片与电阻电路相连时，通过压电片可以将机械能转化为电路中的电能，再通过电阻发热的形式进行消耗，以达到控制振动的目的。当与电阻-电感电路相连时，由于压电片相当于电容，故电路存在固有频率，由吸振器原理可知，当电路固有频率为结构固有频率时，可以对单阶模态进行控制。

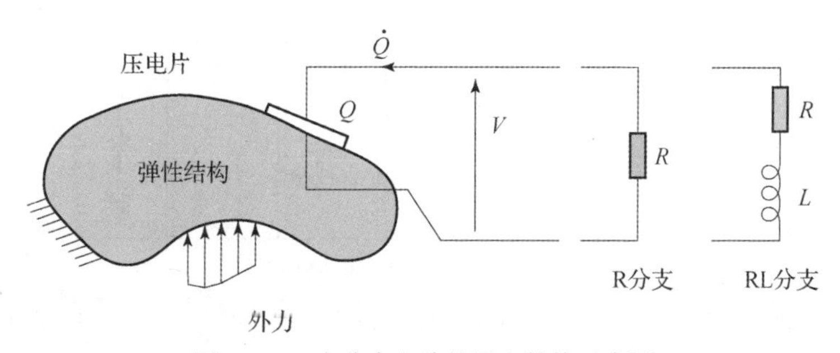

图2-24 含分支电路的压电结构示意图

一般而言，分支电路可大致分为线性和非线性两类，其分类如图2-25所示。线性电路包括电阻电路、谐振电路和负电容电路等。值得注意的是虽然负电容电路是线性的，但其本质还是主动控制电路。非线性电路包括同步开关电路等[88]。

通过在压电片正负极连接电感、电阻或电容等被动电路元件，通过压电效应，将结构中的机械能进行消耗或转移是设计压电分支电路的初衷。常见的电阻电路通过热量的形式耗散电能[89]。机电耦合系数表征了压电片中电能和机械能相互转化的能力。当结构机电耦合系数较小时，只能将有限的机械能转化为电能，故其减振效果有限。为了增强机电耦合系数，有研究将负电容引入了压电系统，通过降低压电片的本征电容，来提高能量转化效率[90-92]。然而引入负电容电路后，系统会产生稳定性问题。通过求解含负电容电路的压电结构的特征值或零极点分布图，来判断系统的稳定性。当特征值都大于零,或零极点分布图的极点和零点都位于 s 平面左半轴时,系统是稳定的。

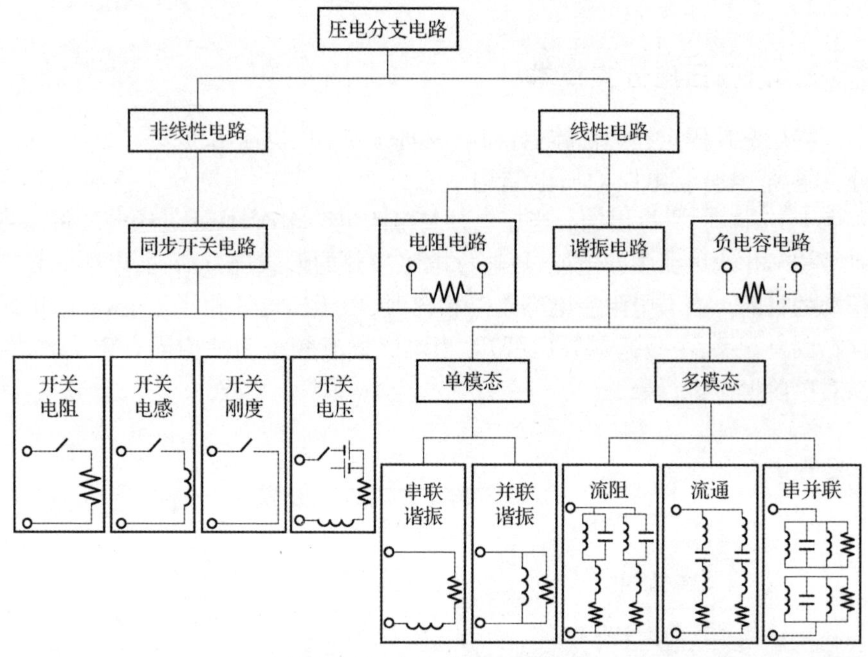

图 2 - 25　压电分支电路种类

对于谐振电路,由于压电片本身相当于电容,故施加完电感后,相当于电学动力吸振器,当其频率与固有频率一致时,即可抑制该模态的共振。电感值 L 的选取原则为

$$\omega = \sqrt{\frac{1}{LC_{\mathrm{ps}}}} \tag{2-47}$$

式中:ω 为机械系统需控制模态的固有频率;C_{ps} 为压电片本征电容。可见该电路的振动控制效果依赖电感的取值,当电路固有频率偏离机械固有频率时,减振效果较差。且为了控制低频模态,需要有较大的电感值。

这一电路只能实现单模态的减振控制,为了实现多模态的控制效果,1994 年,Hollkamp[93] 将几个 RLC 电路并联,对悬臂梁的多阶模态具有较好的减振效果。但各谐振电路之间会相互干扰,调节困难。为了改善这一效果,有学者提出了流阻型(current - blocking)[94-95] 和流通型(current - flowing)[96] 多模态减振电路。通过施加由电感电容电路构成的流阻单元(示意见图 2 - 25),来减小各电路间的相互影响。

近年来,同步开关阻尼技术(SSD)的非线性振动控制方法,由于鲁棒性好,具有多模态抑制效果,且低频所需电感低的优点获得了广泛关注(示意见图2-25)。这一电路最早于2006年由Guyomar提出[97-98]。SSD是一种半主动电路,可以认为是基于电场实现的干摩擦阻尼技术,其控制系统较为简单,仅需要较少电子元件[99-101]。

综上所述,设计与压电片相连的外接电路可以实现机械阻抗的功能。如质量、刚度以及阻尼等机械阻抗,都有等效的电路进行等效。如为了实现较好的振动控制效果,可能需要较重的附加质量或较强的阻尼,这些都可以通过设计电路参数来实现。因此相比于机械阻抗,压电技术为振动控制提供一种轻质、可变的调控结构动力学特性的技术手段。

2.4.2 基于模态控制的压电结构

根据模态理论,结构的振动可以分解为所有模态振动的线性叠加,而其中起主导作用的是振型与激振力相似且固有频率靠近激振频率的模态。因此,控制结构在目标频段内的振动可分解为控制结构在目标频段内(及附近)主导模态的振动水平。除了采用具有频率选通能力的电路外(图2-25),压电材料的几何形状和位置也需要仔细设计,以便对所有目标模态都有较好的机电耦合能力。这样才能够更高效地将电路阻抗转换为对结构力学性质的修正。

对于图2-26(a)中所示四边固支的矩形铝板,在其表面上黏结了一块压电板,该模型前八阶模态的位移场分布如图2-26(b)所示。可见在压电片覆盖的区域中,其中某些模态(例如第2阶、第4阶模态等)变形同时产生正、负应变。根据压电材料的本构关系,其内部由变形产生的电场强度的符号由应变的方向确定,这将使压电材料的同一电极表面上同时积累正负两种电荷,压电效应将全部或部分抵消,从而使机电耦合系数较低,导致机械能转化为电能的比例有限。在这种情况下,分支电路对于该阶模式的振动振幅几乎没有效果。这一点可以由压电片表面电压的响应函数验证[图2-26(c)]。表明在该种布局下,压电分支电路难以控制所有的振动模态。

因此,如何通过适当地布置压电片,尽量提高每阶模态的机电耦合系数,是基于模态控制的压电结构研究的核心问题之一。

对于一维结构,Ducarne等[80]针对悬臂梁中每阶模态,对悬臂梁中压电片的尺寸和位置进行了优化。通过探索本征函数的正交性,Lee和Moon[103]根据电极的曲率来调整其宽度,设计了一种可用于梁模型的压电片分布方式,如图 2-27(a)所示。这些换能器只对特定阶模态敏感,可以过滤掉其他模态,可认定为一种模态滤波器。

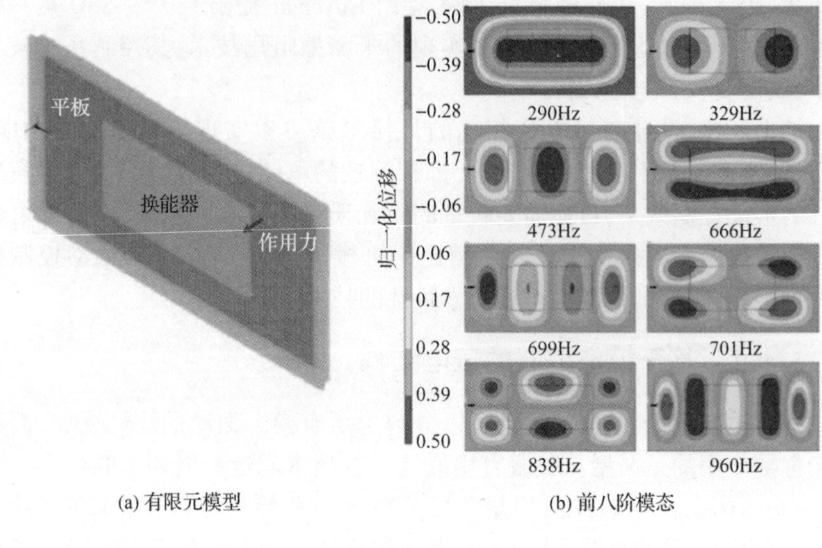

(a) 有限元模型　　(b) 前八阶模态

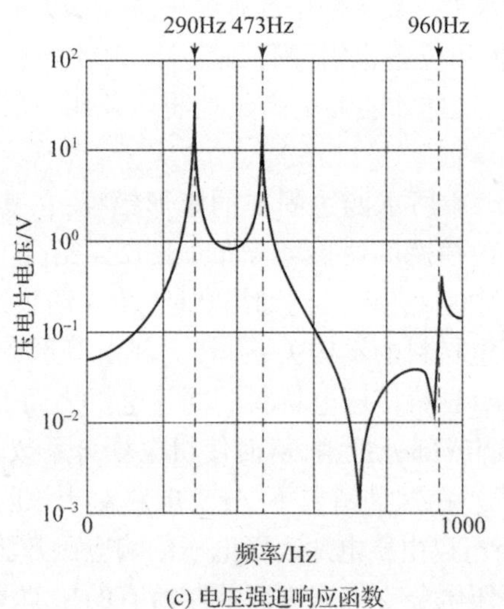

(c) 电压强迫响应函数

图 2-26　压电模型及模态与强迫响应函数[102]

但这种方法难以适用于二维结构中压电片的位置设计。原因在于二维结构中模态更多,针对多阶模态优化形状较难,同时各阶模态受边界、材料参数的变化影响较大[103][图 2-27(b)]。因此 Casadei 等[104]不再研究位置的选择,而是将压电片周期性分布于基板上[图 2-27(c)]。通过谐振电路以控制结构振动，利用负电容来提高机电耦合系数。Preumont 等[105]引入了一系列可变尺寸的压电片[图 2-27(d)]和具有可变孔隙率的分布式电极[图 2-27(e)]。也有研究通过拓扑优化，对二维结构中的压电换能器进行设计[106-107][图 2-27(f)]。

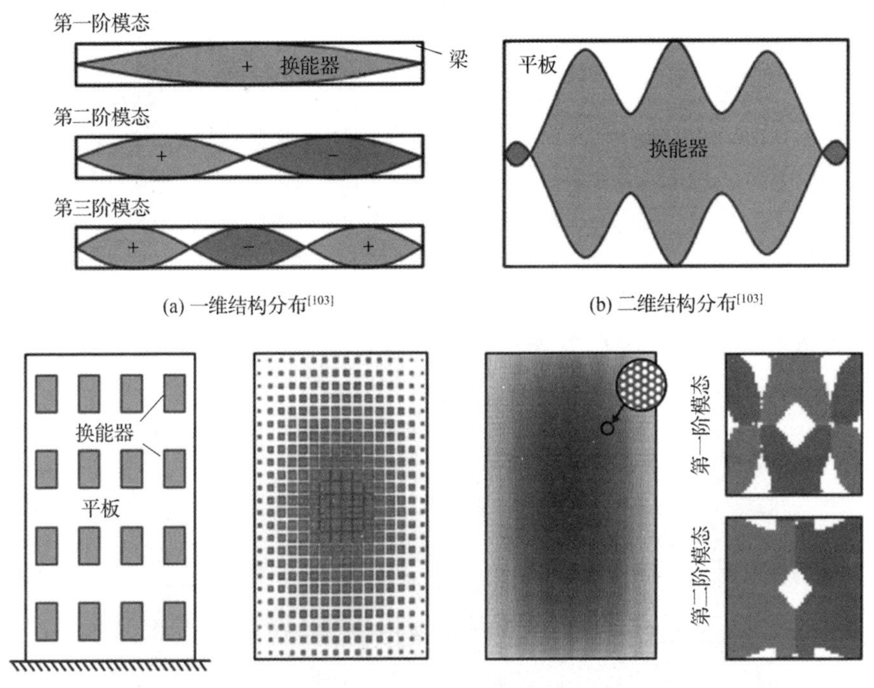

(a) 一维结构分布[103]　(b) 二维结构分布[103]

(c) 压电片周期性分布[104]　(d) 可变尺寸压电片分布[106]　(e) 可变孔隙率分布[106]　(f) 拓扑优化分布[108]

图 2-27　压电片位置分布

可见，提高机电耦合系数有两种方式，第一种为优化压电片分布的位置，第二种为利用负电容等主动电路。在实际应用中，压电片的优化常常针对某阶模态，当目标频带含有多阶模态时，难以保证每阶模态都有较高的机电耦合系数，另外压电片和结构的几何差异可能会导致模态发生变化。负电容虽然能提高机电耦合系数，但它降低了电路中的电容值，为了在同一频率构造动力吸振器，需要增加电路的电感值，而大电感实现较为困难。同时负电容作为主动电路，也存在稳定性问题。

因此有的研究[109-111]不再拘泥于针对单阶模态的优化，通过机电比拟的思路，利用电路元件在电场构造与机械场等效的模型，使每阶电场模态与机械场模态一一对应，从而实现多模态抑制的效果。为了构造电场的等效模型，不再采用单个的分支电路,而是用电路将相邻压电片互联,以形成电路网络。其中电路网络的具体形式由需要控制的机械场模型确定。压电片周期性分布作为对电场的有限差分近似,使得电路网络可以用空间微分算子来描述。再将机械场模型均匀化处理,获得机械场模型的偏微分方程。因而压电周期结构可以用两组偏微分方程来建模,再利用机电耦合特性对其进行耦合,以得到最终的机电耦合方程,从而求解其强迫响应,验证多模态抑制效果。

这一概念最早由意大利的 Dell'Isola 研究团队于 1998 年提出,见 2.2.3 节。实际上在 PEM 建模过程中执行两个均匀化过程,分别是电场和机械场的等效,将压电周期结构和电路网络都转变为均匀介质。其中,不同的电路形式对应不同的均质方程,如板结构或薄膜结构都可以通过改变电路形式实现。构造与机械场运动方程形式一致的电学方程后,可以使得离散电路网络在频域和时域上具有相似性,结构内机械能和电能的转换率最高,在电路网络中加入耗能元件或吸振器等,就可以达到多模态振动抑制的目的[112-114](图 2-28),这一结构对低频模态也有控制效果[115]。

(a) 实验模型

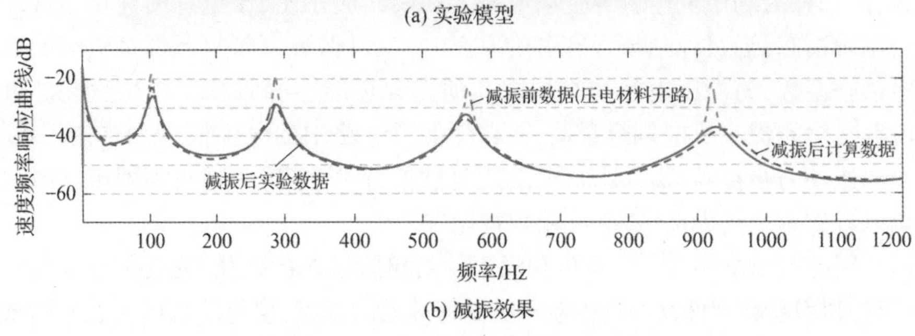

(b) 减振效果

图 2-28　压电网络复合板的多模态抑制效果[114]

李琳等[116-118]在此基础上,深入研究了边界条件对振动抑制效果的影响,验证了二维机电耦合系统实现多阶共振抑制的机理,并进行了实验验证。Yi 等[119]通过设计压电网络板,在特定频带产生了频率转向区,以消除声学重合频率,使结构有较好的隔声特性。Alessandroni 等[56]通过构造与基板中特定波频散曲线一致的机电波,利用机电比拟的思路达到了多模态振动控制的目的。

针对模态控制的压电结构通过设计分支电路可以实现对单阶及少数模态有较好的控制效果,但这一效果受到结构机电耦合系数的影响。因此为了提高机电耦合系数,可以通过优化压电片的铺设位置和施加负电容电路。当目标频段内模态较多时,所需压电片的形状和分支电路都较为复杂,且减振效果和最佳电学参数对边界条件敏感,负电容电路还存在稳定性问题。PEM 结构通过机电比拟的思路,不再针对单阶模态进行压电片形状的优化,而是利用电路网络,构造与机械场模型等效的电场模型,从而克服了压电片形状复杂的缺点,实现了多模态抑制的效果。但 PEM 结构建模是基于长波长假设,这种假设只适用于低阶模态,在高频和模态密集区求解时可能存在较大误差。同时为了满足这一假设,与整体结构尺寸相比,压电片尺寸必须较小。另外,为了准确比拟机械场模型,电路网络的边界条件也需要与其保持一致。当机械结构边界条件复杂时,必须采用复杂的电路对边界进行模拟,这也限制了 PEM 结构的应用。

值得注意的是,虽然针对模态控制的压电结构中也出现了周期性分布的压电材料和互联电路网络,但其设计思路并不是利用其中周期性带来的禁带特性。压电材料的周期性分布是为了满足有限差分近似,从而使其可以用均匀化模型表示。而互联电路网络则是为了构造电场的均匀化介质,使电路网络的形式与机械场模型一致,而不是通过构造网络实现电磁波的传播。另外,为了满足长波长假设,压电片的尺寸也受到整体结构尺寸和研究频带的限制。

2.4.3　基于禁带调控的压电结构

根据弹性波传导理论,结构的振动可以理解为由初始条件和外界激励引发的各种弹性波在结构内传导、反射的线性叠加。在这一理论图景下,有限大结构的模态可理解为特定弹性波被边界反射而成的驻波。虽然弹性波的传导性质本身是假设结构无限大而得出的,但在考虑边界反射和叠加后,从波动理论仍然可以完整地理解、计算和分析有限大结构的动力学响应。

因此,在波传导理论框架下,对结构在特定频段内的振动抑制可通过对该频段内弹性波的调控而完成。具体到周期结构技术,其基本思路是通过材料、结构形式、几何尺寸等设计手段,在目标频段内触发禁带机理,使目标弹性波处于禁带中,从而无法携带能量远距离传播,达到减振、降噪的目的。

当基于禁带调控的机理设计压电周期结构时,其基本思路是:①利用压电材料在一个元胞内的分布形式提升对目标弹性波的机电耦合能力,提高将电路阻抗转换为机械阻抗的效率;②利用外接电路设计触发各种禁带机理,对禁带位置、宽度等进行调控。

此时利用电学阻抗可以等效为局部刚度或质量[30]的性质。得益于压电效应,可以用轻质、便捷的方式构造可调的布拉格禁带或局域共振禁带。如图 2-29 所示,当压电片与分支电路相连时,相当于结构含有谐振子,故可以构造局域共振禁带。同时,压电片又相当于散射体,故与基体相互作用可以构造布拉格禁带。而压电片互联形成网络时,构成了电磁波传播的媒介,通过压电效应,可以与结构中的机械波进行耦合,当调整二者频散曲线的位置,使其满足频率锁定原理时,就可以进行耦合禁带的研究。

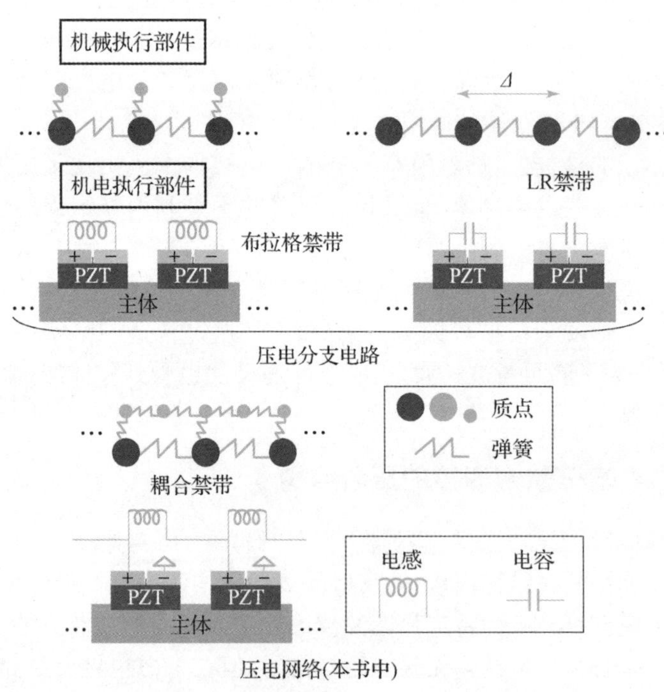

图 2-29　含三种禁带的一维周期结构示意图

压电分支周期结构的研究模型最早为杆、梁结构，其示意图如图 2-30 所示，压电片周期性分布于一维结构内，每个压电片独立与电路相连构成压电分支周期结构。

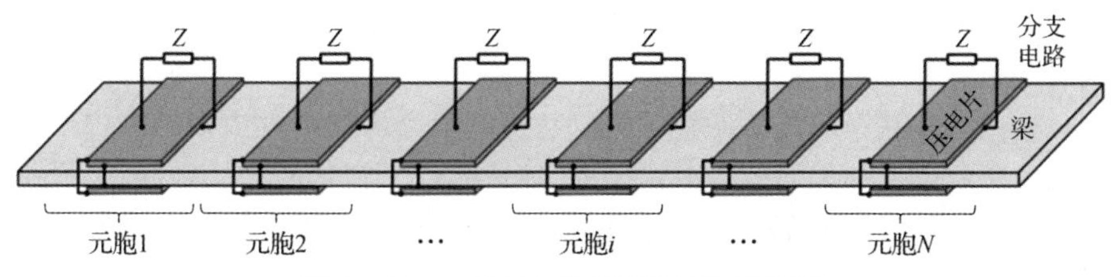

图 2-30 一维压电分支周期结构示意图

2001 年，Thorp 等[120]研究了分支电路周期杆结构内电感、电阻等电路元件对其中局域共振禁带的位置和带宽的影响。随后，他们将模型转化为液体管路，进一步验证了禁带内的振动衰减效果[121]。2009 年，国防科学技术大学的陈圣兵等[122]展开了对含分支电路的压电周期梁的研究。其结果如图 2-31 所示，他发现增加电感会使禁带向低频移动，且带宽随之越窄，当位于 67Hz 时，禁带带宽仅为 0.13Hz，此时电感为 1600H。

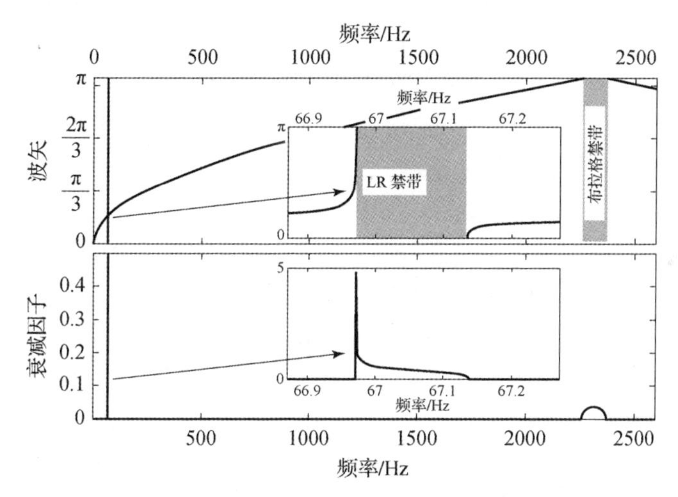

图 2-31 压电分支周期内频散曲线[122]

因此，为了增加局域共振禁带的带宽，王刚等讨论了施加负电容等主动电路对这一禁带的影响[123]，并引入 Antoniou 电路实现大电感并进行了实验验证[124]。这类研究大多集中在如何设计分支电路以得到较好的禁带性能，如文献[125]尝试引入多模态电路，以获得多个禁带；王刚等[126]利用主动反馈控制对电路进行控制,改善了文献[122]的电路形式,以改善低频局域共振禁带的衰减性能并通过了实验验证。实际上相比于被动控制,主动控制在振动控制上可以表现出更好的性能。早在2004年,Singh等[127]便将主动电路引入了压电周期杆和梁结构,利用主/被动混合控制方法,对禁带进行实时调控。

这些大多基于局域共振禁带的研究侧重于分析无限大周期结构内禁带性能的影响因素和如何改善电路形式,虽然验证了禁带的减振效果,但没有根据工程中需要针对特定频带减振的需求来设计禁带的位置和带宽。因此,Fan等[128]针对工程减振需求,引入负电容电路,对压电周期梁内的布拉格禁带进行了设计,以涵盖目标频带,降低了频带内的响应。

相比于一维周期结构,板壳类结构在工程中更为常见,因此众多学者也对压电周期分支板等开展了研究[129-134]。

2009年,Spadoni等[129]研究了含电阻电感电路的压电分支板中弹性波沿各个方向的传播特性以及振动衰减效果。随后,Casadei等[130-131]用强迫响应实验验证了压电分支板中存在可调禁带。2012年,Collet等[132]对压电分支板中的局域共振禁带进行了优化,发现优化后板的振动有17dB的衰减。2014年,Wen等[133]研究了压电分支板中禁带的方向性分布,发现板结构中的布拉格禁带为局部禁带,即只能控制有限角度内弹性波的传播,而局域共振禁带为完全禁带,可以控制各个方向弹性波的传播。为该结构控制弹性波的定向传播提供了理论基础。近年来,有研究还分析了“十”字形压电片对局域共振禁带的影响[134]。

总的来说,关于压电分支周期结构的研究大多数是针对布拉格禁带和局域共振禁带性能和机理进行的讨论。利用谐振电路可以取代弹簧振子单元以实现局域共振禁带,压电片和基体的阻抗失谐则可以构造布拉格禁带。研究表明压电分支结构内的局域共振禁带虽然为完全禁带,但其带宽较小。然而为了对其中的禁带进行拓宽,仅采用被动电路往往难以满足宽频禁带的需求,在设计中需要引入负电容等主动电路[135],实际应用中可能难以实现,且存在稳定性的问题。

耦合禁带的设计难点在于,纯机械模型中各种弹性波都会随结构材料和几何参数变化而变化,因此难以调节单种弹性波的传播特性,从而在特定频带产生耦合禁带。而结合压电材料和电路网络后,可以克服纯机械场耦合禁带设计的固有缺陷,实现可调耦合禁带的设计。原因在于构造电路网络后,网络中存在可以传播的电磁波,它的波动特性与结构无关。因此通过压电效应与基体中的机械波耦合后，仅调节电学参数就可以改变电磁波的频散曲线。当电磁波与弯曲波满足频率锁定原理时，即可以产生耦合禁带。

2012 年，Tang 等[136-137]使用传递矩阵法研究了具有压电网络的梁结构中的弹性波传播特性。其模型如图 2-32 所示，其中压电片完全覆盖梁单元，且用电感电容网络相连。

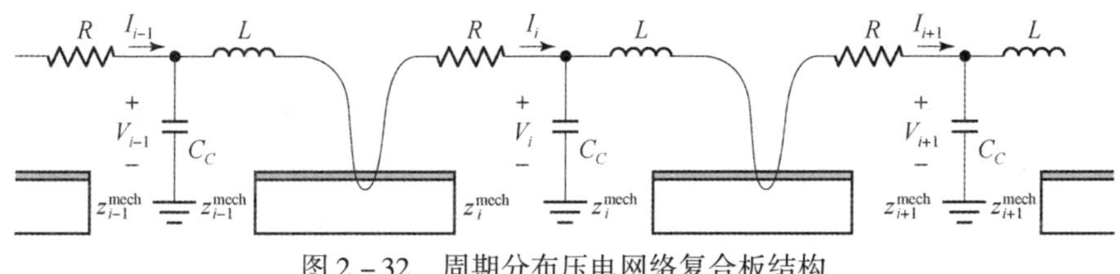

图 2-32　周期分布压电网络复合板结构

他发现结构中出现了一个新的禁带，在该禁带内电波和机械波都存在衰减。这种随着电学参数变化的禁带在振动控制和能量收集方面具有潜在的应用前景。但是由于模型限制，结构中只存在耦合禁带而不存在布拉格禁带，因而无法研究压电网络产生的禁带与原周期结构布拉格禁带之间的相互作用。Bergamini 等[138]通过设计电路网络，在压电周期梁中构造了频率转向区，对比研究了局域共振禁带的减振效果。只是这一研究中主要通过设计转向区，来实现低频振动控制，而忽视了对耦合禁带的研究。

目前，对于压电周期结构中的布拉格禁带和局域共振禁带的理论和实验研究已经十分丰富，证明了利用禁带思路，通过设计压电材料和电路调控结构中弹性波的可行性。然而受制于布拉格禁带和局域共振禁带的产生原理，难以构造宽频且低频的禁带。通过设计含电路网络的压电周期结构，可以构造可调的耦合禁带，避免纯机械结构内耦合禁带的劣势，有望实现宽频且可调的禁带。

不同于模态控制中以多模态控制为目的的 PEM 结构，本书选用的压电网络主要是作为电磁波传播的媒介，因此并不受控于机械结构的具体形式，通过选用最简单的网络形式，只需两种波的频散曲线满足频率锁定原理，就可以研究其中耦合禁带的产生和影响规律。这一特点决定了网络形式的任意性。同时利用波有限元法求解其中的波动特性时，并不基于长波长假设，只对元胞中的网格数有要求，并未限制压电片的尺寸和求解频带。

目前对压电结构中耦合禁带的研究还较少，且主要集中在一维结构上，还未发现有关二维压电结构内耦合禁带的研究。由于传递矩阵法无法求解二维压电结构内耦合禁带的分布规律，导致在二维压电网络结构的研究方面,耦合禁带的分析方法、参数影响以及禁带调节规律等方面都有所欠缺。因此本书以压电周期结构为研究对象,先通过改善波有限元法使之能求解压电周期结构中的波动特性,再研究其中结构参数和电学参数对耦合禁带的调节规律,论证可调宽频禁带的产生条件及形成机理。

2.4.4 可编程电路阻抗

无论是压电分支电路还是压电网络电路,为了满足设计需求,往往都需要依赖大电感、电容等电子元件。如为了构造图 2 – 31 所示的局域共振禁带,需要采用 1600H 左右的电感。而这些电子元件利用传统的绕线电感或陶瓷电容难以实现。因此有研究对其进行改进。总的来说,其可以分为三个阶段,第一阶段为物理方式实现电感,第二阶段为模拟电路实现,第三阶段为数字电路实现。

物理方式实现电感有两种形式,第一种为采用绕线电感[图 2 – 33(a)]或“工”字形电感[图 2 – 33(b)]。绕线电感的电感值与磁导率、绕线圈数等因素有关,为了实现 31.5mH 的电感,需要在 77715 – A7 磁环上绕 1200 圈左右,必然大大增加绕线电感的附加质量和体积,且无法对电感值进行实时调整。“工”字形电感情况也类似,如果保持其线径、圈数不变,加大磁芯中柱,根据电感计算公式 $L = 4\pi\mu A_e / L_e$,较大电感值必然需要较大的横截面积 A_e,一方面增加了体积,另一方面使得其内阻较大。

(a) 绕线电感　　(b) “工”字形电感

图 2 – 33　物理方式实现电感

考虑到现实电感往往太小而难以满足设计要求。因此为了满足设计和实验中大电感的需求,常用模拟电路来代替实际电感元件,如接地模拟电感和浮地模拟电感。其对应的电路实现形式有两种(图 2 – 34),为 Riordan 电路和 Antoniou 电路[139]。

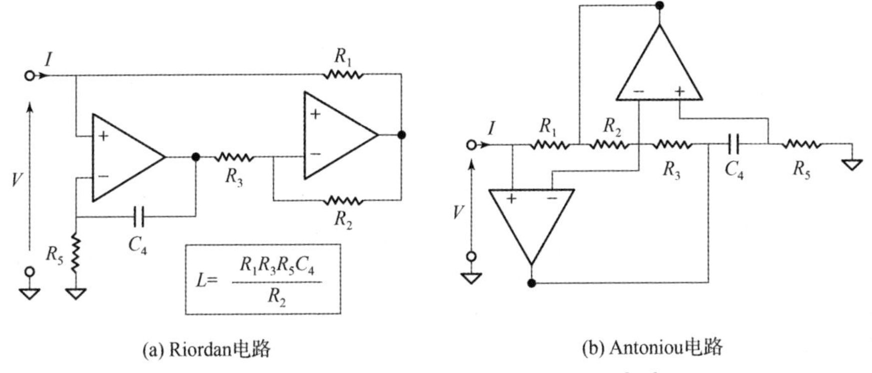

图2-34　由运算放大器实现的两种电感[139]

这两种模拟电感都采用运算放大器等元件，可以实现阻抗较大的等效电感，但需要外接直流电源对其供电，导致工作时间较长时电感发热问题严重[140]。另外，这种方式生成的电感需要外接电源来控制运算放大器，且无法实时调整电感值。

为了增强机电耦合性能，常引入负电容电路。它是指一类总体电学性能呈现负电容特性的电路，即电压信号超前电流约90°（正电容则相反，电压信号滞后电流约90°），因此与正电容并联时，可以将总电容值降低，其电路图和实物图如图2-35所示。理论和实验证明，在压电片上接负电容电路可以显著提高结构的机电耦合性能，从而提升减振效果[135-141]。

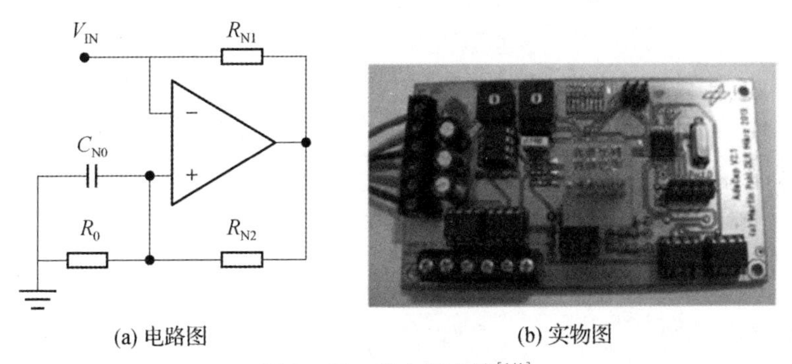

图2-35　负电容电路[141]

无论是负电容电路还是大电感，模拟电路在电路设计好之后都难以实施调整，为了进一步增强电路的可调性，有研究尝试利用可编程电路实现模拟电感、电阻乃至负电容等电路元件，即数字电路。这种电路可以直接建立压电片两端的电压与流出的电流之间建立所需的阻抗。电路中通常使用数字信号处理器来实现设计的控制规律,该规律即所需阻抗的传递函数。

为了实现这样的电路,可以测量从压电片流出的电流或电荷,然后根据控制律将电压反馈到压电片上[142-143]。然而压电材料内部的电压和变形之间的迟滞效应会降低控制效果,而驱动电压较大时会增强这一效应[144]。因此常通过测量电压并利用电流或电荷驱动压电片。Fleming 等[145-146]首次提出使用合成阻抗来实现压电分支电路。Matten 等[147]和 Nečásek 等[148]也独立开发了用于振动控制的合成阻抗电路。合成阻抗电路不仅可以实时控制,也极大丰富了电路设计的形式。

Sugino 等[149]研究了带有合成阻抗电路的压电悬臂梁。为了方便采集信号,采用输入电压,反馈电流的形式。通过采集压电片的电压,利用 z 变换将时域信号转换到复频域,从而得到输出信号。再利用电压转电流模块得到相应的电流,通过数模转换模块进行输出。这些数值结果表明,通过使用不同的控制方程,达到改变电路阻抗的目的。但是他们的工作没有提供实验结果。Yi 等[150]将其推广到电感电路,利用分支电路对压电悬臂梁中特定频带的振动进行了控制,并通过了实验验证,表明其控制效果较好。

对于压电周期结构,需要利用大量相同的电路元件构成电路网络。利用物理方式实现的电路阻抗难以满足要求,而模拟电路虽然电路阻抗较大,但发热现象严重,且阻抗难以实时调整。另外,电路网络需由多个相同阻抗的电路元件互联形成,而现实中由于加工误差等因素,使得构成网络中每个元件的阻抗值不能保持完全一致,从而使得电路并非周期性分布,必然会影响禁带的性能。而利用数字电路实现可编程电路阻抗实际上是一种主动电路的设计方法,理论上可以实现任意电路。不仅可以实时调控电路阻抗,通过同一套系统可以方便实现多个电路的设计,从而保证各电路阻抗完全一致,为压电周期结构的实际应用提供了方便。但目前有关可编程电路的研究并未考虑其中由于数模转换、数字信号处理等过程中存在的延迟问题,当延迟过大时,可能会影响系统的稳定性。

2.4.5 讨论

压电分支阻尼技术最初是作为一种学术思想而不是针对某个工程应用场合提出的。因此,虽然国内外对其开展了近 40 年的研究,却多由高校或从事基础科研的研究所主导,侧重关注的是原理和理论上的可行性。这些基础研究已经较充分地说明了压电分支阻尼具有轻质、宽频带、适应性强等优势,逐渐引起了国内外航空企业的注意。虽然具有一定的应用潜力和理论上的可行性,但要真正在实际工程中应用,除了解决压电材料在叶片上的嵌入或铺设、外接电路的接线和供能等工艺问题外,至少还需要解决以下与“轻质”和“可靠”相关的技术问题。

(1)对于航空航天等对附加质量的严格限制,必然要求将压电材料铺设在尽可能具有高机电转换效率的位置上。但是,压电材料的最佳铺设位置恰好也是结构应力最大处。而压电材料一贯是作为功能材料而非结构材料而设计的,其强度指标要远弱于钛合金或叶片专用的复合材料。一旦压电材料发生断裂、脱层等失效,分支电路也就无法有效地产生阻尼。在现有的研究中,从实验的难度和安全性等方面考虑,只用较小的能量激起结构的某些模态,并没有将风扇叶片严格激振到实际工作中的动应力水平上,缺乏对压电材料强度和可靠性的关注。

(2)同样由于轻质化的需求,压电材料的用量非常有限,即使对铺设位置和形状做了优化,结构的机电耦合系数也不可能达到在机理研究中(铺满压电材料的梁)那样高的水平。因此为了获得有效的阻尼就必然采用高性能的分支电路,例如电阻-电感、电阻-负电容、SSDI、SSDNC。其中,电感元件如果用线圈实现将导致大到不可接受的附加质量;负电容电路即使用目前文献中改进的模拟电路实现也常常出现失稳、运算放大器烧毁等故障。因此,实现高性能分支电路的共性问题是大电感或负电容电路的稳定实现。

2.5 小结

压电材料的机电耦合能力可以将能量在机械场和电场之间转化,通过设计压电结构及其电路,可以在无须施加机械附件的前提下实现对机械阻抗的改变,如利用电感-电阻电路来实现一个动力吸振器,或者利用电阻电路实现一个阻尼器等。这一利用电路阻抗实现机械阻抗的能力为控制结构的振动提供了新思路,从而使压电结构受到了人们广泛关注。

目前,有关压电结构的研究大体分为两个技术方向,分别为基于模态控制的压电结构和基于禁带调控的压电结构。虽然二者都以控制结构振动为目的,但研究思路和方法有较大差异。

基于模态控制的压电结构,主要通过模态分析,来进行压电片位置、形状和对应电路的设计。设计目的主要通过阻尼耗能、动力吸振器或机电比拟的思想对结构的机械能进行耗散或储存,从而对振动进行抑制。一般压电片都会布置在结构机电耦合系数较大的地方,以达到较好的减振目的,因而压电片分布不一定是周期性的。禁带调控则基于波动理论,将压电材料周期性地布置在基体上,并周期性地外接相应的电路,就可以构造与纯机械结构禁带性能相似的“压电周期结构”,再利用结构中的禁带特性来抑制弹性波的传播。因此禁带调控的目的在于通过设计较宽且可调的禁带,从而实现特定频带内的减振降噪需求。周期性是禁带产生的基础,故压电片和电路的布置必须是周期的。

要真正在实际工程中应用压电分支技术,除了解决压电材料在叶片上的嵌入或铺设、外接电路的接线和供能等工艺问题外,至少还需要解决与“轻质”和“可靠”相关的技术问题。这也是目前国内外学者正致力于解决但又尚未最终满意的热点问题。

参考文献

[1] CURIE J, CURIE P. Développement par compression de l'électricité polaire dans les cristaux hémièdres à faces inclinées[J]. Bulletin de minéralogie, 1880, 3(4): 90 - 93.

[2] CURIE J, CURIE P. Contractions et dilatations produites par des tensions électriques dans les cristaux hémièdres à faces inclinées[J]. Compt. Rend, 1881, 93: 1137 - 1140.

[3] MEITZLER A, TIERSTEN H F, WARNER A W, et al. IEEE standard on piezoelectricity[Z]. ANSI/IEEE Std, 1988.

[4] LIPPMANN G. Principe de la conservation de l'électricité, ou second principe de la théorie des phénomènes électriques[J]. Journal de Physique Théorique et Appliquée, 1881, 10(1): 381 - 394.

[5] QIN Q. Advanced mechanics of piezoelectricity[M]. Berlin: Springer Science & Business Media, 2012.

[6] RAMADAN K S, SAMEOTO D, EVOY S. A review of piezoelectric polymers as functional materials for electromechanical transducers[J]. Smart Materials and Structures, 2014, 23(3): 033001.

[7] NEWNHAM R E. Composite electroceramics[J]. Ferroelectrics, 1986, 68(1): 1 - 32.

[8] WILKIE W K, BRYANT R G, HIGH J W, et al. Low - cost piezocomposite actuator for structural control applications[J]. International Society for Optics and Photonics, 2000, 3991: 323 - 334.

[9] MITRA M, GOPALAKRISHNAN S. Guided wave based structural health monitoring: A review[J]. Smart Materials and Structures, 2016, 25(5): 053001.

[10] WILLIAMS R B, INMAN D J, WILKIE W K. Nonlinear response of the macro fiber composite actuator to monotonically increasing excitation voltage[J]. Journal of Intelligent Material Systems and Structures, 2006, 17(7): 601 - 608.

[11] SHINDO Y, NARITA F, WATANABE T. Nonlinear electromechanical fields and localized polarization switching of 1 - 3 piezoelectric/polymer composites[J]. European Journal of Mechanics - A/Solids, 2010, 29(4): 647 - 653.

[12] SCHRÖCK J, MEURER T, KUGI A. Control of a flexible beam actuated by macro - fiber composite patches: II. Hysteresis and creep compensation, experimental results[J]. Smart Materials and

Structures, 2010, 20(1): 015016.

[13]李琳, 薛铮, 范雨. 压电纤维材料驱动下复合板扭曲变形效率分析[J]. 北京航空航天大学学报, 2018, 44(2): 229 – 240.

[14]LI L, XUE Z, LI C. A modified pin force model for beams with active material bonded[J]. Materials & Design, 2016, 97: 249 – 256.

[15]XUE Z, LI L, ICHCHOU M N, et al. Hysteresis and the nonlinear equivalent piezoelectric coefficient of MFCs for actuation[J]. Chinese Journal of Aeronautics, 2017, 30(1): 88 – 98.

[16]LI L, XUE Z, LI C. Actuation Performance of Active Composite Beams with Delamination[J]. Sensors and Actuators A: Physical, 2016, 249: 131 – 140.

[17]LIN X, ZHOU K, ZHU S, et al. The electric field, dc bias voltage and frequency dependence of actuation performance of piezoelectric fiber composites[J]. Sensors and Actuators A: Physical, 2013, 203: 304 – 309.

[18]PREUMONT A. Dynamics of electromechanical and piezoelectric systems[M]. Dordrecht: The Netherlands Springer, 2006.

[19]PREUMONT A. 机电耦合系统和压电系统动力学[M]. 李琳, 范雨, 刘学, 译. 北京: 北京航空航天大学出版社, 2014.

[20]MOHEIMANI S O R, FLEMING A J. Piezoelectric transducers for vibration control and damping[M]. London: Springer, 2006.

[21]PREUMONT A. Twelve lectures on structural dynamics[M]. Berlin: Springer Belin Heidelberg, 2013.

[22]CHEN Z, HU Y, YANG J. Piezoelectric generator based on torsional modes for power harvesting from angular vibrations[J]. Applied Mathematics and Mechanics, 2007, 28(6): 779 – 784.

[23]SITTI M, CAMPOLO D, YAN J, et al. Development of PZT and PZN – PT based unimorph actuators for micromechanical flapping mechanisms[J]. IEEE, 2001, 4: 3839 – 3846.

[24]SODANO H A, INMAN D J, PARK G. A review of power harvesting from vibration using piezoelectric materials[J]. Shock and Vibration Digest, 2004, 36(3): 197 – 206.

[25]SMITS J G, CHOI W. The constituent equations of piezoelectric heterogeneous bimorphs[J]. IEEE transactions on ultrasonics, ferroelectrics, and frequency control, 1991, 38(3): 256 – 270.

[26]SMITS J G, BALLATO A. Dynamic behavior of piezoelectric bimorphs[C]. 1993 Proceedings IEEE Ultrasonics Symposium, Baltimore, 1993.

[27]PLATT S R, FARRITOR S, HAIDER H. On low – frequency electric power generation with PZT ceramics[J]. IEEE/ASME transactions on Mechatronics, 2005, 10(2): 240 – 252.

[28]MOKRANI B, RODRIGUES G, IOAN B, et al. Synchronized switch damping on inductor and negative capacitance[J]. Journal of intelligent material systems and structures, 2012, 23(18): 2065 – 2075.

[29]NEUBAUER M, OLESKIEWICZ R, POPP K, et al. Optimization of damping and absorbing performance of shunted piezo elements utilizing negative capacitance[J]. Journal of sound and vibration, 2006, 298(1/2): 84 – 107.

[30]HAGOOD N W, Von F A. Damping of structural vibrations with piezoelectric materials and passive electrical networks[J]. Journal of sound and vibration, 1991, 146(2): 243 – 268.

[31]ZUO L, CUI W. Dual - functional energy - harvesting and vibration control: electromagnetic resonant shunt series tuned mass dampers[J]. Journal of vibration and acoustics, 2013, 135(5): 051018.

[32]PETIT L, LEFEUVRE E, RICHARD C, et al. A broadband semi passive piezoelectric technique for structural damping[J]. International Society for Optics and Photonics, 2004, 5386: 414 - 425.

[33]LOSSOUARN B, AUCEJO M, DEÜ J F. Multimodal coupling of periodic lattices and application to rod vibration damping with a piezoelectric network[J]. Smart Materials and Structures, 2015, 24(4): 045018.

[34]JI H, QIU J, ZHU K, et al. Multi - modal vibration control using a synchronized switch based on a displacement switching threshold[J]. Smart Materials and Structures, 2009, 18(3): 035016.

[35]THOMAS O, DUCARNE J, DEÜ J F. Performance of piezoelectric shunts for vibration reduction[J]. Smart Materials and Structures, 2011, 21(1): 015008.

[36]FAN Y, COLLET M, ICHCHOU M, et al. Enhanced wave and finite element method for wave propagation and forced response prediction in periodic piezoelectric structures[J]. Chinese Journal of Aeronautics, 2017, 30(1): 75 - 87.

[37]范雨. 基于压电材料的自供能振动抑制系统研究[D]. 北京: 北京航空航天大学, 2012.

[38]ZHOU B. Study of Piezoelectric shunt Damping Applied to Mistuned Bladed Disks[D]. Lyon: Ecole Centrale de Lyon, 2012.

[39]LI L, DENG P, FAN Y. Dynamic characteristics of a cyclic - periodic structure with a piezoelectric network[J]. Chinese Journal of Aeronautics, 2015, 28(5): 1426 - 1437.

[40]CRAWLEY E F, ANDERSON E H. Detailed models of piezoceramic actuation of beams[J]. Journal of Intelligent Material Systems and Structures, 1990, 1(1): 4 - 25.

[41]SMITS J G, DALKE S I. The constituent equations of piezoelectric bimorph actuators[J]. Ultrasonics Symposium, 1989, 2: 781 - 784.

[42]WANG Q M, CROSS L E. Constitutive equations of symmetrical triple layer piezoelectric benders[J]. IEEE transactions on ultrasonics, ferroelectrics, and frequency control, 1999, 46(6): 1343 - 1351.

[43]SMITS J G, DALKE S I, COONEY T K. The constituent equations of piezoelectric bimorphs[J]. Sensors and Actuators A: Physical, 1991, 28(1): 41 - 61.

[44]CHO Y S, PAK Y E, HAN C S, et al. Five - port equivalent electric circuit of piezoelectric bimorph beam[J]. Sensors and Actuators A: Physical, 2000, 84(1/2): 140 - 148.

[45]HA S K. Analysis of the asymmetric triple - layered piezoelectric bimorph using equivalent circuit models[J]. The Journal of the Acoustical Society of America, 2001, 110(2): 856 - 864.

[46]ERTURK A, INMAN D J. A distributed parameter electromechanical model for cantilevered piezoelectric energy harvesters[J]. Journal of vibration and acoustics, 2008, 130(4): 041002.

[47]ERTURK A, INMAN D J. An experimentally validated bimorph cantilever model for piezoelectric energy harvesting from base excitations[J]. Smart materials and structures, 2009, 18(2): 025009.

[48]MAURINI C, PORFIRI M, POUGET J. Numerical methods for modal analysis of stepped piezoelectric beams[J]. Journal of sound and vibration, 2006, 298(4 - 5): 918 - 933.

[49]BALLAS R G, SCHLAAK H F, SCHMID A J. The constituent equations of piezoelectric multilayer bending actuators in closed analytical form and experimental results[J]. Sensors and Actuators A:

Physical, 2006,130:91 – 98.

[50] OU Q, CHEN X Q, GUTSCHMIDT S, et al. A two – mass cantilever beam model for vibration energy harvesting applications [C]. 2010 IEEE International Conference on Automation Science and Engineering, Toronto,2010.

[51] BRUFAU P J, PUIG V M. Electromechanical model of a multi – layer piezoelectric cantilever[C]. EuroSime 2006 – 7th International Conference on Thermal, Mechanical and Multiphysics Simulation and Experiments in Micro – Electronics and Micro – Systems, Como, 2006.

[52] BENJEDDOU A, DEÜ J F. A two – dimensional closed – form solution for the free – vibrations analysis of piezoelectric sandwich plates[J]. International Journal of Solids and Structures, 2002, 39(6): 1463 – 1486.

[53] BENJEDDOU A, DEÜ J F, LETOMBE S. Free vibrations of simply – supported piezoelectric adaptive plates: an exact sandwich formulation[J]. Thin – walled structures, 2002, 40(7/8): 573 – 593.

[54] DEÜ J F, BENJEDDOU A. Free – vibration analysis of laminated plates with embedded shear – mode piezoceramic layers[J]. International Journal of Solids and Structures, 2005, 42(7): 2059 – 2088.

[55] DELL'ISOLA F, VIDOLI S. Distributed control of beams by electric transmission lines with PZT actuators[J]. International Society for Optics and Photonics, 1997, 3241: 312 – 321.

[56] ALESSANDRONI S, ANDREAUS U, DELL'ISOLA F, et al. Piezo – electromechanical (pem) kirchhoff – love plates[J]. European Journal of Mechanics – A/Solids, 2004, 23(4): 689 – 702.

[57] DELL'ISOLA F, HENNEKE E G, PORFIRI M. Piezoelectromechanical structures: a survey of basic concepts and methodologies[J]. International Society for Optics and Photonics, 2003, 5056: 574 – 582.

[58] MAURINI C, DELL'ISOLA F, DEL V D. Comparison of piezoelectronic networks acting as distributed vibration absorbers[J]. Mechanical Systems and Signal Processing, 2004, 18(5): 1243 – 1271.

[59] VIDOLI S, DELL'ISOLA F. Vibration control in plates by uniformly distributed PZT actuators interconnected via electric networks[J]. European Journal of Mechanics – A/Solids, 2001, 20(3): 435 – 456.

[60] ALESSANDRONI S, DELL'ISOLA F, PORFIRI M. A revival of electric analogs for vibrating mechanical systems aimed to their efficient control by PZT actuators[J]. International Journal of Solids and Structures, 2002, 39(20): 5295 – 5324.

[61] ZIENKIEWICZ O C, TAYLOR R L, ZHU J Z. The finite element method: its basis and fundamentals[M]. Oxford: Elsevier, 2005.

[62] KIM J, HWANG J S, KIM S J. Design of modal transducers by optimizing spatial distribution of discrete gain weights[J]. AIAA Journal, 2001, 39(10): 1969 – 1976.

[63] PAGANI C C, TRINDADE M A. Optimization of modal filters based on arrays of piezoelectric sensors[J]. Smart Materials and Structures, 2009, 18(9): 095046.

[64] KIM S J, YUN C Y, PAEK B J. Optimal design of a piezoelectric passive damper for vibrating plates[J]. International Society for Optics and Photonics, 2000, 3989: 512 – 519.

[65] MIN J B, DUFFY K P, CHOI B B, et al. Numerical modeling methodology and experimental study for piezoelectric vibration damping control of rotating composite fan blades[J]. Computers & Structures, 2013, 128: 230 – 242.

[66]MOKRANI B. Piezoelectric shunt damping of rotationally periodic structures[D]. Brussels: Université Libre de Bruxelles, 2015.

[67]BENJEDDOU A. Advances in piezoelectric finite element modeling of adaptive structural elements: a survey[J]. Computers & Structures, 2000, 76(1/2/3): 347 - 363.

[68]LAZARUS A, THOMAS O, DEÜ J F. Finite element reduced order models for nonlinear vibrations of piezoelectric layered beams with applications to NEMS[J]. Finite Elements in Analysis and Design, 2012, 49(1):35 - 51.

[69]COLLET M, CUNEFARE K A. Modal synthesis and dynamical condensation methods for accurate piezoelectric systems impedance computation [J]. Journal of Intelligent Material Systems and Structures, 2008, 19(11): 1251 - 1269.

[70]MASON W P, BAERWALD H. Piezoelectric crystals and their applications to ultrasonics[J]. Physics Today, 1951, 4(5): 23.

[71]BERLINCOURT D A, CURRAN D R, JAFFE H. Piezoelectric and piezomagnetic materials and their function in transducers[J]. Physical Acoustics: Principles and Methods, 1964, 1(A): 202 - 204.

[72]TOULIS W J. Electromechanical coupling and composite transducers[J]. The Journal of the Acoustical Society of America, 1963, 35(1): 74 - 80.

[73]WOOLLETT R S. Comments on "Electromechanical coupling and composite transducers"[J]. The Journal of the Acoustical Society of America, 1963, 35(11): 1837 - 1838.

[74]SKELTON E A, ADAMS S D M, CRASTER R V. Guided elastic waves and perfectly matched layers[J]. Wave motion, 2007, 44(7/8): 573 - 592.

[75]ZHAO M, DU X, LIU J, et al. Explicit finite element artificial boundary scheme for transient scalar waves in two - dimensional unbounded waveguide[J]. International Journal for Numerical Methods in Engineering, 2011, 87(11): 1074 - 1104.

[76]廖振鹏. 工程波动理论导论[M]. 北京: 科学出版社, 2002.

[77]CHEN S, ZHANG Y, LIN S, et al. Study on the electromechanical coupling coefficient of Rayleigh - type surface acoustic waves in semi - infinite piezoelectrics/non - piezoelectrics superlattices[J]. Ultrasonics, 2014, 54(2): 604 - 608.

[78]FAN L, ZHANG S, ZHENG K, et al. Calculation of electromechanical coupling coefficient of Lamb waves in multilayered plates[J]. Ultrasonics, 2006, 44: e849 - e852.

[79]VASQUES C M A. Improved passive shunt vibration control of smart piezo - elastic beams using modal piezoelectric transducers with shaped electrodes[J]. Smart materials and structures, 2012, 21(12): 125003.

[80]DUCARNE J, THOMAS O, DEÜ J F. Placement and dimension optimization of shunted piezoelectric patches for vibration reduction[J]. Journal of Sound and Vibration, 2012, 331(14): 3286 - 3303.

[81]LI L, YIN S, LIU X, et al. Enhanced electromechanical coupling of piezoelectric system for multimodal vibration[J]. Mechatronics, 2015, 31:205 - 214.

[82]TATEO F, COLLET M, OUISSE M, et al. Design variables for optimizing adaptive metacomposite made of shunted piezoelectric patches distribution[J]. Journal of Vibration and Control, 2016, 22(7): 1838 - 1854.

[83]TANG J, WANG K W. Active - passive hybrid piezoelectric networks for vibration control: comparisons and improvement[J]. Smart Materials and Structures, 2001, 10(4): 794.

[84]POHL M. An adaptive negative capacitance circuit for enhanced performance and robustness of piezoelectric shunt damping[J]. Journal of Intelligent Material Systems and Structures, 2017, 28(19): 2633 -2650.

[85]DE M B, PREUMONT A. Vibration damping with negative capacitance shunts: theory and experiment[J]. Smart Materials and Structures, 2008, 17(3): 035015.

[86]BERARDENGO M, MANZONI S, THOMAS O, et al. A new electrical circuit with negative capacitances to enhance resistive shunt damping[J]. American Society of Mechanical Engineers, 2015, 57298: V001T03A006.

[87]TATEO F, COLLET M, OUISSE M, et al. Experimental characterization of a bi - dimensional array of negative capacitance piezo - patches for vibroacoustic control[J]. Journal of Intelligent Material Systems and Structures, 2015, 26(8): 952 -964.

[88]NIEDERBERGER D. Design of Optimal Autonomous Switching Circuits to Suppress Mechanical Vibration[C]//Hybrid Systems: Computation and Control, 8th International Workshop, HSCC 2005, Zurich, Switzerland, March 9 -11, 2005, Proceedings. Berlin:Springer Berlin Heidelberg, 2005.

[89]JOHNSON C D. Design of passive damping systems[J]. Journal of Mechanical Design, 1995, 117(B): 171 -176.

[90]BERARDENGO M, THOMAS O, GIRAUD A C, et al. Improved shunt damping with two negative capacitances: an efficient alternative to resonant shunt[J]. Journal of intelligent material systems and structures, 2017, 28(16): 2222 -2238.

[91]BERARDENGO M, THOMAS O, GIRAUD A C, et al. Improved resistive shunt by means of negative capacitance: new circuit, performances and multi - mode control[J]. Smart Material and Structures, 2016, 25(7): 075033.

[92]BERARDENGO M, MANZONI S, THOMAS O, et al. Piezoelectric resonant shunt enhancement by negative capacitances: Optimisation, performance and resonance cancellation[J]. Journal of Intelligent Material Systems and Structures, 2018, 29(12): 1045389X1877087.

[93]HOLLKAMP J J. Multimodal passive vibration suppression with piezoelectric materials and resonant shunts[J]. Journal of Intelligent Material Systems and Structures, 1994, 5(1): 49 -56.

[94]WU S. Method for multiple mode piezoelectric shunting with single PZT transducer for vibration control[J]. Journal of Intelligent Material Systems and Structures, 1998, 9(12): 991 -998.

[95]WU S. Method for multiple - mode shunt damping of structural vibration using a single PZT transducer[J]. SPIE, 1998, 3327: 159 -168.

[96]BEHRENS S, MOHEIMANI S O R, FLEMING A J. Multiple mode current flowing passive piezoelectric shunt controller[J]. Journal of Sound and Vibration, 2003, 266(5): 929 -942.

[97]GUYOMAR D, BADEL A. Nonlinear semi - passive multimodal vibration damping: An efficient probabilistic approach[J]. Journal of Sound and Vibration, 2006, 294(1/2): 249 -268.

[98]LI K, GAUTHIER J Y, GUYOMAR D. Structural vibration control by synchronized switch damping energy transfer[J]. Journal of Sound and Vibration, 2011, 330(1): 49 -60.

[99]JI H, QIU J, ZHU K, et al. Two - mode vibration control of a beam using nonlinear synchronized switching damping based on the maximization of converted energy[J]. Journal of Sound and Vibration, 2010, 329(14):2751 -2767.

[100] RICHARD C, GUYOMAR D, AUDIGIER D, et al. Enhanced semi - passive damping using continuous switching of a piezoelectric device on an inductor[J]. SPIE, 2000, 3989: 288 -299.

[101]季宏丽. 飞行器结构压电半主动振动控制研究[D]. 南京: 南京航空航天大学, 2012.

[102]GRIPP J A B, RADE D A. Vibration and noise control using shunted piezoelectric transducers: A review[J]. Mechanical Systems and Signal Processing, 2018, 112: 359.

[103]LEO D J. Engineering Analysis of Smart Material Systems[M]. Hoboken: John Wiley & Sons,2008.

[104]DONOSO A, Sigmund O. Topology optimization of piezo modal transducers with null - polarity phases[J]. Structural & Multidisciplinary Optimization, 2015, 53(2): 1 -11.

[105]CASADEI F, BECK B S, CUNEFARE K A, et al. Vibration control of plates through hybrid configurations of periodic piezoelectric shunts [J]. Journal of Intelligent Material Systems and Structures, 2012, 23(10): 1169 -1177.

[106]PREUMONT A, FRANEOIS A, MAN P D, et al. Spatial filters in structural control[J]. Journal of Sound and Vibration, 2003, 265(1): 61 -79.

[107] DA S L P, LARBI W, DEUE J F. Topology optimization of shunted piezoelectric elements for structural vibration reduction [J]. Journal of intelligent material systems and structures, 2015, 26(10):1219 -1235.

[108] RUIZ D, BELLIDO J C, DONOSO A. Design of piezoelectric modal filters by simultaneously optimizing the structure layout and the electrode profile [J]. Structural and Multidisciplinary Optimization, 2016, 53(4): 715 -730.

[109] DELL'ISOLA F, VIDOLI S. Continuum modelling of piezoelectromechanical truss beams: an application to vibration damping[J]. Archive of Applied Mechanics. 1998, 68(1): 1 -19.

[110] VIDOLI S, DELLISOLA F. Modal coupling in one - dimensional electromechanical structured continua[J]. Acta Mechanica, 2000, 141(1): 37 -50.

[111]MAURINI C, DELLISOLA F, VESCOVO D D, et al. Comparison of piezoelectronic networks acting as distributed vibration absorbers[J]. Mechanical Systems and Signal Processing, 2004, 18(5): 1243 -1271.

[112]BATRA R C, DELLISOLA F, VIDOLI S, et al. Multimode vibration suppression with passive two - terminal distributed network incorporating piezoceramic transducers [J]. International Journal of Solids and Structures, 2005, 42(11): 3115 -3132.

[113]GIORGIO I, CULLA A, VESCOVO D D, et al. Multimode vibration control using several piezoelectric transducers shunted with a multiterminal network[J]. Archive of Applied Mechanics, 2009, 79(9): 859 -879.

[114]LOSSOUARN B, DEÜ J F, AUCEJO M. Multimodal vibration damping of a beam with a periodic array of piezoelectric patches connected to a passive electrical network [J]. Smart Materials and Structures, 2015, 24(11): 115037.

[115] LOSSOUARN B, DEÜ J F, AUCEJO M, et al. Multimodal vibration damping of a plate by

piezoelectric coupling to its analogous electrical network[J]. Smart Materials and Structures, 2016, 25(11): 115042.

[116]李琳, 易凯军. 压电网络板的机电耦合动力学特性[J]. 北京航空航天大学学报, 2014, 7: 873-880.

[117]易凯军, 李琳. 压电网络板的振动控制原理与控制效果[J]. 北京航空航天大学学报, 2014, 11: 1629-1636.

[118]李琳, 李俊, 易凯军. 基于压电网络的四边固支板多阶共振抑制[J]. 北京航空航天大学学报, 2015, 11: 1983-1993.

[119]KAIJUN Y, LIN L, ICHCHOU M, et al. Sound insulation performance of plates with interconnected distributed piezoelectric patches[J]. Chinese Journal of Aeronautics, 2017, 30(1): 99-108.

[120]THORP O, RUZZENE M, BAZ A. Attenuation and localization of wave propagation in rods with periodic shunted piezoelectric patches[J]. Smart Materials and Structures, 2001, 10(5): 979.

[121]THORP O, RUZZENE M, BAZ A. Attenuation of wave propagation in fluid-loaded shells with periodic shunted piezoelectric rings[J]. Smart Materials and Structures, 2005, 14(4): 594-604.

[122]CHEN S B, WEN J H, WANG G, et al. Locally resonant gaps of phononic beams induced by periodic arrays of resonant shunts[J]. Chinese Physics Letters, 2011, 28(9): 94301-94304.

[123]CHEN S B, WEN J H, YU D L, et al. Band gap control of phononic beam with negative capacitance piezoelectric shunt[J]. Chinese Physics B, 2011, 20(1): 014301.

[124]CHEN S B, WEN J H, WANG G, et al. Improved modeling of rods with periodic arrays of shunted piezoelectric patches[J]. Journal of Intelligent Material Systems and Structures, 2012, 23(14): 1613-1621.

[125]ALROLDI L, RUZZENE M. Wave Propagation Control in Beams Through Periodic Multi-Branch Shunts[J]. Journal of Intelligent Material Systems and Structures, 2011, 22(14): 1567-1579.

[126]WANG G, CHEN S. Large low-frequency vibration attenuation induced by arrays of piezoelectric patches shunted with amplifier-resonator feedback circuits[J]. Smart Materials and Structures, 2016, 25(1): 015004.

[127]SINGH A, PINES D J, BAZ A. Active/passive reduction of vibration of periodic one-dimensional structures using piezoelectric actuators[J]. Smart Materials and Structures, 2004, 13(4): 698.

[128]FAN Y, COLLET M, ICHCHOU M, et al. A wave-based design of semi-active piezoelectric composites for broadband vibration control[J]. Smart Materials and Structures, 2016, 25(5): 055032.

[129]SPADONI A, RUZZENE M, CUNEFARE K A, et al. Vibration and wave propagation control of plates with periodic arrays of shunted piezoelectric patches[J]. Journal of Intelligent Material Systems and Structures, 2009, 20(8): 979-990.

[130]CASADEI F, RUZZENE M, BECK B, et al. Vibration control of plates featuring periodic arrays of hybrid shunted piezoelectric patches[J]. Acta Hydrobiologica Sinica, 2009, 33(33): 113-118.

[131]CASADEI F, RUZZENE M, DOZIO L, et al. Broadband vibration control through periodic arrays of resonant shunts: experimental investigation on plates[J]. Smart Materials and Structures, 2010, 19(1): 015002.

[132] COLLET M, OUISSE M, ICHCHOU M, et al. Semi – active optimization of 2D wave dispersion into shunted piezo – composite systems for controlling acoustic interaction [J]. Annales Francaises Danesthesie Et De Reanimation, 2017, 33(5): A84 – A84.

[133] WEN J, CHEN S, WANG G, et al. Directionality of wave propagation and attenuation in plates with resonant shunting arrays[J]. Journal of Intelligent Material Systems and Structures, 2016, 27(1): 28 – 38.

[134] CHEN S. Wave propagation in acoustic metamaterials with resonantly shunted cross – shape piezos[J]. Journal of Intelligent Material Systems and Structures, 2018, 29(13): 1045389X1877836.

[135] FAN Y, COLLET M, ICHCHOU M, et al. Wave electromechanical coupling factor for the guided waves in piezoelectric composites[J]. Materials, 2018, 11(8): 1406.

[136] TANG J, WANG K W. Vibration delocalization of nearly periodic structures using coupled piezoelectric networks[J]. Journal of vibration and acoustics. 2003, 125(1): 95 – 108.

[137] LU Y, TANG J. Electromechanical tailoring of structure with periodic piezoelectric circuitry [J]. Journal of Sound and Vibration, 2012, 331(14): 3371 – 3385.

[138] BERGAMINI A E, ZUENDEL M, PARRA E A F, et al. Hybrid dispersive media with controllable wave propagation: A new take on smart materials[J]. Journal of Applied Physics, 2015, 118(15): 1 – 11.

[139] PARK C H, INMAN D J. Enhanced Piezoelectric Shunt Design[J]. Shock & Vibration, 2023, 10(2): 127 – 133.

[140] 李琳, 宋志强, 尹顺华, 等. 压电网络复合板的振动抑制实验研究[J]. 北京航空航天大学学报, 2016, 42(8): 1557 – 1565.

[141] POHL M. An adaptive negative capacitance circuit for enhanced performance and robustness of piezoelectric shunt damping [J]. Journal of Intelligent Material Systems and Structures, 2017, 28(19): 2633 – 2650.

[142] FLEMING A J, Moheimani S O R. Optimal impedance design for piezoelectric vibration control[C]// Decision and Control, 2004. CDC. 43rd IEEE Conference on. Nassau, 2013.

[143] FLEMING A J, MOHEIMANI S O R. Control orientated synthesis of high – performance piezoelectric shunt impedances for structural vibration control [J]. IEEE Transactions on Control Systems Technology, 2004, 13(1): 98 – 112.

[144] FLEMING A J, MOHEIMANI S O R. Improved current and charge amplifiers for driving piezoelectric loads[J]. Proceedings of Spie the International Society for Optical Engineering, 2003, 15(2): 77 – 92.

[145] FLEMING A J, MOHEIMANI S O R. Adaptive piezoelectric shunt damping[C]. Smart Structures and Materials: Modeling, Signal Processing, & Control. International Society for Optics and Photonics, San Diego, 2002.

[146] MOHEIMANI S O R, FLEMING A J, BEHRENS S. Highly resonant controller for multimode piezoelectric shunt damping[J]. Electronics Letters, 2002, 37(25): 1505 – 1506.

[147] MATTEN G, COLLET M, COGAN S, et al. Synthetic Impedance for Adaptive Piezoelectric Metacomposite[J]. Procedia Technology, 2014, 15: 84 – 89.

[148] NEČÁSEK J, VÁCLAVÍK J, MARTON P. Digital synthetic impedance for application in vibration damping[J]. Review of Scientific Instruments, 2016, 87(2): 929-942.

[149] SUGINO C, RUZZENE M, ERTURK A. Design and analysis of piezoelectric metamaterial beams with synthetic impedance shunt circuits[J]. IEEE/ASME Transactions on Mechatronics, 2018, 23(5): 2144-2155.

[150] YI K, MATTEN G, OUISSE M, et al. Programmable metamaterials with digital synthetic impedance circuits for vibration control[J]. Smart Materials and Structures, 2020, 29(3): 035005.

第二篇

一维压电周期结构

第3章 一维波有限元法及改进

3.1 引言

波有限元法(wave and finite element method,WFEM)是指与有限元技术结合得较好的弹性波传导特性数值计算方法。该方法并不需要引入新的单元形式,而是利用现有的通用有限元技术对均匀结构或周期结构中的一个最小可重复子结构(元胞)建模,再施加周期性边界条件,最终构建并求解一个特征值问题,就可以获得自由波动特性,如图3-1所示。波有限元法的优势是计算速度快、与现有商用软件的结合较容易、可以考虑复杂的几何或材料属性。读者在后续章节将会看到,当结构中存在压电材料和外接电路时,使用该方法(的扩展版本)也可以很方便地对其波动特性进行分析。

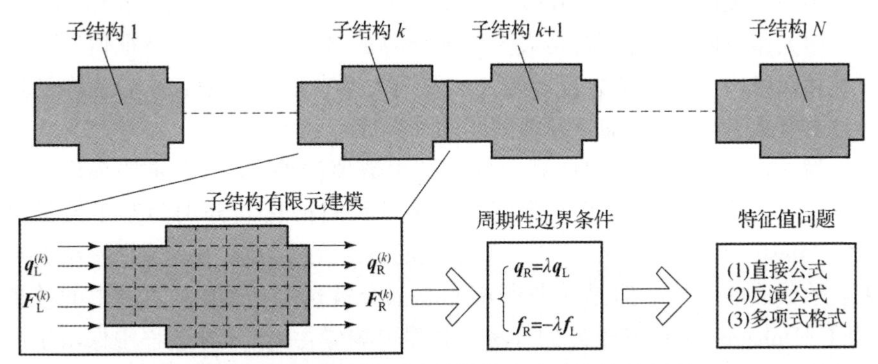

图3-1 用波有限元法分析自由波动特性示意图

波有限元法也可以计算强迫响应问题。利用从元胞传递矩阵计算出特征值和特征向量组成波向量基(wave basis),可以将周期结构的受迫振动问题分解到各个波模态上进行计算,再最终叠加为物理空间中的响应。但是在求解波向量基时,如果处理不当则会遭遇一系列数值问题[1],影响最终求解的精度。

总的来说,这些数值问题都是随着元胞自由度数增加而出现的。此时,传递矩阵的病态越发显著,直接求解传递矩阵的特征值和特征向量具有很强的数值不稳定性。采用广义特征值格式可以改善这种数值问题,例如用位移项代替力项[1],或者用 Zhong - Williams 方法[2]。第二个问题是,自由波动中的波有很大一部分是强快衰波,而它们一般具有很大或者很小的特征值。即使采用了广义特征值格式,正向和负向的快衰波由于数值弥散不可能完全对应。这会在强迫响应的计算中引入强烈的数值误差。一种可行的解决方案是使用减缩的波向量基来表示元胞截面的变形,包括所有的行波和振荡衰减波。而由于强快衰波对整体结构振动响应的贡献不大,可以将其截断。此时,减缩后的波向量基将变为非方阵,因此需要计算传递矩阵的左特征向量矩阵,从而避免在计算过程中求解减缩波向量基的伪逆。文献[3 -6]都采用了这种方案,并且证明了其有效性。

波有限元法需要在有限元软件中建立元胞的模型:模型的网格越精细,则对波传播特性的预测更准确[7]。但是,有限元模型的自由度数过大会使上述的数值问题恶化。这是因为前述的所有特征值格式都是基于凝聚后的动态刚度矩阵,而这个动态刚度矩阵是通过消除元胞的内部自由度得到的。当有限元模型自由度数过大时,需要对一个大型稀疏矩阵求逆以消除内部自由度。这会在凝聚过程中引入数值误差。一方面,动态刚度矩阵的凝聚是和频率相关的,也就是说在每个频率点下都要对一个大型稀疏矩阵求逆。当采用大型有限元模型时,会大大增加计算成本。另一方面,特征值问题的规模和元胞边界自由度数直接相关。采用大型有限元模型意味着更多的边界自由度数,这也会增加特征值问题的计算成本。

为了加快波向量基的计算速度并减少数值误差,文献中主要提出了两种方案来简化波有限元的元胞模型。这里我们称它们分别为基于波的方法[4,7]和基于模态的方法[3,8 -9]。基于波的方法在计算频率下选择一组波形来表示截面的变形。但是并非所有的波都会被选中,模型不同选中的波也不同。Duhamel 采用基于波的方法计算强迫响应,并在计算过程中保留了所有的快衰波。文献[7]采用了相同的思路来加速行波频散曲线的计算。该文献在计算频率点处只保留了波形接近正交的行波。这样可以减小边界自由度数和特征值问题的规模。但是,这种方法需要使用完整的有限元模型来计算指定频率处的波动解,增加了实现的难度。

另一种可选的方案是基于模态的方法,这种方案的思路是在波有限元法的计算之前,通过模态综合法(component modal synthesis,CMS)重建元胞模型。Zhou[8]采用了固定界面模态综合法来重建元胞模型。他将左右边界的自由度保留在物理场,并将内部自由度扩展到模态域进行减缩。之后,Zhou又将这种方法应用到二维结构,并通过实验验证了计算结果的正确性[9-10]。Fan[3]将该方法扩展到计算具有局部阻尼器或者压电分支电路的结构中,并将该结构应用于无限大结构中的周期子结构。该方案的准确性由模态叠加原理来保证,因此保留更多模态可以提高准确性。由于周期边界条件施加在边界自由度上并且其被保留在物理场中,因此可以将固定界面模态综合法和波有限元法结合到一起。同时,这也限制了减缩模型的大小,即减缩后的自由度数不可能低于界面自由度数。此外,对于截面没有变化的周期结构,分析时元胞不需要包含内部自由度,因此固定界面模态综合法将不再适用。

固定界面法只是模态综合法的一种主流思路,与之相对的还有自由界面法等。在自由界面模态综合法中,所有的自由度都将投影到模态空间中,通过保留少数的模态来达到自由度减缩的目的,其减缩模型的自由度数可以远小于界面自由度数。如果将它用于波有限元法的元胞建模,将有望获得一个比固定界面法规模更小的减缩模型。自由界面模态综合方法的另一个优势是可以相对容易地引入实验数据,因为“自由界面”模态测试要比“固定界面”更容易做、更准确。

综上,可以总结出,在波有限元法中,每个频率点需要重复进行两个耗时的计算任务:

(1)求解稀疏矩阵的逆,其大小等于内部自由度数。

(2)求解广义特征值,其大小等于边界自由度数。

正如上述讨论的那样,基于波的方法可以减小特征值问题的规模,而基于模态的方法可以降低逆矩阵的大小。它们都可以在波有限元法的不同阶段实现加速计算。前者适用于具有复杂截面形状的非周期结构,后者则适用于带有大量内部自由度的周期结构。如文献[11]指出,将两者结合起来去分析具有大量边界和内部自由度的结构是可行的。在大多数的应用中,使用其中任何一种方法都可以达到满意的加速计算效果。

在本章中,我们探索了一种采用自由界面模态综合法的波有限元法。自由界面模态综合法的思路是利用低阶自由模态和剩余模态来近似柔度矩阵。为此,提出了一种基于力向量的新特征值格式。首先,复现了 Hou[12]、MacNeal[13]、Rubin[14] 和 Qiu[15] 等提出的自由界面模态综合法(3.4.1 节和 3.4.2 节)。它们的剩余模态具有不同的精度阶数,从零阶到无限阶。同时采用了经典波有限元法(3.2 节)和带有 Craig - Bampton 模态综合法的波有限元法(3.3 节)进行对比计算。引入了一个具有复杂波传播特性的周期薄壁结构作为这些算法的算例(3.5 节)。通过对比自由波动计算结果,证明了这些算法的有效性、收敛性和精确性(3.6.1 节)。而对于强迫响应分析,则讨论了计算强快衰波的精确性(3.6.2 节)。

3.2 经典波有限元法

清晰起见,首先简要回顾计算自由波动传播特性和强迫响应特性的波有限元法。这里介绍两种计算模型:①完全有限元模型[6,16];②基于 Craig - Bampton 模态综合法的减缩模型[8]。元胞是周期结构的最小可重复子结构,如图 3 - 2 所示。获取元胞的有限元模型是波有限元法开始的第一步。引入周期边界条件之后,通过求解特征值问题就可以得到该周期结构的波动特性。此特征值问题的求解方法理论上有多种可能性(数值格式),但各自的精度有差异。特征值问题的解给出了每个频率下的波数和波形,对应着自由波在结构中的传播特性。此外,得到的左、右特征向量构成了波向量基[17]。可以通过一组减缩的左右特征向量来对角化传递矩阵[18-19]。通过波模态的分解和叠加,还可以得到结构在外力作用下的强迫响应[1,6]。

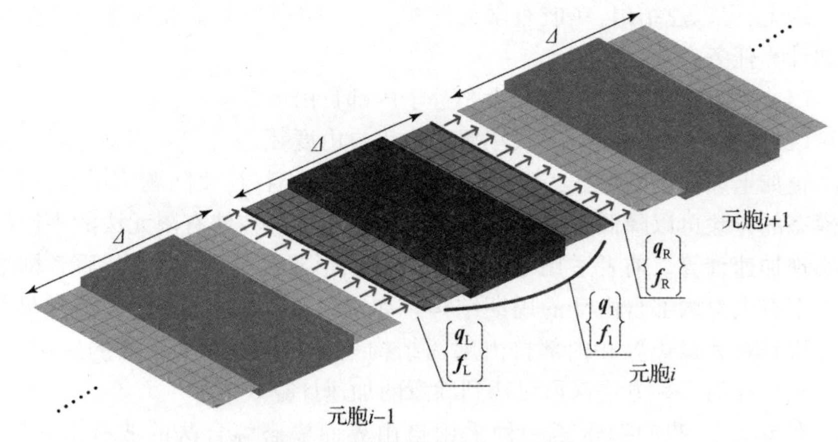

图 3 - 2　周期结构的一个元胞

3.2.1 一维结构的自由波动特性

自由波动分析时,不考虑外部载荷。将一个元胞从周期结构中分离出来,建立有限元模型,则可以得到该元胞的控制方程:

$$\boldsymbol{M}\begin{pmatrix}\ddot{\boldsymbol{q}}_{\mathrm{L}}\\ \ddot{\boldsymbol{q}}_{\mathrm{R}}\\ \ddot{\boldsymbol{q}}_{\mathrm{I}}\end{pmatrix}+\boldsymbol{C}\begin{pmatrix}\dot{\boldsymbol{q}}_{\mathrm{L}}\\ \dot{\boldsymbol{q}}_{\mathrm{R}}\\ \dot{\boldsymbol{q}}_{\mathrm{I}}\end{pmatrix}+\boldsymbol{K}\begin{pmatrix}\boldsymbol{q}_{\mathrm{L}}\\ \boldsymbol{q}_{\mathrm{R}}\\ \boldsymbol{q}_{\mathrm{I}}\end{pmatrix}=\begin{pmatrix}\boldsymbol{f}_{\mathrm{L}}\\ \boldsymbol{f}_{\mathrm{R}}\\ \boldsymbol{0}\end{pmatrix} \tag{3-1}$$

式中:$\boldsymbol{q}$ 为位移向量;$\boldsymbol{f}$ 为内力向量;上方标点为对时间的导数;$\boldsymbol{M}$、$\boldsymbol{C}$、$\boldsymbol{K}$ 分别为质量矩阵、阻尼矩阵和刚度矩阵;下标 L、R、I 分别指左边界、右边界和内部自由度,如图 3-2 所示。假设结构的运动都为简谐运动,元胞在频率 ω 下的动力学方程可以写成:

$$\tilde{\boldsymbol{D}}\boldsymbol{q}=(-\omega^2\boldsymbol{M}+\mathrm{j}\omega\boldsymbol{C}+\boldsymbol{K})\boldsymbol{q}=\boldsymbol{f} \tag{3-2}$$

式中:$\tilde{\boldsymbol{D}}$ 为动态刚度矩阵。

由 Bloch 定理可知,当自由波在周期结构中传播时,应该满足以下条件:

$$\boldsymbol{q}_{\mathrm{R}}=\lambda\boldsymbol{q}_{\mathrm{L}} \tag{3-3}$$

$$\boldsymbol{f}_{\mathrm{R}}=-\lambda\boldsymbol{f}_{\mathrm{L}} \tag{3-4}$$

其中 $\lambda=\mathrm{e}^{-\mathrm{j}k\Delta}$ 描述了当一个波从元胞的左边界传播到右边界时,其幅值和相位的变化。k 是波数,而 Δ 是元胞的长度。式(3-4)中的负号是由于内力平衡条件而出现的。

自由波动分析的目的是寻找在一个固定的波数 k 和频率 ω 下,能够满足式(3-1)、式(3-3)和式(3-4)的波形向量 $\boldsymbol{q}$。文献中给出了两种方法,第一种是固定频率 ω,然后计算得到波数 k 和向量 $\boldsymbol{q}$,也称"正格式"[20];或者,也可以固定波数 k,然后计算得到对应的频率 ω 和向量 $\boldsymbol{q}$,也称"逆格式"。逆格式更适用于行波的计算,它经常用在二维结构上。直接格式可以求解出所有的行波和快衰波,强迫响应计算必须采取正格式[21]。正格式经常被用在一维结构的计算上[6,8,16,19,22]。

为了上下文的一致性,这里只介绍直接格式。从式(3-1)中消除频率 ω 下的内部自由度 $\boldsymbol{q}_{\mathrm{I}}$,元胞凝聚后的动态刚度矩阵为

$$\begin{bmatrix}\boldsymbol{D}_{\mathrm{LL}} & \boldsymbol{D}_{\mathrm{LR}}\\ \boldsymbol{D}_{\mathrm{RL}} & \boldsymbol{D}_{\mathrm{RR}}\end{bmatrix}\begin{pmatrix}\boldsymbol{q}_{\mathrm{L}}\\ \boldsymbol{q}_{\mathrm{R}}\end{pmatrix}=\begin{pmatrix}\boldsymbol{f}_{\mathrm{L}}\\ \boldsymbol{f}_{\mathrm{R}}\end{pmatrix} \tag{3-5}$$

其中

$$\begin{bmatrix} \boldsymbol{D}_{\mathrm{LL}} & \boldsymbol{D}_{\mathrm{LR}} \\ \boldsymbol{D}_{\mathrm{RL}} & \boldsymbol{D}_{\mathrm{RR}} \end{bmatrix} = \begin{bmatrix} \tilde{\boldsymbol{D}}_{\mathrm{LL}} & \tilde{\boldsymbol{D}}_{\mathrm{LR}} \\ \tilde{\boldsymbol{D}}_{\mathrm{RL}} & \tilde{\boldsymbol{D}}_{\mathrm{RR}} \end{bmatrix} - \begin{bmatrix} \tilde{\boldsymbol{D}}_{\mathrm{LI}} \\ \tilde{\boldsymbol{D}}_{\mathrm{RI}} \end{bmatrix} \tilde{\boldsymbol{D}}_{\mathrm{II}}^{-1} [\tilde{\boldsymbol{D}}_{\mathrm{IL}} \quad \tilde{\boldsymbol{D}}_{\mathrm{IR}}] \tag{3-6}$$

将式(3-3)代入式(3-5)中消除$\boldsymbol{f}_{\mathrm{L}}$和$\boldsymbol{f}_{\mathrm{R}}$,并且引入式(3-4),则可以构成特征值问题:

$$\left(\begin{bmatrix} \boldsymbol{0} & \boldsymbol{I} \\ -\boldsymbol{D}_{\mathrm{RL}} & -\boldsymbol{D}_{\mathrm{RR}} \end{bmatrix} - \lambda \begin{bmatrix} \boldsymbol{I} & \boldsymbol{0} \\ \boldsymbol{D}_{\mathrm{LL}} & -\boldsymbol{D}_{\mathrm{LR}} \end{bmatrix} \right) \begin{pmatrix} \boldsymbol{q}_{\mathrm{L}} \\ \boldsymbol{q}_{\mathrm{R}} \end{pmatrix} = 0 \tag{3-7}$$

式(3-7)在计算传递矩阵的特征值时具有更好的数值稳定性,式(3-7)也可以写成传递矩阵的格式:

$$(\boldsymbol{T} - \lambda \boldsymbol{I}) \begin{pmatrix} \boldsymbol{q}_{\mathrm{L}} \\ \boldsymbol{f}_{\mathrm{L}} \end{pmatrix} = 0 \tag{3-8}$$

其中

$$\boldsymbol{T} = \begin{bmatrix} -\boldsymbol{D}_{\mathrm{LR}}^{-1}\boldsymbol{D}_{\mathrm{LL}} & \boldsymbol{D}_{\mathrm{LR}}^{-1} \\ -\boldsymbol{D}_{\mathrm{RL}} + \boldsymbol{D}_{\mathrm{RR}}\boldsymbol{D}_{\mathrm{LR}}^{-1}\boldsymbol{D}_{\mathrm{LL}} & -\boldsymbol{D}_{\mathrm{RR}}\boldsymbol{D}_{\mathrm{LR}}^{-1} \end{bmatrix} \tag{3-9}$$

是传递矩阵。它可以将左右边界上的位移和力联系起来:

$$\begin{pmatrix} \boldsymbol{q}_{\mathrm{R}} \\ -\boldsymbol{f}_{\mathrm{R}} \end{pmatrix} = \boldsymbol{T} \begin{pmatrix} \boldsymbol{q}_{\mathrm{L}} \\ \boldsymbol{f}_{\mathrm{L}} \end{pmatrix} \tag{3-10}$$

注意到,式(3-7)给出的特征向量的格式为$(\boldsymbol{\phi}_{\mathrm{q}}^{\mathrm{T}} \quad \lambda\boldsymbol{\phi}_{\mathrm{q}}^{\mathrm{T}})^{\mathrm{T}}$。由式(3-5)中的第一行可知:

$$\boldsymbol{\phi}_{\mathrm{f}} = \boldsymbol{D}_{\mathrm{LL}}\boldsymbol{\phi}_{\mathrm{q}} + \lambda \boldsymbol{D}_{\mathrm{LR}}\boldsymbol{\phi}_{\mathrm{q}} \tag{3-11}$$

式(3-7)的特征向量可以写成$(\boldsymbol{\phi}_{\mathrm{q}}^{\mathrm{T}} \quad \boldsymbol{\phi}_{\mathrm{f}}^{\mathrm{T}})^{\mathrm{T}}$的形式,它同样是传递矩阵$\boldsymbol{T}$的同一特征值所对应的特征向量,代表了在给定频率下结构中行波的波形。其中,$\boldsymbol{\phi}_{\mathrm{q}}$和$\boldsymbol{\phi}_{\mathrm{f}}$分别是导波经过单元界面处时的节点位移向量和内力向量。

对式(3-7)或者式(3-8)进行求解,可得$2N$个特征值。特征值成对出现$(\lambda,1/\lambda)$,分别代表了传播方向为正向和负向的导波。这是由于$\boldsymbol{D}$和$\tilde{\boldsymbol{D}}$是 Hermitian 矩阵[23]。如果结构中没有阻尼,则意味着传递矩阵$\boldsymbol{T} \in \mathbb{R}^{2N \times 2N}$,特征值$\lambda$是绝对值为1的复数,或者是大于或小于1的实数。因此,相应的波数k是纯实数或纯虚数,分别对应着行波和快衰波。如果结构中存在着阻尼,则意味着$\boldsymbol{T} \in \mathbb{C}^{2N \times 2N}$,特征值$\lambda$为复数,波数$k$也是复数,这说明所有的波都在衰减。$|\lambda| < 1$的波是沿正向传播的,即振幅沿着传播方向减小;而当$|\lambda| = 1$时,正向传播的波的能量也是沿着正向流通的,也就是$\mathbb{R}$ $(\mathrm{j}\omega\phi_{\mathrm{q}} \cdot$

$\bar{\boldsymbol{\phi}}_f) > 0$。以上关于区分波的方法可以总结如下：

如果$|\lambda| = 1$，即$\mathbb{I}(k) = 0$，则当前解对应一个行波，其中

- 正向波：$\mathbb{R}(j\omega\boldsymbol{\phi}_q \cdot \bar{\boldsymbol{\phi}}_f) > 0$，或$\mathbb{R}(k) > 0$；
- 负向波：$\mathbb{R}(j\omega\boldsymbol{\phi}_q \cdot \bar{\boldsymbol{\phi}}_f) < 0$，或$\mathbb{R}(k) < 0$。

如果$|\lambda| \neq 1$，即$\mathbb{I}(k) \neq 0$，则当前解对应一个振荡衰减波或快衰波，其中

- 正向波：$|\lambda| < 1$，或$\mathbb{I}(k) < 0$；
- 负向波：$|\lambda| > 1$，或$\mathbb{I}(k) > 0$。

将特征向量作为矩阵的列，可以得到振型矩阵$\boldsymbol{\Phi}$：

$$\boldsymbol{\Phi} = \begin{bmatrix} \boldsymbol{\Phi}_q^+ & \boldsymbol{\Phi}_q^- \\ \boldsymbol{\Phi}_f^+ & \boldsymbol{\Phi}_f^- \end{bmatrix} \tag{3-12}$$

其中

$$\boldsymbol{\Phi}_q^+ = [\phi_{q,1}^+ \quad \phi_{q,2}^+ \quad \cdots \quad \phi_{q,N}^+]$$

$$\boldsymbol{\Phi}_q^- = [\phi_{q,1}^- \quad \phi_{q,2}^- \quad \cdots \quad \phi_{q,N}^-]$$

$$\boldsymbol{\Phi}_f^+ = [\phi_{f,1}^+ \quad \phi_{f,2}^+ \quad \cdots \quad \phi_{f,N}^+]$$

$$\boldsymbol{\Phi}_f^- = [\phi_{f,1}^- \quad \phi_{f,2}^- \quad \cdots \quad \phi_{f,N}^-]$$

式中：上标+和−分别代表正向波和负向波。

为了得到传递矩阵$\boldsymbol{T}$的特征值分解，还需要$\boldsymbol{T}$的左特征向量。如果行向量($\hat{\boldsymbol{\theta}}_q^T \quad \hat{\boldsymbol{\theta}}_f^T$)是从式(3-7)得到的左特征向量，那么它也是矩阵$\boldsymbol{T}$相同特征值下的左特征向量。(和右特征向量一样，式(3-7)也可以给出这些左特征向量)。将左特征向量放入矩阵的行中：

$$\boldsymbol{\Theta} = \begin{bmatrix} \boldsymbol{\Theta}_q^+ & \boldsymbol{\Theta}_f^+ \\ \boldsymbol{\Theta}_q^- & \boldsymbol{\Theta}_f^- \end{bmatrix} \tag{3-13}$$

其中，第i行的左特征向量和矩阵$\boldsymbol{\Phi}$中第i列的右特征值向量为同一特征值下的特征向量。在一个给定的频率下，矩阵$\boldsymbol{\Phi}$、$\boldsymbol{\Theta}$和$\boldsymbol{\Lambda}$定义了这个频率下的波向量基。它们有以下正交关系：

$$\boldsymbol{\Theta}\boldsymbol{T}\boldsymbol{\Phi} = \boldsymbol{\Lambda} = \begin{bmatrix} {}^+\Lambda & \\ & {}^-\Lambda \end{bmatrix} = \begin{bmatrix} \ddots & & \\ & \lambda_i & \\ & & \ddots \end{bmatrix} \tag{3-14}$$

式(3-14)中已经将特征向量进行了归一化：

$$\boldsymbol{\Theta}\boldsymbol{\Phi} = \boldsymbol{I} \tag{3-15}$$

值得注意的是,当一套减缩的左右特征向量保留在矩阵 $\boldsymbol{\Theta}$ 和 $\boldsymbol{\Phi}$ 中,式(3-14)和式(3-15)仍然成立。此特性使一套减缩的波向量基可用于强迫响应分析,并避免了求解矩阵 $\boldsymbol{\Phi}$ 的伪逆。

3.2.2 一维结构的强迫响应分析

基于波有限元的强迫响应分析可以被理解为一种加速的传递矩阵算法。由于波向量基的正交性,在波场中得到的状态向量的传递过程比在物理场中要快得多。而对于通过完整的或减缩的元胞模型获得的波向量基($\boldsymbol{\Phi}$、$\boldsymbol{\Theta}$ 和 $\boldsymbol{\Lambda}$)来说,强迫响应分析的过程都是一致的。

两个元胞之间的截面(如截面0)处的位移和力可以用波形的线性组合来表示:

$$\begin{pmatrix} \boldsymbol{q}_0 \\ \boldsymbol{f}_0 \end{pmatrix} = \boldsymbol{\Phi} \begin{pmatrix} \boldsymbol{p}^+ \\ \boldsymbol{p}^- \end{pmatrix} \tag{3-16}$$

式中:$\boldsymbol{p}^+$ 和 $\boldsymbol{p}^-$ 分别为此截面处的正向波和负向波的幅值。同样,在第 i 个元胞的截面中,存在

$$\begin{pmatrix} \boldsymbol{q}_i \\ \boldsymbol{f}_i \end{pmatrix} = \boldsymbol{\Phi} \begin{pmatrix} \boldsymbol{r}^+ \\ \boldsymbol{r}^- \end{pmatrix} \tag{3-17}$$

如果没有外力施加在元胞内部,则有

$$\begin{pmatrix} \boldsymbol{q}_i \\ \boldsymbol{f}_i \end{pmatrix} = \boldsymbol{T}^i \begin{pmatrix} \boldsymbol{q}_0 \\ \boldsymbol{f}_0 \end{pmatrix} \tag{3-18}$$

将式(3-17)和式(3-16)代入式(3-18)中,并利用式(3-14)和式(3-15)的正交关系,可以得到:

$$\begin{pmatrix} \boldsymbol{r}^+ \\ \boldsymbol{r}^- \end{pmatrix} = \boldsymbol{\Lambda}^i \begin{pmatrix} \boldsymbol{p}^+ \\ \boldsymbol{p}^- \end{pmatrix} \tag{3-19}$$

式(3-19)实际上表示了波域中的波幅值传递关系。

事实上,没有必要把全部 $2N$ 个波都考虑进来,因为强快衰波对整体响应的贡献很小[24];相反,把所有波都包含进来会引入严重的数值误差。而保留的 $2l_{\mathrm{rm}}$ 个波(l_{rm} 个正向波和 l_{rm} 个负向波)是衰减较小且能远距离传播的波,且满足

$$\lambda_{\mathrm{CR}} \leqslant |\lambda| \leqslant 1/\lambda_{\mathrm{CR}} \tag{3-20}$$

式中:λ_{CR} 为控制保留波中最大和最小衰减波的系数。

如图 3－3 所示的周期结构,在它的一个横截面处施加外力激励。设原点为激励横截面,在它的负 x 方向上有 n_1 个元胞,而在正 x 方向上有 n_2 个元胞。

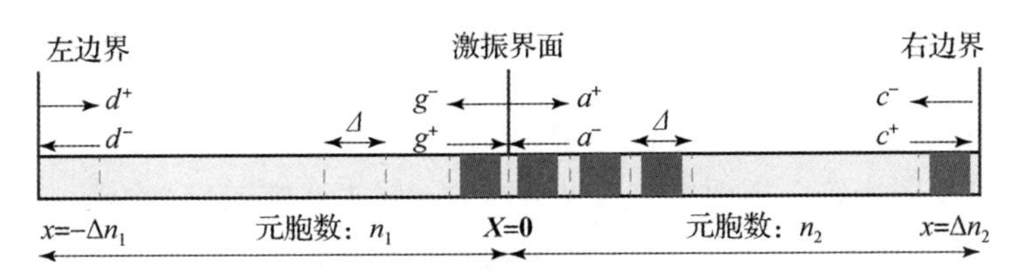

图 3－3 周期结构中的波传播

在激励截面处,边界条件可以写成:

$$\boldsymbol{f}_{\text{left}}-\boldsymbol{f}_{\text{right}}+\boldsymbol{f}_{\text{ex}}=\mathbf{0} \tag{3-21}$$

$$\boldsymbol{q}_{\text{left}}-\boldsymbol{q}_{\text{right}}=\mathbf{0} \tag{3-22}$$

式中:下标 left 或 right 表示与激励横截面左侧或右侧具有无限小距离的横截面。如图 3－3 所示,$\boldsymbol{g}^+$ 和 $\boldsymbol{g}^-$ 为“left”截面的波幅值,而 $\boldsymbol{a}^+$ 和 $\boldsymbol{a}^-$ 为“right”截面的波幅值。将式(3－16)代入式(3－22)中,并应用式(3－15)中的正交关系,力边界条件可以用波幅值来表示:

$$\begin{pmatrix}\boldsymbol{a}^+\\ \boldsymbol{a}^-\end{pmatrix}-\begin{pmatrix}\boldsymbol{g}^+\\ \boldsymbol{g}^-\end{pmatrix}=\boldsymbol{\Theta}\begin{pmatrix}\mathbf{0}\\ \boldsymbol{f}_{\text{ex}}\end{pmatrix} \tag{3-23}$$

这也说明,在施加外力的横截面上,波幅值不连续。

追踪波在左侧周期结构中的传播,可得

$$\boldsymbol{d}^+=({}^+\boldsymbol{\Lambda})^{-n_1}\boldsymbol{g}^+ \tag{3-24}$$

$$\boldsymbol{d}^-=({}^-\boldsymbol{\Lambda})^{-n_1}\boldsymbol{g}^- \tag{3-25}$$

和

$$\boldsymbol{d}^+=\boldsymbol{R}_{\text{L}}\boldsymbol{d}^- \tag{3-26}$$

式中:$\boldsymbol{R}_{\text{L}}$ 为结构左边界的反射矩阵;$\boldsymbol{d}$ 为左边界处的波幅值。将式(3－24)和式(3－25)代入式(3－26)中以消去 $\boldsymbol{d}$,波幅值 $\boldsymbol{g}^+$ 和 $\boldsymbol{g}^-$ 通过

$$\boldsymbol{g}^+=({}^+\boldsymbol{\Lambda})^{n_1}\boldsymbol{R}_{\text{L}}({}^-\boldsymbol{\Lambda})^{-n_1}\boldsymbol{g}^- \tag{3-27}$$

联系起来。注意到 $[({}^+\boldsymbol{\Lambda})^{-n_1}]^{-1}=({}^+\boldsymbol{\Lambda})^{n_1}$。

同样,对于右侧结构,存在

$$\boldsymbol{c}^+=({}^+\boldsymbol{\Lambda})^{n_2}\boldsymbol{a}^+ \tag{3-28}$$

$$\boldsymbol{c}^-=({}^-\boldsymbol{\Lambda})^{n_2}\boldsymbol{a}^- \tag{3-29}$$

和

$$\boldsymbol{c}^{-}=\boldsymbol{R}_{\mathrm{R}}\boldsymbol{c}^{+} \tag{3-30}$$

式中:$\boldsymbol{R}_{\mathrm{R}}$ 为结构右边界的反射矩阵;$\boldsymbol{c}$ 为右边界的波幅值。将式(3-28)和式(3-29)代入式(3-30)中以消去 $\boldsymbol{c}$,波幅值 $\boldsymbol{a}^{+}$ 和 $\boldsymbol{a}^{-}$ 通过

$$\boldsymbol{a}^{-}=({}^{-}\Lambda)^{-n_2}\boldsymbol{R}_{\mathrm{R}}({}^{+}\Lambda)^{n_2}\boldsymbol{a}^{+} \tag{3-31}$$

联系起来。

反射矩阵连接了边界处的入射波和反射波。一旦给出了边界条件,就可以确定反射矩阵。下面给出边界条件的一般表达方式:

$$\boldsymbol{Af}+\boldsymbol{Bq}=0 \tag{3-32}$$

同样,力和位移也可以用波幅值来表示。因此,反射矩阵可以写成:

$$\boldsymbol{R}=(\boldsymbol{A\Phi}_{\mathrm{f}}^{\mathrm{ref}}+\boldsymbol{B\Phi}_{\mathrm{q}}^{\mathrm{ref}})^{-1}(\boldsymbol{A\Phi}_{\mathrm{f}}^{\mathrm{inc}}+\boldsymbol{B\Phi}_{\mathrm{q}}^{\mathrm{inc}}) \tag{3-33}$$

式中:上标 ref 和 inc 分别表示反射波和入射波。对于左边界,可以将 ref 替换为 +、inc 替换为 -。当采用减缩的波向量基时,需要求解伪逆才可得到 $\boldsymbol{R}$。将式(3-32)预乘左特征向量(如 $\boldsymbol{\Theta}_{\mathrm{q}}^{+}$),即得

$$\boldsymbol{R}=(\boldsymbol{\Theta}_{\mathrm{q}}^{+}\boldsymbol{A\Phi}_{\mathrm{f}}^{\mathrm{ref}}+\boldsymbol{\Theta}_{\mathrm{q}}^{+}\boldsymbol{B\Phi}_{\mathrm{q}}^{\mathrm{ref}})^{-1}(\boldsymbol{\Theta}_{\mathrm{q}}^{+}\boldsymbol{A\Phi}_{\mathrm{f}}^{\mathrm{inc}}+\boldsymbol{\Theta}_{\mathrm{q}}^{+}\boldsymbol{B\Phi}_{\mathrm{q}}^{\mathrm{inc}}) \tag{3-34}$$

这样可以避免伪逆问题,从而减少数值误差。

如果结构无限长,则

$$\boldsymbol{R}_{\mathrm{inf}}=0 \tag{3-35}$$

如果左边界自由,则反射矩阵为

$$\boldsymbol{R}_{\mathrm{L,free}}=-(\boldsymbol{\Theta}_{\mathrm{f}}^{+}\boldsymbol{\Phi}_{\mathrm{f}}^{-})^{-1}(\boldsymbol{\Theta}_{\mathrm{f}}^{+}\boldsymbol{\Phi}_{\mathrm{f}}^{-}) \tag{3-36}$$

如果右边界固支,则反射矩阵为

$$\boldsymbol{R}_{\mathrm{R,fix}}=-(\boldsymbol{\Theta}_{\mathrm{q}}^{+}\boldsymbol{\Phi}_{\mathrm{q}}^{+})^{-1}(\boldsymbol{\Theta}_{\mathrm{q}}^{+}\boldsymbol{\Phi}_{\mathrm{q}}^{-}) \tag{3-37}$$

对于更加复杂的情况,例如几个周期子结构连接在一起,或者一个周期结构连接到一个非周期结构上,需要对波有限元的框架进行拓展,这点将在第4章中讨论。

求解线性方程组式(3-23)、式(3-27)和式(3-31),可得波幅值 $\boldsymbol{g}^{+}$、$\boldsymbol{g}^{-}$、$\boldsymbol{a}^{+}$ 和 $\boldsymbol{a}^{-}$。在 $x\leqslant 0$ 处任意截面的波幅值可以通过在式(3-19)中引入 $\boldsymbol{p}=\boldsymbol{g}$ 来获得。如果截面位于 $x\geqslant 0$ 处,则可以在式(3-19)引入 $\boldsymbol{p}=\boldsymbol{a}$。通过式(3-16)中的线性叠加,可以反算出截面上的位移向量和力向量。

即使结构中有很多元胞,也只需在式(3-27)和式(3-31)中计算矩阵 $\boldsymbol{\Lambda}$ 的更高次幂。由于矩阵 $\boldsymbol{\Lambda}$ 是对角矩阵,因此只会增加较小的计算量。这是波有限元的主要优势之一。

3.3　基于固定界面模态的减缩方法

如果元胞的内部自由度很多，则式(3－6)中求解$\tilde{\boldsymbol{D}}_{\mathrm{II}}$的逆矩阵需要耗费大量的时间，尤其是当需要使用几组参数进行重复计算来设计周期结构时，计算时间就会快速增加。为了加速计算，Zhou 等[8-9]基于 Craig－Bampton 模态综合法提出了一种元胞的减缩模型。

首先在固定元胞所有边界自由度的条件下，对元胞进行模态分析。通过施加边界条件 $\boldsymbol{q}_{\mathrm{L}}=\boldsymbol{q}_{\mathrm{R}}=\boldsymbol{0}$，并求解特征值问题：

$$(-\omega_i^2\boldsymbol{M}_{\mathrm{II}}+\boldsymbol{K}_{\mathrm{II}})\psi_i=0 \tag{3-38}$$

可以得到第 i 阶的固有频率 ω_i 和模态振型 ψ_i。将选定的振型向量作为矩阵的列向量，构成振型向量矩阵 $\boldsymbol{\varPsi}=[\psi_1\quad\psi_2\quad\cdots\quad\psi_{l_{\mathrm{rm}}}]$。注意到振型向量矩阵 $\boldsymbol{\varPsi}$ 包含前 l_{rm} 个振型向量，而 $l_{\mathrm{rm}}<(\omega-2N)$，其中 ω 是自由度总数，$2N$ 是边界自由度数。选择保留模态的标准是

$$\omega_i<\alpha_{\mathrm{f}}\omega_{\mathrm{m}}\quad(i=1,2,\cdots,l_{\mathrm{rm}}) \tag{3-39}$$

式中：ω_{m} 为预选分析频率的上限；系数 α_{f} 控制保留模态的数量，因此也影响减缩模型的精度。为了更好地预测行波的频散曲线，Zhou 等[8-9]建议 $\alpha_{\mathrm{f}}=3$ 并进行了数值验证。

定义坐标变换如下：

$$\begin{pmatrix}\boldsymbol{q}_{\mathrm{L}}\\ \boldsymbol{q}_{\mathrm{R}}\\ \boldsymbol{q}_{\mathrm{I}}\end{pmatrix}=\begin{bmatrix}\boldsymbol{I} & \boldsymbol{0} & \boldsymbol{0}\\ \boldsymbol{0} & \boldsymbol{I} & \boldsymbol{0}\\ -\boldsymbol{K}_{\mathrm{II}}^{-1}\boldsymbol{K}_{\mathrm{IL}} & -\boldsymbol{K}_{\mathrm{II}}^{-1}\boldsymbol{K}_{\mathrm{IR}} & \varPsi\end{bmatrix}\begin{pmatrix}\boldsymbol{q}_{\mathrm{L}}\\ \boldsymbol{q}_{\mathrm{R}}\\ \boldsymbol{y}\end{pmatrix}=\boldsymbol{B}\begin{pmatrix}\boldsymbol{q}_{\mathrm{L}}\\ \boldsymbol{q}_{\mathrm{R}}\\ \boldsymbol{y}\end{pmatrix} \tag{3-40}$$

将这个坐标变换代入式(3－1)和式(3－2)中，并在方程两边左乘 $\boldsymbol{B}^{\mathrm{T}}$，则动态刚度矩阵$\tilde{\boldsymbol{D}}^*$可以写成：

$$\tilde{\boldsymbol{D}}^*=-\omega^2\boldsymbol{B}^{\mathrm{T}}\boldsymbol{M}\boldsymbol{B}+\mathrm{j}\omega\boldsymbol{B}^{\mathrm{T}}\boldsymbol{C}\boldsymbol{B}+\boldsymbol{B}^{\mathrm{T}}\boldsymbol{K}\boldsymbol{B} \tag{3-41}$$

矩阵$\tilde{\boldsymbol{D}}^*$的规模比式(3－2)中的 $\tilde{\boldsymbol{D}}$ 小得多。通过将式(3－41)代入式(3－6)中以消去模态坐标 $\boldsymbol{y}$，也可导出式(3－5)。但是，由于以下正交关系：

$$\boldsymbol{\varPsi}^{\mathrm{T}}\boldsymbol{C}_{\mathrm{II}}\boldsymbol{\varPsi}=\mathrm{diag}(2\xi_i\omega_i)$$
$$\boldsymbol{\varPsi}^{\mathrm{T}}\boldsymbol{M}_{\mathrm{II}}\boldsymbol{\varPsi}=\boldsymbol{I}$$
$$\boldsymbol{\varPsi}^{\mathrm{T}}\boldsymbol{K}_{\mathrm{II}}\boldsymbol{\varPsi}=\mathrm{diag}(\omega_i^2)$$

矩阵$\tilde{\boldsymbol{D}}_{\mathrm{II}}^{*}$为对角矩阵,即

$$\tilde{\boldsymbol{D}}_{\mathrm{II}}^{*}=\mathrm{diag}(-\omega^{2}+2\mathrm{j}\xi_{i}\omega_{i}\omega+\omega_{i}^{2}) \tag{3-42}$$

这大大加快了式(3-6)的计算速度。其中,j 是虚数单位,ξ_i 是模态阻尼系数。这样做的好处是只需在式(3-41)中构造一次减缩的刚度、质量和阻尼矩阵,就可以基于减缩模型进行每个频率下的自由导波分析。

3.4 基于自由界面模态的减缩方法

与 Craig - Bampton 模态综合法不同的是,当采用自由界面模态综合法时,所有的自由度都会被转换到模态空间,并且只有一些低阶模态被保留下来。而被截断的高阶模态的贡献(剩余模态),可以将其近似并集成到元胞总体柔度矩阵中。由于没有外力施加在元胞的内部自由度上,因此很容易得到凝聚后的柔度矩阵。这促使我们将边界处的内力当作未知变量,从而给出了一个新的特征值问题。本节将进一步证明该特征值格式与传递矩阵的特征值格式等效。考虑到在波有限元法的大多数应用中,元胞都是超静定的,因此给出了这种情况下计算剩余模态的方法。

3.4.1 元胞的减缩模型

首先计算当元胞左右边界自由时其固有频率和模态振型。通过求解方程(3-43):

$$(-\omega_{i}^{2}\boldsymbol{M}+\boldsymbol{K})\hat{\psi}_{i}=0 \tag{3-43}$$

可得第 i 阶固有频率和特征向量。其中,尺寸为 $\omega\times\omega$ 的矩阵 $\boldsymbol{K}$ 和 $\boldsymbol{M}$ 来自式(3-1)。按照固有频率升序排列其特征向量,并将所有特征向量放入振型向量矩阵的列中,即 $\hat{\boldsymbol{\Psi}}=[\hat{\psi}_1 \quad \hat{\psi}_2 \quad \cdots \quad \hat{\psi}_\omega]$。通过下式

$$\hat{\boldsymbol{\Psi}}^{\mathrm{T}}\boldsymbol{M}\hat{\boldsymbol{\Psi}}=\boldsymbol{I} \tag{3-44}$$

$$\hat{\boldsymbol{\Psi}}^{\mathrm{T}}\boldsymbol{K}\hat{\boldsymbol{\Psi}}=\boldsymbol{\Omega}=\mathrm{diag}(\omega_{i}^{2}) \tag{3-45}$$

将振型矩阵归一化。用模态振型的线性叠加来表示物理位移,即

$$\boldsymbol{q}=\hat{\boldsymbol{\Psi}}\hat{\boldsymbol{y}}=[\hat{\boldsymbol{\Psi}}_{\mathrm{low}} \quad \hat{\boldsymbol{\Psi}}_{\mathrm{high}}]\begin{pmatrix}\hat{\boldsymbol{y}}_{\mathrm{low}}\\ \hat{\boldsymbol{y}}_{\mathrm{high}}\end{pmatrix} \tag{3-46}$$

式中:$\hat{\boldsymbol{y}}$ 为模态坐标向量;下标“low”为保留的低阶模态;下标“high”为截断

的高阶模态。

联立式(3－44)、式(3－45)和式(3－46)，可以解出式(3－1)。位移向量和力向量之间的关系可以写成：

$$\boldsymbol{q}=\boldsymbol{H}\boldsymbol{f}=(\boldsymbol{H}_{\text{low}}+\boldsymbol{H}_{\text{high}})\boldsymbol{f} \tag{3-47}$$

式中：$\boldsymbol{H}$ 为柔度矩阵。低阶模态和高阶模态在柔度矩阵中的贡献分别为

$$\boldsymbol{H}_{\text{low}}=\hat{\boldsymbol{\Psi}}_{\text{low}}(\boldsymbol{\Omega}_{\text{low}}-\omega^2\boldsymbol{I})^{-1}\hat{\boldsymbol{\Psi}}_{\text{low}}^{\text{T}} \tag{3-48}$$

和

$$\boldsymbol{H}_{\text{high}}=\hat{\boldsymbol{\Psi}}_{\text{high}}(\boldsymbol{\Omega}_{\text{high}}-\omega^2\boldsymbol{I})^{-1}\hat{\boldsymbol{\Psi}}_{\text{high}}^{\text{T}} \tag{3-49}$$

保留模态的标准和 Craig－Bampton 模态综合法中保留模态的标准一致。保留的前 l_{rm}阶模态需要满足：

$$\omega_i<\alpha_{\text{f}}\omega_{\text{m}}\quad(i=1,2,\cdots,l_{\text{rm}}) \tag{3-50}$$

其中，ω_{m} 分析频率的上限。系数 α_{f} 控制保留模态的数量。

只需知道 $\hat{\boldsymbol{\Psi}}_{\text{low}}$ 和 $\boldsymbol{\Omega}_{\text{low}}$ 就可以求得剩余模态 $\boldsymbol{H}_{\text{high}}$，$\boldsymbol{H}_{\text{high}}$代表了高阶模态在低频时对柔度矩阵的贡献。文献[15]表明剩余模态可以被精确地分成三个部分：

$$\boldsymbol{H}_{\text{high}}=\boldsymbol{H}_{\text{h1}}+\omega^2\boldsymbol{H}_{\text{h2}}+\omega^4\boldsymbol{H}_{\text{h3}} \tag{3-51}$$

其中

$$\boldsymbol{H}_{\text{h1}}=\hat{\boldsymbol{\Psi}}_{\text{high}}\boldsymbol{\Omega}_{\text{high}}^{-1}\hat{\boldsymbol{\Psi}}_{\text{high}}^{\text{T}} \tag{3-52}$$

$$\boldsymbol{H}_{\text{h2}}=\boldsymbol{H}_{\text{h1}}\boldsymbol{M}\boldsymbol{H}_{\text{h1}}^{\text{T}} \tag{3-53}$$

$$\boldsymbol{H}_{\text{h3}}=\boldsymbol{H}_{\text{high}}\boldsymbol{M}\boldsymbol{H}_{\text{h2}} \tag{3-54}$$

事实上，如果刚度矩阵 $\boldsymbol{K}$ 是非奇异的，即它是可逆的，则有

$$\boldsymbol{K}^{-1}=\hat{\boldsymbol{\Psi}}\boldsymbol{\Omega}^{-1}\hat{\boldsymbol{\Psi}}^{\text{T}}=\hat{\boldsymbol{\Psi}}_{\text{low}}\boldsymbol{\Omega}_{\text{low}}^{-1}\hat{\boldsymbol{\Psi}}_{\text{low}}^{\text{T}}+\hat{\boldsymbol{\Psi}}_{\text{high}}\boldsymbol{\Omega}_{\text{high}}^{-1}\hat{\boldsymbol{\Psi}}_{\text{high}}^{\text{T}} \tag{3-55}$$

通过已知的低阶模态信息，可得 $\boldsymbol{H}_{\text{h1}}$矩阵：

$$\boldsymbol{H}_{\text{h1}}=\boldsymbol{K}^{-1}-\hat{\boldsymbol{\Psi}}_{\text{low}}\boldsymbol{\Omega}_{\text{low}}^{-1}\hat{\boldsymbol{\Psi}}_{\text{low}}^{\text{T}} \tag{3-56}$$

将式(3－56)代入式(3－53)，即得矩阵 $\boldsymbol{H}_{\text{h2}}$。因为基于 $\boldsymbol{H}_{\text{h3}}$的矩阵 $\boldsymbol{H}_{\text{high}}$同样出现在式(3－54)中，所以需要对式(3－54)进行迭代才能得到矩阵 $\boldsymbol{H}_{\text{h3}}$。文献[25]建议迭代初值为 $\boldsymbol{H}_{\text{high}}^{(0)}=\boldsymbol{H}_{\text{h1}}+\omega^2\boldsymbol{H}_{\text{h2}}$，并把它代入式(3－54)中从而得到 $\boldsymbol{H}_{\text{h3}}^{(0)}$。将矩阵 $\boldsymbol{H}_{\text{h3}}^{(0)}$ 代入式(3－51)中，即得更新后的 $\boldsymbol{H}_{\text{high}}^{(1)}$，这样就开始了下一次迭代。当 $\boldsymbol{H}_{\text{high}}^{(i)}$足够接近 $\boldsymbol{H}_{\text{high}}^{(i-1)}$时，迭代终止。该计算过程只需几次迭代就可实现收敛[25]。

不同的剩余模态 $\boldsymbol{H}_{\text{high}}$的近似值会导致不同的精度和计算成本。本章考

虑了 5 个不同的剩余模态 $\boldsymbol{H}_{\text{high}}$ 的近似值,并比较了它们用于波有限元法的差别。情况如下。

(1)不具有剩余模态的减缩模型。只有 $\boldsymbol{H}_{\text{low}}$ 保留在式(3-47)中。高阶模态及其残余部分被完全忽略,因此在预测残余项方面的准确性为零阶。在本章的剩余部分,这种减缩模型被称为"Free(0th)",也称 Hou 方法[12]。

(2)具有剩余模态一阶近似的减缩模型。用 $\boldsymbol{H}_{\text{high}} \approx \boldsymbol{H}_{\text{h1}}$ 来近似剩余模态 $\boldsymbol{H}_{\text{high}}$。这意味着保留了高阶模态与频率无关的贡献。这种方法也被称为 MacNeal 方法[13]。在本章的剩余部分,该减缩模型被称为"Free(1st)"。

(3)具有剩余模态二阶近似的减缩模型。用 $\boldsymbol{H}_{\text{high}} \approx \boldsymbol{H}_{\text{h1}} + \omega^2 \boldsymbol{H}_{\text{h2}}$ 来近似剩余模态 $\boldsymbol{H}_{\text{high}}$。这种方法也被称为 Rubin 方法。在本章的剩余部分,该减缩模型被称为"Free(2nd)"。

(4)具有精确剩余模态的减缩模型。用式(3-51)中精确计算剩余模态 $\boldsymbol{H}_{\text{high}}$。如前所示,需要进行迭代。该方法也被称为精确子结构法[15]。它在原理上提供了对剩余模态的准确预测。但是,由于存在数值误差,精确子结构法可能无法达到预期的精度。在本章的剩余部分,该减缩模型被称为"Free(4th+)",这意味着比四阶精度高。

(5)具有剩余模态四阶近似的减缩模型。剩余模态 $\boldsymbol{H}_{\text{high}}$ 近似为 $\boldsymbol{H}_{\text{high}} \approx \boldsymbol{H}_{\text{h1}} + \omega^2 \boldsymbol{H}_{\text{h2}} + \omega^4 \boldsymbol{H}_{\text{h3}}^{(0)}$。其中,$\boldsymbol{H}_{\text{h3}}^{(0)}$ 是通过将 $\boldsymbol{H}_{\text{high}}^{(0)} = \boldsymbol{H}_{\text{h1}} + \omega^2 \boldsymbol{H}_{\text{h2}}$ 代入式(3-54)中得到的。可以将该方法视为上述无须进行迭代的精确子结构法。在本章的剩余部分中,该减缩模型被称为"Free(4th)"。

在这些减缩模型中,"Free(0th)"不仅简单明了,并且易于实现,但是其准确性最低。随着近似阶数的增加,实现的复杂性也随之增加。"Free(1st)"和"Free(2nd)"具有同样的复杂度,因为矩阵 $\boldsymbol{H}_{\text{h1}}$ 和 $\boldsymbol{H}_{\text{h2}}$ 与频率无关。因此一旦确定了截断的模态,就可以给出矩阵 $\boldsymbol{H}_{\text{h1}}$ 和 $\boldsymbol{H}_{\text{h2}}$。至于 Free(4th+),则需要在每个频率进行迭代收敛。由于式(3-54)中的矩阵已经非常接近未减缩前的矩阵规模($\omega \times \omega$),因此该迭代可能会减慢计算速度。对于 Free(4th),之后的计算结果证明迭代会提高准确性,但是计算成本也有所增加。

3.4.2 奇异刚度矩阵的处理

获得一阶项 $\boldsymbol{H}_{\text{h1}}$ 对于计算剩余模态很重要,但前提是在式(3-56)中,矩阵 $\boldsymbol{K}$ 是非奇异的。然而,在波有限元法的大多数应用中,当元胞的左右边界自由时,元胞具有刚体模态。这意味着,矩阵 $\boldsymbol{K}$ 是奇异的,因而式(3-55)和式(3-56)就不再适用了。针对这个问题,文献[14,25-26]提出了解决方法。本节概述了其主要步骤。

当元胞的左右边界自由时，假设元胞具有 r 个刚体模态（$r\leqslant 6$）。即有 $\hat{\boldsymbol{\Psi}}_{\mathrm{low}}=[\hat{\boldsymbol{\Psi}}_{\mathrm{lr}}\quad\hat{\boldsymbol{\Psi}}_{\mathrm{le}}]$，其中，$\hat{\boldsymbol{\Psi}}_{\mathrm{lr}}$的列包含 r 个刚体模态振型、$\hat{\boldsymbol{\Psi}}_{\mathrm{le}}$的列包含（$l_{\mathrm{rm}}-r$）个低阶弹性模态振型。式（3-46）可以写成：

$$\boldsymbol{q}=[\hat{\boldsymbol{\Psi}}_{\mathrm{lr}}\quad\hat{\boldsymbol{\Psi}}_{\mathrm{e}}]\begin{pmatrix}\hat{\boldsymbol{y}}_{\mathrm{lr}}\\ \hat{\boldsymbol{y}}_{\mathrm{e}}\end{pmatrix}\tag{3-57}$$

其中，$\hat{\boldsymbol{\Psi}}_{\mathrm{e}}=[\hat{\boldsymbol{\Psi}}_{\mathrm{le}}\quad\hat{\boldsymbol{\Psi}}_{\mathrm{high}}]$。与矩阵 $\boldsymbol{K}$ 为非奇异的情况相同，仅保留前 l_{rm}个模态。为了获得一阶项 $\boldsymbol{H}_{\mathrm{h1}}$，首先给出了所有弹性模态的整体静态柔度：

$$\boldsymbol{K}_{\mathrm{e}}^{-1}=\hat{\boldsymbol{\Psi}}_{\mathrm{e}}\boldsymbol{\Omega}_{\mathrm{e}}^{-1}\hat{\boldsymbol{\Psi}}_{\mathrm{e}}^{\mathrm{T}}\tag{3-58}$$

去掉其中低阶模态的贡献，得

$$\boldsymbol{H}_{\mathrm{h1}}=\boldsymbol{K}_{\mathrm{e}}^{-1}-\hat{\boldsymbol{\Psi}}_{\mathrm{le}}\boldsymbol{\Omega}_{\mathrm{le}}^{-1}\hat{\boldsymbol{\Psi}}_{\mathrm{le}}^{\mathrm{T}}\tag{3-59}$$

其中

$$\boldsymbol{K}_{\mathrm{e}}^{-1}=\boldsymbol{P}\bar{\boldsymbol{K}}^{-1}\boldsymbol{P}^{\mathrm{T}}\tag{3-60}$$

$$\bar{\boldsymbol{K}}=\boldsymbol{P}^{\mathrm{T}}\boldsymbol{K}\boldsymbol{P}\tag{3-61}$$

$$\boldsymbol{P}=\boldsymbol{B}^{\mathrm{T}}\boldsymbol{Q}\tag{3-62}$$

$$\boldsymbol{B}=\boldsymbol{I}-\boldsymbol{M}\hat{\boldsymbol{\Psi}}_{\mathrm{lr}}\hat{\boldsymbol{\Psi}}_{\mathrm{lr}}^{\mathrm{T}}\tag{3-63}$$

矩阵 $\boldsymbol{Q}$ 是使元胞超静定的约束矩阵。在式（3-1）中，令 $\boldsymbol{q}-\boldsymbol{Q}\boldsymbol{q}_{\mathrm{c}}$。由于元胞具有刚体模态，矩阵 $\boldsymbol{Q}$ 的秩应当为 $\omega-r$，其大小为 $\omega\times(\omega-r)$。合理选择 $\boldsymbol{q}$ 中的 r 个自由度进行约束，从而去除 r 个刚体模态。在本章中，约束了文献[25]中的建议的 r 个自由度，则约束矩阵可以写为

$$\boldsymbol{Q}=\begin{bmatrix}\boldsymbol{0}_{r\times(\omega-r)}\\ \boldsymbol{I}_{(\omega-r)\times(\omega-r)}\end{bmatrix}\tag{3-64}$$

注意到式（3-1）是由有限元建模的，通常同一节点的自由度将按照连续的索引进行排序。例如，假设元胞有 6 个刚体模态，并约束前 6 个自由度（如在 ANSYS 中，对于实体单元，“1UX”，“1UY”，“1UZ”，“2UX”，“2UY”，“2UZ”；对于板壳单元，“1UX”，“1UY”，“1UZ”，“1THXY”，“1THYZ”，“1THZX”）。

矩阵 $\boldsymbol{P}$ 定义了从自由边界元胞的弹性变形 $\boldsymbol{q}_{\mathrm{e}}$ 到约束边界元胞的弹性变形 $\boldsymbol{q}_{\mathrm{c}}$ 的转换。该转换过程为

$$\boldsymbol{q}_{\mathrm{c}}=\boldsymbol{P}\boldsymbol{q}_{\mathrm{e}}\tag{3-65}$$

其中，$\boldsymbol{q}_{\mathrm{e}}$ 的大小为 $\omega\times1$，$\boldsymbol{q}_{\mathrm{c}}$ 的大小为$(\omega-r)\times1$。方程

$$\boldsymbol{M}\ddot{\boldsymbol{q}}_{\mathrm{e}}+\boldsymbol{K}\boldsymbol{q}_{\mathrm{e}}=\boldsymbol{B}\boldsymbol{f} \tag{3-66}$$

控制弹性变形 $\boldsymbol{q}_{\mathrm{e}}$。其中，向量 $\boldsymbol{Bf}$ 是刚体运动引起的外力和惯性力的组合。将式(3-65)代入式(3-66)中，并在等式左边乘 $\boldsymbol{P}^{\mathrm{T}}$，即得

$$\bar{\boldsymbol{M}}\ddot{\boldsymbol{q}}_{\mathrm{c}}+\bar{\boldsymbol{K}}\boldsymbol{q}_{\mathrm{c}}=\boldsymbol{P}^{\mathrm{T}}\boldsymbol{B}\boldsymbol{f} \tag{3-67}$$

其中，$\bar{\boldsymbol{M}}=\boldsymbol{P}^{\mathrm{T}}\boldsymbol{M}\boldsymbol{P}$。并且

$$\hat{\boldsymbol{\Psi}}_{\mathrm{e}}=\boldsymbol{P}\bar{\boldsymbol{\Psi}}_{\mathrm{c}} \tag{3-68}$$

式中：$\bar{\boldsymbol{\Psi}}_{\mathrm{c}}$ 为式(3-67)的特征向量矩阵。另外，若 $\bar{\boldsymbol{\Psi}}_{\mathrm{c}}^{\mathrm{T}}\boldsymbol{M}\bar{\boldsymbol{\Psi}}_{\mathrm{c}}=\boldsymbol{I}$，则有

$$\bar{\boldsymbol{\Psi}}_{\mathrm{c}}^{\mathrm{T}}\bar{\boldsymbol{K}}\,\bar{\boldsymbol{\Psi}}_{\mathrm{c}}=\boldsymbol{\Omega}_{\mathrm{e}}=\mathrm{diag}(\boldsymbol{\Omega}_{\mathrm{le}},\boldsymbol{\Omega}_{\mathrm{high}}) \tag{3-69}$$

这表明式(3-66)和式(3-67)具有相同的非零固有频率。注意到这里的目标是找到 $\boldsymbol{K}_{\mathrm{e}}^{-1}=\bar{\boldsymbol{\Psi}}_{\mathrm{e}}\boldsymbol{\Omega}_{\mathrm{e}}^{-1}\bar{\boldsymbol{\Psi}}_{\mathrm{e}}^{\mathrm{T}}$，通过式(3-68)和式(3-69)，可以给出：

$$\bar{\boldsymbol{\Psi}}_{\mathrm{e}}\boldsymbol{\Omega}_{\mathrm{e}}^{-1}\bar{\boldsymbol{\Psi}}_{\mathrm{e}}^{\mathrm{T}}=\boldsymbol{P}\bar{\boldsymbol{\Psi}}_{\mathrm{c}}\boldsymbol{\Omega}_{\mathrm{e}}^{-1}\bar{\boldsymbol{\Psi}}_{\mathrm{c}}^{\mathrm{T}}\boldsymbol{P}^{\mathrm{T}}=\boldsymbol{P}\bar{\boldsymbol{K}}^{-1}\boldsymbol{P}^{\mathrm{T}} \tag{3-70}$$

式中：$\bar{\boldsymbol{K}}$ 为大小为$(\omega-r)\times(\omega-r)$的矩阵。如式(3-59)所示，从 $\boldsymbol{K}_{\mathrm{e}}^{-1}$ 中去除低阶弹性模态的贡献，可以得到一阶剩余模态 $\boldsymbol{H}_{\mathrm{h1}}$。其后，高阶残余项 $\boldsymbol{H}_{\mathrm{h2}}$、$\boldsymbol{H}_{\mathrm{h3}}$和 $\boldsymbol{H}_{\mathrm{high}}$可以通过与 $\boldsymbol{K}$ 是非奇异时相同的方法得到。

3.4.3 导波的特征值

一旦从基于自由模态和剩余模态的5个模型中选定了计算模型，并计算出柔度矩阵 $\boldsymbol{H}$，就可以将边界处的边界自由度写成内力项的形式：

$$\begin{pmatrix}\boldsymbol{q}_{\mathrm{L}}\\\boldsymbol{q}_{\mathrm{R}}\end{pmatrix}=\begin{bmatrix}\boldsymbol{H}_{\mathrm{LL}} & \boldsymbol{H}_{\mathrm{LR}}\\\boldsymbol{H}_{\mathrm{RL}} & \boldsymbol{H}_{\mathrm{RR}}\end{bmatrix}\begin{pmatrix}\boldsymbol{f}_{\mathrm{L}}\\\boldsymbol{f}_{\mathrm{R}}\end{pmatrix} \tag{3-71}$$

将式(3-3)代入式(3-71)以消去 $\boldsymbol{q}_{\mathrm{L}}$ 和 $\boldsymbol{q}_{\mathrm{R}}$，并考虑到式(3-4)，得到以下特征值问题：

$$\left(\begin{bmatrix}\boldsymbol{H}_{\mathrm{RL}} & \boldsymbol{H}_{\mathrm{RR}}\\\boldsymbol{0} & \bar{\sigma}\boldsymbol{I}\end{bmatrix}-\lambda\begin{bmatrix}\boldsymbol{H}_{\mathrm{LL}} & \boldsymbol{H}_{\mathrm{LR}}\\-\bar{\sigma}\boldsymbol{I} & \boldsymbol{0}\end{bmatrix}\right)\begin{pmatrix}\boldsymbol{f}_{\mathrm{L}}\\\boldsymbol{f}_{\mathrm{R}}\end{pmatrix}=0 \tag{3-72}$$

其中

$$\bar{\sigma}=\sqrt{\frac{\|\boldsymbol{H}_{\mathrm{LL}}\|_2}{N}} \tag{3-73}$$

被用来平衡柔度矩阵和单位矩阵 $\boldsymbol{I}$ 的幅值。

式(3-72)具有和式(3-7)相同的特征值。这是因为它们都在式(3-3)和式(3-4)的边界条件下搜索方程(3-1)的解。式(3-71)中建议的方案在选择未知变量方面与之前的方案有所不同。式(3-72)给出的特征向量的形式为$(\boldsymbol{\phi}_{\mathrm{f}}^{\mathrm{T}} \quad -\lambda\boldsymbol{\phi}_{\mathrm{f}}^{\mathrm{T}})^{\mathrm{T}}$,它可以被处理为

$$\begin{pmatrix} \boldsymbol{\phi}_{\mathrm{q}} \\ \boldsymbol{\phi}_{\mathrm{f}} \end{pmatrix} = \begin{bmatrix} \boldsymbol{H}_{\mathrm{LL}} & \boldsymbol{H}_{\mathrm{LR}} \\ \boldsymbol{I} & \boldsymbol{0} \end{bmatrix} \begin{pmatrix} \boldsymbol{\phi}_{\mathrm{f}} \\ -\lambda\boldsymbol{\phi}_{\mathrm{f}} \end{pmatrix} \tag{3-74}$$

这就是传递矩阵 $\boldsymbol{T}$ 中相同特征值下的特征向量。可以证明,对于从式(3-72)中得到左特征向量$(\boldsymbol{x}_{\mathrm{q}}^{\mathrm{T}} \quad \boldsymbol{x}_{\mathrm{f}}^{\mathrm{T}})$,存在

$$(\boldsymbol{\theta}_{\mathrm{q}}^{\mathrm{T}} \quad \boldsymbol{\theta}_{\mathrm{f}}^{\mathrm{T}}) = (\boldsymbol{x}_{\mathrm{q}}^{\mathrm{T}} \quad \bar{\boldsymbol{\sigma}}\boldsymbol{x}_{\mathrm{f}}^{\mathrm{T}}) \tag{3-75}$$

是传递矩阵 $\boldsymbol{T}$ 中相同特征值下的特征向量。

一旦获得了 $\boldsymbol{T}$ 的特征值和特征向量,并以 2.2.1 节中给出的方法组装矩阵,就可以形成波向量基($\boldsymbol{\Lambda}$、$\boldsymbol{\Phi}$ 和 $\boldsymbol{\Theta}$)。

3.4.4 讨论

上述提出的特征值格式都基于元胞的柔度矩阵,该矩阵可以通过自由界面模态综合法直接获得。理论上,也可以得到凝聚后的动态刚度矩阵:

$$\begin{bmatrix} \boldsymbol{D}_{\mathrm{LL}} & \boldsymbol{D}_{\mathrm{LR}} \\ \boldsymbol{D}_{\mathrm{RL}} & \boldsymbol{D}_{\mathrm{RR}} \end{bmatrix} = \begin{bmatrix} \boldsymbol{H}_{\mathrm{LL}} & \boldsymbol{H}_{\mathrm{LR}} \\ \boldsymbol{H}_{\mathrm{RL}} & \boldsymbol{H}_{\mathrm{RR}} \end{bmatrix}^{-1} \tag{3-76}$$

使特征值格式(3-7)仍然适用。但是,由于需要求解式(3-76)中矩阵的逆,这会引入较大数值误差和额外的计算成本。因此,当采用自由界面模态综合法时,推荐使用方程(3-72)来分析导波特性。

当采用元胞的完全有限元模型时,需要在每个频率点耗费大量的计算量来求解逆矩阵,从而构造式(3-7)中的特征值问题。但是当采用建议的减缩模型时,通过式(3-48)和式(3-51)来计算柔度矩阵以避免求解逆矩阵。由于保留的低阶模态与频率无关,因此利用剩余模态 $\boldsymbol{H}_{\mathrm{h1}}$ 和 $\boldsymbol{H}_{\mathrm{h2}}$。在对几个频率点进行自由波分析时,只需计算矩阵 $\boldsymbol{H}_{\mathrm{h1}}$ 和 $\boldsymbol{H}_{\mathrm{h2}}$ 一次即可。上述这些步骤加速了频散曲线和波向量基的计算过程。

与采用 Craig-Bampton 模态综合法的减缩模型相比,采用自由界面模态综合法的模型具有相同数量的波,这是因为特征值格式的大小相同。但是,采用 Craig-Bampton 模态综合法保留的自由度数不能小于边界处的自由度数。如果通过自由模态和剩余模态来构造减缩模型,则保留的自由度

数没有这种限制,并且使用更加精确的残余近似值有望进一步减小保留的自由度的大小。

较高的精度会使保留模态(自由度数)减小,但是需要更多的 CPU 占用时间来重构高阶剩余模态。必须要在这些因素之间进行取舍。这将在 3.5 节中和实际应用一起进行讨论。

3.5 应用实例——非对称薄壁结构

图 3-4 概述了基于减缩模型的波有限元法的自由波和强迫响应分析流程图。它从元胞的有限元模型的模态分析开始,接着计算出自由元胞的少量低阶模态。而保留的模态数量则取决于需要分析的预选频率范围。下个步骤是从保留的低阶模态中重构出剩余模态。为此,3.4.4 节给出了几种技术,并且它们的复杂度会随着精度的提高而提高。随后,基于柔度矩阵来求解特征值问题。如果目标是获得导波的频散曲线,则只需特征值和右特征向量;如果目标是强迫响应分析,那么还需要计算左特征向量以减少数值误差。

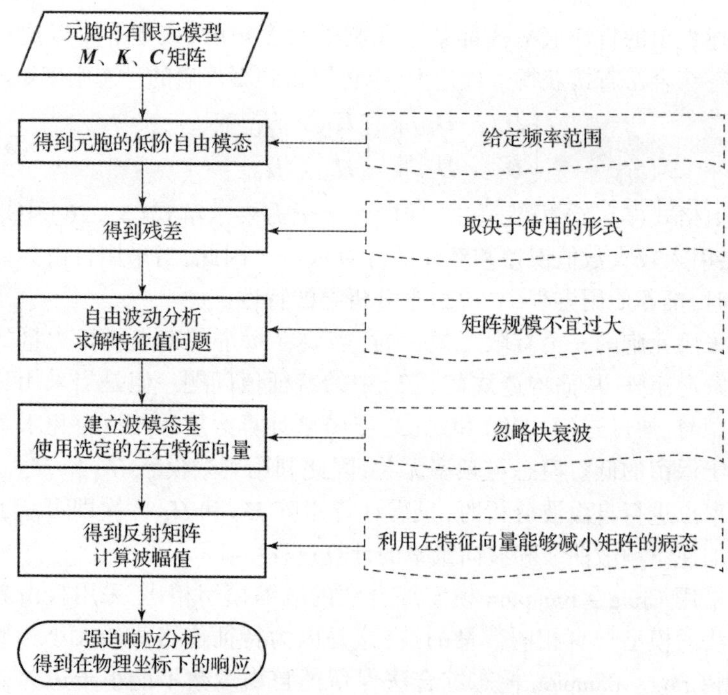

图 3-4 基于减缩模型的波有限元法的自由波和强迫响应分析流程图

波向量基的精度主要取决于减缩模型的两个相关因素。第一个是保留模态的数量,第二个是剩余模态的近似精度。当预测模态密度、设计空间信号滤波器等时,则必须用行波的频散曲线,而强快衰波此时并不重要。在其他情况下,例如,当预测激励引入的功率流或者检查周期结构的减振性能时,需要进行强迫响应分析。这要求在波向量基中保留一些强快衰波,因此如何选定保留的快衰波以保证计算精度是一个需要讨论的问题。此外,有必要探究快衰波的计算精度是如何影响强迫响应结果的,因此需要研究减缩模型对行波和快衰波的计算精度的影响。

为了验证所提出的减缩模型并比较它们的性能,本节将它们应用到文献[27]所研究的周期薄壁结构中,如图 3 – 5 所示。该文献使用传递矩阵法计算了具有翘曲效应的欧拉 – 伯努利梁模型的频散曲线。由于剪切中心与截面的几何中心不一致,因此弯曲振动与扭转变形是耦合的。该结构具有复杂的频散曲线,文献[8]使用该结构测试了采用 Craig – Bampton 模态综合法的减缩模型的性能。

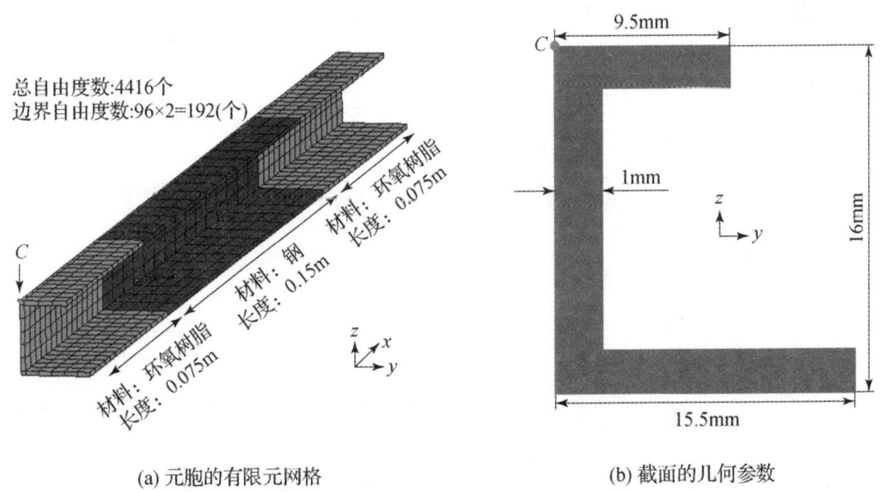

(a) 元胞的有限元网格 (b) 截面的几何参数

图 3 – 5 薄壁结构(选择 C 点来比较不同减缩模型的强迫响应分析结果)

该结构的周期性是由两种材料(环氧树脂和钢)的交替出现引起的。这里采用的环氧树脂的杨氏模量为 $4.35\times10^9\text{N/m}^2$,泊松比为 0.368,密度为 1180kg/m^3。采用的钢的杨氏模量为 $2.106\times10^{10}\text{N/m}^2$,泊松比为 0.3,密度为 7780kg/m^3。在商用有限元软件 ANSYS 中使用 SOLID 185 单元对该元胞进行建模。划分网格后,该元胞具有 4416 个自由度,其中左右边界上共有 192 个自由度。

3.6 结果和讨论

3.6.1 自由波特性

采用具有完整元胞模型的波有限元法(以下称为“未减缩的 WFEM”)来计算 0~2000Hz 频带范围内的频散曲线。选择 $0.1 \leqslant |\lambda| \leqslant 1$ 范围内的正向波,包括所有的行波和快衰波。因为正向波和负向波的频散曲线关于 x 轴对称,这里仅介绍正向波的结果。模态置信因子(modal assurance criterion, MAC)[24]将不同频率的波识别为几种“类型”的波。如图 3-6 所示,确定了 4 种类型的波,每种波对应一个编号。某些波在 0~2000Hz 内有多个禁带,而在 1500~2000Hz 的频率范围内对所有波而言都是禁带。图 3-7 为部分行波的波形(波形向量实数部分)。结果表明,波 0、1、2、3 分别为 z 轴弯曲波、y 轴弯曲波,扭转波和纵向波。在 500~1000Hz,在弯曲波(0)和扭转波(2)的频散曲线之间发生了频率锁定现象。这是由于两种波形之间的耦合作用,如图 3-7(b)和(e)所示,这些波在频率锁定附近具有相似的波形。

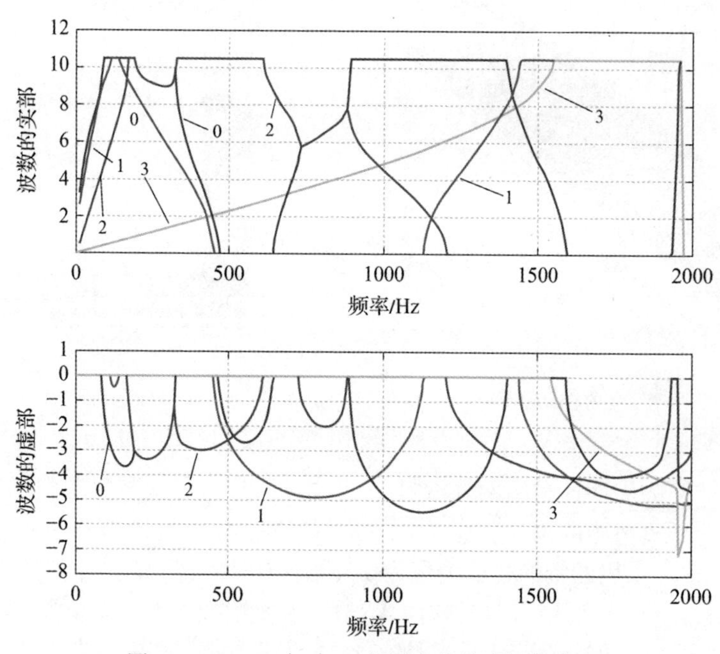

图 3-6 $0.1 \leqslant |\lambda| \leqslant 1$ 范围内的导波频散曲线

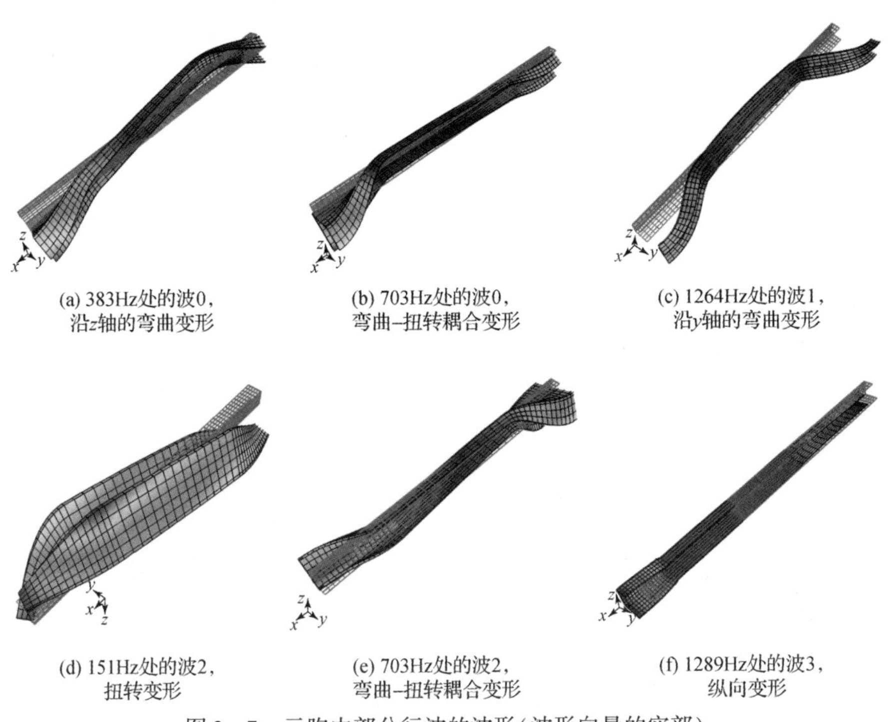

(a) 383Hz处的波0，沿z轴的弯曲变形　(b) 703Hz处的波0，弯曲-扭转耦合变形　(c) 1264Hz处的波1，沿y轴的弯曲变形

(d) 151Hz处的波2，扭转变形　(e) 703Hz处的波2，弯曲-扭转耦合变形　(f) 1289Hz处的波3，纵向变形

图 3－7　元胞中部分行波的波形(波形向量的实部)

将图 3－6 中结果视为基准。如果通过减缩模型获得的结果误差小于 1%，则可以认为结果收敛。首先，采用 Free(0th)减缩模型来分析相同频率范围内的频散曲线。注意到，Free(0th)模型是 5 种减缩模型中最简单的模型。但是，由于完全忽略了剩余模态，其精度最低。图 3－8 为不同保留模态数量下的收敛趋势，其保留模态在整个自由度中的比例分别为 10%、40% 和 80%。可以看出，当保留 10% 的模态时，在整个频率范围内都有明显的误差。即使当保留 40% 的模态时，它在许多频率下仍会给出错误的预测。而当保留 80% 的自由度时，计算收敛。也就是说，需要从 4416 × 4416 的特征值问题中计算 3532 个模态[式(3－43)]。图 3－9 给出了计算收敛的频散曲线所需的 CPU 占用时间。将 Free(0th)模型与“未减缩的 WFEM”模型进行对比，可发现 Free(0th)模型的计算速度大约加快了 60%，计算所需模态需要花费大量的时间。

当使用具有剩余模态的减缩模型时，如图 3－9 所示，计算收敛所需保留的模态数量大大减少。注意到，求解式(3－43)中的实对称矩阵特征值问题，

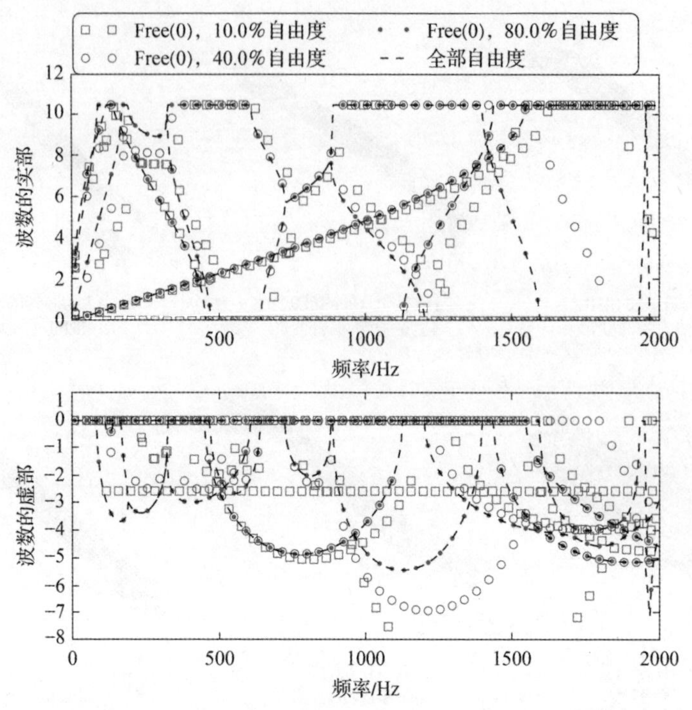

图 3-8　采用 Free(0th)减缩模型时,$0.1\leqslant|\lambda|\leqslant1$ 范围内的波频散曲线（保留自由度的数量通过占元胞全部自由度的百分比给出。）

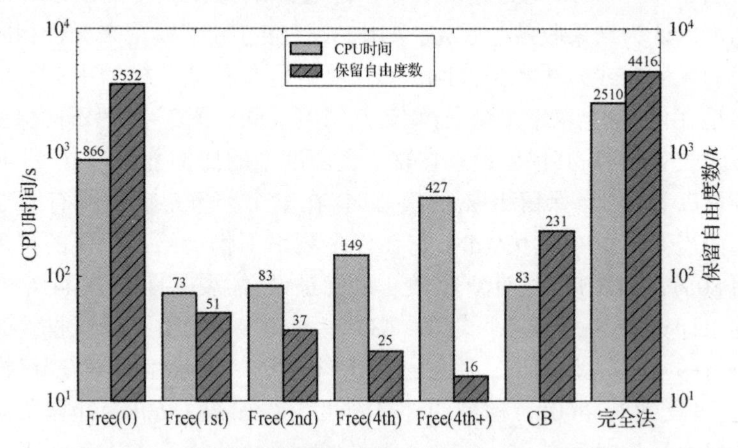

图 3-9　不同减缩模型在收敛时所需的 CPU 占用时间和保留的自由度数（数据以对数刻度表示。基准是在 $0.1\leqslant|\lambda|\leqslant1$ 范围内,与“未减缩的 WFEM”模型相比,误差容限为 1%。）

可以得到部分固有频率和模态振型。保留较少的模态数量意味着节省了计算成本。使用Free(1st)模型时仅需51个模态。这说明高阶模态中的频率无关项对于波动特性的准确预测十分重要。Free(1st)模型的收敛趋势如图3-10(a)所示,其中 α_f 是用来控制保留模态的最大固有频率。比较Free(0th)模型和Free(1st)模型的结果发现,其所需的模态数量从3532个减少到51个,这节省了大量的时间。Free(1st)模型的计算时间比Free(0th)模型少10%。这就是说,计算一阶剩余模态 $\boldsymbol{H}_{h1}$ 所花费的时间比特征值问题规模减小所节省的时间少得多。

当采用高阶模型时,精度会提高。图3-10(b)比较了保留模态数相同的Free(1st)模型、Free(2nd)模型、Free(4th)模型和Free(4th+)模型的计算结果。这些计算结果最后都收敛到基准上。有趣的是,在采用Free(4th+)模型得到的收敛结果中,只保留了模态频率在分析频率范围内的16种模态($\alpha_f=1$)。当想要通过实验数据来构造元胞模型时,这一点可能会非常有用。

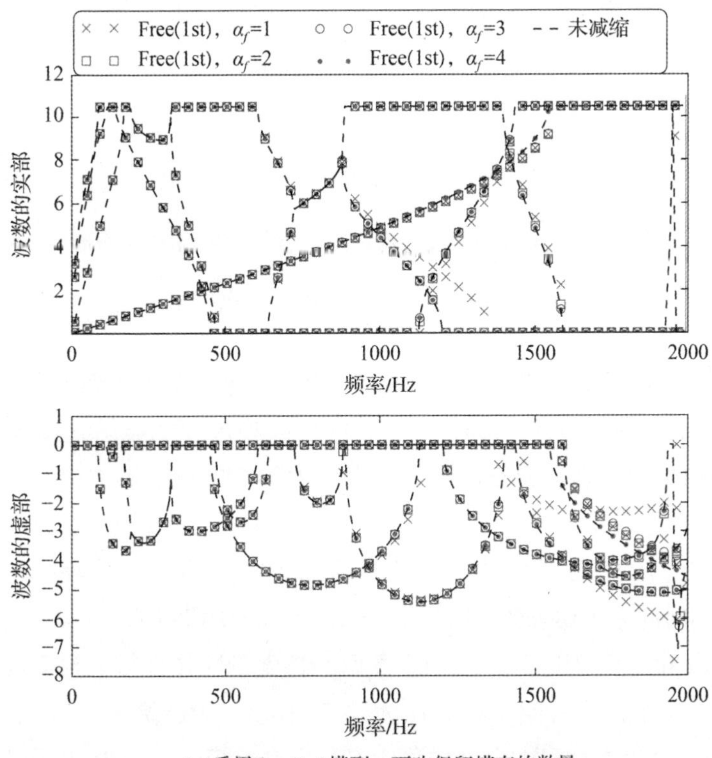

(a) 采用Free(1st)模型，更改保留模态的数量

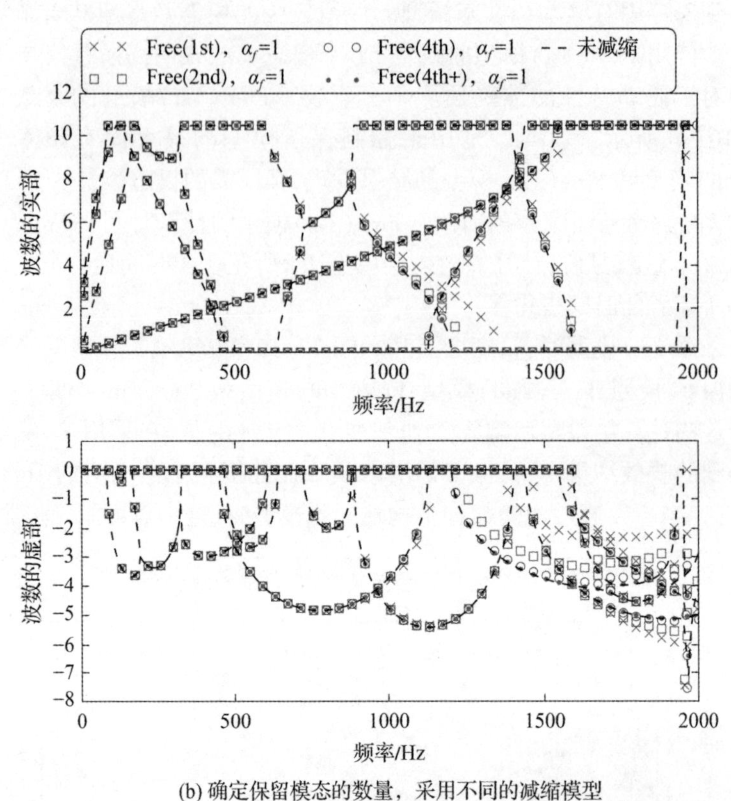

(b) 确定保留模态的数量，采用不同的减缩模型

图 3-10　0.1≤|λ|≤1 范围内减缩模型的收敛结果

当 $\alpha_f=1$ 时,Free(2nd)模型和 Free(4th)模型尚未收敛,但是通过增加 α_f,它们最终也会收敛到基准。CPU 占用时间和模型尺寸也总结在图 3-9 中。正如预期的一样,保留模态的数量随着精度等级的增加而减少。而剩余模态的高阶项会带来额外的计算成本。当采用 Free(2nd)模型、Free(4th)模型和 Free(4th+)模型时,总体 CPU 占用时间会增加,这是因为高阶项所需的 CPU 占用时间大于模态数量减少所节省的 CPU 占用时间。

Free(4th)模型和 Free(4th+)模型的精度不同并且每个频率点上迭代所造成的额外计算时间不同。作为参考,图 3-9 还给出了采用 Craig-Bampton 模态综合法(图 3-9 中称为 CB)的减缩模型的 CPU 占用时间和模型尺寸。由于必须保留 192 个边界自由度,因此其模型尺寸大于自由界面模态综合法中模型的尺寸。在效率方面,采用 Craig - Bampton 模态综合法的波有限元法等同于 Free(2nd)模型,并且比 Free(1th)模型稍慢。

如图 3 - 10(a)和(b)所示,$\alpha_f = 5$ 的 Free(1st)模型和 $\alpha_f = 1$ 的 Free(4th +)模型都在 $0.1 \leqslant |\lambda| \leqslant 1$ 范围内结果收敛。但是,当将选择范围扩大到 $10^{-9} \leqslant |\lambda| \leqslant 1$,包含一些强快衰波时,如图 3 - 11(a)所示,对于这些强快衰波,这两个减缩模型没能在所有频率点上都与"未减缩的 WFEM"模型匹配上。通过逐渐增加保留模态的数量,图 3 - 11(b)给出了在 $10^{-9} \leqslant |\lambda| \leqslant 1$ 范围内收敛的结果。由于所有具有自由模态的减缩模型的收敛结果相同,因此图 3 - 11(b)仅展示了 Free(4th +)模型的结果。作为比较,还给出了 Craig - Bampton 模态综合法的收敛结果。可以看出,对于 $k > -40$ 的导波,即 $10^{-5} \leqslant |\lambda| \leqslant 1$,收敛结果和"未减缩的 WFEM"模型的结果具有很好的一致性。然而对于空间衰减较强的导波 $k < -40$,即 $|\lambda| < 10^{-5}$,收敛结果互不相同,而且都不与"未减缩的 WFEM"相匹配。理论上,随着保留模态数量的增加,自由界面、固定界面和"未减缩的 WFEM"的结果会趋于一致。但是,在强快衰波处观察到的差异表明系统存在数值误差。这是由不同方法框架的程序代码各不相同所导致的。如文献[1,28]中提到的,在分析强快衰波时,特征值格式本身很容易出问题,因为它们的 λ 很大或很小。基于此,是否可以将"未减缩的 WFEM"的强快衰波结果视为最准确的结果还有待进一步分析。因为在"未减缩的 WFEM"中,如式(3 - 6)所示,逆矩阵是通过直接求解大型稀疏矩阵的逆得到的。在技术层面,这些方法都不能被视为强快衰波的参考,因为这些波对数值误差过于敏感。然而,对于最受关注的、具有较小 λ 的导波,其对数值误差并不敏感。

图 3 - 11 中的波数差异是显而易见的。尽管如此,如图 3 - 12 所示,Free(4th +)模型和"未减缩的 WFEM"模型的强快衰波具有相似的波形。图 3 - 12(a)和(c)显示了图 3 - 11(b)中 Free(4th +)模型在 500Hz 处的两个强快衰波的波形,而图 3 - 12(b)和(d)则是"未减缩的 WFEM"模型在 500Hz 处的两个强快衰波的波形。从视觉上,波图 3 - 12(a)($I(k) = -64.6\text{m}^{-1}$)和波图 3 - 12(b)($I(k) = -63.6\text{m}^{-1}$)是相似的;而波图 3 - 12(c)($I(k) = -45.7\text{m}^{-1}$)和波图 3 - 12(d)($I(k) = -55.0\text{m}^{-1}$)是相似的。波图 3 - 12(a)和(b)之间的 MAC 为 0.92;而波图 3 - 12(c)和(d)之间的 MAC 为 0.81。MAC 的结果验证了波形的视觉相似性。3.6.2 节将分析周期结构的强迫响应,进一步讨论强快衰波的精度问题。

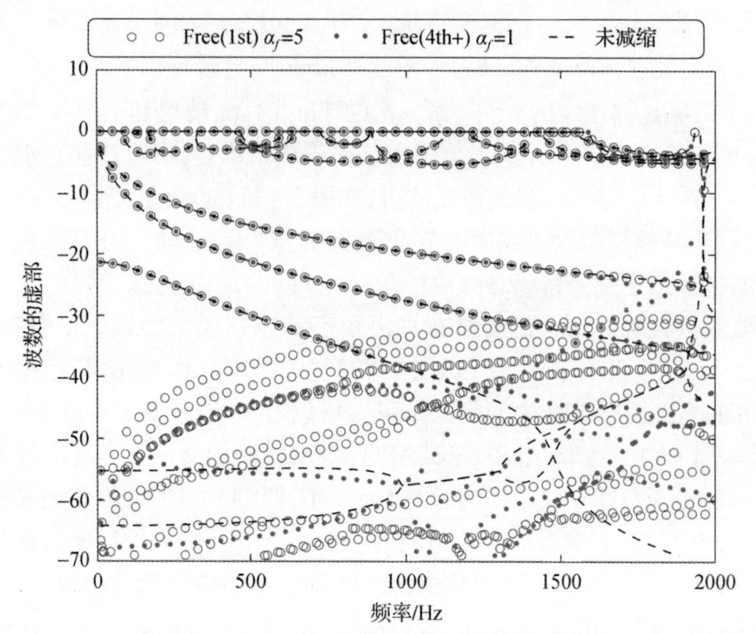

(a) Free(1st)模型和Free(4th+)模型的计算结果，均为收敛结果中，$0.1\leqslant|\lambda|\leqslant1$的波

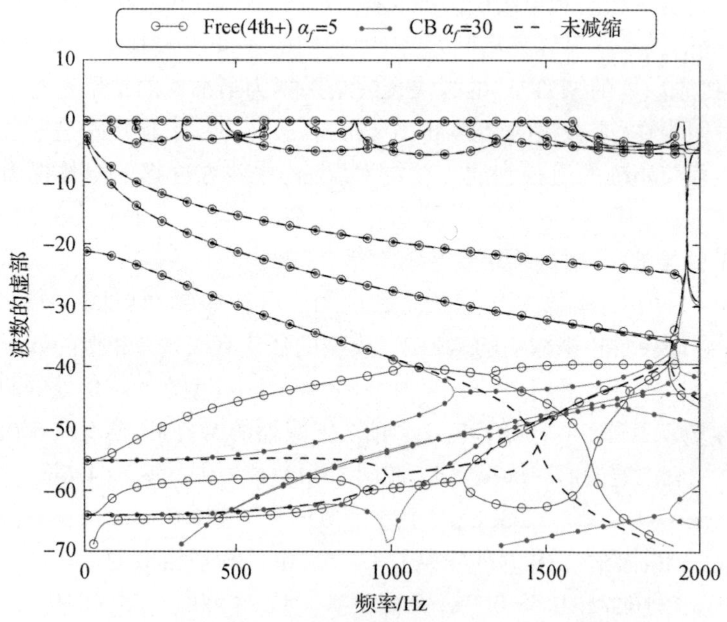

(b) 通过自由界面模态综合法和固定界面模态综合法获得的收敛结果

图 3-11　$10^{-9}\leqslant|\lambda|\leqslant1$ 范围内的导波(包含快衰波)的波数(虚部)

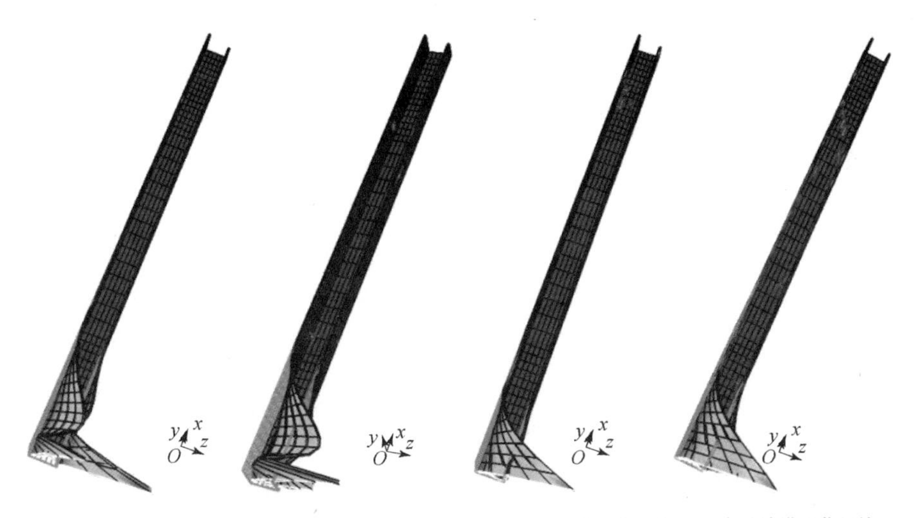

图3－12 图3－11(b)中500Hz处的一些强快衰波的波形(实部)
(均为收敛结果,且拓展到了整个元胞。)

3.6.2 强迫响应分析

本节中计算的有限周期结构具有5个元胞,如图3－13中所示。左端自由,右端固支。式(3－36)和式(3－37)分别给出了这两个边界的反射矩阵。对横截面2(CS2)上的所有节点的"UY"自由度施加谐波激励。在ANSYS中

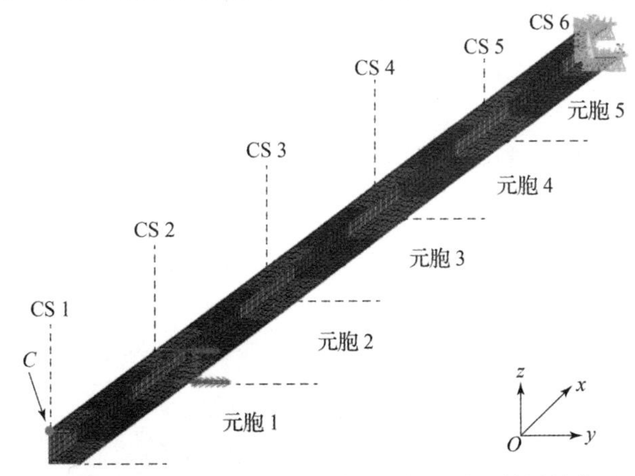

图3－13 周期结构的有限元网格(C点是对比结果的位置。)

分析整个周期结构的完整有限元模型，并将分析结果作为基准。提取图3-5中自由端C点的频率响应函数(FRF)作为对比。设置阈值$\lambda_{CR}=10^9$并形成波向量基，这意味着图3-11(b)中的所有波及其对应的负向波都被保留在波向量基中。

图3-14比较了通过Free(4th)模型和CB模型获得的节点C的"UY"自由度的频率响应函数，并且与有限元的结果相比，两者都已收敛。由于弯

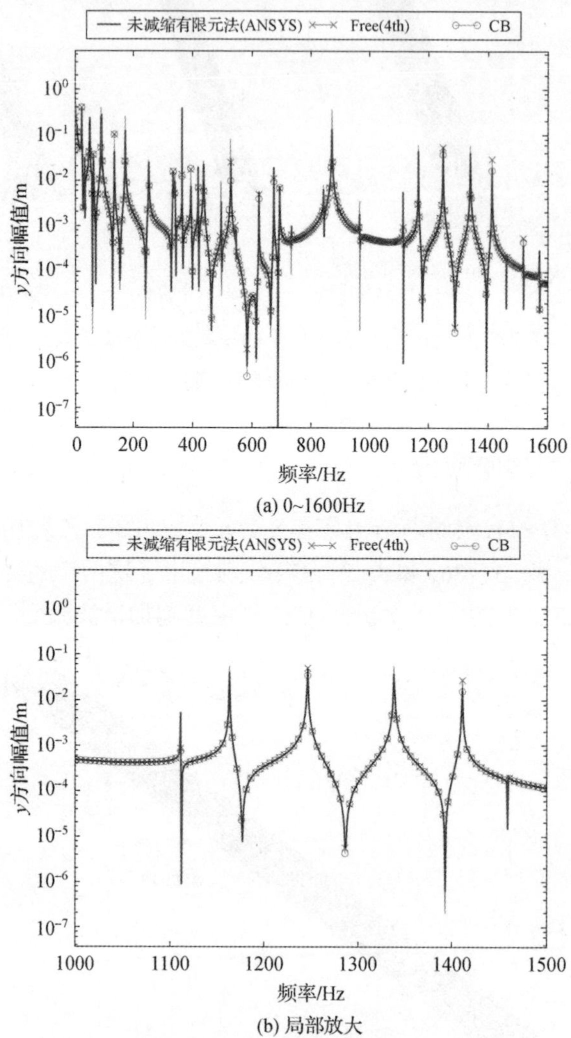

(a) 0~1600Hz

(b) 局部放大

图3-14　节点C的"UY"自由度的频率响应曲线

(保留波向量基的阈值为$\lambda_{CR}=10^9$。)

曲变形和扭转变形的耦合效应,也提取了节点 C 的“UZ”自由度的频率响应函数,结果如图 3－15 所示。尽管 Free(4th)模型和 CB 模型在图 3－11 中对某些快衰波($10^{-9} \leqslant |\lambda| \leqslant 10^{-5}$)给出了不同的预测,但是从由这两个模型所得到的“UY”和“UZ”的频率响应函数中,可以观察到良好的一致性。

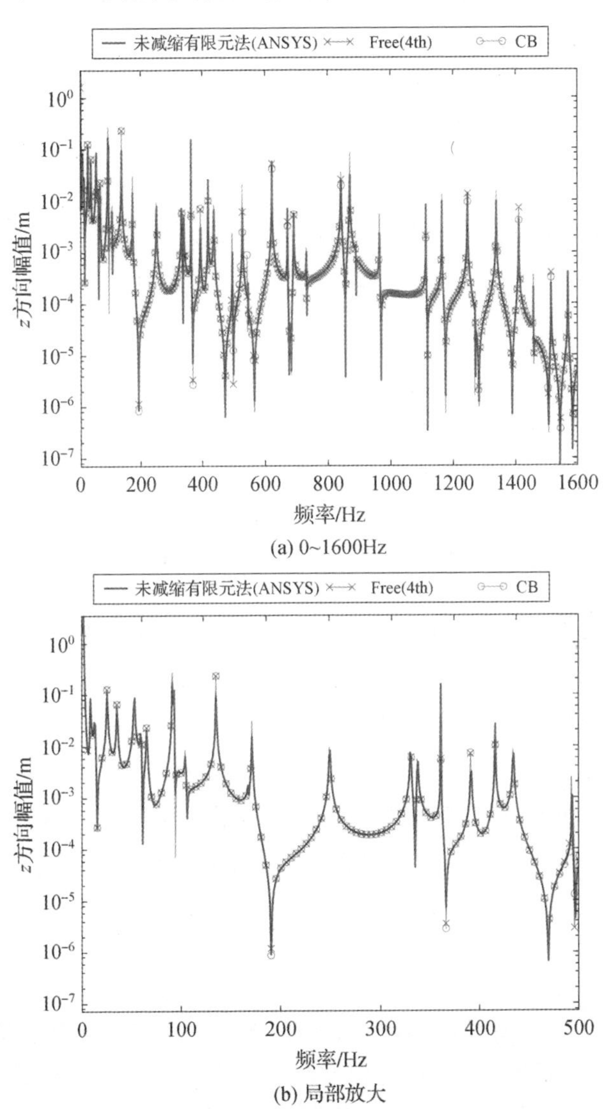

图 3－15　节点 C 的“UZ”自由度的频率响应曲线

(保留波向量基的阈值为 $\lambda_{CR} = 10^{9}$。)

为了探索这些强快衰波的贡献，使用 Free(4th)模型进行了另一个强迫响应分析。设置阈值 $\lambda_{CR}=10^5$ 以过滤掉图 3-14 中“不正确”的快衰波，结果如图 3-16 所示，可以观察到明显的误差，尤其是在 600Hz 附近和 1200Hz 之后。这表明即使存在数值误差，也必须保留一部分较强的快衰波。

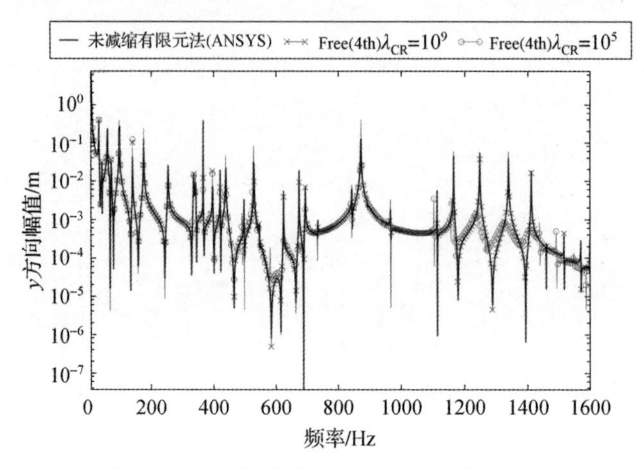

图 3-16　采用保留不同导波数量的波向量基获得的频率响应结果

快衰波往往出现在结构中不连续的点的周围，例如激发点和边界。如图 3-12 所示，快衰波在空间上呈指数级衰减，因此其只具有局部影响。波数的虚部决定了它在空间的消失速度。对于正向快衰波，假设元胞内部的变形为 $u(x)=e^{kx}$，其中 $k=\ln(\lambda)/\Delta$。那么在元胞的另一边的变形 $\lambda\ll1$，此时 $x=\Delta$。变形保持 10% 的位置为 $x_{0.1}(\lambda)=\ln(0.1)/\ln(\lambda)\Delta$。对于 $\lambda=10^{-8}$ 的强快衰波，$x_{0.1}(10^{-8})=0.125\Delta$，如果乘以 5，则 $x_{0.1}(5\times10^{-8})=0.137\Delta$，误差小于 10%。对于衰减较小的快衰波，假设 $\lambda=10^{-1}$，则 $x_{0.1}(10^{-1})=1.0\Delta$，但是存在 $x_{0.1}(5\times10^{-1})=3.32\Delta$，这表明误差是不可接受的。这些粗略的计算表明，对于 λ 很大或很小的强快衰波，λ 中相对较大的误差不会显著地影响振动的位置和波形。图 3-12 中结果可以验证这个结论。但是这个结论不适用于振荡衰减波。

另外，为了满足奇异点(激励和边界)处的连续条件和平衡条件，这些快衰波的波形十分重要，因为它们总是在奇异点处产生。如果保留导波的数量不足，则会产生意想不到的能量耗散效果。如图 3-16 所示，一些振动的峰值因此被抑制。这可以通过快衰波能携带能量的事实来理解[29]。当有一对入射波和反射波存在时，就会发生这种现象。

正如上述的讨论,保留的强快衰波数量有一定的容限。即使采用不精确的快衰波,仍可以准确地预测强迫响应。所以应该存在这样一个临界点,在这个临界点上,导波的计算结果是准确的。图3-17比较了$\alpha_f=1$和$\alpha_f=5$的Free(1st)模型的计算结果。如图3-10(a)所示,$\alpha_f=1$的Free(1st)模型无法准确预测在$0.1\leqslant|\lambda|\leqslant1$范围内的导波。但是当$\alpha_f=5$时,这些导波收敛了。然而很多强快衰波仍然具有明显的数值误差,如图3-11(a)所示。当$\alpha_f=1$时,图3-17所示的频率响应函数在1000Hz处存在明显的误差。但是,$\alpha_f=5$的结果符合得很好。这也就是说,一旦减缩模型可以提供行波和禁带中的快衰波的收敛结果,它们就可以用来进行强迫响应分析。

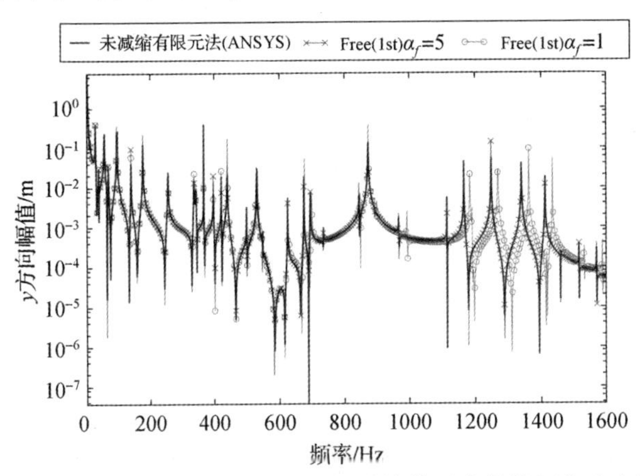

图3-17　采用保留不同模态数量的减缩模型获得的频率响应结果

3.7　小结

本章阐述了如何在波有限元法中使用自由模态和剩余模态构造减缩元胞模型。这些减缩模型可以用于自由导波分析和强迫响应分析。本章提出了一种新的基于柔度矩阵的特征值格式来获得波数和右特征向量矩阵(波形矩阵)。

本章采用了几种不同的自由界面子结构法对一种非对称薄壁结构进行了分析,并比较了它们的计算结果。如果适当地选择减缩模型的参数,则其结果与“未减缩的WFEM”模型的结果具有很好的一致性。剩余模态在保留的自由度数和CPU占用时间方面起着重要的作用。在不考虑剩余模态的情况下(Hou方法[12]),尽管得到了一定程度的加速(减少了60%),但仍必须保留大量的模态(80%)。考虑了剩余模态后,保留的自由度数大大降低。例如,当采用 Rubin 方法[14]时,保留了 37 种模态就可以具有与“未减缩的 WFEM”模型精度相同的结果。特别是当采用精确子结构法[30]时,仅需要 16 种模态。这 16 种模态的固有频率低于最大分析频率。从实验数据构造模型的角度来看,这可能具有一定的优势。在 CPU 占用时间方面,最有效的模型是 MacNeal 方法[13]构造的模型。与“未减缩的 WFEM”模型相比,仅需要 3% 的 CPU 占用时间。作为参考,还采用了 Craig - Bampton 固定界面模态综合法[30]的减缩模型,其效率等同于 Rubin 方法。由于必须保留所有边界自由度,因此与大多数自由界面的方法相比,Craig - Bampton 方法保留的自由度数量更多。

对于行波和衰减较小的波(在算例中为 $10^{-5} < |\lambda| < 10^{5}$),随着保留模态数的增加,采用减缩模型的波有限元会逐渐收敛到“未减缩的 WFEM”模型。对于精度较高的减缩模型,可以通过更少的模态数来实现收敛。对于强快衰波,减缩模型也会最终收敛。但由于存在系统数值误差,自由界面方法、Craig - Bampton 方法和“未减缩的 WFEM”模型的强快衰波的最终结果有所不同。这些误差对强迫响应和波形的计算没有显著影响。

本章采用了具有减缩模型的波有限元法来分析周期薄壁结构的强迫响应。减缩模型用来降低数值误差。即使强快衰波的波数存在一些数值误差,也必须保留一部分。并且,该结果和“未减缩的 WFEM”模型的结果符合得很好。直接截断这些快衰波会导致严重的数值误差。这是由于必须在波向量基中保持足够的波形,才能近似满足边界上的约束。

总而言之,就自由波分析来说:考虑计算效率,建议采用 MacNeal 方法的 Free(1st)减缩模型;考虑自由度的数量,建议采用精确子结构法的 Free(4th +)减缩模型。减缩模型的使用应该建立在能够提供收敛的行波和禁带波的基础上,从而才能对结构的强迫响应进行准确的预测。

基于本章给出的减缩模型,稍作扩展即可建立适用于压电周期结构的减缩模型。一旦可以将对压电材料和电路阻抗的分析高效率地纳入波有限元法的框架中,就可以进一步建立包含激振源、压电周期结构及无限大远场在内的完整动力学模型。这一模型将帮助我们理解压电材料用于控制功率流的机理,这也是第 4 章的主要内容。

参考文献

[1] WAKI Y, MACE B R, BRENNAN M J. Numerical issues concerning the wave and finite element method for free and forced vibrations of waveguides[J]. Journal of Sound and Vibration, 2009, 327(1/2):

92 - 108.

[2]ZHONG W X, WILLIAMS F W. On the direct solution of wave propagation for repetitive structures[J]. Journal of Sound and Vibration, 1995, 181(3):485 - 501.

[3]FAN Y, COLLET M, ICHCHOU M, et al. Energy flow prediction in built - up structures through a hybrid finite element/wave and finite element approach[J]. Mechanical Systems & Signal Processing, 2015, 66/67:137 - 158.

[4]DUHAMEL D, MACE B R, BRENNAN M J. Finite element analysis of the vibrations of waveguides and periodic structures[J]. Journal of Sound and Vibration, 2006, 294(1/2):205 - 220.

[5]MENCIK J M. A model reduction strategy for computing the forced response of elastic waveguides using the wave finite element method[J]. Computer Methods in Applied Mechanics and Engineering, 2012, 229: 68 - 86.

[6]WAKI Y, MACE B R, BRENNAN M J. Free and forced vibrations of a tyre using a wave/finite element approach[J]. Journal of Sound and Vibration, 2009, 323(3/4/5):737 - 756.

[7]DROZ C, LAINÉ J P, ICHCHOU M N, et al. A reduced formulation for the free - wave propagation analysis in composite structures[J]. Composite Structures, 2014, 113(1):134 - 144.

[8]ZHOU C W, LAINÉ J P, ICHCHOU M N, et al. Wave finite element method based on reduced model for one - dimensional periodic structures[J]. International Journal of Applied Mechanics, 2015, 07(2):1550018.

[9]ZHOU C W, LAINÉ J P, ICHCHOU M N, et al. Multi - scale modelling for two - dimensional periodic structures using a combined mode/wave based approach[J]. Computers and Structures, 2015, 154: 145 - 162.

[10]ZHOU C W, LAINÉ J P, ICHCHOU M N, et al. Numerical and experimental investigation on broadband wave propagation features in perforated plates[J]. Mechanical Systems and Signal Processing, 2016, 75:556 - 575.

[11]DROZ C, ZHOU C, ICHCHOU M, et al. A hybrid wave - mode formulation for the vibro - acoustic analysis of 2D periodic structures[J]. Journal of Sound and Vibration, 2016, 363:285 - 302.

[12]HOU S N. Review of modal synthesis techniques and a new approach[J]. Shock and Vibration. Bull., 1969, 40(4):25 - 39.

[13]MACNEAL R H. A hybrid method of component mode synthesis[J]. Computers and Structures, 1971, 1(4): 581 - 601.

[14]RUBIN S. Improved component - mode representation for structural dynamic analysis[J]. AIAA Journal, 1975, 13(8):995 - 1006.

[15]QIU J B, YING Z G, YAM L H. New modal synthesis technique using mixed modes[J]. AIAA Journal, 2015, 35(12):1869 - 1875.

[16]HOUILLON L, ICHCHOU M N, JEZEQUEL L. Wave motion in thin - walled structures[J]. Journal of Sound and Vibration, 2005, 281(3 - 5):483 - 507.

[17]COLLET M, OUISSE M, RUZZENE M, et al. Floquet - Bloch decomposition for the computation of dispersion of two - dimensional periodic, damped mechanical systems[J]. International Journal of Solids and Structures, 2011, 48(20):2837 - 2848.

[18] RENNO J M, MACE B R. Calculation of reflection and transmission coefficients of joints using a hybrid finite element/wave and finite element approach[J]. Journal of Sound and Vibration, 2013, 332(9):2149 - 2164.

[19] MENCIK J M. On the low - and mid - frequency forced response of elastic structures using wave finite elements with one - dimensional propagation [J]. Computers and Structures, 2010, 88 (11/12): 674 - 689.

[20] MEAD D J. Wave propagation in continuous periodic structures: Research contributions from Southampton, 1964 - 1995 [J]. Journal of Sound and Vibration, 1996, 190(3):495 - 524.

[21] MEAD D J. The forced vibration of one - dimensional multi - coupled periodic structures: An application to finite element analysis[J]. Journal of Sound and Vibration, 2009, 319(1/2):282 - 304.

[22] RENNO J M, MACE B R. Vibration modelling of structural networks using a hybrid finite element/wave and finite element approach[J]. Wave Motion, 2014, 51(4):566 - 580.

[23] MEAD D J. A general theory of harmonic wave propagation in linear periodic systems with multiple coupling[J]. Journal of Sound and Vibration, 1973, 27(2):235 - 260.

[24] ZHOU W J, ICHCHOU M N. Wave propagation in mechanical waveguide with curved members using wave finite element solution[J]. Computer Methods in Applied Mechanics & Engineering, 2010, 199 (33/34/35/36):2099 - 2109.

[25] 向树红,邱吉宝,王大钧.模态分析与动态子结构方法新进展[J].力学进展,2004(3): 289 - 303.

[26] KRAKER A D, CAMPEN D. Rubin's CMS reduction method for general state - space models[J]. Computers and Structures, 1996, 58(3):597 - 606.

[27] YU D, FANG J, LI C, et al. Triply coupled vibrational band gap in a periodic and nonsymmetrical axially loaded thin - walled Bernoulli - Euler beam including the warping effect[J]. Physics Letters A, 2009, 373(38):3464 - 3469.

[28] MENCIK J M, DUHAMEL D. A wave - based model reduction technique for the description of the dynamic behavior of periodic structures involving arbitrary - shaped substructures and large - sized finite element models[J]. Finite Elements in Analysis & Design, 2015, 101:1 - 14.

[29] BOBROVNITSKII Y I. On the energy flow in evanescent waves[J]. Journal of Sound and Vibration, 1992, 152(1):175 - 176.

[30] CRAIG Jr R R, BAMPTON M C C. Coupling of substructures for dynamic analyses[J]. AIAA journal, 1968, 6(7): 1313 - 1319.

第 4 章 压电周期结构用于控制能量流

4.1 引言

在第 1 章中我们已经证明,有界周期结构在其禁带中往往具有较少的固有频率,从而在禁带频率内具有较低的强迫响应水平[1]。如果我们能设计一种周期结构,其具有的禁带范围能够覆盖激励频率的范围,那么这样的结构就可以在当前的载荷条件下具有较低的振动水平。我们可以在众多文献中看到这样的思路,其应用对象包括一维周期结构[2-3]和二维周期结构[4-5]等。然而,在大多数文献[4-7]中,往往把周期结构隔离出来单独分析,这相当于整个目标结构都要被设计为周期结构。然而,在实际工程中,由于结构系统自身的功能性需求,几乎不可能将需要减振的结构的所有部分都设计为周期结构。以如图 4-1 所示的汽车底盘为例,根据工程经验和前期数值分析,发动机运转所产生的噪声大部分经由底盘上的 3 根空心梁结构传导到车身。假如我们计划降低这一部分噪声,固然可以考虑将底部的大梁设计为周期结构,利用禁带特性来控制从引擎流入的噪声。然而,在评估这一技术路径的减振/隔声效果时,在激励源(发动机)附近的几何特征和材料分布都具有高度的非周期性,不能进行大幅修改。尽管可以在中间框架上设计周期子结构,但是整个系统(底盘)并不是纯周期的。也就是说,我们需要回答这样的问题:把一个人为设计的禁带周期(子)结构放进一个(很有可能不具备周期性)结构系统中时,所获得的“周期-非周期”组合结构系统在禁带内/外的动力学行为与单独分析周期结构时相比,有何异同?是否只要结构系统中存在周期子结构,就一定能保证整个组合结构在其禁带中具有较好的振动抑制效果？周期子结构中需要包含多少个元胞才能有效降低整个结构系统的振动？这些问题对禁带周期结构在实际工程中的应用非常重要，却无法直接通过只分析周期子结构的频散曲线（自由波特性）和响应特性来回答。只有准确分析组合结构的强迫响应和能量流才能最直接地回答上述问题。

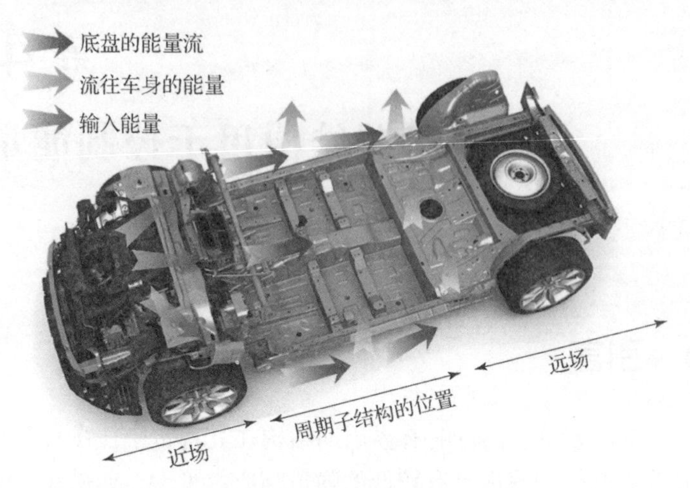

图 4－1　汽车底盘中的能量流动（附彩插）

为了回答上述问题，本章中我们将研究如图 4－2 所示的周期子结构的力学模型，其包括：①受到外部激励的近场部分。②位于特定的周期子结构之后的远场。当处于中高频时，远场可以看作无限均匀的介质。③位于近场和远场之间的周期子结构（具有几个元胞）。在开放系统中从能量流的角度来分析计算周期波导的特性更加合适，因为布拉格禁带通常处于中高频。在这个频率范围内，波形和能量往往会发生剧烈转换。

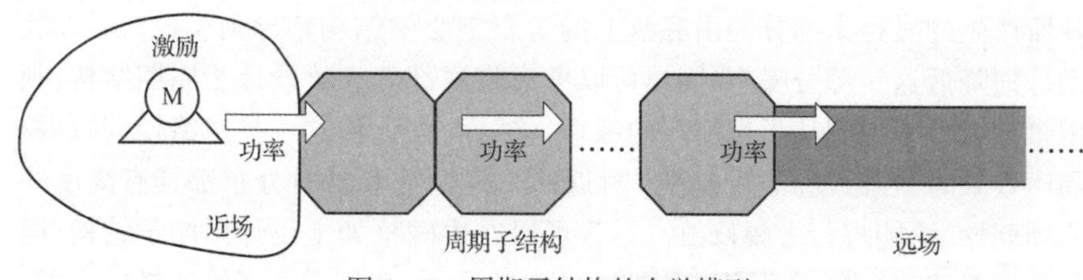

图 4－2　周期子结构的力学模型

本章所研究的组合结构（包含周期结构和非周期结构）不仅可以更加真实地表示实际工程中的结构，而且可以在导波和功率扩散等方面全面研究并设计周期子结构的性能。在组合结构中，周期子结构被集成在整个系统中来考虑,而不是单独考虑周期结构。这是由于集成后的周期子结构会改变整个系统的性质,因此也会改变输入阻抗。组合结构可以充分考虑近场和周期子结构之间的相互作用,而不是像以往文献中将其简化为入射波或作用力。同样地,远场也会间接地影响整体动力学特性。例如,周期子结构或者远场中的阻尼会导致一些能量耗散到近场。

本章建立了一种有限元/波有限元混合方法来计算组合结构中的强迫响应和能量流。如图4-3所示,将图4-2中的周期子结构和远场视为波导,并依次连接到近场。有限元法对近场建模以处理复杂的非周期结构,而波有限元法对波导建模以加快计算速度。近场的有限元模型的自由度会被保留,而波导的自由度会被全部消除。波导的强迫响应和能量流可以通过后处理获得。尽管本章计算的模型只具有几个波导,但该方法可以处理具有任意数量波导的结构。

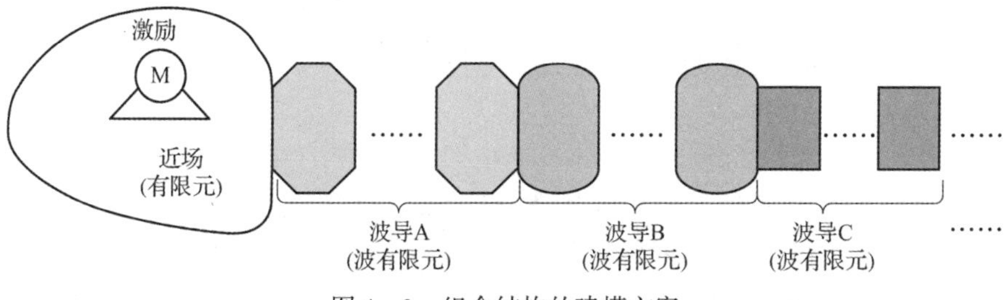

图4-3 组合结构的建模方案

我们注意到,相关文献中也有工作探索了在其他子结构框架下结合使用波有限元法和有限元法的方法。Duhamel[8]建立了具有刚性连接的多个周期子结构的结构系统,并应用波有限元法计算了其强迫响应。每个子结构都由波有限元法独立建模,并依据相互连接的边界自由度编写动态刚度矩阵。然后组装每个子结构的动态刚度矩阵从而形成整体动态刚度矩阵。Huang等[6,9]构造了两个均匀波导连接到一个压电结构上的模型,其中压电结构通过有限元法进行建模以形成相应的扩散和反射矩阵。Zhou等[10]研究了波在具有局部不均匀的圆柱壳中的传播,其中不均匀部分用有限元法来建模,而均匀部分用波有限元法来建模。Renno等[11-12]考虑了更加一般的情况。他们将任意数量的周期子结构通过弹性结构连接起来,并计算了其强迫响应。首先,通过有限元法对连接结构进行建模;然后,用相邻波导的波幅值推导出连接结构边界的约束条件。然而,这些方法在本章的模型中不能直接使用。

有限元/波有限元法对周期子结构的结构形式没有限制,也不会改变波有限元法的适用性。考虑到整体结构的复杂性,在波有限元法中采用减缩模型可以加快计算速度并改善矩阵的病态。但是,如果在元胞中存在阻尼或带有分支电路的压电片,则第3章中提到的减缩模型将不再适用。在这种情况下,阻尼矩阵或动态刚度矩阵无法通过无阻尼的模态振型进行对角化。

在本章中,针对带有阻尼或压电分支电路的元胞,提出了一种新的波有限元法的减缩模型,从而加速了波向量基的计算过程。然后提出了有限元/波有限元混合方法。通过无限长梁的解析结果来进行验证。结果表明,混合方法精确地预测了无限长梁的波传导特性和能量流特性。在一个很宽的频带上对压电结构的计算结果进行了验证。最后,给出了混合方法的应用,即一个包含激励子结构－压电子结构－远场子结构的组合结构。计算结果揭示了此类系统的复杂性,说明实际应用中应当考虑更加完整的组合模型。

4.2 用于压电结构的波有限元法

当元胞内部包含压电材料和分支电路时,电学自由度可以视为内部自由度的一部分,因此第3章中的大部分计算过程仍然适用。但是,第3章中的减缩模型并不能直接使用。因此,本章提出了一个新的减缩模型来计算压电组合结构,该结构具有周期分布的压电材料及连接在各个压电材料上的相同的分支电路。首先介绍专门用于压电子结构的波有限元法的步骤,然后给出减缩模型并进行分析。

4.2.1 完全元胞模型

对于图4－4所示的压电周期结构,首先通过具有压电单元的商用有限元软件进行建模并从中提取一个元胞[13]。当分析自由波时,不考虑外部载荷,第 i 个元胞的动力学方程为

$$\boldsymbol{M}\begin{pmatrix}\ddot{\boldsymbol{q}}_{\mathrm{L}}\\ \ddot{\boldsymbol{q}}_{\mathrm{R}}\\ \ddot{\boldsymbol{q}}_{\mathrm{I}}\\ \ddot{\boldsymbol{q}}_{\mathrm{E}}\end{pmatrix}+\boldsymbol{C}\begin{pmatrix}\dot{\boldsymbol{q}}_{\mathrm{L}}\\ \dot{\boldsymbol{q}}_{\mathrm{R}}\\ \dot{\boldsymbol{q}}_{\mathrm{I}}\\ \dot{\boldsymbol{q}}_{\mathrm{E}}\end{pmatrix}+\boldsymbol{K}\begin{pmatrix}\boldsymbol{q}_{\mathrm{L}}\\ \boldsymbol{q}_{\mathrm{R}}\\ \boldsymbol{q}_{\mathrm{I}}\\ \boldsymbol{q}_{\mathrm{E}}\end{pmatrix}=\begin{pmatrix}\boldsymbol{f}_{\mathrm{L}}\\ \boldsymbol{f}_{\mathrm{R}}\\ \boldsymbol{0}\\ \boldsymbol{f}_{\mathrm{E}}\end{pmatrix} \tag{4-1}$$

式中:$\boldsymbol{q}$ 为广义位移向量;$\boldsymbol{f}$ 为广义力向量;$\boldsymbol{M}$、$\boldsymbol{C}$ 和 $\boldsymbol{K}$ 分别为质量、阻尼和广

义刚度矩阵;下标 L、R、I 和 E 分别代表图 4-4 中元胞的左边界、右边界、内部机械场和电场自由度;$\boldsymbol{f}_E$ 为储存在电极上的电荷;$\boldsymbol{q}_E$ 为电极之间的电压。除此之外,还应该给出一个附加的方程来描述并联电路:

$$\boldsymbol{f}_E = -\boldsymbol{Y}\boldsymbol{q}_E \tag{4-2}$$

式中:$\boldsymbol{Y}$ 为电压和电量之间的外部电学导纳。如果压电片在元胞内并没有相互连接,则导纳为对角矩阵,即 $\boldsymbol{Y}=\mathrm{diag}(Y_i)$。如果电极开路,则 $Y_i=0$;如果电极短路,则 $Y_i=+\infty$。注意到 $\boldsymbol{Y}$ 很可能是与频率相关的。例如,当压电片并联上电阻-电感-电容电路,则 $Y_i=(-\omega^2L_E+\mathrm{j}\omega R_E+1/C_E)^{-1}$。因此,$\boldsymbol{Y}$ 也被写为 $\boldsymbol{Y}(\omega)$。

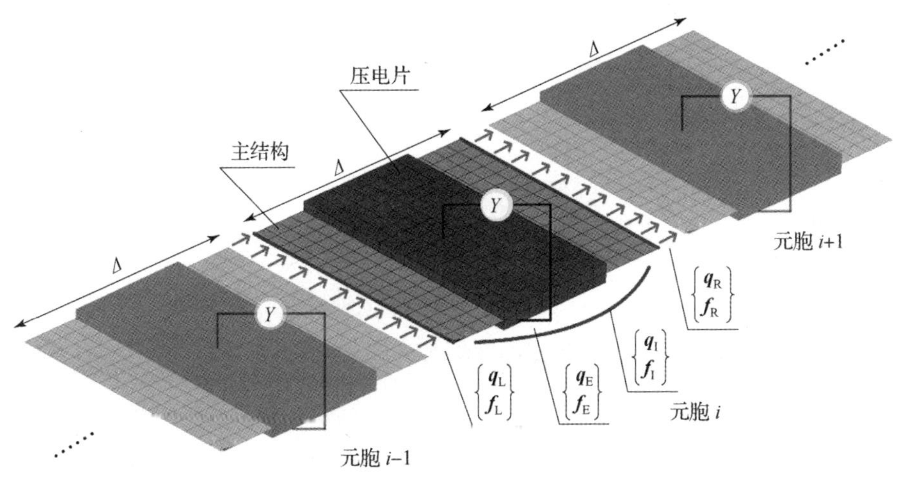

图 4-4 压电周期结构的元胞

具体地,广义刚度矩阵可以写为

$$\boldsymbol{K}=\begin{bmatrix} \boldsymbol{K}_{LL} & \boldsymbol{K}_{LR} & \boldsymbol{K}_{LI} & \boldsymbol{K}_{LE} \\ \boldsymbol{K}_{LR}^{T} & \boldsymbol{K}_{RR} & \boldsymbol{K}_{RI} & \boldsymbol{K}_{RE} \\ \boldsymbol{K}_{LI}^{T} & \boldsymbol{K}_{RI}^{T} & \boldsymbol{K}_{II} & \boldsymbol{K}_{IE} \\ \boldsymbol{H}_{LE}^{T} & \boldsymbol{H}_{RE}^{T} & \boldsymbol{H}_{IE}^{T} & \boldsymbol{C}_P \end{bmatrix} \tag{4-3}$$

式中:$\boldsymbol{H}$ 为压电项;$\boldsymbol{C}_P$ 为本征电容矩阵。广义质量矩阵可以写为

$$\boldsymbol{M}=\begin{bmatrix} \boldsymbol{M}_{LL} & \boldsymbol{M}_{LR} & \boldsymbol{M}_{LI} & 0 \\ \boldsymbol{M}_{LR}^{T} & \boldsymbol{M}_{RR} & \boldsymbol{M}_{RI} & 0 \\ \boldsymbol{M}_{LI}^{T} & \boldsymbol{M}_{RI}^{T} & \boldsymbol{M}_{II} & 0 \\ 0 & 0 & 0 & 0 \end{bmatrix} \tag{4-4}$$

将式(4-2)代入式(4-1)中并考虑简谐运动。频率点 $\boldsymbol{\omega}$ 处的动态刚度矩阵可以写为

$$\tilde{\boldsymbol{D}} = -\omega^2 \boldsymbol{M} + \mathrm{j}\omega \boldsymbol{C} + \boldsymbol{K} + \boldsymbol{Y}_{\mathrm{g}}(\omega) \tag{4-5}$$

其中

$$\boldsymbol{Y}_{\mathrm{g}} = \begin{bmatrix} 0 & 0 & 0 & 0 \\ 0 & 0 & 0 & 0 \\ 0 & 0 & 0 & 0 \\ 0 & 0 & 0 & \boldsymbol{Y} \end{bmatrix} \tag{4-6}$$

消除所有的内部自由度($\boldsymbol{q}_{\mathrm{E}}$ 和 $\boldsymbol{q}_{\mathrm{I}}$),即得元胞凝聚后的动态刚度矩阵:

$$\begin{bmatrix} \boldsymbol{D}_{\mathrm{LL}} & \boldsymbol{D}_{\mathrm{LR}} \\ \boldsymbol{D}_{\mathrm{RL}} & \boldsymbol{D}_{\mathrm{RR}} \end{bmatrix} \begin{pmatrix} \boldsymbol{q}_{\mathrm{L}} \\ \boldsymbol{q}_{\mathrm{R}} \end{pmatrix} = \begin{pmatrix} \boldsymbol{f}_{\mathrm{L}} \\ \boldsymbol{f}_{\mathrm{R}} \end{pmatrix} \tag{4-7}$$

其中

$$\begin{bmatrix} \boldsymbol{D}_{\mathrm{LL}} & \boldsymbol{D}_{\mathrm{LR}} \\ \boldsymbol{D}_{\mathrm{RL}} & \boldsymbol{D}_{\mathrm{RR}} \end{bmatrix} = \begin{bmatrix} \tilde{\boldsymbol{D}}_{\mathrm{LL}} & \tilde{\boldsymbol{D}}_{\mathrm{LR}} \\ \tilde{\boldsymbol{D}}_{\mathrm{RL}} & \tilde{\boldsymbol{D}}_{\mathrm{RR}} \end{bmatrix} + \begin{bmatrix} \tilde{\boldsymbol{D}}_{\mathrm{LI}} & \tilde{\boldsymbol{D}}_{\mathrm{LE}} \\ \tilde{\boldsymbol{D}}_{\mathrm{RI}} & \tilde{\boldsymbol{D}}_{\mathrm{RE}} \end{bmatrix} \begin{bmatrix} \tilde{\boldsymbol{D}}_{\mathrm{II}} & \tilde{\boldsymbol{D}}_{\mathrm{IE}} \\ \tilde{\boldsymbol{D}}_{\mathrm{EI}} & \tilde{\boldsymbol{D}}_{\mathrm{EE}} \end{bmatrix}^{-1} \begin{bmatrix} \tilde{\boldsymbol{D}}_{\mathrm{IL}} & \tilde{\boldsymbol{D}}_{\mathrm{IR}} \\ \tilde{\boldsymbol{D}}_{\mathrm{EL}} & \tilde{\boldsymbol{D}}_{\mathrm{ER}} \end{bmatrix} \tag{4-8}$$

将在第3章中介绍过的周期边界条件[式(3-4)]代入式(4-7),并消去 $\boldsymbol{f}_{\mathrm{L}}$ 和 $\boldsymbol{f}_{\mathrm{R}}$,则可以构成特征值问题

$$\left(\begin{bmatrix} \boldsymbol{0} & \sigma \boldsymbol{I} \\ -\boldsymbol{D}_{\mathrm{RL}} & -\boldsymbol{D}_{\mathrm{RR}} \end{bmatrix} - \lambda \begin{bmatrix} \sigma \boldsymbol{I} & \boldsymbol{0} \\ \boldsymbol{D}_{\mathrm{LL}} & \boldsymbol{D}_{\mathrm{LR}} \end{bmatrix} \right) \begin{pmatrix} \boldsymbol{q}_{\mathrm{L}} \\ \boldsymbol{q}_{\mathrm{R}} \end{pmatrix} = 0 \tag{4-9}$$

系数 σ 是通过矩阵 $\boldsymbol{D}_{\mathrm{RR}}$ 的二范数得到的:

$$\sigma = \frac{\| \boldsymbol{D}_{\mathrm{RR}} \|_2}{N^2} \tag{4-10}$$

式中:N 为矩阵 $\boldsymbol{D}_{\mathrm{RR}}$ 的列数,也是元胞左右边界的自由度数。引入系数 σ 后,矩阵的条件数变小。因此,可以更加有效和准确地计算出特征值问题的本征解。

式(4-9)给出了与传递矩阵相同的特征值。然而,式(4-9)给出的特征向量的格式为$(\boldsymbol{\phi}_{\mathrm{q}}^{\mathrm{T}} \quad \lambda \boldsymbol{\phi}_{\mathrm{q}}^{\mathrm{T}})^{\mathrm{T}}$。通过式(4-7)的第一行:

$$\boldsymbol{\phi}_{\mathrm{f}} = \boldsymbol{D}_{\mathrm{LL}} \boldsymbol{\phi}_{\mathrm{q}} + \lambda \boldsymbol{D}_{\mathrm{LR}} \boldsymbol{\phi}_{\mathrm{q}} \tag{4-11}$$

式(4-9)的特征向量可以被后处理为 $\boldsymbol{\phi} = (\boldsymbol{\phi}_{\mathrm{q}}^{\mathrm{T}} \quad \boldsymbol{\phi}_{\mathrm{f}}^{\mathrm{T}})^{\mathrm{T}}$,这是传递矩阵的特征向量。

对于左特征向量,除了和上述类似的步骤之外,还需要一个附加处理。如果式(4-9)给出的左特征向量为行向量$(\hat{\theta}_{q,i} \quad \hat{\theta}_{f,i})$,则

$$(\theta_{q,i} \quad \theta_{f,i}) = (\sigma\hat{\theta}_{q,i} \quad \hat{\theta}_{f,i}) \tag{4-12}$$

为传递矩阵的左特征向量。式(4-9)适用于波有限元法的所有应用,并且可以用来代替式(3-7)。

4.2.2 减缩模型

首先注意到,Zhou 等[14]提出的减缩模型在本章的情况下不适用。在他们的工作中,所有内部自由度都采用了 Craig - Bampton 模态综合法。而式(4-5)中的导纳矩阵 $\boldsymbol{Y}_g$ 不能用无阻尼模态振型进行对角化。因此,模态坐标之间是相互耦合的。若强行截断高频模态可能会引入数值误差。

由于以上原因,首先修改了 Craig - Bampton 模态综合法的减缩模型,仅仅将 $\boldsymbol{q}_I$ 转换到模态空间。将坐标转化定义为

$$\begin{pmatrix} \boldsymbol{q}_L \\ \boldsymbol{q}_R \\ \boldsymbol{q}_I \\ \boldsymbol{q}_E \end{pmatrix} = \begin{bmatrix} \boldsymbol{I} & 0 & 0 & 0 \\ 0 & \boldsymbol{I} & 0 & 0 \\ -\boldsymbol{K}_{II}^{-1}\boldsymbol{K}_{IL} & -\boldsymbol{K}_{II}^{-1}\boldsymbol{K}_{IR} & \boldsymbol{\Psi} & -\boldsymbol{K}_{II}^{-1}\boldsymbol{K}_{IE} \\ 0 & 0 & 0 & \boldsymbol{I} \end{bmatrix} \begin{pmatrix} \boldsymbol{q}_L \\ \boldsymbol{q}_R \\ \boldsymbol{y} \\ \boldsymbol{q}_E \end{pmatrix} = \boldsymbol{B} \begin{pmatrix} \boldsymbol{q}_L \\ \boldsymbol{q}_R \\ \boldsymbol{y} \\ \boldsymbol{q}_E \end{pmatrix} \tag{4-13}$$

其中,$\boldsymbol{\Psi} = [\psi_1 \quad \psi_2 \quad \cdots \quad \psi_{l_m}]$。$\psi_i$ 是在 $\boldsymbol{q}_L = \boldsymbol{q}_R = \boldsymbol{q}_E = 0$ 条件下,元胞的第 i 阶模态振型,其对应的模态频率为 ω_i。也就是说,ψ_i 和 ω_i 满足:

$$(-\omega_i^2 \boldsymbol{M}_{II} + \boldsymbol{K}_{II})\psi_i = 0 \tag{4-14}$$

只有 l_m 个模态保留了下来,并构成模态振型矩阵 $\boldsymbol{\Psi}$。l_m 的大小要小于 $\boldsymbol{q}_I$ 的维度。选择保留模态的标准为

$$\omega_i < \alpha_f \omega_m \quad (i = 1, 2, \cdots, l_m) \tag{4-15}$$

式中:ω_m 为所需分析频率的上限。通过确定系数 α_f 的大小,可以控制保留模态的数量。将式(4-13)代入式(4-1)和式(4-5)中,动态刚度矩阵可以被重新定义为

$$\tilde{\boldsymbol{D}} = -\omega^2\tilde{\boldsymbol{M}} + j\omega\tilde{\boldsymbol{C}} + \tilde{\boldsymbol{K}} + \tilde{\boldsymbol{Y}}_g(\omega) \tag{4-16}$$

式中:$\tilde{\boldsymbol{M}} = \boldsymbol{B}^T\boldsymbol{M}\boldsymbol{B}$;$\tilde{\boldsymbol{C}} = \boldsymbol{B}^T\boldsymbol{C}\boldsymbol{B}$;$\tilde{\boldsymbol{K}} = \boldsymbol{B}^T\boldsymbol{K}\boldsymbol{B}$;$\tilde{\boldsymbol{Y}}_g = \boldsymbol{B}^T\boldsymbol{Y}_g\boldsymbol{B}$;矩阵 $\tilde{\boldsymbol{D}}$ 的尺寸要远远

小于式(4－5)中的尺寸。再将式(4－16)代入式(4－8)中以消去 $\boldsymbol{y}$ 和 $\boldsymbol{q}_{\mathrm{E}}$，也可推出式(4－7)。但是由于矩阵 $\boldsymbol{D}_{\mathrm{II}}$ 的尺寸明显减小,式(4－8)的计算速度得到了显著增加。

在文献[8,15]开发的减缩模型中,选用其他频率下的波形来形成转换矩阵。因此,理论上可以采用他们的方法。但是,在设计压电子结构的过程中,电学导纳会被设置成不同的值,以便评估其性能[4,16]。每次修改导纳之后,都需要再次进行坐标转换。

通过坐标转换、凝聚内部机械自由度和保留电学自由度,该方法可以为压电结构提供更加合理的减缩模型。特别地,当电学导纳改变时,不需要重新计算减缩的 $\boldsymbol{M}$、$\boldsymbol{K}$ 和 $\boldsymbol{C}$。

4.2.3 应用实例——薄壁压电结构的波传导特性分析

利用减缩的波有限元法计算自由波动和强迫响应的流程图见图 4－5。自由波动中往往关注行波和禁带中的波传播。在不同频率下求解式(4－9)的特征值问题就可以得到波数－频率散点图。为了得到在不同频率同一个波的频散关系,需要遍历整个求解结果并且找到相似的波形。这里我们用模态置信因子(MAC)来判断波形是否相似。MAC 将两个波形 ϕ_1 和 ϕ_2 的相似程度表示为

$$\mathrm{MAC}=\frac{(\phi_1^{\mathrm{H}}\cdot\phi_2)^2}{(\phi_1^{\mathrm{H}}\cdot\phi_1)(\phi_2^{\mathrm{H}}\cdot\phi_2)} \tag{4-17}$$

MAC 是 0～1 的一个实数。在实际操作过程中,定义一个阈值 $\delta\in[0,1]$,如果 $\mathrm{MAC}>\delta$,则认为两个波形属于同一种波。相似的波形匹配上之后,频散曲线由多段曲线组成,每条曲线都代表着每个波频率和波数的关系,这就形成了频散曲线。在强迫响应分析中,一些快衰波必须被保留在减缩的波向量基中。

如图 4－5 所示,有两个因素决定了波向量基的精确度:选择保留模态的个数 α_{f} 和使用特征值方案对应的 $\boldsymbol{\sigma}$。对于强迫响应,λ_{CR} 代表波向量基的截断多少,它也影响了计算结果的准确性。使用式(3－7)的特征值格式计算出的快衰波的精度非常低。因此当需要求解强迫响应下所有波的传播特性的时候,这种特征值格式的结果会有很大的误差。而如果某个波对整个结构的强迫响应的贡献非常小,是可以忽略这些波从而减小计算的误差的。然而,所有文献中均未提及 λ_{CR} 具体取值多少才能保证结果精确。

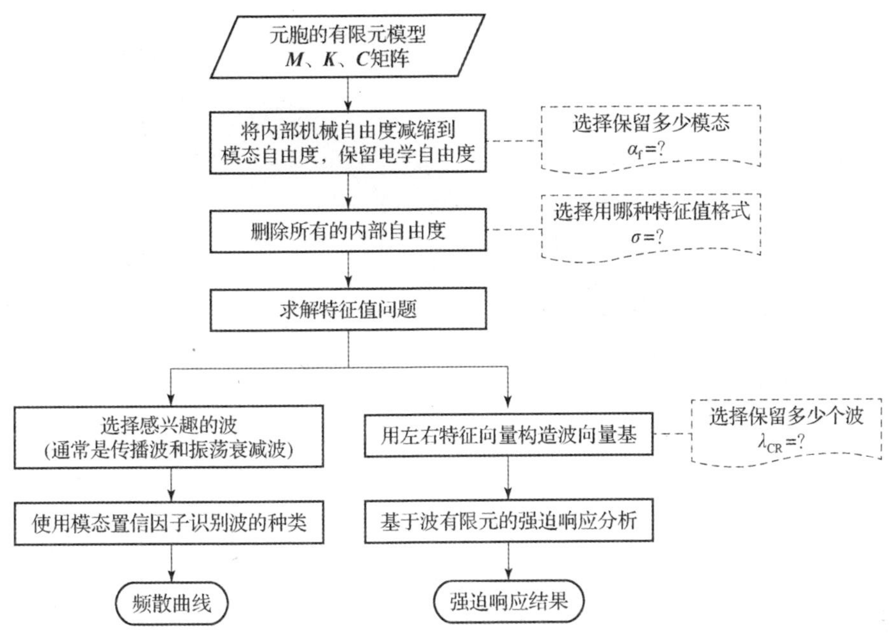

图4-5 利用减缩的波有限元法计算自由波动和强迫响应的流程图

为了进一步阐明这种针对压电结构的减缩波有限元模型,我们将其应用到一个薄壁结构上。这种薄壁结构在实际工程中非常常见。分析薄壁结构的动力学特性能够指导设计结构的被动振动控制方法。同时,本节中还介绍了图4-5中提出的3个参数的选择对计算结果的影响。

薄壁结构的有限元模型见图4-6(a)。压电片周期性分布在主结构的表面,每个元胞上有两片压电片。元胞用有限元建模,网格见图4-6(b)。每个元胞的总体自由度为1986个,其中包括336个左右边界自由度、1558个内部机械自由度和2个内部电学自由度。主结构采用钢材料,杨氏模量为2.11×10^{11}Pa,密度为7800kg/m^3,压电片的材料为PZT4。

4.2.3.1 自由波动分析(开路)

首先我们分析开路的情况,即图(4-6)中$\boldsymbol{Y}=\mathbf{0}$。利用元胞未减缩的有限元模型计算该结构的频散曲线(0~2000Hz,$\lambda>10$的快衰波均被忽略),见图4-7。图4-7中,不同的数字代表不同的波。波3、4、7和8从0Hz开始为行波,从它们的波形(图4-8)可以判断它们分别为Y方向的弯曲波、Z方向的弯曲波、扭转波和纵波。随着频率的增加,一些快衰波,例如波1、2和9,转换成了行波。波2见图4-8(b),它的截止频率为800Hz。1500Hz附近有两个布拉格禁带,分别为波2和波3的禁带。

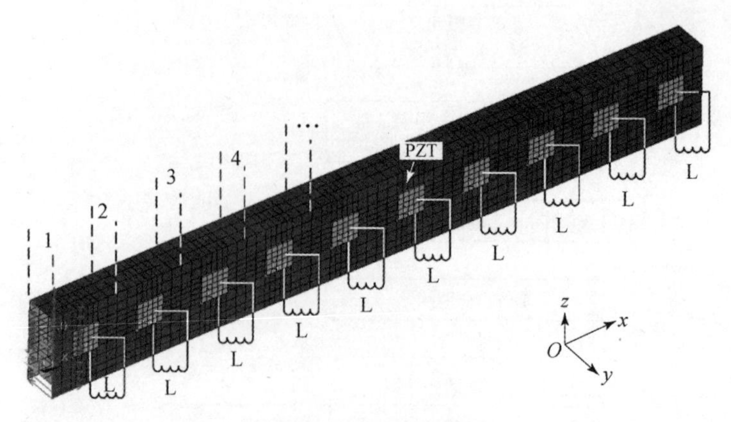

(a) 薄壁结构的有限元模型

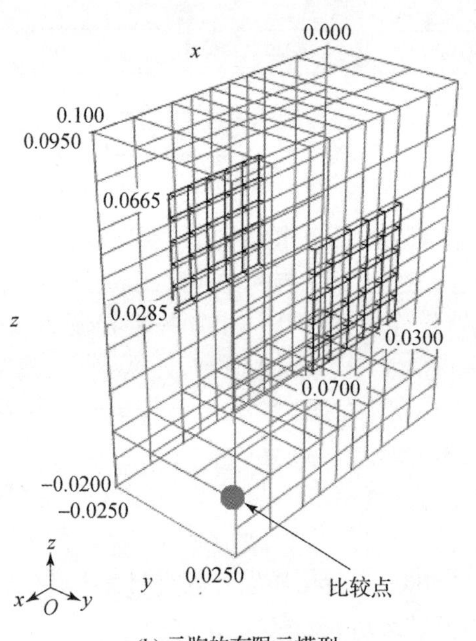

(b) 元胞的有限元模型

图 4－6　薄壁结构

图 4－7(b) 比较了使用未减缩的计算模型和在 α_f 分别取值为 2、3、5 和 8 时的减缩模型的计算结果。每个模型都计算了 120 个频率点，中央处理器(CPU)占用时间和减缩模型的规模在表 4－1 中列出。$\alpha_f \geqslant 3$ 的减缩模型和未减缩的模型计算结果符合得很好，而对于 $\alpha_f=2$ 的减缩模型，在第一个布拉格禁带之后，其结果不准确。这是因为只保留了两阶模态，在高频时的计

算结果自然不够准确。各个减缩模型的 CPU 占用时间差别不大，这些减缩模型均减少了大约 50% 的 CPU 占用时间。从这个方面来说，使用较大的 α_f 能够在加速计算时间的同时保证结果的准确性。

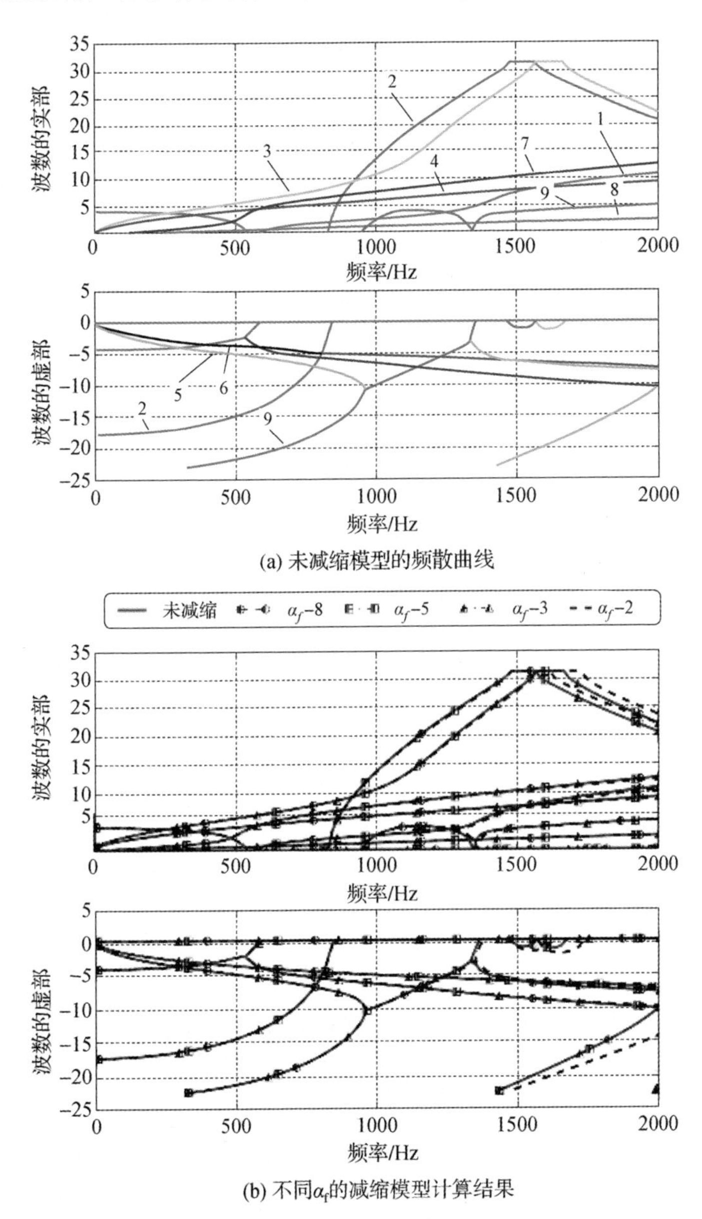

(a) 未减缩模型的频散曲线

(b) 不同α_f的减缩模型计算结果

图 4－7　压电片开路时的频散曲线(正行波)

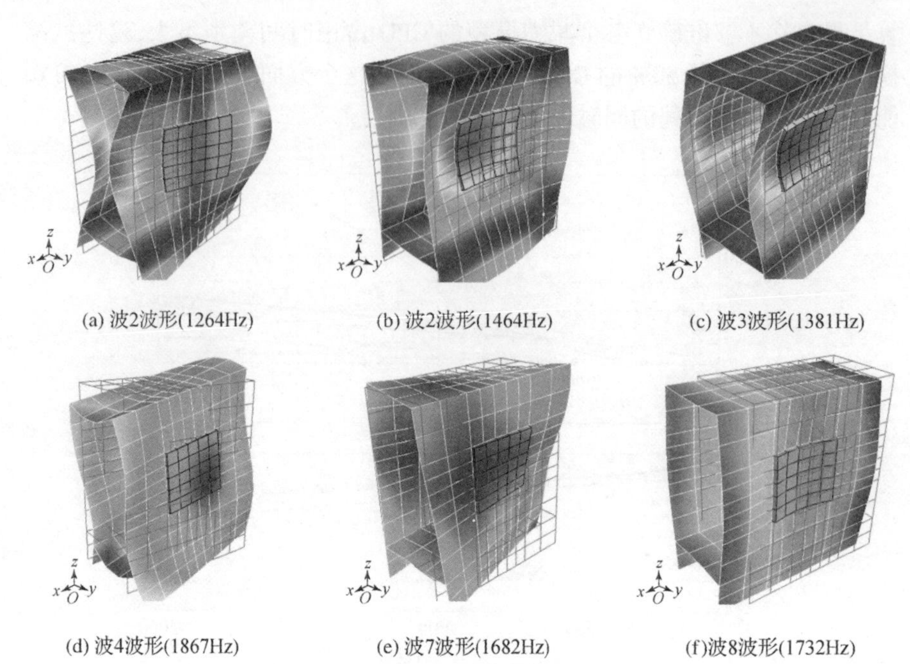

(a) 波2波形(1264Hz)　(b) 波2波形(1464Hz)　(c) 波3波形(1381Hz)

(d) 波4波形(1867Hz)　(e) 波7波形(1682Hz)　(f)波8波形(1732Hz)

图4－8　薄壁结构的部分波形(开路)
[波沿 x 轴方向传播。波2、3、4、7、8分别为
普明(Puming)波、y 方向弯曲波、z 方向弯曲波、扭转波和纵波。]

表4－1　不同减缩模型的计算成本

模型	内部机械自由度/个	CPU 占用时间/s
未减缩	1558	82.3
$\alpha_f = 2$	2	40.7
$\alpha_f = 3$	9	41.3
$\alpha_f = 5$	15	42.0
$\alpha_f = 8$	30	43.2

4.2.3.2　自由波动分析(外接电感)

这里我们给元胞中的每个压电片都连接一个外接电感,那么电阻抗矩阵可以写成

$$\boldsymbol{Y} = \begin{bmatrix} -\dfrac{1}{\omega^2 L} & 0 \\ 0 & -\dfrac{1}{\omega^2 L} \end{bmatrix} \tag{4-18}$$

其中,L 为电感,取值为 2.69H,这是为了在 1300Hz 的时候和压电片的等效电容形成谐振。用未减缩的模型计算得到的频散曲线见图 4-9。在 1260~1300Hz 频率范围内可以找到另外两个禁带。这些禁带是由外接电感和压电片电容谐振产生的,因此称为“局域共振禁带”(local resonance band gap)。局域共振禁带的“深度”比布拉格禁带要大得多,因此在局域共振禁带内,波形空间上也衰减得非常快。例如在 1297Hz 的时候图 4-10 中的两种快衰波。

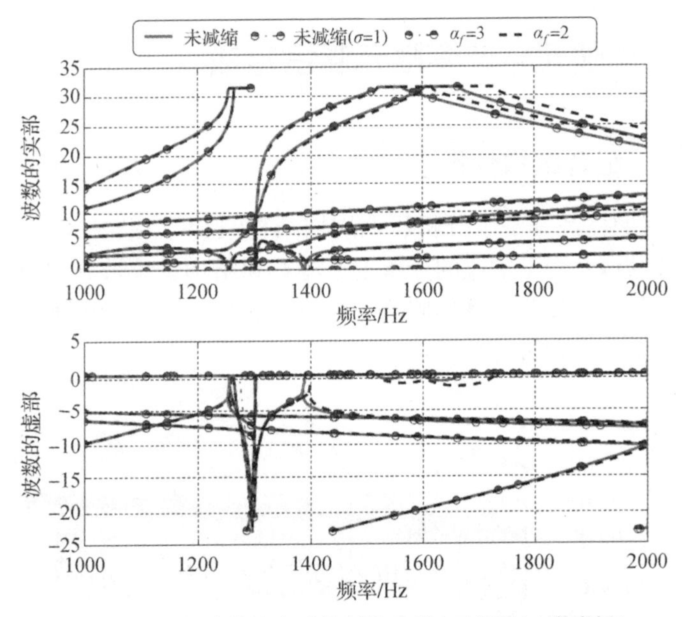

图 4-9 压电片外接电感的频散曲线(正行波)(附彩插)

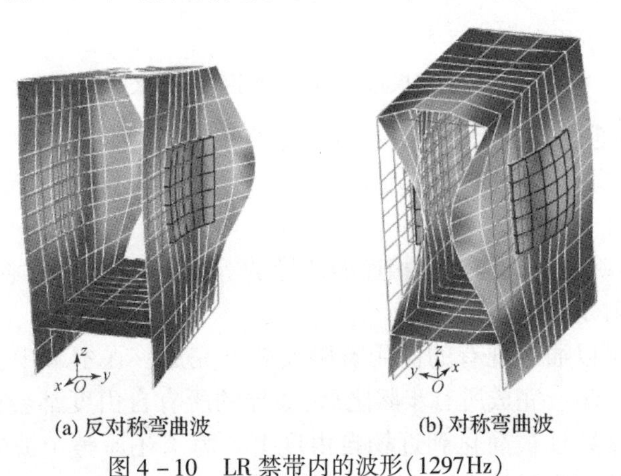

图 4-10 LR 禁带内的波形(1297Hz)

图 4－9 比较了使用未减缩的计算模型和在 α_f 分别取值为 2 和 3 时的减缩模型的计算结果。结论和开路情况类似。$\alpha_f = 2$ 的减缩模型在高频（1400Hz 附近）计算不够准确，这是因为模态截断的方式不合适。并且式（3－7）的特征值格式也用于未减缩模型的计算，在图 4－9 中对应的图例为“未减缩 $\sigma = 1$”。由图（4－9）得到的其他结果也都非常符合。

4.3 有限元－波有限元混合方法

4.3.1 组合结构分析

现在，我们已经具备了分析压电周期结构波传导特性的能力。让我们回到对组合结构动力学响应的分析上。注意到结构系统被分为受到外部激励的近场和几个连接到近场的周期子结构。如图 4－11 所示，通过三个主要步骤对这种组合结构进行分析：

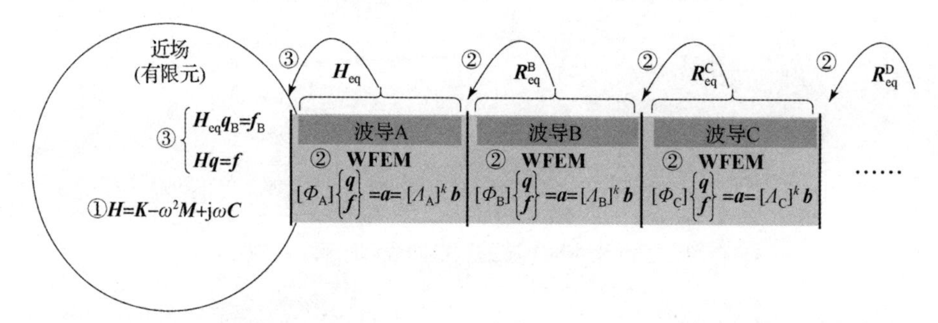

图 4－11 算法的建模过程（其中数字①～③表示建模顺序）

第一步：通过有限元法对近场进行建模。

第二步：通过波有限元法确定周期子结构的波向量基。计算各波导的等效反射矩阵。

第三步：确定直接与近场相连的波导的等效阻抗。为此，将使用第二步中的等效反射矩阵。

第一步可以通过现有的商用有限元软件完成。在本节中，将详细描述第二步和第三步。完成所有步骤之后，波导的所有自由度都会被消去，并且波导的动力学特性被简化到近场自由度上。为了还原整个波导的响应，还需要对近场的响应后处理，这个过程将在最后阐述。

4.3.2　等效反射矩阵

如图4-12所示，将两个波导（B和C）连接到一起。将波导B视为“主”子结构，因为它比波导C更靠近近场。目标是用一个反射矩阵来表示波导C和波导B的交界面。

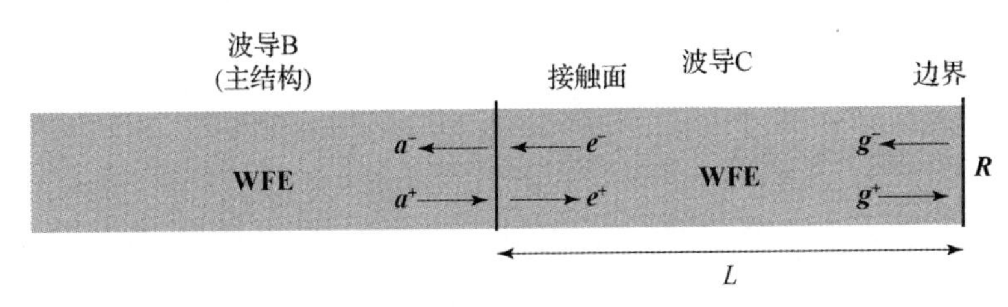

图4-12　两个相连的波导

通过波有限元法分析波导的元胞，可以获得波导B和波导C的波向量基。本章提出的改进的波有限元法可以用于第2章中的一般情况，也可以用于4.3.1节中的压电结构。假设子结构B的波向量基由右特征向量$\boldsymbol{\Phi}$、左特征向量$\boldsymbol{\Theta}$和特征值矩阵$\boldsymbol{\Lambda}_{\mathrm{b}}$构成；而子结构C的波向量基由右特征向量矩阵$\boldsymbol{Y}$、左特征向量矩阵$\overline{\boldsymbol{\Theta}}$和特征值矩阵$\boldsymbol{\Lambda}_{\mathrm{c}}$构成。

界面处的位移$\boldsymbol{q}_{\mathrm{t}}$和内力$\boldsymbol{f}_{\mathrm{t}}$可以用波导B的波向量基$\boldsymbol{\Phi}$及其波幅值来表示。当然，也可以用波导C的波向量基$\boldsymbol{Y}$来表达：

$$\begin{pmatrix}\boldsymbol{q}_{\mathrm{t}}\\ \boldsymbol{f}_{\mathrm{t}}\end{pmatrix}=\begin{bmatrix}\boldsymbol{\Phi}_{\mathrm{q}}^{+} & \boldsymbol{\Phi}_{\mathrm{q}}^{-}\\ \boldsymbol{\Phi}_{\mathrm{f}}^{+} & \boldsymbol{\Phi}_{\mathrm{f}}^{-}\end{bmatrix}\begin{pmatrix}\boldsymbol{a}^{+}\\ \boldsymbol{a}^{-}\end{pmatrix}=\begin{bmatrix}\boldsymbol{Y}_{\mathrm{q}}^{+} & \boldsymbol{Y}_{\mathrm{q}}^{-}\\ \boldsymbol{Y}_{\mathrm{f}}^{+} & \boldsymbol{Y}_{\mathrm{f}}^{-}\end{bmatrix}\begin{pmatrix}\boldsymbol{e}^{+}\\ \boldsymbol{e}^{-}\end{pmatrix} \tag{4-19}$$

在波导C的另外一端，波幅值满足：

$$\boldsymbol{g}^{-}=\boldsymbol{R}\boldsymbol{g}^{+} \tag{4-20}$$

式中：$\boldsymbol{R}$为边界处的反射矩阵；$\boldsymbol{g}^{+}$和$\boldsymbol{g}^{-}$分别为右端截面上的正向波和负向波的幅值向量。如果波导C是无限长的，则$\boldsymbol{R}=\boldsymbol{0}$；如果给出了边界条件（Neumann、Dirichlet或混合边界条件），如3.1.2节所述，则可以在波场中变换特定的位移和力来计算$\boldsymbol{R}$。如果波导C后连接着更多的波导，那么就将波导C看成“主”波导，从与波导C连接的波导的等效反射矩阵中得到$\boldsymbol{R}$。

如3.1.2节所述，波导C中的波幅值还必须满足波场中的传递关系：

$$\begin{pmatrix}\boldsymbol{g}^{+}\\ \boldsymbol{g}^{-}\end{pmatrix}=\begin{bmatrix}{}^{+}\boldsymbol{\Lambda}_{\mathrm{C}}^{L_{\mathrm{C}}/\Delta_{\mathrm{C}}} & \\ & {}^{-}\boldsymbol{\Lambda}_{\mathrm{C}}^{L_{\mathrm{C}}/\Delta_{\mathrm{C}}}\end{bmatrix}\begin{pmatrix}\boldsymbol{e}^{+}\\ \boldsymbol{e}^{-}\end{pmatrix} \tag{4-21}$$

式中：${}^{+}\boldsymbol{\Lambda}_{\mathrm{C}}$和${}^{-}\boldsymbol{\Lambda}_{\mathrm{C}}$为对角矩阵，分别由波导C的正负特征值组成；$L_{\mathrm{C}}$为波导

的总长度;Δ_C 为元胞的长度。

将式(4-20)代入式(4-21),得

$$\boldsymbol{e}^- = ({}^-\boldsymbol{\Lambda}_C^{-L_C/\Delta_C} \cdot \boldsymbol{R} \cdot {}^+\boldsymbol{\Lambda}_C^{L_C/\Delta_C})\boldsymbol{e}^+ \tag{4-22}$$

$$\boldsymbol{e}^- = \boldsymbol{R}_C\boldsymbol{e}^+ \tag{4-23}$$

通过将式(4-23)代入式(4-19)来消去 $\boldsymbol{e}^+$ 和 $\boldsymbol{e}^-$,并通过一些代数运算后得出:

$$\boldsymbol{a}^- = \boldsymbol{R}_{eq}\boldsymbol{a}^+ \tag{4-24}$$

其中

$$\boldsymbol{R}_{eq} = -(\boldsymbol{\Phi}_q^- - \boldsymbol{Y}\boldsymbol{\Phi}_f^-)^{-1}(\boldsymbol{\Phi}_q^+ - \boldsymbol{Y}\boldsymbol{\Phi}_f^+) \tag{4-25}$$

$$\boldsymbol{Y} = [\boldsymbol{\varUpsilon}_q^+ + \boldsymbol{\varUpsilon}_q^-\boldsymbol{R}_C][\boldsymbol{\varUpsilon}_f^+ + \boldsymbol{\varUpsilon}_f^-\boldsymbol{R}_C]^{-1} \tag{4-26}$$

其中,矩阵 $\boldsymbol{R}_{eq}$是波导 B 和波导 C 交界面处的等效反射矩阵。需要注意的是,如果将建议的减缩波向量基用于波导,那么式(4-25)和式(4-26)将出现伪逆。为了改进这个问题,可以利用左右特征向量的正交关系,在式(4-19)的两侧预乘上左特征向量矩阵 $\boldsymbol{\Theta}$,得

$$\begin{pmatrix} \boldsymbol{a}^+ \\ \boldsymbol{a}^- \end{pmatrix} = \begin{bmatrix} \boldsymbol{\Theta}_q^+ & \boldsymbol{\Theta}_f^+ \\ \boldsymbol{\Theta}_q^- & \boldsymbol{\Theta}_f^- \end{bmatrix} \begin{bmatrix} \boldsymbol{\varUpsilon}_q^+ & \boldsymbol{\varUpsilon}_q^- \\ \boldsymbol{\varUpsilon}_f^+ & \boldsymbol{\varUpsilon}_f^- \end{bmatrix} \begin{pmatrix} \boldsymbol{e}^+ \\ \boldsymbol{e}^- \end{pmatrix} \tag{4-27}$$

即

$$\begin{pmatrix} \boldsymbol{a}^+ \\ \boldsymbol{a}^- \end{pmatrix} = \begin{bmatrix} \boldsymbol{Y}_{pp} & \boldsymbol{Y}_{pn} \\ \boldsymbol{Y}_{np} & \boldsymbol{Y}_{nn} \end{bmatrix} \begin{pmatrix} \boldsymbol{e}^+ \\ \boldsymbol{e}^- \end{pmatrix} \tag{4-28}$$

其中

$$\boldsymbol{Y}_{pp} = \boldsymbol{\Theta}_q^+\boldsymbol{\varUpsilon}_q^+ + \boldsymbol{\Theta}_f^+\boldsymbol{\varUpsilon}_f^+ \tag{4-29}$$

$$\boldsymbol{Y}_{pn} = \boldsymbol{\Theta}_q^+\boldsymbol{\varUpsilon}_q^- + \boldsymbol{\Theta}_f^+\boldsymbol{\varUpsilon}_f^- \tag{4-30}$$

$$\boldsymbol{Y}_{np} = \boldsymbol{\Theta}_q^-\boldsymbol{\varUpsilon}_q^+ + \boldsymbol{\Theta}_f^-\boldsymbol{\varUpsilon}_f^+ \tag{4-31}$$

$$\boldsymbol{Y}_{nn} = \boldsymbol{\Theta}_q^-\boldsymbol{\varUpsilon}_q^- + \boldsymbol{\Theta}_f^-\boldsymbol{\varUpsilon}_f^- \tag{4-32}$$

将式(4-23)代入式(4-28)以消除 $\boldsymbol{e}^+$和 $\boldsymbol{e}^-$,同样可得式(4-24),但是 $\boldsymbol{R}_{eq}$ 被改写为

$$\boldsymbol{R}_{eq} = -(\boldsymbol{Y}_{np} + \boldsymbol{Y}_{nn}\boldsymbol{R}_C)(\boldsymbol{Y}_{pp} + \boldsymbol{Y}_{pn}\boldsymbol{R}_C)^{-1} \tag{4-33}$$

一旦得到了 $\boldsymbol{R}_{eq}$,就可以确定波导 B 的反射矩阵,并将其引入波导 B 的前一个波导中。如果波导 B 直接连接到近场,则其动态特征将会被推导成机械阻抗,并被合并到近场,这将在 4.3.3 节中介绍。

4.3.3 等效阻抗矩阵

假设波导 A 的一端直接连接在近场,而另一端已经按照 4.3.2 节中的

步骤确定了反射矩阵 $\boldsymbol{R}$。右特征向量矩阵是 $\boldsymbol{\Phi}$，左特征向量矩阵是 $\boldsymbol{\Theta}$，而特征值矩阵为 $\boldsymbol{\Lambda}_a$。如图 4-13 所示，这里的目的是将波导的动力学特性和近场联系起来。这里的近场子结构是由物理场的有限元模型来表征的。波导的动力学特性也由等效机械阻抗矩阵来表示。

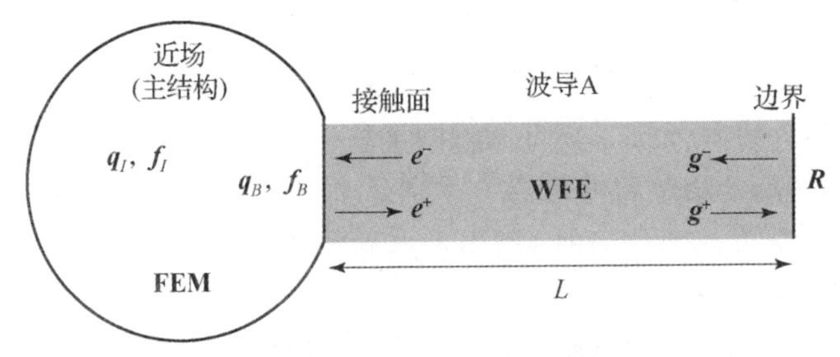

图 4-13　近场和波导之间的连接

首先，连接界面处的位移和力可以被展开到波场，由波模态振型和波幅值来表示：

$$\begin{pmatrix} \boldsymbol{q}_B \\ \boldsymbol{f}_B \end{pmatrix} = \begin{bmatrix} \boldsymbol{\Phi}_q^+ & \boldsymbol{\Phi}_q^- \\ \boldsymbol{\Phi}_f^+ & \boldsymbol{\Phi}_f^- \end{bmatrix} \begin{pmatrix} \boldsymbol{e}^+ \\ \boldsymbol{e}^- \end{pmatrix} \tag{4-34}$$

在另一端，则有

$$\boldsymbol{g}^- = \boldsymbol{R}\boldsymbol{g}^+ \tag{4-35}$$

另外，在不同截面上的波幅值在波场中的传递关系为

$$\begin{pmatrix} \boldsymbol{e}^+ \\ \boldsymbol{e}^- \end{pmatrix} = \begin{bmatrix} {}^+\boldsymbol{\Lambda}_a^{L_a/\Delta_a} & \\ & {}^-\boldsymbol{\Lambda}_a^{L_a/\Delta_a} \end{bmatrix} \begin{pmatrix} \boldsymbol{g}^+ \\ \boldsymbol{g}^- \end{pmatrix} \tag{4-36}$$

式中：L_a 为波导的总长度；Δ_a 为元胞的长度；${}^+\boldsymbol{\Lambda}_a$ 和 ${}^-\boldsymbol{\Lambda}_a$ 分别为由波导 A 的正负特征值组成的对角矩阵。

将式(4-35)和式(4-36)代入式(4-34)中，并消去所有的波幅值，即有

$$\boldsymbol{f}_B = \boldsymbol{H}_{eq}\boldsymbol{q}_B \tag{4-37}$$

其中

$$\boldsymbol{H}_{eq} = [\boldsymbol{\Phi}_f^+ + \boldsymbol{\Phi}_f^- \boldsymbol{R}_a][\boldsymbol{\Phi}_q^+ + \boldsymbol{\Phi}_q^- \boldsymbol{R}_a]^{-1} \tag{4-38}$$

$$\boldsymbol{R}_a = {}^-\boldsymbol{\Lambda}_a^{-L_a/\Delta_a} \cdot \boldsymbol{R} \cdot {}^+\boldsymbol{\Lambda}_a^{L_a/\Delta_a} \tag{4-39}$$

矩阵 $\boldsymbol{H}_{eq}$ 为所需的等效机械阻抗。如果波导采用了减缩的波向量基，式(4-38)可以被重新写为

$$\boldsymbol{H}_{eq} = [\boldsymbol{\Phi}_f^+ \boldsymbol{\Theta}_q^+ + \boldsymbol{\Phi}_f^- \boldsymbol{R}_a \boldsymbol{\Theta}_q^+][\boldsymbol{\Phi}_q^+ \boldsymbol{\Theta}_q^+ + \boldsymbol{\Phi}_q^- \boldsymbol{R}_a \boldsymbol{\Theta}_q^+]^{-1} \tag{4-40}$$

4.3.4 求解和后处理

一旦将波导的动力学特性表示为等效的阻抗矩阵,就可以将它代入近场的方程中,从而仅用近场的自由度就可以表示组合结构的动力学方程:

$$\begin{bmatrix} \boldsymbol{H}_{\mathrm{II}} & \boldsymbol{H}_{\mathrm{IB}} \\ \boldsymbol{H}_{\mathrm{BI}} & \boldsymbol{H}_{\mathrm{BI}} + \boldsymbol{H}_{\mathrm{eq}} \end{bmatrix} \begin{pmatrix} \boldsymbol{q}_{\mathrm{I}} \\ \boldsymbol{q}_{\mathrm{B}} \end{pmatrix} = \begin{pmatrix} \boldsymbol{f}_{\mathrm{I}} \\ \boldsymbol{0} \end{pmatrix} \tag{4-41}$$

其中,右下角 $\boldsymbol{I}$ 和 $\boldsymbol{B}$ 分别表示近场的内部自由度和与波导连接的自由度。

整体结构的强迫响应通过以下步骤在不同的层面进行计算。

(1)近场层面。式(4-41)给出了近场响应 $\boldsymbol{q}_{\mathrm{I}}$ 和 $\boldsymbol{q}_{\mathrm{B}}$,而式(4-37)给出了连接界面的内力 $\boldsymbol{f}_{\mathrm{B}}$。

(2)波导层面。通过求解式(4-34)可以确定与近场相连的界面处的波幅值 $\boldsymbol{e}^{+}$ 和 $\boldsymbol{e}^{-}$,其中,可以利用波型的正交关系解决矩阵病态的问题。对于随后的波导,通过将前一个波导的波幅值代入式(4-19)来计算连接界面处的波幅值 $\boldsymbol{e}^{+}$ 和 $\boldsymbol{e}^{-}$。通过第2章中波有限元的算法框架,可以确定子结构的波幅值和物理场的响应。通过第 n 个子结构的横截面的能量流可以写为

$$P_n = \frac{1}{2}\mathrm{Re}[-\mathrm{j}\omega \boldsymbol{f}_n \cdot \overline{\boldsymbol{q}}_n] \tag{4-42}$$

(3)元胞层面。一旦得到了边界自由度的强迫响应,就可以重构元胞内部自由度的响应。若元胞是通过完全有限元模型进行建模的,则

$$\begin{pmatrix} \boldsymbol{q}_{\mathrm{I}} \\ \boldsymbol{q}_{\mathrm{E}} \end{pmatrix} = \begin{bmatrix} \tilde{\boldsymbol{D}}_{\mathrm{II}} & \tilde{\boldsymbol{D}}_{\mathrm{IE}} \\ \tilde{\boldsymbol{D}}_{\mathrm{EI}} & \tilde{\boldsymbol{D}}_{\mathrm{EE}} \end{bmatrix}^{-1} \begin{bmatrix} \tilde{\boldsymbol{D}}_{\mathrm{IL}} & \tilde{\boldsymbol{D}}_{\mathrm{IR}} \\ \tilde{\boldsymbol{D}}_{\mathrm{EL}} & \tilde{\boldsymbol{D}}_{\mathrm{ER}} \end{bmatrix} \begin{pmatrix} \boldsymbol{q}_{\mathrm{L}} \\ \boldsymbol{q}_{\mathrm{R}} \end{pmatrix} \tag{4-43}$$

可以给出 $\boldsymbol{q}_{\mathrm{I}}$。若采用了本章中的减缩模型,则内部自由度可以通过

$$\begin{pmatrix} \boldsymbol{y} \\ \boldsymbol{q}_{\mathrm{E}} \end{pmatrix} = \begin{bmatrix} \tilde{\boldsymbol{D}}_{\mathrm{yy}} & \tilde{\boldsymbol{D}}_{\mathrm{yE}} \\ \tilde{\boldsymbol{D}}_{\mathrm{Ey}} & \tilde{\boldsymbol{D}}_{\mathrm{EE}} \end{bmatrix}^{-1} \begin{bmatrix} \tilde{\boldsymbol{D}}_{\mathrm{yL}} & \tilde{\boldsymbol{D}}_{\mathrm{yR}} \\ \tilde{\boldsymbol{D}}_{\mathrm{EL}} & \tilde{\boldsymbol{D}}_{\mathrm{ER}} \end{bmatrix} \begin{pmatrix} \boldsymbol{q}_{\mathrm{L}} \\ \boldsymbol{q}_{\mathrm{R}} \end{pmatrix} \tag{4-44}$$

得到。同时,在式(4-13)中引入 $\boldsymbol{y}$、$\boldsymbol{q}_{\mathrm{L}}$、$\boldsymbol{q}_{\mathrm{R}}$ 和 $\boldsymbol{q}_{\mathrm{E}}$,即得 $\boldsymbol{q}_{\mathrm{I}}$。

本章中的方法是一种多尺度的方法。如果是为了研究激励附近的动力学特性(近场中的输入导纳、输入功率和能量储存等),则计算近场范围内的响应就足够了;如果是用能量流和传输损耗来评估某些波导,则计算波导层面的响应就足够了;如果想要详细显示元胞的强迫响应,则需深入元胞层面。

4.4　无限均匀梁中的能量流

考虑一个在原点处受到激励的无限长均匀梁。该梁通过欧拉 - 伯努利梁单元进行建模。实际上，这种均匀的结构可以作为单个波导通过波有限元进行分析。为了验证本章中的算法，如图 4 - 14 所示，将无限长均匀梁分为从 $x = -1\text{m}$ 到 $x = 1\text{m}$ 的近场和 4 个具有相同几何和材料参数的波导（2 个有限，2 个无限）。该梁的横截面为矩形，高为 $5\times10^{-2}\text{m}$、宽为 $5\times10^{-2}\text{m}$。采用的材料为钢（杨氏模量 $E=(1+10^{-4}\text{j}\omega)\times2.11\times10^{11}\text{Pa}$、密度 $\rho=7.8\times10^{3}\text{kg/m}^{3}$），并考虑了少量的瑞利阻尼。至于波导模型，则选择了长度为0.01m 的元胞。应当注意的是，对于均匀波导，将一个单元视为一个元胞就足够了，而这里采用 10 个单元是为了验证该算法减缩和后处理的有效性。

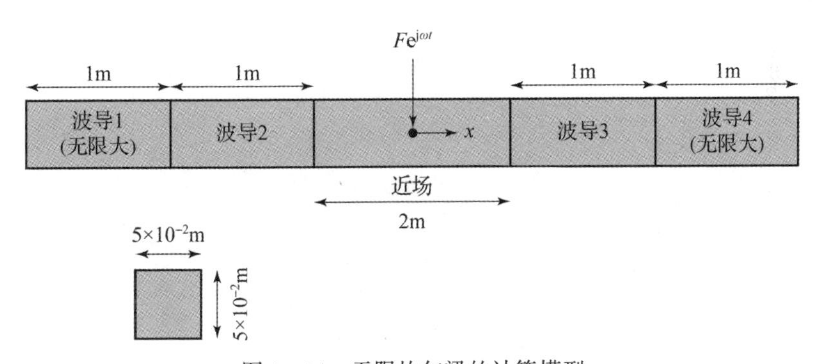

图 4 - 14　无限均匀梁的计算模型

根据算法的步骤，先使用商用有限元软件对每个元胞进行建模并提取出动态刚度矩阵，然后将该矩阵代入波有限元法中计算出每个波导的波向量基。图 4 - 15 给出了正向波导的频散曲线的数值解和解析解的结果对比。通过将 $u(x,t)=\text{e}^{\text{j}(\omega t-kx)}$ 代入欧拉 - 伯努利方程 $\rho A\dfrac{\partial^2 u(x,t)}{\partial t^2}+EI\dfrac{\partial^4 u(x,t)}{\partial x^4}=0$ 并将 $v(x,t)=\text{e}^{\text{j}(\omega t-kx)}$ 代入纵向运动方程 $\rho A\dfrac{\partial^2 v(x,t)}{\partial t^2}-EA\dfrac{\partial^2 v(x,t)}{\partial x^2}=0$ 就可以求解出该波导的解析解。在每个频率点下，共有 6 个波数，其中 3 个代表正向波，分别是

$$k_1=\omega\sqrt{\rho/E}$$

$$k_{\mathrm{fp}} = \sqrt{\omega}\left(\frac{\rho A}{EI}\right)^{1/4}$$

$$k_{\mathrm{fe}} = -\mathrm{j}\sqrt{\omega}\left(\frac{\rho A}{EI}\right)^{1/4}$$

其中,k_1 代表纵向波;k_{fp} 代表弯曲传播波;k_{fe} 代表弯曲快衰波。注意到由于具有阻尼,所有的波数都为复数。

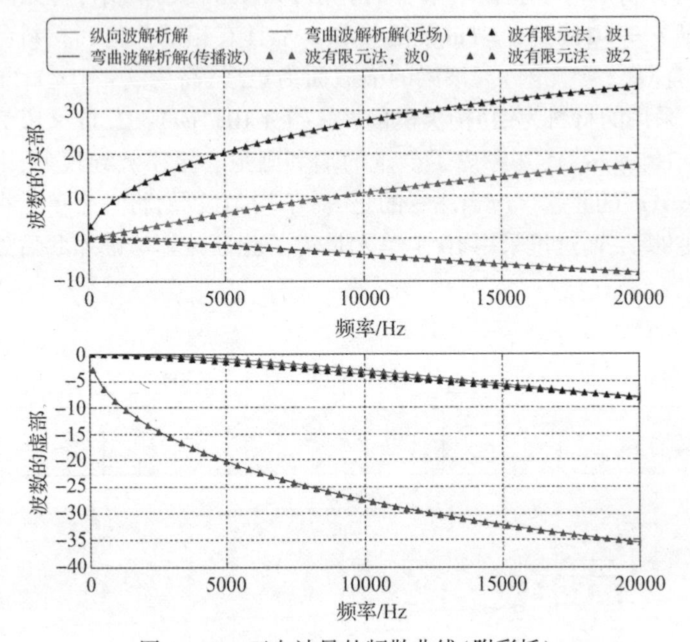

图 4-15　正向波导的频散曲线(附彩插)

在求解不同频率下的特征值问题式(4-9)之后,最初的结果是波数-频率图中的离散点。为了清晰地呈现出同一种波在不同频率下的演化,需要将上一个和下一个频率点中波形相似的离散点连接起来。在此,采用模态置信因子(MAC)来识别频率点之间具有相似波形的离散点。在周期结构的情况下,δ 的经验值为 0.4 ~ 0.8。另外,对于各向同性的结构,MAC 可以达到 0.99。实际上,应该首先尝试较高的 δ 值。如果未找到相关波,则应尝试一个较低的 δ 值,直到所有选定的特征值都被关联到各自对应的波种类上为止。在本章中,采用 $\delta = 0.7$。需要注意的是,这种识别只是为了解释不同频率之间的特征值和特征向量的相关关系,并不影响强迫响应计算。在大多数的应用中,这种方法都具有很好的效果,除非发生模态的转向和交叉。

图4－16比较了采用数值算法和解析法（详见文献[17]）得到的强迫响应结果。解析法的结果用实线表示，而本节中的数值算法的结果则采用了不同的标记以代表不同尺度下的结果。在近场（例如坐标从－1到1的范围内），幅值显著大于远场，且相位随空间的变化也不是严格的线性，这是由于快衰波在位移中的贡献导致的，而其余位置的响应由传播波提供，所以这些位置的空间相位变化是线性的。图4－17给出了能量流的结果，其中负值表示在负x方向上的能量流。由于结构中存在阻尼，总能量流P_a在空间上具有下降的趋势。如文献[17]中所解释的，弯曲波的能量以两种形式流动；一种是自由度u_y上的振动，用P_u来表示；另一种是自由度θ上的振动，用P_m来表示。对于一个由横向力激发的机械场，在激发点处，所有的功率都在P_u中。随着传播距离的增加，该功率一部分会转移到P_m上，而最后会有一半的入射功率转移到P_m上。这些比较都具有很好的一致性，说明本章中的数值算法可以准确地预测这种无限结构的动力学特性。

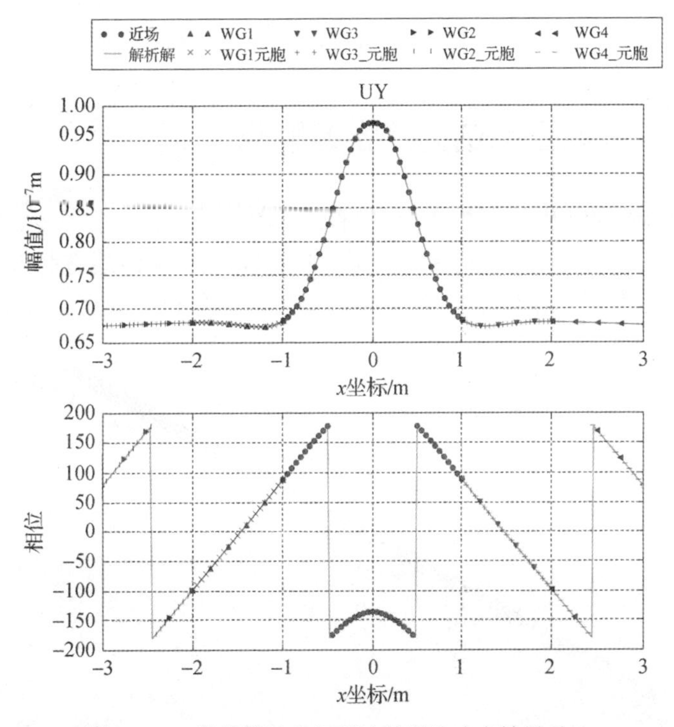

图4－16　数值算法和解析法的强迫响应结果对比

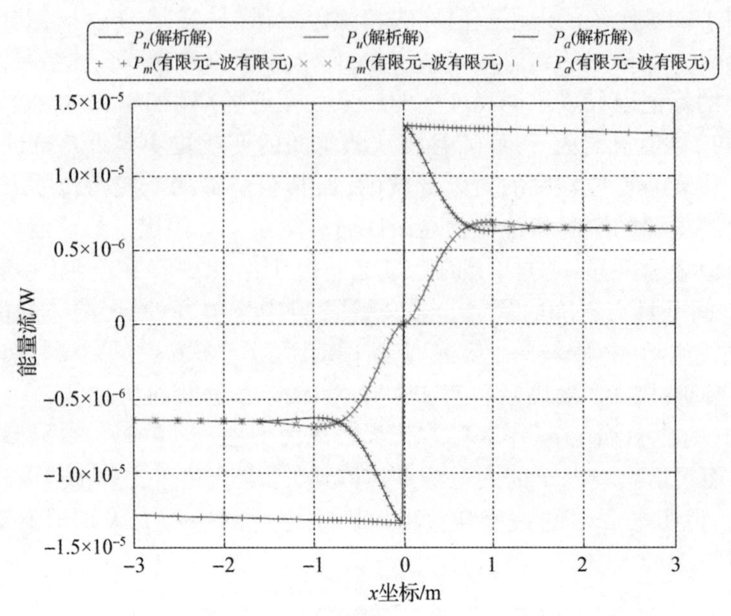

图 4 – 17　数值算法和解析法的能量流结果对比

4.5　有限压电结构的强迫响应

增加结构的复杂性以进行第二次验证。图 4 – 18 为一个采用实体单元的有限压电结构模型。该结构由均匀梁及连接在其上的 10 组并排放置的压电片构成。激励点在梁中心。5 组压电片周期性地分布在激励的右侧，而其他

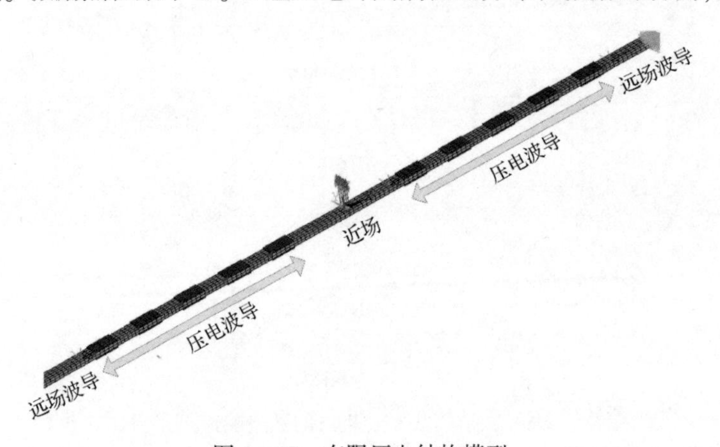

图 4 – 18　有限压电结构模型

5 组压电片则位于另外一侧。该结构右端固支，左端自由。均匀梁的材料为无阻尼的钢（杨氏模量 $E=2.11\times10^{11}\text{Pa}$、密度 $\rho=7.8\times10^{3}\text{kg/m}^{3}$）。压电材料为 PZT4。当采用本章中的数值算法时，如图 4－18 所示，将此结构分为五个部分：一个近场部分、两个压电波导和两个均匀的远场波导。图 4－19(a)和(b)分别为压电波导和远场波导的元胞网格，其中 x 是传播方向。

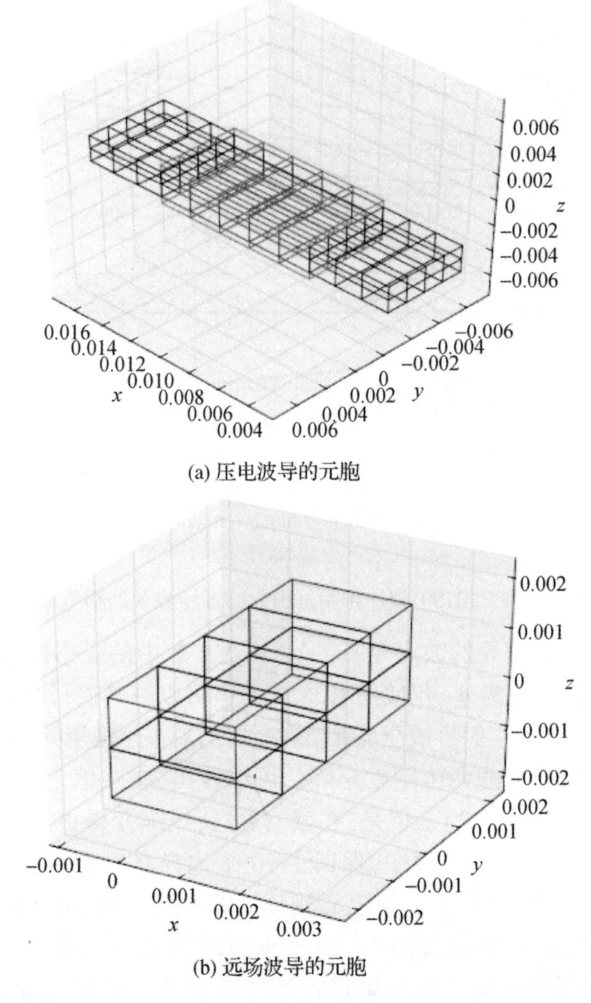

(a) 压电波导的元胞

(b) 远场波导的元胞

图 4－19　压电波导和远场波导的元胞

图 4－20 给出了[0,80]kHz 频率范围内的远场波导的频散曲线。可以观察到所有典型的正向波，并识别出 4 个传播波（波指标 0、1、4、5），其波形

如图 4-21 所示。可以看出,波 0 是 z 方向弯曲波图 4-21 (a)、波 1 是 y 方向弯曲波图 4-21 (b)、波 4 是扭转波图 4-21 (c)、波 5 是纵向波图 4-21(d)。由图 4-20 中还可以观察到两个典型的快衰波,分别被标记为波 2 和波 3,代表了 z 方向和 y 方向的弯曲快衰波。

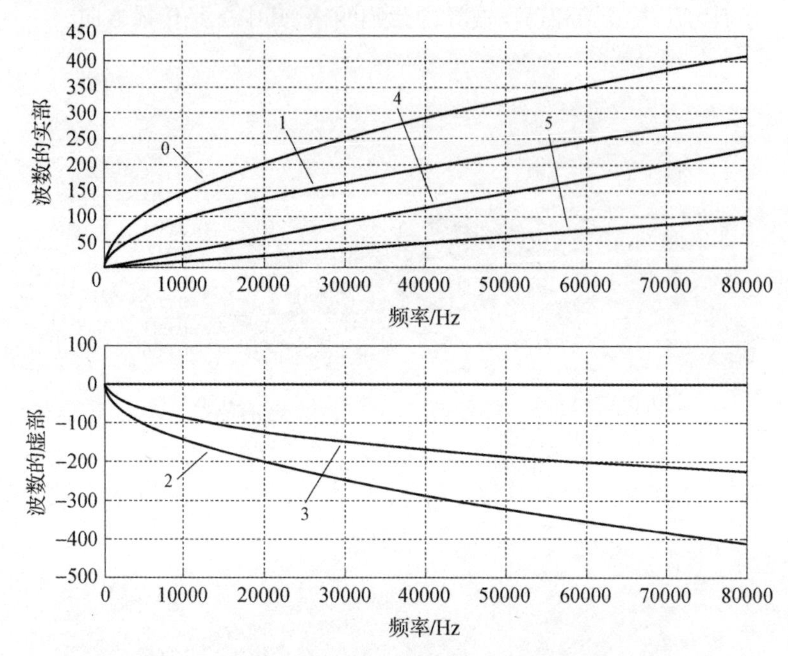

图 4-20 [0,80]kHz 频率范围内的远场波导的频散曲线

为了构造压电波导的波向量基,采用 4.2.2 节中的模态减缩法。将所有的内部机械自由度视为 $\boldsymbol{q}_{\mathrm{c}}$,仅使用 10 个模态就可以对其进行凝聚。将所有的电学自由度视为 $\boldsymbol{q}_{\mathrm{n}}$,它们将被全部保留在凝聚的动态刚度矩阵当中。图 4-22 比较了模态减缩前后的元胞刚度矩阵。可以看出,在减缩之前,矩阵不仅稀疏且尺寸很大(722×722)。但是,在减缩之后,矩阵变得更加致密且尺寸很小(102×102)。在凝聚过程中,保留了 90 个边界自由度,也就是说只需对 12×12 内部自由度矩阵进行求逆,否则该矩阵的维度为 632×632。

压电波导的频散曲线如图 4-23 所示,其中包括了所有的正向波。首先通过与没有进行模态减缩的结果进行比较来验证算法的正确性。此外,如文献[96]所指出的,通过对元胞的边界分别施加约束 $\boldsymbol{q}_{\mathrm{L}}=\boldsymbol{q}_{\mathrm{R}}$ 和 $\boldsymbol{q}_{\mathrm{L}}=-\boldsymbol{q}_{\mathrm{R}}$,并进行模态分析,可以得出禁带的左右边界频率。因此,采用此方法预测了禁带的频率位置,并在图 4-24 中进行了对比验证,可以看出结果基本一致。

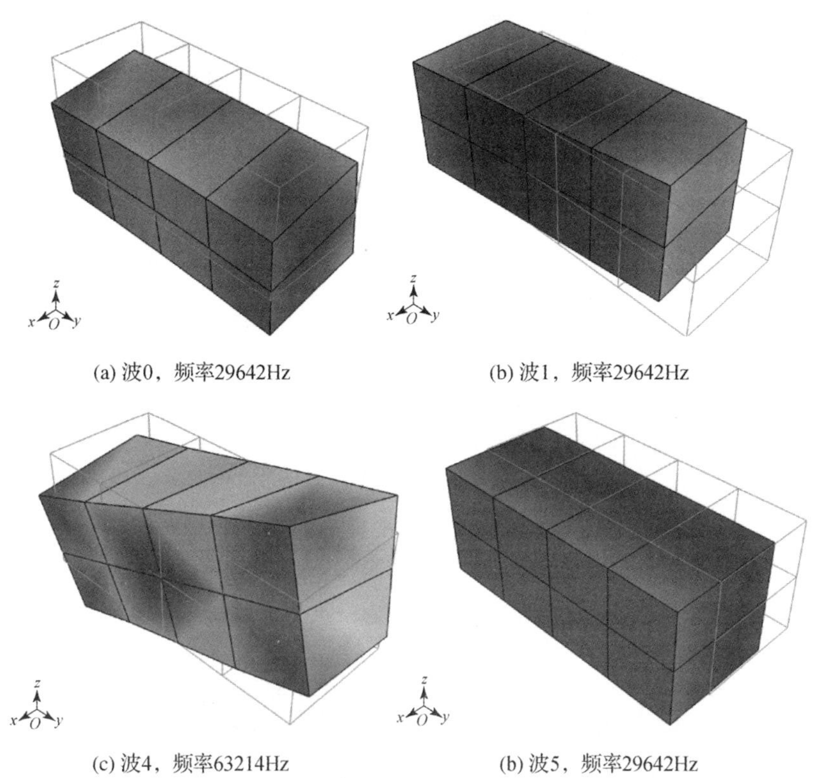

(a) 波0，频率29642Hz　　(b) 波1，频率29642Hz

(c) 波4，频率63214Hz　　(b) 波5，频率29642Hz

图 4 - 21　远场波导的一些波形(波 0、1、4、5 分别是 z 方向弯曲波、y 方向弯曲波、扭转波和纵向波。)

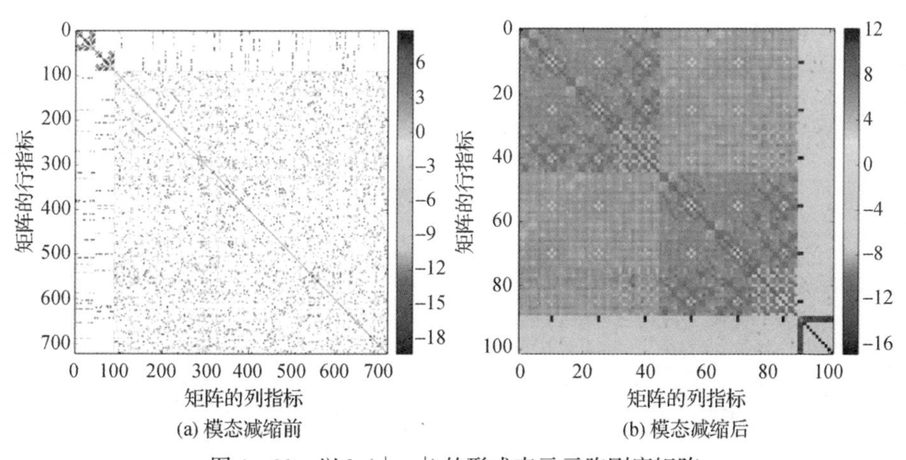

(a) 模态减缩前　　(b) 模态减缩后

图 4 - 22　以 lg(｜·｜)的形式表示元胞刚度矩阵

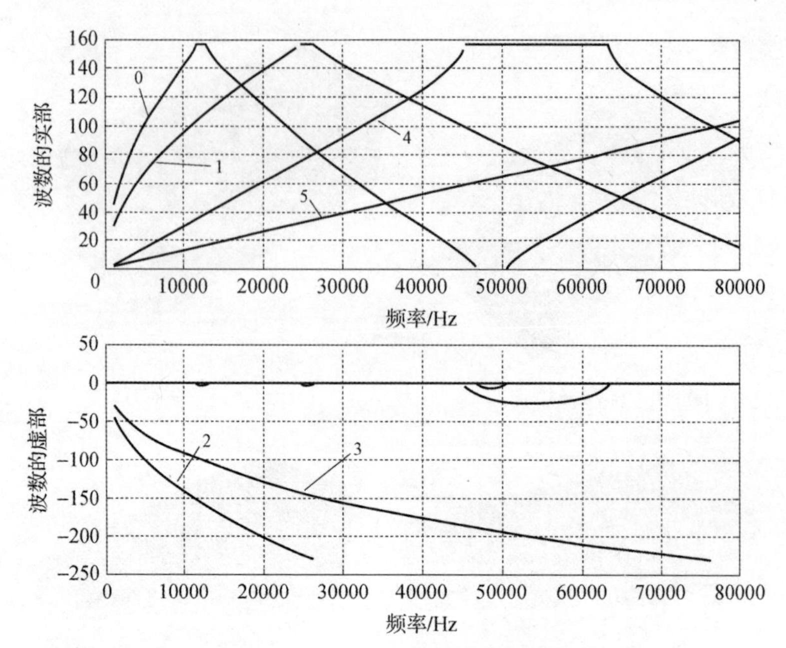

图 4－23　压电波导的频散曲线

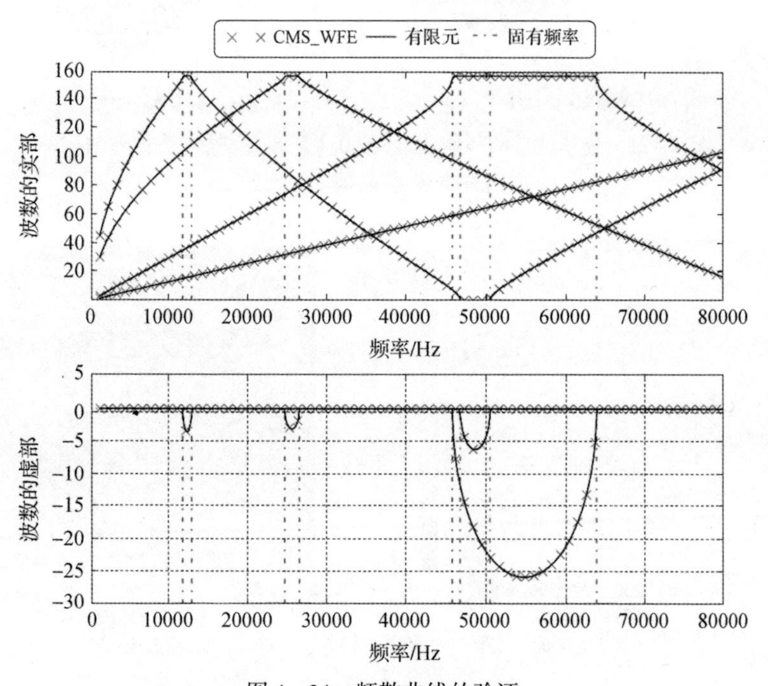

图 4－24　频散曲线的验证

在图 4-23 中，总共观察到 6 个波，其中 4 个为传播波（波标记为 0、1、4、5），两个为快衰波（波标记为 2 和 3）。它们的波形如图 4-25 所示，其中波 0 和波 2 分别是 z 方向上的弯曲传播波和快衰波[图 4-25(a)和(c)]、波 1 和波 3 分别是 y 方向上的弯曲传播波和快衰波[图 4-25(b)和(d)]、波 4 是扭转波[图 4-25(e)]，波 5 是纵向波[图 4-25(f)]。

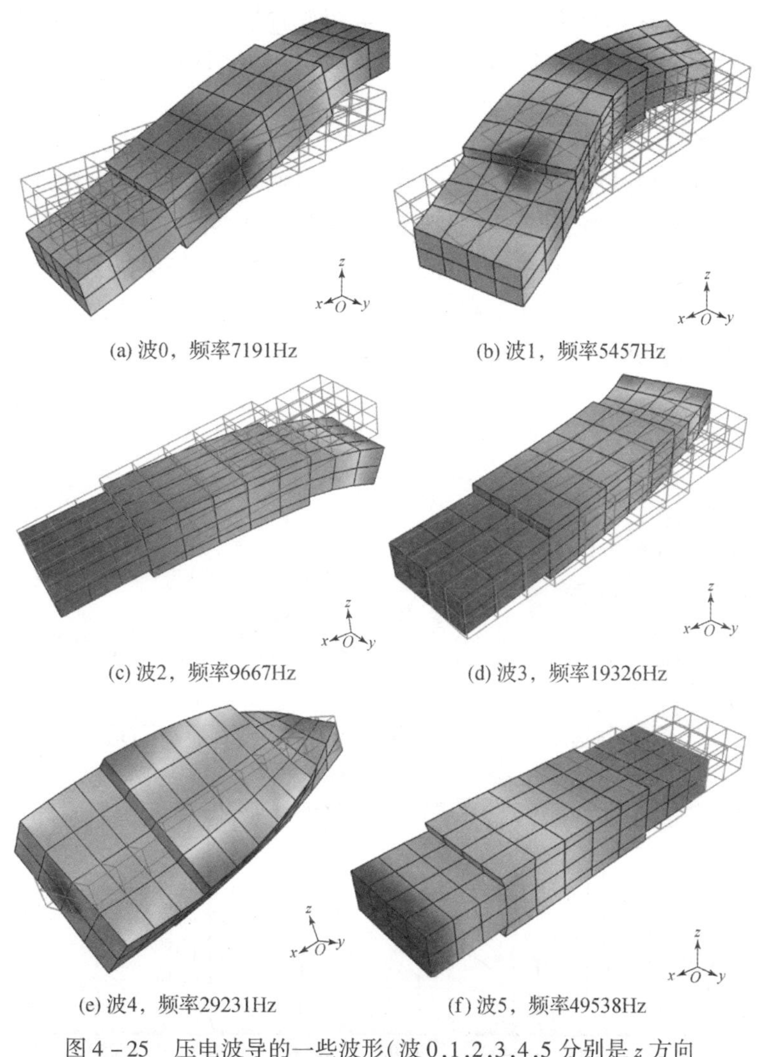

(a) 波0，频率7191Hz　(b) 波1，频率5457Hz

(c) 波2，频率9667Hz　(d) 波3，频率19326Hz

(e) 波4，频率29231Hz　(f) 波5，频率49538Hz

图 4-25　压电波导的一些波形（波 0,1,2,3,4,5 分别是 z 方向弯曲传播波、y 方向弯曲传播波、z 方向弯曲快衰波、y 方向弯曲快衰波、扭转波和纵向波。）

在采用了压电波导和远场波导的减缩波向量基的情况下，本章中的数值算法可以用于分析结构的强迫响应。首先采用图 4－18 中的组合结构的完整有限元模型进行计算，其结果作为基准数据。在计算过程中，一个阻值为 $R=1\times10^{5}\Omega$ 的电阻被并联在压电片的两端。图 4－26 在 10～14000Hz 的宽频范围内比较了一个激励节点的 u_{Z} 自由度的频率响应函数。图 4－27 还比较了完全有限元模型和混合模型在 400Hz 处的响应细节。首先展示了近场层面下的结果。然后对波导层面和元胞层面下的响应进行了后处理。在两张图中都可以观察到结果吻合。应当指出的是，在不同的处理阶段用了两种不同的减缩手段：首先，为了得到波向量基，进行了结构模态减缩以加快计算速度。其次，在强迫响应分析中，采用减缩的波向量基来避免矩阵的病态。在这个验证的算例中，第一次减缩中保留了全部 632 个结构模态中的 10 个。对于保留的波向量基，仅保留了压电波导中的全部 45 个波模态中的 6 个和远场波导中的全部 45 个波模态中的 42 个。结果表明，这些减缩是准确的，并且本章中提出的算法适用于实体单元模型。

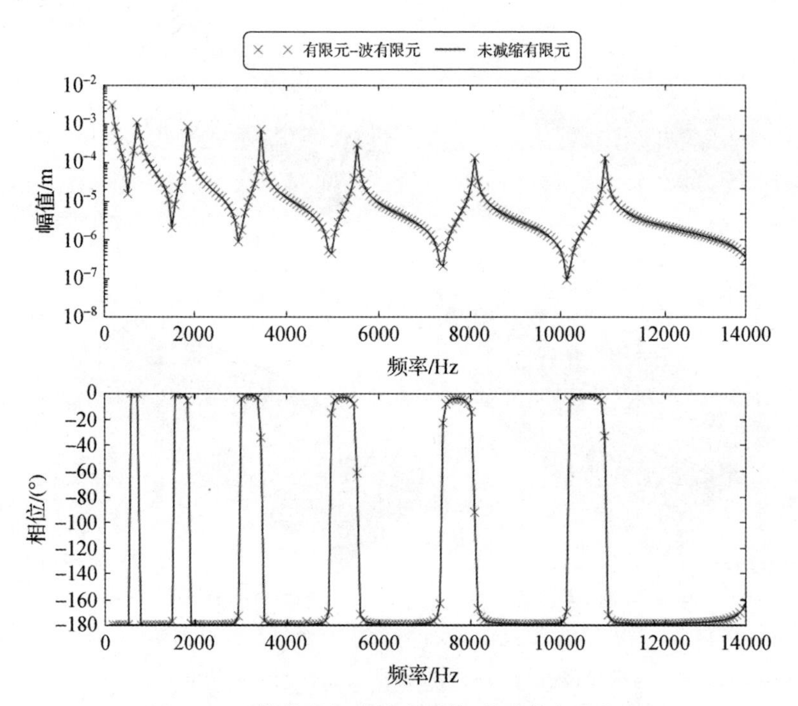

图 4－26　结构的频率响应函数：激励节点处的 u_{Z}

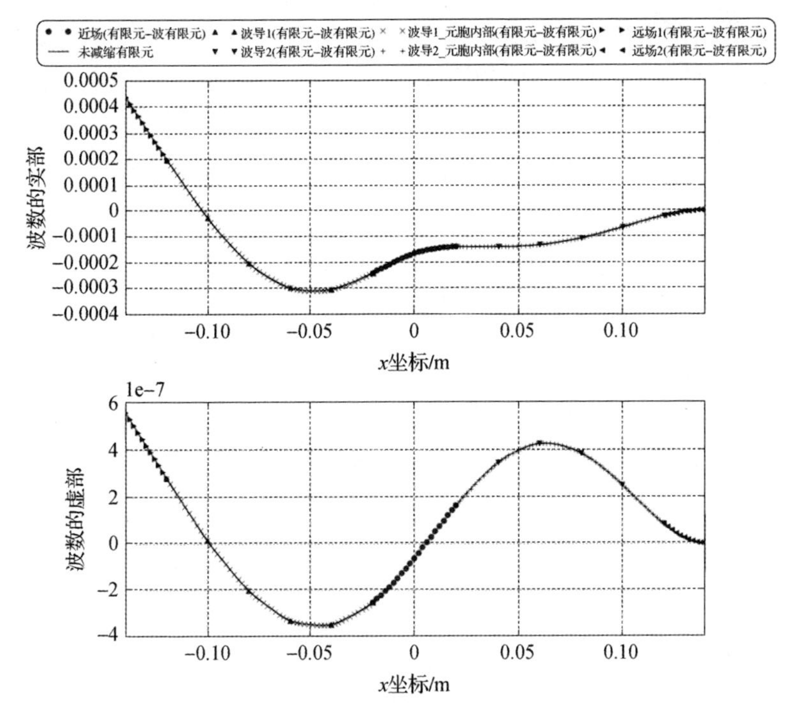

图 4-27　400Hz 时的响应细节(所有激励节点的 u_Z 自由度的位移)

对于相对复杂的电路,采用具有减缩模型的有限元-波有限元法也可以得到较好的结果。当每个压电片并联上相同的电阻-电感电路时,不同方法的计算结果展示在图 4-28 中。采用的计算频率为 3120Hz、电阻为 10Ω、电感为 2.945H。

图 4-29 比较了本节中组合结构的频率响应函数的计算时间,对比了采用或不采用模态综合法的有限元-波有限元混合算法(Python 中实现)和利用完整有限元模型(ANSYS13.0)的算法。可以看出采用模态综合法的有限元-波有限元混合算法占用最少的中央处理器(CPU)占用时间。值得一提的是,使用不同的计算机语言或商用有限元平台也会影响算法的表现。从图 4-29 中还可以总结出:①随着元胞数量的增加,采用有限元-波有限元模型可以节省更多的计算时间;②随着压电片(压电元胞)数量的增加,有限元-波有限元模型的计算时间几乎不变,但是完整有限元模型所消耗的时间增加了 150%(当压电元胞的数量增加 1 倍);③在两种情况下,在元胞上采用模态综合法都可以为有限元-波有限元算法节省 33% 的计算时间。需要注意的是,这两种算法是基于不同编程语言的不同计算机程序框架所编

写的。通常,商用软件具有良好的优化框架。尽管如此,所提出的数值算法仍具有一定的优势,并实现明显的加速。

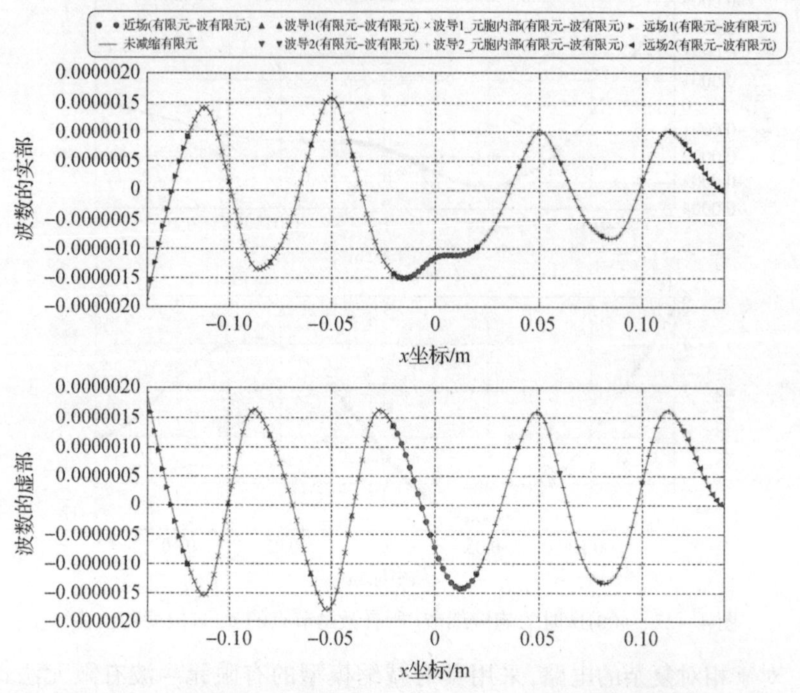

图 4-28　当每个压电片并联上相同的电阻-电感电路,且激励频率为 3120Hz 时的响应细节(所有激励节点的 u_z 自由度的位移)

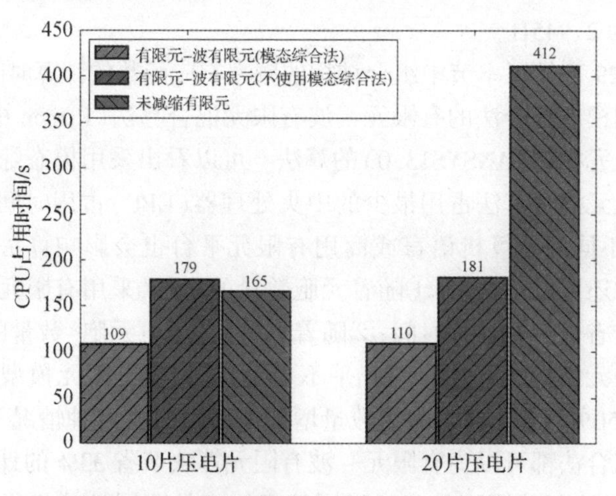

图 4-29　不同方法所消耗的 CPU 占用时间

4.6 控制传播到远场的能量流

考虑一个具有压电耦合的无限长组合结构。事实上,最简单的方案是将4.5节(图4-18)中的组合结构的固支和自由边界条件更改为无限边界。这可以通过将边界反射矩阵设置为零来实现。但是,图4-18中所示的模型基于三维实体网格。如果将边界条件设置为无限边界,则很难找到其他的解析和数值工具来验证结果。因此,本节仍采用梁模型,目的是验证所提出的数值工具,并进行一些初步的结果分析。

组合结构的模型如图4-30所示。它由一个均匀梁作为主结构,并在激励点的左右两侧分别粘贴了21组并排压电片。激励点的位置为 $x=0$,激励形式为振幅为1N/m的弯矩。梁的材料为钢(杨氏模量 $E=2.11\times10^{11}$Pa、密度 $\rho=7.8\times10^{3}$kg/m^{3})。忽略所有的机械阻尼。梁的宽度为 5×10^{-3}m,高度为 1×10^{-3}m。压电材料为PZT4。每个压电片的形状相同,高度为 5×10^{-4}m,宽度为 5×10^{-3}m,长度为0.1m。两个压电片之间的距离为0.1m。最靠近原点的压电片位于 $x=\pm0.3$m处。

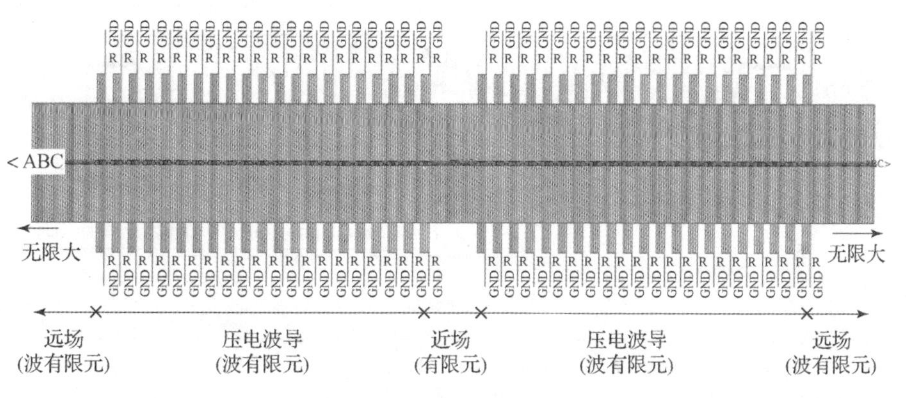

图4-30 组合结构的模型[它包含了一个均匀梁作为主结构,在激励点($x=0$)的左右两侧分别粘贴了21组并排压电片。]

采用有限元工具对这种结构进行建模。有限元模型包括图4-30中的所有单元,利用人工边界条件(artificial boundary condition,ABC)模拟远场的动力学特征。将这些方法结合起来就可以计算结构的强迫响应。该计算结果将作为参考。对于有限元-波有限元混合方法,将组合结构分为5个部分,如图4-30所示。压电元胞的有限元网格如图4-31所示。

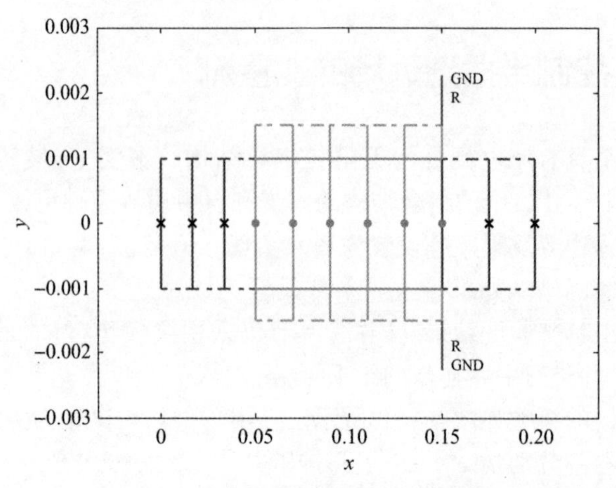

图 4 - 31 压电元胞的有限元网格

在以下的情况下,使用两种方法(带 ABC 的有限元和有限元 - 波有限元混合方法)进行计算。

(1)以传播频率工作的无阻尼波导。激励频率设置为 100Hz,所有压电片均为短路(SC)状态。计算结果如图 4 - 32 和图 4 - 33 所示。

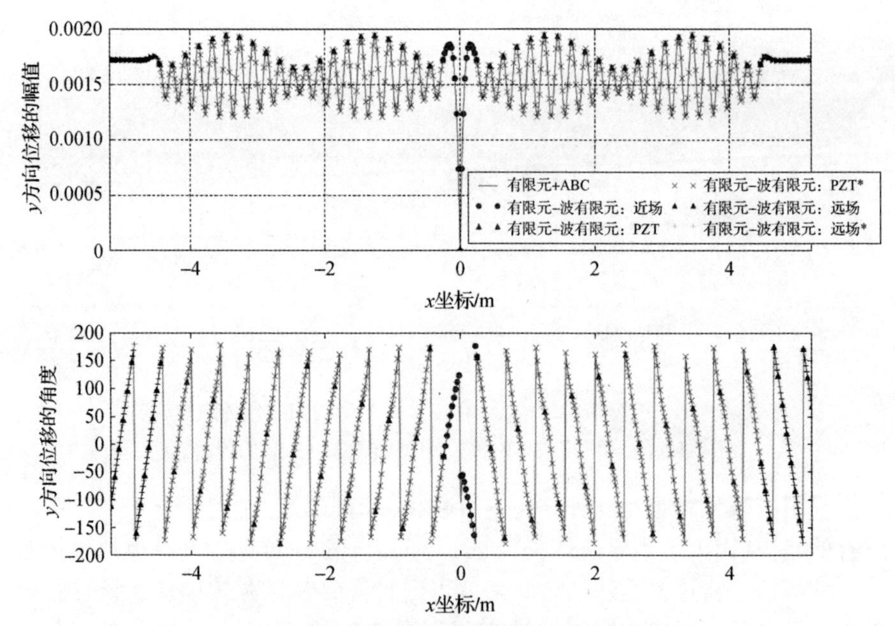

图 4 - 32 在弯曲波传播频率为 100Hz 的情况下,组合结构的谐波形变
(所有压电片均设置为短路状态。)

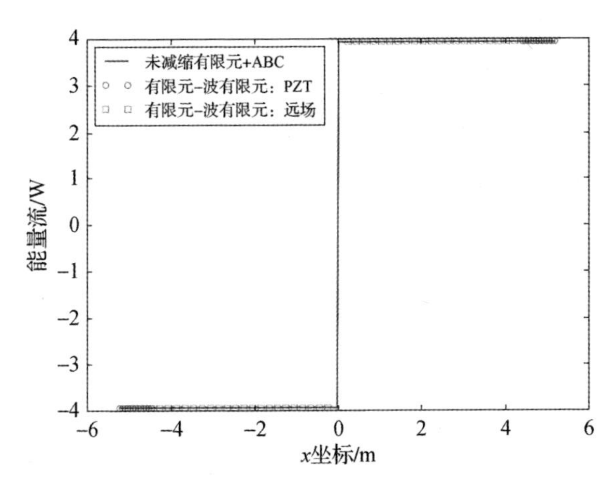

图 4－33　组合结构在弯曲波传播频率为 100Hz 时的能量流
（所有压电片均设置为短路状态。）

（2）以传播频率工作的带阻尼的波导。激励频率设置为 100Hz，所有压电片均并联上一个阻值为 $1\times10^5\Omega$ 的电阻。计算结果如图 4－34 和图 4－35 所示。

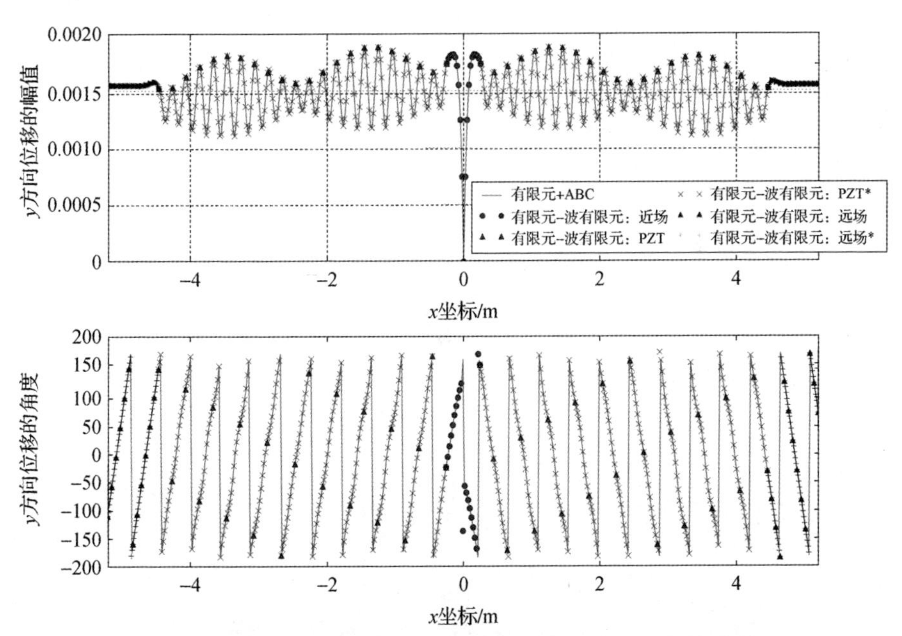

图 4－34　在弯曲波传播频率为 100Hz 的情况下，组合结构的谐波形变
（所有压电片均并联上一个阻值为 $1\times10^5\Omega$ 的电阻。）

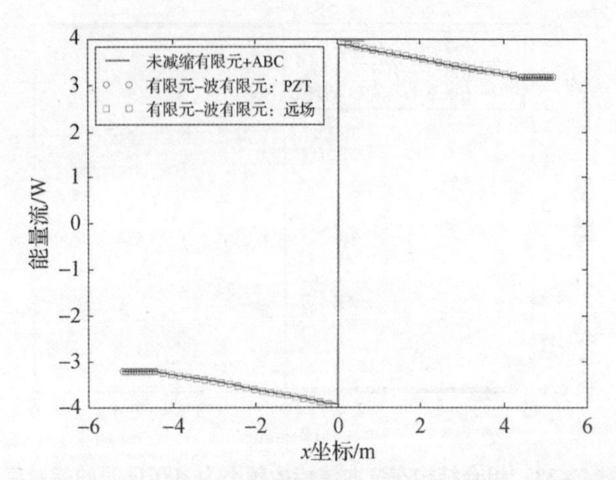

图 4-35　组合结构在弯曲波传播频率为 100Hz 时的能量流
（所有压电片均并联上一个阻值为 $1\times10^5\Omega$ 的电阻。）

（3）以禁带频率工作的无阻尼波导。激励频率设置为 123Hz，所有压电片均为短路状态。计算结果如图 4-36 和图 4-37 所示。

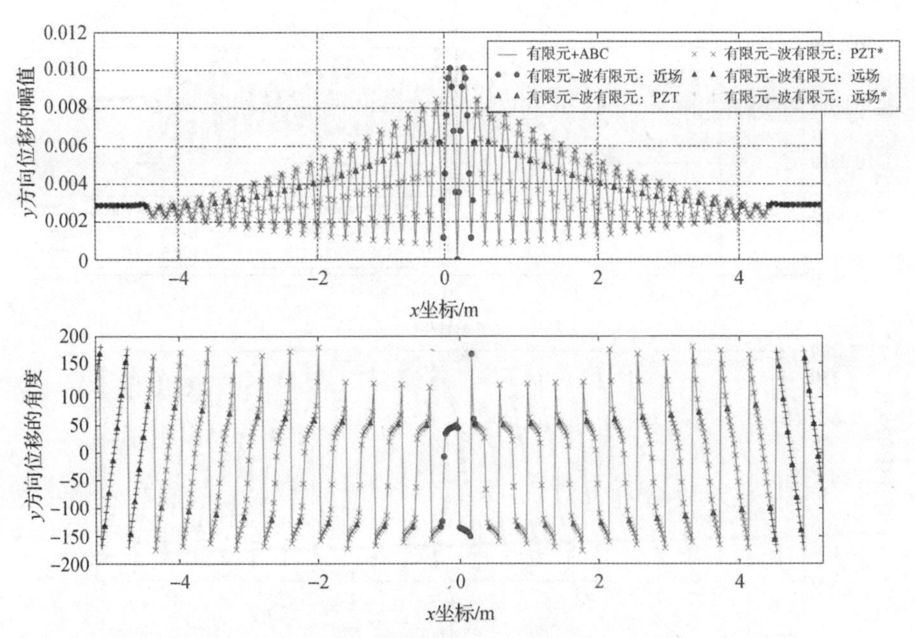

图 4-36　频率为 123Hz（弯曲波禁带内）的情况下，组合结构的谐波形变
（所有压电片均设置为短路状态。）

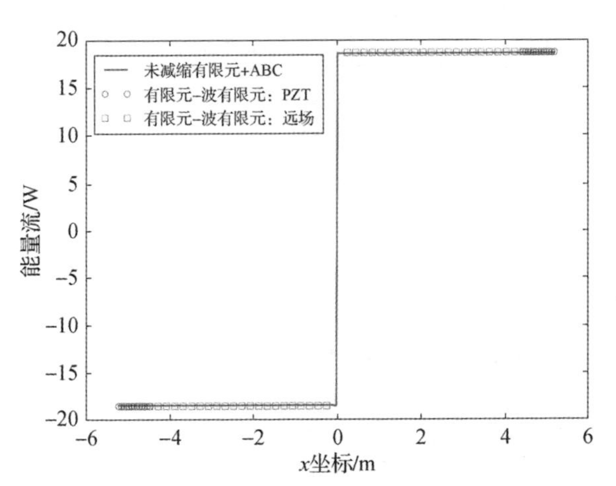

图 4－37　组合结构在 123Hz(弯曲波禁带内)时的能量流
(所有压电片均设置为短路状态。)

(4)以禁带频率工作的带阻尼的波导。激励频率设置为 123Hz,所有压电片均并联上一个阻值为 $1\times10^5\Omega$ 的电阻。计算结果如图 4－38 和图 4－39 所示。

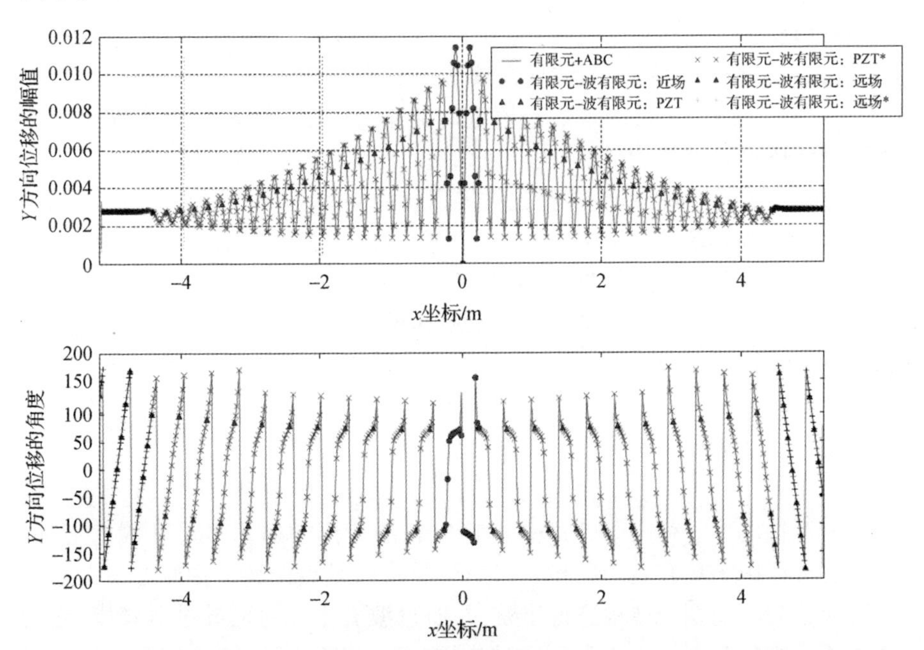

图 4－38　频率为 123Hz(弯曲波禁带内)时,组合结构的谐波形变
(所有压电片均并联上一个阻值为 $1\times10^5\Omega$ 的电阻。)

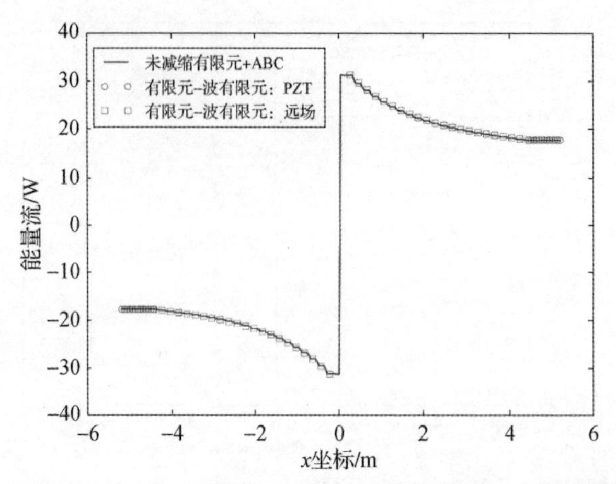

图 4－39　组合结构在频率为 123Hz(弯曲波禁带内)时的能量流
(所有压电片均并联上一个阻值为 $1\times10^5\Omega$ 的电阻。)

在以上的算例中,完全有限元法和有限元－波有限元混合方法的结果都具有很好的一致性。周期的子结构和均匀的子结构的波传播特性是不同的(图 4－16)。在图 4－32 中可以看到,压电周期结构和远场呈现出不同的变形模式。当存在阻尼时,能量流在空间中衰减(图 4－35),并且波也在振荡衰减(图 4－35)。当波导在禁带频率内工作时,形变会在空间上衰减(图 4－36)。但是还可以观察到恒定的能量流(图 4－37)。这实际上验证了快衰波还可以携带能量的事实,正如文献[194]指出的那样。

意外的是,这种能量流甚至比波导以传播频率(图 4－32)工作的情况更大。这意味着周期子结构中的禁带不能直接应用到组合结构的低频振动和低频能量流的范围内。但是,如果仅仅孤立地分析波导的波传播特性,就观察不到这种现象——这正是建立本章所述的包含完整的近场、周期结构、远场的动力学模型的意义所在。

4.7　小结

本章提出了一种用于计算强迫响应和能量流的通用多尺度数值工具。该方法可以用于具有周期性和非周期子结构的复杂结构。主要方案是通过有限元法对非周期子结构进行建模,并通过波有限元对波导进行建模,之后调整子结构的模型。由于采用了波有限元法,当周期子结构的元胞数量增加时,CPU 占用时间不会显著增加。

本章针对元胞中存在压电材料和分支电路的情况，提出了一种波有限元法的减缩模型。该模型基于 Zhou[14] 的工作，并在减缩过程中去除电学自由度。因此，减缩过程与电学阻抗无关，在需要对压电系统进行重复计算时具有一定的优势。本章还提出了一种改进的特征值方案来减轻矩阵的病态。减缩模型仅保留很少的元胞模态，就可以准确预测元胞的动力学特性。而且该操作可以进一步加快有限元 - 波有限元法混合方法的计算速度。为了采用减缩模型，则必须使用左特征向量。有限元 - 波有限元法的方法框架并不只适用于特定的减缩模型，因此第 2 章中的减缩模型同样适用。

有限元 - 波有限元法混合方法在多个计算模型上均得到了验证，包括解析解、梁和实体有限元模型。结果表明，该方法关于波动主导的无限结构和模态主导的有限结构的计算结果都是正确的。特别地，对分支电路为电阻电路或电阻 - 电感电路的情况也进行了验证。

本章初步计算了通过压电波导流向无限远场的能量流。结果证明，周期子结构中的禁带并不能直接应用到组合结构的低频振动和低频能量流的频率范围。这是由于在禁带中工作的有限子结构无法反映传播的能量流。在这种情况下，位移确实在空间中衰减，但是能量流保持恒定（且不为零）。而衰减能量的唯一方法是引入阻尼。这些结果说明，在设计波导时，需要将波导集成到组合结构中，而不是进行单独设计。

参考文献

[1] LANGLEY R S. On the modal density and energy flow characteristics of periodic structures[J]. Journal of Sound and Vibration, 1994, 172(4): 491 - 51.

[2] YONG X, WEN J, YU D, et al. Flexural wave propagation in beams with periodically attached vibration absorbers: Band - gap behavior and band formation mechanisms[J]. Journal of Sound and Vibration, 2013, 332(4): 867 - 893.

[3] YU D, WEN J, ZHAO H, et al. Vibration reduction by using the idea of phononic crystals in a pipe - conveying fluid[J]. Journal of Sound and Vibration, 2008, 318(1/2): 193 - 205.

[4] CHEN S, GANG W, WEN J, et al. Wave propagation and attenuation in plates with periodic arrays of shunted piezo - patches[J]. Journal of Sound and Vibration, 2013, 332(6): 1520 - 1532.

[5] PADONI A, RUZZENE M, CUNEFARE K. Vibration and wave propagation control of plates with periodic arrays of shunted piezoelectric patches[J]. Journal of Intelligent Material Systems and Structures, 2009, 20(8): 979 - 990.

[6] HUANG T L, ICHCHOU M N, BAREILLE O A, et al. Traveling wave control in thin - walled structures

through shunted piezoelectric patches[J]. Mechanical Systems and Signal Processing,2013,39(12):59-79.

[7]WANG G,WEN X S,WEN J H,et al. Quasi-One-Dimensional periodic structure with locally resonant band gap[J]. Journal of Applied Mechanics,2006,73(1):167-170.

[8]DUHAMEL D,MACE B R,BRENNAN M J. Finite element analysis of the vibrations of waveguides and periodic structures[J]. Journal of Sound and Vibration,2006,294(1/2):205-220.

[9]HUANG T L,ICHCHOU M N,BAREILLE O,et al. Multimodal wave propagation in smart composite structures with shunted piezoelectric patches[J]. Journal of Intelligent Material Systems and Structures,2013,24(10):1155-1175.

[10]ZHOU W J,ICHCHOU M N,MENCIK J M. Analysis of wave propagation in cylindrical pipes with local inhomogeneities[J]. Journal of Sound and Vibration,2009,319(1/2):335-354.

[11]RENNO J M,MACE B R. Vibration modelling of structural networks using a hybrid finite element/wave and finite element approach[J]. Wave Motion,2014,51(4):566-580.

[12]RENNO J M,MACE B R. Calculation of reflection and transmission coefficients of joints using a hybrid finite element/wave and finite element approach[J]. Journal of Sound and Vibration,2013,332(9):2149-2164.

[13]BENJEDDOU A. Advances in piezoelectric finite element modeling of adaptive structural elements:a survey[J]. Computers & Structures,2000,76(1):347-363.

[14]ZHOU C W,LAINÉ J P,ICHCHOU M N,et al. Wave finite element method based on reduced model for one-dimensional periodic structures[J]. International Journal of Applied Mechanics,2015,7(2):1550018.

[15]DROZ C,LAINÉ J P,ICHCHOU M N,et al. A reduced formulation for the free-wave propagation analysis in composite structures[J]. Composite Structures,2014,113(1):134-144.

[16]DAI L X,JIANG S,LIAN Z Y,et al. Locally resonant band gaps achieved by equal frequency shunting circuits of piezoelectric rings in a periodic circular plate[J]. Journal of Sound and Vibration,2015,337:150-160.

[17]GOYDER H G D,WHITE R G. Vibrational power flow from machines into built-up structures,part I:Introduction and approximate analyses of beam and plate-like foundations[J]. Journal of Sound and Vibration,1980,68(1):59-75.

第 5 章 波机电耦合理论及其应用

5.1 引言

所有基于压电材料的智能结构都是利用压电效应来耦合电场和机械场的。因此,自然就会涉及如何量化由压电材料引起的机电耦合“程度”这么一个关键问题。一般将量化这个问题的理论工具称为机电耦合系数(electromechanical coupling factor,EMCF)。目前,压电结构的 EMCF 有两种形式,分别涉及材料和结构两个层次。

材料层次的 EMCF 用于量化某个压电材料在某些特定应力状态下的能量转化能力或机电耦合能力。例如,在极化方向施加电压驱动长度伸缩变形(通常称为 13 模式)时,可定义耦合系数 $k_{31}^2 = d_{13}^2/(\varepsilon_{33}^T c_{11}^D)$,其中 d_{13}、ε_{33}^T 和 c_{11}^D 均为压电材料的本构参数。类似地,在极化方向施加电压驱动极化方向伸缩变形(33 模式)时可对照定义 k_{33}^2;在驱动剪切变形(51 模式)时可定义 k_{51}^2。具有这种形式的 EMCF 也称静力学耦合系数。它们适用于了解压电材料必然处于某种简单的变形模式时,例如在设计驱动和传感[1-2]时,人们可用这些系数来比较和选择合适的压电材料。

如果我们将结构和压电材料看成一个整体,完整考虑其动力学特性,就无法假定压电材料一定处于某种简单的应力状态。那么,就应该在整个结构的层面上,通过动力学参数定义 EMCF。目前广泛使用的是基于模态频率信息开路定义的定义式[3]:

$$k_d^2 = \frac{\omega_r^2 - \omega_a^2}{\omega_r^2} \tag{5-1}$$

式中：ω_r 和 ω_a 分别为电压对电量的频率响应函数中的共振频率和反共振频率。可以证明，ω_r 同时也是压电结构在压电材料开路时的模态频率，ω_a 同时也是短路模态频率。因此，k_d^2 也称模态机电耦合系数（modal electromechanical coupling factor，MEMCF）。

理论上，有限大结构的任意变形都可以表示为模态振型的叠加，固有频率在激励频率附近的模态对变形有着显著的贡献。所以用模态定义机电耦合系数是合理的。MEMCF 无论是在数值计算上还是在实验中都是非常方便的，因为只需对结构进行两次模态分析。MEMCF 作为结构层面上的度量有着重要的应用。如一个直接应用就是模态传感器[4]，其中 MEMCF 用于检查压电子系统是否只与目标模态耦合，或者是和目标模态没有耦合（作为模态滤波器）。另一个应用是被动振动控制。Thomas 等[5-6]在解析表达式推导中发现，当结构参数保持不变时，由电阻和电阻－电感分流器产生的最佳模态阻尼只取决于 MEMCF。这表明 MEMCF 可以用来作为优化压电材料几何参数的指标。

同样，结构变形也可以用弹性波的传导和叠加来描述，而固有模态可以理解为波在边界上的反射所引起的驻波[7-8]。这一理论视角非常适用于求解高频、瞬态振动问题，这些问题往往包括多种模态，共振响应也不够明显。压电材料的科研应用都是基于波动理论的。例如，利用具有相同分支电路的周期性分布的压电材料来改变感兴趣频带内的波的特性，从而达到消耗输入能量或振动局部化的目的[9-12]。压电材料还应用于设计圆柱体[13]和平板[14-16]上的作动器、传感器，用于激发和传感超声导波，进而实现结构的健康监测的目的。

从弹性波传导的角度来看，一个合适的耦合系数应该量化一个给定的弹性波在压电结构传播中机械场和电场的耦合程度，也是一种结构层面的耦合系数。在本章中，为与模态耦合系数区分，将其称为波机电耦合系数（wave electromechanical coupling factor，WEMCF）。关于从波动特性方面定义耦合系数的研究较少，虽然也有了一些研究，但均不具备普适性，通常是与特定的结构相关的。例如，Chen[17]等用公式 $k=(V_{OC}-V_{SC})/V_{SC}$ 计算了在半无限大的压电和非压电交替的超晶格中的瑞利型表面声波的耦合系数。其中 V_{OC} 和 V_{SC} 分别为开路和短路下的群速度。Fan[18]等用格林方程计算多层板的 Lamb 波的耦合系数。读者将会看到，在本章中，我们定义的 WEMCF 为本征电容中储存的电能和弹性能的比值[19]，与上述工作相比更具有普适性。更重要的是，结果表明在一维压电波导中，本章定义的 WEMCF 能将电学设计和几何设计解耦，并且能达到用最少的压电材料在指定频率中构造禁带的目的。

让我们回到如何定义 WEMCF 这个问题上，需要研究两个问题。

(1) 所建立的基于波动的 WEMCF 是否和基于模态的 MEMCF 保持理论上的一致性？

(2) 如何建立一个计算复杂压电复合材料 WEMCF 的通用数值工具？

从理论上说，用模态方法和波动方法分析结构动力学问题的结果一般是一致的(通常称为“波模二象性”[8])。因此，能否通过第一个问题决定了 WEMCF 的正确性。而第二个问题决定了 WEMCF 能否被用于实际工程应用。

在本章中，我们研究一维压电波导的 WEMCF。首先，提出了 WEMCF 的频率公式。这种形式在具体计算中会比较烦琐，但是其与 MEMCF 是一致的。接着，我们发现可以用能量公式来近似频率公式。从而证明了：能量公式理论上是正确的，并且数值上更便于实现。这样就找到了同时回答上述两个问题的较为满意的答案。

在本章的 5.2.2 节，主要讨论了 WEMCF 能量公式的定义、证明和实现。5.3 节给出了 WEMCF 的基本过程和用于压电复合材料的减缩模型，证明了其理论的闭环和计算便捷性。5.4 节，对分析结果进行了验证。研究表明，使用减缩的元胞模型可以快速、准确地计算 WEMCF。为了说明 WEMCF 的用法，介绍了一个使用压电复合材料控制能量流动的应用实例。5.5 节和 5.6 节利用 WEMCF 作为设计轻质压电周期结构的指标，通过引入外接电路实现多模态振动抑制性能。

5.2　波机电耦合系数的定义

5.2.1　频率公式

压电材料的等效刚度在电极是短路(SC)和开路(OC)状态下是不同的。因此在 SC 和 OC 状态下压电材料会有不同的频散曲线[11]，如图 5-1 所示。可以用 SC 和 OC 下传播频率的相对偏差来定义 K_W^2，即

$$\kappa_W^2 = \frac{\omega_{OC}^2 - \omega_{SC}^2}{\omega_{SC}^2} \tag{5-2}$$

式中：ω_{OC} 和 ω_{SC} 分别为在 OC 和 SC 状态下的波的传播频率。式(5-2)和

MEMCF 的定义式(5－1)形式上是相似的[20]，但是频率项有不同的物理意义。

注意到，在禁带的边界频率处(A，B，C)的波形也是压电复合材料在某个边界条件下的模态振型[21]。因此这些波(A，B，C)的耦合系数既可以用 WEMCF(作为波模态)表示，也可以用 MEMCF(作为元胞在特定边界下的振动模态)表示。在这些频率下，WEMCF 和 MEMCF 应该是数值相等的，因为无论是从波的角度还是从模态的角度理解结构的变形，只是对同一个现象的不同阐释，结构在一个给定变形下的机电耦合程度不应受视角的影响。

同时，不难发现，如果用模态固有频率 ω_r 和 ω_a 来代替传播频率 ω_{OC} 和 ω_{SC}，那么式(5－1)和式(5－2)的值就完全相等。因此，式(5－2)形式的 WEMCF 是合理的，但是这种定义方式存在两个实践中的问题。第一个问题是式(5－2)仅对行波(propagation wave)有效。在频散曲线中，OC 和 SC 状态下禁带的深度不同，所以有时 OC 和 SC 状态的衰减波不能一一对应。比如，在图 5－1 中，波数为 k_b 的波没有在 SC 状态下对应的波，也就限制了式(5－2)在快衰波的应用。第二个问题则和数值计算有关。对于频散关系有转向和交叉的复杂波导结构，区分 OC 和 SC 状态下频散关系中相同种类的行波本身就是一项非常困难的任务[22－23]。一旦识别错误，将两个不是相似变形的弹性波的传播频率代入式(5－2)中，必将得到错误的结果。因此，用频率公式定义波机电耦合系数 WEMCF 虽然自然满足与模态系数 MEMCF 的一致性，但计算困难，需要找到一种与其等效或近似，但易于计算的公式。

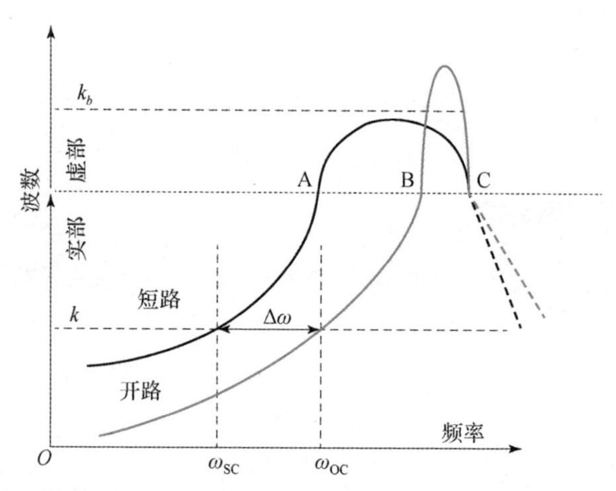

图 5－1　压电波导 OC、SC 状态下的频散曲线

5.2.2　能量公式

根据机电耦合系数的初衷,我们可以尝试从能量的角度定义 WEMCF:

$$\kappa_1^2 = \frac{W_e}{V} \tag{5-3}$$

式中:W_e 为电能;V 为机械能。可以发现这种定义既适用于快衰波又适用于行波。它只要求一种情况下的频散曲线,所以不需要将 OC 和 SC 两种状态联系起来。为了计算 W_e 和 V,需要知道波形。下面我们将介绍基于波有限元法(WFEM)计算式(5-3)中能量项的不同方法,并证明其与 MEMCF 的一致性。

假设在 OC 状态下传播波有波形 $\phi_{OC} = (\phi_L^T \quad \phi_R^T \quad \phi_I^T \quad \phi_E^T)^T$,波数 k 和频率 ω_{OC}。有两种能量形式的波机电耦合系数:

$$\kappa_{1f}^2 = \frac{W_{free}}{V} \tag{5-4}$$

$$\kappa_{1b}^2 = \frac{W_{block}}{V} \tag{5-5}$$

式中:V 为机械势能;W_{free} 为储存在压电片自由电容中的电势能;W_{block} 为储存在本征电容 C_p 中的电势能。这些能量能从波形和元胞的矩阵中计算得到:

$$V = (\phi_{OC}^*)^H \boldsymbol{K} \phi_{OC}^* \tag{5-6}$$

$$W_{free} = \phi_E^H (\boldsymbol{C}_P + \boldsymbol{P}^T \boldsymbol{G}^{-1} \boldsymbol{P}) \phi_E \tag{5-7}$$

$$\boldsymbol{W}_{block} = \phi_E^H \boldsymbol{C}_P \phi_E \tag{5-8}$$

其中,$\phi_{OC}^* = (\phi_L^T \quad \phi_R^T \quad \phi_I^T \quad 0)^T$。$\kappa_{1f}^2$和 κ_{1b}^2都是基于不同假设的 κ_W^2 的近似。

5.2.3　相容性证明

周期边界条件可以写成以下矩阵形式:

$$\boldsymbol{q} = \begin{pmatrix} \boldsymbol{q}_L \\ \boldsymbol{q}_R \\ \boldsymbol{q}_I \\ \boldsymbol{q}_E \end{pmatrix} = \begin{bmatrix} \boldsymbol{I} & \boldsymbol{0} & \boldsymbol{0} \\ \boldsymbol{\lambda I} & \boldsymbol{0} & \boldsymbol{0} \\ \boldsymbol{0} & \boldsymbol{I} & \boldsymbol{0} \\ \boldsymbol{0} & \boldsymbol{0} & \boldsymbol{I} \end{bmatrix} \begin{pmatrix} \boldsymbol{q}_L \\ \boldsymbol{q}_I \\ \boldsymbol{q}_E \end{pmatrix} = \boldsymbol{T}_b \hat{\boldsymbol{q}} \tag{5-9}$$

$$\begin{bmatrix} \boldsymbol{I} & \boldsymbol{\lambda}^{-1}\boldsymbol{I} & \boldsymbol{0} & \boldsymbol{0} \\ \boldsymbol{0} & \boldsymbol{0} & \boldsymbol{I} & \boldsymbol{0} \\ \boldsymbol{0} & \boldsymbol{0} & \boldsymbol{0} & \boldsymbol{I} \end{bmatrix} \begin{pmatrix} \boldsymbol{f}_L \\ \boldsymbol{f}_R \\ \boldsymbol{f}_I \\ \boldsymbol{f}_E \end{pmatrix} = \boldsymbol{T}_e \boldsymbol{f} = \begin{pmatrix} \boldsymbol{0} \\ \boldsymbol{0} \\ \boldsymbol{0} \end{pmatrix} \tag{5-10}$$

将式(5-9)和式(5-10)带入动力学方程,方程中左乘以 T_e 右乘以 T_b,得到:

$$-\omega^2\hat{\boldsymbol{M}}\hat{\boldsymbol{q}}+\hat{\boldsymbol{K}}\hat{\boldsymbol{q}}=\boldsymbol{0} \tag{5-11}$$

其中

$$\hat{\boldsymbol{M}}=\boldsymbol{T}_{\mathrm{e}}\boldsymbol{M}\boldsymbol{T}_{\mathrm{b}} \tag{5-12}$$

$$\hat{\boldsymbol{K}}=\boldsymbol{T}_{\mathrm{e}}\boldsymbol{K}\boldsymbol{T}_{\mathrm{b}} \tag{5-13}$$

即形如 $\boldsymbol{q}=(\boldsymbol{q}_{\mathrm{L}}^{\mathrm{T}}\quad \boldsymbol{q}_{\mathrm{I}}^{\mathrm{T}}\quad \boldsymbol{q}_{\mathrm{E}}^{\mathrm{T}})^{\mathrm{T}}$ 也是式(5-11)的特征向量,它和特征值 ω^2 有关,ω 为波数为 k 的波的传播频率。式(5-11)提供了另外一种求解波的频散曲线的方法[24],这种方法也被称为直接形式[25]。

对于传播波来说,波数 k 是实数。因此 λ 为模等于 1 的复数。那么式(5-9)的T_b 为式(5-10)中 T_e 的共轭转置,即

$$\boldsymbol{T}_{\mathrm{b}}=\boldsymbol{T}_{\mathrm{e}}^{\mathrm{H}} \tag{5-14}$$

将 OC 状态下的特征向量 $\boldsymbol{q}=\phi_{\mathrm{OC}}=(\phi_L^{\mathrm{T}}\quad \phi_I^{\mathrm{T}}\quad \phi_E^{\mathrm{T}})^{\mathrm{T}}$ 代入式(5-11)中,等号两边同时乘以 ϕ_{OC}^H,得到:

$$\omega_{\mathrm{OC}}^2=\frac{\hat{\phi}_{\mathrm{OC}}^H\hat{\boldsymbol{K}}\hat{\phi}_{\mathrm{OC}}}{\hat{\phi}_{\mathrm{OC}}^H\hat{\boldsymbol{M}}\hat{\phi}_{\mathrm{OC}}} \tag{5-15}$$

根据式(5-12)~式(5-14),有

$$\hat{\phi}_{\mathrm{OC}}^H\hat{\boldsymbol{K}}\hat{\phi}_{\mathrm{OC}}=\phi_{\mathrm{OC}}^H\boldsymbol{K}\phi_{\mathrm{OC}} \tag{5-16}$$

$$\hat{\phi}_{\mathrm{OC}}^H\hat{\boldsymbol{M}}\hat{\phi}_{\mathrm{OC}}=\phi_{\mathrm{OC}}^H\boldsymbol{M}\phi_{\mathrm{OC}} \tag{5-17}$$

$$\omega_{\mathrm{OC}}^2=\frac{\hat{\phi}_{\mathrm{OC}}^H\hat{\boldsymbol{K}}\hat{\phi}_{\mathrm{OC}}}{\hat{\phi}_{\mathrm{OC}}^H\hat{\boldsymbol{M}}\hat{\phi}_{\mathrm{OC}}}=\frac{\phi_{\mathrm{OC}}^H\boldsymbol{K}\phi_{\mathrm{OC}}}{\phi_{\mathrm{OC}}^H\boldsymbol{M}\phi_{\mathrm{OC}}} \tag{5-18}$$

这意味着一旦波形确定了,我们就能得到对应的波数。式(5-18)表明在 OC 状态下波形和波数的关系,接下来将讨论在 SC 状态下波形和波数的关系。然而,一般不会使用真实情况的 SC 波形来计算 SC 状态下波的传播频率,而是使用在 OC 状态下对应的信息来估算 SC 状态下的波形,并且用它来估计 SC 状态下的传播频率。

5.2.3.1 能量形式 $\boldsymbol{\kappa}_{1b}^2$的相容性证明

在 SC 状态下,假设在相同波数 k 下的 SC 状态和 OC 状态的机械场变形是相同的,即

$$\phi_{\mathrm{SC},1}=(\phi_L^{\mathrm{T}}\quad \phi_R^{\mathrm{T}}\quad \phi_I^{\mathrm{T}}\quad \boldsymbol{0})^{\mathrm{T}} \tag{5-19}$$

将 $\phi_{SC,1} = (\phi_L^T \quad \phi_I^T \quad 0)^T$ 代入式(5-11),在方程等号左右同时乘以 $\phi_{SC,1}^H$,得到:

$$\omega_{SC,1}^2 = \frac{\hat{\phi}_{SC,1}^H \hat{\boldsymbol{K}} \hat{\phi}_{SC,1}}{\hat{\phi}_{SC,1}^H \hat{\boldsymbol{M}} \hat{\phi}_{SC,1}} = \frac{\phi_{SC,1}^H \boldsymbol{K} \phi_{SC,1}}{\phi_{SC,1}^H \boldsymbol{M} \phi_{SC,1}} \tag{5-20}$$

式中:$\omega_{SC,1}$ 为在SC状态下的近似频率。在 $\boldsymbol{M}$ 矩阵中,对应电学自由度的行列为0,这使得

$$\phi_{OC}^H \boldsymbol{M} \phi_{OC} = \phi_{SC,1}^H \boldsymbol{M} \phi_{SC,1} \tag{5-21}$$

根据式(5-19),有

$$\phi_{OC}^H \boldsymbol{K} \phi_{OC} = \phi_{SC,1}^H \boldsymbol{K} \phi_{SC,1} + \phi_E^H \boldsymbol{C}_{\mathbf{P}} \phi_E \tag{5-22}$$

将式(5-18)和式(5-20)代入式(5-2)中,并和式(5-21)、式(5-22)联立,得到:

$$\frac{\omega_{OC}^2 - \omega_{SC,1}^2}{\omega_{SC,1}^2} = \frac{\phi_E^H \boldsymbol{C}_{\mathbf{P}} \phi_E}{(\phi_{OC}^*)^H \boldsymbol{G} \phi_{OC}^*} \tag{5-23}$$

式(5-23)等号的右边和式(5-5)是完全相同的。等号左边是式(5-2)的近似。因此,我们证明了

$$\kappa_W^2 \approx \kappa_{1b}^2 \tag{5-24}$$

其中,κ_{1b}^2 是在假设31下 κ_W^2 的近似。

5.2.3.2 能量形式 κ_{1f}^2 的相容性证明

在之前的证明中,核心思想是用OC状态下的波形近似SC状态下的波形,这是建立在相同波数 k 的前提下,SC和OC状态下的结构变形都是相同的假设的基础上的。为了使得计算更加精确,我们可以将机械场中,OC状态下电压导致的静力变形消除,以近似SC状态下的波形 $\phi_{SC,2}$,即

$$\phi_{SC,2} = \phi_{OC} - \begin{pmatrix} \boldsymbol{G}^{-1} \boldsymbol{P} \phi_E \\ \phi_E \end{pmatrix} \tag{5-25}$$

$$\phi_{SC,2} = \phi_{SC,1} - \begin{pmatrix} \boldsymbol{G}^{-1} \boldsymbol{P} \phi_E \\ \boldsymbol{0} \end{pmatrix} \tag{5-26}$$

类似地,

$$\omega_{SC,2}^2 = \frac{\hat{\phi}_{SC,2}^H \hat{\boldsymbol{K}} \hat{\phi}_{SC,2}}{\hat{\phi}_{SC,2}^H \hat{\boldsymbol{M}} \hat{\phi}_{SC,2}} = \frac{\phi_{SC,2}^H \boldsymbol{K} \phi_{SC,2}}{\phi_{SC,2}^H \boldsymbol{M} \phi_{SC,2}} \tag{5-27}$$

$$\phi_{OC}^H \boldsymbol{K} \phi_{OC} = \phi_{SC,2}^H \boldsymbol{K} \phi_{SC,2} + \phi_E^H (\boldsymbol{C}_{\mathbf{P}} + \boldsymbol{P}^T \boldsymbol{G}^{-1} \boldsymbol{P}) \phi_E \tag{5-28}$$

于是,有另一种近似 κ_1^2,即

$$\frac{\omega_{\mathrm{OC}}^2-\omega_{\mathrm{SC},2}^2}{\omega_{\mathrm{SC},2}^2}=\frac{\boldsymbol{\phi}_E^H(\boldsymbol{C}_{\mathrm{P}}+\boldsymbol{P}^{\mathrm{T}}\boldsymbol{G}^{-1}\boldsymbol{P})\boldsymbol{\phi}_E}{(\boldsymbol{\phi}_{\mathrm{OC}}^*)^H\boldsymbol{G}\boldsymbol{\phi}_{\mathrm{OC}}^*} \tag{5-29}$$

将式(5-2)和式(5-4)比较得到：

$$\kappa_W^2\approx\kappa_{1f}^2 \tag{5-30}$$

这意味着 κ_{1f}^2是在假设式(5-26)下关于 κ_W^2 的近似。

5.3 用波有限元法实现能量公式

至此,我们提出了三种不同的方法来计算波机电耦合系数(WEMCF):一种频率形式[式(5-2)]和两种能量形式[式(5-4)和式(5-5)]。我们还指出,后两者是前者的近似,而前者与模态机电耦合系数(MEMCF)在理论上是相容的。

这些计算公式中所需的波传导频率和波形都可以用前述章节中给出的波有限元法获得。由于存在完整模型和减缩模型,因此具体实现 WEMCF 的计算方法就更多了,详见图 5-2。对 κ_W^2 的计算中,有两种方法计算 SC 和 OC 频率。至于 κ_{1f}^2和 κ_{1b}^2,它们都是建立在能量形式上的,因此需要有波形。相应的有三种方式:用完全 WFEM 求得完整振型,此方法是计算速度最慢的;用减缩 WFEM 得到完整振型;用减缩 WFEM 得到减缩振型。因此共有 8 种实现 WFEM 的方法:3 种计算 κ_{1f}^2的,3 种计算 κ_{1b}^2的,2 种计算 κ_W^2 的。接下来我们将检验这些方法的效率和准确性,并给出最佳方法。

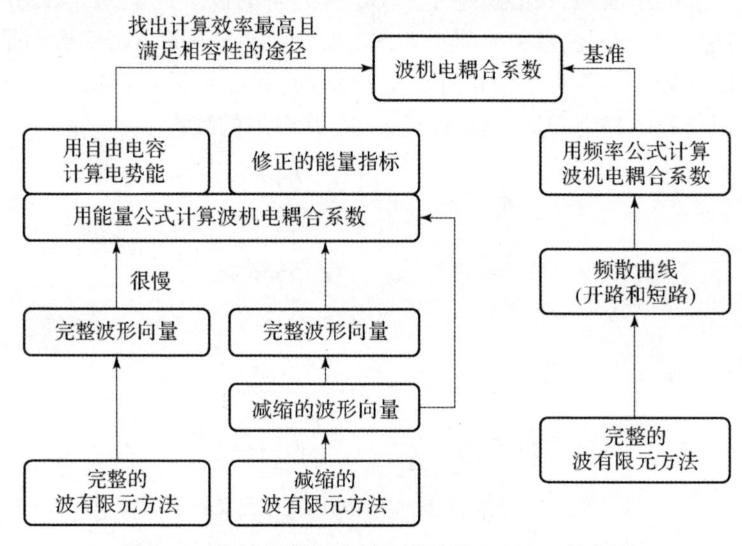

图 5-2　在波有限元法框架下计算 WEMCF 的方法

如前述，需要证明 WEMCF 和 MEMCF 的一致性，与此同时 κ_W^2 和 MEMCF 是一致的。那么由完全 WFEM 计算出的 κ_W^2 就可以作为参考指标。考虑如图 5-3(a)的压电波导，元胞结构为 A。网格的质量已经由强迫响应验证[23]。基板材料为无阻尼的钢，杨氏模量 $E=2.11\times10^{11}$ Pa，泊松比为 0.3，密度为 $7.8\times10^3\text{kg/m}^3$。压电材料采用 PZT4，材料参数见附录 A。用图 5-2 中列出的 8 种方法计算 2×10^3 Hz 到 1×10^4 Hz 的 z 方向的传播波的 WEMCF，部分计算结果见图 5-4。计算结果表明，即使计算 κ_{1b}^2的 3 种方法的整体趋势是和参考值的趋势一样的，但是它们与参考值的误差非常大。另外 5 种方法的相对误差都不超过 3%。出现这种情况的原因是假设式(5-26)比假设式(5-19)要更加精确。

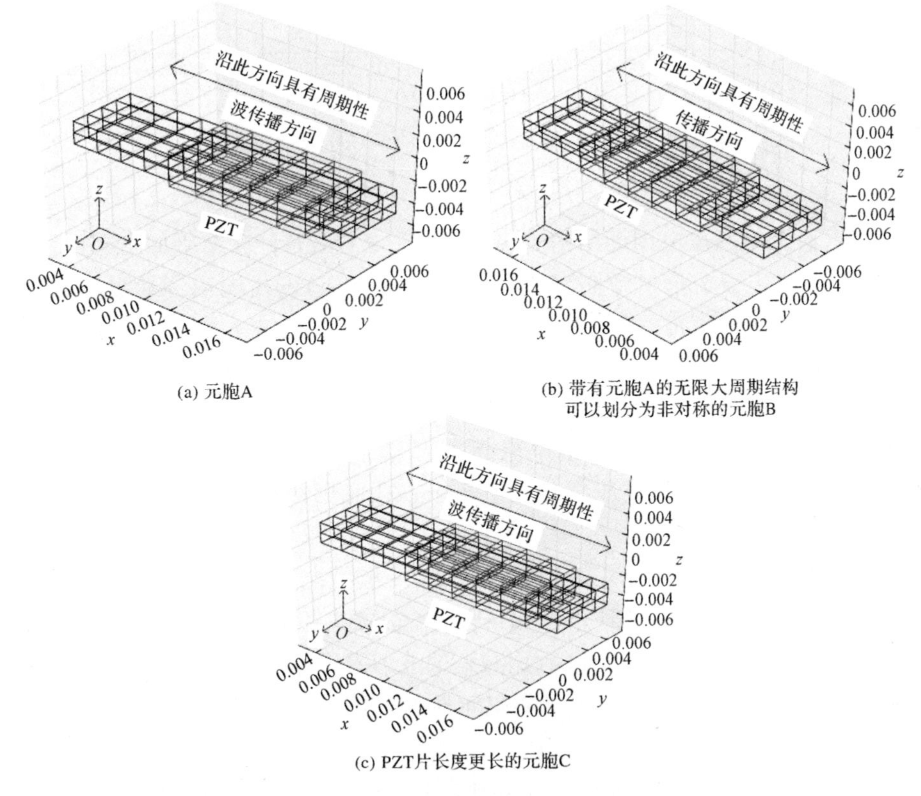

(a) 元胞A

(b) 带有元胞A的无限大周期结构可以划分为非对称的元胞B

(c) PZT片长度更长的元胞C

图 5-3　压电波导的元胞(压电材料极化方向为 z 方向，电极完全覆盖和 $x-y$ 平面的压电片表面(和极化方向正交)。)

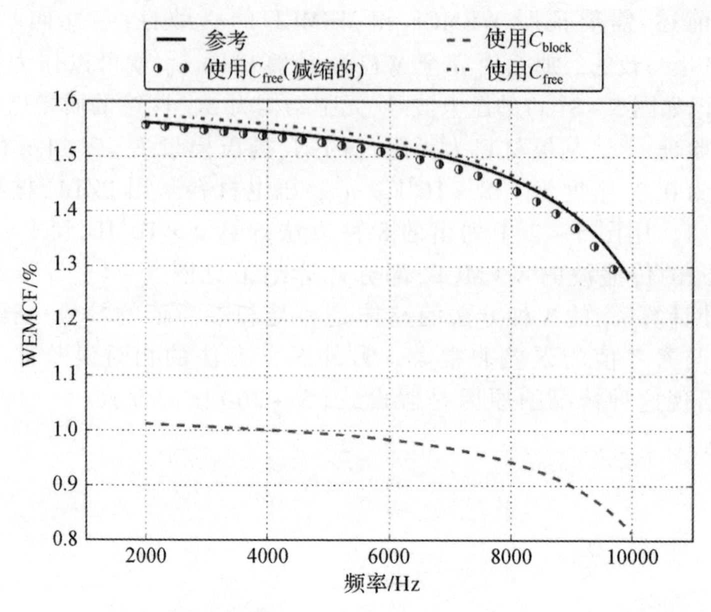

图 5-4　完全 WFEM 计算的 κ_W(用"Reference"标识)、κ_{1b}、κ_{1f},减缩波形计算的 κ_{1f}

元胞为 A 的压电周期结构的频散曲线和 WEMCF 计算结果如图 5-5 所示。可以看出,z 方向的弯曲波(图中用数字 0 标记)的机电耦合最明显。纵波 3 的 WEMCF 会弱一些。扭转波 2 和 y 方向的弯曲波 1 均没有产生机电耦合。这些结论也和元胞的几何构型和工程常识相符。在禁带的边界频率处,WEMCF 取得最大值和最小值。这些波的波形见图 5-6。因为对称波形在压电片的电极上产生相反的电荷,彼此抵消,于是 WEMCF 取值最小;相反地,反对称的波形往往在压电片的电极上产生相同的电荷,WEMCF 取值最大值。

之前讨论过,在所有有效的方法中,在一般情况下用 κ_W^2 的方法不便于编程。剩下的用 κ_{1f}^2的三种方法:①利用完全 WFEM 得到完整波形;②利用减缩 WFEM 得到完整波形;③利用减缩的波形得到完整波形。图 5-7 中为各种利用 WFEM 得到元胞 A 的完整频散特性的 CPU 占用时间对比。结果显示,用完全 WFEM 计算为 EMCF 的前处理非常耗时,CPU 占用时间是分析自由振动的 3 倍。然而如果使用元胞的减缩模型,即使是用完整的波形计算时,WEMCF 的计算时间也会有所减少。在本例中,CPU 占用时间和自由振动分析的用时是同一个量级的,这是因为减缩模型可以通过避免矩阵的

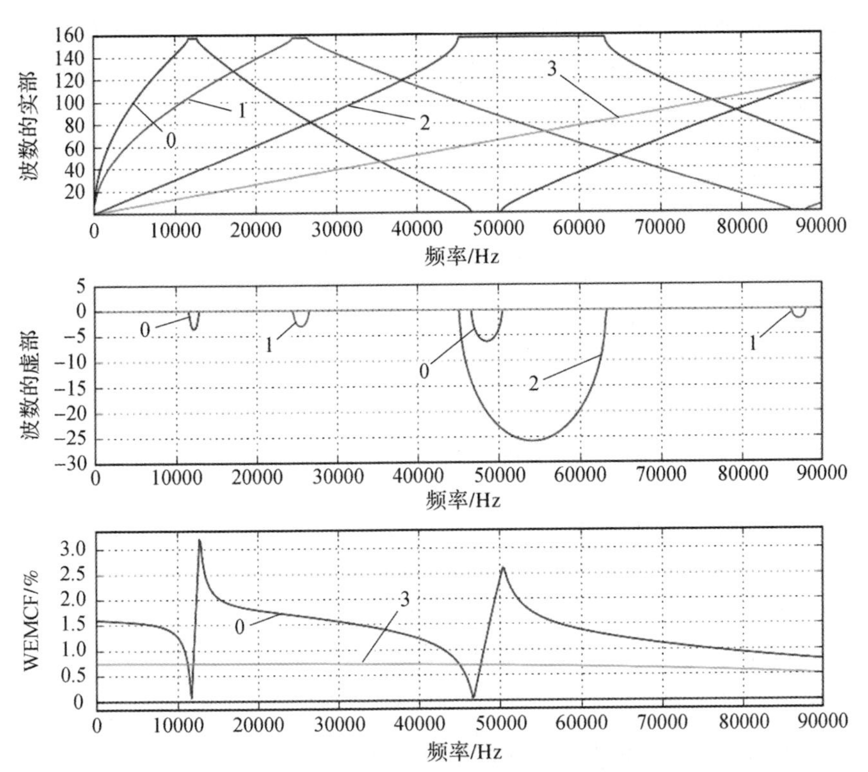

图 5 – 5　元胞为 A 的压电波导的频散曲线和 WEMCF 值

[只有波 0(z 方向传播)和波 3(纵向传播)有明显的值。]

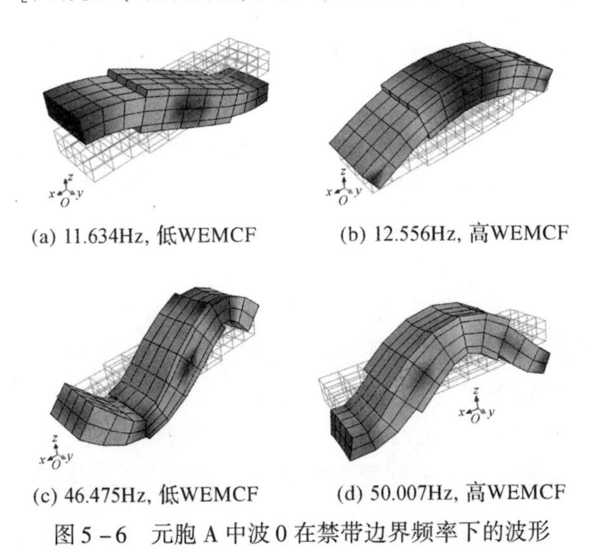

(a) 11.634Hz, 低WEMCF　　(b) 12.556Hz, 高WEMCF

(c) 46.475Hz, 低WEMCF　　(d) 50.007Hz, 高WEMCF

图 5 – 6　元胞 A 中波 0 在禁带边界频率下的波形

求逆从而加速从界面交界处的自由度映射到内部自由度的过程。仅仅在使用减缩模型计算 WEMCF 的能量形式的时候,才需要耗费多一点的时间,但也比完全 WFEM 方法的前处理减少了 99% 的时间。

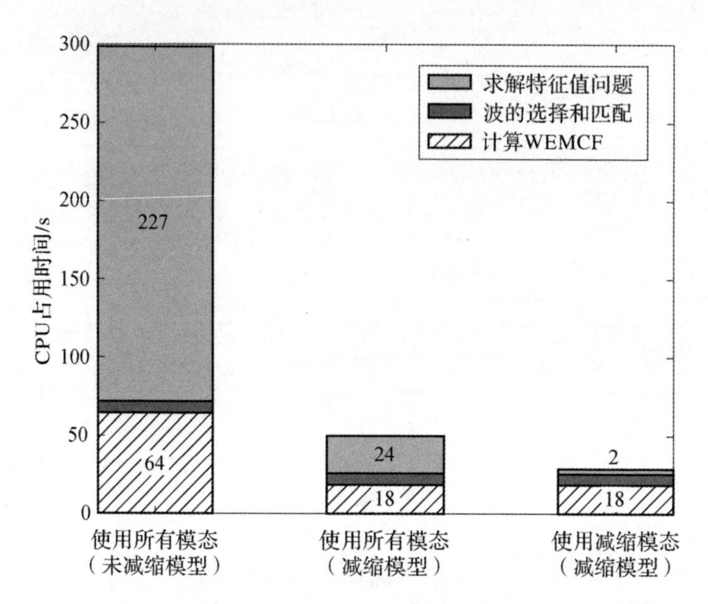

图 5-7　用完全 WFEM 得到的完整波形、用减缩 WFEM 得到的完整波形、用减缩波形计算得到的用 WFEM 计算元胞 A 的频散特性 κ_{1f}^2 表达式中能量项的 CPU 占用时间对比

元胞为 A 的无限大周期压电结构也可以划分为元胞 B 的周期组成。文献[26]中表明,元胞 B 和元胞 A 得到的频散曲线应该是相同的。计算结果表明二者的 WEMCF 结果也是相同的。在禁带的边界频率处有最小和最大 WEMCF 值。虽然用此非对称结构,每个元胞的波形都不再是对称的,但是 PZT 片的变形依旧是对称的和反对称的,对应 WEMCF 取 0 值和最大值。为了让行文更加简洁,元胞 B 的结果没有附上。

最后,我们分析元胞形式为 C 的 PZT 波导的 WEMCF,如图 5-3(c)所示。元胞 C 和元胞 A 和 B 有着相同的长度,只不过 PZT 片更长一些,结果见图 5-8,低频的 WEMCF 比高频的 WEMCF 高。这可以用波形来解释,如图 5-9 所示。在高频时,由变形产生的电荷开始相互抵消。元胞 A 和元胞 C 的计算结果也是符合工程常识的:长的 PZT 片不适用于高频条件。

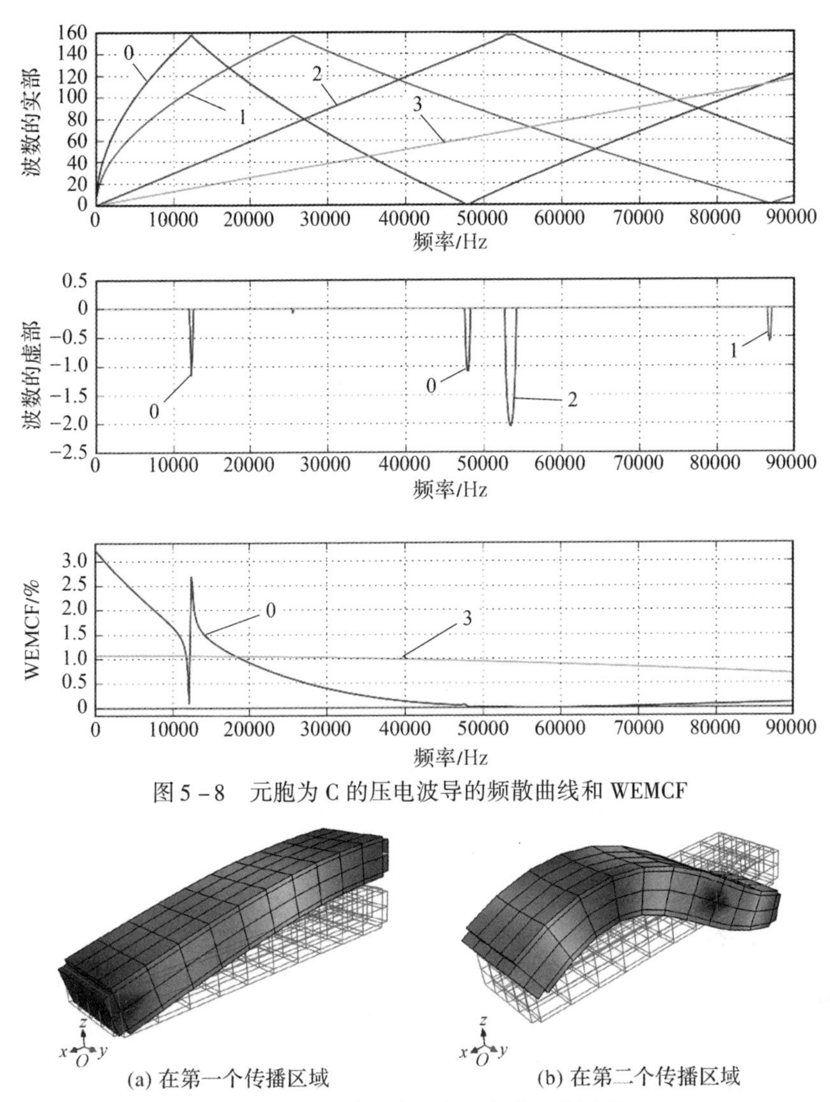

图5－8 元胞为C的压电波导的频散曲线和WEMCF

(a) 在第一个传播区域 (b) 在第二个传播区域

图5－9 不同区域元胞C中波0的振型

5.4 波机电耦合系数用于周期压电隔振

为了阐述WEMCF在能量传递中的应用,我们考虑一个在均匀基板上有2N组压电片的组合结构。其中,N组压电片周期分布在激励的右端,另外N组压电片周期分布在激励的另一端。整个结构左右两端都是无限大的。可以用第 4 章中建立的 FEM – WFEM 混合方法来分析结构中能量的流动和强迫响应[23]。组合结构被分为五个子结构：一个近场区域、两个压电波导和两个均匀远场波导，如图 5 – 10 所示。

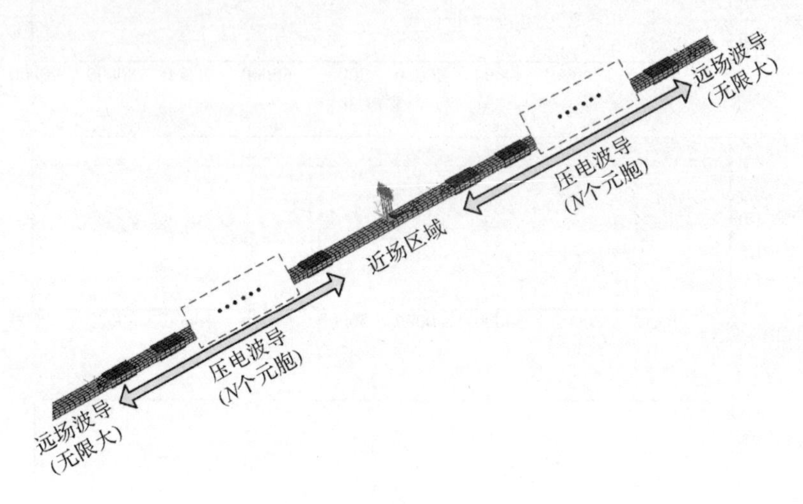

图 5 – 10　研究中使用的组合结构和子结构的划分

这里取 $N = 21$。外部激励施加在近场（$x = 0$）的连接部分处所有节点的 u_z 自由度上，幅值为 1N。能量会被连接电阻的 PZT 片衰减，衰减程度可以用传递损失（TL）来量化：

$$\mathrm{TL} = 10\ \lg\left(\frac{P_{\mathrm{in}}}{P_{\mathrm{out}}}\right) \tag{5-31}$$

我们分析了 TL 和频率以及电阻参数的关系。分别考虑了元胞 A 和元胞 C 的 PZT 波导，结果见图 5 – 11。随着频率的变化，最优 TL 和对应阻抗都是变化的。结果还显示，最优 TL 和 WEMCF 之间有一定的关系：元胞 A 在第二个通带内的 WEMCF 更高；第二个通带内的最优 TL 比第一个通带的最优 TL 更高，见图 5 – 11（a）；元胞 C 在第一个通带中的 WEMCF 比第二个通带中的 WEMCF 更大，并且在较高频率下，最优 TL 更低。

图 5 – 12 为采用元胞 A 和元胞 C 的最优 TL 和频率的关系图，其中还包括了元胞 A 和元胞 C 中波 0 的 WEMCF 值。在第二个通带中，元胞 A 比元胞 C 有更大的 WEMCF 和最优 TL。在第一个通带中，元胞 A 的 WEMCF 比元胞 C 的 WEMCF 更小，并且元胞 A 的最优 TL 比元胞 C 的最优 TL 更小。

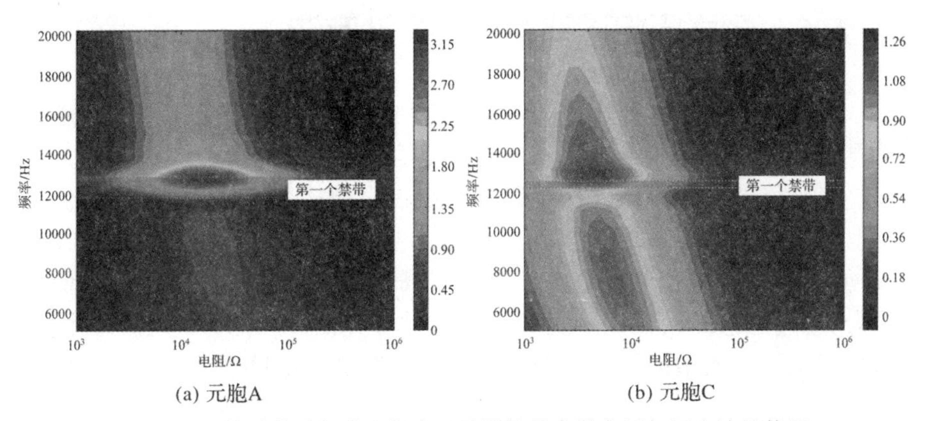

(a) 元胞A (b) 元胞C

图5-11 能量传递损失和频率以及阻抗的参数分析与压电波导使用

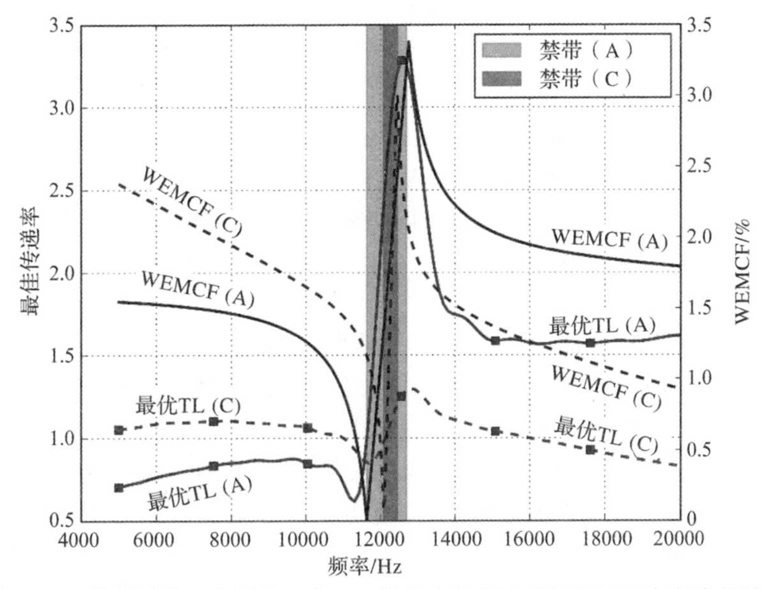

图5-12 使用元胞A和元胞C的PZT波导中最优TL和WEMCF与频率的关系

WEMCF和最优TL之间的关系可以直接用于比较各元胞的特性，而省去了计算结构模型的强迫响应和能量分析的过程。这意味着结构的几何参数和电学参数可以分开单独进行设计：首先仅通过波动分析，设计结构的几何参数以达到最高的WEMCF值；然后设计优化几何后的元胞的电学参数，以使能量在元胞内能达到最好的衰减效果。

5.5 轻质压电周期结构的设计方法

本节主要涉及一种压电周期结构宽频振动控制的设计方法。通过在周期分布的压电片上串联相同的负电容,会在预定频带内产生一个带宽较宽的禁带。通过该方法可以降低频带内结构的模态密度,同时使得模态振型位于边界频带内。在负电容上连接少量的阻尼器或能量收集器,就能实现能量耗散或吸收。本节在限制压电材料总量以保持较低的结构质量的前提下,提出了宽频禁带的设计方法。利用波机电耦合因子作为优化几何构型的评价指标,在含稳定负电容电路的情况下,使结构获得最大带宽的禁带。随后以悬臂梁的高阶多模态控制为例,展示了所设计的压电结构的减振性能,同时研究了禁带共振、电阻以及边界条件对减振性能效果的影响。该方法完全基于波动特性,不需要任何模态信息,因此在难以获得准确结构模态信息的中高频段内具有潜在应用。为了展示设计过程,以矩形截面的悬臂梁为例。悬臂梁的材料为钢,其杨氏模量为 2.1×10^{11}Pa、质量密度为 $\rho_b=7.8\times10^{3}\mathrm{kg/m^3}$。梁长度为 $L_b=1\mathrm{m}$,高度为 $H_b=2\times10^{-2}\mathrm{m}$,宽度为 $5\times10^{-2}\mathrm{m}$。材料中引入瑞利阻尼,设置其质量系数 $\alpha=1$ 和刚度系数 $\beta=1\times10^{-7}$。使得 5000Hz 以下所有模态具有较小阻尼(0.05% 左右)。在自由端施加一个振幅为 1 N 的节点力($x=0\mathrm{m}$)。

在后续 FEM 和 WFEM 的仿真中,使用梁单元对结构进行建模;传统的欧拉-伯努利梁单元用于建立无压电部分模型;一维有限元设计用于获得压电复合结构的模型。

选取覆盖了五阶、六阶和七阶共振峰的频率范围 900~2000Hz 为目标频段。目的在于降低该频段内梁的强迫响应。如图 5-13 所示,压电片周期性地分布在梁上。每个压电片上并联相同的负电容,从而使电荷和电压之间的外部电导率变为

$$Y=\frac{Q}{V}=-C_{\mathrm{neg}} \tag{5-32}$$

式中:C_{neg}为负电容的绝对值。对于该类振动控制系统,设计参数是压电片数量 N、压电片高 H_p、片长 L_p,以及负电容 C_{neg}。

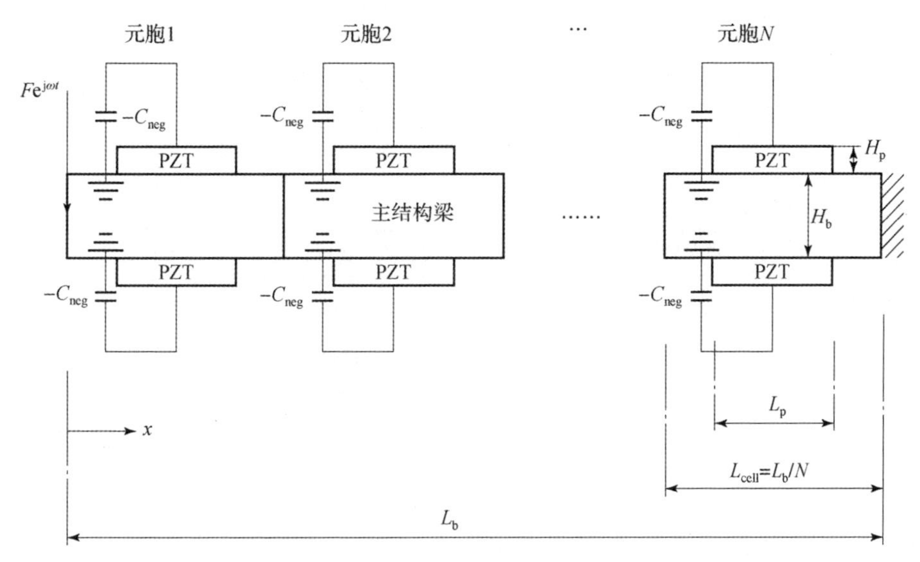

图 5－13　周期压电梁示意图

此外，还需要考虑一些约束，譬如压电片的总质量。因此定义质量比，用于描述添加压电材料使主体结构质量增加的程度：

$$r_m = \frac{2N\rho_p L_p H_p}{\rho_b L_b H_b} \tag{5-33}$$

系数 2 源于结构中双面布置了压电片。设计时需要保证 r_m 尽可能小。另外，由于使用了负电容电路，C_{neg}应该从稳定区域中选择，从而不会导致结构失稳。

下面将介绍如何在上述限制条件下，确定结构参数从而降低目标频带内的振动响应。

在设计过程中，几何参数和电参数是先后确定的。通过几何设计，可以找到目标频带内的最佳 WEMCF，从而确保电学参数可以有效地改变机械特性。然后通过设计负电容使得禁带能覆盖目标频段。另外，需要平衡压电片总质量和电路稳定边界。设计流程图如图 5－14 所示，将通过实例模型进行详细说明。

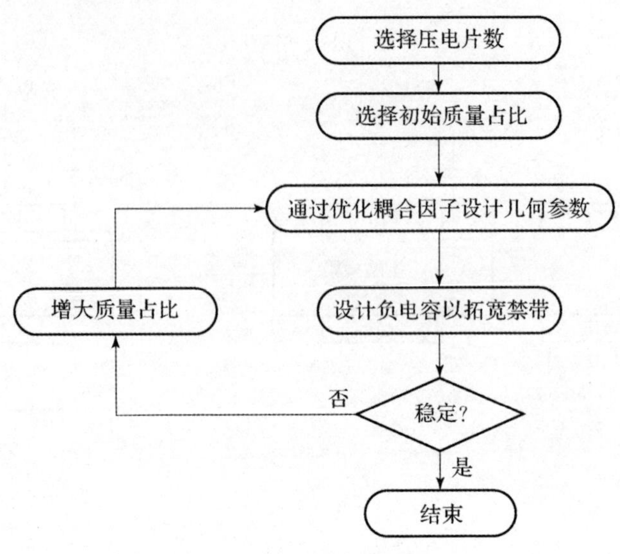

图 5-14　设计流程图

5.5.1　几何设计——以波机电耦合系数为指标

几何设计的目的是在所有目标频段上获得最佳 WEMCF。由于主梁的几何参数设定为常数,因此压电片的几何参数(H_p 和 L_p)可以被认定为无量纲比例:

$$r_L = \frac{L_p}{L_{cell}} = N\frac{L_p}{L_b} \tag{5-34}$$

$$r_H = \frac{2H_p}{H_b} \tag{5-35}$$

式中:r_L 为压电片和主梁的长度比;r_H 为高度比。将式(5-34)和式(5-35)代入式(5-33),有

$$r_m = r_L r_H \frac{\rho_p}{\rho_b} \tag{5-36}$$

首先需要给定压电片数量 N。它充分改变了结构的周期性,从而对初始波动特性具有显著影响。本节计算了当 N 从 2 变为 7 时的频散曲线及对应的 WEMCF,部分结果如图 5-15 所示,其中 $r_H = 0.5$,$r_L = 0.75$。计算时压电片处于开路的状态。

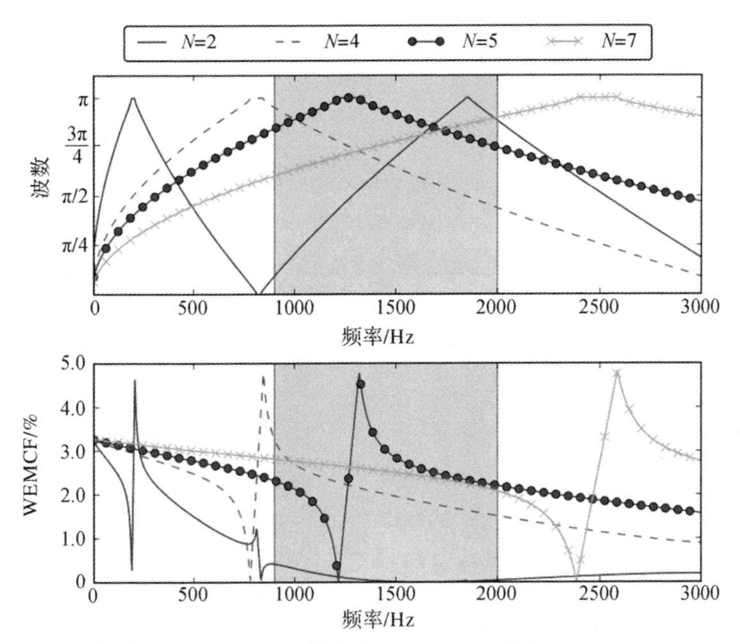

图 5-15 部分压电片数目下频散曲线及 WEMCF(其中,$r_H=0.5$,$r_L=0.75$。)

结果表明,压电片数量的选择给设计带来了完全不同的初始色散曲线,使一个(如 $N=4$)或几个(如 $N=2$)禁带在目标频率范围附近出现。它们仅由压电片的周期分布引起。由于开路状态下的压电片不能显著改变元胞[27]内动力学差异,导致初始禁带较窄。因此需要通过机电耦合原理,使用外接电路来对其进行拓宽。波的 WEMCF 在禁带附近变化剧烈。WEMCF 的局部最大点和最小点位于禁带的边界频率处。这是因为在这些频率下反对称和对称的驻波进入元胞。反对称波在电极上产生总量相等的正电荷及负电荷,因此总电荷为零;相反,对称波只在电极上产生一种电荷,使得总电荷最大。在传播域内,同样存在极小的耦合系数,如图 5-15 中当 $N=2$ 时,1500Hz 附近所示。

很小的 WEMCF 值意味着很难甚至无法通过修改电学属性来改善力学性能。因此,应该将低 WEMCF 的波移至目标频段外。对于给定的 N,还进行了关于 r_L 和 r_H 的参数分析。值得注意的是,r_L 和 r_H 需要满足式(5-36)。对于给定的质量比 r_m、r_L 和 r_H 只能在满足式(5-36)关系内选取。

对于每种几何参数的计算,目标频段内频率相关的 WEMCF 因子 κ^2 有两种定义方法:①平均 WEMCF,由平均值 κ^2_{aver} 定义;②最小 WEMCF,由最小值 $\kappa^2_{\min}$ 定义。因而目标在给定质量比下寻求 r_L 和 r_H,具有最大的 κ^2_{aver},且最小 WEMCF 满足 $\kappa_{\min}^2 > \delta_{cr}$。阈值 δ_{cr} 用来排除目标频段内 WEMCF 极小的波。本节中设定 $\delta_{cr} = 0.005$。

以 $N=4$ 的情况为例，图 5－16 显示了 κ_{aver}^2 和 $\kappa_{\min}^2$ 随 r_L 和 r_H 变化的规律。如图 5－16(b)所示，大部分(r_L, r_H)都满足 $\kappa_{\min}^2 > \delta_{cr}$。然而图 5－16(a)中 κ_{aver}^2 的峰值在$(r_L = 0.8, r_H = 2)$附近，此时质量比接近 1.6，并非轻质方案，需要进行折中。因此不再考虑选取全局最优的 κ^2，而是考虑在压电材料质量限制的情况下获得最佳的 κ^2。恒质量比线也可见于图 5－16。

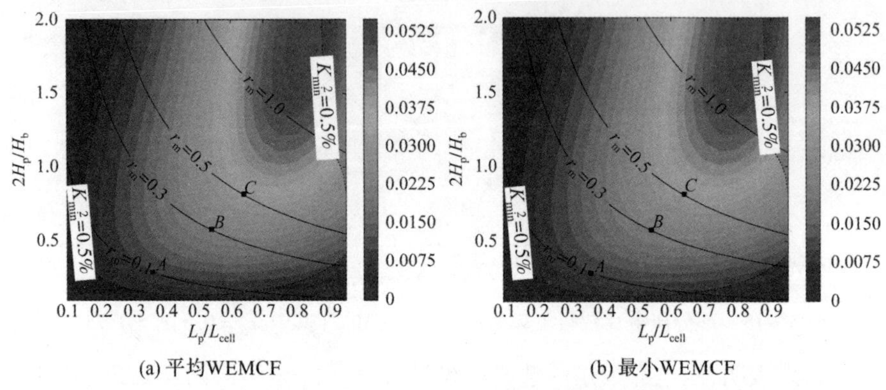

图 5－16 $N=4$ 时，900～2000Hz 内平均 WEMCF 和最小 WEMCF 随压电片高度及长度变化关系（图中 A、B、C 分别代表不同质量比下的最优点。A 对应质量比 $r_m = 0.1$，B 对应质量比 $r_m = 0.3$，C 对应质量比 $r_m = 0.5$。）

分别约束质量比为 $r_m = 0.1$、$r_m = 0.3$、$r_m = 0.5$，计算 κ_{aver}^2 和 $\kappa_{\min}^2$，如图 5－17 所示。为每个 r_m 找到的最佳解参见表 5－1，在图 5－16 和图 5－17 中也分别用 A、B 和 C 表示。由结果可知，整体耦合条件随着质量比降低而变弱。由设计电学阻抗导致的差异将稍后展示。如果耦合太弱则负电容难以保持稳定，此时建议增大压电片的质量，并重新设计，如图 5－14 所示。或者可以参见 $N=4$ 的情况，针对不同附加质量提出几种设计。

表 5－1 $N=4$ 时拟定几何设计

质量比 r_m	长度比 r_L	高度比 r_H	$\kappa_{aver}^2/\%$	$\kappa_{\min}^2/\%$	标签
0.1	0.36	0.29	0.97	0.91	A
0.3	0.54	0.58	2.28	1.98	B
0.5	0.64	0.82	3.38	2.74	C

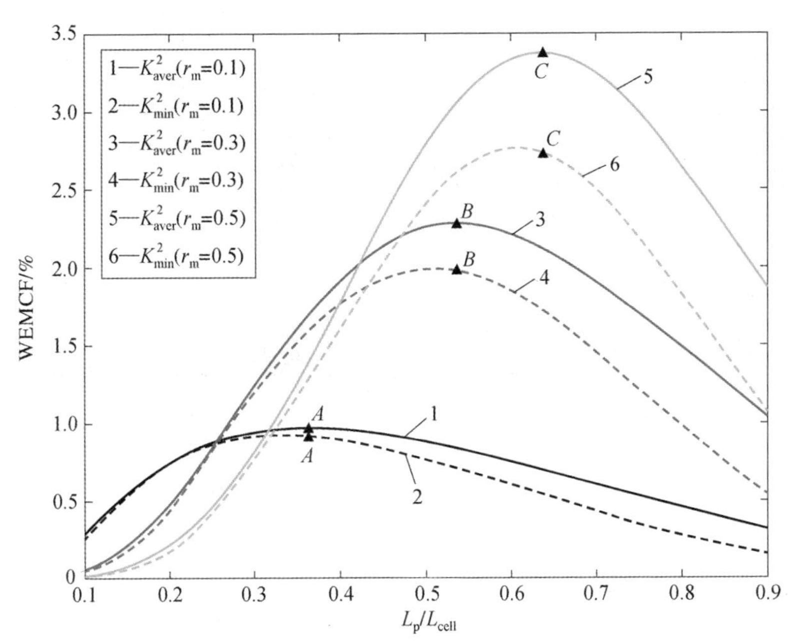

图 5-17　限制质量比下，平均 WEMCF 和最小 WEMCF 随压电片高度及长度变化关系（图中 A、B、C 分别代表不同质量比下的最优点。A 对应质量比 $r_m=0.1$，B 对应质量比 $r_m=0.3$，C 对应质量比 $r_m=0.5$。）

同理，N 取不同值时的结果参见表 5-2。不同于 $N=4$ 时，结构具有较低质量比的情况，如 $N=3$ 和 $N=6$，质量比必须相对较高，否则在某些频带内 WEMCF 极小。$N=3$ 和 $N=6$ 的平均 WEMCF 可见图 5-18。将 $\kappa^2_{\min}>\delta_{cr}$ 的区域高亮，可以看出，其基本与 $r_m=0.6$ 的等质量线（$N=3$）和 $r_m=0.8$ 的等质量线（$N=6$）相交，此时的结构难以被认为轻质结构。但由于其具有较高的 WEMCF，因此在后续设计中将其保留并作为参考。

表 5-2　N 变化时拟定几何设计

N	质量比 r_m	长度比 r_L	高度比 r_H	$\kappa^2_{aver}/\%$	$\kappa^2_{\min}/\%$	标签
2	0.55	0.49	1.16	2.55	1.50	D
3	0.60	0.70	0.89	2.44	0.89	E
5	0.30	0.58	0.53	2.31	2.65×10^{-5}	H*
6	0.80	0.95	0.37	3.57	1.35	F
7	0.30	0.84	0.37	2.29	1.91	G

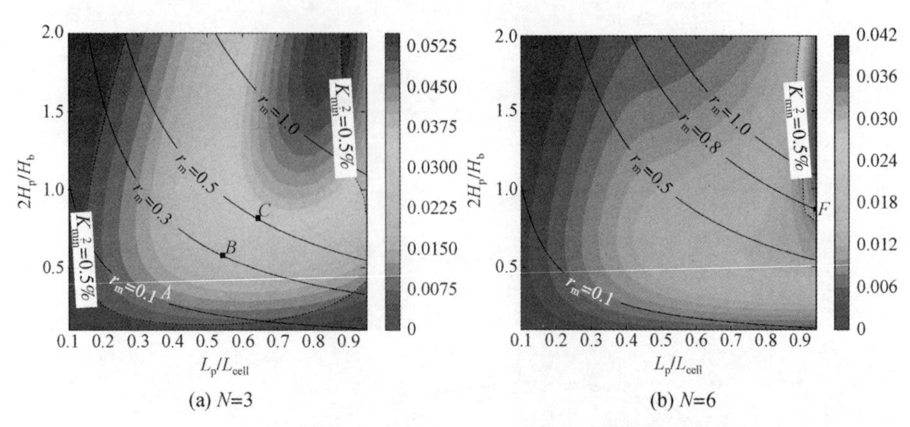

(a) N=3　　(b) N=6

图 5－18　$N=3$ 和 $N=6$ 时,900～2000Hz 内平均 WEMCF 压电片高度及长度变化关系(图中 A、B、C 分别代表不同给定质量比下的最优点。)

此外,对于一个给定的压电片数,并非总能找到一种满足所有约束的设计,如表 5－2 内 $N=6$ 的情况。从图 5－19 中可以看出,无论压电片的长度和高度如何设计,最小 WEMCF 仍然很小。但可以沿着 $r_m=0.3$ 的等质量线确定相对最优解 H^*(尽管不满足 $\kappa_{\min}^2>\delta_{cr}$)。点 H^* 提供了平均 WEMCF 近似但部分频率点机电耦合较弱的情况。因此在后续设计中将其保留并作为参考。

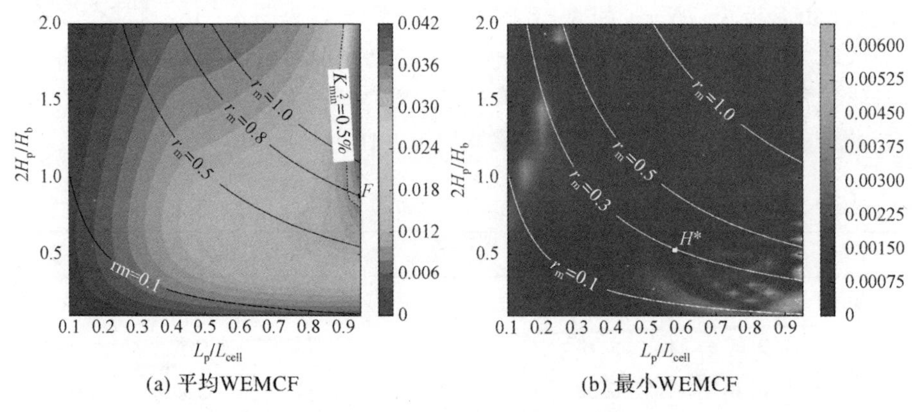

(a) 平均WEMCF　　(b) 最小WEMCF

图 5－19　$N=5$ 时,900～2000Hz 内平均 WEMCF 压电片高度及长度变化关系(图中点 H^* 作负参考。)

5.5.2　电路设计——周期负电容分支

通过几何设计，提出了几组含参数 N、L_p 和 H_p 的构型。对于每种构型，都尝试是否能通过负电容设计使得禁带涵盖目标频段。半主动压电系统的稳定性可以通过元胞的结构模态分析确定[9]，即特征值问题：

$$\left(\begin{bmatrix} \boldsymbol{K}_{\mathrm{II}} & \boldsymbol{H}_{\mathrm{II}} \\ \boldsymbol{H}_{\mathrm{IE}}^{\mathrm{T}} & \boldsymbol{C}_{\mathrm{p}} - \boldsymbol{C}_{\mathrm{neg}} \end{bmatrix} - \omega^2 \begin{bmatrix} \boldsymbol{M}_{\mathrm{II}} & 0 \\ 0 & 0 \end{bmatrix}\right)\begin{pmatrix} \boldsymbol{q}_{\mathrm{I}} \\ \boldsymbol{q}_{\mathrm{E}} \end{pmatrix} = \begin{pmatrix} 0 \\ 0 \end{pmatrix} \tag{5-37}$$

式(5-37)将根据不同的 $\boldsymbol{C}_{\mathrm{neg}}$ 值进行分析。式(5-37)是由式(3.3)在两端固支边界($\boldsymbol{q}_{\mathrm{L}} = \boldsymbol{q}_{\mathrm{R}} = 0$)下获得的。使用其他边界条件，如自由-自由和自由-固支，其结果都十分类似(在此例中，直到第五位有效数字才有差别)，如图 5-20 所示。这主要是因为在不稳定区域的边界，负电容会极大地改变结构的整体刚度。不同边界条件改变的初始有效刚度与负电容改变的刚度相比可忽略不计。$\boldsymbol{C}_{\mathrm{neg}}$ 的不稳定区域即负特征值出现的区域。图 5-21 显示了方程(5-37)得到的不同构型下的第一特征值。在图 5-20 和图 5-21 中，正值和负值均由对数坐标表示，不稳定区域用灰色区域高亮。具体数值参见表 3。值得注意的是此处是从理论分析的角度考虑稳定性问题。实际上要实现并联负电容还有很多细节需要解决[28]。

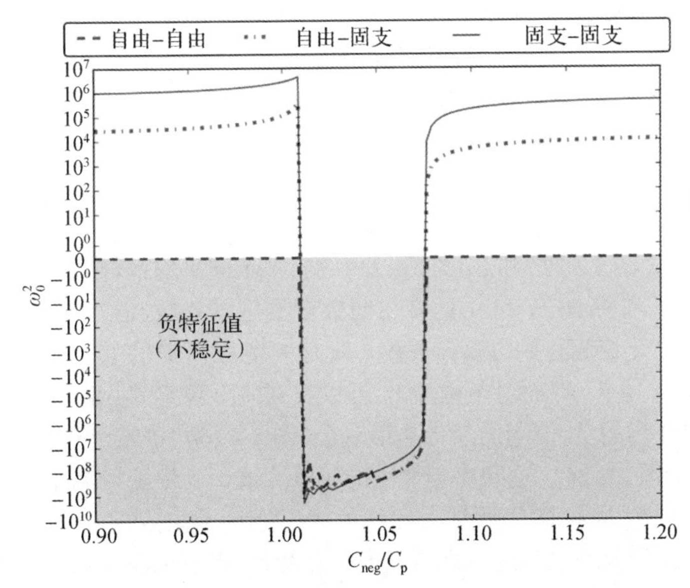

图 5-20　不同边界条件下，含负电容的第一特征值

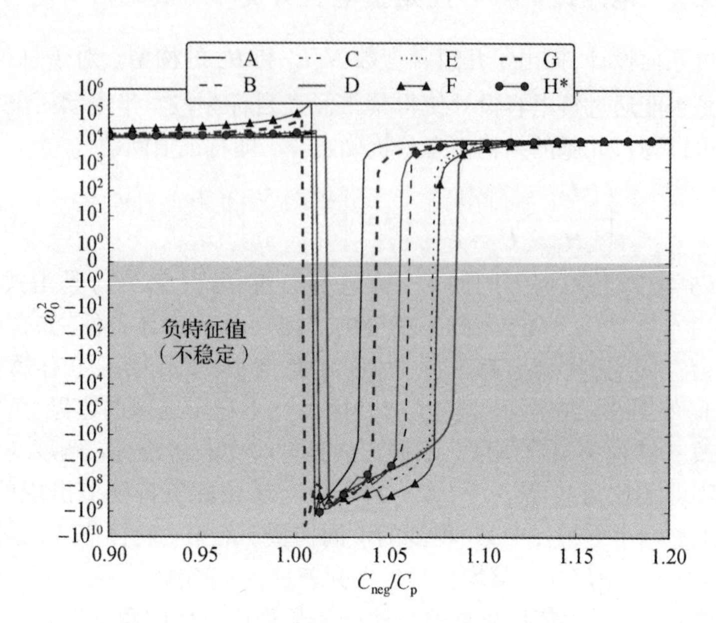

图 5-21　不同构型下，含负电容的第一特征值

当确定稳定区后，负电容的设计可以通过重复计算具有不同 C_{neg} 值的频散曲线来完成。下面展示了部分构型下，正向弯曲波在不同 C_{neg} 值和频率下的衰减常数(波数的虚部)。此步骤的目的是在不稳定区域外找到一个 C_{neg} 值，使周期结构能够具有涵盖整个目标频段的禁带。负电容的不稳定区域用浅灰色区域表示。每种构型的最终负电容选择(如果存在)用黄线高亮。

构型 A(图 5-22)和 B(图 5-23)突出了不同平均耦合因子所引起的影响。如表 5-2 所知，A 和 B 具有相同数量的压电片数，但构型 A 具有较低的质量比以及较低的平均耦合系数。所有构型 A 所需的 C_{neg} 值都处在不稳定区(图 5-22)。然而对于构型 B，可以找到一个稳定 C_{neg} 值来构造宽频禁带。值得注意的是，使用的禁带是第一个(图 5-26)、第二个(图 5-23)，还是第三个(图 5-24)，这取决于使用的压电片数。

如前所述，布拉格禁带是由元胞的动态刚度差决定的。利用负电容可以对刚度进行等效调节的特性可以产生宽禁带，细节见表 5-3。

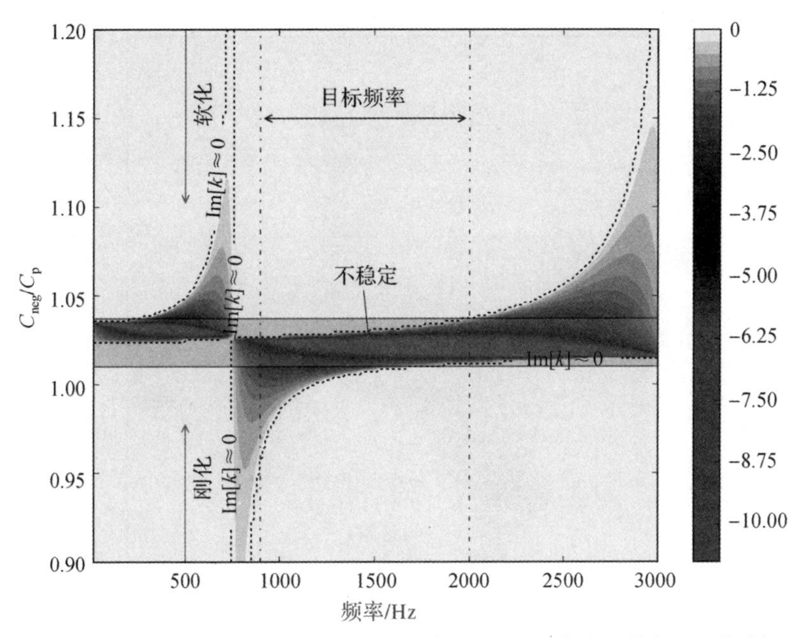

图 5-22　构型 A:衰减常数随负电容及频率变化图(不存在最终解。)(附彩插)

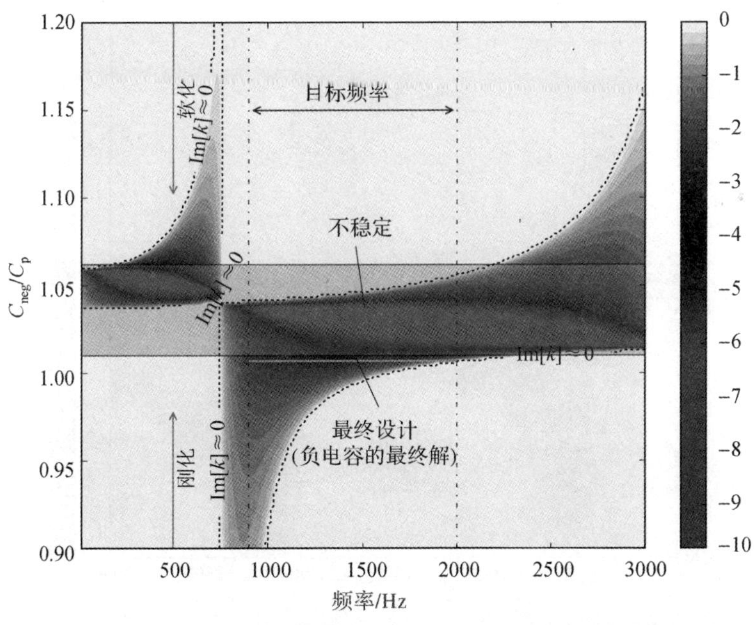

图 5-23　构型 B:衰减常数随负电容及频率变化图(附彩插)

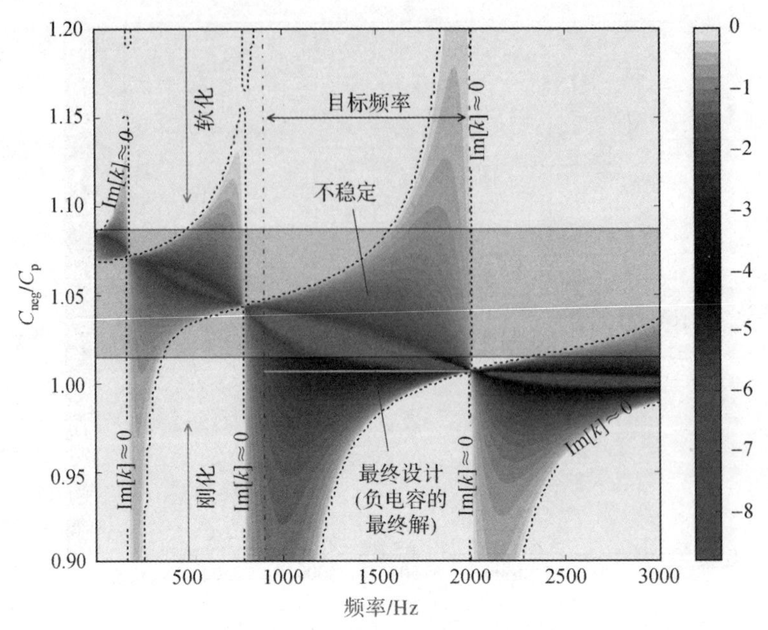

图 5－24　构型 D:衰减常数随负电容及频率变化图(附彩插)

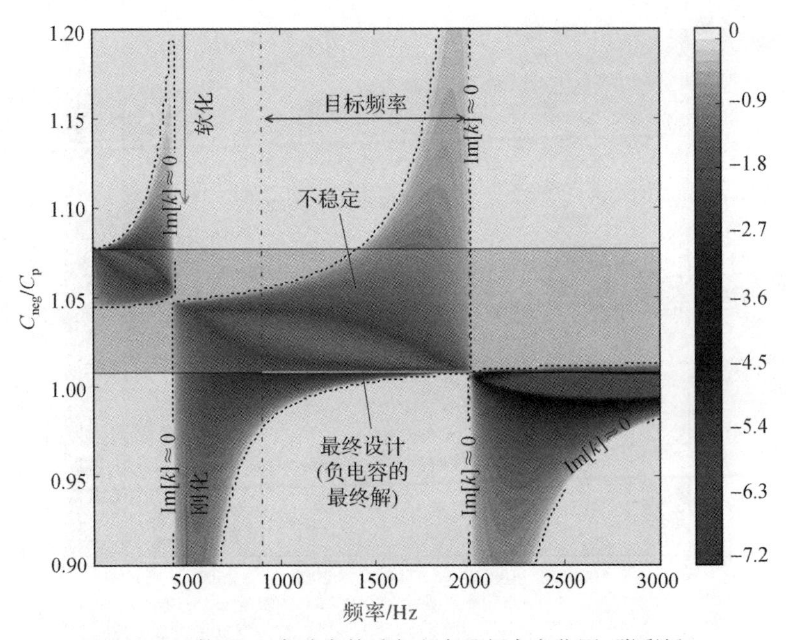

图 5－25　构型 E:衰减常数随负电容及频率变化图(附彩插)

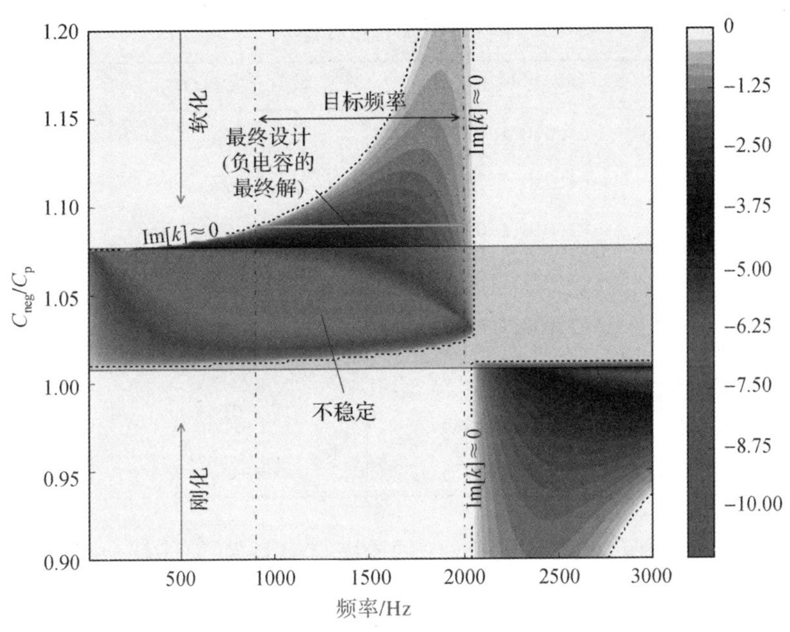

图5-26　构型F：衰减常数随负电容及频率变化图(附彩插)

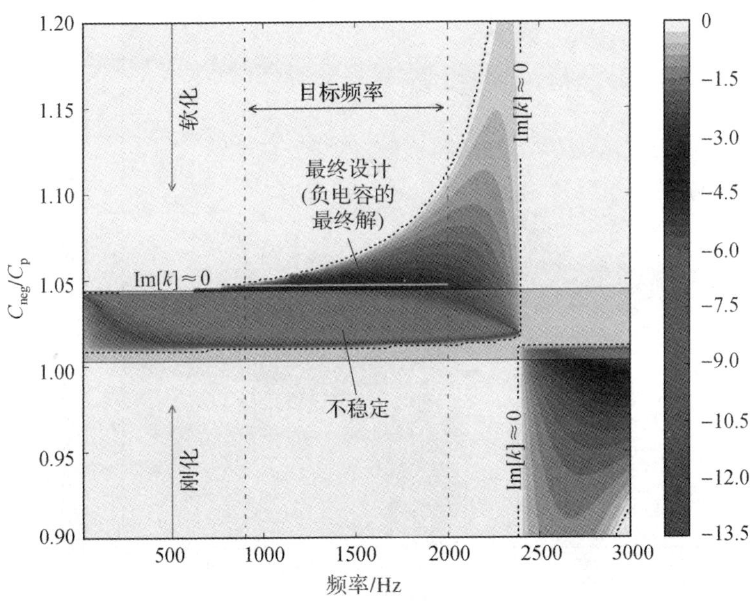

图5-27　构型E：衰减常数随负电容及频率变化图(附彩插)

表5-3 阻抗设计概要

标签	N	不稳定区域 C_{neg}/C_p	设计值 C_{neg}/C_p	特征
A	4	(1.010.1.037)	—	
B	4	(1.010,1.062)	1.007	刚化
C	4	(1.010,1.074)	0.999	刚化
D	2	(1.015,1.087)	1.006	刚化
E	3	(1.008,1.077)	1.008	刚化
F	6	(1.008,1.077)	1.089	软化
G	7	(1.003,1.044)	1.047	软化
H*	5	(1.010,1.057)	—	

无法找到构型 H* 的稳定 $\boldsymbol{C}_{neg}$ 值的原因与构型 A(整体耦合太弱)不同。对于构型 H*,总有部分频率点 WEMCF 极低。因此,在目标频率范围内不可能存在一个连续的禁带,如图5-28所示。该结果表明了在几何设计中需要满足条件 $\kappa_{min}^2>\delta_{cr}$。

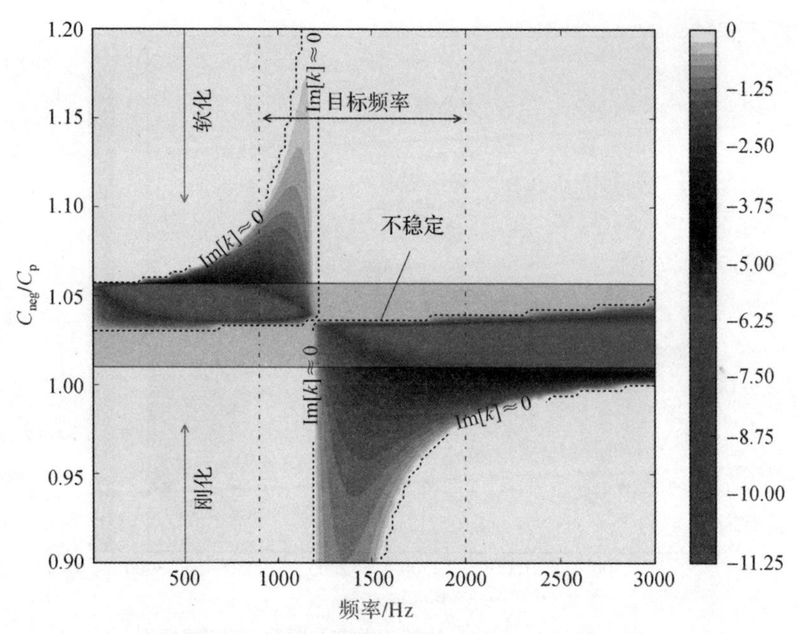

图5-28 构型 H*:衰减常数随负电容及频率变化图(不存在最终解。)

值得注意的是,表5-3给出的设计负电容很靠近不稳定区域。实际中需要设定安全裕度,否则任何电学参数的扰动都会使电路失稳。除了构型E,本章中提出的每种设计都有一定的安全裕度。扩展安全裕度可以使用更多的压电材料(请参阅构型A、B和C)或使用不同数量的压电片(请参阅配置D和G)。通常大的裕度会使结构质量增加。因此必须在安全裕度和系统质量间找到折中方案。所以并非在给定压电片数时选取最小质量比,而是设定不同的压电片数并进行比较。此外,在本章中以PZT4材料为例,实际中可以选用质量密度低一些的压电材料。一旦材料给定且知道了安全裕度的要求,就可以通过本章提出的方法优化质量比。

总之,N的选择给出了不同的初始禁带参数(位置和带宽)。在某些情况下,构型的质量比非常低($N=4,7$),而在其他情况下,仅当考虑更高的质量比时才存在解决方案($N=2,3,6$)。特别是在某些情况下($N=5$),找不到解决方案。质量比限制了几何参数的参数空间因此进一步影响了最佳WEMCF。WEMCF进一步涉及负电容的安全裕度。所以以较低的质量可能无法找到稳定的负电容设计(配置A)。值得注意的是,在相同质量比下,也可以有多种设计(对于B和G,为30%)或没有设计(10%),具体取决于压电片数。为了实现设计,图5-14所示的流程图并非唯一的,也可以选用质量比优化后的压电片数目N,结论是相同的。

5.6 多模态振动抑制性能

5.6.1 禁带共振

经过上述设计过程可得几个压电结构,其参数见表5-2和表5-3。每个结构都有一个连续的覆盖目标频段(900~2000Hz)的禁带。本节分析这些结构在自由端施加谐振力时(图5-13)的减振性能。

从图5-29中可以看出禁带内模态密度降低。利用位移自由度同样可以得出此结论,但由于篇幅有限,本节并未给出。另一原因在于,文献[29]指出旋转自由度在高频时更为重要。目标频段内无共振,因此其平均响应水平显著降低。由于负电容位于刚化区域,因此静态响应(0Hz)也相应降低。由图5-23可知,目标频段被第一禁带覆盖,因此[0Hz,900Hz]是传播域。由Mead[27]的工作可知,传播域内有$N-1$或N个共振峰,具体由边界条件决定,N为元胞数。构型B中有4个元胞,因此图5-29中有4个共振峰,与预期相符。

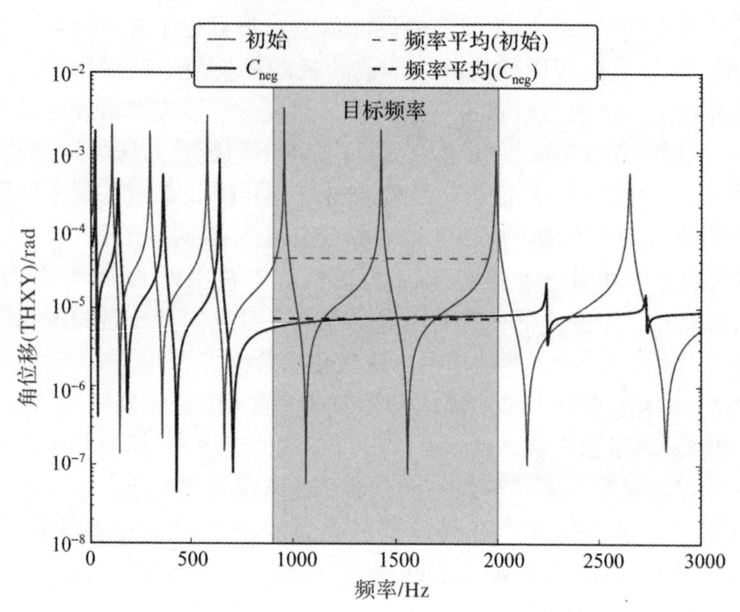

图 5-29　构型 B 激励端($x=0$m)处旋转自由度的频率响应函数与初始模型对比

然而,禁带并不能保证消除其中的所有模态,只能确保其中所有的模态都具有局部化特性。禁带内模态的存在性可以参考 Mead 的工作,他从有限周期结构内的固有频率及禁带的边界频率之间的关系出发进行了推导[27,30]。结果证明,只有在特定边界条件下,某些固有频率才会位于禁带边缘。否则,固有频率可能在禁带内或禁带外。对于单耦合系统,可以预测边界条件导致的零禁带共振。如周期性简支梁,其相应的边界条件为结构两端夹紧。对于多耦合的周期性结构,例如此处考虑的梁,其特定边界会变得复杂。根据对称性,部分自由度需要固定,而其他自由度需要自由,且对于不同种波其条件也会发生变化。更重要的是,这些边界条件仅在元胞对称时才存在。这意味着可能很难避免禁带共振,尤其是对于复杂的周期结构。

值得指出的是,禁带共振与衰减波的波屏蔽机理并不冲突。实际上,单个衰减波不会传输能量。仅基于此很难解释为什么禁带内部会存在固有模态,其整个结构除了模态振型节点外,都可以具有无限动能。Bobrovnitskii[31-32] 和 Kurze[33] 解释说,如果存在方向相反的两个衰减波(有限结构即为此例),它们会形成一个“混合衰减域”,使能量能够流动。这种能量流动允许注入的功率在整个结构上传输。如果能量可以在某些情况下累积(相位闭合),将产生共振。更进一步,禁带共振也可以通过相位闭合原理解释[34]。即一旦传播波达到相位闭合或零衰减,就形成了绕整个系统的闭环,从而创造与结构模态对应的驻波。当衰减波在结构内传播时,其幅值会降低,但由于边界可以产生一个比入射波幅值大的反射衰减波(反射系数大于1)用于补偿传播时幅值的衰减[30]。因此衰减波仍然有可能达到相位闭合条件从而形成一个模态,且可推断出禁带内共振的模态振型集中于边界附近。

图5-31和图5-32为构型G的禁带内的共振响应。频率响应函数的2个峰位于禁带内。由模态分析可知2个峰值分别对应1035Hz和1890Hz的2个模态。这两种模式的振型与禁带外振型(4758Hz)对比如图5-30所示。不出所料,大部分的振动由衰减波组成,导致其集中在边界附近;相反,4758Hz的模态是由传播波组成,因此具有均匀的分布式节点和反节点。由于能量局部化,导致激励点的频率平均响应增加,如图5-31所示。另外,如图5-32所示,远离激励处的响应随之降低。

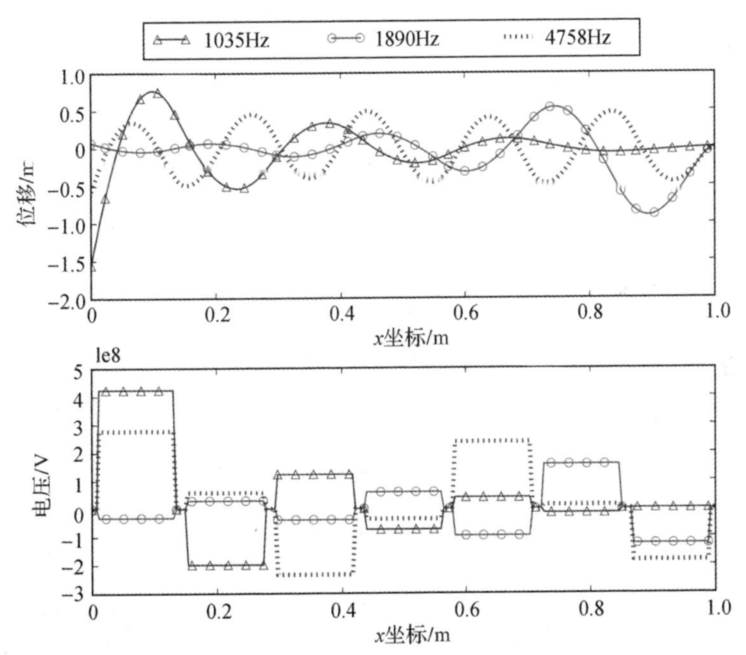

图5-30 构型G中的禁带共振的模态形状(在1035Hz和1890Hz时)与寻常模态(4758Hz)对比

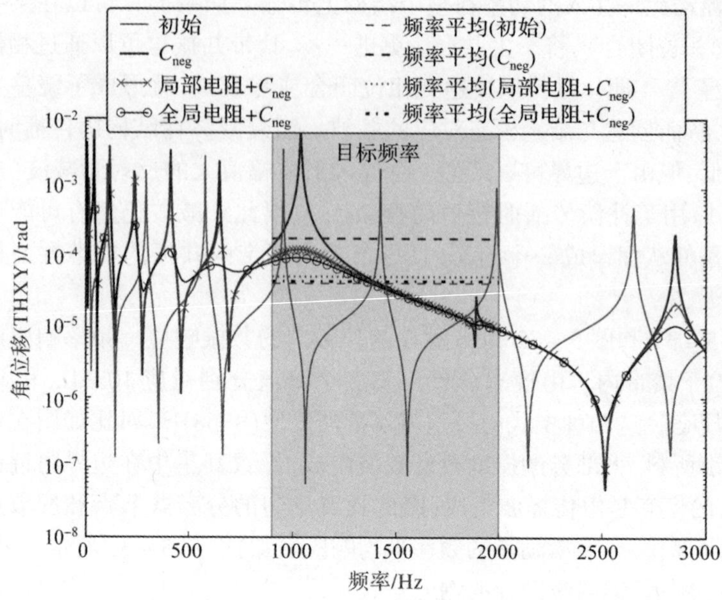

图 5-31 构型 G 的激励点($x=0$m)旋转自由度的频率响应函数对比

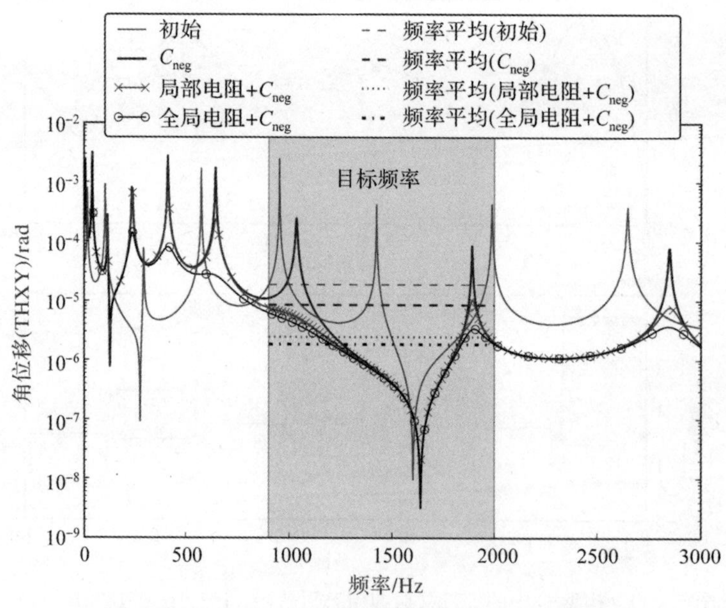

图 5-32 构型 G 内,远离激励点($x=0.7$m)处旋转自由度的频率响应函数对比

5.6.2　电路设计——局部电阻

由于能量集中，结构中某些部分的振动（远离振源）已经降低了。在这种情况下，只有元胞的阻抗分布发生变化，而没有其他阻尼机制（电阻或能量收集器）引入。此外，电能也局部化到统一区域，如图5-30所示，这可以有效地移除电能，从而减轻整体结构的振动。

为了说明这一点，在构型G中引入电阻，作为具有阻尼或能量收集能力电路的代表。将电阻串联到负电容上，阻抗可以写成：

$$Y = \frac{Q}{V} = \frac{1}{-1/C_{\mathrm{neg}} + \mathrm{j}\omega R} \tag{5-38}$$

式中：R为电阻。考虑了分布电阻的两种不同情况：在第一种情况下，每个负极均连接一个具有20Ω的相同电阻，总计7个电阻，以下称为全局电阻；在第二种情况下，仅使用2个20Ω的电阻连接到能量局部化区域，即第一个和最后一个压电片，称为局部电阻。

计算并比较了两种情况下激振点（$x=0\mathrm{m}$）的频率响应函数，如图5-31所示。可以看出，通过电阻引入的阻尼机制使禁带共振的振动峰值减小了。图5-32展示了$x=0.7\mathrm{m}$处的频率响应函数。由于附加阻尼的作用，频率平均响应被进一步抑制。更重要的是，禁带内全局电阻和局部电阻的性能几乎相同，而在通带内全局电阻性能要好很多。这可以通过之前讨论的禁带模态振型特性来解释。结果表明局部电阻是消除禁带共振能量的有效方法，因为阻尼器/能量收集器的数量比全局法少得多。

图5-33比较了1030Hz时三种阻抗条件下：零阻抗、全局阻抗和局部阻抗，强迫响应峰值的变化。可以看出不管是局部阻抗还是全局阻抗，变形仍具有局部化特征。禁带共振的本质是特征值问题的解，其包含了所有的共振特征。阻尼不会显著改变模态形状的常识依然适用于禁带共振。结果再一次证实了局部和全局分布的阻抗结果只有微小差异。

如表5-3所列，此处使用的负电容非常接近不稳定区域。因此连接负电容时，其机电耦合效果是非常强的。此种情况下，电阻的可选范围极广。根据频率可以确定其最优值，然而非最优值也可以引起明显的阻尼。对于构型G，10~10000Ω的电阻均适用（结果未显示）。这为后续用能量收集电路取代电阻提供了极大的裕度。

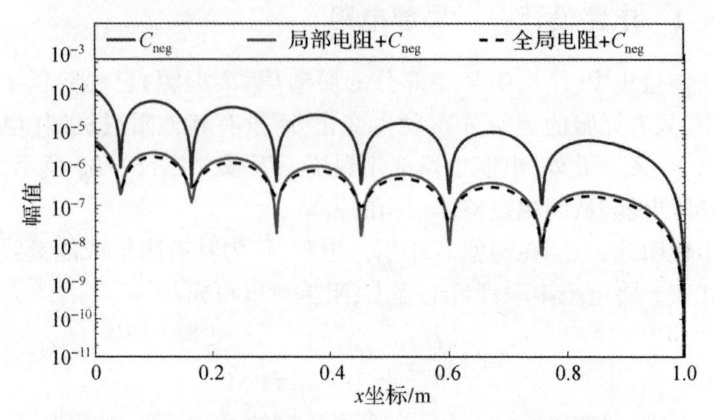

图 5-33 构型 G 于 1030Hz 内含与不含电阻振型对比

5.6.3 边界条件的影响

在设计周期结构的时候并不需要结构的模态信息。这意味着设计的结构可能具有一些对边界条件不敏感的特征。如图 5-29 所示，在悬臂边界条件下，构型 B 并没有禁带共振。为了验证边界条件的影响，构型 B 的自由端（$x = 0$m）引入无质量弹簧。图 5-34 显示了 $x = 0.75$m 处的频率响应函数相对于支撑刚度的变化趋势。在某些支撑刚度下存在一个禁带共振。然而在目标范围内的模态密度低于具有相同带宽的其他频率范围。图 5-35 总结了 $x = 0$m 和 $x = 0.75$m 时的频率平均响应，还比较了一个局部分布电阻的影响。一个阻值为 50Ω 的分布电阻连接到最接近激励点的压电片上（电阻值是随意给定的，原因见 5.6.2 节结尾所述相同的原因），另一个电阻连接到简支端的压电片上。

可以看出，禁带增大了近场（$x = 0$m）和远场（$x = 0.75$m）之间的响应差。连续变化的支撑刚度会在禁带中引入共振峰。在没有禁带共振的情况下，近场和远场的响应与原始响应相比都有所降低。禁带共振出现时，近场响应可能大于原始响应。另外，无论是否存在禁带共振，远场响应都会降低。当只在边界上引入阻尼机制时，禁带共振的负面影响得到有效缓解。远场响应进一步降低，同时近场响应与原结构相比被控制在一个较低水平。这是由于大部分振动能量被抑制或消除。在所有给定边界条件下，目标带内的响应都显著降低。在此方面，所设计结构的减振能力对边界条件不敏感。

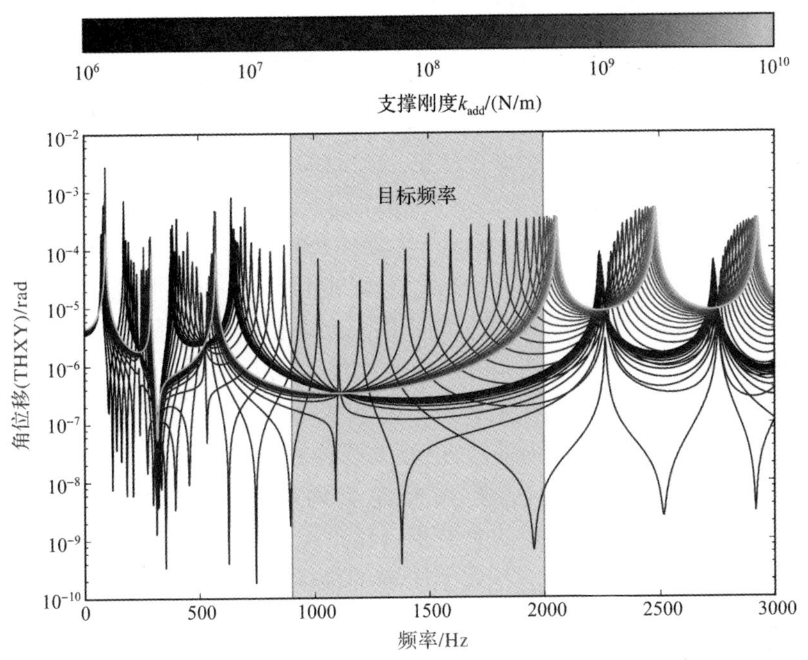

图5－34　构型B远离激励点(x＝0.7m)处旋转自由度的频率响应函数随支撑刚度变化

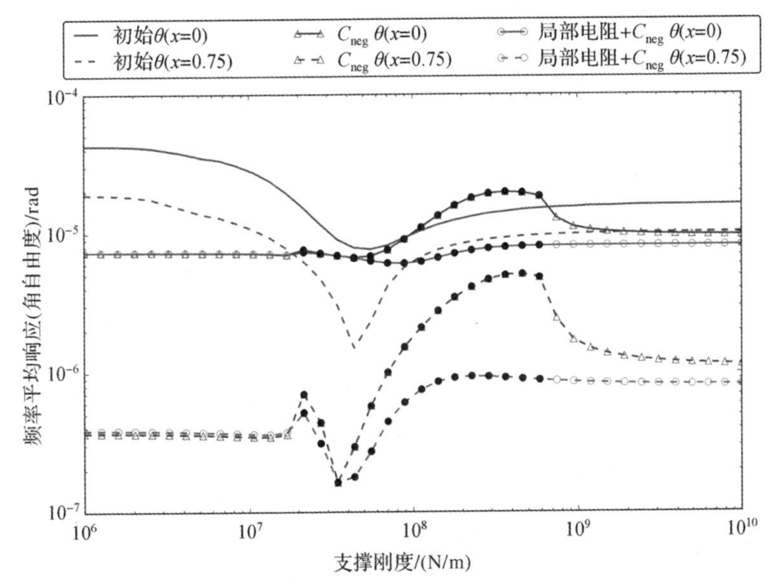

图5－35　构型B激励点(x＝0m)处和远离激励点(x＝0.75m)处频率平均响应随支撑刚度变化

5.7 小结

波机电耦合系数可用于设计压电系统的几何参数。它是根据电能占机械能的比例定义的。通过现有波频散数值工具的后处理程序,很容易算出WEMCF。研究表明,WEMCF 可以作为评估负电容构造宽频禁带能力的指标。如果 WEMCF 太小,则期望的 C_{neg} 值可能位于不稳定区域。此外,还应避免最小 WEMCF 太低,否则目标频带内总会存在一个通带。

本章提出了一种在周期压电结构的迭代设计中确定结构几何和电学参数的设计流程。利用平均 WEMCF 和最小 WEMCF 作为设计标准。在限制压电材料的整体质量的前提下,对设计准则进行优化。并利用该流程,设计了集中轻质且稳定的半主动压电系统,它们均具有覆盖目标频率范围的宽频禁带。结果表明压电材料的总质量占比不能太低,否则 WEMCF 会过小,以至于不能很好地扩展具有稳定负电容的禁带。对于本章中的示例,PZT4材料最低重量大约占主体结构的 30%。

禁带使所设计的压电结构具有比原始结构更低的模态密度。在某些边界条件下,模态密度甚至可以为零,从而极大降低了结构振动。然而某些边界条件下会在禁带内引入共振,因而禁带内部的振动并不总是降低的。这种现象可以通过几种方式来理解。禁带共振的模态振型局限在边界附近,因此在这些区域的响应将增加。然而无论是否存在禁带共振,远离边界的部分仍然具有较低的响应。这些特性只能通过扩大元胞的动力学对比度来实现,而不是增加阻尼。

根据禁带共振的振动局部化特征,可以通过在每个边界处的 PZT 贴片上引入一个电阻或收集器去除振动能量。在禁带内,减振性能几乎与所有贴片都连接到相同电阻的情况相同。这同时也可以用于指导能量收集的新思路,并可以将能量收集与减振相结合。

在设计的时候不需要考虑任何主体结构的模态信息,此外减振性能对边界条件也不敏感。因此,该方法在难以获取精确模态信息的中高频减振中有很大的应用前景。

参考文献

[1] WASA K, et al. Electromechanical coupling factors of single - domain 0.67Pb ($Mg_{1/3}Nb_{2/3}$)O_3 - 0.33

$PbTiO_3$ single – crystal thin films [J]. Applied Physics Letters,2006,88(12):1 –4.

[2]PIJOLAT M,et al. Large electromechanical coupling factor film bulk acoustic resonator with X – cut LiN-bO_3 layer transfer[J]. Applied Physics Letters,2009,95(18):10 – 13.

[3]MASON W P,BAERWALD H. Piezoelectric Crystals and Their Applications to Ultrasonics[J]. Physics Today,1951,4(5):23 –24.

[4]VASQUES C M A. Improved passive shunt vibration control of smart piezo – elastic beams using modal piezoelectric transducers with shaped electrodes[J]. Smart Materials and Structures,2012,21(12):125003.

[5]DUCARNE J,THOMAS O,DEü J – F. Placement and dimension optimization of shunted piezoelectric patches for vibration reduction[J]. Journal of Sound and Vibration,2012,331(14):3286 –3303.

[6]FAN Y,COLLET M,ICHCHOU M,et al. Enhanced wave and finite element method for wave propagation and forced response prediction in periodic piezoelectric structures[J]. Chinese Journal of Aeronautics,2017,30(1):75 –87.

[7]MEAD D J. Waves and Modes in Finite Beams:Application of the Phase – Closure Principle[J]. Journal of Sound and Vibration,1994,171(5):695 –702.

[8]WANG X Q,SO R M C and CHAN K T. Resonant beam vibration:A wave evolution analysis[J]. Journal of Sound and Vibration,2006,291(3/4/5):681 –705.

[9]COLLET M,CUNEFARE K A,and ICHCHOU M N. Wave Motion Optimization in Periodically Distributed Shunted Piezocomposite Beam Structures[J]. Journal of Intelligent Material Systems and Structures,2009,20(7):787 –808.

[10]TATEO F,COLLET M,OUISSE M,et al. Experimental characterization of a bi – dimensional array of negative capacitance piezo – patches for vibroacoustic control[J]. Journal of Intelligent Material Systems and Structures,2015,26(8):952 – 961.

[11]CHEN S,WANG G,WEN J,et al. Wave propagation and attenuation in plates with periodic arrays of shunted piezo – patches[J]. Journal of Sound and Vibration,2013,332(6):1520 – 1532.

[12]DAI L,JIANG S,LIAN Z,et al. Locally resonant band gaps achieved by equal frequency shunting circuits of piezoelectric rings in a periodic circular plate[J]. Journal of Sound and Vibration,2015,337:150 – 160.

[13]BAREILLE O,KHARRAT M,ZHOU W and ICHCHOU M N. Distributed piezoelectric guided – T – wave generator,design and analysis[J]. Mechatronics,2012,22(5):544 –551.

[14]SU Z,YE L. Selective generation of Lamb wave modes and their propagation characteristics in defective composite laminates[J]. Proceedings of the Institution of Mechanical Engineers,Part L:Journal of Materials Design and Applications,2004,218(2):95 – 110.

[15]MUELLER I,FRITZEN C P. Inspection of Piezoceramic Transducers Used for Structural Health Monitoring[J]. Materials (Basel),2017,10(1):71.

[16]ONO K. On the Piezoelectric Detection of Guided Ultrasonic Waves[J]. Materials(Basel),2017,10(11):1325.

[17]CHEN S,ZHANG Y,LIN S,et al. Study on the electromechanical coupling coefficient of Rayleigh – type surface acoustic waves in semi – infinite piezoelectrics/non – piezoelectrics superlattices[J]. Ultra-

sonics,2014,54(2):604 - 608.

[18] FAN L,ZHANG S Y,ZHENG K,LIN W and GAO H D. Calculation of electromechanical coupling coefficient of Lamb waves in multilayered plates[J]. Ultrasonics,2006,44:e849 - e852.

[19] FAN Y,COLLET M,ICHCHOU M,et al. A wave - based design of semi - active piezoelectric composites for broadband vibration control[J]. Smart Materials and Structures,2016,25(5):055032.

[20] CHANG S H,CHOU C C and ROGACHEVA N N. Analysis of methods for determining electromechanical coupling coefficients of piezoelectric elements[J]. IEEE Transactions on Ultrasonics,Ferroelectrics,and Frequency Control,1995,42(4):630 - 640.

[21] MEAD D J. The forced vibration of one - dimensional multi - coupled periodic structures:An application to finite element analysis[J]. Journal of Sound and Vibration,2008,319(1/2):282 - 304.

[22] FAN Y,ZHOU C W,LAINE J P,et al. Model reduction schemes for the wave and finite element method using the free modes of a unit cell[J]. Computers & Structures,2018,197:42 - 57.

[23] FAN Y,COLLET M,ICHCHOU M,et al. Energy flow prediction in built - up structures through a hybrid finite element/wave and finite element approach[J]. Mechanical Systems and Signal Processing,2016,66/67:137 - 158.

[24] WAKI Y,MACE B R,BRENNAN M J. Numerical issues concerning the wave and finite element method for free and forced vibrations of waveguides[J]. Journal of Sound and Vibration,2009,327(1/2):92 - 108.

[25] ZHOU C W,LAINÉ J P,ICHCHOU M N,et al. Wave Finite Element Method Based on Reduced Model for One - Dimensional Periodic Structures[J]. International Journal of Applied Mechanics,2015,7(2):1550018.

[26] MEAD D J. A general theory of harmonic wave propagation in linear periodic systems with multiple coupling[J]. Journal of Sound and Vibration,1973,27(2):235 - 260.

[27] MEAD D J. Wave propagation and natural modes in periodic systems:II. Multi - coupled systems,with and without damping[J]. Journal of Sound and Vibration,1975,40(1):19 - 39.

[28] BECK B S. Experimental Analysis of a Cantilever Beam with a Shunted Piezoelectric Periodic Array[J]. Journal of Intelligent Material Systems and Structures,2011,22(11):1177 - 1187.

[29] GOYDER H G D,WHITE R G. Vibrational power flow from machines into built - up structures,part I:Introduction and approximate analyses of beam and plate - like foundations[J]. Journal of Sound and Vibration,1980,68(1):59 - 75.

[30] MEAD D J. Wave propagation and natural modes in periodic systems:I. Mono - coupled systems[J]. Journal of Sound and Vibration,1975,40(1):1 - 18.

[31] BOBROVNITSKII Y I. Author's Reply[J]. Journal of Sound and Vibration,1993,161(2):357.

[32] BOBROVNITSKII Y I. On the energy flow in evanescent waves[J]. Journal of Sound and Vibration,1992,152(1):175 - 176.

[33] KURZE U J. Comments On "On The Energy Flow In Evanescent Waves" 1992[J]. Journal of Sound and Vibration,1993,161(2):355 - 356.

[34] MEAD D J,PARTHAN S. Free wave propagation in two - dimensional periodic plates[J]. Journal of Sound and Vibration,1979,64(3):325 - 348.

第三篇

二维压电周期结构

第 6 章
周期压电复合板的低频动力学特性及应用

6.1 引言

汽车、高速列车、舰船以及航空航天飞行器在追求质量轻、刚度大、抗冲击的结构性能的同时,面临的振动噪声问题越来越突出。另外,智能材料科学与技术的发展为解决工程中的难题开辟了新的思路。将压电材料引入周期板壳的设计有可能成为同时满足质量轻、刚度大、振动低、隔声好等需求的新型板壳结构的设计方向。本章和第 7 章将基于压电智能材料结构的基本理论对周期压电复合板的振动特性以及波传播特性展开研究。周期压电复合板包括三种类型:周期分布压电材料复合板、周期压电分支电路复合板,以及周期压电网络复合板。周期压电复合板低频动力学分析模型是一种将复合板均匀化的模型。本章重点分析周期压电网络复合板;在将压电网络复合板均匀化的同时,也给出了压电材料复合板的均匀化方法,基于此不难得出压电分支电路复合板的均匀化模型。

6.2 周期压电网络复合板的低频动力学分析模型

6.2.1 周期压电网络复合板的基本形式及命名约定

压电网络复合板包含压电材料复合板和压电电路网络两部分,各部分的组成及特点如下:

(1)压电材料复合板为压电网络复合板中的结构部分,由作为基底的板及压电材料片组成,压电片周期性地均匀分布在板表面或镶嵌在板内部。本章设压电片均匀分布在板的表面,如图 6-1 所示。

(2)压电电路网络(以下简称压电网络)为压电网络复合板的电路部分,由连接各压电片表面电极的电路组成,电路中有根据需要设置的电阻、电感、电容等电学元件,各压电片之间的电路完全相同。其拓扑形式如图 6-2 所示。

整个压电网络复合板是一个周期结构,其中的一个结构周期(又称元胞)如图 6-3 所示。

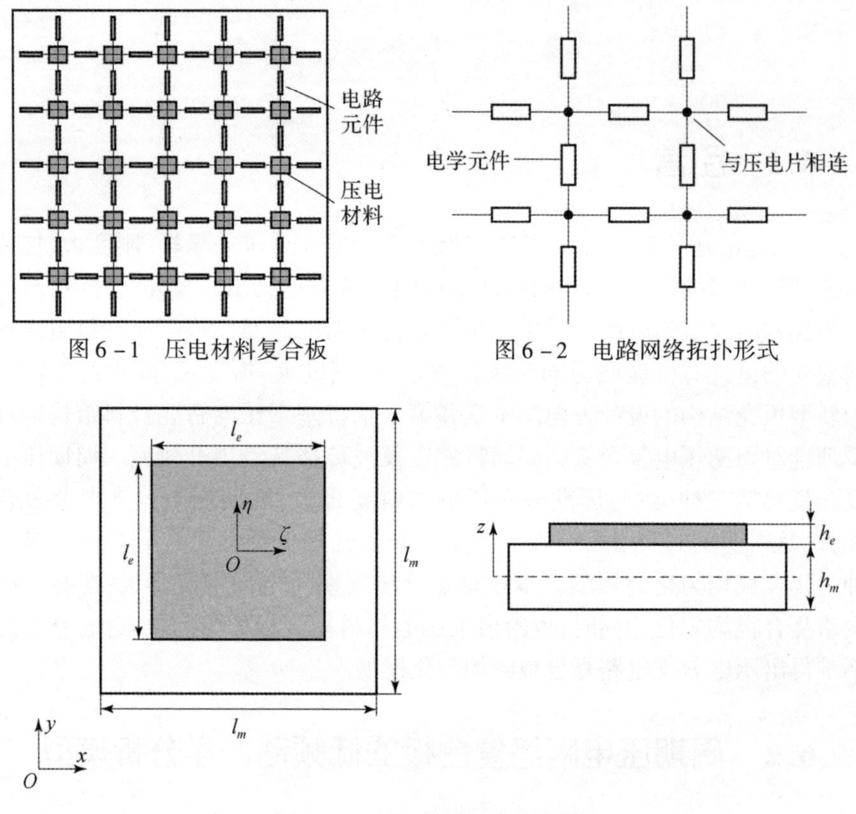

图 6-1　压电材料复合板

图 6-2　电路网络拓扑形式

图 6-3　压电材料复合板元胞

本章所讨论的压电片之间的电路及电学元件主要涉及图 6-4 所示的三种情况。图 6-4(a)表示元胞之间的电路包含电感和电阻并且电感电阻并联,对应的压电网络复合板称为电感电阻并联型压电网络复合板(LR-PEM);图 6-4(b)为电感型压电网络复合板的电路形式,即元胞之间的电路仅含电感,在本章中用L-PEM表示;图6-4(c)为电阻型压电网络复合板的电路形式,即元胞之间的电路仅含电阻,本章用R-PEM表示。

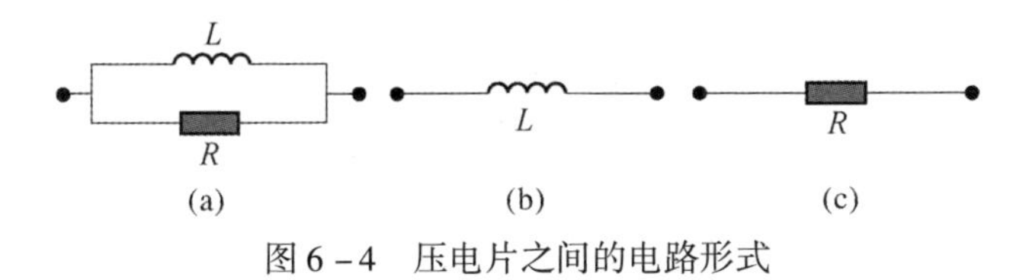

图6-4 压电片之间的电路形式

L-PEM为无阻尼压电网络复合板,是压电网络复合板的最基本形式;LR-PEM为有阻尼压电网络复合板;R-PEM是LR-PEM的特殊形式。

6.2.2 周期压电网络复合板的均匀化

周期分布压电片及电路的压电网络复合板从某种意义上来说可以认为是一种复合材料板。对复合材料进行均匀化处理是很多学者在分析复合材料结构性能时采用的简化方法[1-2]。均匀化分析的意义在于可以较为方便、快捷地得到周期性材料结构的力学特性。在设计周期结构时,经常遇到的情况是在精细设计元胞尺寸、元胞数以及边界条件之前设计人员首先关注的是这种材料结构的基本特性。特别是进行动力学分析时,实际工程中复杂的边界条件往往难以模拟,能够首先预测出与边界条件无关的波动特性以及在简单边界条件下结构的振动特性显得尤其重要。而均匀化分析可以满足这一需求。

在动力学领域进行均匀化分析的一个基本假设是研究中所涉及的弹性波的波长要显著大于构成一个结构周期元胞的特征尺寸。换句话就是如果所考虑的弹性波波长能够包含数个结构周期,则可进行均匀化处理。中低频弹性波的波长相对较长,如果结构周期不是很大,则一般可满足均匀化分析的条件。文献[3]对二维周期结构的均匀化条件进行了深入研究,文中给出了用波有限元法(CWFEM)直接求解周期结构和将周期结构均匀化后用解析解求解频散曲线的对比;图6-5(a)所示为弯曲波的频散曲线(标注HPDM的曲线为均匀化的结果)。从图中可见,对于所分析的结构,在小于10Hz的范围内,均匀化的结果几乎与CWFEM的结果重合。至18Hz(该弯曲波的禁带起始频率),误差达到最大。为了研究两种分析方法的差异与元胞尺寸的关系,笔者定义了一个尺度比参数:$\varepsilon_t = l_w/\lambda$,其中$l_w$为元胞特征尺寸,$\lambda$为弯曲波的波长。图6-5(b)给出了两种分析方法的相对误差与尺度比的关系曲线,ε_t的变化范围为0.001~0.5。对应$\varepsilon_t=0.1$的相对误差仅为

0.5%。$\varepsilon_t=0.1$ 意味着所研究的一个弯曲波的波长可覆盖 10 个结构周期。如果在实际的工程设计中精度可以适当放宽,比如放宽至 5%,则一个波的波长可覆盖的结构周期数还会减少。因此对周期结构进行均匀化处理,是中低频域的分析中经常采用的一种处理方法。

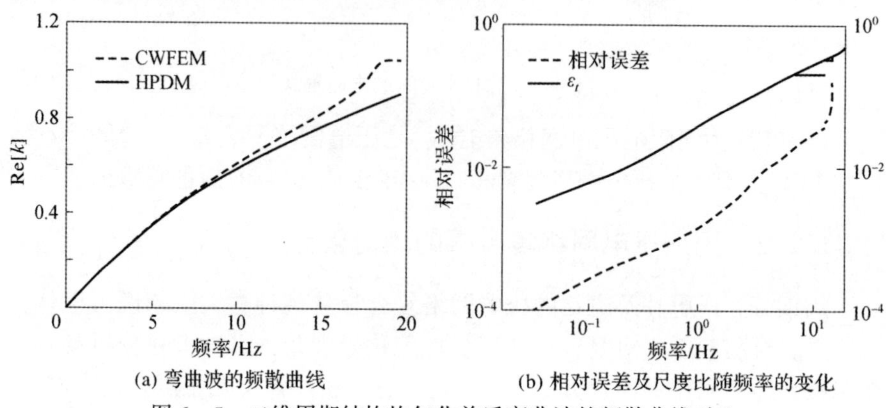

(a) 弯曲波的频散曲线　　(b) 相对误差及尺度比随频率的变化

图 6-5　二维周期结构均匀化前后弯曲波的频散曲线对比

本节首先基于第 2 章中介绍的机电耦合系统哈密顿原理分别建立压电材料复合板(即压电材料之间没有连接电路)和压电网络的拉格朗日能量泛函表达式,在此基础上分别给出复合板及电路的均匀化处理方法。

6.2.2.1　压电材料复合板及电路网络的拉格朗日函数

弹性材料板的拉格朗日函数 L_m 由板的动余能函数 T_m^*① 和势能函数 V_m 两部分组成:

$$L_m = T_m^* - V_m \tag{6-1}$$

其中,动余能函数为

$$T_m^* = \frac{1}{2}\rho_m h_m \int_S \dot{w}^2 ds \tag{6-2}$$

式中:ρ_m 为基板密度;h_m 为板厚度;$\dot{w}$ 为 w 对时间求一次导数;w 为板中面横向位移;S 为板中面区域。

根据薄板的基尔霍夫(Kirchhoff)假设,垂直于板中面的法向应力对变形和应力状态的影响很小,可以忽略,这使板上的应力(σ)、应变(ε)关系可以近似按平面应力问题进行分析,因此式(6-1)中势能为

① 对于纯机械系统,动余能就等于动能,没有必要区分。然而在机电耦合系统中应用哈密顿原理时,需要区分电能、磁能和电余能、磁余能[4]。为了表述统一,因此这里采用术语动余能。

$$V_m = \frac{1}{2} \int_{\Omega} (\sigma_{11}\varepsilon_{11} + \sigma_{22}\varepsilon_{22} + \sigma_{12}\varepsilon_{12}) \mathrm{d}\Omega \tag{6-3}$$

式中：Ω 为整个板所在区域；1、2、3 分别表示 x、y、z 方向。

根据薄板振动理论有[5]

$$\begin{cases} \varepsilon_{11} = -z \dfrac{\partial^2 w}{\partial x^2} \\ \varepsilon_{22} = -z \dfrac{\partial^2 w}{\partial y^2} \\ \varepsilon_{12} = -2z \dfrac{\partial^2 w}{\partial x \partial y} \end{cases} \tag{6-4}$$

将式(6-4)代入式(6-3)可得

$$V_m = \frac{D_0}{2} \int_S \left[\begin{array}{l} \left(\dfrac{\partial^2 w}{\partial x^2} w\right)^2 + 2\mu_m \dfrac{\partial^2 w}{\partial x^2} w \dfrac{\partial^2 w}{\partial x \partial y} w + \left(\dfrac{\partial^2 w}{\partial y^2} w\right)^2 \\ +2(1-\mu_m)\left(\dfrac{\partial^2 w}{\partial x \partial y} w\right)^2 \end{array} \right] \mathrm{d}s \tag{6-5}$$

式中：D_0 为薄板抗弯刚度。由式(6-1)、式(6-2)和式(6-5)可得到板的拉格朗日函数。

压电本构方程为[4]

$$\begin{cases} \boldsymbol{\varepsilon} = \boldsymbol{s}^E \boldsymbol{\sigma} + \boldsymbol{d}\boldsymbol{E} \\ \boldsymbol{D} = \boldsymbol{d}^T \boldsymbol{T} + \boldsymbol{\zeta}^{\sigma} \boldsymbol{E} \end{cases} \tag{6-6}$$

式中：$\boldsymbol{\sigma}$、$\boldsymbol{\varepsilon}$ 分别为应力向量和应变向量；$\boldsymbol{D}$、$\boldsymbol{E}$ 分别为电位移向量和电场向量；$\boldsymbol{s}^E$ 为电场为常数时的柔顺矩阵；$\boldsymbol{d}$ 为应变压电常数矩阵；$\boldsymbol{\zeta}^{\sigma}$ 为应力为常数时的介电常数。压电本构方程还可以写成另一种形式：

$$\begin{cases} \boldsymbol{\sigma} = \boldsymbol{c}^E \boldsymbol{\varepsilon} - \boldsymbol{e}\boldsymbol{E} \\ \boldsymbol{D} = \boldsymbol{e}^T \boldsymbol{\varepsilon} + \boldsymbol{\zeta}^{\varepsilon} \boldsymbol{E} \end{cases} \tag{6-7}$$

式中：$\boldsymbol{c}^E$ 为电场为常数时的刚度矩阵；$\boldsymbol{e}$ 为应力压电常数矩阵；$\boldsymbol{\zeta}^{\varepsilon}$ 为应力为常数时的介电常数。压电片也同样处于平面应力状态，因此压电本构方程(6-7)可以简化为

$$\begin{Bmatrix} \sigma_{11} \\ \sigma_{22} \\ \sigma_{12} \\ D_3 \end{Bmatrix} = \begin{bmatrix} \boldsymbol{K}_{mm} & -\boldsymbol{K}_{me} \\ \boldsymbol{K}_{me}^T & \boldsymbol{K}_{ee} \end{bmatrix} \begin{Bmatrix} \varepsilon_{11} \\ \varepsilon_{22} \\ \varepsilon_{12} \\ E_3 \end{Bmatrix} \tag{6-8}$$

式(6-8)中各分块矩阵为

$$\boldsymbol{K}_{mm}=\begin{bmatrix} k_{mm} & \mu_e k_{mm} & 0 \\ \mu_e k_{mm} & k_{mm} & 0 \\ 0 & 0 & \dfrac{k_{mm}}{2}(1-\mu_e) \end{bmatrix},\quad \boldsymbol{K}_{me}=k_{me}\begin{Bmatrix}1\\1\\0\end{Bmatrix},\quad \boldsymbol{K}_{ee}=k_{ee} \tag{6-9}$$

式中:μ_e 为压电材料的泊松比;$k_{mm}=\dfrac{E_e}{1-\mu_e^2}$;$k_{me}=\dfrac{d_{31}E_e}{1-\mu_e}$;$k_{ee}=\zeta_{33}^{\sigma}-\dfrac{2d_{31}^2E_e}{1-\mu_e}$。

所有压电片下表面电极接地。第(i,j)个元胞压电片上表面电压用$V_{i,j}(t)$表示,磁通量用$\varphi_{i,j}(t)$表示。在本章动力分析中,取磁通量为电路自由度,磁通量与电压的关系为

$$\varphi_{i,j}(t)=\int V_{i,j}(t)\,\mathrm{d}t \tag{6-10}$$

第(i,j)个元胞压电片的拉格朗日函数定义为

$$(L_e)_{i,j}=(T_e^*)_{i,j}+(H_e^*)_{i,j} \tag{6-11}$$

式(6-11)中等号右边第二项为

$$(H_e^*)_{i,j}=\int_{S_{i,j}}H_{i,j}\left(\frac{1}{2}k_{ee}E_3^2+\boldsymbol{\varepsilon}^T[k_{me}]E_3-\frac{1}{2}\boldsymbol{\varepsilon}^T\boldsymbol{k}_{mm}\boldsymbol{\varepsilon}\right)\mathrm{d}s \tag{6-12}$$

式中:$S_{i,j}$表示第(i,j)个元胞压电片所在区域;$E_3=\dfrac{V_{i,j}}{h_e}H_{i,j}$为压电片两电极之间的电场,$H_{i,j}=\begin{cases}1 & \left(|x-\zeta_i|\leqslant\dfrac{l_e}{2}\cap|y-\eta_j|\leqslant\dfrac{l_e}{2}\right)\\ 0 & (其他)\end{cases}$。式(6-12)中等号右边第一项表示电余能,第二项表示压电余能,第三项表示弹性余能。假设压电片厚度比板厚度小很多,那么压电片横截面的应力、应变可近似看作沿厚度方向不变,因此,式(6-12)更具体地可表示为

$$\begin{aligned}(H_e^*)_{i,j}=&\int_{Si,j}\frac{H_{i,j}}{2}k\left[\frac{k_{ee}\dot{\varphi}_{i,j}^2}{h_e}-h_mk_{me}\left(\frac{\partial^2w}{\partial x^2}+\frac{\partial^2w}{\partial y^2}\right)\dot{\varphi}_{i,j}\right]\mathrm{d}s\\ &-\int_{Si,j}\frac{H_{i,j}}{2}\left\{\frac{h_m^2h_ek_{mm}}{8}\left[\begin{array}{l}\left(\dfrac{\partial^2w}{\partial x^2}w\right)^2+2\mu_e\dfrac{\partial^2w}{\partial x^2}\dfrac{\partial^2w}{\partial x\partial y}w+\left(\dfrac{\partial^2w}{\partial y^2}w\right)^2\\ +2(1-\mu_e)\left(\dfrac{\partial^2w}{\partial x\partial y}w\right)^2\end{array}\right]\right\}\mathrm{d}s\end{aligned} \tag{6-13}$$

式(6-11)中动余能项为

$$(T_e^*)_{i,j}=\frac{1}{2}\rho_eh_e\int_{S_{i,j}}H_{i,j}\dot{w}^2\mathrm{d}s \tag{6-14}$$

由式(6-11)、式(6-13)和式(6-14)可以得到单个压电片的拉格朗日函数。

压电材料复合板的拉格朗日函数可以表示为板拉格朗日函数与所有压电片拉格朗日函数的和,即

$$L_{m-e}=L_m+\sum_{i,j}(L_e)_{i,j} \tag{6-15}$$

将式(6-1)、式(6-11)代入式(6-15)得

$$\begin{aligned}L_{m-e}&=\frac{1}{2}\int_S(\rho_m h_m+\rho_e h_e\sum_{i,j}H_{i,j})\dot{w}^2\mathrm{d}s\\&-\int_S\left[D_0(1-\mu_m)+\frac{h_m^2h_ek_{mm}}{4}(1-\mu_e)\sum_{i,j}H_{i,j}\right]\\&\cdot\left[\left(\frac{\partial^2 w}{\partial x\partial y}\right)^2-\frac{\partial^2 w}{\partial x^2}\frac{\partial^2 w}{\partial x\partial y}\right]\mathrm{d}s\\&-\frac{1}{2}\int_S\left(D_0+\frac{h_m^2h_ek_{mm}}{4}\sum_{i,j}H_{i,j}\right)\left(\frac{\partial^2 w}{\partial x^2}+\frac{\partial^2 w}{\partial y^2}\right)^2\mathrm{d}s\\&-\frac{1}{2}h_mk_{me}\sum_{i,j}\dot{\phi}_{i,j}^2\int_S H_{i,j}\left[\left(\frac{\partial^2 w}{\partial x^2}+\frac{\partial^2 w}{\partial y^2}\right)\mathrm{d}s+\frac{1}{2}C\sum_{i,j}\dot{\phi}_{i,j}^2\right]\end{aligned} \tag{6-16}$$

式中:$C=\dfrac{k_{ee}l_e^2}{h_e}$为压电片固有电容。

电路网络的连接方式如图 6-2 所示。假设压电片之间的电路如图 6-4(b)所示。电路中总的磁能为

$$V_e=\sum_{i,j}\frac{1}{2L}[(\varphi_{i.j+1}-\varphi_{i,j})^2+(\varphi_{i+1.j}-\varphi_{i,j})^2] \tag{6-17}$$

式中:L 为电感元件的电感值。

6.2.2.2　压电材料复合板的均匀化

均匀化的压电材料复合板的等效参数包括与板的几何、材料特性相关的力学参数、与电路相关的电学参数以及机电耦合参数。两个主要的力学参数——等效密度和板的等效弯曲刚度可分两步获得:①将压电材料复合板中的压电层合部分[图 6-3(a)中边长为 l_e 的方形区域]按层合板理论等效为单一材料层;②将单一材料的基板部分与等效单一材料的压电层合部分再等效为同一材料的板。

设 E_m 和 μ_m 分别为基板材料的弹性模量和泊松比,ρ_m 和 ρ_e 分别为基板和压电片的密度。根据经典的层合板均匀化理论[1],压电层合部分等效材料的面密度和等效弯曲刚度为

$$\begin{cases}\rho_A=\rho_m h_m+\rho_e h_e \\ D_A=D_0+\dfrac{1}{3}\left[\left(\dfrac{h_m}{2}+h_e\right)^3-\left(\dfrac{h_m}{2}\right)^3\right]k_{mm}\end{cases} \tag{6-18}$$

式中:$D_0=\dfrac{E_m h_m^3}{12(1-\mu_m^2)}$为基板的弯曲刚度。

然后应用等效介质理论[1]可得到压电材料复合板元胞的等效密度ρ_{eq}和等效弯曲刚度D_{eq}为

$$\begin{cases}\rho_{eq}=\chi\rho_A+(1-\chi)\rho_m h_m \\ D_{eq}=\dfrac{D_A D_0}{\chi D_A+(1-\chi)D_0}\end{cases} \tag{6-19}$$

式中:$\chi=(l_e/l_m)^2$为压电片的面积与元胞面积的比。等效电学参数和等效机电耦合参数通过令均匀化前后的元胞具有相同的电学能量来获得;在计算时将压电片用一个电流和其本征电容来替代。均匀化的等效电容C_{eq}和等效耦合因子g_{eq}的表达式如下:

$$\begin{cases}C_{eq}=\dfrac{C}{l_m^2} \\ g_{eq}=\chi(h_m+h_e)k_{me}\end{cases} \tag{6-20}$$

式中:$C=k_{ee}l_e^2/h_e$为元胞中压电片的本征电容;C_{eq}为均匀化后每个元胞的平均电容。

依然用$w(x,y,t)$表示均匀化处理后复合板的板面位移(垂直板面方向),用$\varphi(x,y,t)$表示板表面的磁通量;均匀化处理后,压电材料复合板的拉格朗日函数式(6-16)简化为

$$\begin{aligned}L_{m-e}^{\text{hom}}=&\frac{1}{2}\rho_{eq}\int_S\dot{w}^2\mathrm{d}s-\frac{D_{eq}}{2}\int_S[(w_{,xx})^2+2\mu_{eq}w_{,xx}w_{,yy}+(w_{,yy})^2\\&+2(1-\mu_{eq})(w_{,xy})^2]\mathrm{d}s+C_{eq}\int_S\dot{\varphi}^2\mathrm{d}s-g_{eq}\int_S\dot{\varphi}(w_{,xx}+w_{,yy})\mathrm{d}s\end{aligned} \tag{6-21}$$

6.2.2.3 电路网络的均匀化

利用有限差分格式可以在均匀化复合板的磁通量连续函数$\varphi(x,y,t)$与电路网络离散的磁通量函数$\varphi_{i,j}(t)$之间建立以下近似关系:

$$\varphi_x^{(1)}\approx\frac{\varphi_{i,j+1}-\varphi_{i,j}}{\delta},\varphi_y^{(2)}\approx\frac{\varphi_{i+1,j}-\varphi_{i,j}}{\delta} \tag{6-22}$$

其中,δ表示相邻压电片中心的距离。于是,式(6-17)又可表示为

$$V_e^{\mathrm{hom}}=\frac{1}{2L}\int_S[(\varphi_x^{(1)})^2+(\varphi_y^{(2)})^2]\mathrm{d}s \tag{6-23}$$

6.2.3 周期压电网络复合板动力学方程

压电网络复合板的拉格朗日函数 $L_{\mathrm{PEM}}^{\mathrm{hom}}$ 由压电材料复合板拉格朗日函数 L_{m-e}^{hom} 和电路网络拉格朗日函数 V_e^{hom} 组成：

$$L_{\mathrm{PEM}}^{\mathrm{hom}}=L_{m-e}^{\mathrm{hom}}-V_e^{\mathrm{hom}} \tag{6-24}$$

假设系统中仅电阻消耗能量，则耗散函数为

$$D=\frac{1}{R}\int_S\nabla^2\dot{\varphi}\mathrm{d}s \tag{6-25}$$

其中：微分算子 $\nabla^2=\frac{\partial^2}{\partial x^2}+\frac{\partial^2}{\partial y^2}$。假设系统受机械场激振力 $F(x,y,t)$ 作用。将式(6-21)、式(6-23)代入式(6-24)后再将式(6-24)和式(6-25)代入压电耦合系统"位移-磁通量"格式的拉格朗日方程[4]中即可得到系统动力学方程：

$$\begin{cases}D_{eq}\nabla^4 w+\rho_{eq}\ddot{w}+g_{eq}\nabla^2\dot{\phi}=F(x,y,t)\\ \frac{1}{L}\nabla^4\phi-C_{eq}\ddot{\phi}+\frac{1}{R}\nabla^2\dot{\phi}+g_{eq}\nabla^2\dot{w}=0\end{cases} \tag{6-26}$$

式中：变量上加一个点表示对时间 t 求一次导，加两个点表示求两次导。

为了使讨论结果更具一般性，引入以下无量纲化参数：

$$\begin{cases}\bar{x}=\frac{x}{l_0},\bar{y}=\frac{y}{l_0},\bar{w}=\frac{w}{l_0},\bar{\phi}=\frac{\phi}{\phi_0},\frac{\phi_0}{l_0}=\sqrt{\frac{\rho_{eq}}{C_{eq}}}\\ \lambda=\frac{\omega}{\omega_0},\tau=t\omega_0,f(\bar{x},\bar{y},\tau)=\frac{F(x,y,t)}{\rho_t l_0\omega_0^2}\\ \alpha_m=\frac{D_{eq}}{\rho_{eq}\omega_0^2 l_0^4},\alpha_e=\frac{1}{LC_{eq}\omega_0^2 l_0^4},\beta=\frac{g_{eq}}{\omega_0^2 l_0^2}\sqrt{\frac{1}{\rho_{eq}C_{eq}}},\gamma=\frac{1}{R\omega_0 l_0^2 C_{eq}}\end{cases} \tag{6-27}$$

式中：l_0 为板的特征长度；ω_0 为板的特征频率。将式(6-27)代入式(6-26)可以得到耦合系统的无量纲动力学方程：

$$\begin{cases}\alpha_m\nabla^4\bar{w}+\ddot{\bar{w}}+\beta\nabla^2\dot{\bar{\varphi}}=f(\bar{x},\bar{y},\tau)\\ \alpha_e\nabla^2\bar{\varphi}-\ddot{\bar{\varphi}}+\gamma\nabla^2\dot{\bar{\varphi}}+\beta\nabla^2\dot{\bar{w}}=0\end{cases} \tag{6-28}$$

式(6-28)为电感电阻并联型压电网络复合板(LR-PEM)的动力学方

程。将 LR－PEM 中的电阻设置为无穷大，可以得到 L－PEM 的动力学方程：

$$\begin{cases}\alpha_m\nabla^4\overline{w}+\ddot{\overline{w}}+\beta\nabla^2\dot{\overline{\varphi}}=f(\overline{x},\overline{y},\tau)\\ \alpha_e\nabla^2\overline{\varphi}-\ddot{\overline{\varphi}}+\beta\nabla^2\dot{\overline{w}}=0\end{cases}\tag{6-29}$$

将 LR－PEM 中的电感设置为无穷大，可以得到 R－PEM 的动力学方程：

$$\begin{cases}\alpha_m\nabla^4\overline{w}+\ddot{\overline{w}}+\beta\nabla^2\dot{\overline{\varphi}}=f(\overline{x},\overline{y},\tau)\\ \ddot{\overline{\varphi}}-\gamma\nabla^2\dot{\overline{\varphi}}-\beta\nabla^2\dot{\overline{w}}=0\end{cases}\tag{6-30}$$

我们在研究压电网络复合板的动力学特性时，除了考虑具有上述三种基本电路连接方式外，还考虑了开路和短路两种特殊工况。压电网络复合板开路对应的是压电材料复合板，即压电材料之间无电路网络的工况。将 LR－PEM 中电阻和电感都设置为无穷大，可以得到压电网络复合板开路工况下的动力学方程：

$$\begin{cases}\alpha_m\nabla^4\overline{w}+\ddot{\overline{w}}+\beta\nabla^2\dot{\overline{\varphi}}=f(\overline{x},\overline{y},\tau)\\ \ddot{\overline{\varphi}}-\beta\nabla^2\dot{\overline{w}}=0\end{cases}\tag{6-31}$$

压电网络复合板短路对应压电材料复合板上压电片上下表面电极均接地的工况，此时压电网络复合板退化为普通材料复合板（相对功能材料而言），其动力学方程为

$$\alpha_m\nabla^4\overline{w}+\ddot{\overline{w}}=f(\overline{x},\overline{y},\tau)\tag{6-32}$$

6.3 无限大压电网络复合板的传播波特性

不考虑方程(6－28)等右端项时，该方程代表的是机电耦合波在无限大压电网络复合板中的传播方程。方程(6－28)的物理意义是很明显的，当(无量纲)机电耦合参数 $\beta=0$ 时，方程组转化为两个独立的方程，第一个方程等同于经典弹性薄板的弯曲波动方程；第二个方程等同于经典弹性薄膜的波动方程，即压电网络均匀化后波在其中的传播等同于波在一个等效弹性薄膜中的传播，这个等效弹性薄膜的力学性质由压电网络中的电学元件参数 α_e（无量纲电感）和 γ（无量纲电阻）决定。因此均匀化的压电网络复合板的波动方程(6－28)等效于具有不同材料特性的弹性薄板与弹性薄膜的

组合体波动方程;组合体变形波的实质是一种机电耦合波。

考虑以平面波的形式在组合体中传播的弹性变形波,其数学表达式为

$$\begin{cases}\bar{w}=\tilde{w}(\bar{\boldsymbol{r}})\cdot \mathrm{e}^{\mathrm{j}(\lambda\tau-\boldsymbol{k}\bar{\boldsymbol{r}})}\\ \bar{\varphi}=\tilde{\varphi}(\bar{\boldsymbol{r}})\cdot \mathrm{e}^{\mathrm{j}(\lambda\tau-\boldsymbol{k}\bar{\boldsymbol{r}})}\end{cases}\tag{6-33}$$

式中:$\tilde{w}$ 和 $\tilde{\varphi}$ 分别为板的弯曲变形模态和薄膜的变形模态,均为空间坐标的函数;$\boldsymbol{k}=k_x\boldsymbol{e}_x+k_y\boldsymbol{e}_y$ 为波矢向量,用 k_b 表示波矢的模时 $k_b^2=k_x^2+k_y^2$,k_b 的物理意义为空间某一方向(即 $\boldsymbol{k}$ 的方向)单位长度上的波数,k_x,k_y 分别表示波矢方向为 x 和 y 方向时的波数,$\boldsymbol{e}_x$ 和 $\boldsymbol{e}_y$ 表示 x 和 y 方向的基向量;向量 $\bar{\boldsymbol{r}}=\bar{x}\boldsymbol{e}_x+\bar{y}\boldsymbol{e}_y$ 表示波沿波矢方向传播的距离(相对波源—坐标原点)。对于由各向同性材料构成的二维无限大均质板,波在任意方向的传播特性是相同的;因此式(6-33)中的 $\boldsymbol{k}\bar{\boldsymbol{r}}$ 可用 $k_b r$ 替代,$r=|\bar{\boldsymbol{r}}|$。

将式(6-33)代入(6-28),设其等号右端项为零,化简可得

$$\begin{cases}(\alpha_m k_b^4-\lambda^2)\tilde{w}-\mathrm{j}\beta k_b^2\lambda\tilde{\varphi}=0\\ [\lambda^2-(\alpha_e+\mathrm{j}\gamma\lambda)k_b^2]\tilde{\varphi}-\mathrm{j}\beta k_b^2\lambda\tilde{w}=0\end{cases}\tag{6-34}$$

整理后得到压电网络复合板中变形波(机电耦合波)传播的特征方程:

$$\alpha_m(\alpha_e+\mathrm{j}\gamma\lambda)k_b^6-(\alpha_m+\beta^2)\lambda^2k_b^4-(\alpha_e+\mathrm{j}\gamma\lambda)\lambda^2k_b^2+\lambda^4=0\tag{6-35}$$

给定(无量纲)频率 λ,解特征方程(6-35)即可求得对应的传播波波数 k_b。k_b 的解可能是实数、复数和纯虚数。从平面波表达式(6-33)中可看出,k_b 为实数时,波的传播无衰减;k_b 为复数时,波随传播距离衰减;衰减程度取决于 k_b 的虚部。因此一般又称 k_b 的虚部为(传播波的)衰减常数。特别地,k_b 为纯虚数时,方程的解对应的是快衰波,直观上可以认为快衰波是一种即刻衰减的波,不具传播性质。以下仅对传播波和衰减波进行讨论。

6.3.1 复合板中传播波的特性

特征方程(6-35)给出了在压电网络复合板中传播波的波数与频率的关系——频散关系,这一关系不仅与基板的几何及材料参数有关,而且与电路网络中的电学元件类型及取值有关,以下分析电学元件类型及其取值对压电网络复合板传播波(包括衰减波)频散特性的影响。

6.3.1.1 电路短路和电路开路

当电感及电阻为零时,压电网络复合板处于短路状态,其频散关系为

$$\alpha_m k_b^4 - \lambda^2 = 0 \tag{6-36}$$

当电感及电阻无穷大时,压电网络复合板处于开路状态,则频散关系为

$$(\alpha_m + \beta^2) k_b^4 - \lambda^2 = 0 \tag{6-37}$$

从方程(6-36)和方程(6-37)都可解得两个波数相等方向相反的传播波。该解的特性与一般各向同性弹性材料板的频散特性相同,波数为实数,此时压电网络复合板可看作具有等效参数的普通弹性材料板。电路短路和开路时的频散曲线如图6-6所示(绘图所取参数值:$\alpha_m = 1, \beta = -0.306$)。该曲线表明弹性弯曲波在短路和开路状态的压电网络复合板中可以任意频率无衰减地传播。

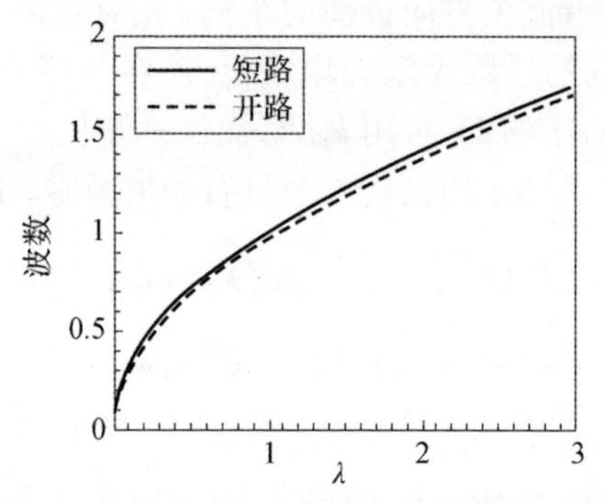

图6-6 电路短路与开路时的频散曲线对比

从图6-6中可以看出,压电网络复合板短路与开路时的频散特性存在微小差异,对比式(6-36)和式(6-37)可知,这一差异由压电网络复合板中的机电耦合特性(无量纲机电耦合系数β)引起。

6.3.1.2 电阻型压电网络复合板(R-PEM)

对应R-PEM,特征方程(6-35)成为

$$\mathrm{j}\gamma\lambda\alpha_m k_b^6 - (\alpha_m + \beta^2)\lambda^2 k_b^4 - \mathrm{j}\gamma\lambda^3 k_b^2 + \lambda^4 = 0 \tag{6-38}$$

由该方程可解得一对共轭衰减波(波数为复数)。其共轭衰减波的频散曲线如图6-7所示(绘图所取参数值:$\alpha_m = 1, \beta = -0.306, \gamma = 0.349$)。从中可以看出波的相常数(波数的实部Re[$k$])与短路时接近,衰减常数(波数的虚部Im[$k$])随频率的增加而增加。与压电网络复合板短路状态相比,易知这一衰减特性是由电阻引起的,电阻的取值将直接决定衰减系数的大小。电阻取值对衰减系数的影响如图6-8所示,由图6-8可知,对应每一频率的波动都存在最优电阻,可使R-PEM中弯曲波的衰减常数最大,并且不同频率对应的最优电阻值彼此接近。

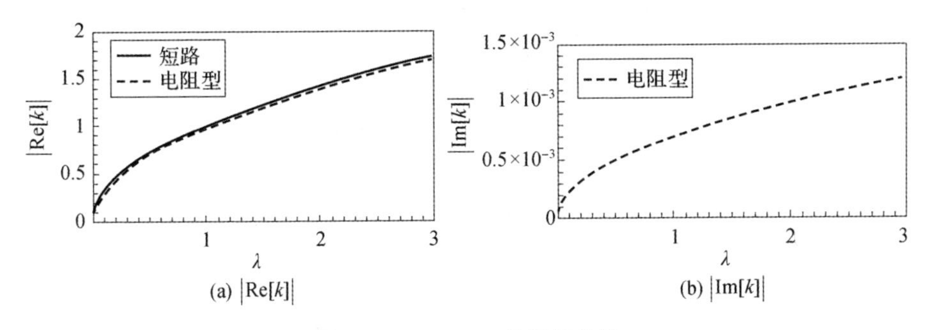

(a) |Re[k]|　　(b) |Im[k]|

图 6 – 7　R – PEM 的频散曲线

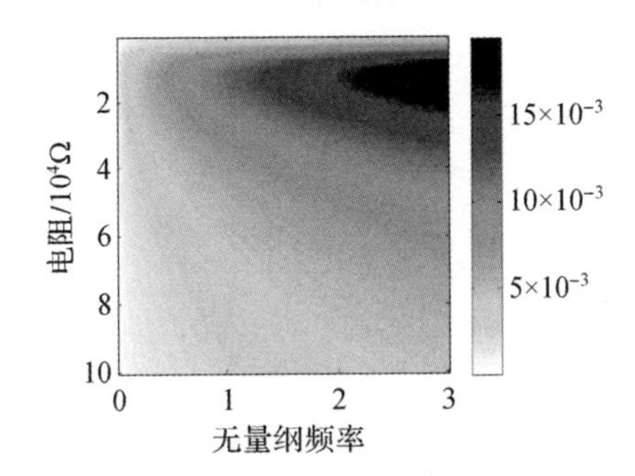

图 6 – 8　衰减常数随电阻和频率变化云图

6.3.1.3　电感型压电网络复合板(L – PEM)

对应 L – PEM,特征方程(6 – 35)成为

$$\alpha_m\alpha_e k_b^6 - (\alpha_m + \beta^2)\lambda^2 k_b^4 - \alpha_e\lambda^2 k_b^2 + \lambda^4 = 0 \tag{6-39}$$

由方程(6 – 39)可解得两个传播波。两个传播波的频散曲线如图 6 – 9 所示(绘图所取参数值:$\alpha_m = 1, \alpha_e = 1.473, \beta = -0.306$)。作为对比图 6 – 9 中同时给出了短路时的频散曲线。由图 6 – 9 可见,波 Ⅰ 的波数在较高频率时与处于短路状态下的 PEM 的波数接近;波 Ⅱ 的波数则在较低频率段与处于短路状态下的 PEM 的波数接近。波 Ⅰ 和波 Ⅱ 的波数随频率的变化趋势为:随着频率增大,两种波的波数先逐渐接近,然后远离,即波数变化趋势在某一频率点附近发生转向。在这一频率点,与其对应的两个波的波数最接近,我们将其定义为转向频率。稍后将对其进行详细分析。

6.3.1.4　电感电阻并联型压电网络复合板(LR – PEM)

解方程(6 – 35)可得到两个衰减波。两个衰减波的频散曲线如图 6 – 10 所示(绘图所取参数值:$\alpha_m = 1, \alpha_e = 1.473, \beta = -0.306, \gamma = 0.349$)。

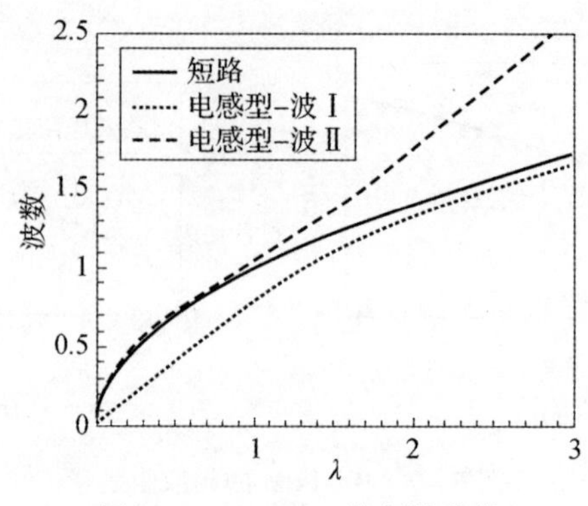

图6-9　L-PEM的频散曲线

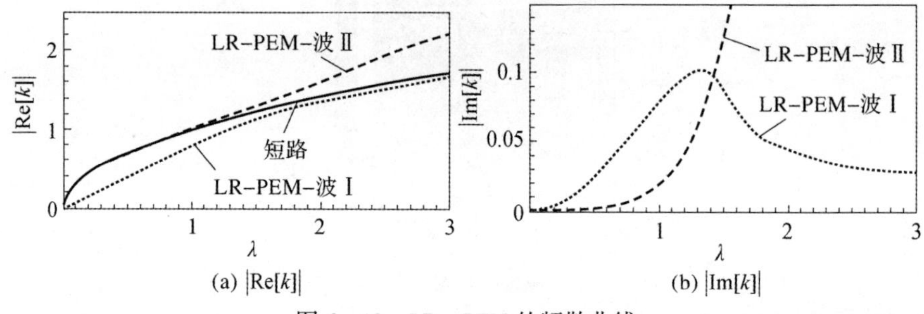

(a) |Re[k]|　　(b) |Im[k]|

图6-10　LR-PEM的频散曲线

从图6-10中波数的虚部可以看出,波Ⅰ的衰减常数在对应转向频率处出现峰值;波Ⅱ的衰减常数在对应转向频率附近随频率迅速增加,这意味着在频率转向区波Ⅱ迅速衰减。由后续的分析可以看到,波Ⅱ对应的是等效弹性薄膜变形主导的波;如前所述,这个等效弹性薄膜的力学性质由压电网络中的电学元件参数α_e(无量纲电感)和γ(无量纲电阻)决定,而后者是影响衰减常数的决定因素,且这种影响与波动频率正相关。因此波Ⅱ的衰减随频率增加迅速增大。将图6-10与图6-7相比较,不难看出LR-PEM中波Ⅰ的衰减常数远大于R-PEM中弯曲波的衰减常数。由后续的分析可以看到,波Ⅰ对应的是基板弯曲变形主导的波。

6.3.2　复合板的波动频率转向

6.3.1节的分析表明具有电感元件的压电网络复合板的频散曲线存在频率转向现象,并且对于LR-PEM中传播的变形波,在转向频率附近衰减系数最大。因此,确定转向频率以及与其相关的系统参数对减振降噪具有显著的工程意义。

6.3.2.1　压电材料复合板和电路网络的波动频散曲线

压电网络复合板中的频率转向现象是板内机电耦合的反映。下面通过分别分析(非耦合的)压电材料复合板以及电路网络的频散曲线对这一点进行说明。令压电网络复合板无量纲波动方程(6-33)中的机电耦合参数 $\beta=0$,即可得到压电材料复合板以及电路网络的波动方程,不考虑电阻时这两个方程分别为

$$\begin{cases}\alpha_m\nabla^4\overline{w}+\ddot{\overline{w}}=0\\ \alpha_e\nabla^2\overline{\varphi}-\ddot{\overline{\varphi}}=0\end{cases} \tag{6-40}$$

由它们各自的特征方程可分别解得

$$\begin{cases}k_{bm}^4=\lambda^2/\alpha_m\\ k_{be}^2=\dfrac{\lambda^2}{\alpha_e}\end{cases} \tag{6-41}$$

6.3.2.2　转向频率的确定

将压电网络复合板耦合系统的频散曲线与非耦合系统的频散曲线画在同一坐标系中进行比较,如图 6-11 所示。

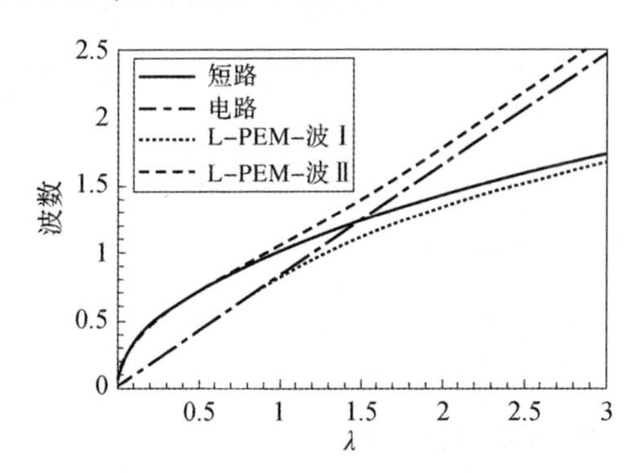

图 6-11　压电网络复合板的频率转向区

从图 6-11 中可以发现,非耦合系统频散曲线(图例中为短路和电路的曲线)为耦合系统频散曲线的渐进线;在压电材料复合板频散曲线与电路网络频散曲线的交点附近,压电网络复合板的频散曲线发生频率转向。根据这一特点,转向频率可以通过求解图 6-11 中两条非耦合系统频散曲线的交点所对应的频率近似确定,而这一交点频率实际上就是将方程(6-41)中的两个子式联立之后的频率解。

从方程(6-41)中不难看出,通过调节外界电感值(即改变参数 α_e)即可

实现转向频率的调节。增大电感,电路的频率响应曲线斜率减小,即频率转向区向高频移动。

6.4 有界压电网络复合板的振动特性

本节研究有界的周期压电网络复合板,不计电阻时板的自由振动方程通过在方程(6-28)中令 $\gamma=0$ 以及右端项为零得到:

$$\begin{cases}\alpha_m\nabla^4\overline{w}+\ddot{\overline{w}}+\beta\nabla^2\dot{\overline{\varphi}}=0\\ \alpha_e\nabla^2\overline{\varphi}-\ddot{\overline{\varphi}}+\beta\nabla^2\dot{\overline{w}}=0\end{cases}\tag{6-42}$$

给定板四边的约束条件,对方程(6-42)求解可得压电网络复合板的机电耦合特征频率和特征振型。本节我们将以四边简支型板为例,对压电网络复合板的机电耦合振动模态特性进行分析。有界压电网络复合板无量纲化时,特征长度 l_0 取板的边长;特征频率 $\omega_0=\dfrac{2\pi^2}{l_0^2}\sqrt{\dfrac{D_{eq}}{\rho_{eq}}}$。

6.4.1 四边简支型压电网络复合板的频率特征方程

四边简支型压电网络复合板的边界条件为在4个边界,即在 $x=0$、$x=1$、$y=0$ 和 $y=1$ 处:

$$\overline{w}_{xx}^{(2)}=0,\quad \overline{w}_{yy}^{(2)}=0,\quad \overline{w}=0,\quad \overline{\varphi}=0\tag{6-43}$$

为求解耦合方程(6-42),设:

$$\overline{w}=\sum_r\phi_r^m\xi_r^m,\ \overline{\varphi}=\sum_s\phi_s^e\xi_s^e(r,s=1,2,\cdots)\tag{6-44}$$

式(6-44)中,ϕ_r^m 为满足四边简支条件的板的振型函数,即 $\beta=0$ 时方程组(6-42)中第一个方程的特征解:

$$\phi_r^m=2\sin(p\pi\overline{x})\sin(q\pi\overline{y})\tag{6-45}$$

对应的特征值为

$$\lambda_r^m=\pi^4(p^2+q^2)^2\tag{6-46}$$

式中:p、q 分别为 x 方向和 y 方向的半波数。

ϕ_s^e 是 $\beta=0$ 时方程组(6-42)中第二个方程的特征解:

$$\phi_s^e=2\sin(p\pi\overline{x})\sin(q\pi\overline{y})\tag{6-47}$$

对应的特征值为

$$\lambda_s^e=-\pi^2(p^2+q^2)\tag{6-48}$$

注意到 $\beta=0$ 时方程组(6-42)中第二个方程与薄膜振动方程的形式一致，因此 ϕ_s^e 的力学意义是薄膜的振型函数。也就是说，均匀化之后的电路网络动力学特性可以用薄膜的振动特性进行模拟。

将式(6-52)代入式(6-42)并利用振型函数的正交性得到：

$$\begin{cases} \ddot{\xi}_r^m + \alpha_m \lambda_r^m \xi_r^m + \beta \sum_s \dot{\xi}_s^e C_{rs}^m = 0 \\ \ddot{\xi}_s^e - \alpha_e \lambda_s^e \xi_s^e - \beta \sum_r \dot{\xi}_r^m C_{rs}^e = 0 \end{cases} \tag{6-49}$$

其中

$$C_{rs}^m = \int_S \phi_r^m \nabla^2 \phi_s^e \mathrm{d}s, \quad C_{rs}^e = \int_S \phi_s^e \nabla^2 \phi_r^m \mathrm{d}s \tag{6-50}$$

易知 $C_{rs}^m = C_{rs}^e$，将它们统一表示为 C_{rs}。从式(6-49)中可以看出，C_{rs} 代表了机械场的第 r 阶子模态 ϕ_r^m 与电路网络的第 s 阶子模态 ϕ_s^e 之间的耦合程度，称为子模态耦合系数。

将 ϕ_r^m 和 ϕ_s^e 的表达式代入式(6-50)可得

$$C_{rs} = -\pi^2(p^2+q^2)\delta_{rs} \tag{6-51}$$

从式(6-51)可以看出，只有相同阶次的板和电路网络子模态间存在耦合，因此式(6-49)可表示为以下矩阵形式：

$$\begin{bmatrix} 1 & 0 \\ 0 & 1 \end{bmatrix} \begin{Bmatrix} \ddot{\xi}_r^m \\ \ddot{\xi}_r^e \end{Bmatrix} + \begin{bmatrix} \alpha_m \lambda_r^m & 0 \\ 0 & -\alpha_e \lambda_r^e \end{bmatrix} \begin{Bmatrix} \xi_r^m \\ \xi_r^e \end{Bmatrix} + \begin{bmatrix} 0 & \beta C_{rr} \\ -\beta C_{rr} & 0 \end{bmatrix} \begin{Bmatrix} \dot{\xi}_r^m \\ \dot{\xi}_r^e \end{Bmatrix} = \begin{Bmatrix} 0 \\ 0 \end{Bmatrix}$$

$$(r=1,2,\cdots) \tag{6-52}$$

式(6-52)为一系列模态解耦的机电耦合方程组。

进一步假设：

$$\xi_r^m = H_r^m \mathrm{e}^{\mathrm{j}\lambda\tau}, \quad \xi_r^e = H_r^e \mathrm{e}^{\mathrm{j}\lambda\tau} \tag{6-53}$$

这里 $\mathrm{j}=\sqrt{-1}$。将式(6-53)代入式(6-52)得

$$\begin{bmatrix} \lambda^2 - \alpha_m \lambda_r^m & -\mathrm{j}\beta C_{rr}\lambda \\ \mathrm{j}\beta C_{rr}\lambda & \lambda^2 + \alpha_e \lambda_r^e \end{bmatrix} \begin{Bmatrix} H_r^m \\ H_r^e \end{Bmatrix} = 0 \quad (r=1,2,\cdots) \tag{6-54}$$

因此，所讨论的压电网络复合板的机电耦合特征方程为

$$\begin{vmatrix} \lambda^2 - \alpha_m \lambda_r^m & -\mathrm{j}\beta C_{rr}\lambda \\ \mathrm{j}\beta C_{rr}\lambda & \lambda^2 + \alpha_e \lambda_r^e \end{vmatrix} = 0 \quad (r=1,2,\cdots) \tag{6-55}$$

对于确定的 r 值,特征方程可表示为

$$(\lambda_r^2-\alpha_m\lambda_r^m)(\lambda_r^2+\alpha_e\lambda_r^e)-(\beta C_{rr}\lambda_r)^2=0 \tag{6-56}$$

从式(6-56)中可以看出对应每个 r,λ_r 具有两个根,分别设其为 λ_{r1} 和 λ_{r2},将 λ_{r1} 和 λ_{r2} 代入式(6-54)即可求解对应的特征向量,分别表示为 $\{H_{r1}^m\quad H_{r1}^e\}^{\mathrm{T}}$ 和 $\{H_{r2}^m\quad H_{r2}^e\}^{\mathrm{T}}$。上述特征值、特征向量解的物理意义为,四边简支型压电网络复合板的固有频率总是成对出现,对应的两个模态振型为

$$\phi_{ri}^{m-e}=\begin{Bmatrix}H_{ri}^m\\H_{ri}^e\end{Bmatrix}\sin(p\pi\bar{x})\sin(q\pi\bar{y})\quad(i=1,2) \tag{6-57}$$

在下文中我们称 $\phi_{ri}^{m-e}(i=1,2)$ 为四边简支型压电网络复合板的耦合模态对。式(6-57)表明构成耦合模态对的两个模态具有相同振动形式和确定的幅值比。

6.4.2 压电网络复合板的振动消减原理

6.4.2.1 复合板受迫振动的理论解

外激励作用下的电感电阻并联型压电网络复合板(LR-PEM)的动力学方程如式(6-28)所示。现将 LR-PEM 的响应函数 $\bar{w}$ 和 $\bar{\varphi}$ 分别表示为方程(6-28)中 $\beta=0$ 时的两个解耦微分方程(无阻尼)的特征解函数 ϕ_r^m 和 ϕ_r^e 的线性组合,如式(6-44)所示。将式(6-44)代入式(6-28)中,并利用振型函数的正交性可得

$$\begin{bmatrix}1&0\\0&1\end{bmatrix}\begin{Bmatrix}\ddot{\xi}_r^m\\\ddot{\xi}_r^e\end{Bmatrix}+\begin{bmatrix}0&\beta C_{rr}\\-\beta C_{rr}&-\gamma\lambda_r^e\end{bmatrix}\begin{Bmatrix}\dot{\xi}_r^m\\\dot{\xi}_r^e\end{Bmatrix}+\begin{bmatrix}\alpha_m\lambda_r^m&0\\0&-\alpha_e\lambda_r^e\end{bmatrix}\begin{Bmatrix}\xi_r^m\\\xi_r^e\end{Bmatrix}=\begin{Bmatrix}f_r^m(\tau)\\0\end{Bmatrix}$$

$$(r=1,2,\cdots) \tag{6-58}$$

式中:$f_r^m(\tau)=\int_S\phi_r^m f(\bar{x},\bar{y},\tau)\mathrm{d}s$。

给定 r 值时,方程组(6-58)可以看作由相同阶次的板和电路网络的模态组成的等效压电系统,简称(第 r 阶)子模态压电系统。分别(独立)求解方程组(6-58)可得到系数 ξ_r^m 和 ξ_r^e(子模态压电系统的响应),再将其代入式(6-44)中即可得到压电网络复合板的响应解。

式(6-44)和式(6-58)的物理意义是将压电网络复合板的响应表示为子模态压电系统响应的线性叠加;这里沿用了弹性系统动力学中的"展开定理"。如此,求解压电网络复合板的响应主要是求解子模态压电系统的响

应。下面我们分别给出压电网络复合板在简谐激励和任意激励下子模态压电系统的响应;稍后,在 6.4.2.3 节中将基于简谐响应的结果获取压电网络复合板的最优电学参数。

1. 对简谐激励的响应

假设激励为

$$f_r^m(\tau) = F_r^m \mathrm{e}^{\mathrm{j}\lambda\tau} \tag{6-59}$$

由于式(6-58)为二阶常系数线性微分方程组,因此可以假设解的形式为

$$\begin{Bmatrix} \xi_r^m \\ \xi_r^e \end{Bmatrix} = \begin{Bmatrix} B_r^m \\ B_r^e \end{Bmatrix} \mathrm{e}^{\mathrm{j}\lambda\tau} \tag{6-60}$$

代入式(6-58)得输入-输出关系为

$$\begin{bmatrix} \lambda^2 - \alpha_m \lambda_r^m & -\mathrm{j}\beta C_{rr}\lambda \\ \mathrm{j}\beta C_{rr}\lambda & \lambda^2 + \mathrm{j}\gamma\lambda_r^e\lambda + \alpha_e\lambda_r^e \end{bmatrix} \begin{Bmatrix} B_r^m \\ B_r^e \end{Bmatrix} = \begin{Bmatrix} F_r^m \\ 0 \end{Bmatrix} \quad (r = 1, 2, \cdots) \tag{6-61}$$

由式(6-61)可以得到机械场和电场的响应幅值:

$$B_r^m = \frac{\lambda^2 + \mathrm{j}\gamma\lambda_r^e\lambda + \alpha_e\lambda_r^e}{(\lambda^2 - \alpha_m\lambda_r^m)(\lambda^2 + \mathrm{j}\gamma\lambda_r^e\lambda + \alpha_e\lambda_r^e) - \lambda^2\beta^2 C_{rr}^2} \cdot F_r^m \tag{6-62}$$

$$B_r^e = -\frac{\mathrm{j}\beta C_{rr}\lambda}{\lambda^2 + \mathrm{j}\gamma\lambda_r^e\lambda + \alpha_e\lambda_r^e} \cdot B_r^m \tag{6-63}$$

式(6-62)和式(6-63)表明响应幅值为具有相位关系的复振幅。将式(6-62)和式(6-63)代入式(6-60)即可得到子模态压电系统的响应 $\boldsymbol{\xi}_r = \{\xi_r^m \quad \xi_r^e\}^{\mathrm{T}}$。

2. 对任意激励的响应

将式(6-58)中第 2 式乘以 -1 后写成以下形式:

$$\boldsymbol{M}\ddot{\boldsymbol{\xi}}_r + \boldsymbol{C}\dot{\boldsymbol{\xi}}_r + \boldsymbol{K}\boldsymbol{\xi} = \boldsymbol{f}_r(\tau) \tag{6-64}$$

其中

$$\boldsymbol{f}_r(\tau) = \begin{Bmatrix} f_r^m(\tau) \\ 0 \end{Bmatrix} \boldsymbol{M} = \begin{bmatrix} 1 & 0 \\ 0 & -1 \end{bmatrix} \boldsymbol{C} = \begin{bmatrix} 0 & \beta C_{rr} \\ \beta C_{rr} & \gamma\lambda_r^e \end{bmatrix} \boldsymbol{K} = \begin{bmatrix} \alpha_m\lambda_r^m & 0 \\ 0 & \alpha_e\lambda_r^e \end{bmatrix} \tag{6-65}$$

通过这样的处理,式(6-64)中的矩阵均为对称阵。值得注意的是这里 $\boldsymbol{C}$ 的物理意义不仅是阻尼阵,实际上它也是系统阻尼阵(对于有阻尼系统而言)和耦合阵的合成。

在状态空间中,式(6-64)表示为

$$\boldsymbol{A}\dot{\boldsymbol{y}} - \boldsymbol{B}\boldsymbol{y} = \boldsymbol{P}(\tau) \tag{6-66}$$

其中

$$\boldsymbol{A} = \begin{bmatrix} \boldsymbol{C} & \boldsymbol{M} \\ \boldsymbol{M} & \boldsymbol{0} \end{bmatrix}, \quad \boldsymbol{B} = \begin{bmatrix} -\boldsymbol{K} & \boldsymbol{0} \\ \boldsymbol{0} & \boldsymbol{M} \end{bmatrix}$$

$$\boldsymbol{y} = \begin{Bmatrix} \boldsymbol{\xi}_r \\ \dot{\boldsymbol{\xi}}_r \end{Bmatrix}, \quad \boldsymbol{P}(\tau) = \begin{Bmatrix} \boldsymbol{f}_r(\tau) \\ \boldsymbol{0} \end{Bmatrix} \tag{6-67}$$

式(6-66)在状态空间的特征值问题为

$$\lambda \boldsymbol{A}\boldsymbol{\psi} = \boldsymbol{B}\boldsymbol{\psi} \tag{6-68}$$

求解式(6-68)可得到两对共轭的复特征值和相应的共轭复特征向量：

$$\boldsymbol{\Lambda} = \mathrm{diag}(\lambda_1, \lambda_2, \lambda_3, \lambda_4) \tag{6-69}$$

$$\boldsymbol{\Psi} = [\boldsymbol{\psi}_1 \quad \boldsymbol{\psi}_2 \quad \boldsymbol{\psi}_3 \quad \boldsymbol{\psi}_4] \tag{6-70}$$

状态空间中向量 $\boldsymbol{y}$ 可以在由复振型矩阵 $\boldsymbol{\Psi}$ 的各列向量构成的复模态空间中展开为

$$\boldsymbol{y} = \boldsymbol{\Psi}\boldsymbol{q} \tag{6-71}$$

其中：$\boldsymbol{q} = \{q_1 \quad q_2 \quad q_3 \quad q_4\}^{\mathrm{T}}$，为复模态坐标列向量。将式(6-71)代入式(6-66)并左乘 $\boldsymbol{\Psi}^{\mathrm{T}}$ 得

$$\boldsymbol{\Psi}^{\mathrm{T}}\boldsymbol{A}\boldsymbol{\Psi}\dot{\boldsymbol{q}} + \boldsymbol{\Psi}^{\mathrm{T}}\boldsymbol{B}\boldsymbol{\Psi}\boldsymbol{q} = \boldsymbol{\Psi}^{\mathrm{T}}\boldsymbol{P}(\tau) \tag{6-72}$$

根据特征向量的正交性，假设 $\boldsymbol{\psi}^{\mathrm{T}}\boldsymbol{A}\boldsymbol{\psi}$、$\boldsymbol{\psi}^{\mathrm{T}}\boldsymbol{B}\boldsymbol{\psi}$ 均为对角矩阵，设：

$$\boldsymbol{\Psi}^{\mathrm{T}}\boldsymbol{A}\boldsymbol{\Psi} = \boldsymbol{a} = \mathrm{diag}(a_1, a_2, a_3, a_4) \tag{6-73}$$

$$\boldsymbol{\Psi}^{\mathrm{T}}\boldsymbol{B}\boldsymbol{\Psi} = \boldsymbol{b} = \mathrm{diag}(b_1, b_2, b_3, b_4) \tag{6-74}$$

并且令

$$\boldsymbol{Q}(\tau) = \boldsymbol{\Psi}^{\mathrm{T}}\boldsymbol{P}(\tau) \tag{6-75}$$

将式(6-73)~式(6-75)代入式(6-72)可得模态坐标方程：

$$a_i\dot{q}_i + b_i q_i = \boldsymbol{Q}_i(\tau) \quad (i = 1, 2, 3, 4) \tag{6-76}$$

至此，状态方程(6-66)在复模态空间中已完全解耦为模态坐标方程(6-76)。不计初始条件响应时任意激励下方程(6-76)的解为

$$q_i = \frac{1}{a_i}\int_0^{\tau} Q_i(\tau')\mathrm{e}^{\lambda_i(\tau-\tau')}\mathrm{d}\tau' \quad (i = 1, 2, 3, 4) \tag{6-77}$$

得到复模态空间的解后，子模态压电系统的解 $\boldsymbol{\xi}_r$ 即可由下面的关系得到：

$$\boldsymbol{y} = \begin{Bmatrix} \boldsymbol{\xi}_r \\ \dot{\boldsymbol{\xi}}_r \end{Bmatrix} = \boldsymbol{\Psi}\boldsymbol{q} \tag{6-78}$$

6.4.2.2　振动消减原理

本小节将通过分析压电网络复合板在脉冲激励下其子模态压电系统的响应 – 时间曲线以及能量 – 时间曲线来分析压电网络复合板中机械能 – 电能的转换以及能量耗散规律。本节及 6.4.2.3 节的响应以计算时域内子模态压电系统机械场最大响应为 1 作归一化处理。

电感型压电网络复合板（L – PEM）在脉冲激励下（第 r 阶）子模态压电系统的响应幅值随时间的变化如图 6 – 12 所示。图 6 – 12 表明此时振幅呈周期变化。

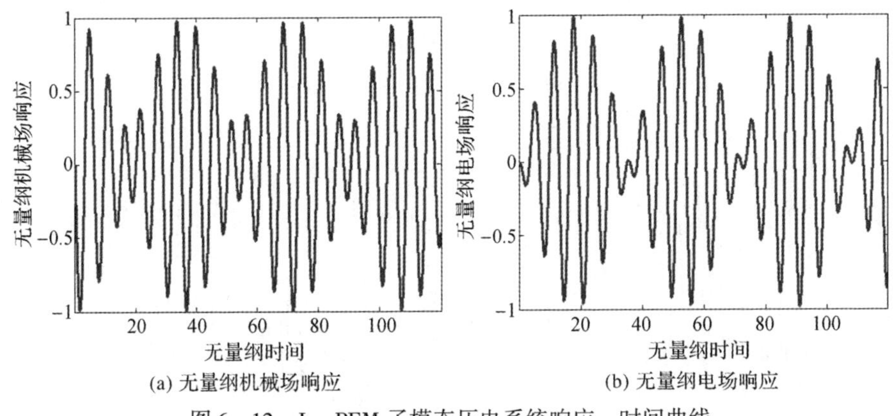

(a) 无量纲机械场响应　　(b) 无量纲电场响应

图 6 – 12　L – PEM 子模态压电系统响应 – 时间曲线

图 6 – 13 表示 L – PEM 在脉冲激励下子模态压电系统中机械能与电能随时间的变化规律。这里机械能为动能和弹性势能的和；电能为电荷动能（电容具有的能量）和电磁能（电感具有的能量）的和。从图 6 – 13 中可以看出系统中的部分能量在机械能和电能之间来回转换，其转换周期明显大于系统的振动周期；由于系统无阻尼，子模态压电系统的总能量保持不变。

图 6 – 12 和图 6 – 13 表明：L – PEM 振动时部分振动能量将在压电材料复合板和电路网络中交替出现进而影响结构的振动幅值。

图 6 – 14 表示电阻型压电网络复合板（R – PEM）在脉冲激励下（第 r 阶）子模态压电系统的响应幅值随时间变化的规律。可以看出振幅呈衰减趋势。

图 6 – 15 表示 R – PEM 在脉冲激励下子模态压电系统的机械能与电能随时间变化的规律。此时电能仅包括电荷动能。可以看出电能在总能量中占的比重很小；电能在电路中被消耗从而导致系统总能量减少。

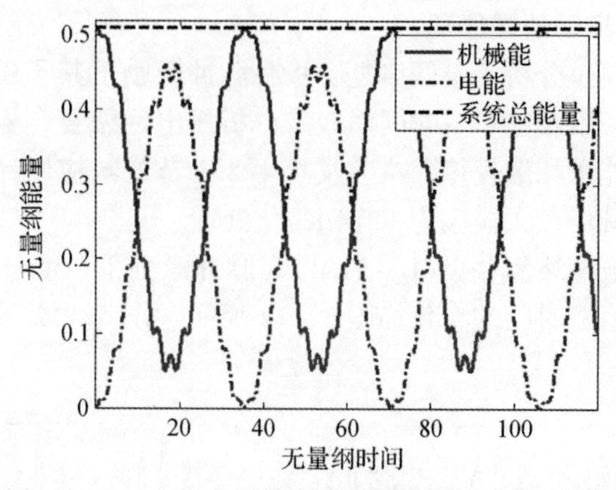

图 6－13　L－PEM 子模态压电系统能量－时间曲线

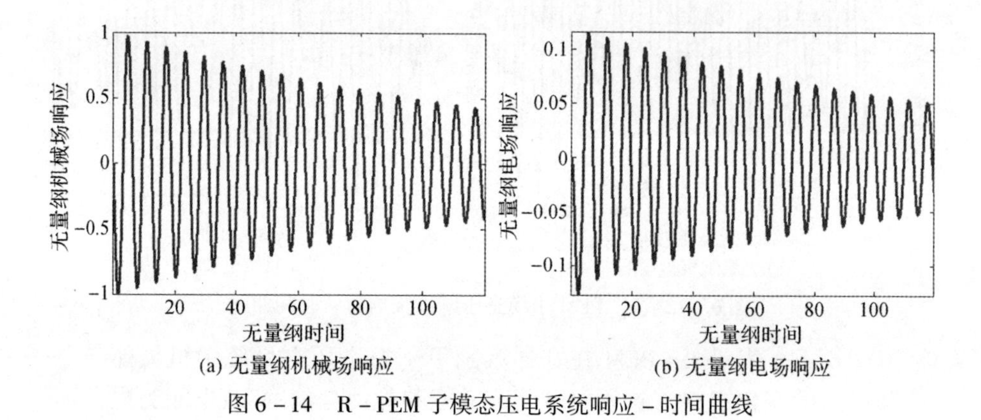

(a) 无量纲机械场响应　　(b) 无量纲电场响应

图 6－14　R－PEM 子模态压电系统响应－时间曲线

(a) 机械能和系统总能量　　(b) 电能

图 6－15　R－PEM 子模态压电系统能量－时间曲线

图 6－14 和图 6－15 表明：R－PEM 振动时能量在电路网络中被电阻消耗从而导致结构振动幅值呈衰减趋势。

电感电阻并联型压电网络复合板 LR－PEM 在脉冲激励下（第 r 阶）子

模态压电系统的响应幅值随时间的变化规律如图 6－16 所示。可以看出,响应幅值在周期性波动的同时呈衰减趋势。

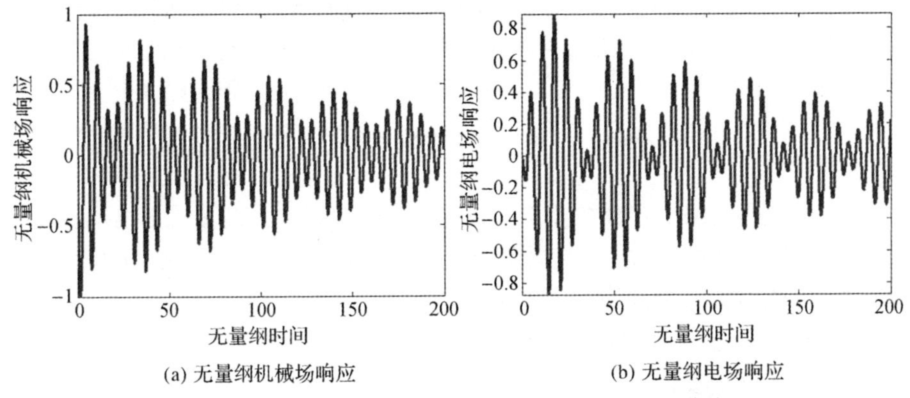

(a) 无量纲机械场响应　　(b) 无量纲电场响应

图 6－16　LR－PEM 子模态压电系统响应－时间曲线

图 6－17 表示 LR－PEM 在脉冲激励下子模态压电系统的机械能与电能随时间的变化规律。可以看出部分能量在机械场和电路中来回转换的同时在电路中被消耗,系统总能量快速降低。

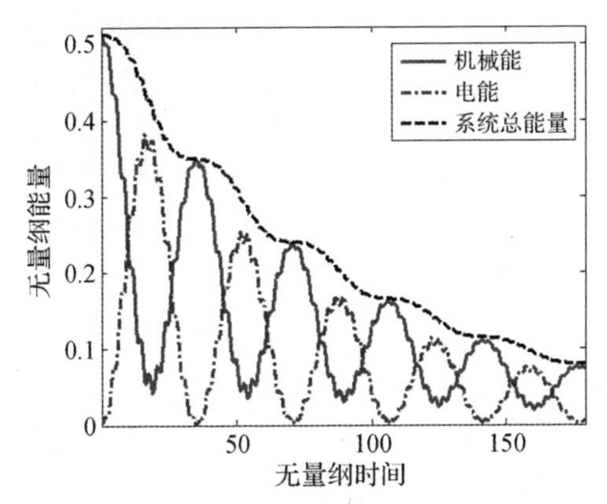

图 6－17　LR－PEM 子模态压电系统能量－时间曲线

图 6－16 和图 6－17 表明:LR－PEM 振动时部分振动能量在压电材料复合板和电路网络中交替出现并在电路网络中被消耗从而导致结构振动幅值在波动的同时呈衰减趋势。

对图 6－12～图 6－17 的综合分析表明,压电网络复合板可以通过以下两种途径来控制振动:

(1)通过能量在压电网络复合板和压电网络中来回转换影响结构振动

幅值;

(2)通过电阻消耗电能,降低系统振动能量从而降低结构振动幅值。

L-PEM 通过第一种途径控制振动,由于没有耗能元件,振动不会随着时间衰减;R-PEM 通过第二种途径控制振动,由于没有储能元件,单位时间内可消耗的电能少;LR-PEM 同时利用途径一和途径二控制振动,电路中既有储能元件又有耗能元件,储能元件增加了耗能元件单位时间内可消耗的电能。

根据压电网络复合板控制振动的途径,影响压电网络复合板振动控制效果的因素主要有机械能-电能转换能力和阻尼大小。机械能-电能转换能力由电感值决定,阻尼大小由电阻值决定。

6.4.2.3 振动响应行为

1. 最优电学参数

由式(6-62)可以得到 LR-PEM 子模态压电系统的位移传递函数的表达式为

$$|H_{LR}(\lambda,\gamma)|=\frac{\lambda^2+\mathrm{j}\gamma\lambda_r^e\lambda+\alpha_e\lambda_r^e}{(\lambda^2-\alpha_m\lambda_r^m)(\lambda^2+\mathrm{j}\gamma\lambda_r^e\lambda+\alpha_e\lambda_r^e)-\lambda^2\beta^2C_{rr}^2} \tag{6-79}$$

含电感的机电耦合系统频率响应曲线在共振频率附近存在两个特殊点 $S:(\lambda_S,|H_{LR}(\lambda_S,\gamma)|)$ 和 $T:(\lambda_T,|H_{LR}(\lambda_T,\gamma)|)$,它们的位置及响应值与电阻无关。易知当这两个点的响应幅值相等且为响应峰值时,系统在共振频率附近有最小的响应峰值,此时对应的电感、电阻为最优电学参数。确定 LR-PEM 最优电学参数的方法是:首先,通过式(6-80)确定与电阻无关的 S 点和 T 点对应的频率 λ_S、λ_T:

$$|H_{LR}(\lambda,0)|=|H_{LR}(\lambda,\infty)| \tag{6-80}$$

式中:$|H_{LR}(\lambda,0)|$ 为耦合系统中只有电感时的位移传递函数幅值;$|H_{LR}(\lambda,\infty)|$ 为耦合系统中压电片短路时的位移传递函数幅值。然后,令 S 点和 T 点响应幅值相等可以确定最优电感值:

$$|H_{LR}(\lambda_S,0)|=|H_{LR}(\lambda_T,0)| \tag{6-81}$$

最后,以 S 点和 T 点为响应峰值可以确定最优电阻值:

$$\left.\frac{\partial H_{LR}(\lambda,\gamma)}{\partial\lambda}\right|_{\lambda_S}=0,\quad \left.\frac{\partial H_{LR}(\lambda,\gamma)}{\partial\lambda}\right|_{\lambda_T}=0 \tag{6-82}$$

若 S 点和 T 点不同时为峰值,取两个电阻的平均值作为最佳电阻。

通过式(6-80)、式(6-81)和式(6-82)确定针对不同子模态压电系统的最佳电感和最佳电阻 $(L^{\mathrm{opt}},R^{\mathrm{opt}})_r$,如图 6-18 所示。可以看出,不同子模态压电系统的最佳电感值随着阶次的升高逐渐变小。值得注意的是针对不同子模态压电系统的最佳电阻相同。

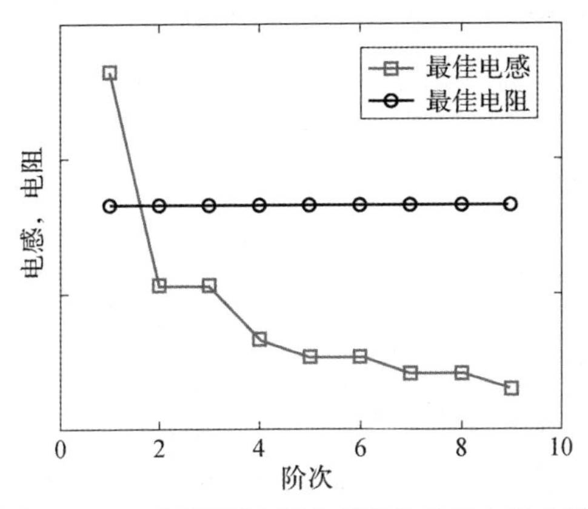

图 6－18　不同子模态压电系统的最佳电学参数

若将电阻设置为无穷大，R－PEM 子模态压电系统的位移传递函数可由式(6－79)得到：

$$\left|H_R(\lambda,\gamma)\right| = \frac{\lambda^2 + \mathrm{j}\gamma\lambda_r^e\lambda}{(\lambda^2 - \alpha_m\lambda_r^m)(\lambda^2 + \mathrm{j}\gamma\lambda_r^e\lambda) - \lambda^2\beta^2 C_{rr}^2} \tag{6-83}$$

此时，系统频率响应曲线中仅存在一个不随电阻变化的特殊点 F：$(\lambda_F, H_R(\lambda_F,\gamma))$。$F$ 点为响应峰值点时，系统在共振频率附近有最小的响应峰值，此时对应的电阻为最优电阻值。确定 R－PEM 最优电阻的过程是：通过式(6－84)确定 F 点的位置 λ_F：

$$\left|H_R(\lambda_F,0)\right| = \left|H_R(\lambda_F,\infty)\right| \tag{6-84}$$

解得 F 点频率 λ_F 为

$$\lambda_F = \sqrt{\alpha_m\lambda_r^m + \frac{\beta^2 C_{rr}^2}{2}} \quad (r=1,2,\cdots) \tag{6-85}$$

通过式(6－86)确定最佳电阻：

$$\left.\frac{\partial H_R(\lambda,\gamma)}{\partial\lambda}\right|_{\lambda_F} = 0 \tag{6-86}$$

由式(6－86)得到无量纲形式的最佳电阻为

$$\gamma^{\mathrm{opt}} = \frac{\lambda_F}{\left|\lambda_r^e\right|} \quad (r=1,2,\cdots) \tag{6-87}$$

将式(6－48)、式(6－85)代入式(6－87)得到无量纲形式最佳电阻的表达式：

$$\gamma^{\mathrm{opt}} = \sqrt{\alpha_m + \frac{\beta^2}{2}} \tag{6-88}$$

式(6－88)表明 R－PEM 的最佳电阻同样与频率无关。

2. 子模态压电系统响应行为

以上指出压电网络复合板的振动响应具有最优电学参数并给出了确定最优电学参数的方法。下面我们研究针对压电网络复合板的某一阶子模态压电系统给出最优电学参数时,各阶子模态压电系统的响应行为。不失一般性,我们针对第一阶子模态压电系统设计最优电学参数的情况展开讨论。

图 6－19 和图 6－20 分别表示单位脉冲激励下 LR－PEM 的第一阶子模态压电系统的响应－时间曲线和能量－时间曲线。结果表明,在一个机械能－电能转换周期内,大量机械能被转换到电路中消耗掉(图 6－20),子模态压电系统的振幅很快衰减到较小值(图 6－19)。

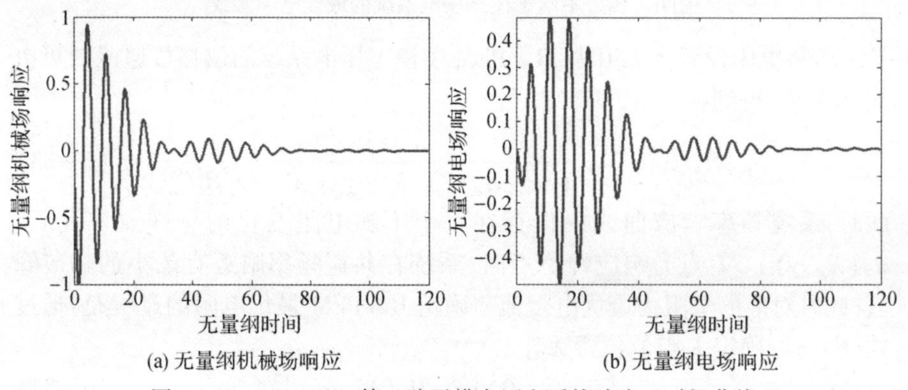

(a) 无量纲机械场响应　　(b) 无量纲电场响应

图 6－19　LR－PEM 第一阶子模态压电系统响应－时间曲线

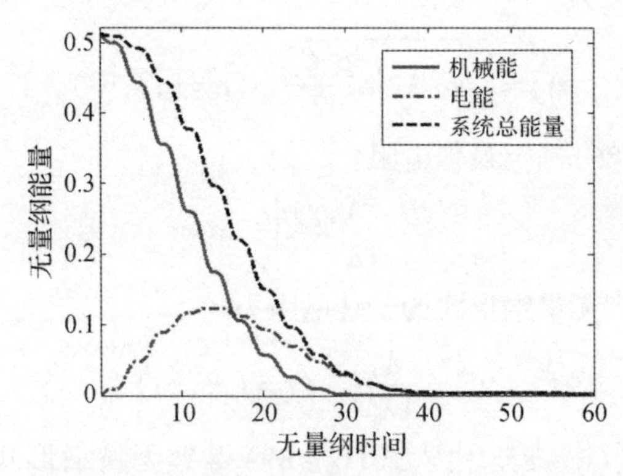

图 6－20　LR－PEM 第一阶子模态压电系统能量－时间曲线

图 6-21 和图 6-22 分别表示相同工况下第二阶子模态压电系统的响应-时间曲线和能量-时间曲线。很明显,其机械能-电能转换效率不高,图 6-21 中响应振幅衰减形式明显区别于第一阶子模态压电系统,且衰减速率比较低。

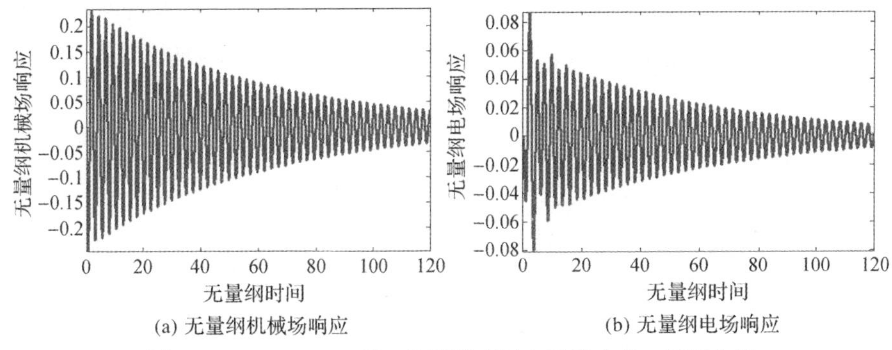

(a) 无量纲机械场响应　　(b) 无量纲电场响应

图 6-21　LR-PEM 第二阶子模态压电系统响应-时间曲线

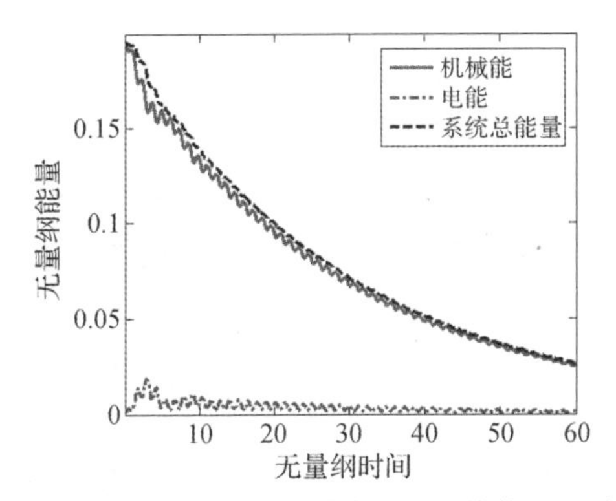

图 6-22　LR-PEM 第二阶子模态压电系统能量-时间曲线

上述分析表明,针对 LR-PEM 的某一阶子模态压电系统给出最优电学参数时,这一阶子模态压电系统的振动能量能够被很快转换到电路中消耗掉,降低响应幅值;其他子模态压电系统中机械能-电能转换不明显,振动响应衰减较慢。

3. 多模态响应行为

压电网络复合板的响应为子模态压电系统响应的线性组合,各阶子模态压电系统的共振峰值将出现在压电网络复合板频率响应曲线的不同频段,主导振动。下面我们来看针对压电网络复合板的某一阶子模态压电系统给出最优电学参数时,压电网络复合板在一个较宽频带内的振动响应行为。计算结果对计算频带内压电网络复合板短路工况下的最大响应为 1 作归一化处理。

图 6－23 表示 LR－PEM 在简谐激励下的振动响应。LR－PEM 具有针对第一阶子模态压电系统的最优电学参数，从该图中可以看出，相对开路、短路状态，压电网络复合板的响应除了在最优设计的共振频率附近得到显著改善之外，在其他阶共振频率附近也有不同程度的改善（峰值降低）。

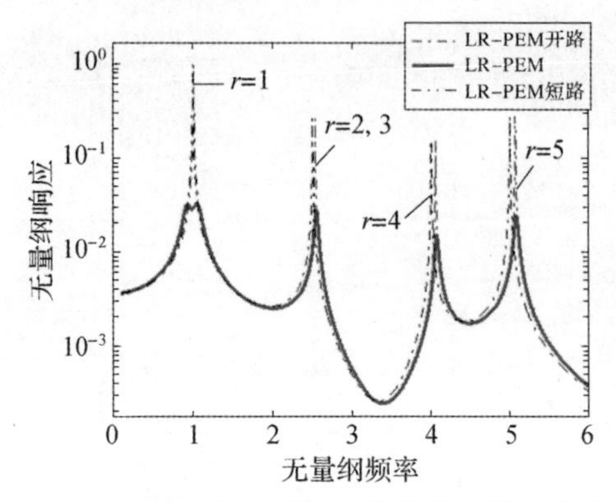

图 6－23　LR－PEM 及其开路、短路状态下的振动响应对比

图 6－24 给出 R－PEM 在简谐激励下的振动频率响应。可以看出，R－PEM 在各阶共振频率处的峰值响应相对其开路、短路状态都有所降低。

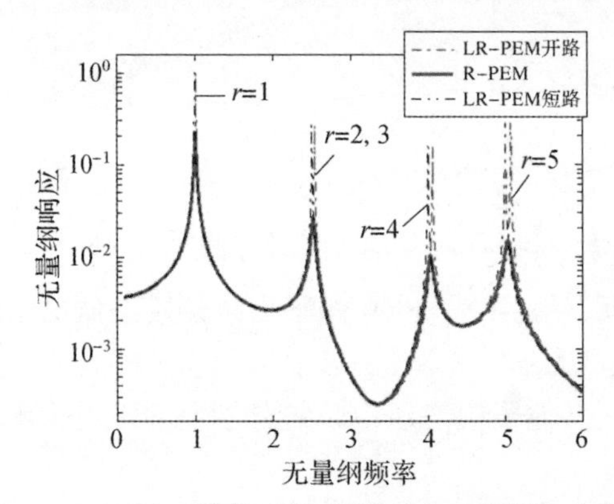

图 6－24　R－PEM 及其开路、短路状态下的振动响应对比

图 6－25 对比了部分共振频率附近 LR－PEM 与 R－PEM 的振动响应。可以看出，在最优设计的共振频率附近（$r=1$），LR－PEM 的峰值响应明显低于 R－PEM；但是在远离最优设计点的共振频率处，二者的峰值响应差异不大。

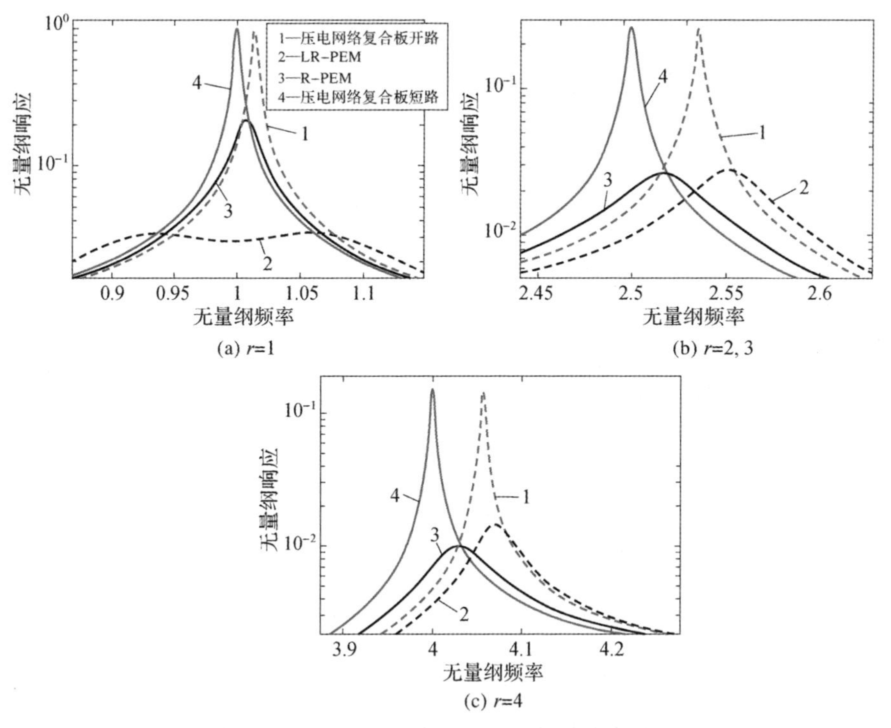

图6-25 LR-PEM与R-PEM振动响应对比

6.5 周期压电网络复合板的振动特性试验研究

6.5.1 试验用压电网络复合板的设计

6.5.1.1 构成周期板的压电片数

本节介绍的压电网络复合板的振动特性试验研究是以一个消声箱为基础实施的,即压电网络复合板固定在一个消声箱上。该实验装置搭建的初衷是实施包括振动试验、隔声试验及声振耦合试验在内的系列试验研究。

试验研究的理论基础是基于均匀化方法所得到的结论,均匀化的前提假设是元胞的尺寸小于结构中传播的弯曲波波长。为此需首先估算对应不同元胞数时,均匀化理论适用的频率范围。图6-26给出元胞尺寸l和复合板弯曲波波长$\lambda_p = 2\pi(D_{eq}/m_{eq}\omega^2)^{1/4}$的比与频率的对应关系。基板及压电片的材料参数见表6-1。

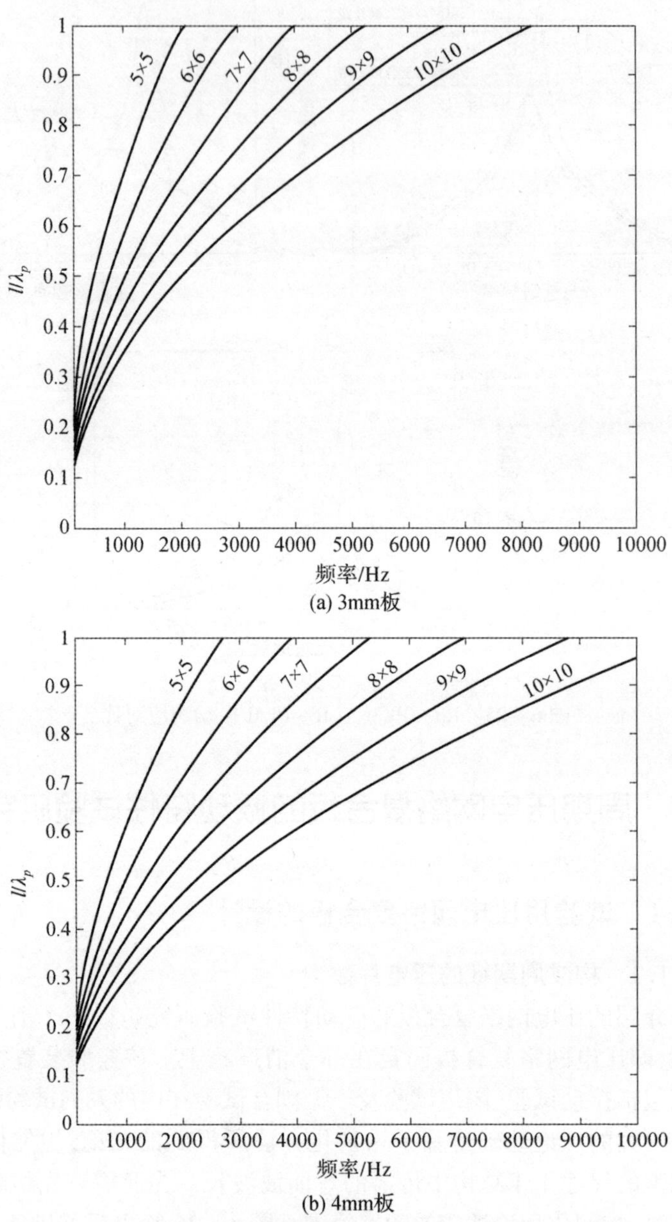

(a) 3mm板

(b) 4mm板

图 6-26 不同厚度的板 l/λ_p 随元胞数的变化

表6-1 基板及压电片的材料参数

参数	基板	压电片
弹性模量/Pa	7.1×10^{10}	7.7×10^{10}
泊松比	0.31	0.33
密度/(kg/m³)	2700	7450
介电常数 ε_{33}^{S}/(F/m)	—	3.01×10^{-8}
压电系数 d_{31}/(C/N)	—	-2.74×10^{-10}

图6-26反映了对于相同厚度的板,元胞数越多、元胞的尺寸与板弯曲波波长的比越小,适用于均匀化理论($l/\lambda_p<1$)的频率范围越宽;另外,当元胞数相同时,增加板的厚度也可以扩展适用均匀化理论的频率范围。然而必须考虑到元胞数的增加会使实验难度及工作量呈几何级数增长。表6-2给出了在不同声波入射角下的不同厚度板所对应的吻合频率,表6-3给出这些吻合频率所需要的符合均匀化假设的最少元胞数。

表6-2 不同声波入射角的吻合频率

厚度 h/mm	$f_{cr}\left(\theta=\frac{\pi}{2}\right)/\mathrm{Hz}$	$f_{co}\left(\theta=\frac{\pi}{3}\right)/\mathrm{Hz}$	$f_{co}\left(\theta=\frac{\pi}{4}\right)/\mathrm{Hz}$
3	3730	4973	7458
4	2797	3730	5595
5	2238	2984	4476

表6-3 不同吻合频率所需要最少元胞数

厚度 h/mm	$N\left(\theta=\frac{\pi}{2}\right)$	$N\left(\theta=\frac{\pi}{3}\right)$	$N\left(\theta=\frac{\pi}{4}\right)$
3	7×7	8×8	10×10
4	6×6	6×6	8×8
5	5×5	6×6	6×6

通过计算可以基本确定,对于厚度为2~5mm的周期板,300Hz以下的振动测试,对元胞数的要求不高,每行(及每列)有3片压电片即可满足均匀化理论的条件;但是在吻合区的隔声测试就要求根据不同的板厚每行(及每

列)至少要有5片压电片。

以下介绍的压电网络复合板振动特性的测试采用的是2mm厚、边长为615mm的方板,其上均匀布置了9片压电片[每行(及每列)均匀布置3片]。

6.5.1.2 电路元件基本参数

为了在实测中获得较为明显的振动抑制效果,需为电路元件设计最优参数。根据6.3.3节中有关频率转向区的能量分析以及6.2.2节中关于转向频率的确定方法可知,最优电学参数可通过令解耦状态下压电电路某阶振荡频率与压电网络复合板的同阶固有频率相等,进而求解此时的电学参数来确定。

为此首先须确定压电片在电路中的等效电容值。压电片在自由振动状态下可以等效为电容元件,且电容值随着频率变化;不过当压电结构的振动频率低于压电片自身的谐振频率时,压电片的电容值近似为常值。

压电片的电容值可借助有限元软件通过计算获得。在压电片的FEM模型表面施加电压幅值为1V的交变电压,对其进行谐响应分析,提取压电片上表面中的电流值,即可得到压电片在电路中的导纳 $Y_{PZT}(\omega)$,其与等效电容 C_{eq} 的关系为:$Y_{PZT}(\omega)=i\omega C_{eq}$。图6-27所示,为实验用压电片在有限元仿真模型中的等效电容随频率的变化规律,该压电片自身的第一阶谐振频率 f 在1200Hz左右。当压电片在低频振动($f<250$Hz)时可以认为压电片的电容值不变。

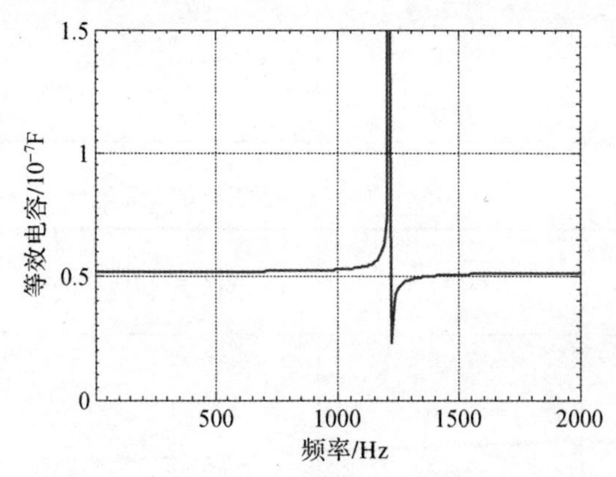

图6-27 压电片的等效电容随频率的变化

在计算压电电路的振荡频率时取其电容值为52nF,在实验频率范围内电容值的误差在0.2%以内。

将压电片的等效低频电容值 C_{eq} 代入式(6-26),令耦合项(含有 g_{eq} 的项)及方程的右端项为零,考虑边界条件后即可分别计算压电网络复合板和压电电路的固有频率和振型;再令二者频率相等,即可解得针对压电网络复合板的第 k 阶模态进行振动抑制时的理论最优电感值。在实测中还需考虑引入电阻后的影响,并根据电感实现方式的限制在理论最优电感值的基础上进行适当调整。

6.5.1.3　电感的实现

压电网络复合板的振动抑制中需要的最优电感值一般较大,在实际中很难实现,因此需要设计模拟电感电路代替电感元件。压电网络中电感分为两类:接地电感和浮地电感。接地电感电路一般采用里奥登电感电路[6],原理图如图 6－28 所示,里奥登电感电路由 2 个运算放大器、4 个电阻和 1 个电容元件构成。其等效电感值可以表示为

$$L_{\mathrm{eq}}=\frac{R_2 R_4 R_1 C}{R_3} \tag{6-89}$$

通过调节电路中的电阻值能够实现等效电感值可调。

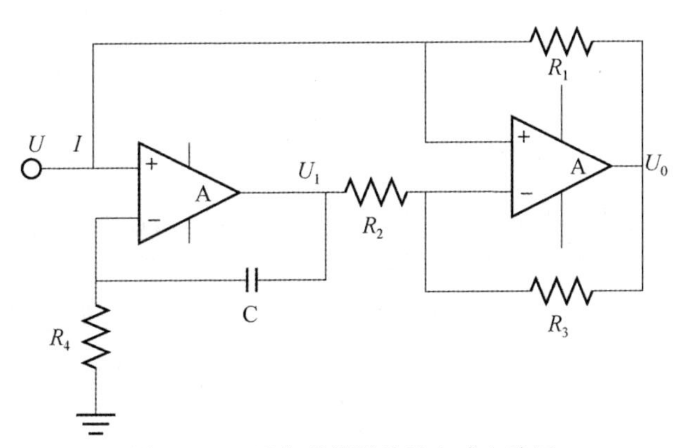

图 6－28　里奥登模拟接地电感电路图

接地电感要求电感电路一端必须接地,这限制了电感电路的使用;浮地电感电路没有此限制。浮地电感电路可利用第二代电流传输器(CCII)实现[7],其电路原理图如图 6－29 所示。

电流传输器是一种标准的模拟器件,电流传输器端口具有以下性质:

$$\begin{bmatrix} I_y \\ V_x \\ I_z \end{bmatrix}=\begin{bmatrix} 0 & 0 & 0 \\ 1 & 0 & 0 \\ 0 & \pm 1 & 0 \end{bmatrix}\begin{bmatrix} V_y \\ I_x \\ V_z \end{bmatrix} \tag{6-90}$$

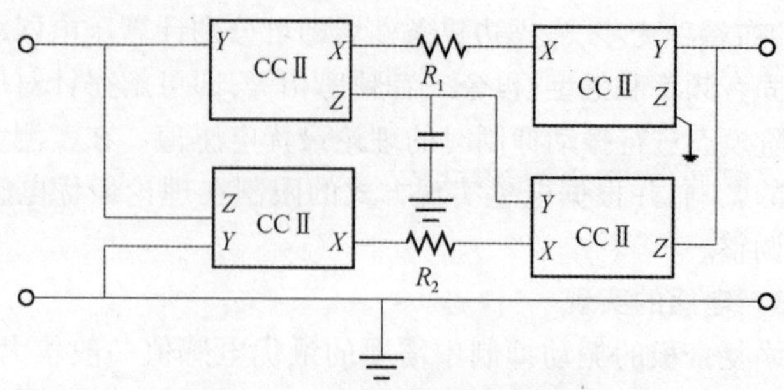

图 6-29 浮地电感电路原理图

浮地电感电路的等效电感值为

$$L_{eq}=R_1R_2C \tag{6-91}$$

实验中模拟电感的电路参数与等效电感值如表6-4所示,电阻 R_2 使用电位器,可以实现电感值可调。

表6-4 模拟电感的参数与等效电感值

电感类型	参数	等效电感值/H
接地电感	$R_1=1\mathrm{k}\Omega, R_3=1\mathrm{k}\Omega, R_4=30\mathrm{k}\Omega, C=1\mu\mathrm{F}$	$L_{eq}=0.03R_2$
浮地电感	$R_1=30\mathrm{k}\Omega, C=1\mu\mathrm{F}$	$L_{eq}=0.03R_2$

图6-30给出的滤波电路传递函数曲线,分别通过解析式、仿真软件和实测得到。实验测量时将滤波电路中的电感元件用模拟电感电路代替,其中,接地电感值为0.47H,浮地电感值为1.88H,由图6-30可知,无论是接地电感电路还是浮地电感电路,其理论值、仿真值和实测值均具有较好的一致性。

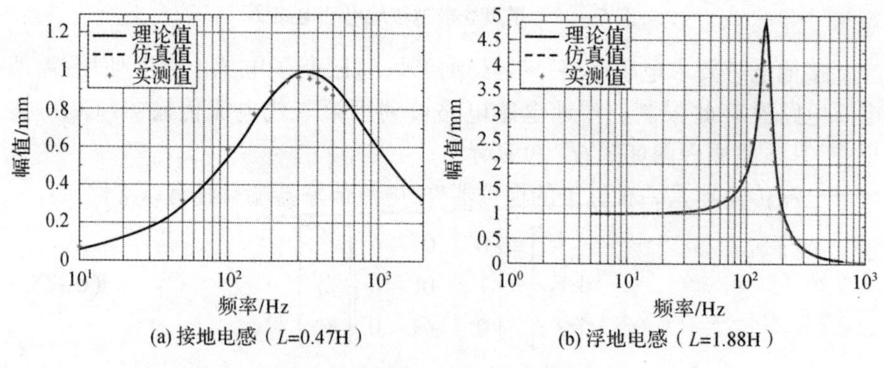

图6-30 滤波电路的传递函数曲线

需要指出的是,对于浮地电感电路,由于 X 端寄生电阻的影响,其等效阻抗为电感元件与电阻元件的串联形式,其串联的电阻值为 200 ~ 250Ω。

6.5.2　测试系统与测试方法

图6-31所示为压电网络复合板振动抑制测试实验装置,其中图6-31(a)为固定在消声箱洞口的待测压电网络复合板;图6-31(b)为测试设备,其中OROS是集动态信号的发生、采集、处理于一体的动态信号分析仪。由OROS系统发出的正弦扫频信号源经由电压放大器放大后施加到一个专用的激励压电片上;这个专用的激励压电片直接粘贴在板上,如图6-31(c)所示。将加速度传感器采集到的动态信号传输给OROS进行振动分析。图中的稳压电源用于大电感模拟电路的电源供给,对于纯电阻型压电网络复合板的减振实验,则不需要使用稳压电源。

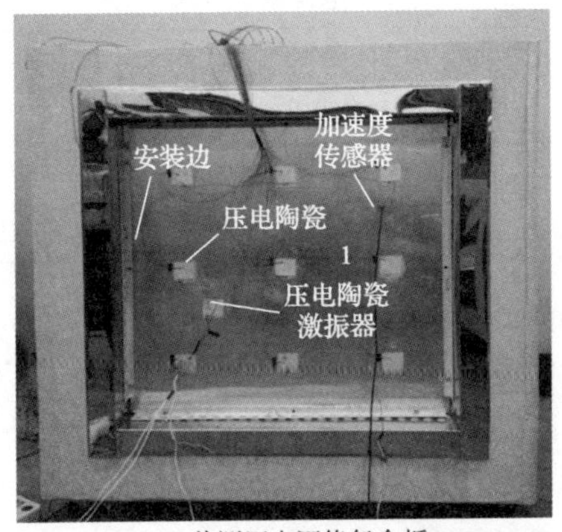

(a) 待测压电网络复合板

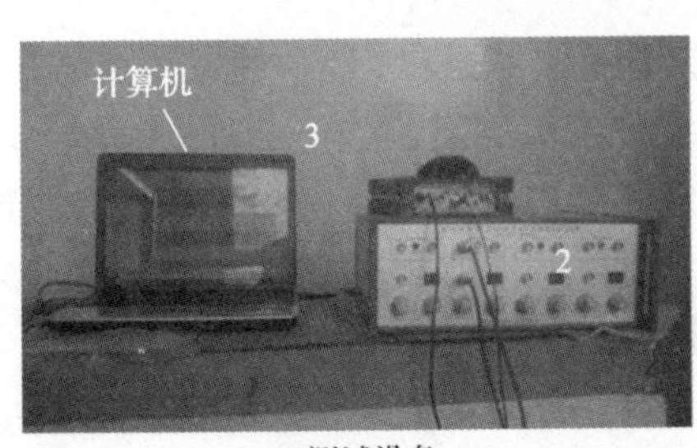

(b) 测试设备

(c) 激励压电片

1—压电网络复合板;2—电压放大器;3—OROS振动分析仪;4—稳压电源;
5—大电感模拟电路;6—电路系统。

图6-31　压电网络复合板振动抑制测试实验装置

测试的压电网络复合板用分布的螺栓固定在消声箱洞口的金属条挡板上并用三角铁框架压紧。被测的板上均匀粘贴 3×3 个压电片,相邻两个压电片之间的负极用导线相互连接,相邻的两个压电片的正极通过导线连接面包板上的电子元件构成网络。此外,板上还粘贴了一个压电加速度传感器用于板的振动响应采集。构成压电网络复合板的基板及压电片的几何、材料参数见表 6-5,该表中同时还给出了实测中所用到的压电网络中的电感值。

表 6-5　振动实验参数

压电片参数	几何尺寸	40mm×40mm×0.5mm
	数量	3×3 个
	密度	7800kg/m^3
	介电常数 ε_{33}^S	1.593×10^{-8}F/m
	压电系数 d_{31}	-1.85×10^{-10}C/N
	实测电容值	89nF
网络中电感	90H、133H、257H	
铝板有效尺寸	600mm×600mm×2mm	

实测时为专用的激励压电片输入交变的电压信号 V,在交变电压驱动下的专用激励压电片将产生动态变形 X,从而实现对压电网络复合板的激励。输出信号为板上一点的加速度信号(在该点设置一个加速度传感器)。系统的传递函数可以表示为

$$H(\omega)=\frac{\ddot{X}(\omega)\mathrm{e}^{\mathrm{j}\omega t}}{V(\omega)\mathrm{e}^{\mathrm{j}\omega t}}=\frac{\omega^2X(\omega)}{V(\omega)} \tag{6-92}$$

输入的激励电压信号为正弦慢扫描信号,这是一种较为成熟的激励方法,激励信号能量集中、信噪比大、测试精度高,具有较高的频率分辨率。利用该方法进行激励时,首先根据试件结构确定合理的扫频速率,这样测试结果将在一定的容许误差范围内。根据国际标准化组织(ISO)标准规定,正弦扫描通过共振区的最大速率需满足以下条件:

线性扫频速度:$S_{\max}<216f_r^2\xi_r^2$Hz/min;对数扫描速度:$S_{\max}<310f_r^2\xi_r^2$Oct(信频程)/min。

实验中采用的激励信号和采样信号的参数如表 6-6 所示,实验中扫频范围为 10~410Hz,本次实验分析的频率范围为 10~200Hz。

表6-6　实验信号参数

采样频率	采样时间	扫频范围	扫频速度
1024Hz	655s	10~410Hz	0.6056Hz/s

6.5.3　安装条件的影响

在对压电网络复合板实施测试前,首先对同样安装条件下的基板动力学特性实施了实验模态分析,目的在于了解安装条件,特别是消声箱对测试板振动的影响。

图6-32所示为基于有限元分析得到的与测试板相同尺寸的四边固支板的前四阶模态振型,两种厚度(2mm和3mm)的板的前四阶振型相同。

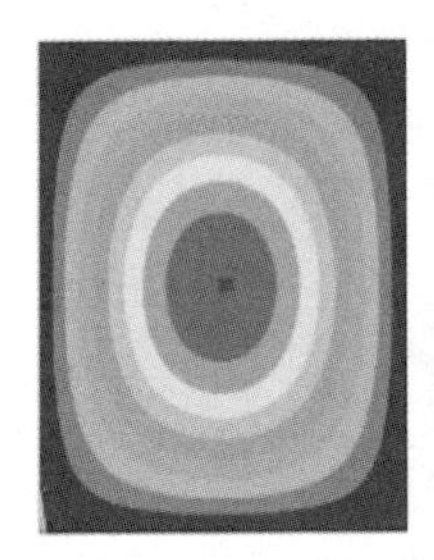
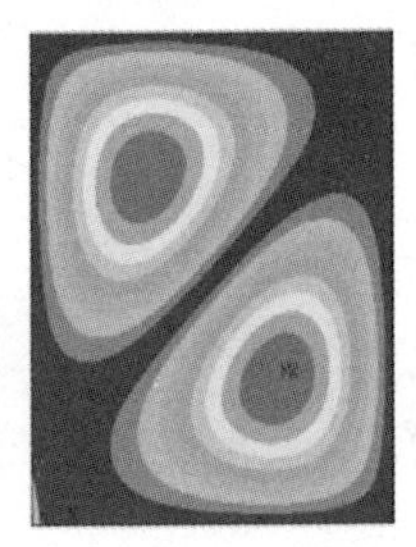
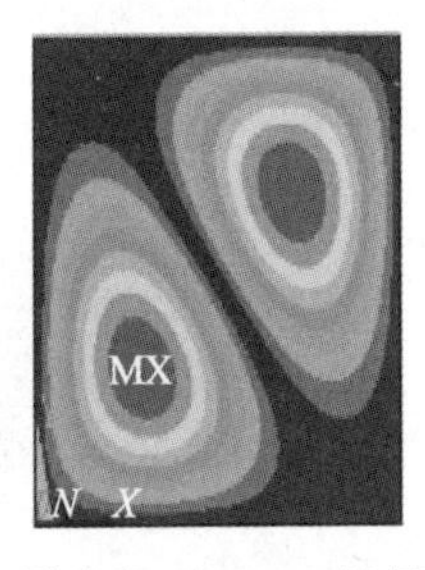
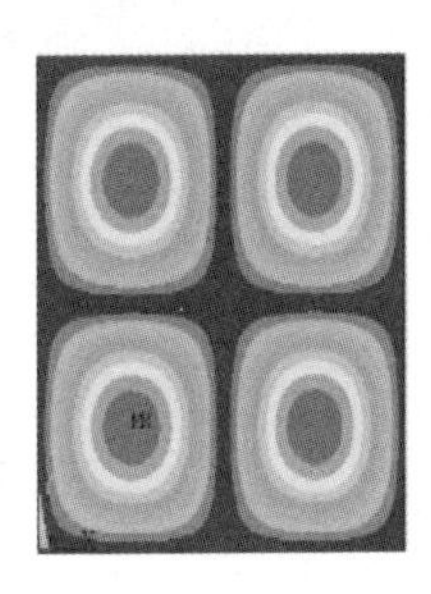

图6-32　板的前四阶模态振型(FEM结果)

针对前四阶振型设计了板模态测试的25个激励点(采用锤击法时的敲击点)和拾振点(采用加速度传感器)的分布位置(图6-33)。为了避免拾振用传感器有可能落在某阶振型的节线上,特考虑了两个振动拾取点。

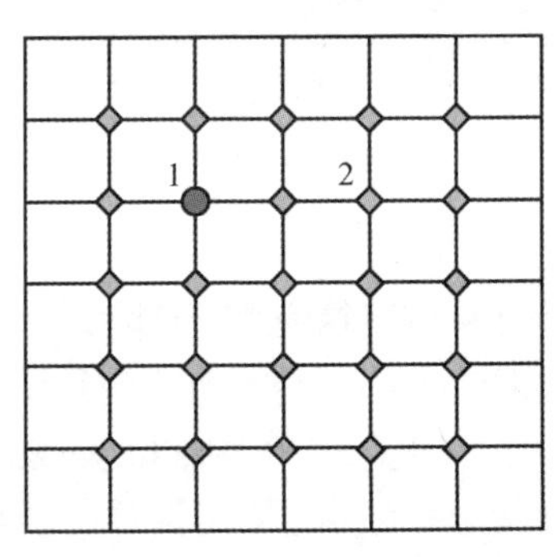

(a) 传感器位置1

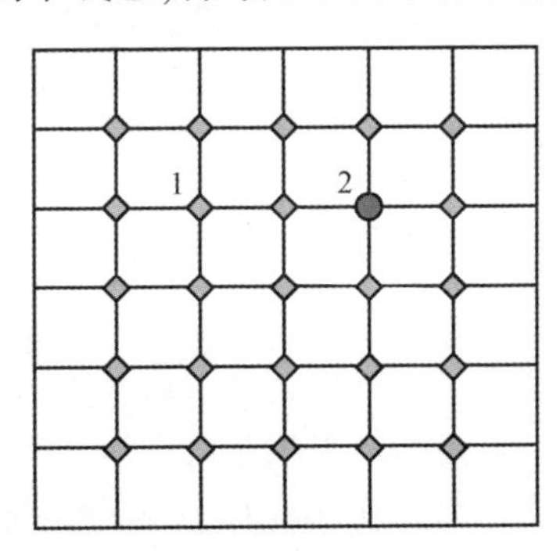

(b) 传感器位置2

◇ 测点
● 传感器

图6-33　板模态测试的激励点和拾振点

为了了解消声箱空腔对测试板振动的影响,分别测试了厚度为2mm和3mm的板。图6-34是根据全部25个实测传递函数识别出的100Hz以下的三阶模态。

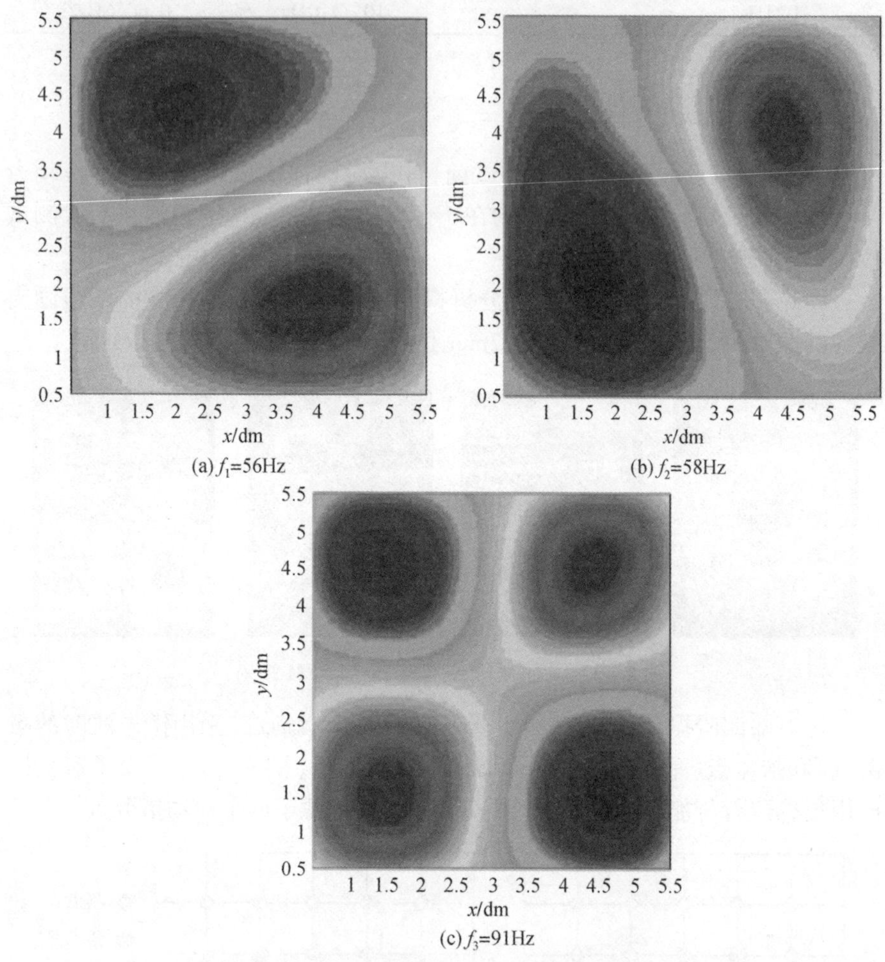

(a) f_1=56Hz　(b) f_2=58Hz　(c) f_3=91Hz

图6-34　实测厚度为2mm的板的模态振型

结果表明,在测试条件下(板的一侧为密闭的消声箱空腔)厚度为2mm的板的1阶振型对应理论解的2阶振型;理论解的1阶振型没有出现。受实际安装条件以及板的加工精度等多种因素影响,完美的对称性难以实现,因此理论上的重频模态在实测中其频率往往有微小的差异,从而形成了传函曲线上两个十分接近的峰值。图6-35给出根据全部25个实测传递函数识别出的3mm厚的板的前4阶模态。除了板厚增加,其他条件均未改变。

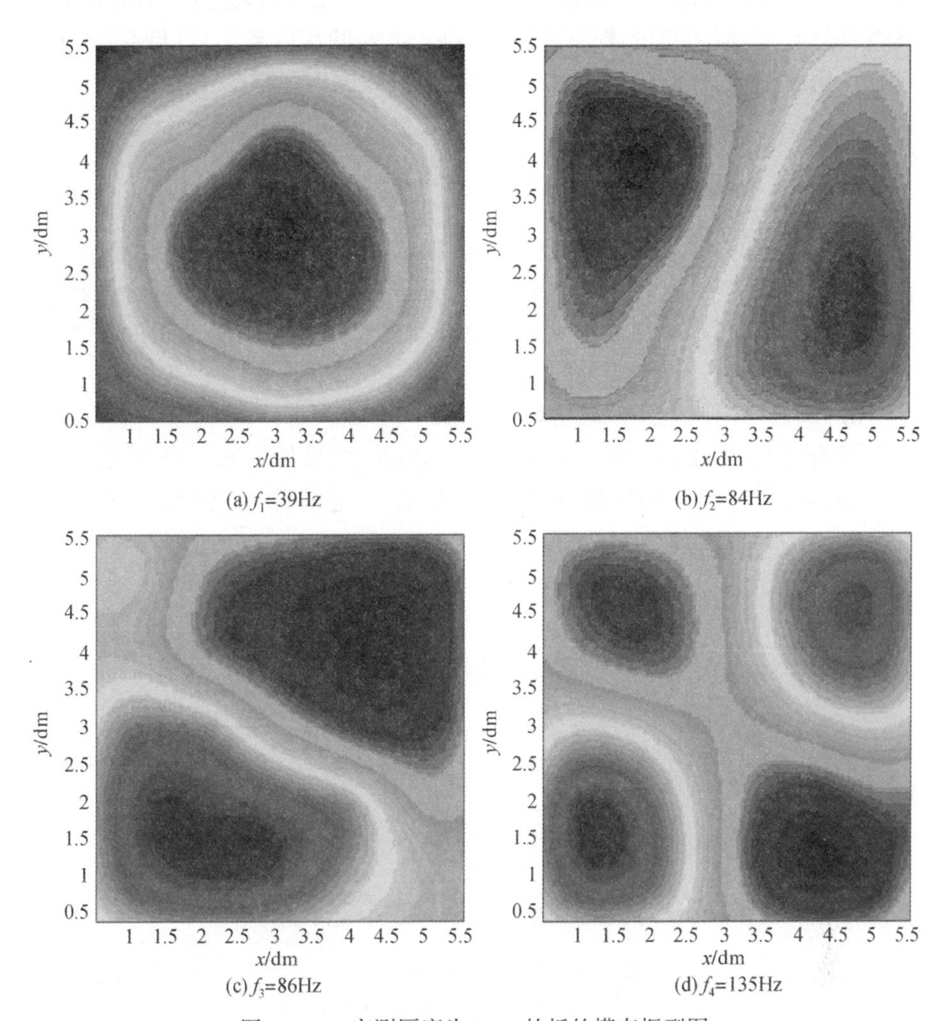

(a) f_1=39Hz　(b) f_2=84Hz　(c) f_3=86Hz　(d) f_4=135Hz

图 6 - 35　实测厚度为 3mm 的板的模态振型图

结果表明，在测试条件下（板的一侧为密闭的消声箱空腔）厚度为 3mm 的板的前 4 阶振型与理论预测振型完全一致。这说明测试板的振动确实受到了密闭的消声箱空腔的影响。当板的厚度较小（2mm）时，板与空气腔的耦合作用就显现出来。这是因为此时板的刚度较小，如果密闭腔体的深度不够大，则意味着密闭腔体中的空气的刚度较大，能够对板的变形产生影响，提升了二者耦合的程度。此时具有较大刚性的密闭腔体中的空气对板起了附加的分布支撑作用，这一作用使板的 1 阶振型难以出现，各阶频率也相应提高。参考文献[12]从理论上研究了弹性板结构封闭空腔的声弹耦合特性,得到了类似的结论,即板的厚度越小,声腔的深度越小,板与空气腔的耦合作用就越强,板的频率相对理论模型(不考虑声弹耦合作用)的频率就越大。

6.5.4 振动特性的测试与分析

本节介绍的关于压电网络复合板的测试为 R – PEM 和 LR – PEM 在单点激励下的频率响应,目的一是验证有关压电网络复合板机电耦合振动特性的基本结论,二是对比两种类型压电网络对普通弹性材料薄板的振动抑制效果。

6.5.4.1 电阻型压电网络复合板(R – PEM)

具有不同电阻值的 R – PEM 的频率响应曲线如图 6 – 36 所示。整体上,R – PEM 的振幅随电阻值的变化有一定的降低,但是效果不太明显。

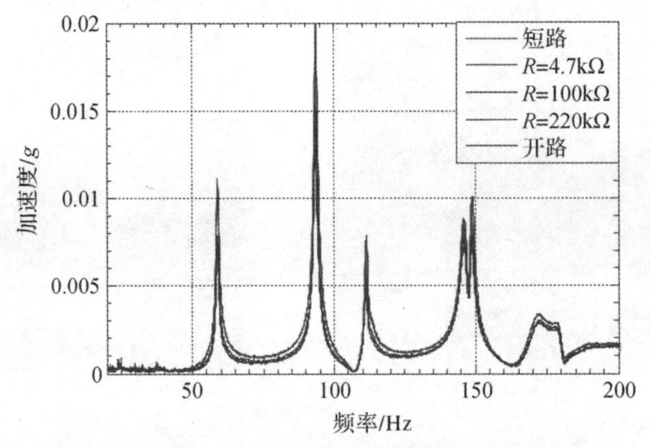

图 6 – 36 R – PEM 的频率响应测试曲线(附彩插)

图 6 – 37 为 R – PEM 第 3 个振动峰值频率附近的理论和实测频率响应曲线。理论曲线与实测曲线均表示了 R – PEM 随电阻值变化具有相同的趋势,即随着电阻增加,R – PEM 共振振幅先减小后增加,即存在最优电阻使 R – PEM 减振效果最佳。对于本次实验所采用的实验件,最优电阻值为 100KΩ;开路时 R – PEM 的固有频率高于短路时的固有频率(实验中约高出 0.4Hz),表明由于压电材料的压电效应,使 R – PEM 的刚度增加,但是电路中电阻对压电网络复合板的刚度几乎没有影响。

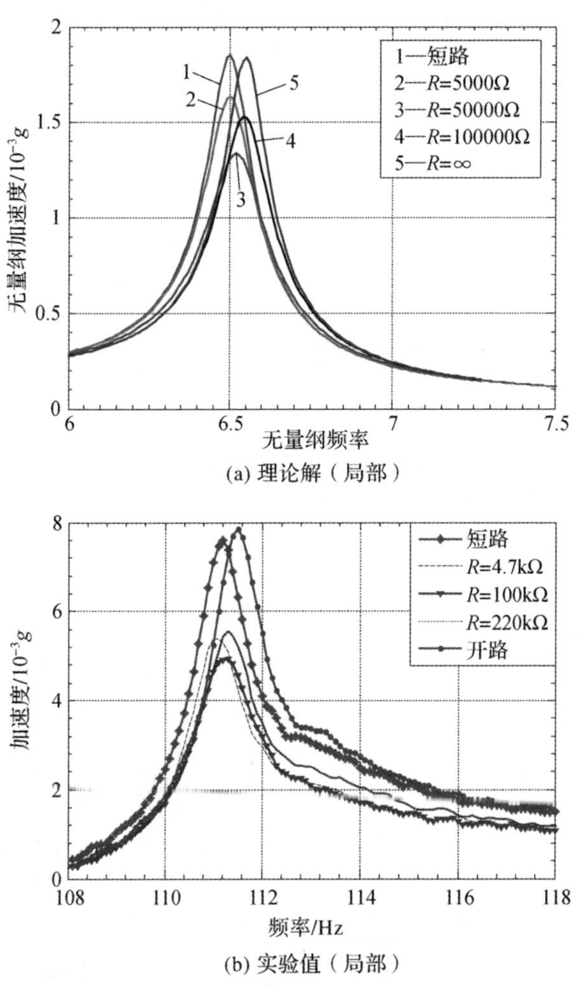

(a) 理论解（局部）

(b) 实验值（局部）

图 6 – 37　R – PEM 的频率响应曲线(第 3 阶共振峰)

6.5.4.2　电感电阻并联型压电网络复合板(LR – PEM)

将电感设定为 90H；此时压电电路的第 1 阶固有频率与压电材料复合板的第 1 个共振峰对应的频率一致，也就是说这是一个对应第 1 阶子模态的最优电感。图 6 – 38 给出对应不同电阻值的实测频率响应曲线。与 6.3 节和 6.4 节理论研究结果一致的是 LR – PEM 具有多模态振动抑制效果，即前几阶共振峰值均有不同程度的降低。与理论研究结果有出入的是，针对第 1 阶子模态的最优电感 90H，应在第 1 阶共振峰处具有最好的抑振效果，而实测结果显示的是，最显著的抑振效果发生在第 3、4 阶共振峰处。为解释这一现象,有必要对压电电路和压电材料复合板的固有频率和模态振型进行仔细分析。

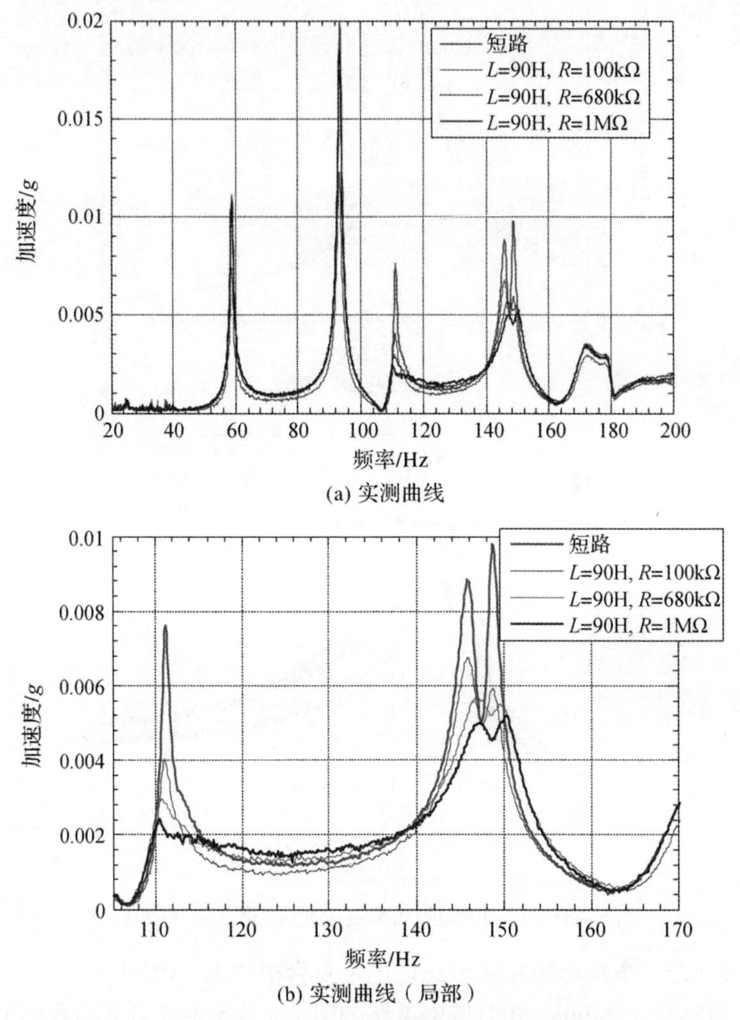

(a) 实测曲线

(b) 实测曲线(局部)

图6-38 LR-PEM板的实测频率响应曲线(附彩插)

压电网络复合板要取得最优振动抑制效果需要压电网络与压电材料复合板的振动模态具有一致性,即固有频率一致、振型一致。

固有频率的一致性可通过分别测试压电材料复合板的频率和压电网络电路的频率来检测。前者通过测试短路状态的压电网络复合板的频率响应曲线得到;后者则可通过对压电网络电路输入白噪声电压信号,并拾取压电片表面的电压信号的频率响应曲线获得。图 6－39 为短路时压电网络复合板的频率响应曲线和压电网络电路电压的频率响应曲线对比，电路的电感值为 90H，并联电阻值为 1MΩ。两条频率响应曲线的对比表明压电网络复合板与压电网络的第 1、2 阶共振峰对应的频率具有较好的一致性，符合设计初衷。

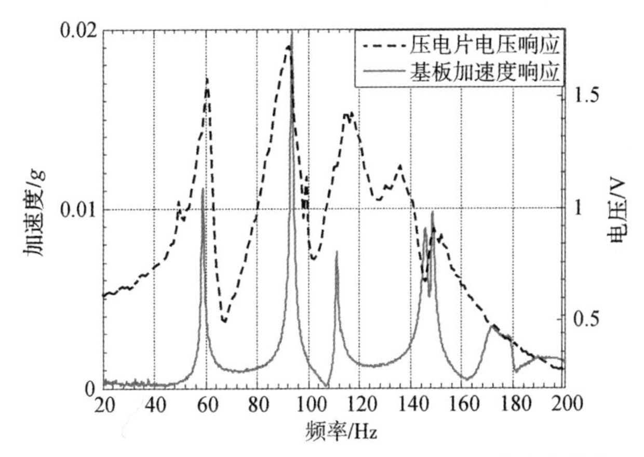

图 6－39　压电网络复合板与压电网络的频率响应曲线

振型的一致性也需分别考察复合板和电路的前几阶振型，特别是第 1、2 阶振型。压电网络复合板的振型可参考同等安装条件下同等厚度基板的实验模态分析结果；压电网络电路的振型可借助 FEM 软件通过计算获得。二者的对比结果见表 6－7。结果表明压电材料复合板的第一个共振峰频率对应的振型为(1,2)，而压电电路的第一个共振峰对应的振型则为(1,1)；虽然两条曲线的第 1、2 阶共振峰的频率十分接近，但它们分属不同的模态，二者之间几乎没有耦合，压电网络对压电网络复合板的振动没有直接的影响，因此抑振效果不显著。根据弹性力学理论，弹性薄板的一阶振型也应是(1,1)。由前面的分析可知，改变基板一阶振型的原因是基板安装于消声箱洞口，在板的一侧形成了一个密闭空腔，由此产生的声弹耦合效应改变了板的振动特性。

表 6－7　压电网络复合板与电路的模态信息

实测频率响应曲线上共振峰阶数	1	2	3	4	5
复合板固有频率	58Hz	93Hz	111Hz	146Hz	150Hz
振型(实验)	(1,2)	(2,2)	—	—	—
压电网络固有频率	61Hz	92Hz	115Hz	136Hz	152Hz
振型(理论)	(1,1)	(1,2)	(2,2)	(2,3)	(3,3)

若要针对性地提高对第1、2阶共振峰抑制的效果，需调节压电网络电路中电感值，使压电网络电路的振型(1,2)对应的频率尽可能接近压电材料复合板同阶振型的频率(58Hz)，振型(2,2)对应的频率尽可能接近压电材料复合板同阶振型的频率(93Hz)。

图6-40分别为将电感调整为针对压电材料复合板第1阶和第2阶共振峰的最优值后，压电网络复合板的频率响应曲线；最优电感值分别为133H和257H，相应阶的压电网络的固有频率测量值分别为55Hz(第1阶)和97Hz(第2阶)；如此，两阶峰值均降低50%以上；与其临近的几阶共振峰峰值也有不同程度的减小，但是效果不如最优电感对应的那一阶共振。这一结果与理论预测一致。

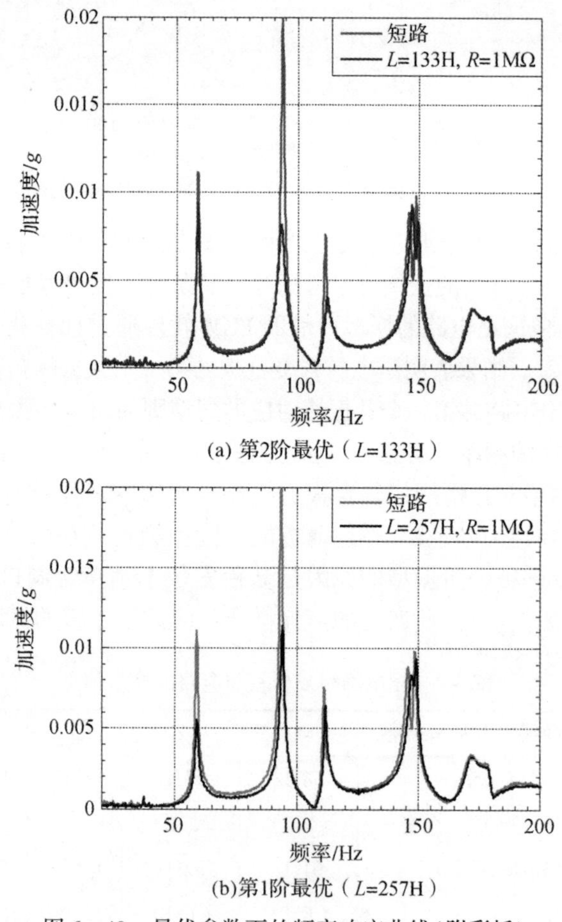

图6-40　最优参数下的频率响应曲线(附彩插)

6.5.4.3　R－PEM 和 LR－PEM 减振效果比较

具有相同电阻值的 R－PEM 和 LR－PEM 的频率响应曲线如图 6－41 所示,图 6－41(a)和(b)分别表示在电阻为 680kΩ 和 47kΩ 时的 R－PEM 板和 LR－PEM 实测频率响应曲线。

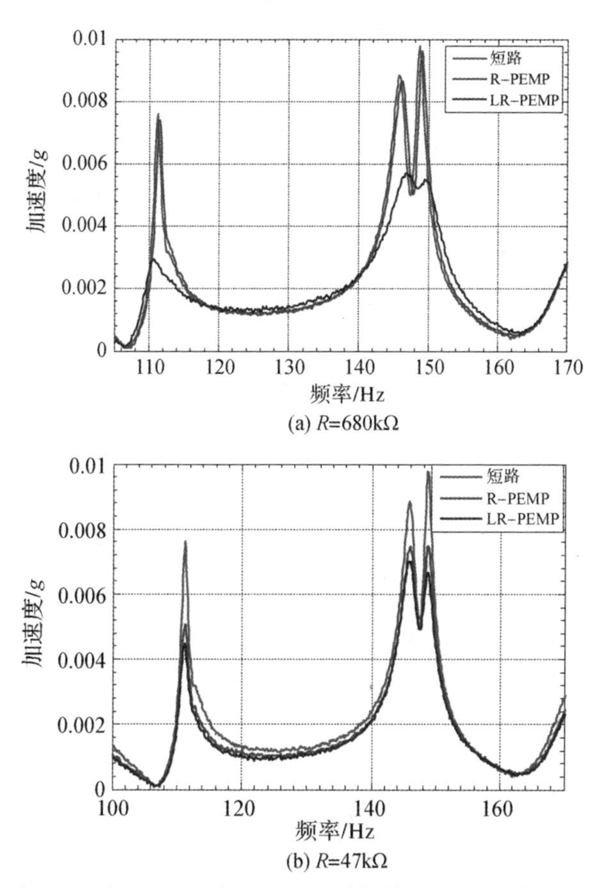

图 6－41　LR－PEM 与 R－PEM 减振效果的对比(附彩插)

图 6－41(a)所示工况中($R=680\text{k}\Omega$),LR－PEM 和 R－PEM 的第 3 阶模态振动幅值降低分别为 60% 和 2.3%,LR－PEM 的减振效果明显优于 R－PEM。这一结果说明,由压电片变形产生的电流较小,因此在 R－PEM 电路中消耗的机械能有限,导致 R－PEM 的减振效果较差;而对于 LR－PEM,压电网络中电感元件的感抗与压电片自身的容抗在谐振频率响应时将会抵消,电路中的电流随之增大,从而增加电阻两端的电压,电路中消耗机械能的功率增大,故有较好的减振效果。

图6-41(b)所示工况中($R=47\mathrm{k}\Omega$),LR-PEM和R-PEM的第3阶模态振动幅值降低分别为41%和34%,LR-PEM的减振效果与R-PEM的减振效果相比没有显著的优势;这一结果说明电路中电感作用减小,这是由于与电感并联的电阻减小到一定程度时,相当于将电感两端短路,从而使电感失去作用,因此在实际应用中,电感两端并联的电阻值不能过小。

根据理论研究结果,R-PEM和LR-PEM取得最优减振效果时的电阻值不同。图6-42给出两种类型的板的电阻均取各自最优值时(分别为$R=100\mathrm{k}\Omega$和$R=1\mathrm{M}\Omega$)的频率响应曲线的对比。通过比较可知,最优参数下,LR-PEM的减振效果(75%)明显优于R-PEM(35%),与理论研究结果一致。

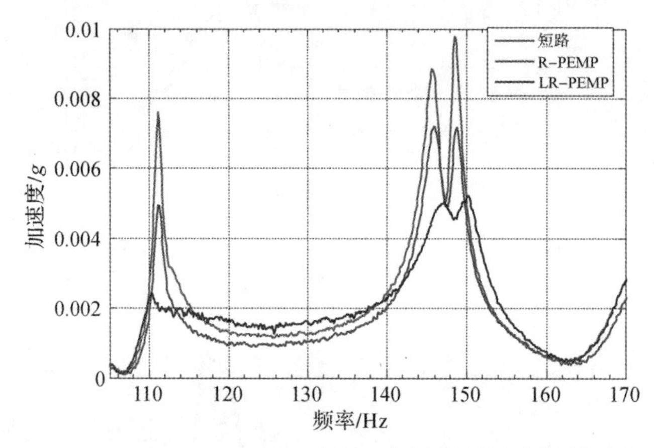

图6-42 LR-PEM和R-PEM的电阻均取最优值时的减振效果对比(附彩插)

6.6 小结

在较低频域范围研究和设计周期压电网络复合板的动力学特性时,可以借鉴复合材料均匀化分析理论将其进行均匀化处理。均匀化分析的一个基本条件是研究中所涉及的弹性波的波长要大于构成一个结构周期元胞的特征尺寸。一般来说,在利用压电网络对周期薄板实施振动控制时,所关注的频域范围可满足此条件。在频域稍高的振声控制研究中,如果元胞尺寸不是很大,该假设也可以满足。

本章基于均匀化理论建立了压电网络复合板的波动方程,在此基础上分析了无限大复合板和有界复合板的振声特性及其振动消减原理,所得结论如下:

(1)有界周期压电网络复合板的模态成对出现,分别对应同一共振频率下构成压电网络复合板的两种均质弹性材料(一种是基板材料,另一种是压电网络的模拟材料)之一的变形主导模态。耦合对中模态的主导性在转向频率前后发生转换,模态振动的主要能量将从构成模态对中的一个子模态(由基板变形主导)转至模态对中的另一个子模态(由压电网络模拟材料变形主导)。转向频率取决于电感的大小。在频率转向点系统机电耦合程度最高;对应转向频率的电感是对该阶模态振动抑制的最优电感。

(2)压电网络复合板通过两种途径消减振动:①通过能量在压电材料复合板和压电网络中来回转换影响结构振动幅值;②通过电阻耗能,降低系统振动能量从而降低结构振动幅值。

(3)一般来说,LR – PEM 的振动消减能力优于 R – PEM。压电网络复合板的振动消减能力对电感很敏感,对电阻不太敏感。在利用压电网络复合板抑制多模态振动时,可以找到一个全局最优电阻区间,使该区间内的电阻对各阶模态均具有理想的共振抑制效果。

(4)L – PEM 和 LR – PEM 均存在一个电感集合 L_n。当电感取值属于集合 L_n 时,L – PEM 的隔声量不存在隔声低谷;在集合 L_n 的边界,L – PEM 的隔声性能对电感非常敏感;LR – PEM 虽不能完全消除隔声性能曲线上的隔声低谷,但可使隔声谷底大大提升,且可改善当电感在集合 L_n 边界取值时的不稳定性。通过合理选择电感值,LR – PEM 可以显著改善吻合效应控制区的隔声性能。

由于在本章中采用了“长波长假设”,因此周期结构被等价为均匀结构进行动力学分析,也就不难理解为什么本章的分析结果中不涉及禁带。从实际应用的角度理解这一假设,意味着要在小于目标波长至少一个量级的尺度上构建压电周期结构,这往往具有一定的难度。如果波长与周期的尺寸之间差异不显著,就必须更完整地考察其动力学特性,这时禁带就成为一个避不开的性质。我们正好可以利用压电材料来调控禁带,来达到抑制振动等目的,这便是第 7 章的主要内容。

参考文献

[1] REDDY J N. Mechanics of laminated composite plates and shells: theory and analysis[M]. Boca Raton: CRC Press, 2003.

[2] BOTKIN N D. Homogenization of an equation describing linear thin plates excited by piezopatches[J].

Communications in Applied Analysis. 1999,3(2):271 - 282.

[3]ZHOU C,SUN X,ICHCHOU M,et al. Investigation of dynamics of discrete framed structures by a numerical wave - based method and an analytical homogenization approach[J]. Chinese Journal of Aeronautics,2017,30(1):66 - 74.

[4]PREUMONT A. 机电耦合系统和压电系统动力学[M]. 李琳,范雨,刘学,译. 北京:北京航空航天大学出版社,2014.

[5]倪振华. 振动力学[M]. 西安:西安交通大学出版社,1989.

[6]RIORDAN R H S. Simulated inductors using differential amplifiers[J]. Electronics Letters,1967,3(2): 50 - 51.

[7]KIRANON W,PAWARANGKOON P. Floating inductance simulation based on current conveyors[J]. Electronics letters,1997,33(21):1748 - 1749.

第 7 章 周期压电复合板的中高频动力学理论与分析方法

7.1 引言

周期结构最显著的动力学特性就是它的频率禁带特征,在频率禁带弹性波不能通过结构传播。这一特征对于结构减振降噪的意义是不言而喻的。均匀化分析虽然大大降低了周期结构分析与设计的难度,但是周期结构的禁带特征在均匀化的过程中也消失了。由第 6 章 6.2.2 节的论述可知,均匀化分析方法在禁带出现之前具有较好的精度。根据以 Bloch 定理为基础的周期介质中波传导理论,第一绝对禁带的中心频率一般出现在与 c/a 同阶的角频率处[7]。这里 c 是基体结构中的波速;a 是结构的周期。例如,对于钢结构,$c\approx5000\mathrm{m/s}$。$a=2\mathrm{m}$ 时,第一绝对禁带的中心频率约为 400Hz,即在 400Hz 以上均匀化方法就不适用了。本章将基于周期介质/结构的 Bloch 定理,建立二维周期压电结构——周期压电复合板的波动分析方程,在此基础上给出其禁带分析方法及基本特征。本章所涉及的周期压电复合板包括三种类型:周期分布压电材料复合板、周期压电分支电路复合板和周期压电网络复合板。本章以减振结构设计为主要应用背景,讨论的禁带一般在 500 ~ 2000Hz,但其计算方法完全可用于更高的频率范围,比如隔声周期板的设计。

7.2 二维结构波有限元分析方法

波有限元法是指一种将周期结构波动理论与有限元理论相结合的、关于周期结构中弹性波传播特征的计算方法。波有限元法与通用有限元软件结合可以较方便地实现对复杂周期结构模型的建模与分析，另外还可以通过在元胞内细化网格提高结果的精度，对于由一般弹性材料、压电材料以及电路构成的二维周期压电复合板特别适用，因此这里我们采用波有限元法对压电复合板的中高频特性进行计算分析。波有限元法的基本原理已在第1章中给予介绍，其用于二维周期结构的禁带分析时，基于三个主要步骤：首先，根据有限元理论建立单个元胞的动力学方程组；其次，根据Bloch定理为元胞施加周期性的边界条件，从而得到传播波的特征值方程；最后，求解特征值方程获得周期结构中传播波的波数与频率的关系。

7.2.1 元胞周期性边界条件

频率为 ω 的弹性波在结构中传播时，基于有限元法分析的元胞动力学方程的频域表达式具有以下形式：

$$(-\omega^2\boldsymbol{M}+\mathrm{i}\omega\boldsymbol{C}+\boldsymbol{K})\boldsymbol{q}=\boldsymbol{F} \tag{7-1}$$

式中：$\boldsymbol{M}$、$\boldsymbol{C}$、$\boldsymbol{K}$ 分别为包含压电材料元胞的总质量矩阵、总阻尼矩阵和总刚度矩阵；$\boldsymbol{q}$ 和 $\boldsymbol{F}$ 分别为节点位移和节点力的幅值向量。

我们首先把元胞节点位移分为边界节点位移和元胞内部节点位移两部分，分别用 $\boldsymbol{q}_{\mathrm{b}}$ 和 $\boldsymbol{q}_{\mathrm{I}}$ 表示（下标b和I分别代表边界和内部）。并设：

$$\widehat{\boldsymbol{D}}(\omega)=-\omega^2\boldsymbol{M}+\mathrm{i}\omega\boldsymbol{C}+\boldsymbol{K} \tag{7-2}$$

则方程(7-1)可以写成分块矩阵的形式：

$$\begin{bmatrix}\widehat{\boldsymbol{D}}_{\mathrm{bb}} & \widehat{\boldsymbol{D}}_{\mathrm{bI}}\\ \widehat{\boldsymbol{D}}_{\mathrm{Ib}} & \widehat{\boldsymbol{D}}_{\mathrm{II}}\end{bmatrix}\begin{pmatrix}\boldsymbol{q}_{\mathrm{b}}\\ \boldsymbol{q}_{\mathrm{I}}\end{pmatrix}=\begin{pmatrix}\boldsymbol{F}_{\mathrm{b}}\\ \boldsymbol{F}_{\mathrm{I}}\end{pmatrix} \tag{7-3}$$

设元胞上没有外力作用，即 $\boldsymbol{F}_{\mathrm{I}}=\boldsymbol{0}$；则由式(7-3)中的第二行，$\boldsymbol{q}_{\mathrm{I}}$ 可用 $\boldsymbol{q}_{\mathrm{b}}$ 表示，于是式(7-3)的第一行成为

$$\boldsymbol{D}\cdot\boldsymbol{q}_{\mathrm{b}}=\boldsymbol{F}_{\mathrm{b}} \tag{7-4}$$

其中

$$\boldsymbol{D}=\widehat{\boldsymbol{D}}_{\mathrm{bb}}-\widehat{\boldsymbol{D}}_{\mathrm{bI}}\widehat{\boldsymbol{D}}_{\mathrm{II}}^{-1}\widehat{\boldsymbol{D}}_{\mathrm{Ib}} \tag{7-5}$$

式(7-4)是元胞的动力学方程在频域的表达形式，仅包含了元胞边界上的节点位移。

元胞代表的是周期结构中的一个结构周期，它的边界同时属于该元胞

以及与其相邻的元胞，元胞的边界节点之间存在一定的约束关系，这个关系就是周期性的边界条件，由 Bloch 定理确定。

二维周期结构元胞边界上的节点可以按角点和边线上的点分为 8 类，如图 7 - 1 所示，分别为 4 个角点以及 4 条边上的节点（不包括角点）。其中各节点位移的下标 L 和 R 分别代表节点的位置在左或右（边界）；T 和 B 分别代表节点的位置在上或下（边界）；例如下标 LB 表示一个位于左下方的角点。

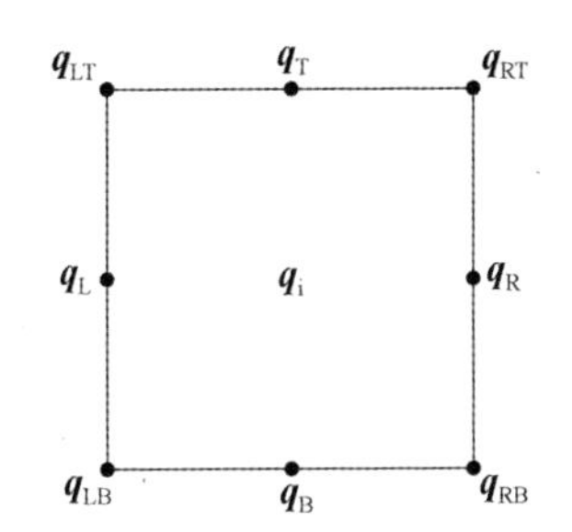

图 7 - 1　元胞节点（位移）分类

根据 Bloch 定理，平移周期结构上的波动函数具有以下特征：

$$\boldsymbol{u}(\boldsymbol{r})=\boldsymbol{u}_k(\boldsymbol{r})\mathrm{e}^{\mathrm{i}\cdot\boldsymbol{k}\cdot\boldsymbol{r}} \tag{7-6}$$

式中：$\boldsymbol{u}_k(\boldsymbol{r})=\boldsymbol{u}_k(\boldsymbol{r}+\boldsymbol{L})$ 为周期函数；$\boldsymbol{r}$ 为位置矢量；$\boldsymbol{L}$ 为元胞的几何特征；$\boldsymbol{k}$ 为波矢，其物理意义是，空间某一方向（即波矢方向）传播的波在该方向单位长度上的波数（我们也可以把它理解为空间频率）；因此，在研究中常将其简称为波数；式（7 - 6）也被称为 Bloch 函数，其物理意义是，在具有平移周期的系统中，波动（如弹性波、电磁波等）函数可以统一地用调幅平面波表征，调幅函数是与结构同周期的周期函数。

1. 元胞角点位移函数

当有弹性波传过时，根据 Bloch 定理，元胞各角点的位移函数可以表示成：

$$\begin{cases}\boldsymbol{q}_{\mathrm{LB}}=\boldsymbol{q}_{\boldsymbol{k}}(\boldsymbol{r}_{\mathrm{LB}})\mathrm{e}^{\mathrm{i}(\boldsymbol{k}\cdot\boldsymbol{r}_{\mathrm{LB}})}\\ \boldsymbol{q}_{\mathrm{LT}}=\boldsymbol{q}_{\boldsymbol{k}}(\boldsymbol{r}_{\mathrm{LT}})\mathrm{e}^{\mathrm{i}(\boldsymbol{k}\cdot\boldsymbol{r}_{\mathrm{LT}})}\\ \boldsymbol{q}_{\mathrm{RB}}=\boldsymbol{q}_{\boldsymbol{k}}(\boldsymbol{r}_{\mathrm{RB}})\mathrm{e}^{\mathrm{i}(\boldsymbol{k}\cdot\boldsymbol{r}_{\mathrm{RB}})}\\ \boldsymbol{q}_{\mathrm{RT}}=\boldsymbol{q}_{\boldsymbol{k}}(\boldsymbol{r}_{\mathrm{RT}})\mathrm{e}^{\mathrm{i}(\boldsymbol{k}\cdot\boldsymbol{r}_{\mathrm{RT}})}\end{cases} \tag{7-7}$$

设元胞沿 x 方向的边长为 L_x，y 方向的边长为 L_y，则各节点位置向量存在以下关系：

$$\begin{cases} \boldsymbol{r}_{\mathrm{RB}} = \boldsymbol{r}_{\mathrm{LB}} + L_x \boldsymbol{e}_1 \\ \boldsymbol{r}_{\mathrm{LT}} = \boldsymbol{r}_{\mathrm{LB}} + L_y \boldsymbol{e}_2 \\ \boldsymbol{r}_{\mathrm{RT}} = \boldsymbol{r}_{\mathrm{LB}} + L_x \boldsymbol{e}_1 + L_y \boldsymbol{e}_2 \end{cases} \tag{7-8}$$

其中，$\boldsymbol{e}_1$、$\boldsymbol{e}_2$ 和 $\boldsymbol{e}_3$ 代表三个方向的单位平移基矢。

将式(7-8)带入式(7-7)，同时根据 Bloch 定理，有以下关系式：

$$\begin{cases} \boldsymbol{q}_k(\boldsymbol{r}_{\mathrm{RB}}) = \boldsymbol{q}_k(\boldsymbol{r}_{\mathrm{LB}} + \boldsymbol{L}_x \boldsymbol{e}_1) = \boldsymbol{q}_k(\boldsymbol{r}_{\mathrm{LB}}) \\ \boldsymbol{q}_k(\boldsymbol{r}_{\mathrm{LT}}) = \boldsymbol{q}_k(\boldsymbol{r}_{\mathrm{LB}} + \boldsymbol{L}_y \boldsymbol{e}_2) = \boldsymbol{q}_k(\boldsymbol{r}_{\mathrm{LB}}) \\ \boldsymbol{q}_k(\boldsymbol{r}_{\mathrm{RT}}) = \boldsymbol{q}_k(\boldsymbol{r}_{\mathrm{LB}} + \boldsymbol{L}_x \boldsymbol{e}_1 + \boldsymbol{L}_y \boldsymbol{e}_2) = \boldsymbol{q}_k(\boldsymbol{r}_{\mathrm{LB}}) \end{cases} \tag{7-9}$$

于是可得

$$\begin{cases} \boldsymbol{q}_{\mathrm{RB}} = \boldsymbol{q}_{\mathrm{LB}} \mathrm{e}^{\mathrm{i}(L_x \boldsymbol{k} \cdot \boldsymbol{e}_1)} \\ \boldsymbol{q}_{\mathrm{LT}} = \boldsymbol{q}_{\mathrm{LB}} \mathrm{e}^{\mathrm{i}(L_y \boldsymbol{k} \cdot \boldsymbol{e}_2)} \\ \boldsymbol{q}_{\mathrm{RT}} = \boldsymbol{q}_{\mathrm{LB}} \mathrm{e}^{\mathrm{i}(L_x \boldsymbol{k} \cdot \boldsymbol{e}_1 + L_y \boldsymbol{k} \cdot \boldsymbol{e}_2)} \end{cases} \tag{7-10}$$

由波矢 $\boldsymbol{k}$ 的物理意义可知，一个平面波的特征包含了两方面的信息：一是该平面波传播的方向；二是波数，需要两个独立的参数表征。这两个独立的特征参数可以直接用传播方向的角度 θ 和对应的波数 k_θ 表征，也可以取沿两个正交方向传播波的波数表征，如 $k_x = \boldsymbol{k} \cdot \boldsymbol{e}_1$ 和 $k_y = \boldsymbol{k} \cdot \boldsymbol{e}_2$；这两组独立参数的关系为

$$k_\theta = \sqrt{k_x^2 + k_y^2}, \quad \theta = \arctan k_y / k_x \tag{7-11}$$

显然在专注于传播波的方向性时，采用前者刻画传播波的特征比较直观；鉴于元胞的几何形状为正方形，在推导公式时我们取后者，在专门研究其传播方向性时则采用前者。为此，引入 $\mu_x = L_x \boldsymbol{k} \cdot \boldsymbol{e}_1 = L_x k_x$，以及 $\mu_y = L_y \boldsymbol{k} \cdot \boldsymbol{e}_2 = L_y k_y$，则式(7-10)可以写成：

$$\begin{cases} \boldsymbol{q}_{\mathrm{RB}} = \boldsymbol{q}_{\mathrm{LB}} \mathrm{e}^{\mathrm{i}\mu_x} \\ \boldsymbol{q}_{\mathrm{LT}} = \boldsymbol{q}_{\mathrm{LB}} \mathrm{e}^{\mathrm{i}\mu_y} \\ \boldsymbol{q}_{\mathrm{RT}} = \boldsymbol{q}_{\mathrm{LB}} \mathrm{e}^{\mathrm{i}(\mu_x + \mu_y)} \end{cases} \tag{7-12}$$

根据 μ_x、μ_y 与 k_x 和 k_y 的关系可知，μ_x 和 μ_y 分别为沿 x 方向和 y 方向传播的弹性波在元胞上的波数，与 k_x 和 k_y 仅差一个(元胞尺寸)常数，因此也可作为刻画传播波的特征参数，我们称其为传播常数；相应地也可将 k_x 和 k_y 称为归一化的传播常数。

如上所述，μ_x(或 μ_y)刻画的是在 x 方向(或 y 方向)传播的一个特定频

率的弹性波的传播特性,包含了当弹性波在通过一个元胞时其相位和幅值的变化信息;因此传播常数是一个复常数,其实部和虚部分别对应传播波的相位和幅值的改变信息。对应不同的频率,参考式(7-12)不难理解,传播常数为实数(虚部为零)时,表明这个弹性波会无衰减地传播;传播常数的虚部被称为衰减常数;衰减常数不为零,说明这个弹性波在传播过程中伴随衰减(单位长度上的衰减率为 k_x 和 k_y,分别对应 x 方向和 y 方向),这意味着这个弹性波在无限大周期结构中无法持续传播,最终会被衰减掉;衰减常数越大,弹性波在传播过程中衰减得越快。

2. 元胞边线上的点的位移函数

类似地,对于元胞边线上的点,根据 Bloch 定理存在以下关系:

$$\begin{cases} \boldsymbol{q}_{\mathrm{R}} = \boldsymbol{q}_{\mathrm{L}} \mathrm{e}^{\mathrm{i}\mu_x} \\ \boldsymbol{q}_{\mathrm{T}} = \boldsymbol{q}_{\mathrm{B}} \mathrm{e}^{\mathrm{i}\mu_y} \end{cases} \tag{7-13}$$

3. 元胞位移函数的周期性边界条件汇总

式(7-12)和式(7-13)为元胞位移函数的周期性边界条件;它们的矩阵表达式为

$$\boldsymbol{q}_{\mathrm{b}} = \begin{pmatrix} \boldsymbol{q}_{\mathrm{B}} \\ \boldsymbol{q}_{\mathrm{T}} \\ \boldsymbol{q}_{\mathrm{L}} \\ \boldsymbol{q}_{\mathrm{R}} \\ \boldsymbol{q}_{\mathrm{LB}} \\ \boldsymbol{q}_{\mathrm{RB}} \\ \boldsymbol{q}_{\mathrm{LT}} \\ \boldsymbol{q}_{\mathrm{RT}} \end{pmatrix} = \begin{bmatrix} \boldsymbol{I} & \boldsymbol{0} & \boldsymbol{0} \\ \boldsymbol{I}\mathrm{e}^{\mathrm{i}\mu_y} & \boldsymbol{0} & \boldsymbol{0} \\ \boldsymbol{0} & \boldsymbol{I} & \boldsymbol{0} \\ \boldsymbol{0} & \boldsymbol{I}\mathrm{e}^{\mathrm{i}\mu_x} & \boldsymbol{0} \\ \boldsymbol{0} & \boldsymbol{0} & \boldsymbol{I} \\ \boldsymbol{0} & \boldsymbol{0} & \boldsymbol{I}\mathrm{e}^{\mathrm{i}\mu_x} \\ \boldsymbol{0} & \boldsymbol{0} & \boldsymbol{I}\mathrm{e}^{\mathrm{i}\mu_y} \\ \boldsymbol{0} & \boldsymbol{0} & \boldsymbol{I}\mathrm{e}^{\mathrm{i}(\mu_x+\mu_y)} \end{bmatrix} \begin{pmatrix} \boldsymbol{q}_{\mathrm{B}} \\ \boldsymbol{q}_{\mathrm{L}} \\ \boldsymbol{q}_{\mathrm{LB}} \end{pmatrix} = \boldsymbol{T}(\mu_x, \mu_y)\hat{\boldsymbol{q}} \tag{7-14}$$

4. 元胞边界力的平衡方程

当没有外力作用在元胞上时,结点力向量 $\boldsymbol{F}$ 仅包含边界上相邻元胞对其产生的作用力,可以写成:

$$\boldsymbol{F}_{\mathrm{b}} = (\boldsymbol{F}_{\mathrm{B}} \quad \boldsymbol{F}_{\mathrm{T}} \quad \boldsymbol{F}_{\mathrm{L}} \quad \boldsymbol{F}_{\mathrm{R}} \quad \boldsymbol{F}_{\mathrm{LB}} \quad \boldsymbol{F}_{\mathrm{RB}} \quad \boldsymbol{F}_{\mathrm{LT}} \quad \boldsymbol{F}_{\mathrm{RT}})^{\mathrm{T}} \tag{7-15}$$

由力的平衡可为角点和边线上的点列出平衡方程:

$$\begin{cases} \boldsymbol{F}_{\mathrm{L}} + \mathrm{e}^{-\mathrm{i}\mu_x}\boldsymbol{F}_{\mathrm{R}} = 0 \\ \boldsymbol{F}_{\mathrm{B}} + \mathrm{e}^{-\mathrm{i}\mu_y}\boldsymbol{F}_{\mathrm{T}} = 0 \\ \boldsymbol{F}_{\mathrm{LB}} + \mathrm{e}^{-\mathrm{i}\mu_x}\boldsymbol{F}_{\mathrm{RB}} + \mathrm{e}^{-\mathrm{i}\mu_y}\boldsymbol{F}_{\mathrm{LT}} + \mathrm{e}^{-\mathrm{i}(\mu_x+\mu_y)}\boldsymbol{F}_{\mathrm{RT}} = 0 \end{cases} \tag{7-16}$$

式(7-16)的矩阵形式为

$$\begin{bmatrix} \mathbf{0} & \mathbf{I} & \mathbf{I}e^{-i\mu_y} & \mathbf{0} & \mathbf{0} & \mathbf{0} & \mathbf{0} & \mathbf{0} & \mathbf{0} \\ \mathbf{0} & \mathbf{0} & \mathbf{0} & \mathbf{I} & \mathbf{I}e^{-i\mu_x} & \mathbf{0} & \mathbf{0} & \mathbf{0} & \mathbf{0} \\ \mathbf{0} & \mathbf{0} & \mathbf{0} & \mathbf{0} & \mathbf{0} & \mathbf{I} & \mathbf{I}e^{-i\mu_x} & \mathbf{I}e^{-i\mu_y} & \mathbf{I}e^{-i(\mu_x+\mu_y)} \end{bmatrix}$$

$$\boldsymbol{F}_b = \boldsymbol{T}^T(-\mu_x, -\mu_y)\boldsymbol{F}_b = \mathbf{0} \tag{7-17}$$

7.2.2 特征值方程及其求解

将(7-14)和式(7-17)代入式(7-4),可得

$$\boldsymbol{T}^T(-\mu_x, -\mu_y) \cdot \boldsymbol{D}(\omega) \cdot \boldsymbol{T}(\mu_x, \mu_y)\hat{\boldsymbol{q}} = 0 \tag{7-18}$$

或

$$\tilde{\boldsymbol{D}}(\mu_x, \mu_y, \omega)\hat{\boldsymbol{q}} = \mathbf{0} \tag{7-19}$$

其中

$$\tilde{\boldsymbol{D}}(\mu_x, \mu_y, \omega) = \boldsymbol{T}^T(-\mu_x, -\mu_y) \cdot \boldsymbol{D}(\omega) \cdot \boldsymbol{T}(\mu_x, \mu_y) \tag{7-20}$$

为基于波有限元法得到的周期复合板的波动特征值方程,通过对该特征值方程求解即可得到相应周期复合板中弹性波的传播常数及对应的波模态。

注意到在系数矩阵 $\boldsymbol{T}$ 中,μ_x 和 μ_y 总是作为 e 的指数出现,因此在求解过程中不妨设 $e^{i\mu_x} = \lambda_x$ 和 $e^{i\mu_x} = \lambda_y$,则矩阵 $\boldsymbol{T}$ 成为

$$\boldsymbol{T}(\mu_x, \mu_y) = \boldsymbol{T}(\lambda_x, \lambda_y) = \begin{bmatrix} \mathbf{I} & \lambda_y\mathbf{I} & \mathbf{0} & \mathbf{0} & \mathbf{0} & \mathbf{0} & \mathbf{0} & \mathbf{0} \\ \mathbf{0} & \mathbf{0} & \mathbf{I} & \lambda_x\mathbf{I} & \mathbf{0} & \mathbf{0} & \mathbf{0} & \mathbf{0} \\ \mathbf{0} & \mathbf{0} & \mathbf{0} & \mathbf{0} & \mathbf{I} & \lambda_x\mathbf{I} & \lambda_y\mathbf{I} & \lambda_x\lambda_y\mathbf{I} \end{bmatrix}^T \tag{7-21}$$

且有 $\boldsymbol{T}(-\mu_x, -\mu_y) = \boldsymbol{T}(\lambda_x^{-1}, \lambda_y^{-1})$。这样的处理,使得在给定 λ_y(或 λ_x)和 ω 时,特征值方程(7-18)的求解成为一个一般特征值问题的求解,可以利用 MATLAB 中的求解工具 POLYEIG 直接求解;然后再对所求得的 λ_x(或 λ_y)求对数,即可得到 μ_x(或 μ_y),避免了直接求解方程(7-18)易于遇到的数值问题。

以下给出(7-18)中的系数矩阵 $\tilde{\boldsymbol{D}} = \boldsymbol{T}^T(-\mu_x, -\mu_y) \cdot \boldsymbol{D}(\omega) \cdot \boldsymbol{T}(\mu_x, \mu_y)$ 中各元素与 $\boldsymbol{D}(\omega)$ 矩阵中元素的关系的显示表达式。

首先将 $\boldsymbol{D}(\omega)$ 矩阵中的元素用符号表示。根据 $\boldsymbol{D}(\omega)$ 矩阵所建立的元

胞边界上位移函数与力函数之间的关系式(7－4),给出各元素的符号;简洁起见将4个角点位移函数的下标LB、RB、RT和LT(图7－1)分别用1、2、3、4表示;4个边线上的位移函数的下标不变,依然用L、B、R、T分别表示左边线、底边线、右边线和上边线。可将式(7－4)写为

$$\begin{bmatrix} \boldsymbol{D}_{11} & \boldsymbol{D}_{12} & \boldsymbol{D}_{13} & \boldsymbol{D}_{14} & \boldsymbol{D}_{1\mathrm{L}} & \boldsymbol{D}_{1\mathrm{B}} & \boldsymbol{D}_{1\mathrm{R}} & \boldsymbol{D}_{1\mathrm{T}} \\ \boldsymbol{D}_{21} & \boldsymbol{D}_{22} & \boldsymbol{D}_{23} & \boldsymbol{D}_{24} & \boldsymbol{D}_{2\mathrm{L}} & \boldsymbol{D}_{2\mathrm{B}} & \boldsymbol{D}_{2\mathrm{R}} & \boldsymbol{D}_{2\mathrm{T}} \\ \boldsymbol{D}_{31} & \boldsymbol{D}_{32} & \boldsymbol{D}_{33} & \boldsymbol{D}_{34} & \boldsymbol{D}_{3\mathrm{L}} & \boldsymbol{D}_{3\mathrm{B}} & \boldsymbol{D}_{3\mathrm{R}} & \boldsymbol{D}_{3\mathrm{T}} \\ \boldsymbol{D}_{41} & \boldsymbol{D}_{42} & \boldsymbol{D}_{43} & \boldsymbol{D}_{44} & \boldsymbol{D}_{4\mathrm{L}} & \boldsymbol{D}_{4\mathrm{B}} & \boldsymbol{D}_{4\mathrm{R}} & \boldsymbol{D}_{4\mathrm{T}} \\ \boldsymbol{D}_{\mathrm{L}1} & \boldsymbol{D}_{\mathrm{L}2} & \boldsymbol{D}_{\mathrm{L}3} & \boldsymbol{D}_{\mathrm{L}4} & \boldsymbol{D}_{\mathrm{LL}} & \boldsymbol{D}_{\mathrm{LB}} & \boldsymbol{D}_{\mathrm{LR}} & \boldsymbol{D}_{\mathrm{LT}} \\ \boldsymbol{D}_{\mathrm{B}1} & \boldsymbol{D}_{\mathrm{B}2} & \boldsymbol{D}_{\mathrm{B}3} & \boldsymbol{D}_{\mathrm{B}4} & \boldsymbol{D}_{\mathrm{BL}} & \boldsymbol{D}_{\mathrm{BB}} & \boldsymbol{D}_{\mathrm{BR}} & \boldsymbol{D}_{\mathrm{BT}} \\ \boldsymbol{D}_{\mathrm{R}1} & \boldsymbol{D}_{\mathrm{R}2} & \boldsymbol{D}_{\mathrm{R}3} & \boldsymbol{D}_{\mathrm{R}4} & \boldsymbol{D}_{\mathrm{RL}} & \boldsymbol{D}_{\mathrm{RB}} & \boldsymbol{D}_{\mathrm{RR}} & \boldsymbol{D}_{\mathrm{RT}} \\ \boldsymbol{D}_{\mathrm{T}1} & \boldsymbol{D}_{\mathrm{T}2} & \boldsymbol{D}_{\mathrm{T}3} & \boldsymbol{D}_{\mathrm{T}4} & \boldsymbol{D}_{\mathrm{TL}} & \boldsymbol{D}_{\mathrm{TB}} & \boldsymbol{D}_{\mathrm{TR}} & \boldsymbol{D}_{\mathrm{TT}} \end{bmatrix} \begin{pmatrix} \boldsymbol{q}_1 \\ \boldsymbol{q}_2 \\ \boldsymbol{q}_3 \\ \boldsymbol{q}_4 \\ \boldsymbol{q}_\mathrm{L} \\ \boldsymbol{q}_\mathrm{B} \\ \boldsymbol{q}_\mathrm{R} \\ \boldsymbol{q}_\mathrm{T} \end{pmatrix} = \begin{pmatrix} \boldsymbol{f}_1 \\ \boldsymbol{f}_2 \\ \boldsymbol{f}_3 \\ \boldsymbol{f}_4 \\ \boldsymbol{f}_\mathrm{L} \\ \boldsymbol{f}_\mathrm{B} \\ \boldsymbol{f}_\mathrm{R} \\ \boldsymbol{f}_\mathrm{T} \end{pmatrix} \tag{7-22}$$

将用元素符号表示的矩阵$\boldsymbol{D}(\omega)$以及矩阵$\boldsymbol{T}(\lambda_x,\lambda_y)$的表达式(7－21)代入式(7－18),得

$$\left(\lambda_x \begin{bmatrix} \boldsymbol{X}_{11} & \boldsymbol{X}_{1\mathrm{L}} & \boldsymbol{X}_{1\mathrm{B}} \\ \boldsymbol{X}_{\mathrm{L}1} & \boldsymbol{X}_{\mathrm{LL}} & \boldsymbol{X}_{\mathrm{LB}} \\ \boldsymbol{X}_{\mathrm{B}1} & \boldsymbol{X}_{\mathrm{BL}} & \boldsymbol{X}_{\mathrm{BB}} \end{bmatrix} + \begin{bmatrix} \boldsymbol{Y}_{11} & \boldsymbol{Y}_{1\mathrm{L}} & \boldsymbol{Y}_{1\mathrm{B}} \\ \boldsymbol{Y}_{\mathrm{L}1} & \boldsymbol{Y}_{\mathrm{LL}} & \boldsymbol{Y}_{\mathrm{LB}} \\ \boldsymbol{Y}_{\mathrm{B}1} & \boldsymbol{Y}_{\mathrm{BL}} & \boldsymbol{Y}_{\mathrm{BB}} \end{bmatrix} + \lambda_x^{-1} \begin{bmatrix} \boldsymbol{Z}_{11} & \boldsymbol{Z}_{1\mathrm{L}} & \boldsymbol{Z}_{1\mathrm{B}} \\ \boldsymbol{Z}_{\mathrm{L}1} & \boldsymbol{Z}_{\mathrm{LL}} & \boldsymbol{Z}_{\mathrm{LB}} \\ \boldsymbol{Z}_{\mathrm{B}1} & \boldsymbol{Z}_{\mathrm{BL}} & \boldsymbol{Z}_{\mathrm{BB}} \end{bmatrix}\right) \begin{pmatrix} \boldsymbol{q}_1 \\ \boldsymbol{q}_\mathrm{L} \\ \boldsymbol{q}_\mathrm{B} \end{pmatrix} = \boldsymbol{0} \tag{7-23}$$

其中

$$\boldsymbol{X}_{11} = \boldsymbol{D}_{12} + \boldsymbol{D}_{34} + \boldsymbol{D}_{32}\lambda_y^{-1} + \boldsymbol{D}_{14}\lambda_y \tag{7-24}$$

$$\boldsymbol{X}_{1\mathrm{L}} = \boldsymbol{D}_{1\mathrm{R}} + \boldsymbol{D}_{3\mathrm{R}}\lambda_y^{-1} \tag{7-25}$$

$$\boldsymbol{X}_{\mathrm{L}1} = \boldsymbol{D}_{\mathrm{L}2} + \boldsymbol{D}_{\mathrm{L}4}\lambda_y \tag{7-26}$$

$$\boldsymbol{X}_{\mathrm{LL}} = \boldsymbol{D}_{\mathrm{LR}} \tag{7-27}$$

$$\boldsymbol{X}_{\mathrm{B}1} = \boldsymbol{D}_{\mathrm{B}2} + \boldsymbol{D}_{\mathrm{T}4} + \boldsymbol{D}_{\mathrm{T}2}\lambda_y^{-1} + \boldsymbol{D}_{\mathrm{B}4}\lambda_y \tag{7-28}$$

$$\boldsymbol{X}_{\mathrm{BL}} = \boldsymbol{D}_{\mathrm{BR}} + \boldsymbol{D}_{\mathrm{TR}}\lambda_y^{-1} \tag{7-29}$$

$$\boldsymbol{X}_{1\mathrm{B}} = \boldsymbol{X}_{\mathrm{LB}} = \boldsymbol{X}_{\mathrm{BB}} = \boldsymbol{0} \tag{7-30}$$

$$\boldsymbol{Y}_{11} = \boldsymbol{D}_{11} + \boldsymbol{D}_{22} + \boldsymbol{D}_{33} + \boldsymbol{D}_{44} + (\boldsymbol{D}_{31} + \boldsymbol{D}_{42})\lambda_y^{-1} + (\boldsymbol{D}_{13} + \boldsymbol{D}_{24})\lambda_y \tag{7-31}$$

$$\boldsymbol{Y}_{1\mathrm{L}} = \boldsymbol{D}_{1\mathrm{L}} + \boldsymbol{D}_{2\mathrm{R}} + (\boldsymbol{D}_{3\mathrm{L}} + \boldsymbol{D}_{4\mathrm{R}})\lambda_y^{-1} \tag{7-32}$$

$$\boldsymbol{Y}_{1\mathrm{B}} = \boldsymbol{D}_{1\mathrm{B}} + \boldsymbol{D}_{3\mathrm{T}} + \boldsymbol{D}_{3\mathrm{B}}\lambda_y^{-1} + \boldsymbol{D}_{1\mathrm{T}}\lambda_y \tag{7-33}$$

$$\boldsymbol{Y}_{\mathrm{L1}}=\boldsymbol{D}_{\mathrm{L1}}+\boldsymbol{D}_{\mathrm{R2}}+(\boldsymbol{D}_{\mathrm{L3}}+\boldsymbol{D}_{\mathrm{R4}})\lambda_y \tag{7-34}$$

$$\boldsymbol{Y}_{\mathrm{LL}}=\boldsymbol{D}_{\mathrm{LL}}+\boldsymbol{D}_{\mathrm{RR}} \tag{7-35}$$

$$\boldsymbol{Y}_{\mathrm{LB}}=\boldsymbol{D}_{\mathrm{LB}}+\boldsymbol{D}_{\mathrm{LT}}\lambda_y \tag{7-36}$$

$$\boldsymbol{Y}_{\mathrm{B1}}=\boldsymbol{D}_{\mathrm{B1}}+\boldsymbol{D}_{\mathrm{T3}}+\boldsymbol{D}_{\mathrm{T1}}\lambda_y^{-1}+\boldsymbol{D}_{\mathrm{B3}}\lambda_y \tag{7-37}$$

$$\boldsymbol{Y}_{\mathrm{BL}}=\boldsymbol{D}_{\mathrm{BL}}+\boldsymbol{D}_{\mathrm{TL}}\lambda_y^{-1} \tag{7-38}$$

$$\boldsymbol{Y}_{\mathrm{BB}}=\boldsymbol{D}_{\mathrm{BB}}+\boldsymbol{D}_{\mathrm{TT}}+\boldsymbol{D}_{\mathrm{TB}}\lambda_y^{-1}+\boldsymbol{D}_{\mathrm{BT}}\lambda_y \tag{7-39}$$

$$\boldsymbol{Z}_{11}=\boldsymbol{D}_{21}+\boldsymbol{D}_{43}+\boldsymbol{D}_{41}\lambda_y^{-1}+\boldsymbol{D}_{23}\lambda_y \tag{7-40}$$

$$\boldsymbol{Z}_{1\mathrm{L}}=\boldsymbol{D}_{2\mathrm{L}}+\boldsymbol{D}_{4\mathrm{L}}\lambda_y^{-1} \tag{7-41}$$

$$\boldsymbol{Z}_{1\mathrm{B}}=\boldsymbol{D}_{2\mathrm{B}}+\boldsymbol{D}_{4\mathrm{T}}+\boldsymbol{D}_{4\mathrm{B}}\lambda_y^{-1}+\boldsymbol{D}_{2\mathrm{T}}\lambda_y \tag{7-42}$$

$$\boldsymbol{Z}_{\mathrm{L1}}=\boldsymbol{D}_{\mathrm{R1}}+\boldsymbol{D}_{\mathrm{R3}}\lambda_y \tag{7-43}$$

$$\boldsymbol{Z}_{\mathrm{LL}}=\boldsymbol{D}_{\mathrm{RL}} \tag{7-44}$$

$$\boldsymbol{Z}_{\mathrm{LB}}=\boldsymbol{D}_{\mathrm{RB}}+\boldsymbol{D}_{\mathrm{RT}}\lambda_y \tag{7-45}$$

$$\boldsymbol{Z}_{\mathrm{B1}}=\boldsymbol{Z}_{\mathrm{BL}}=\boldsymbol{Z}_{\mathrm{BB}}=\boldsymbol{0} \tag{7-46}$$

于是,我们就用按有限元法离散的元胞结构动刚度矩阵中的元素构成了求解二维周期结构弹性波传播常数的特征值问题[式(7-23)]。

注意,特征值方程(7-18)[或其等价方程(7-23)]中包含了3个待定参数:ω、μ_x 和 μ_y。此时有两种求解方法,分别对应刻画传播波特性的两种形式:

(1)频散曲线:某一传播方向上传播波的传播常数与频率的关系曲线。为了得到频散曲线,在求解方程(7-18)[或其等价方程(7-23)]时,首先需要固定参数 μ_y(或 μ_x),在此基础上令 ω 取不同的值,顺次求解方程得到对应的 μ_x(或 μ_y)。根据式(7-11),在给定 μ_y 的条件下,对应每个 μ_x 可以计算一个 k_θ,实际上就相当于得到了一条 $\omega-k_\theta$ 关系曲线,即 θ 方向的传播特性。因此在此条件下求得的传播波数 $\mu_x-\omega$ 曲线代表了弹性波在一个指定方向的传播常数特性;特别地,取 $\mu_y=0$ 时,所求得的频散曲线代表了弹性波在水平方向传播的特性。

在求解过程中,一般根据元胞的对称性将(μ_x,μ_y)的取值范围限定为不可约布里渊区[1];对于二维周期结构中的正方形元胞,其不可约布里渊区为对应的波矢方向角从0到π/4扫过的区域。

遍历不可约布里渊区的全部频散曲线就构成了传播波的能带结构图(即Bloch波矢与频率的关系曲线)。

(2)等相位面波数变化曲线。根据 Bloch 理论,周期结构中的波模态均以平面波形式传播,其等相位面为平面。对应某一频率,传播波的物理量只与传播方向有关。因此求得了该频率下波数随方向变化的曲线相当于知晓了以该频率传播的波的特征。

为此在求解方程(7-18)[或其等价方程(7-23)]时,首先需要固定 ω 的值,接下来令 μ_y 取不同的值[这意味着令传播方向 θ 取不同的值(在不可约布里渊区)],顺次求解方程得到对应的 μ_x(或 k_θ)。这样得到的是同一频率的传播波波数随传播方向的变化。在频域上遍历 ω,也可以得到传播波的能带结构图。

7.3 周期分布压电材料复合板中弯曲波的传播特征

我们以基于图7-2所示元胞的二维周期结构为模型,采用环氧树脂作为基板,PZT-5H 型的压电材料作为压电片,分析弹性弯曲波在由这两种材料构成的周期分布压电材料复合板中传播的基本特性,表7-1和表7-2分别列出了它们的材料参数。元胞中基板以及压电片的形状均为正方形,其详细几何尺寸见表7-3。

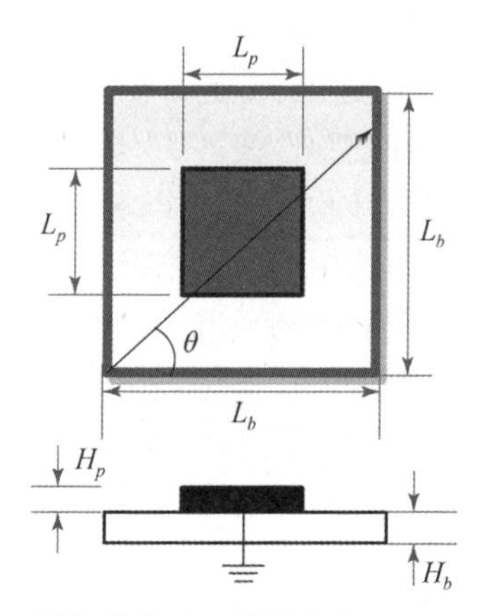

图7-2　周期分布压电材料复合板的元胞示意图

表7-1　环氧树脂材料常数

密度 ρ_b/(kg/m^3)	弹性模量 E_b/(N/m^2)	泊松比 υ
1180	4.35×10^9	0.37

表 7-2　压电片材料常数(PZT-5H)

ρ_p/(kg/m^3)	s_{11}^E/(m^2/N)	s_{12}^E/(m^2/N)	s_{55}^E/(m^2/N)	d_{31}/(C/N)	ε_{33}^T/(F/m)
7500	13×10^{-12}	-4.29×10^{-12}	22×10^{-12}	-1.86×10^{-10}	3.009×10^{-8}

表 7-3　元胞几何尺寸

L_p/mm	L_b/mm	H_p/mm	H_b/mm
40	80	0.2	5

以下按 7.2.2 节中介绍的方法计算、分析弹性弯曲波在压电材料复合板中传播时的频散曲线特性。在计算中我们首先固定 μ_y。在此条件下，对应一系列给定的频率 ω，解特征值方程(7-18)即可获得压电材料复合板中某一方向(由 μ_x 和 μ_y 共同确定)弹性波的传播常数与频率的关系曲线，即频散曲线；注意，二维结构频散曲线代表的是特定频率下，某一方向弹性波的传播特性。

7.3.1　布拉格禁带

布拉格禁带又称布拉格散射型禁带，是周期结构中弹性波传播的主要特征。它的产生基于两方面的原因：一是由于周期结构中散射体(空间不连续且周期分布的介质)的存在使弹性波入射时，在散射体与基体的交界面上发生周期性的反射，形成的前行波(群速度与相速度方向相同)和后行波(群速度与相速度方向相反)在结构中同时存在且相互作用，从而对入射波产生衰减；二是散射体与基体材料在物理性质上的差异加大了入射波传播的结构阻抗，使其在传播过程中发生传递损耗；这种差异越大，传递损耗越大，从而限制了入射波的传播。这两方面原因的结果都与入射波的频率相关。根据 Bloch 定理，布拉格散射型禁带频率与介质/结构的周期 a 有以下近似关系：

$$f=\frac{nc}{2a}\quad(n=1,2,3,\cdots)\tag{7-47}$$

式中：c 为周期结构中传播的弹性波波速，由结构的材料及几何构型唯一确定。该式表明，对于周期结构，其结构周期和结构材料一定，则布拉格禁带的频率位置就是一定的。根据波速 c、波长 λ_p 与频率三者之间的关系 $\lambda_p=c/f$，容易得到式(7-47)的另一种表示形式是

$$\lambda_{pn}=\frac{2a}{n}\quad(n=1,2,3,\cdots) \tag{7-48}$$

式中：λ_{pn}代表均质薄板第 n 阶弯曲波的波长。第1阶弯曲波波长的计算公式为

$$\lambda_p=\frac{2\pi}{(\rho h\omega^2/D_b)^{1/4}} \tag{7-49}$$

式中：D_b 为均质薄板的弯曲刚度，$D_b=\dfrac{-Eh^3}{12(1-\upsilon^2)}$；$E$、$\upsilon$ 分别为材料的弹性模量及泊松比；h 为薄板的厚度。

式(7-48)说明，要获得长波长的低频布拉格禁带，结构周期需满足约等于1/2该波长的条件。

将图7-2所示元胞的几何尺寸及其基板材料参数带入式(7-49)和式(7-47)，容易算得布拉格禁带的带边频率 $f=750\text{Hz}(\theta=0)$。

图7-3给出不同频率的弯曲波在周期分布压电材料复合板中沿 X 方向($\theta=0$)传播时传播常数的变化，图7-3(a)为衰减常数，图7-3(b)为相位常数。这两个图都清晰地显示了传播禁带特征，禁带频率为750~903Hz。这一禁带是压电材料在基板上周期分布带来的结果，带边频率满足布拉格禁带频率条件式(7-47)，因此这是布拉格禁带。

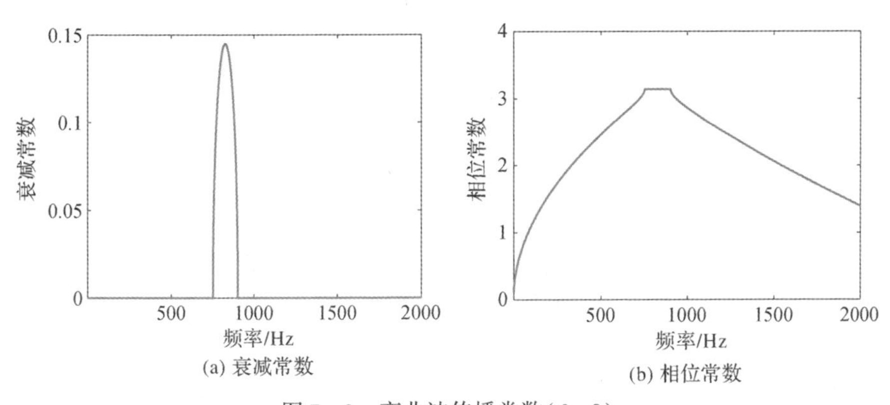

(a) 衰减常数　　(b) 相位常数

图7-3　弯曲波传播常数($\theta=0$)

当结构周期一定时，布拉格禁带的中心频率就取决于基板和散射体的材料特性。图7-4和图7-5分别展示了对应几种不同材料基板的周期分布压电材料复合板中弹性弯曲波传播常数的变化规律。基板的材料常数见表7-4，泊松比同表7-1中环氧树脂的泊松比。从该表中可以看到基板密度和弹性模量对布拉格禁带中心频率的影响，即随着基板密度的增加，布拉

格禁带的中心频率会随之降低;随着基板弹性模量的减小,禁带的中心频率也会降低。

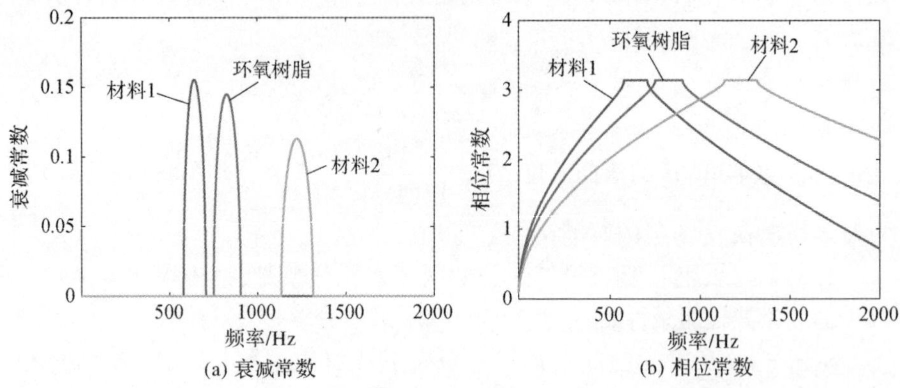

(a) 衰减常数　　(b) 相位常数

图7-4　周期分布压电材料复合板中弹性波的传播常数

($\theta=0$,改变基板材料密度。)

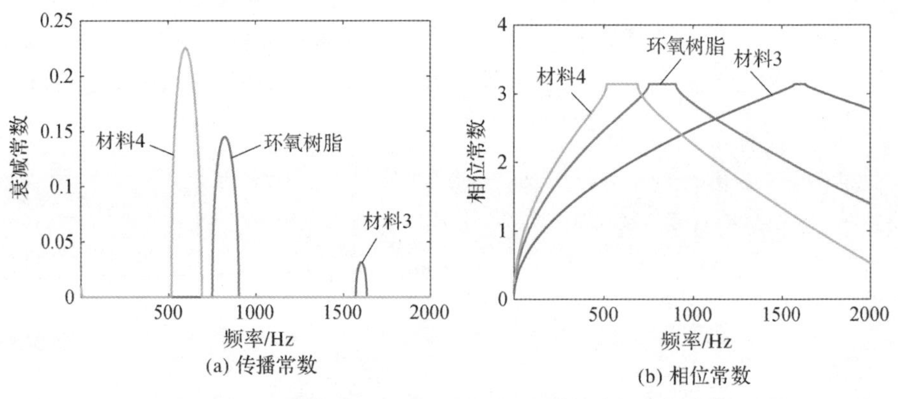

(a) 传播常数　　(b) 相位常数

图7-5　周期分布压电材料复合板中弹性波的传播常数

($\theta=0$,改变基板材料弹性模量。)

表7-4　不同基板材料参数表

基板	弹性模量 $E_b/(\mathrm{N/m^2})$	密度 $\rho_b/(\mathrm{kg/m^3})$
材料1	4.35×10^9	2000
材料2	4.35×10^9	500
材料3	2×10^{10}	1180
材料4	2×10^9	1180

根据布拉格禁带形成的机理,禁带的宽度主要由基体与散射体之间的弹性常数和密度差异的大小决定。对于周期压电复合板,散射体材料是压电材料。因此要想增加禁带的宽度,在压电材料不变时,就只能改变基板材料,即采用更软、更轻的基板材料。显然这已经失去了采用压电材料的意义了。在7.3节和7.4节中我们将看到,若将每个元胞中压电材料的电极连接电路,周期压电复合板就会展示出十分有意义的特性。电学元件的引入使弹性波传播禁带的宽度、位置都成为可控、可调的。

7.3.2 压电耦合效应对布拉格禁带的影响

与普通材料相比,压电材料的压电耦合特性是其独有的特性。这一特性对禁带的影响如何呢?将元胞动力学方程(7-1)中的耦合刚度项删去之后,可以得到没有压电耦合效应时该结构的禁带特性,通过将该结果与图7-3的结果进行对比即可得到压电耦合性质对结构禁带特性的影响。

图7-6展示了弯曲波沿X方向($\theta=0$)传播时,压电耦合效应对弹性波传播常数的影响。可以看出,是否包含压电耦合效应并不影响禁带的存在性,也不影响禁带的起始频率,影响仅在于禁带的终止频率。也就是说,压电耦合效应的存在加大了禁带的宽度。这一现象符合布拉格禁带的形成机理:压电耦合效应的存在,使压电层合板部分的刚度变大,即增大了基体与散射体刚度的差异,因此增加了布拉格禁带的宽度。

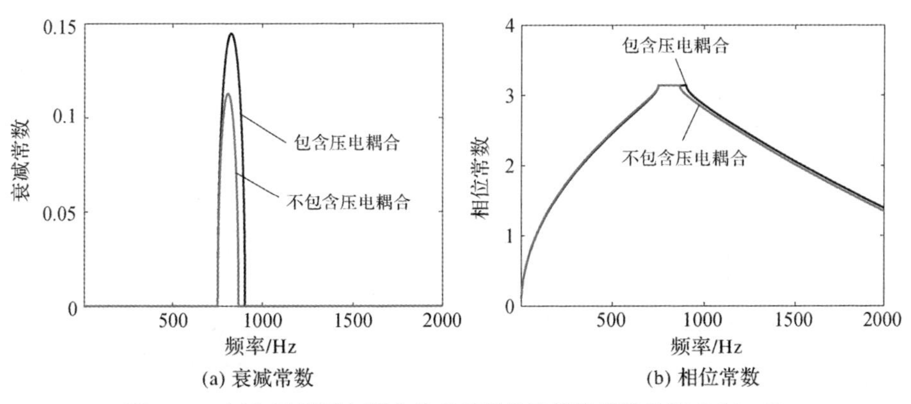

图7-6　压电材料压电耦合效应对弹性波传播常数的影响($\theta=0$)

7.3.3 布拉格禁带的方向性

一般来说,在不同的方向,周期结构中弹性波的传播特性是不同的。在考察压电复合板中弯曲波在不同传播方向的特性时,根据正方形元胞的对称性,在计算出 θ(传播方向与 X 轴的夹角(参见图 7-2)在 0 ~ π/4 之间变化时的传播常数以后,就相当于知道了弹性波沿任意方向传播时的传播常数。

图 7-7 展示了衰减常数随传播方向的变化规律(色散云图的颜色深浅代表衰减常数的大小,后文不再一一说明),从中可以看出,不论是否包含压电耦合效应,布拉格禁带的位置和宽度都会随着方向的改变而改变。当传播角度从零增加时,布拉格禁带的中心频率也随之增加,然而禁带宽度却逐渐减小。

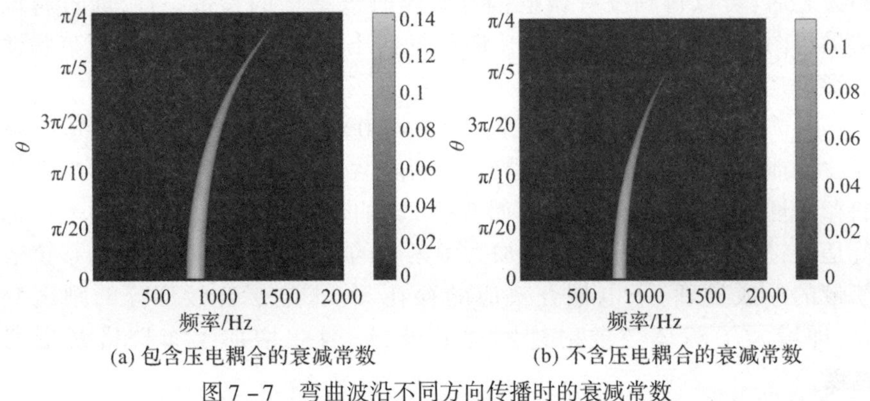

(a) 包含压电耦合的衰减常数　　(b) 不含压电耦合的衰减常数

图 7-7　弯曲波沿不同方向传播时的衰减常数

图 7-8 给出了当改变基板材料时,弹性波衰减常数沿不同方向的变化规律。图 7-8 中所用的材料参数(弹性模量和密度)在表 7-4 中给出;这些材料的泊松比与表 7-1 示的环氧树脂泊松比相同。从图 7-8 中可以看出,布拉格禁带中心频率随着传播角度的增加而增加,禁带宽度则会随之变小,该规律与基板为环氧树脂时所展现出来的规律一致。这说明周期分布压电材料复合板的禁带特性沿弹性波传播方向的变化规律与基板材料属性无关。

基于减振降噪这一应用背景,不难理解周期结构中布拉格禁带的方向性是人们不希望看到的,它使利用禁带隔振、隔声变得复杂。对于二维和三维周期结构,人们更关心的是与传播方向无关的禁带——绝对禁带。

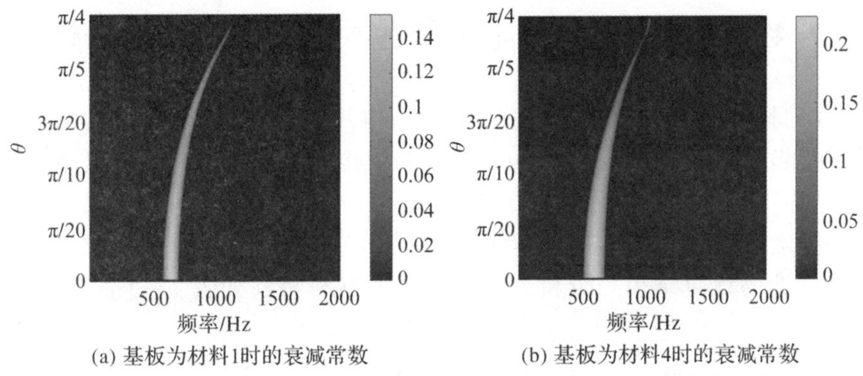

(a) 基板为材料1时的衰减常数　(b) 基板为材料4时的衰减常数

图7-8 不同材料的基板中弹性波衰减常数沿传播方向的变化规律

文献[2]中给出了一种压电周期复合板的拉压波和弯曲波的能带结构图(图7-9),基板材料为铝,基板两侧周期性贴压电片;压电片为BM500型的压电陶瓷。元胞边长为58mm,压电片边长为28mm,基板厚度和压电片厚度均为1.25mm。图中 $M\Gamma$、ΓX 和 XM 分别代表沿45°、0°和90°传播的波。图中的灰色区域中没有波矢的解对应,说明在这一频率范围不存在传播波,是一个传播禁带。如果灰色区域是贯通的,则表明禁带是一个绝对禁带,否则是方向禁带。从图7-9中我们看到压电周期复合板中虽然存在布拉格绝对禁带,但是频率都比较高。对于弯曲波[图7-9(b)],5000Hz以下的两个禁带都是方向禁带;第一绝对禁带出现在接近6000Hz处。拉压波的绝对禁带则更高[图7-9(a)]。因此布拉格禁带主要应用于高频域。

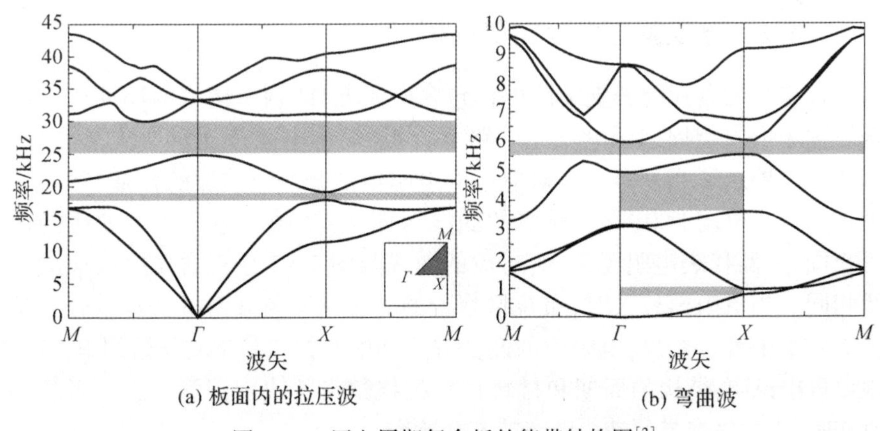

(a) 板面内的拉压波　(b) 弯曲波

图7-9 压电周期复合板的能带结构图[2]

7.4 周期压电分支电路复合板的弯曲波传播特性

将周期分布压电材料复合板的每个压电片上下表面都用相同的电路元件连接起来形成分支电路,所构成的周期结构称为周期压电分支电路复合板,简称压电分支复合板,如图 7-10 所示。与其类似的一种形式是压电片在基板两面对贴。本节基于波有限元法给出弹性弯曲波在该周期复合板中传播特性的计算结果与分析。元胞尺寸及材料特性如表 7-1 ~ 表 7-3 所示。

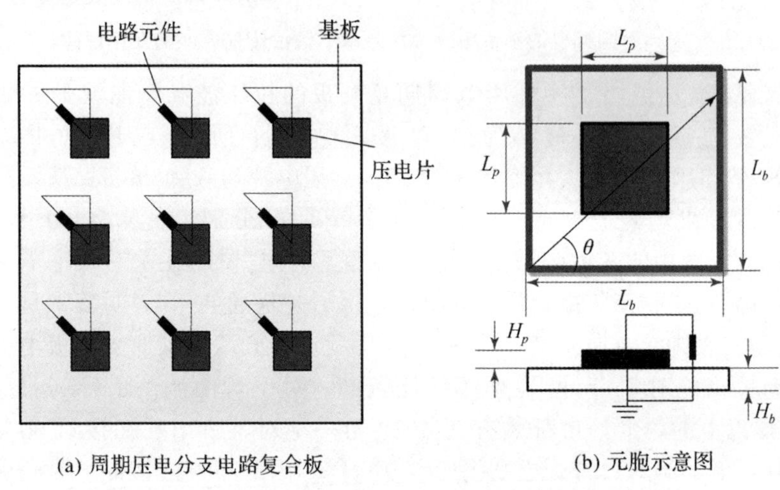

图 7-10 周期压电分支电路复合板及其元胞示意图

7.4.1 电阻型压电分支复合板

若连接压电片的分支电路中仅包含电阻元件,则所构成的周期压电复合板称为电阻型周期压电分支电路复合板,简称电阻型压电分支复合板。图 7-11 展示了当 $\theta=0$ 时,对应不同电阻值的弹性弯曲波的传播特性,其中短路代表电阻为 0,此时对应的曲线与图 7-7 中不包含压电效应的曲线相同,开路代表电阻无穷大,对应的曲线与图 7-7 中包含压电效应的曲线相同。当电阻值较大时,布拉格禁带的终止频率与开路时基本重合。从图 7-11 中可以看出,电阻值的改变并不影响布拉格禁带的起始频率;这一现象再次说明,结构的周期和材料是布拉格禁带的决定因素。当二者均不改变时,布拉格禁带的带边频率就不会改变。

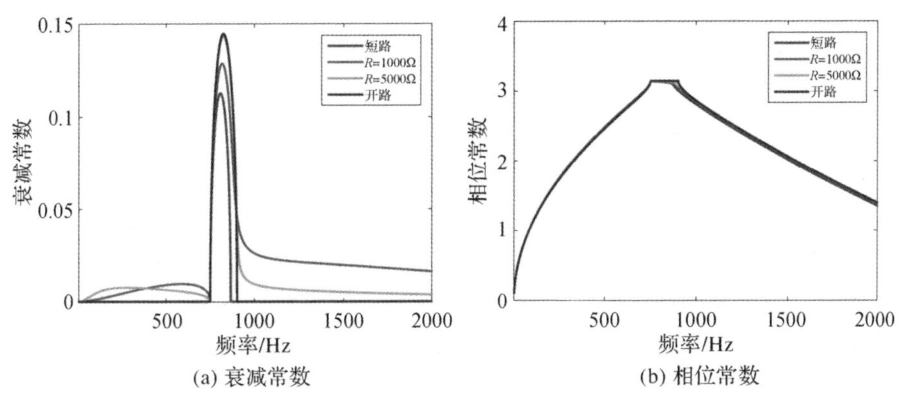

(a) 衰减常数　　(b) 相位常数

图7-11　电阻对周期压电分支电路复合板水平方向禁带特性的影响(附彩插)

需要指出的是,由于电路中存在电阻,弹性波在非禁带区传播时存在能量的耗散,波动幅值也会逐渐衰减,这意味着电阻的存在使弹性波的传播受到一定程度的抑制,但是该抑制水平远低于布拉格禁带内的抑制水平。

此外不难发现,在布拉格禁带的起始频率(750Hz),衰减常数一直为零,弹性波可以自由传播,这是因为这一频率对应的元胞弹性变形模态关于中点反对称[3],因而压电片中产生的电压相互抵消,此时电路中没有电流出现,压电片没有发挥作用。

图7-12分别展示了当电阻为1000Ω和5000Ω时不同方向的压电分支板禁带特性。与图7-7所示的短路以及开路情况下的结果相比较,可以看出电阻的增加并不能改变禁带特性沿不同方向的变化规律。只是当电阻等于1000Ω时,整个区域的弹性波衰减水平比较高。因此,适当的电阻值可以在一定程度上间接拓宽结构的布拉格禁带。

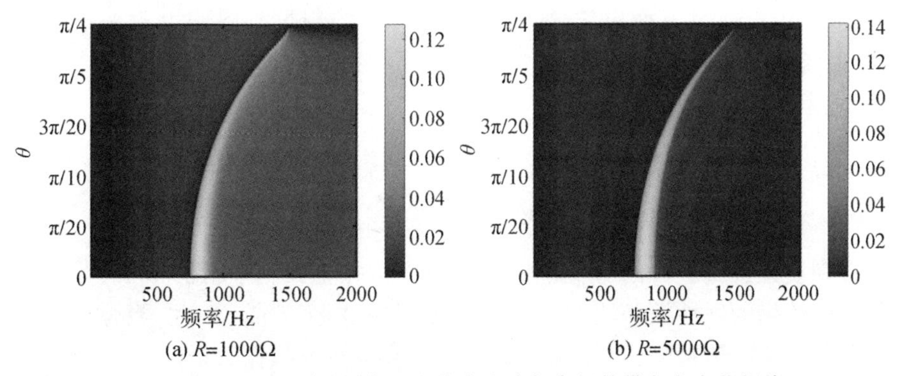

(a) R=1000Ω　　(b) R=5000Ω

图7-12　电阻不同时周期压电分支电路复合板禁带方向变化规律

7.4.2 LC 局域共振禁带

当散射体自身在传播波的作用下发生共振时,会对波的传播产生更强烈的散射作用,二者相互作用,导致周期结构出现了另一种禁带,这就是局域共振禁带。局域共振禁带来源于基体中的行波与散射体中驻波的耦合效应,这种禁带对结构的周期性不太敏感,主要取决于散射体的材料结构形式以及振动模态形式,是研究人员解决周期结构低频振动和噪声控制问题时重点关注的一种禁带。对于二维周期结构,如果散射体的振动模态与二维结构的方向性无关,比如在二维平面内的轴对称模态,或者振动方向与二维平面正交的模态,这意味着这类模态不受平面内传播波方向的影响,因此由其产生的禁带不随波的传播方向改变,这种特性正是前面所提到的、人们更为关注的绝对禁带特性。

当周期压电分支电路复合板的分支电路中包含电感元件时,由于作为散射体的压电片具有本征电容,电路就成了一个谐振电路。散射体材料的机电耦合特性,将使在结构中传播的弹性波与电路驻波发生耦合,产生共振;这一机理与上述局域共振机理类似,因此我们称其为 LC 局域共振,对应的禁带为“LC 局域共振禁带”。L、C 分别是电感和电容的符号,LC 局域共振意为该局域共振是由电感电容谐振电路产生的。由于分支电路中的电流由压电片的弹性变形产生,而压电材料复合板的压电片在其工作变形平面是各向同性的,这一点决定了 LC 局域共振禁带也是绝对禁带,即在该频率范围内,来自任何方向的弹性波都不能传播。

LC 局域共振禁带形成的机理表明它有十分重要的实际意义:首先是它的绝对禁带特性,即它的禁带特性与传播波的方向无关;其次是它的可调控性,人们可以通过改变电感、电阻实现在需要控制振动噪声的频域设计禁带,而且是完全禁带。以下我们基于这一目的来分析调控分支电路中的电感、电阻对 LC 局域共振禁带带来的改变。

7.4.3 电感型压电分支电路复合板禁带的调控

电感型周期压电分支电路复合板的分支电路中仅包含电感元件。电感的存在使连接压电片的分支电路成为一个谐振电路,该电路的驻波频率与结构中传播的弹性波频率接近时便形成局域共振禁带。因此,当弹性波在这种复合板中传播时,不仅有布拉格禁带,还有局域共振禁带。

在机电比拟中,电路中电感的作用相当于结构中质量的作用,即电感越大的电路谐振频率越小。基于布拉格禁带和 LC 局域共振禁带各自的形成机理,电感主要影响局域共振禁带的频率。若仅改变电感,而不改变压电复合板的周期及材料,则仅局域共振禁带的位置会发生改变,布拉格禁带的位置不会发生改变;这意味着改变电感也改变了两个禁带(布拉格禁带和局域共振禁带)的相对位置。当电感从小到大改变时,由其产生的局域共振禁带在频域上则是从高频向低频移动;当其与布拉格禁带相遇时,二者会发生交互作用。据此,电感的改变范围可以根据其产生的 LC 局域共振禁带与布拉格禁带在频域上的相对位置分为三个区域:位于布拉格禁带右侧的高频区域、两个禁带的交互区域以及位于布拉格禁带左侧的低频区域。

1. LC 局域共振禁带位于布拉格禁带右侧时改变电感

电感较小时,由其产生的 LC 局域共振禁带频率高于布拉格禁带频率;上调电感值时,LC 局域共振禁带向布拉格禁带方向移动(向其靠近),反之远离。图 7－13 给出了电感从 0 改变到 0.19H 时,压电分支板中沿水平方向传播的弯曲波的频散曲线{衰减常数[图 7－13(a)]和相位常数[图 7－13(b)]}。从图 7－13 中可以清晰地看到两个禁带,从它们各自的特征不难分析出它们的属性。当电感增加时,左边的禁带几乎看不到变化,带宽有所减小,起始频率始终在 750Hz,此为由板的周期特性决定的布拉格禁带;右边的禁带随着电感的增加明显左移,此为由电感引起的 LC 局域共振禁带。

有关局域共振禁带产生机理的研究表明,对于可用单振子模拟元胞结构的周期结构,其局域共振禁带的带边频率可以用元胞内振子的固有频率估算[4]。周期压电分支复合板的元胞分支电路恰好可以看作一个单振子的电路模拟,因此 LC 局域共振禁带的带边频率 f_{id} 可以用分支电路的谐振频率来近似,其计算公式为

$$f_{id} = \frac{1}{2\pi\sqrt{L_p C_p'}} \tag{7-50}$$

式中:L_p 和 C_p' 分别为分支电路中的电感值和电容值。

理论上在分支电路仅存在电感的条件下,电路的电容就是压电片的本征电容 C_p。然而由于压电片在结构中的作用不只是一个电容串联在电路中,它的主要作用是能量转换,在能量转换过程中同时受到机械场和电场影响,其本征电容值也发生了改变。以下给出分支电路中压电片实际电容值的估算方法。

将具有分支电路的元胞的有限元动力学方程按机械自由度和电学自由度写成分块矩阵的形式:

$$\begin{bmatrix} \hat{\boldsymbol{D}}_{MM} & \hat{\boldsymbol{D}}_{ME} \\ \hat{\boldsymbol{D}}_{EM} & \hat{\boldsymbol{D}}_{EE} \end{bmatrix} \begin{pmatrix} q_M \\ q_E \end{pmatrix} = \begin{pmatrix} f_M \\ f_E \end{pmatrix} \tag{7-51}$$

式中：$q_M = u_n$ 为机械场的自由度；$q_E = \phi_p$ 为压电片上表面电势；$f_M = F$、$f_E = Q_p$ 分别为作用在元胞上的外力和电量；$\hat{\boldsymbol{D}}_{MM}$为机械场的有限元动力学矩阵：

$$\hat{\boldsymbol{D}}_{MM} = \boldsymbol{K}_{uu}^{b} + [\boldsymbol{K}_{uu}^{p}] - \omega^2 (\boldsymbol{M}_b + \boldsymbol{M}_p) \tag{7-52}$$

式中：上标、下标中的 p、b 分别对应压电片和基板；下标 $\boldsymbol{u}$、$\boldsymbol{\phi}$ 分别表示与位移或电势自由度相关的矩阵，$\hat{\boldsymbol{D}}_{ME}$为机电耦合矩阵，有

$$\hat{\boldsymbol{D}}_{ME} = \boldsymbol{K}_{u\phi} = \sum \boldsymbol{k}_{u\phi} = \int_V \frac{1}{h_p} \boldsymbol{B}_u^{\mathrm{T}} \boldsymbol{e}^{\mathrm{T}} \mathrm{d}V \tag{7-53}$$

$$\hat{\boldsymbol{D}}_{EM} = \hat{\boldsymbol{D}}_{ME}^{\mathrm{T}} \tag{7-54}$$

$\hat{\boldsymbol{D}}_{EE}$为电场的有限元动力学矩阵：

$$\hat{\boldsymbol{D}}_{EE} = \boldsymbol{K}_{\phi\phi} = \boldsymbol{k}_{\phi\phi} = -\int_V \frac{\varepsilon_{33}^{S}}{h_p^2} \mathrm{d}V \tag{7-55}$$

设元胞上没有外力，即 $f_M = 0$，则式(7-51)的第一行展开后成为

$$\hat{\boldsymbol{D}}_{MM} q_M + \hat{\boldsymbol{D}}_{ME} q_E = 0 \tag{7-56}$$

将其带入式(7-51)的第二行，则有

$$(\hat{\boldsymbol{D}}_{EE} - \hat{\boldsymbol{D}}_{EM} \hat{\boldsymbol{D}}_{MM}^{-1} \hat{\boldsymbol{D}}_{ME}) q_E = f_E \tag{7-57}$$

根据电容的定义可知，分支电路中压电片的实际电容为

$$C_p' = \frac{f_E}{q_E} = \hat{\boldsymbol{D}}_{EE} - \hat{\boldsymbol{D}}_{EM} \hat{\boldsymbol{D}}_{MM}^{-1} \hat{\boldsymbol{D}}_{ME} \tag{7-58}$$

注意到 $\hat{\boldsymbol{D}}_{MM}$是和频率 ω 相关的，如果直接应用式(7-58)，会导致计算很复杂。由于该结构的质量矩阵相对于刚度矩阵的量级来说可以忽略，因此我们可以用机械场的总刚度矩阵 $\boldsymbol{K}$ 直接代替 $\hat{\boldsymbol{D}}_{MM}$，以简化计算。虽然会带来一定的计算误差，不过这一误差很小，在对禁带位置估计时可以忽略。

因此最终的压电片电容的计算公式为

$$\begin{aligned} C_p' &= \frac{f_E}{q_E} = \hat{\boldsymbol{D}}_{EE} - \hat{\boldsymbol{D}}_{EM} \hat{\boldsymbol{D}}_{MM}^{-1} \hat{\boldsymbol{D}}_{ME} \\ &= -\int_V \frac{\varepsilon_{33}^{S}}{h_p^2} \mathrm{d}V - \left(\int_V \frac{1}{h_p} \boldsymbol{B}_u^{\mathrm{T}} \boldsymbol{e}^{\mathrm{T}} \mathrm{d}V \right)^{\mathrm{T}} (\boldsymbol{K}_{uu}^{b} + \boldsymbol{K}_{uu}^{p})^{-1} \left(\int_V \frac{1}{h_p} \boldsymbol{B}_u^{\mathrm{T}} \boldsymbol{e}^{\mathrm{T}} \mathrm{d}V \right) \end{aligned} \tag{7-59}$$

修正后的压电片的电容数值为 1.9291×10^{-7}F。电感分别取值 $L = 0.07$H、$L =$

0.1H 时，对应的电路谐振频率分别为：1369.6Hz、1145.89Hz；与图 7－13 所示 LC 局域共振禁带下带边频率相差小于 2%。

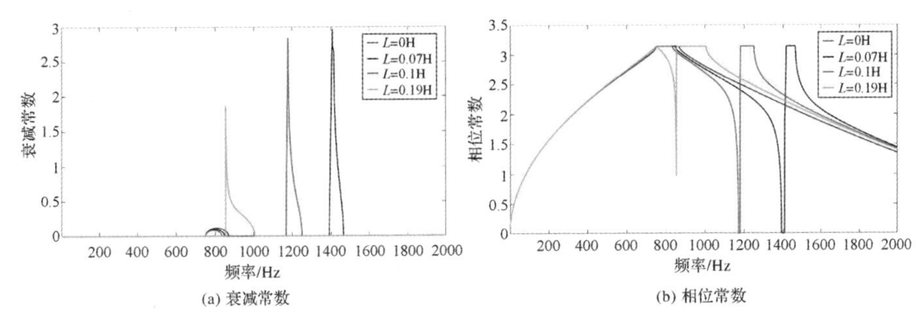

图 7－13　具有电感的压电分支复合板弯曲波在水平方向传播的频散曲线(高频区域)(附彩插)

获得了分支电路的电容，就很容易根据式(7－50)计算出 LC 局域共振禁带在频域上的位置。

随着电感的增大，LC 局域共振禁带频率向低频移动，即越来越靠近布拉格禁带；从图 7－13 中可以看到，在这一过程中，LC 局域共振禁带的带宽逐渐增加，这说明布拉格禁带对局域共振禁带有拓宽的影响；二者相距越近，这种作用越显著。

然而，增加电感对布拉格禁带的影响却很小，它仅使布拉格禁带的宽度略有减小，布拉格禁带的下带边频率始终不变，这说明该频率与分支电路无关：原因一它是由布拉格禁带条件所确定的频率；原因二与我们在分析电阻型压电分支板中弯曲波传播禁带时所给出的原因相同，即这一频率对应的元胞弹性变形模态关于中点反对称，因而压电片中产生的电压相互抵消，此时电路中没有电流出现，因而也不存在电路谐振。

当两个禁带很接近时，随着电感的增加，布拉格禁带宽度的减小尤为显著。在某个电感值(本例 $L=0.19$H)，布拉格禁带似乎消失了。稍后我们将看到此时布拉格禁带并未消失，而是与局域共振禁带完全重合，频域上出现的禁带是两个禁带重合形成的。

由 7.2 小节可知，周期压电复合板的布拉格禁带特性具有方向性：其位置和宽度都会随着方向的改变而改变。当传播角度从零增加时，布拉格禁带的中心频率也随之增加，宽度逐渐减小。布拉格禁带的方向特性在周期压电分支复合板中依然存在，它使 LC 局域共振禁带在不同的方向上与其相遇的频率不同、分离的频率也不同。因此在改变电感、LC 局域共振禁带逐渐向布拉格禁带靠近的过程中,在最大传播角度的方向上,LC 局域共振禁带最先与布拉格禁带交互,因为在此方向布拉格禁带的中心频率最高。

图 7-14 用色散云图的方式给出了在各个传播方向当电感从 0 改变到 0.19H 时,压电分支板中弯曲波衰减常数的变化。在电感不为零的云图上[图 7-14(b)~(d)]布拉格禁带衰减常数的能见度很小,传播角度小于 π/5 时几乎不可见。结合云图色度标尺并对比电感为零时的云图标尺[图 7-14(a)],可以发现这是由于布拉格禁带的衰减常数远小于 LC 局域共振禁带的衰减常数,特别是当传播角度较小时。从云图中我们可以看到,当电感 =0.07H 时[图 7-14(b)],在大传播角度方向($\theta>3\pi/20$),LC 局域共振禁带已经与布拉格禁带交互了,(LC 局域共振禁带逐渐变宽),特别是当传播角度 $\theta=\pi/4$ 时,LC 局域共振禁带与布拉格禁带已经完成位置交换;而在水平传播方向,LC 局域共振禁带的中心频率与布拉格禁带的中心频率之间还有逾 500Hz 的频带间隔。当电感 =0.19H 时[图 7-14(d)],在小角度传播方向($\theta<\pi/20$),LC 局域共振禁带与布拉格禁带完成交互时,大角度传播方向 $\theta>3\pi/20$ 的局域共振禁带早已出现在布拉格禁带的左侧。

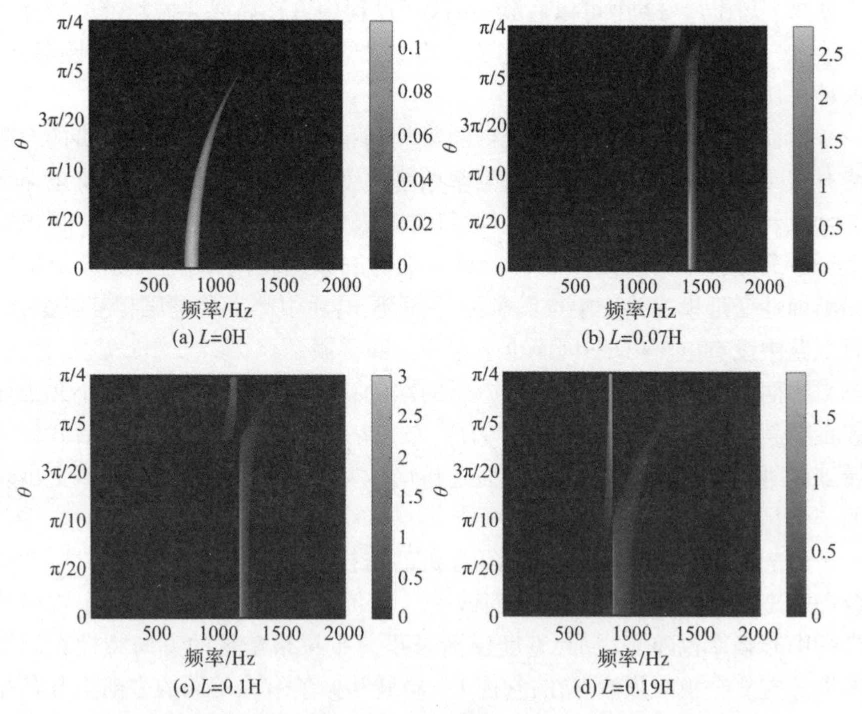

图 7-14 改变电感时压电分支复合板弯曲波的衰减常数变化(高频区域)

2. LC 局域共振禁带位于布拉格禁带左侧时增大电感

图 7－15 给出了电感从 0.25H 增加至无穷大时(对应着开路),压电分支复合板中沿水平方向传播的弯曲波的频散曲线{衰减常数[图 7－15(a)]和相位常数[图 7－15(b)]}。从图 7－15 中也可以清晰地看到两个禁带,从它们各自的特征不难确定左侧的禁带是 LC 局域共振禁带,它随着电感的增加明显左移。右边的禁带是布拉格禁带,当电感增加时,几乎看不到变化,带宽有所减小,起始频率始终为由布拉格条件确定的 750Hz。

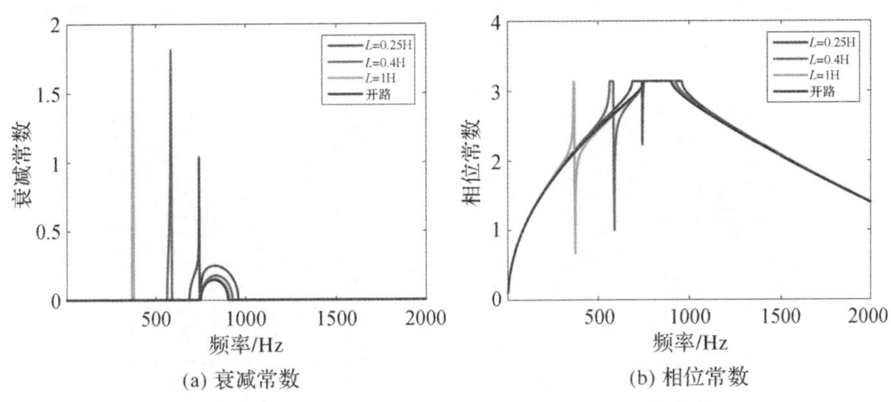

(a) 衰减常数　　(b) 相位常数

图 7－15　具有不同电感的压电分支复合板弯曲波在水平方向的传播禁带(低频区域)(附彩插)

与高频域两个禁带相比,可以发现三点不同:①二者的相对位置发生了变化,LC 局域共振禁带从布拉格禁带的右侧变到布拉格禁带的左侧;这一变化是在交互区域完成的。尽管二者相对位置发生了变化,但是布拉格禁带对局域共振禁带的拓宽作用依然存在,依然是二者相距越近,这种作用越显著。②确定 LC 局域共振禁带位置的电路谐振频率公式确定的是禁带的上带边频率,而在高频域,其确定的是禁带的下带边频率。③LC 局域共振禁带的带宽随着两个禁带距离增加而减小的速率明显增大。这说明虽然 LC 局域共振禁带可以不受结构周期尺寸的限制而出现在较低的频率,但是由于频率越低其带宽越窄,因此在减振降噪中如何利用其特性需要更深入的研究。

电感足够大时,分支电路如同开路状态,此时电路中没有电流,因此不存在电路谐振。即 LC 局域共振禁带的带宽随着电感的增加逐渐减小直至消失。

低频段电感对周期压电分支电路复合板不同方向传播波禁带特性的影

响如图 7 – 16 所示。图 7 – 16 中以云图的形式给出了对应低频区域的电感从 0.25H 增大至无穷大时,压电分支板中弹性波衰减常数随弹性波传播方向的变化。结合云图色度标尺并对比电感为零时的云图标尺图 7 – 14(a),可以看到,局域共振禁带的衰减常数远大于布拉格禁带的衰减常数,这使布拉格禁带的衰减常数在云图上的能见度较小。尽管如此,由图 7 – 16 的 4 个子图仍可看到,随着电感的增加,LC 局部共振禁带逐渐远离布拉格禁带;布拉格禁带和 LC 局部共振禁带的形状没有明显的变化。布拉格禁带的宽度在略微地减小之后保持稳定;LC 局域共振禁带沿各个方向的禁带特性几乎相同,展现了绝对禁带的特性。

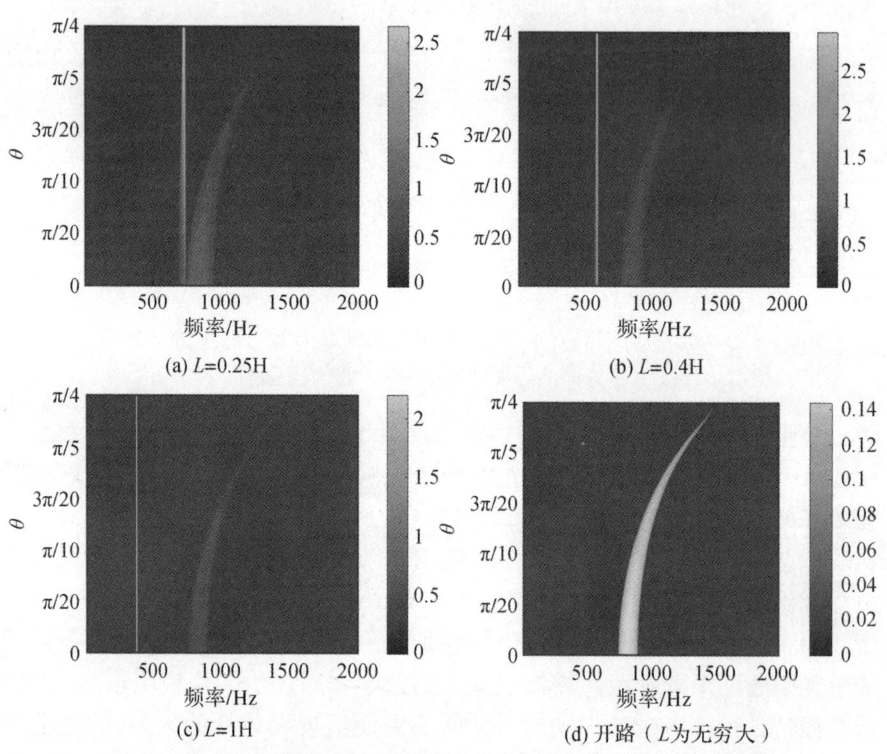

图 7 – 16　低频区域改变电感时压电分支复合板弹性波的衰减常数

3. LC 局域共振禁带与布拉格禁带的交互

下面我们来仔细分析在交互区域改变电感时,压电分支板中弹性波传播禁带是如何变化的。尽管在不同的传播方向,两种禁带交互的频域不同,但是他们的交互规律相同。因此下面我们仅分析水平方向传播波的两种禁带由电感的变化产生的交互。

决定 LC 局域共振禁带频率的式(7－50)表明逐渐增大电感,LC 局域共振禁带就会逐渐向低频移动;而由于布拉格禁带的位置基本不变,则逐渐增大电感意味着 LC 局域共振禁带将从布拉格禁带的右侧变到左侧。两个禁带相对位置的变化就是在频率交互区完成的。

图 7－17 给出了在交互区改变电感(电感从 0.19H 逐步增大至 0.25H)时,压电分支板水平方向禁带特性。从图 7－17(a)中可以发现,电感等于 0.19H 时,频域上仅存在一种禁带。这一禁带的属性是什么?根据两种禁带的形成机理(一个由结构的周期特性决定,另一个由电路的谐振决定),可以确定,此时两种禁带均未消失,只不过它们同时出现在相同的频域,形成了一种具有双重属性的重合禁带;继续增大电感,频域上又出现了两个禁带。根据继续增大电感这两个禁带的变化规律(见上一小节“位于布拉格禁带左侧的低频区域”)不难判定位于左侧的是 LC 局域共振禁带,位于右侧的是布拉格禁带。因此,形成重合禁带的电感可以认为是两个禁带交换位置的标志电感。我们将其定义为下临界电感。

当压电分支板中的电感大于该临界值时,LC 禁带从布拉格禁带右侧变到左侧。同时定义电感等于下临界电感时的传播波禁带为重合禁带。该禁带具有两类禁带的双重属性,它既取决于板的周期参数又取决于分支电路的电感值。值得注意的是,重合禁带的起始频率高于布拉格禁带的起始频率(750Hz);电感从下临界电感值增大时,调换位置的 LC 局域共振禁带和布拉格禁带一前一后同时左移;在此过程中二者的带宽都变大;然而二者随电感增加改变的速率不同。当电感达到某一值时(本例为 0.245H),在由结构周期参数决定的布拉格禁带起始频率(本例为 750Hz)处,LC 局域共振禁带的截止频率与布拉格禁带的起始频率相接形成了一个很宽的禁带;我们称此禁带为合成禁带,它的特征是两个禁带首尾相连,带宽等于两个禁带的宽度的和。以下定义在压电分支板中使两类禁带首尾相连成为一个合成禁带的电感为上临界电感。对应上临界电感,压电分支复合板也只有一个传播禁带,即合成禁带。上临界电感是两类禁带带宽合并的标志。系统中的电感大于或小于上临界电感时,LC 局部共振禁带与布拉格禁带都是分离的。从图 7－17(c)、(d)可以看到,当电感不为 0.245H(本例的上临界电感值)时,LC 局域共振禁带和布拉格禁带之间始终存在一个通带(图 7－17 中分别位于 750Hz 左右)。只有当电感等于上临界电感 0.245H 时,布拉格禁带与 LC 局部共振禁带之间才不存在通带区域,因此上临界电感使对应的传播方向产生一个更宽的合成禁带,从这个意义上说,上临界电感是最优电感,对应上临界电感的禁带宽度最大；它产生的合成禁带带宽在本例中大于 250Hz [图 7-17(c)]。

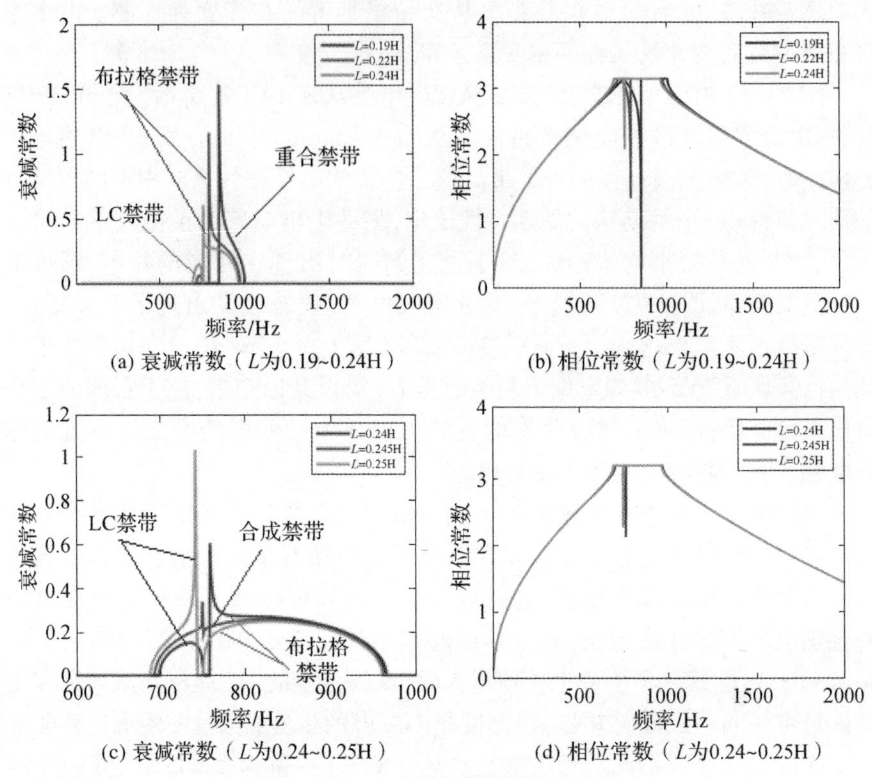

(a) 衰减常数（L为0.19~0.24H）　(b) 相位常数（L为0.19~0.24H）

(c) 衰减常数（L为0.24~0.25H）　(d) 相位常数（L为0.24~0.25H）

图 7-17　交互区改变电感时压电分支复合板水平方向传播波的禁带特性(附彩插)

图 7-18 将由上临界电感产生的合成禁带与电路短路以及开路时的布拉格禁带进行了对比。从中可以看出，在这一频率范围内，利用布拉格禁带与 LC 局域共振禁带的耦合特性，能够构造出一个比开路时的布拉格禁带带宽几乎大 1 倍的合成禁带。

综上所述，当 LC 局域共振禁带充分接近布拉格禁带时，电感的改变会以两种方式使两个禁带合二为一：一是使二者重合形成一个重合禁带；二是使二者首尾相连形成一个很宽的合成禁带。这两种禁带分别对应两个不同的电感值：下临界电感和上临界电感。上临界电感对应的合成禁带是电感型压电分支复合板的最宽传播禁带。

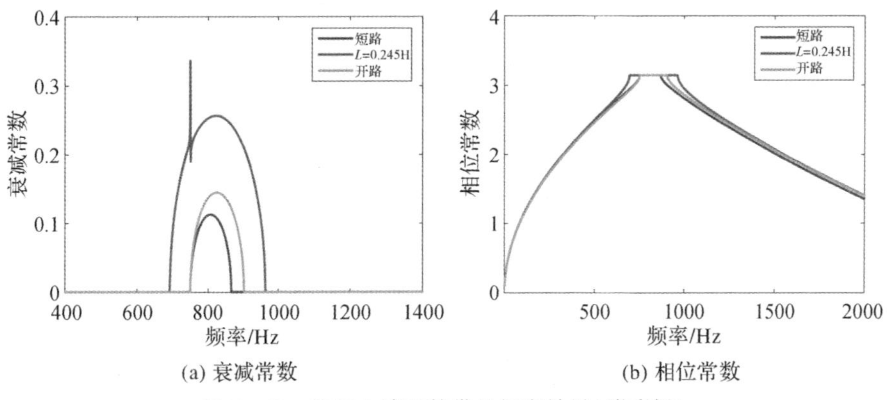

(a) 衰减常数　　(b) 相位常数

图 7-18　临界电感对禁带的拓宽效果(附彩插)

需要强调的是,以上结论是基于水平传播方向,即 $\theta=0$;压电周期复合板的布拉格禁带的方向性使对应上、下临界电感的重合禁带和合成禁带也都具有方向性,即在不同的传播方向重合禁带和合成禁带的频域不同、带宽也不同。

7.4.4　电阻-电感型压电分支电路复合板禁带的调控

当连接压电片的分支电路中同时包含电感和电阻(串联)时,就构成了电阻-电感型周期压电分支电路复合板。如同 7.3.2 节所述,电阻几乎不对布拉格禁带产生影响;电阻的作用主要在于:一方面减小局域共振的衰减常数;另一方面是使局域共振禁带拓宽(图 7-19)。这一作用在两个禁带的交互区最为明显:电阻的引入使电感型压电分支复合板频域上标志的仅存在一个禁带(重合禁带或合成禁带)的电感从两个独立的值变为一个连续变化的区间,即电阻使合成禁带这一更宽的禁带对电感的敏感性降低,对应合成禁带的电感变化的范围更宽,本例电感的变化范围扩展为 0.07~0.25H[图 7-19(a)、(c)、(e)]。

以上分析均假设传播方向为水平方向。在其他传播方向,由于布拉格禁带的方向性(传播角度越大,布拉格禁带的中心频率越高,带宽越窄),两种禁带交互的频域不同,交互产生的合成禁带的带宽也不同。传播角度越大,两种禁带相遇的频率越高。但是它们的交互规律基本相同,电感电阻的作用也与水平方向相同。图 7-20 给出了电阻 $R=100\Omega$ 时,对应几个不同电感值的周期压电分支电路复合板弹性波在各个方向的衰减常数。

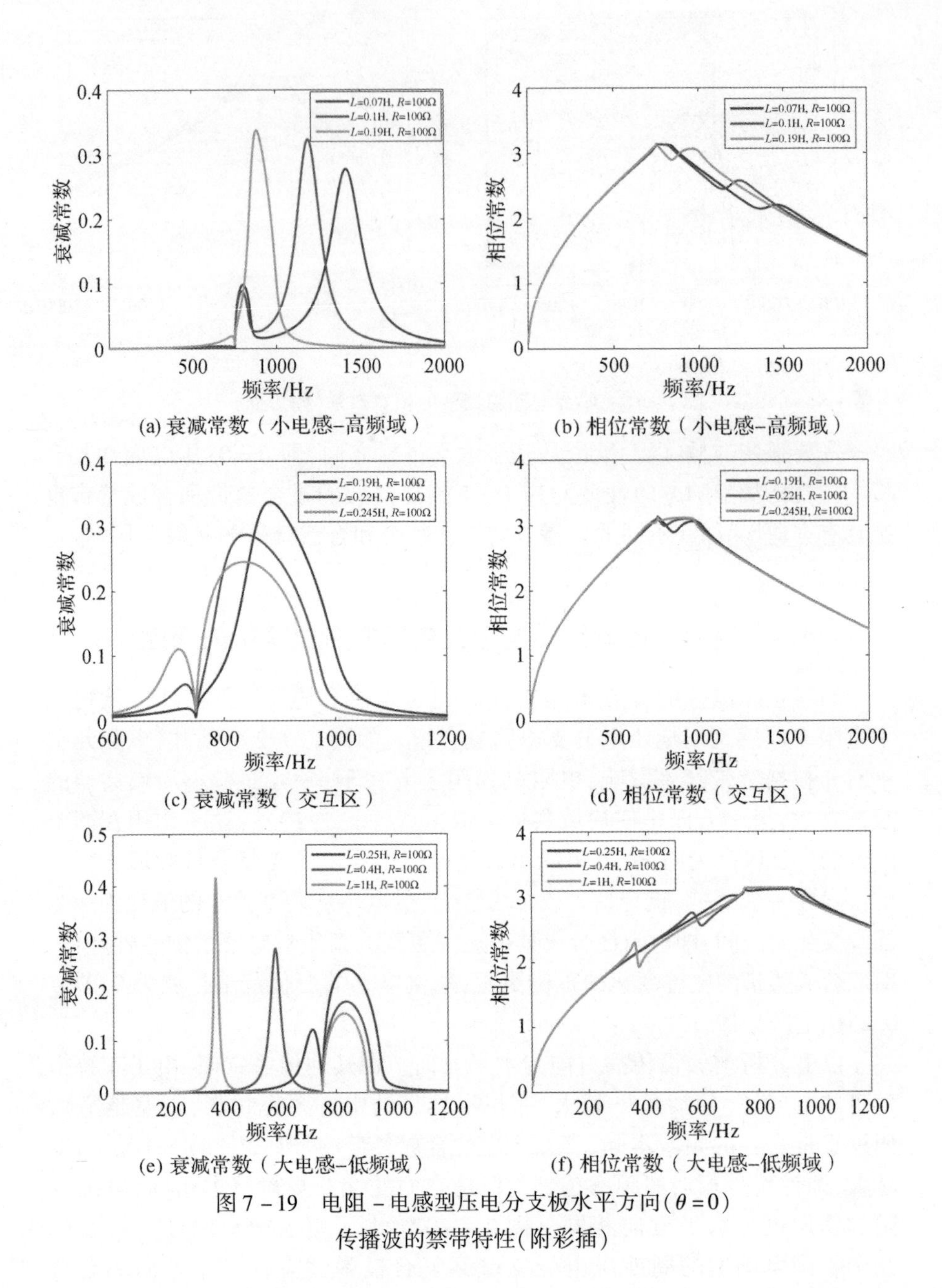

图 7-19　电阻-电感型压电分支板水平方向($\theta=0$)
传播波的禁带特性(附彩插)

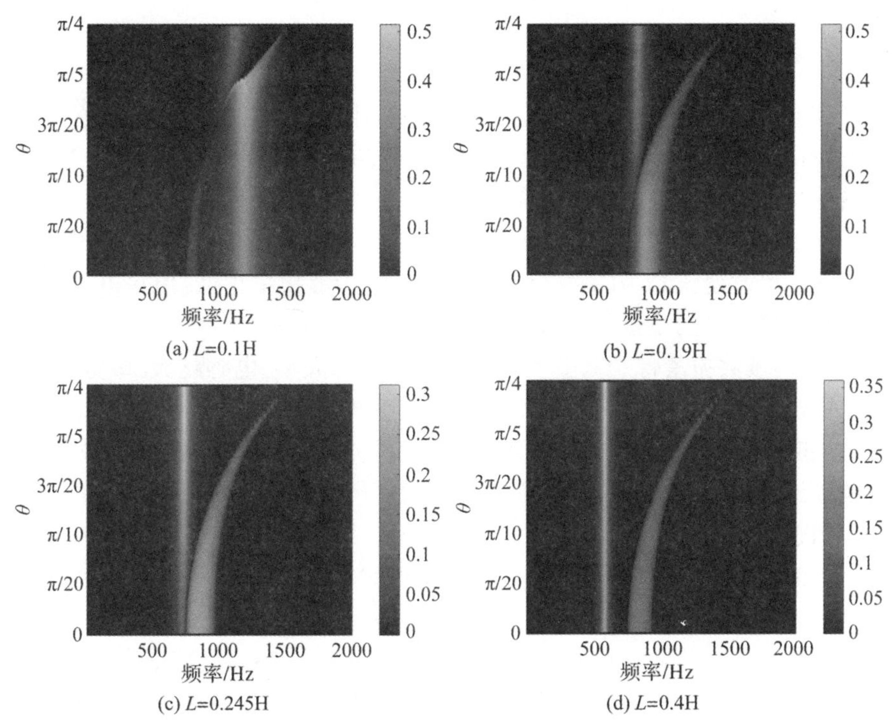

图7－20　周期压电分支电路复合板弹性波的衰减常数($R=100\Omega$)

在图7－20(a)($L=0.1$H)中可以看到传播角度从零(水平方向)到最大时禁带的三种分布状况:①小传播角度时,LC局域共振禁带的中心频率大于布拉格禁带的中心频率,靠近布拉格禁带,电阻的作用使局域共振禁带的宽度大于布拉格禁带宽度;②大传播角度时,LC局域共振禁带的中心频率小于布拉格禁带的中心频率,二者在频域上的相对位置发生了变化;③传播角度在3π/20～π/5时,两种禁带交互的区域形成了一个较宽的合成禁带。在图7－20(b)($L=0.19$H)中可以看到传播角度从零(水平方向)到最大时禁带的两种分布状况:小传播角度时只有一个禁带,这是两种禁带交互形成的合成禁带。可以看到,在小角度范围内这种禁带具有较好的方向性,即几乎不随传播角度变化,而且带宽较宽。当传播角度较大时,随着传播角度增大,两种传播禁带逐渐分离;分离后的LC局域共振禁带,由于电阻的作用,其带宽也远大于布拉格禁带的带宽,而且保持了局域共振禁带较好的方向性。图7－20(c)($L=0.245$H)和图7－20(d)($L=0.4$H)中对应不同的传播角度都只有一种分布状况,即两种禁带分离,LC局域共振禁带的中心频率小于布拉格禁带的中心频率,二者相距越大,二者的带宽就越小。

7.4.5 讨论

综上所述,元胞中的分支电路存在电感时,由于电路的谐振效应,弹性变形波在结构中传播时会出现一类新的禁带——LC 局域共振禁带。LC 局域共振禁带与弹性波在板内的传播方向无关,是一种绝对禁带;LC 局域共振禁带的带边频率近似等同电路的谐振频率,可用式(7-50)估算,通过调节电感值即可改变该禁带的位置;电感越大,该禁带频率越低;但是电感无法调节布拉格禁带的位置。

LC 局域共振禁带的宽度主要取决于电感的大小,电感越大,带宽越小。电路中没有电阻时,LC 局域共振禁带宽度整体上比布拉格禁带小。电路中有电阻时,电阻可以起到增加局域共振带带宽的作用,特别是在两种禁带接近的频域,LC 局域共振禁带的带宽在小角度传播方向上还可能大于布拉格禁带的带宽。

当 LC 局部共振禁带与结构原有的布拉格禁带在某一传播方向上相交时,在该方向两类禁带的宽度均会达到各自的最大值,且存在临界电感值,它使两类禁带在此方向合成一个具有更宽带宽的合成禁带。合成禁带是该方向传播的最宽禁带。因此对应合成禁带的电感是无阻尼压电分支板的最优电感。

当 LC 局部共振禁带和布拉格禁带的频率范围接近时,电阻起到可将这两类禁带贯通的作用。这使合成禁带对临界电感值的敏感性降低。

7.5 周期压电网络复合板的弯曲波传播特性

将每个压电片的下表面接地,相邻压电片的上表面之间用相同的电路元件连接起来,可以构造出含有压电网络的周期复合板,称为周期压电网络复合板。本节我们给出基于波有限元法计算的弹性波在周期压电网络复合板中的传播特性及分析。

7.5.1 有限元分析模型中压电网络的模拟

相邻压电片用相同的电路元件连接起来之后,各元胞的电荷就不再仅取决于各压电片自身的变形了,即各元胞电荷与元胞变形之间不再是简单的线性关系。因此在分析模型中需将元胞电荷作为独立的自由度(注意,在分支电路复合板的分析模型中,我们是把元胞电荷用元胞变形表示,从而可以在方程中消去电荷),这意味着需要建立电路的有限元模型。

对于分别由电感、电阻以及电容构成的简单电路单元(图 7－21),其两端节点电压 ϕ 与电流 I 之间的关系可用矩阵形式表示为(图中的符号下标 L、R 分别表示单元的左端点和右端点):

(1)电感单元:

$$\frac{1}{\mathrm{j}\omega}\begin{bmatrix} -\dfrac{1}{L} & \dfrac{1}{L} \\ \dfrac{1}{L} & -\dfrac{1}{L} \end{bmatrix}\begin{bmatrix} \phi_{\mathrm{L}} \\ \phi_{\mathrm{R}} \end{bmatrix}=\begin{bmatrix} I_{\mathrm{L}} \\ I_{\mathrm{R}} \end{bmatrix}$$

(2)电阻单元:

$$\begin{bmatrix} -\dfrac{1}{R} & \dfrac{1}{R} \\ \dfrac{1}{R} & -\dfrac{1}{R} \end{bmatrix}\begin{bmatrix} \phi_{\mathrm{L}} \\ \phi_{\mathrm{R}} \end{bmatrix}=\begin{bmatrix} I_{\mathrm{L}} \\ I_{\mathrm{R}} \end{bmatrix}$$

(3)电容单元:

$$\mathrm{j}\omega\begin{bmatrix} -C & C \\ C & -C \end{bmatrix}\begin{bmatrix} \phi_{\mathrm{L}} \\ \phi_{\mathrm{R}} \end{bmatrix}=\begin{bmatrix} I_{\mathrm{L}} \\ I_{\mathrm{R}} \end{bmatrix}$$

单元电流方向相反时,上述系数矩阵需乘以负号。

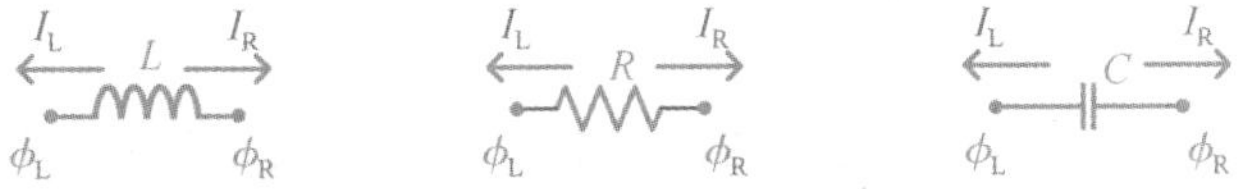

(a) 电感单元　(b) 电阻单元　(c) 电容单元

图 7－21　简单电路单元形式

按有限元法将各电路单元组集后得到的电路有限元方程为

$$\left(\frac{1}{\mathrm{j}\omega}\boldsymbol{L}+\mathrm{j}\omega\boldsymbol{C}+\boldsymbol{R}\right)\boldsymbol{\phi}=\boldsymbol{I} \tag{7-60}$$

式中:$\boldsymbol{\phi}$ 为节点电压;$\boldsymbol{I}$ 为节点电流。

当电荷为变量时,只需用电荷与电流之间的关系 $I=\mathrm{j}\omega q$ 替代式(7－60)中的电流。将电学自由度按元胞内部和元胞边界分类(分别用下标 i 和 bd 表示),式(7－60)可写为

$$\begin{bmatrix} \tilde{\boldsymbol{D}}_{\mathrm{ii}} & \tilde{\boldsymbol{D}}_{\mathrm{ibd}} \\ \tilde{\boldsymbol{D}}_{\mathrm{bdi}} & \tilde{\boldsymbol{D}}_{\mathrm{bdbd}} \end{bmatrix}\begin{bmatrix} \phi_{\mathrm{i}} \\ \phi_{\mathrm{bd}} \end{bmatrix}=\begin{bmatrix} q_{\mathrm{I}} \\ q_{\mathrm{bd}} \end{bmatrix} \tag{7-61}$$

将此电路方程与压电元胞结构方程组集后,可得压电网络复合板的机电耦

合动力学方程：

$$\begin{bmatrix} \boldsymbol{D}_{\mathrm{II}} & \boldsymbol{D}_{\mathrm{IBD}} & \boldsymbol{D}_{\mathrm{I}\phi_{\mathrm{ii}}} & \boldsymbol{0} \\ \boldsymbol{D}_{\mathrm{BDI}} & \boldsymbol{D}_{\mathrm{BDBD}} & \boldsymbol{D}_{\mathrm{BD}\phi_{\mathrm{ii}}} & \boldsymbol{0} \\ \boldsymbol{D}_{\phi_{\mathrm{ii}}\mathrm{I}} & \boldsymbol{D}_{\phi_{\mathrm{ii}}\mathrm{BD}} & \boldsymbol{D}_{\phi_{\mathrm{ii}}}+\tilde{\boldsymbol{D}}_{\phi_{\mathrm{ii}}} & \tilde{\boldsymbol{D}}_{\phi_{\mathrm{ibd}}} \\ \boldsymbol{0} & \boldsymbol{0} & \tilde{\boldsymbol{D}}_{\phi_{\mathrm{bdi}}} & \tilde{\boldsymbol{D}}_{\phi_{\mathrm{bdbd}}} \end{bmatrix} \begin{bmatrix} a_{\mathrm{I}} \\ a_{\mathrm{BD}} \\ \phi_{\mathrm{i}} \\ \phi_{\mathrm{bd}} \end{bmatrix} = \begin{bmatrix} \boldsymbol{0} \\ \boldsymbol{f}_{\mathrm{BD}} \\ \boldsymbol{0} \\ \boldsymbol{q}_{\mathrm{bd}} \end{bmatrix} \tag{7-62}$$

式中:大写下标代表机械场不同位置的自由度;小写下标代表电场不同位置的自由度;$\boldsymbol{D}$ 为压电层合板的动力学矩阵;$\tilde{\boldsymbol{D}}$ 为电场的动力学矩阵。对方程(7-62)施加周期性的边界条件即可对压电网络复合板的波动特性求解。

7.5.2 电阻型压电网络复合板中传播波的禁带特性

电阻型周期压电网络复合板的电路网络中仅包含电阻元件。仅含电阻的电学网络中没有谐振,该网络不能传递任何波动,只对结构原有的布拉格禁带产生影响,而不会构建新的禁带。

图 7-22 展示了当弹性波的传播方向 $\theta=0$ 时,不同电阻值对结构弹性波禁带特性的影响。同压电分支板,电阻值的改变对布拉格禁带的影响不大,该禁带的起始频率始终保持不变,为 750Hz,这是因为布拉格禁带特性主要是由结构的周期与材料决定的,电阻的作用主要体现在衰减常数的改变上。当电阻值较小时,禁带的终止频率与短路时基本重合,当电阻值较大时,禁带的终止频率与开路时基本重合。由于电阻的引入,弹性波在禁带之外的频率区域传播时能量存在耗散的现象,因此也在一定程度上会受到抑制。

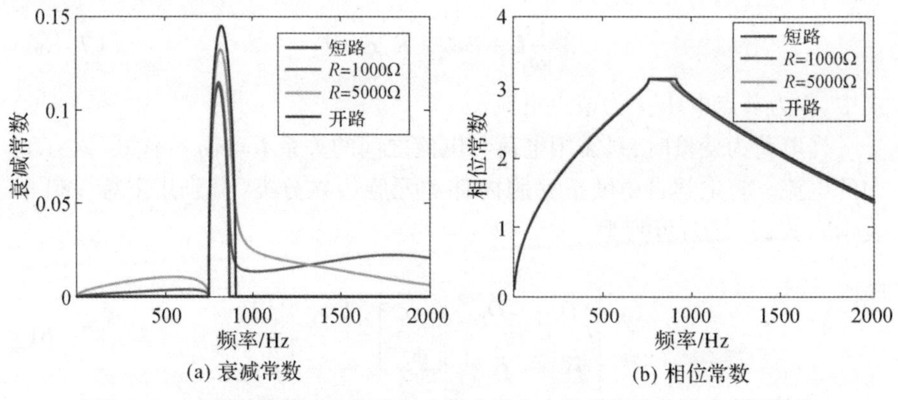

(a) 衰减常数　　(b) 相位常数

图 7-22　电阻对周期压电网络复合板水平方向禁带特性的影响(附彩插)

图 7－23 展示了当电阻为 1000Ω 和 5000Ω 时不同方向的压电网络复合板中弯曲波的传播禁带特性。可以看出，电阻的增加并没有改变禁带特性沿不同方向的分布规律，只是在一定程度上增加了通带频率处的衰减常数。

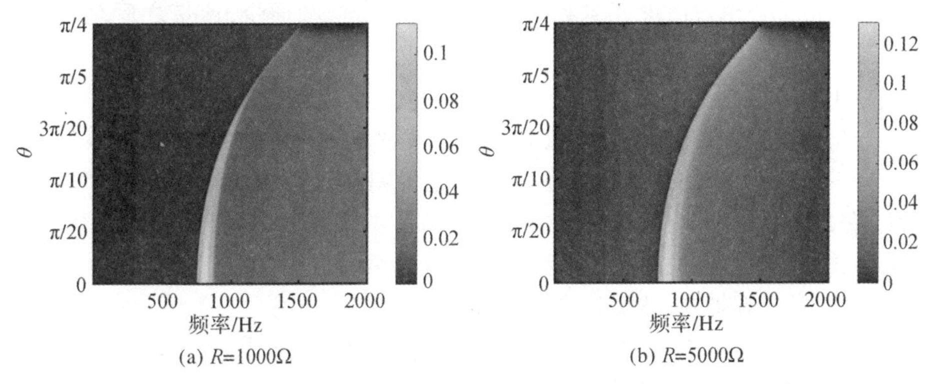

图 7－23　不同电阻对周期压电网络复合板不同方向禁带特性的影响

7.5.3　电感型压电网络复合板中传播波的禁带

电感型周期压电网络复合板的电路网络中仅包含电感元件。网络中的电感、电容使网络成为一种具有谐振频率的电路。与压电分支电路复合板不同的是，压电网络复合板的各元胞之间有电路连接，电路在元胞中不能形成驻波；因此在压电网络复合板中不存在由驻波对行波散射产生的局域共振禁带。电感的存在使电路网络本身也成为一种波的传播媒介。因此，电感型周期压电网络复合板是由两种传播媒介构成的系统，一种是弹性材料，另一种是电路网络；这两种媒介通过压电材料相互耦合，形成了一个具有周期结构特性的机电耦合系统，在其中传播的波也具有机电耦合特性，其波形在（由几何空间和电磁空间构成的）机电广义空间中的自由度既有压电网络复合板的弹性变形自由度又有复合板的电磁变化自由度。在以下的研究中，压电网络复合板的弹性变形自由度仅限于复合板的弯曲变形。

图 7－24 展示了小电感（$L=0.04$H）压电网络复合板水平方向传播波的特性。该图中给出的是两个传播波的解，以下分别称为波 1 和波 2。结合衰减常数图 7－24（a）和相位常数图 7－24（b）可以看到，波 1 和波 2 均有一个布拉格禁带（衰减常数不为零、相位常数不改变）；波 1 禁带的起始频率为 750Hz。参考无电路连接的压电材料周期板的禁带特性，可以判定这是一个

以板的弯曲波动为主导的传播波,其禁带起始频率满足本算例周期复合板弯曲波的布拉格禁带条件。波 2 的带宽从起始频率一直向高频延伸。根据单自由度元胞电路模型可以判定,这是一个以电量波动为主导的传播波(其禁带特点符合单自由度元胞频散曲线仅有一个低频通带,通带之后全部为禁带)。

在相位常数图 7-24(b)上,在波 1 和波 2 两条频散曲线的相交区域,有一个频域段,其中的每个频率仅对应一个波数解,形成的相位频散曲线是一条斜线段,其对应的衰减常数不为零。这说明在这个频段中存在一个衰减波,它由两个传播波交互产生,是波 1 和波 2 的耦合波。耦合波形成的频域也是波 1 和波 2 消失的频域。因此又称这个频域段为(波 1 和波 2 的)耦合禁带;在这个频带内,波 1 和波 2 均不能传播。

综上所述,图 7-24(a)中的 3 个禁带从左到右,分别为波 1 的布拉格禁带、波 1 和波 2 的耦合禁带以及波 2 的布拉格禁带。需强调指出的是,这 3 个禁带对应的都是机电波,区别在于它们在机电广义空间具有不同的波模态特征。

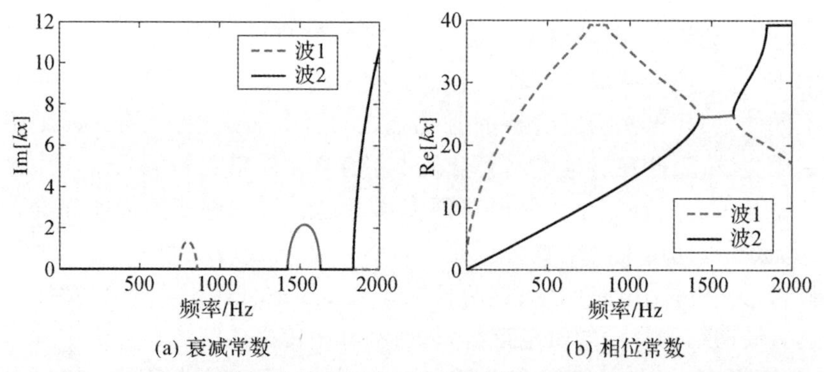

(a) 衰减常数　　(b) 相位常数

图 7-24　周期压电网络复合板水平方向传播波的频散曲线($L=0.04$H)

上述计算结果来自基于基尔霍夫薄板假设的专用分析程序,即仅考虑了板的弯曲变形,因此所得的传播波频散曲线只有两条。一般来说,结构中的弹性变形波的种类不止一种,即使是在最简单的板中也存在剪切变形、拉压变形、弯曲变形及各类耦合变形。当用通用有限元软件计算时,一般情况下,通用软件会按频率从小到大给出对应的各类变形模态。因此基于通用有限元软件对传播波的禁带特性进行分析时,首先需要识别各个禁带对应的传播波属性。在 7.4.4 节中我们将引入波形空间占比的概念对此进行阐述。

7.5.4 压电网络复合板中导波的属性与识别

记 ϕ_{me} 为机电波模态，ϕ_m 为在 ϕ_{me} 中对应的电学自由度为零所得模态；该模态反映的是在机电波模态中的弹性弯曲变形，故以下称之为弯曲分支波模态；ϕ_e 为在 ϕ_{me} 中令对应的弯曲变形自由度为零所得模态；该模态反映的是在机电波模态中的电磁波形，故以下称之为电磁分支波模态；为阐述方便起见，以下将弯曲分支波模态和电磁分支波模态统称为分支波模态。根据上述定义，机电波模态与分支波模态有以下关系：

$$\phi_{me} = \phi_m + \phi_e \tag{7-63}$$

即机电波模态是各分支波模态的组合。基于此我们给出分支波形空间占比(ratio of branch wave，RBW)的定义：

弯曲分支波形空间占比 RBW_m：

$$RBW_m(\phi_m,\phi_{me}) = \frac{|\phi_m^{H} \cdot \phi_{me}|^2}{(\phi_m^{H} \cdot \phi_{me}) \cdot (\phi_{me}^{H} \cdot \phi_m)} \tag{7-64}$$

电磁分支波形空间占比 RBW_e：

$$RBW_e(\phi_e,\phi_{me}) = \frac{|\phi_e^{H} \cdot \phi_{me}|^2}{(\phi_e^{H} \cdot \phi_{me}) \cdot (\phi_{me}^{H} \cdot \phi_e)} \tag{7-65}$$

式中：上标 H 表示共轭。

分支波形空间占比 RBW(弯曲分支波形空间占比 RBW_m 和电磁分支波形空间占比 RBW_e 的统称)的物理意义是分支波模态相对机电波模态在机电广义空间中所占比例，$RBW \leqslant 1$。RBW 越接近 1，表示该分支波模态在机电波模态中起的主导作用越显著。因此，可以利用 RBW 对压电网络复合板中传播的机电波模态进行识别，区分其属性(弯曲主导波、耦合波或电磁主导波)。

以下结合图 7-25 详细阐述如何借助分支波形空间占比识别以某一频率在各方向传播的波的属性。图 7-25 给出的是在电感取值 0.08H 时，压电网络复合板中两个传播波(波 1 和波 2)的 RBW_m 和 RBW_e 随传播方向的变化；图中 RBW_m 和 RBW_e 的数值大小用色散云图表示。计算时所取的两个传播波的频率(400Hz 和 800Hz)是参考水平传播方向频散曲线选取的两个有代表性的频率(通带频率和第 1 禁带频率)。

图 7-25(a)的色散云图代表的是 RBW_e 的数值大小。可见波 1 的 RBW_e 色度接近零，即波 1 的中的电磁分支波形占比很小，几乎为零；波 2 的 RBW_e 色度接近 1，即波 2 几乎全部由电磁分支波形构成；由此可得波 1 的属性为弯曲主导波，波 2 的属性为电磁主导波；这一结论也可通过图 7-25(b)

得出;不过图 7-25(b)的色散云图代表的是 RBW_m 的数值大小,在这个图上波 1 的色度显示为 1,波 2 的色度显示为 0;也说明了波 1 由弯曲分支波模态主导,而波 2 中的弯曲分支波形占比几乎为零,因此它是由电磁分支波模态主导。此外,从图 7-25(a)、(b)还可以看到在各个方向上,波 1 的 RBW_m 的色度都接近 1,波 2 的 RBW_e 色度都接近 1,这意味着频率为 400Hz 时,在所有方向两个传播波都存在;因此 400Hz 是两个传播波的通带频率。

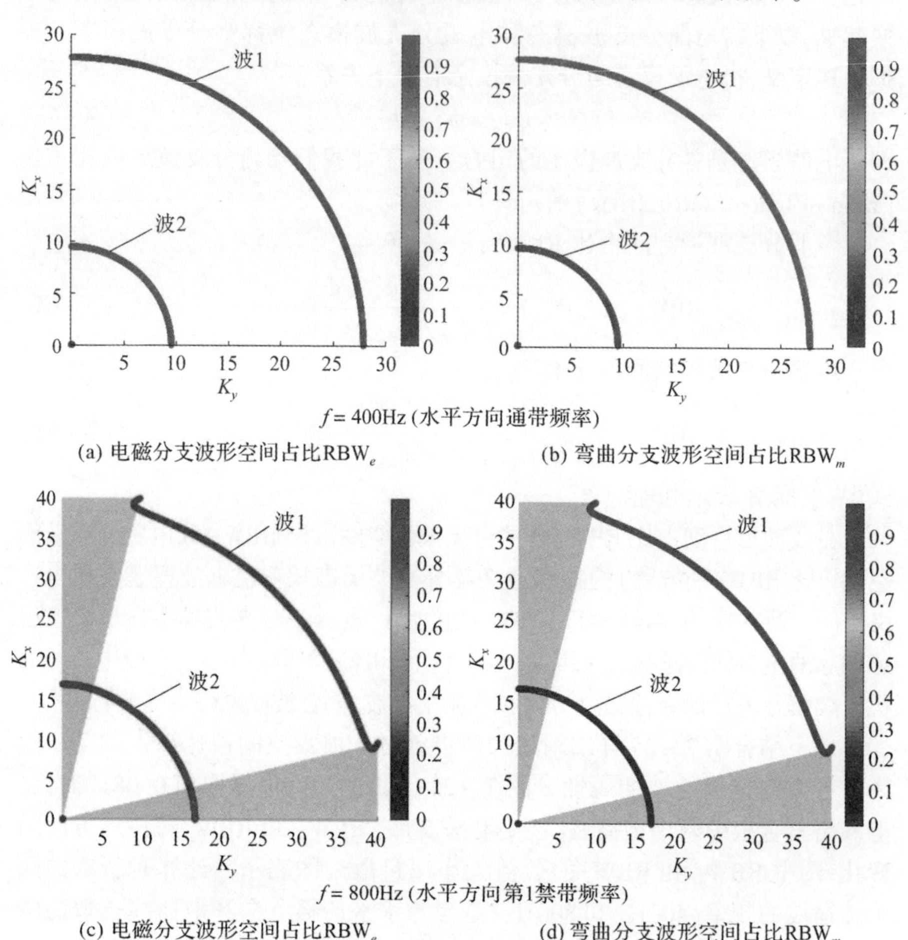

图 7-25　分支波形空间占比($L=0.08H$)

频率为 800Hz 时[图 7-25(c)、(d)],属性为电磁主导波的波 2 存在于各个方向;属性为弯曲主导波的波 1 仅存在于有限的方向;在较小和较大的角度方向(图中灰色区域)均不存在波 1。800Hz 是弯曲主导波的方向性传播禁带(布拉格禁带)频率、电磁主导波的传播通带频率。

波形空间占比的概念可以推广到同时考虑复合板的剪切变形、扭转变形及板内耦合变形弹性波传播的情况[5]。

7.5.5 耦合禁带

在压电网络复合板的频散曲线[图 7－24(b)]上我们看到,除了两个机电传播波外还有一个机电耦合衰减波;它存在的频带构成了两个传播波的共同禁带——耦合禁带。传播波的耦合禁带一般发生于其在由两种或两种以上传播媒介组成的“多媒介空间”传播时的情况。当两个传播波在这样的空间传播的某个频率段“相遇”时,有可能对对方的传播产生阻碍、形成传播禁带。Mace[6]从理论上给出了耦合禁带产生的必要条件。该条件可概述为:耦合禁带产生于“弱耦合”的传播波之间。“弱耦合”的含义是反映传播波“耦合”特性的物理量相对传播波所代表的物理量很小,最典型的例子就是机电系统中结构的弹性恢复力与机电耦合力的比较。当“弱耦合”的传播波分别独立地在组成多媒介空间传播媒介之一的空间传播时,若其频散曲线有交点(对应该频率的两个波的波长相同),且在交点处频散曲线斜率相反(两个传播波的群速度相反),则当它们在多媒介空间传播且在交点频率附近“相遇”即会产生耦合禁带,如图 7－26 所示,图中“耦合波”(coupled wave)代表“多媒介空间”中传播的波;“非耦合波”(uncoupled wave)代表在构成“多媒介空间”的单一媒介空间传播的波。耦合禁带的中心频率满足:$f=f_{w1}=f_{w2}$。f_{w1}、f_{w2} 分别为在不同单一媒介空间传播的波的频率。如果交点处频散曲线斜率方向相同,则不会产生耦合禁带,在对应交点的频率处会发生“频率转向”现象。

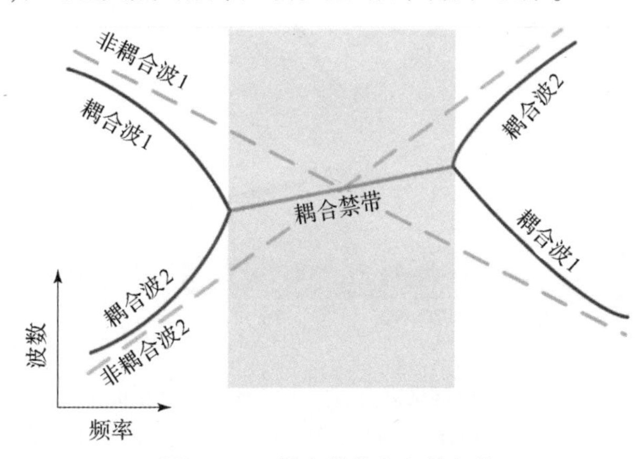

图 7－26 耦合禁带产生的条件

压电周期复合板中弯曲波布拉格禁带的方向性决定了耦合禁带也具有方向性。图7－27给出频率为1300Hz时,板中两个机电波在不同方向传播时的情况;结合分支波形占比(该图采用弯曲波形空间占比RBW_m;也可采用电磁波形空间占比RBW_e),可分析出各个方向上两个波的属性以及1300Hz是它们的传播禁频还是通频。从图7－27中可见,在小角度方向,仅有一个传播波,根据RBW_m可知,这是属性为弯曲波动主导的波1;因此在这一区域方向1300Hz是波2(属性为电磁波动主导)的传播禁频。随着方向角度从小到大变化,紧邻的白色区域中有两个波,因此在这一区域方向,1300Hz对波1和波2都是传播通频;根据RBW_m的数值(色度)还可知小波数的波对应波1(属性为弯曲波动主导),大波数的波对应波2(属性为电磁波动主导)。灰色区域中没有传播波的解,即在这一方向区域不存在传播波,1300Hz对波1和波2都是传播禁频,此即耦合禁带;由此可见,耦合禁带也具有方向性。紧邻灰色区域、在其“上方”的白色区域又是一个两个波均存在的区域;根据RBW_m的数值(色度)可知此时小波数的波对应波2(属性为电磁波动主导),大波数对应波1(属性为弯曲波动主导)。与此区域相邻的、非常狭窄的区域仅有一个传播波,根据RBW_m可知,这是属性为电磁波动主导的波2;因此在这一区域方向1300Hz是波1(属性为弯曲波动主导)的传播禁频。

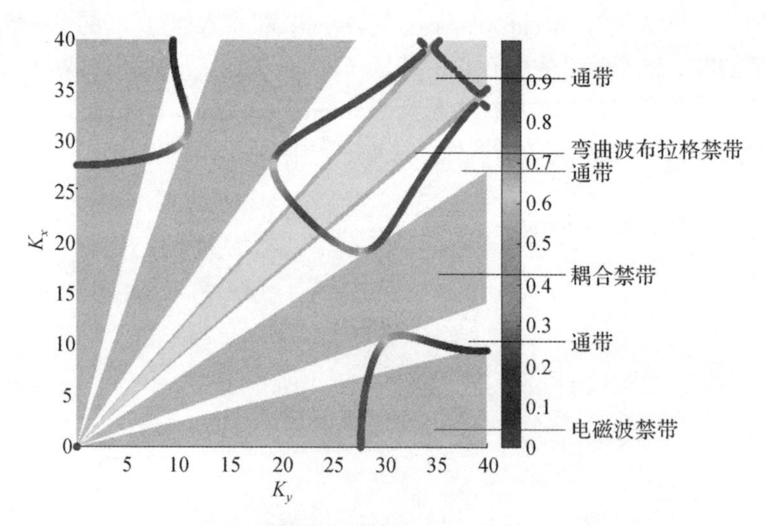

图7－27　压电网络复合板中机电波传播的方向性展示

(1300Hz,色度反映RBW_m的大小)

从图7-27中我们注意到,对于某一特定频率,耦合禁带的方向性与布拉格禁带的方向性是完全不同的。

7.5.6　电感的调控作用

由图7-24频散曲线上3个禁带的性质,不难推断,受电感改变影响最大的是属性为电量波动主导的波2的布拉格禁带,受影响最小的是属性为弯曲波动主导的波1的布拉格禁带。以下为阐述简洁,用 BG_m 表示波1(弯曲变形主导波)的布拉格禁带,BG_e 表示波2(电量波动主导波)的布拉格禁带,BG_c 表示耦合禁带。图7-27表明压电网络复合板中的3种禁带都是方向禁带。这里我们仅以水平方向两个传播波频散曲线随电感的变化为例说明电感对传播禁带的影响。

图7-28给出增大电感时压电网络复合板水平方向传播波频散曲线的变化。图中可清晰地看到,随着电感的增大,BG_e 的起始频率显著左移,符合以电量波动为主导的传播波主要受电感控制的特点;其带宽无限延展是由元胞单自由度电路模型决定的;BG_m 的起始频率(750Hz)和带宽基本不变,符合以弯曲波动为主导的传播波主要受结构周期与材料特性控制的特点;耦合禁带 BG_c 仅存在于 BG_e 位于 BG_m 右侧的情况,其带宽的变化在二者接近时变得显著。

由于布拉格禁带的位置基本不变,逐渐增大电感意味着 BG_e 将从 BG_m 的右侧变到其左侧。图7-28显示了在这一过程中耦合禁带逐渐消失的变化。电感的增加首先使 BG_e 与 BG_c 连成一体[图7-28(c)、(d)];当电感增大至某一值时,连成一体的 BG_e-BG_c 与 BG_m 重合[图7-28(e)、(f)]。与压电分支板类似,重合禁带的出现是 BG_e 与 BG_m 交换位置的标志,与之对应的电感为临界电感;重合禁带具有双重属性,它既是 BG_m 的传播禁带,也是 BG_e 的传播禁带,但其性质与耦合禁带不同;耦合禁带内的相位不为常数(0或 $k\cdot\pi$),耦合使两个传播波在这一频段内变成一个衰减波;而重合禁带内的相位为常数(0或 $k\cdot\pi$),是两个属性不同的传播波布拉格禁带的重合。当电感值大于临界电感之后,BG_e 就位于 BG_m 左侧了,耦合禁带不再出现,取代它的是重合禁带和转向频率。在转向频率前后,两个传播波的属性发生互换。转向频率前波数大的传播波是波1(弯曲变形主导波),转向频率后波数大的传播波变为波2[电磁波动主导波,图7-28(i)、(j)]。频率转向区是两个传播波能量转换最显著的区域,这意味着在这一区域通过增加电路阻抗加大对弯曲主导波的衰减最有效。由于 BG_e 的禁带特性(从起始频率开始向高频无限延展),当 BG_e 位于 BG_m 左侧时,对应 BG_m 的频段就成为两个传播波的共同禁带——重合禁带。

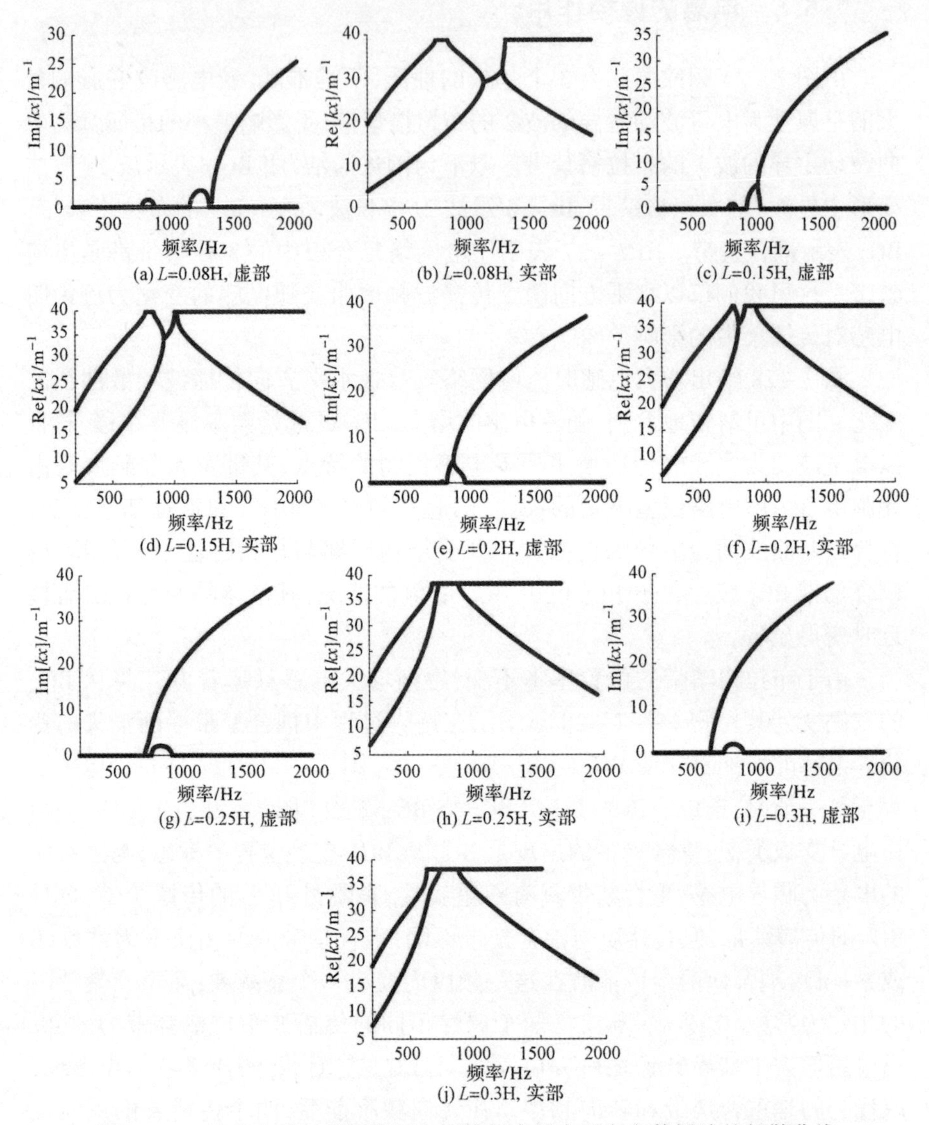

图 7-28　改变电感时的周期压电网络复合板水平方向传播波的频散曲线

综上所述,当压电网络复合板中的电感小于临界电感时,耦合禁带是两个机电传播波的共同禁带;当压电网络中的电感大于临界电感时,重合禁带是两个机电传播波的共同禁带;这两种禁带都是越接近 BG_m 时带宽越大。然而需要注意的是,重合禁带的本质是两个独立的布拉格禁带的重合,对于属性为弯曲波动主导的传播波起作用的实际上就是波 1 的布拉格禁带,结构的周期与材料是其决定因素。因此从减振降噪的观点出发,需要特别关注的是耦合禁带。耦合禁带的特性既取决于结构周期和材料特性,又取决于电路特性。这意味着我们可以从两方面入手改善耦合禁带的特性;比如,通过改变电路特性来调控耦合禁带的带宽,通过改变压电材料的几何形状或压电元胞的结构形式改善耦合禁带的方向性。特别是根据耦合禁带的产生机理,还可以通过设计多自由度电路形式,使耦合禁带在低频段产生,进而设计出低频宽带宽的禁带。

7.5.7　讨论

将元胞中的压电片用电路彼此相连、电路中包含电感(有或没有电阻元件)时,所构成的网络形成了一种电磁波传播媒介,通过压电材料的联系,周期压电网络复合板就成为一个具有两种波传播媒介的周期机电耦合系统。在压电网络复合板中传播的波至少有两种:以复合板弹性变形为主导的机电波和以压电网络电势变化为主导的机电波。除了布拉格禁带之外,这两种机电波在复合板中传播时还有一个共同的禁带——耦合禁带。耦合禁带是方向禁带。它的"耦合"特性意味着人们可以从结构和电路网络两方面对其调控,改变其方向性和带宽,满足减振降噪的需求。本节仅给出了改变电感时压电网络复合板传播禁带变化的一些基本特征。压电网络复合板耦合禁带的特性无疑给设计实现低频、宽带宽、方向性好的弹性波传播禁带开辟了广阔的技术空间。

7.6　小结

本章介绍了以均质薄板上周期分布压电材料片为基础所构成的 3 种压电周期复合板的中高频波动特性分析方法及基本理论。这 3 种压电周期复合板分别是周期分布压电材料复合板、周期压电分支电路复合板,以及周期压电网络复合板。基于这 3 种复合板,分别给出了 3 种不同的弯曲波传播禁带的计算、分析方法及基本特性,即布拉格禁带、LC 局域共振禁带以及耦合禁带。主要结论如下。

(1)周期分布压电材料复合板可视为以压电片为散射体的周期结构。

弯曲波在其中传播时具有布拉格禁带,其带宽和起始频率取决于基板和压电片的材料性能、压电片的尺寸与中心间距。基板和压电材料属性一定,就只能通过调节压电片的尺寸和中心间距(即元胞尺寸)来改变布拉格禁带的起始频率和带宽。压电材料的机电功能转换特性虽然可使布拉格禁带有所拓宽,但总体来看,单纯以压电片作为散射体实现布拉格禁带的调控没有特别的优势。

(2)在周期分布压电材料复合板的压电片上连接分支电路,可以使压电材料的机电转换功能得以发挥:弯曲波在板中传播时,不仅有布拉格禁带,还有 LC 局域共振禁带;LC 局域共振禁带是绝对禁带,其频率位置及带宽都可以通过电感调控,不受传播波波长与元胞尺寸比例的限制,为在低频设计弯曲波的传播禁带提供了可行性。

(3)周期压电分支电路复合板中的电感越大,LC 局域共振禁带的频率越低。布拉格禁带对 LC 禁带有拓宽作用。二者相距越近,LC 禁带越宽。当 LC 局域共振禁带与布拉格禁带在同一传播方向上相交时,在该方向两类禁带的宽度均会达到各自的最大值,且存在临界电感值,它使两类禁带在此方向合成一个超宽的合成禁带,是该方向传播波的最宽禁带。

(4)电阻几乎不对布拉格禁带产生影响;电阻主要影响局域共振禁带,可以起到增加局域共振带宽的作用。

(5)将周期压电复合板各分支电路彼此用电路连接形成压电网络就构成了周期压电网络复合板。压电网络的形成使复合板中至少有两个机电传播波:弯曲波动主导的机电波和电量变化主导的机电波。其分析要比板中只有一个弯曲波的情况复杂得多。但是也给弯曲波动传播禁带的设计提供了更多的可能性。

(6)周期压电网络复合板中不存在局域共振禁带,但是存在耦合禁带——两个机电传播波共同的传播禁带,耦合禁带是方向禁带。其优势在于可以从结构和电路两方面对其进行调控,具有在低频域设计构造出较宽且方向性好的耦合禁带的可行性;在这方面存在很大的技术发展空间。

(7)周期压电网络复合板中的电感主要影响电量变化主导的机电波布拉格禁带,对弯曲变形主导的机电波布拉格禁带几乎不产生影响;但是电感可以对耦合禁带产生影响。

至此,我们完成了对一维/二维周期结构动力学特性调控的工作的总结,可以发现其中对于周期性的要求是一个重要的前提,但是实际加工的结构总是带着一定的误差。在周期性无法严格满足时,实际结构的动力学特性相比于理想情况有何偏差,应该如何对应。这些问题仍然是有待满意解决的研究热点。

参考文献

[1]温熙森,温激鸿,郁殿龙,等.声子晶体[M].北京:国防工业出版社,2009.

[2]余绪尧.周期性压电复合板的禁带特性研究[D].北京:北京交通大学,2012.

[3]CHEN S,WANG G,WEN J,et al. Wave propagation and attenuation in plates with periodic arrays of shunted piezo - patches[J]. Journal of Sound and Vibration,2013,332(6):1520 - 1532.

[4]WANG G,SHAO L H,LIU Z Y,et al. Accurate evaluation of lowest band gaps in ternary locally resonant phononic crystals[J]. Chinese Physics,2006,15(8):1843.

[5]LI L,JIANG Z,FAN Y,et al. Creating the coupled band gaps in piezoelectric composite plates by interconnected electric impedance[J]. Materials,2018,11(9):1656.

[6]MACE B R,MANCONI E. Wave motion and dispersion phenomena:Veering,locking and strong coupling effects[J]. The Journal of the Acoustical Society of America,2012,131(2):1015 - 1028.

[7]ABDELKRIM K,ALI A.声子晶体的基本原理与应用[M].舒海生,郑金兴,赵磊,等译.北京:国防工业出版社,2018.

第四篇

循环压电周期结构

第 8 章 循环压电周期结构动力学特性及应用

8.1 引言

循环压电周期结构形式是旋转机械中主要核心部件的基本结构形式，比如动力机械中的齿轮，套齿型联轴器，流体机械中的叶轮、叶盘等。振动问题又是旋转机械工程师从设计、试车到运行过程中一直要面对的问题。已在微机械领域大显身手的压电材料是否可以帮助工程师们解决旋转机械的振动问题？随着科学技术的发展，人们自然而然想到了这一点。本章及后续的第 9 章和第 10 章将专门论述压电材料以不同的技术方式引入循环压电周期结构时，给结构系统动力学特性带来的改变，以及如何利用压电材料的特性设计具有良好减振性能的压电循环周期结构。

实际应用中的循环周期结构根据轴向尺寸与径向尺寸的比的大小又分为盘式和筒式；前者的径向尺寸相对较大，后者的轴向尺寸相对较大。二者的振型也因之不同；盘式循环周期结构的振型是节径型和节圆型；筒式循环周期结构的振型是周波型。本章内容以航空发动机中的叶盘结构（盘式循环周期结构）为应用背景展开，其分析方法及结论也适用于筒式循环周期结构。

在循环周期结构各扇区中设置压电材料，并将压电材料上的电极分别连接电路（称分支电路）或进一步将各分支电路再串联或并联起来形成压电网络，则压电材料的双向机电耦合效应可使电路中的电阻消耗一部分从机械场转换而来的电能，这相当于在结构中引入了一定的阻尼，我们称之为压电阻尼；此外利用所连接的电路（分支电路或者压电网络）还可以调控弹性波传导特性,也能降低结构响应幅值。

在有关压电网络的研究中,为了提高减振效果,学者们在电路中不仅考虑了电阻[23-27]还考虑了电感[24-26],这相当于同时赋予了压电网络能量耗散和分配两个特性;为了更合理地指导减振设计,需要准确区分两种机理分别在最终效果中起到的作用,定量了解压电片的相互连接是增加了电阻的耗能(能量耗散)还是增加了扇区间的能量交换(能量分配)。另外,关于网络电路形式的研究一般针对理想循环周期结构,考虑周期性的电路连接,即将所有叶片连接到同一个网络,然而实际工程中的循环周期结构是失谐的;对于具有特定失谐模式的循环周期结构,比如某型航空发动机中的某一级叶盘,是否可以仅将少量压电片互联起来就可以达到振动抑制效果,是值得深入探讨的。

本章对带有分支、并联网络、串联网络三类电路的典型循环周期结构——发动机叶盘结构展开研究、评估三者的减振抑振能力、深入探讨压电网络的能量耗散和能量分配两种机理在循环压电周期结构振动抑制中的作用;对于具有特定失谐模式的典型循环周期结构——失谐压电叶盘给出选择非周期压电网络最佳连接方式的建议。

8.2 循环压电周期结构的动力学模型

8.2.1 基于有限元理论的循环压电周期结构的动力学分析模型

由本书第1章的周期结构的基本动力学理论已知,基于有限元法离散化的循环周期结构动力学方程的一般形式为(不计阻尼时)

$$\widehat{\boldsymbol{M}}\ddot{\boldsymbol{X}}+\widehat{\boldsymbol{K}}\boldsymbol{X}=\boldsymbol{F} \tag{8-1}$$

注意,质量矩阵和刚度矩阵都是循环矩阵,可以表示成以下形式:

$$\begin{cases}\widehat{\boldsymbol{M}}=\mathbf{Bcirc}(\boldsymbol{M}_{\mathrm{S}}\quad \mathbf{0}\quad \mathbf{0}\ \cdots \mathbf{0})\\ \widehat{\boldsymbol{K}}=\mathbf{Bcirc}(\boldsymbol{K}_{\mathrm{S}}\quad \boldsymbol{K}_{\mathrm{C}}\quad \mathbf{0}\ \cdots\ \boldsymbol{K}_{\mathrm{C}}^{\mathrm{T}})\end{cases} \tag{8-2}$$

式中:$\boldsymbol{M}_{\mathrm{S}}$ 为单扇区(即一个结构周期,下同)质量子块儿矩阵;$\boldsymbol{K}_{\mathrm{S}}$ 为单扇区刚度子块儿矩阵;$\boldsymbol{K}_{\mathrm{C}}$ 为扇区之间的耦合刚度子块儿矩阵;**Bcirc**( )为块儿循环矩阵标识符。

在每个扇区中引入压电材料后(图8-1),则在分析中需要引入电学自

由度,此时系统的质量矩阵和刚度矩阵成为

$$\begin{cases}\widehat{\boldsymbol{M}}=\mathbf{Bcirc}\left(\begin{bmatrix}\boldsymbol{M}_{\mathrm{SP}} & \mathbf{0}\\ \mathbf{0} & \mathbf{0}\end{bmatrix}\begin{bmatrix}\mathbf{0} & \mathbf{0}\\ \mathbf{0} & \mathbf{0}\end{bmatrix}\begin{bmatrix}\mathbf{0} & \mathbf{0}\\ \mathbf{0} & \mathbf{0}\end{bmatrix}\cdots\begin{bmatrix}\mathbf{0} & \mathbf{0}\\ \mathbf{0} & \mathbf{0}\end{bmatrix}\right)\\ \widehat{\boldsymbol{K}}=\mathbf{Bcirc}\left(\begin{bmatrix}\boldsymbol{K}_{\mathrm{SP}} & \boldsymbol{K}_{\mathrm{SU}}\\ \boldsymbol{K}_{\mathrm{SU}}^{\mathrm{T}} & \boldsymbol{K}_{\mathrm{UU}}\end{bmatrix}\begin{bmatrix}\boldsymbol{K}_{\mathrm{C}} & \mathbf{0}\\ \mathbf{0} & \mathbf{0}\end{bmatrix}\begin{bmatrix}\mathbf{0} & \mathbf{0}\\ \mathbf{0} & \mathbf{0}\end{bmatrix}\cdots\begin{bmatrix}\boldsymbol{K}_{\mathrm{C}}^{\mathrm{T}} & \mathbf{0}\\ \mathbf{0} & \mathbf{0}\end{bmatrix}\right)\end{cases}\tag{8-3}$$

式中:$\boldsymbol{M}_{\mathrm{SP}}$为包含普通材料和压电材料质量的子块儿矩阵;$\boldsymbol{K}_{\mathrm{SP}}$为包含普通材料和压电材料机械刚度的子块儿矩阵;$\boldsymbol{K}_{\mathrm{SU}}$为机电耦合刚度的子块儿矩阵;$\boldsymbol{K}_{\mathrm{UU}}$为跟电学自由度相关的子块儿矩阵。上述矩阵的第二行子块对应的是与由压电材料引入的电学自由度相关的系数子块矩阵。

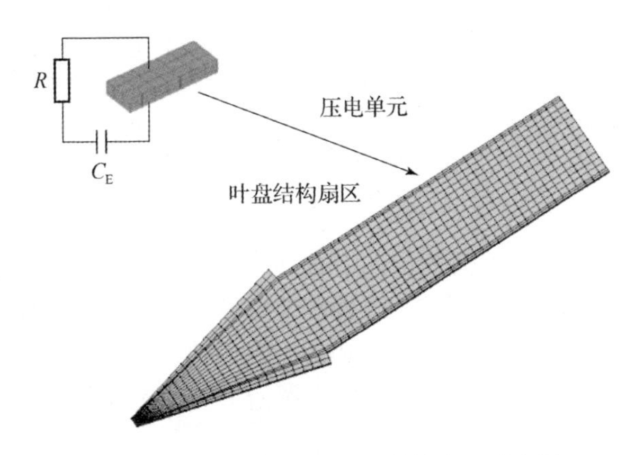

图 8-1　带压电单元的叶盘结构扇区示意图

根据式(8-3)的特征,耦合循环周期结构动力学方程也可按扇区的子块矩阵表示为

$$\begin{bmatrix}\boldsymbol{M}_{\mathrm{SP}} & \mathbf{0}\\ \mathbf{0} & \mathbf{0}\end{bmatrix}\begin{Bmatrix}\ddot{\boldsymbol{x}}^{(j)}\\ \ddot{\boldsymbol{U}}^{(j)}\end{Bmatrix}+\begin{bmatrix}\boldsymbol{K}_{\mathrm{SP}} & \boldsymbol{K}_{\mathrm{SU}}\\ \boldsymbol{K}_{\mathrm{SU}}^{\mathrm{T}} & \boldsymbol{K}_{\mathrm{UU}}\end{bmatrix}\begin{Bmatrix}\boldsymbol{x}^{(j)}\\ \boldsymbol{U}^{(j)}\end{Bmatrix}+\begin{bmatrix}\boldsymbol{K}_{\mathrm{C}} & \mathbf{0}\\ \mathbf{0} & \mathbf{0}\end{bmatrix}\begin{Bmatrix}\boldsymbol{x}^{(j-1)}\\ \boldsymbol{U}^{(j-1)}\end{Bmatrix}+$$

$$\begin{bmatrix}\boldsymbol{K}_{\mathrm{C}}^{\mathrm{T}} & \mathbf{0}\\ \mathbf{0} & \mathbf{0}\end{bmatrix}\begin{Bmatrix}\boldsymbol{x}^{(j+1)}\\ \boldsymbol{U}^{(j+1)}\end{Bmatrix}=\begin{Bmatrix}\boldsymbol{f}^{(j)}\\ \boldsymbol{Q}^{(j)}\end{Bmatrix}\quad(j=1,2,\cdots,N)\tag{8-4}$$

式中:j 为扇区编号;$\boldsymbol{f}^{(j)}$ 为第 j 个扇区上受到的机械作用力;$\boldsymbol{Q}^{(j)}$ 为第 j 个扇区上压电材料产生的电荷;$\boldsymbol{x}$ 为机械自由度;$\boldsymbol{U}$ 为压电材料的电压自由度。

式(8-4)没有定义压电材料的电极。实际上压电材料上下表面是存在电极的,因此还可以将压电材料的电压自由度分为上电极 $\boldsymbol{U}_{\mathrm{u}}$、内部电压 $\boldsymbol{U}_{\mathrm{i}}$ 和接地电极 $\boldsymbol{U}_{\mathrm{g}}$。$\boldsymbol{U}_{\mathrm{i}}$ 存在于压电片内部。由此,式(8-4)展开为

$$\begin{bmatrix} \boldsymbol{M}_{\mathrm{SP}} & \mathbf{0} & \mathbf{0} & \mathbf{0} \\ \mathbf{0} & \mathbf{0} & \mathbf{0} & \mathbf{0} \\ \mathbf{0} & \mathbf{0} & \mathbf{0} & \mathbf{0} \\ \mathbf{0} & \mathbf{0} & \mathbf{0} & \mathbf{0} \end{bmatrix} \begin{Bmatrix} \ddot{\boldsymbol{x}}^{(j)} \\ \ddot{\boldsymbol{U}}_{\mathrm{i}}^{(j)} \\ \ddot{\boldsymbol{U}}_{\mathrm{u}}^{(j)} \\ \ddot{\boldsymbol{U}}_{\mathrm{g}}^{(j)} \end{Bmatrix} + \begin{bmatrix} \boldsymbol{K}_{\mathrm{SS}} & \boldsymbol{K}_{\mathrm{Si}} & \boldsymbol{K}_{\mathrm{Su}} & \boldsymbol{K}_{\mathrm{Sg}} \\ \boldsymbol{K}_{\mathrm{Si}}^{\mathrm{T}} & \boldsymbol{K}_{\mathrm{ii}} & \boldsymbol{K}_{\mathrm{iu}} & \boldsymbol{K}_{\mathrm{ig}} \\ \boldsymbol{K}_{\mathrm{Su}}^{\mathrm{T}} & \boldsymbol{K}_{\mathrm{iu}}^{\mathrm{T}} & \boldsymbol{K}_{\mathrm{uu}} & \boldsymbol{K}_{\mathrm{ug}} \\ \boldsymbol{K}_{\mathrm{Sg}}^{\mathrm{T}} & \boldsymbol{K}_{\mathrm{ig}}^{\mathrm{T}} & \boldsymbol{K}_{\mathrm{ug}}^{\mathrm{T}} & \boldsymbol{K}_{\mathrm{gg}} \end{bmatrix} \begin{Bmatrix} \boldsymbol{x}^{(j)} \\ \boldsymbol{U}_{\mathrm{i}}^{(j)} \\ \boldsymbol{U}_{\mathrm{u}}^{(j)} \\ \boldsymbol{U}_{\mathrm{g}}^{(j)} \end{Bmatrix} +$$

$$\begin{bmatrix} \boldsymbol{K}_{\mathrm{C}} & \mathbf{0} & \mathbf{0} & \mathbf{0} \\ \mathbf{0} & \mathbf{0} & \mathbf{0} & \mathbf{0} \\ \mathbf{0} & \mathbf{0} & \mathbf{0} & \mathbf{0} \\ \mathbf{0} & \mathbf{0} & \mathbf{0} & \mathbf{0} \end{bmatrix} \begin{Bmatrix} \boldsymbol{x}^{(j-1)} \\ \boldsymbol{U}_{\mathrm{i}}^{(j-1)} \\ \boldsymbol{U}_{\mathrm{u}}^{(j-1)} \\ \boldsymbol{U}_{\mathrm{g}}^{(j-1)} \end{Bmatrix} + \begin{bmatrix} \boldsymbol{K}_{\mathrm{C}}^{\mathrm{T}} & \mathbf{0} & \mathbf{0} & \mathbf{0} \\ \mathbf{0} & \mathbf{0} & \mathbf{0} & \mathbf{0} \\ \mathbf{0} & \mathbf{0} & \mathbf{0} & \mathbf{0} \\ \mathbf{0} & \mathbf{0} & \mathbf{0} & \mathbf{0} \end{bmatrix} \begin{Bmatrix} \boldsymbol{x}^{(j+1)} \\ \boldsymbol{U}_{\mathrm{i}}^{(j+1)} \\ \boldsymbol{U}_{\mathrm{u}}^{(j+1)} \\ \boldsymbol{U}_{\mathrm{g}}^{(j+1)} \end{Bmatrix} = \begin{Bmatrix} \boldsymbol{f}^{(j)} \\ \boldsymbol{Q}_{\mathrm{i}}^{(j)} \\ \boldsymbol{Q}_{\mathrm{u}}^{(j)} \\ \boldsymbol{Q}_{\mathrm{g}}^{(j)} \end{Bmatrix} \tag{8-5}$$

接地电压一般设为0,则式(8-5)中 $\boldsymbol{U}_{\mathrm{g}}$ 所在的行和列可以去掉,进一步,内部电压 $\boldsymbol{U}_{\mathrm{i}}$ 可以用静力凝缩得到:

$$\boldsymbol{U}_{\mathrm{i}}^{(j)} = -\boldsymbol{K}_{\mathrm{ii}}^{-1}\boldsymbol{K}_{\mathrm{Si}}^{\mathrm{T}}\boldsymbol{x}^{(j)} - \boldsymbol{K}_{\mathrm{ii}}^{-1}\boldsymbol{K}_{\mathrm{iu}}\boldsymbol{U}_{\mathrm{u}}^{(j)} \tag{8-6}$$

最终式(8-5)可以写成以下形式:

$$\begin{bmatrix} \boldsymbol{M}_{\mathrm{SP}} & \mathbf{0} \\ \mathbf{0} & \mathbf{0} \end{bmatrix} \begin{Bmatrix} \ddot{\boldsymbol{x}}^{(j)} \\ \ddot{\boldsymbol{U}}_{\mathrm{u}}^{(j)} \end{Bmatrix} + \begin{bmatrix} \boldsymbol{G}_{\mathrm{SS}} & \boldsymbol{G}_{\mathrm{Su}} \\ \boldsymbol{G}_{\mathrm{Su}}^{\mathrm{T}} & \boldsymbol{G}_{\mathrm{uu}} \end{bmatrix} \begin{Bmatrix} \boldsymbol{x}^{(j)} \\ \boldsymbol{U}_{\mathrm{u}}^{(j)} \end{Bmatrix} + \begin{bmatrix} \boldsymbol{K}_{\mathrm{C}} & \mathbf{0} \\ \mathbf{0} & \mathbf{0} \end{bmatrix} \begin{Bmatrix} \boldsymbol{x}^{(j-1)} \\ \boldsymbol{U}_{\mathrm{u}}^{(j-1)} \end{Bmatrix} + \begin{bmatrix} \boldsymbol{K}_{\mathrm{C}}^{\mathrm{T}} & 0 \\ 0 & 0 \end{bmatrix} \begin{Bmatrix} \boldsymbol{x}^{(j+1)} \\ \boldsymbol{U}_{\mathrm{u}}^{(j+1)} \end{Bmatrix} = \begin{Bmatrix} \boldsymbol{f}^{(j)} \\ \boldsymbol{Q}_{\mathrm{u}}^{(j)} \end{Bmatrix} \tag{8-7}$$

其中

$$\boldsymbol{G}_{\mathrm{SS}} = \boldsymbol{K}_{\mathrm{SS}} - \boldsymbol{K}_{\mathrm{Si}}\boldsymbol{K}_{\mathrm{ii}}^{-1}\boldsymbol{K}_{\mathrm{Si}}^{\mathrm{T}} \tag{8-8}$$

$$\boldsymbol{G}_{\mathrm{Su}} = \boldsymbol{K}_{\mathrm{Su}} - \boldsymbol{K}_{\mathrm{Si}}\boldsymbol{K}_{\mathrm{ii}}^{-1}\boldsymbol{K}_{\mathrm{iu}} \tag{8-9}$$

$$\boldsymbol{G}_{\mathrm{uu}} = \boldsymbol{K}_{\mathrm{uu}} - \boldsymbol{K}_{\mathrm{iu}}^{\mathrm{T}}\boldsymbol{K}_{\mathrm{ii}}^{-1}\boldsymbol{K}_{\mathrm{iu}} \tag{8-10}$$

电极表面各点具有相等的电势,所以有

$$\boldsymbol{U}_{\mathrm{u},1} = \boldsymbol{U}_{\mathrm{u},1} = \cdots = \boldsymbol{U}_{\mathrm{u},n} \tag{8-11}$$

可以用一个显式的置换矩阵 $\boldsymbol{T}_0$ 将式(8-11)表示为

$$\boldsymbol{U}_{\mathrm{u}} = \boldsymbol{T}_0 U_{\mathrm{P}} \tag{8-12}$$

最终压电材料的电压自由度只有一个 U_{P},再根据式(8-12),式(8-7)可以改写成以下形式:

$$\begin{bmatrix} \boldsymbol{M}_{\mathrm{SP}} & \mathbf{0} \\ \mathbf{0} & 0 \end{bmatrix} \begin{Bmatrix} \ddot{\boldsymbol{x}}^{(j)} \\ \ddot{U}_{\mathrm{P}}^{(j)} \end{Bmatrix} + \begin{bmatrix} \boldsymbol{H}_{\mathrm{SS}} & \boldsymbol{H}_{\mathrm{Su}} \\ \boldsymbol{H}_{\mathrm{Su}}^{\mathrm{T}} & H_{\mathrm{uu}} \end{bmatrix} \begin{Bmatrix} \boldsymbol{x}^{(j)} \\ U_{\mathrm{P}}^{(j)} \end{Bmatrix} + \begin{bmatrix} \boldsymbol{K}_{\mathrm{C}} & \mathbf{0} \\ \mathbf{0} & 0 \end{bmatrix} \begin{Bmatrix} \boldsymbol{x}^{(j-1)} \\ U_{\mathrm{P}}^{(j-1)} \end{Bmatrix} + \begin{bmatrix} \boldsymbol{K}_{\mathrm{C}}^{\mathrm{T}} & \mathbf{0} \\ \mathbf{0} & 0 \end{bmatrix} \begin{Bmatrix} \boldsymbol{x}^{(j+1)} \\ U_{\mathrm{P}}^{(j+1)} \end{Bmatrix} = \begin{Bmatrix} \boldsymbol{f}^{(j)} \\ Q^{(j)} \end{Bmatrix} \tag{8-13}$$

其中

$$\boldsymbol{H}_{SS}=\boldsymbol{G}_{SS} \tag{8-14}$$

$$\boldsymbol{H}_{Su}=\boldsymbol{G}_{Su}\boldsymbol{T}_0 \tag{8-15}$$

$$H_{uu}=\boldsymbol{T}_0^{T}\boldsymbol{G}_{uu}\boldsymbol{T}_0 \tag{8-16}$$

$$Q=\boldsymbol{T}_0^{T}\boldsymbol{Q}_u \tag{8-17}$$

若在系统中考虑机械阻尼,则式(8－13)成为

$$\begin{bmatrix}\boldsymbol{M}_{SP} & \boldsymbol{0}\\ \boldsymbol{0} & 0\end{bmatrix}\begin{Bmatrix}\ddot{\boldsymbol{x}}^{(j)}\\ \ddot{U}_P^{(j)}\end{Bmatrix}+\begin{bmatrix}\boldsymbol{C}_{SS} & \boldsymbol{0}\\ \boldsymbol{0} & 0\end{bmatrix}\begin{Bmatrix}\dot{\boldsymbol{x}}^{(j)}\\ \dot{U}_P^{(j)}\end{Bmatrix}+\begin{bmatrix}\boldsymbol{H}_{SS} & \boldsymbol{H}_{Su}\\ \boldsymbol{H}_{Su}^{T} & H_{uu}\end{bmatrix}\begin{Bmatrix}\boldsymbol{x}^{(j)}\\ U_P^{(j)}\end{Bmatrix}+$$
$$\begin{bmatrix}\boldsymbol{K}_{C} & \boldsymbol{0}\\ \boldsymbol{0} & 0\end{bmatrix}\begin{Bmatrix}\boldsymbol{x}^{(j-1)}\\ U_P^{(j-1)}\end{Bmatrix}+\begin{bmatrix}\boldsymbol{K}_{C}^{T} & \boldsymbol{0}\\ \boldsymbol{0} & 0\end{bmatrix}\begin{Bmatrix}\boldsymbol{x}^{(j+1)}\\ U_P^{(j+1)}\end{Bmatrix}=\begin{Bmatrix}\boldsymbol{f}^{(j)}\\ Q^{(j)}\end{Bmatrix} \tag{8-18}$$

式中:$\boldsymbol{C}_{SS}$为机械阻尼矩阵;$\boldsymbol{H}_{Su}$为与压电材料机电耦合系数相关的矩阵;H_{uu}为压电材料固有电容,根据习惯,用 C_P 代替 H_{uu},则有

$$H_{uu}=C_P \tag{8-19}$$

$$\boldsymbol{H}_{Su}=C_P\boldsymbol{\eta}^{T} \tag{8-20}$$

式中:$\boldsymbol{\eta}$ 为机电耦合矩阵。

由式(8－18)～式(8－20)可以得出 U_P 和 Q 的关系式为

$$U_P^{(j)}=C_P^{-1}Q^{(j)}-\boldsymbol{\eta}\boldsymbol{x}^{(j)} \tag{8-21}$$

设每个扇区的压电材料以一个压电片的形式嵌于扇区内(有关压电材料在扇区上的分布将在第 9 章详细论述),且在用有限元法对扇区离散时,不论压电片被离散成几个单元,压电片的电极都保持完整;这意味着每个扇区仅有一个电学自由度(电压或电荷)。每个压电片与图 8－2(a)所示的一个带外部边界条件的分支电路连接,其外部电路方程可表示为(设 R 和 C_E 分别为电路中的电阻和电容):

$$R\dot{Q}^{(j)}+C_E^{-1}Q^{(j)}+U_P^{(j)}=U^{(j)}(t) \tag{8-22}$$

将式(8－22)代入式(8－21)可得带外部边界条件的分支电路的电学方程为

$$R\dot{Q}^{(j)}+C_E^{-1}Q^{(j)}+C_P^{-1}Q^{(j)}-\boldsymbol{\eta}\boldsymbol{x}^{(j)}=U^{(j)} \tag{8-23}$$

如果外部分支电路处于开路状态,如图 8－2(b)所示,则外部电路中不存在电流,也就是电荷 $Q=0$,电压边界为 $-\boldsymbol{\eta}\boldsymbol{x}^{(j)}=U_P^{(j)}$。

如果外部分支电路处于闭合状态,如图 8－2(c)所示,其外部电路方程可表示为

$$R\dot{Q}^{(j)}+C_E^{-1}Q^{(j)}+U_P^{(j)}=0 \tag{8-24}$$

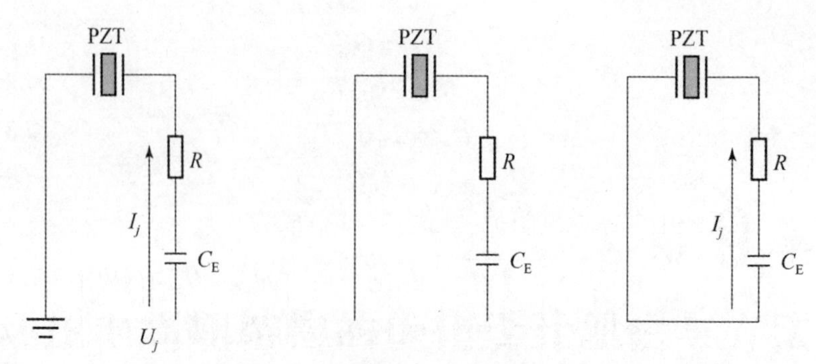

(a) 带外部边界条件的分支电路　(b) 开路状态分支电路　(c) 闭合状态分支电路

图 8－2　三种电路状态

将式(8－24)代入式(8－21)可得闭合状态分支电路的电学方程为

$$R\dot{Q}^{(j)}+C_{\mathrm{E}}^{-1}Q^{(j)}+C_{\mathrm{P}}^{-1}Q^{(j)}-\boldsymbol{\eta}\boldsymbol{x}^{(j)}=0 \tag{8-25}$$

这些分支电路还可以进一步连接形成如图 8－3 所示的两种不同形式的压电网络:并联压电网络和串联压电网络。而且当各扇区的电学元件参数都一样时,两种压电网络都是循环周期对称的,即所形成的机电耦合系统仍具有循环周期特性。

需要强调的是,在图 8－2 和图 8－3 的电路中均未考虑电感。当考虑电感时,式(8－3)中的质量矩阵成为

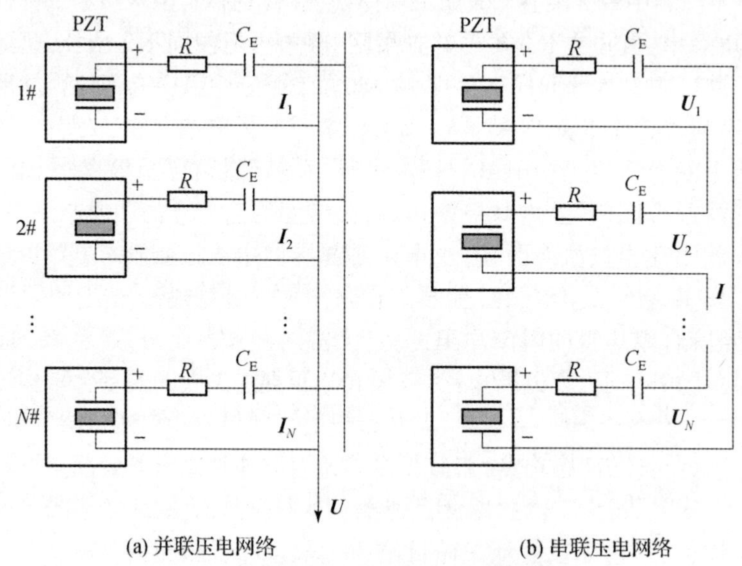

(a) 并联压电网络　(b) 串联压电网络

图 8－3　并联压电网络和串联压电网络

$$\widehat{\boldsymbol{M}}=\mathbf{Bcirc}\left(\begin{bmatrix}\boldsymbol{M}_{\mathrm{SP}} & \mathbf{0}\\ \mathbf{0} & \boldsymbol{M}_{\mathrm{U}}\end{bmatrix}\begin{bmatrix}\mathbf{0} & \mathbf{0}\\ \mathbf{0} & \mathbf{0}\end{bmatrix}\begin{bmatrix}\mathbf{0} & \mathbf{0}\\ \mathbf{0} & \mathbf{0}\end{bmatrix}\cdots\begin{bmatrix}\mathbf{0} & \mathbf{0}\\ \mathbf{0} & \mathbf{0}\end{bmatrix}\right) \tag{8-26}$$

式中：$\boldsymbol{M}_{\mathrm{U}}$ 为电学质量矩阵，即电感矩阵。相应地，方程（8－13）成为

$$\begin{bmatrix}\boldsymbol{M}_{\mathrm{SP}} & \mathbf{0}\\ \mathbf{0} & \boldsymbol{M}_{\mathrm{U}}\end{bmatrix}\begin{Bmatrix}\ddot{\boldsymbol{x}}^{(j)}\\ \ddot{U}_{\mathrm{P}}^{(j)}\end{Bmatrix}+\begin{bmatrix}\boldsymbol{H}_{\mathrm{SS}} & \boldsymbol{H}_{\mathrm{Su}}\\ \boldsymbol{H}_{\mathrm{Su}}^{\mathrm{T}} & H_{\mathrm{uu}}\end{bmatrix}\begin{Bmatrix}\boldsymbol{x}^{(j)}\\ U_{\mathrm{P}}^{(j)}\end{Bmatrix}+\begin{bmatrix}\boldsymbol{K}_{\mathrm{C}} & \mathbf{0}\\ \mathbf{0} & 0\end{bmatrix}\begin{Bmatrix}\boldsymbol{x}^{(j-1)}\\ U_{\mathrm{P}}^{(j-1)}\end{Bmatrix}+$$

$$\begin{bmatrix}\boldsymbol{K}_{\mathrm{C}}^{\mathrm{T}} & \mathbf{0}\\ \mathbf{0} & 0\end{bmatrix}\begin{Bmatrix}\boldsymbol{x}^{(j+1)}\\ U_{\mathrm{P}}^{(j+1)}\end{Bmatrix}=\begin{Bmatrix}\boldsymbol{f}^{(j)}\\ Q^{(j)}\end{Bmatrix} \tag{8-27}$$

在压电分支（包括压电网络）技术中，电路中的电感均与电阻串联；在这一条件下，当压电片与带外部边界条件的分支电路连接时，只需在对应的方程（8－23）和式（8－25）中加入一项 $L\ddot{Q}$（L 为电感）。

1. 并联压电网络动力学方程

将如图 8－2(a) 所示的各扇区压电片的分支电路并联即可形成图 8－3(a) 所示的并联压电网络，网络中包含 N 个压电分支电路，每个分支电路的方程如式（8－23）所示，后文中为了书写方便，将式中的上标扇区编号改成下标；对各分支电路方程两侧对应求和可以得到：

$$R\sum_{j=1}^{N}\dot{Q}_j+C_{\mathrm{E}}^{-1}\sum_{j=1}^{N}Q_j+C_{\mathrm{P}}^{-1}\sum_{j=1}^{N}Q_j-\boldsymbol{\eta}\sum_{j=1}^{N}\boldsymbol{x}_j=\sum_{j=1}^{N}U_j(t) \tag{8-28}$$

根据基尔霍夫电流定律，并联网络各个分支电路中的电流存在下列关系：

$$\sum_{j=1}^{N}I_j(t)=0 \tag{8-29}$$

根据基尔霍夫电压定律，各个分支电路上的电压是相等的，即

$$U_j(t)=U_0(t)\quad(1\leqslant j\leqslant N) \tag{8-30}$$

而且，电路中电流和电荷之间存在以下微分关系：

$$I_j(t)=\frac{\mathrm{d}Q_j}{\mathrm{d}t}\quad(1\leqslant j\leqslant N) \tag{8-31}$$

将式（8－31）代入式（8－29）可得

$$\sum_{j=1}^{N}Q_j(t)=0 \tag{8-32}$$

再将式（8－32）代入式（8－28）可得

$$-\boldsymbol{\eta}\frac{1}{N}\sum_{l=1}^{N}\boldsymbol{x}_l=U_0(t) \tag{8-33}$$

根据式(8－33)和式(8－30),式(8－28)最终成为

$$R\dot{Q}_j + (C_{\mathrm{E}}^{-1} + C_{\mathrm{P}}^{-1})Q_j - \boldsymbol{\eta}\boldsymbol{x}_j + \boldsymbol{\eta}\frac{1}{N}\sum_{l=1}^{N}\boldsymbol{x}_l = 0 \quad (1 \leqslant j \leqslant N) \tag{8-34}$$

2. 串联压电网络动力学方程

当外部电路形成图 8－3(b)所示的串联压电网络时,根据基尔霍夫电流定律,网络中电流是相等的:

$$Q_j(t) = Q_0(t) \quad (1 \leqslant j \leqslant N) \tag{8-35}$$

同时,根据基尔霍夫电压定律,各个分支电路中的电压总和为零:

$$\sum_{j=1}^{N} U_j(t) = 0 \tag{8-36}$$

将式(8－35)和式(8－36)代入式(8－28)可以得到串联压电网络的动力学方程为

$$R\dot{Q}_0 + (C_{\mathrm{E}}^{-1} + C_{\mathrm{P}}^{-1})Q_0 - \boldsymbol{\eta}\frac{1}{N}\sum_{l=1}^{N}\boldsymbol{x}_l = 0 \tag{8-37}$$

式(8－34)和式(8－37)是压电网络的电学方程,并联压电网络引入了N个电学自由度,串联压电网络引入了 1 个电学自由度,将两个方程组分别代入式(8－18)消去压电片上的电压自由度,即可得到具有压电网络的循环周期结构的动力学方程。

8.2.2 集总参数模型

集总参数模型是一种最常用的离散模型,简单直观,多用于机理和统计分析。在研究循环周期结构动力学特性时,集总参数模型用少量自由度模拟单扇区的结构运动,比如对于航空发动机中的叶盘结构,当单扇区采用一个自由度模拟时可以分析叶盘扇区之间的相互作用以及扇区之间能量的传递等;采用两个自由度模拟时,一个代表叶片结构,另一个代表轮盘结构,可以分析盘片耦合振动的频率转向等动力学特性;单扇区采用三自由度模拟时,主要用于系统的多参数变化的统计分析。集总参数模型只是降低了离散模型的自由度,并不改变有限元方程的形式。

图 8－4 所示为一种典型的用三自由度模拟扇区的压电叶盘集总参数模型。其中,每个叶片扇区(设为第j个)用三自由度描述,其中$x_{2,j}$和$x_{3,j}$描述叶片的振动;$x_{1,j}$描述轮盘的振动;k_1 和 k_{d} 是轮盘的刚度系数;m_1 是轮盘的质量;k_2 和 k_3 是叶片的刚度系数;m_2 和 m_3 是叶片的质量;c_2 和 c_3 是叶片的阻尼系数。压电材料的机电耦合作用使弹簧 k_2 的变形与外接电路的电压相

关联，压电材料的机械刚度计入弹簧刚度 k_2 中。激振力只作用于 $x_{3,j}$ 上，用 $f_{3,j}(t)$ 表示。

根据力法或能量法，可以列出描述上述集总参数模型的动力学方程组：

$$
\begin{cases}
m_1\ddot{x}_{1,j}+c_2\dot{x}_{1,j}-c_2\dot{x}_{2,j}+(k_1+2k_{\rm d}+k_2)x_{1,j}-k_{\rm d}x_{1,j+1}-k_{\rm d}x_{1,j-1}-k_2x_{2,j}-\eta V_j=0\\
m_2\ddot{x}_{2,j}+(c_2+c_3)\dot{x}_{2,j}-c_2\dot{x}_{1,j}-c_3\dot{x}_{3,j}+(k_2+k_3)x_{2,j}-k_2x_{1,j}-k_3x_{3,j}+\eta V_j=0\\
m_3\ddot{x}_{3,j}+c_3\dot{x}_{3,j}-c_3\dot{x}_{2,j}+k_3x_{3,j}-k_3x_{2,j}=f_{3,j}(t)\\
\eta x_{1,j}-\eta x_{2,j}+C_{\rm p}V_j=Q_j
\end{cases}
\tag{8-38}
$$

其中，$j=0,1,\cdots,N-1$；第 0 扇区与第 $N-1$ 扇区通过轮盘刚度相连，因此当 $j=0$ 时，方程中的下标“$j-1$”用 N 替换，当 $j=N-1$ 时，方程中的下标“$j+1$”用 0 替换；η 是压电材料的力系数，表达的是单位电压产生的作用力；$C_{\rm p}$ 是压电材料的本征电容；V_j 是压电片两端的电压差（正方向如图 8－4 所示）；Q_j 是电量（关于时间的一阶导数为电流）。式（8－38）描述的是各分支开路的情形，当外接电路时，还需补充不同电场的方程，与式（8－1）一起构成可定解的动力学方程组。

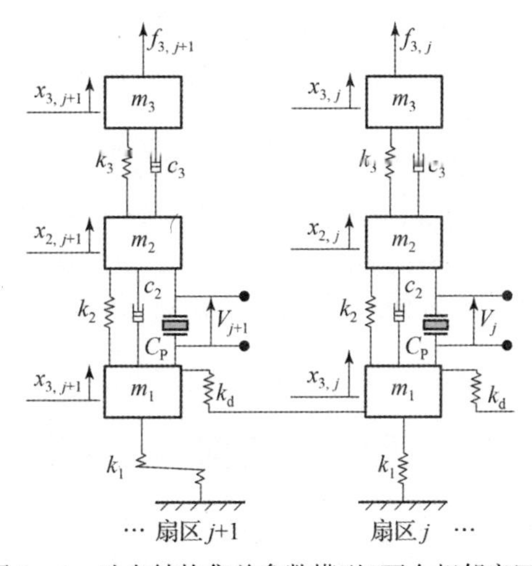

图 8－4　叶盘结构集总参数模型（两个相邻扇区）

对于分支电路［图 8－5(a)］，各扇区压电片的外接电路互不相连且各自闭合（各分支中的电路用导纳 Y_1 表示），须补充条件：

$$
Q_j=-Y_1V_j\quad(j=0,1,\cdots,N-1)\tag{8-39}
$$

对于串联网络电路［图 8－5(b)］，各扇区压电片的正负极与导纳 Y_1 顺

次相连。根据基尔霍夫定理,流经所有压电片的电流相等(用电量 Q 表示),且整个回路中的电压降为零,则须补充条件:

$$Q_j = Q \quad (j=0,1,\cdots,N-1) \tag{8-40}$$

$$\sum_{j=0}^{N-1} V_j + NQ/Y_1 = 0 \tag{8-41}$$

对于并联分支电路[图 8-5(c)],各扇区压电片的正负极在串联导纳 Y_1 后再并联,同时还考虑了网络电路两极之间的导纳 Y_2,则需补充条件:

$$Q_j = Y_1(V_p - V_j) \quad (j=0,1,\cdots,N-1) \tag{8-42}$$

$$\sum_{j=0}^{N-1} Y_1(V_p - V_j) + NY_2 V_p = 0 \tag{8-43}$$

式(8-38)描述的是谐调叶盘结构,即各扇区处于同等位置上的力学参数相同。为了考虑失谐,需要将一些参数的名义值之外加入一个随扇区变化的量。比如,考虑叶片刚度(k_2 和 k_3)的失谐时,当需要引入失谐时须将式(8-38)中的参数作以下代换:

$$\begin{cases} k_2 \rightarrow (1+\delta_j)k_2 \\ k_3 \rightarrow (1+\delta_j)k_3 \end{cases} \tag{8-44}$$

式中:δ_j 为第 j 个扇区的失谐量。所有失谐量构成的序列($\delta_0,\delta_1,\cdots,\delta_{N-1}$)称为失谐模式;用该序列的标准差来衡量该失谐模式偏离谐调的程度,称为失谐强度。

当不考虑失谐及各扇区间由轮盘导致的耦合刚度时($k_d=0$),上述方程在连接各种电路时的模态和受迫响应存在解析解[28]。当考虑轮盘的扇区间耦合刚度时($k_d \neq 0$),即使针对谐调的情况目前也无法给出全部解析解[23]。随着失谐的引入,周期对称性不再存在,需用数值求解来获得此类系统的模态和响应特性。

8.3 典型循环压电周期结构——压电叶盘的振动抑制原理

本节基于图 8-4 所示集总参数模型阐述一种典型循环压电周期结构——航空发动机中的叶盘结构振动消减原理,计算中采用的参数如表 8-1 所示。由于不针对某个特定的结构,因此对参数进行了无量纲化,详细过程可以参考文献[18],即可认为表 8-1 中所列的参数都没有单位或可以是任意单位,只要它们的相对大小体现出叶盘及压电结构的一般特征即可。参数的选择依据如下：①叶片的刚度是轮盘的扇区间耦合刚度的1/10，叶片与轮盘的质量在一个数量级，以表述一种轻、薄的叶盘结构，这也是未来的设计趋势；②阻尼系数按叶片单独振动的阻尼比0.5%估算；③压电材料的参数按照15%左右的模态机电耦合系数估算。后续对结果的讨论中还会进一步说明参数的合理性。

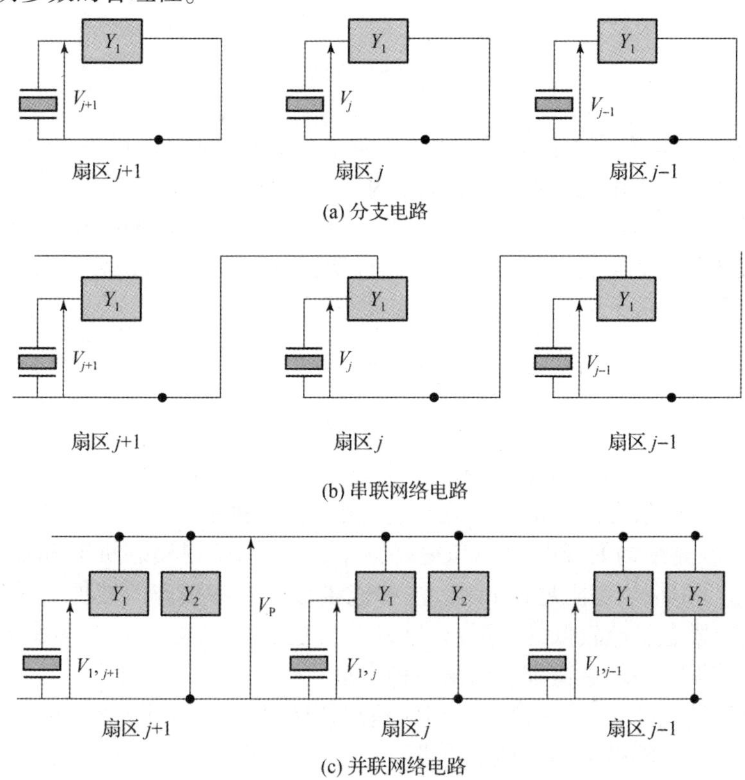

图8–5 叶盘结构各扇区压电片外接电路的示意图

表8–1 谐调叶盘模型的参数

意义	叶片刚度系数		轮盘刚度系数		叶片阻尼系数		质量系数			力系数	本征电容	总叶片数
符号	k_3	k_2	k_1	k_{d}	c_1	c_2	m_1	m_2	m_3	η	C_{p}	N
取值	1	1	1.5	10	0.01	0.01	12	1	1	0.01	0.1	24

8.3.1 谐调压电叶盘

如前所述，在循环周期结构各扇区中引入压电材料并设置压电网络（包括压电分支)相当于在结构中引入了一定的阻尼——压电阻尼。关于压电阻尼减振抑振效果的评估有两种基本方法:①在不同的外接电路下重复计算强迫响应,比较频带内的最大响应降低的程度[23-24];②通过模态机电耦合系数(MEMCF,用k^2表示)来间接评估压电结构在各种电路下所能达到的最佳阻尼比[11,16-17]。根据ANSI/IEEE176—1987标准的约定,结构尺度下模态机电耦合系数的定义[29]为

$$k^2=\frac{\omega_{\mathrm{OC}}^2-\omega_{\mathrm{SC}}^2}{\omega_{\mathrm{OC}}^2} \tag{8-45}$$

式中:ω_{OC}和ω_{SC}分别为同一种振型(或非常相似)的模态在开路和短路状态下的固有频率。该式的导出过程将在9.1节中详细给出。

模态机电耦合系数的物理意义是:压电结构在以当前模态振动时,在机械场和电场间交换能量的能力。可以证明,机电耦合系数决定了同一电路形式在不同阻抗下可达到的最佳模态阻尼比[11]:

$$\xi_{\mathrm{R}}^{\mathrm{opt}}\approx\frac{k^2}{4} \tag{8-46}$$

$$\xi_{\mathrm{RL}}^{\mathrm{opt}}\approx\sqrt{\xi_{\mathrm{R}}^{\mathrm{opt}}} \tag{8-47}$$

式中:下标RL和R分别表示导纳由电阻-电感构成和仅由电阻构成。

第二种评估方法的优越性在于,只需计算一种电路形式(分支、并联或串联)下叶盘结构的开路频率和短路频率,就可以获得模态机电耦合系数,进而可以(根据模态阻尼比)评估这种连接形式对各模态的减振效果,前提是响应中模态重叠较低的情形;要准确分析在复杂激振力下,有多个模态参与时的减振效果就更适宜采用第一种方法。

对于谐调叶盘,结构模态在周向呈周期性,只有少数满足“三重点”设计原则的模态能够被节径型流场激振力激起。因此,可以用上述的第二种方法预估各种电路形式所能达到的最佳减振效果。

下面我们采用第二种方法评估图8-1所示的叶盘集总参数模型分别采用各种电路形式所能达到的最佳减振效果。为此对应每种电路形式,需首先做两次实模态分析,分别求出开路和短路状态下的固有频率。外接分支电路情况下的结果如图8-6所示。该图中将模态按照节径数和频率的高低整理为三个模态族,每个模态族中都可观察到叶片主导振动(频率随节径数变化较缓)和轮盘主导振动(频率随节径数变化较大)。还可以观察到第1、2族模态在节径数2和3,以及第2、3族模态在节径数7、8之间产生的频率转向。这些叶盘结构所普遍具有的一般性特征的出现,说明了表8-1中机械场参数选择的合理性。

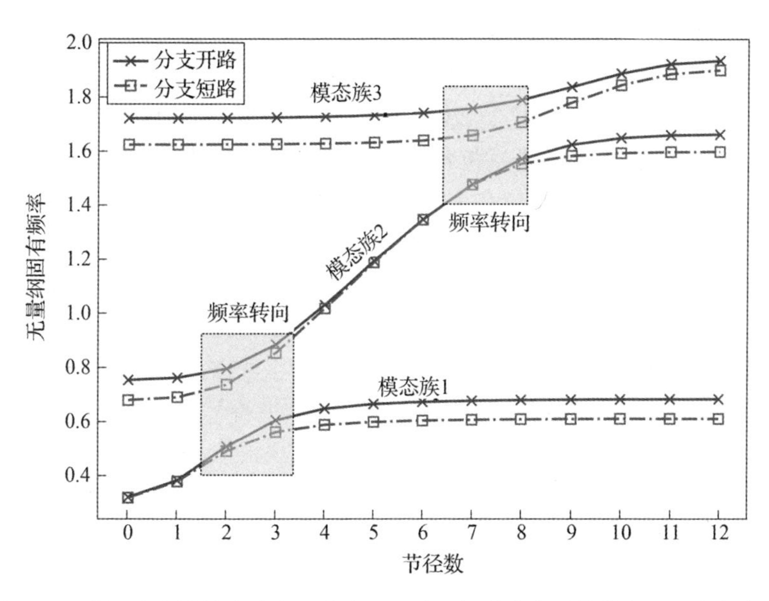

图8-6 谐调叶盘结构在分支电路处于开路和短路状态下的节径-固有频率图

有了开路和短路状态下的固有频率,即可根据式(8-8)计算叶盘结构在外接分支电路时的各阶模态机电耦合系数,结果如图8-7所示。

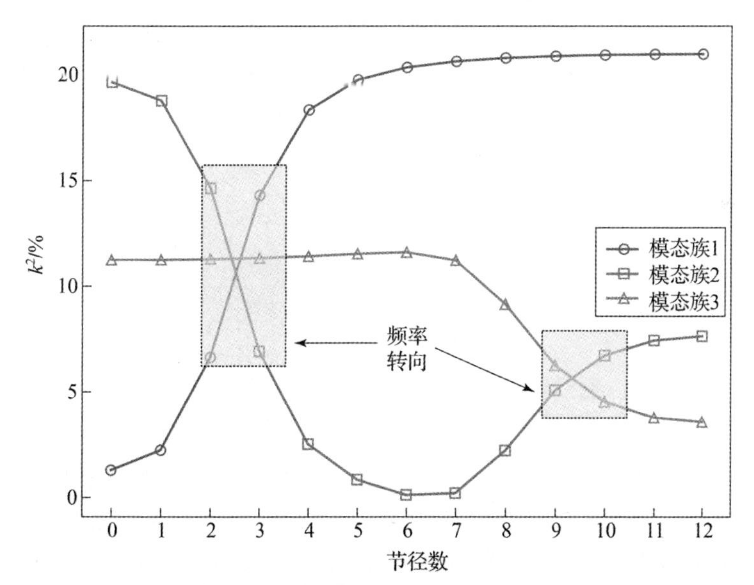

图8-7 外接分支电路时,各模态族的机电耦合系数随节径数的变化规律

动力学模型(图 8－4)中,压电材料布置在叶片的“根部”,因此叶片振动主导的模态,尤其是叶根变形较大的模态(第一族)具有较大的机电耦合系数,这一预期在图 8－7 中得到验证。此外,在频率转向区由于发生了振型交换[1],因此模态机电耦合系数剧烈变化,且产生类似的“交换”效果。所有模态机电耦合系数的平均值在 10% 左右,根据文献[11－17]中的现有研究,这是一个合理的、可以用适量压电材料实现的水平。这同时说明了表 8－1 中电学参数选择的合理性。

由于分析各族模态的数据得出的结论是一致的,清晰起见,以下仅结合第 3 族模态的节径频率曲线(图 8－8)对压电叶盘在分支电路、串联网络和并联网络三种电路下所能达到的最佳减振效果进行评估。注意图 8－8 中对应并联、短路有两种情况,分别用短路 1 和短路 2 标记,是因为在并联电路的计算中除了与压电片串联的分支电路导纳 Y_1 之外,还考虑了网络电路两极之间的导纳 Y_2;这两种情况分别对应网络电路两极之间的导纳等于零和不等于零。

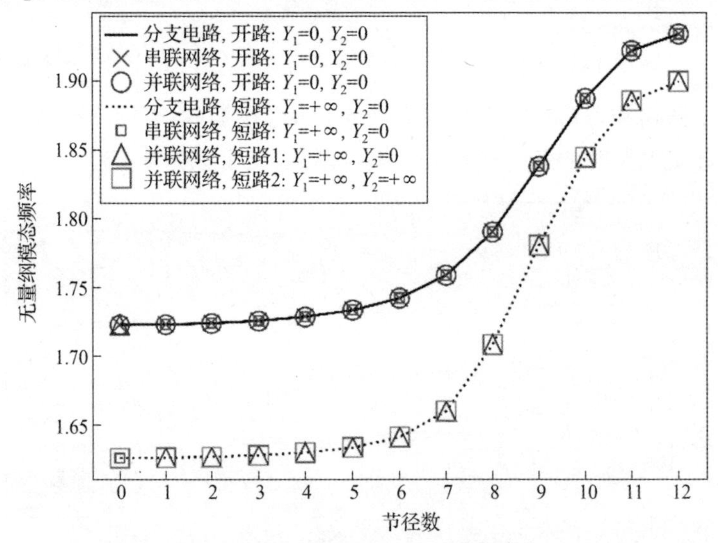

图 8－8　第 3 模态族在分支电路、串联网络和并联网络中分别处于开路/短路情况下的节径－频率图

由式(8－8)、式(8－9)和式(8－10)可以看出系统的模态机电耦合系数取决于压电电路开路与短路时机电耦合系统固有频率的差值,差值越大则机电耦合系数越大,模态阻尼也越大。因此从图 8－8 中我们可以定性地分析出节径数较小的模态其阻尼相对较大。

由图 8－8 中关于串联网络的结果可以总结为两点结论:①串联网络导

纳的开路/短路只影响节圆型振动模态的固有频率,这说明只对节圆型振动模态有机电耦合,也只对节圆型振动产生模态阻尼;②串联网络对节圆型模态所能产生的最佳阻尼与分支电路的效果相等。这一结果可作以下解释:串联网络的导纳为开路($Y_1=0$)时,压电片各自开路且不再互联,因此等价于分支电路的开路;串联网络的导纳被短路($Y_1=\infty$)时,相当于直接用导线将各压电片串联起来,电路方程(8-41)退化为

$$\sum_{j=0}^{N-1} V_{1,j} = 0 \tag{8-48}$$

注意到,对于节径型振动,在分支电路开路时自然就满足式(8-48);而对于节圆型振动,需要在分支电路短路时才能满足式(8-48)。因此,串联网络短路时,对节径型振动的模态频率没有影响(仍相当于处于分支电路开路状态),只对节圆型振动的模态频率有影响(相当于分支电路短路)。

并联网络的导纳为开路($Y_1=Y_2=0$)时,等价于分支电路的开路。并联网络的导纳短路分为两种情况:①$Y_1=+\infty$,$Y_2=0$;②$Y_1=+\infty$,$Y_2=+\infty$。第一种情况只对节径型振动固有频率产生影响,对节圆型振动没有影响,恰好与串联网络的情况相反。这与文献[23]中用能量比例及强迫响应分析得出的结论一致,也可以通过前述比较边界条件的等价性的方法来验证。为了使并联网络对节圆型振动$Y_1=+\infty$,$Y_2=0$固有频率也产生影响,必须采用第二种短路情况,即需要在并联网络的正负极间直接引入导纳Y_2。

图8-8还表明,无论是压电分支还是串联或并联的压电网络,其开路与短路状态的模态频率差值几乎相同,即它们的模态机电耦合系数几乎相同。而机电耦合系数唯一决定了由改变电路导纳所能产生的模态阻尼比的上限,因此各扇区压电片之间互联与否对压电系统的阻尼性能的影响较小。压电网络的特点是可以传递能量;在8.3.2节我们会看到,对于周向失谐循环周期结构,各扇区振动沿周向不均匀,振动能量分布具有局部化现象。此时压电网络的电路能量传递功能就有了用武之地。

8.3.2 失谐压电叶盘

周期结构动力学理论(参见本书第1章)指出,材料缺陷、制造装配误差、运行磨损等原因都会使周期结构“失谐”,即构成结构周期的各子结构不再完全一致,而是存在微小差异,这样的结构又称拟周期结构。尽管这些差异很小,但由于其在一定程度上破坏了结构的周期对称性,因此对周期结构动力学的影响是不能忽视的,最显著的变化就是出现振动局部化。根据弹

性波传导理论，周期结构（如理想叶盘）中如果出现失谐，则 Bloch 波在其通带中不再具有 100% 的传递率；Bloch 波在各扇区间的反射导致了模态振动的局部化，因此增加了周期结构中某些结构周期（对循环周期结构而言就是扇区）内的响应幅值。研究失谐周期结构的振动局部化问题并设法抑制一直是周期结构动力学领域的一个热点。对于航空发动机中的核心部件——叶盘结构，由失谐引起的振动局部化和强迫响应放大，会使某些扇区过早地出现高周疲劳，危及发动机的正常工作。本节针对航空发动机中失谐叶盘结构的响应放大问题，探讨在叶盘中引入压电网络后失谐对压电阻尼的影响及二者相互作用的机理。

为了比较与各式压电网络相关的压电阻尼如何受结构失谐的影响，首先，以期望为 0、标准差 3% 的正态分布为概率模型生成一组随机失谐模式（图 8－9），并分别施加分支电路、串联网络和并联网络，比较谐调和失谐时各模态机电耦合系数的变化，如图 8－10 所示。

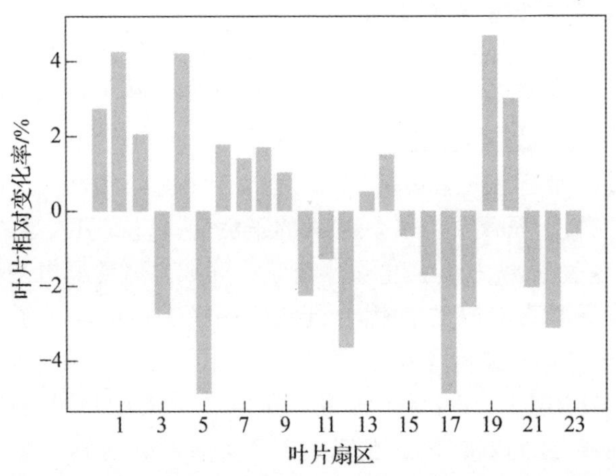

图 8－9　以期望为 0、标准差 3% 的正态分布为概率模型生成的一组随机失谐模式

值得注意的是，按照模态机电耦合式（8－8）进行计算时，开路频率 ω_{OC} 和短路频率 ω_{SC} 理论上指的是“同一种机械振型”的模态。因此，不能简单地将开路和短路固有频率分别按照从低到高的顺序排列再顺次带入式（8－8），因为电导的开路/短路对每种节径数振动频率的影响是不同的（图 8－6），有可能导致各振型出现的顺序发生改变。在本节中，先以一组频率（本节采用开路）为基准，分别在另一组频率（本节为短路）中找到节径谱和单扇区的振动均相似的振动。具体地，我们认为与第 j 阶开路模态相匹配的第 k 阶短路模态应使得以下指标最大：

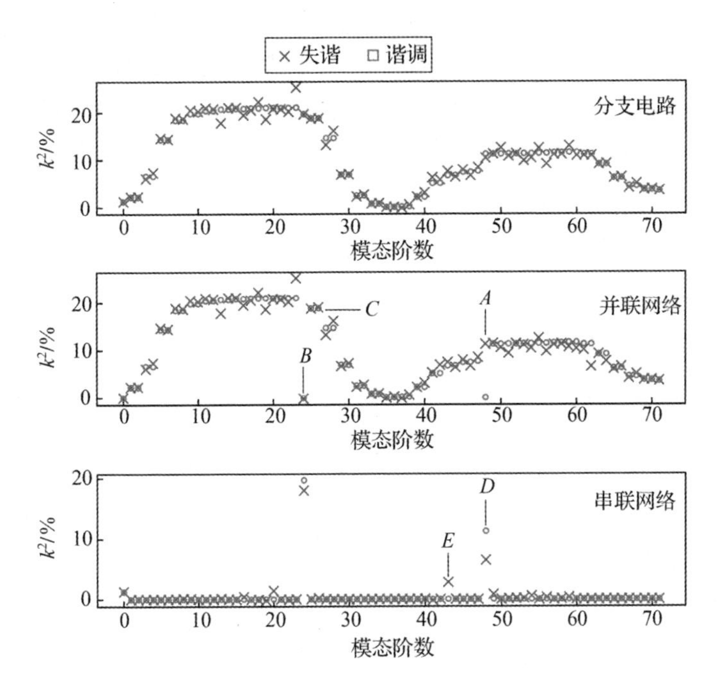

图 8-10 谐调及失谐叶盘结构在分别按照三类电路连接时模态机电耦合系数的对比

$$S = M_{\mathrm{ac}}(|F_{\mathrm{dt}}(\{x_{3,j}\}_{\mathrm{OC}})|, |F_{\mathrm{dt}}(\{x_{3,j}\}_{\mathrm{SC}})|) + M_{\mathrm{ac}}(\{x_{1,m} \quad x_{2,m} \quad x_{3,m}\}_{\mathrm{SC}}, \{x_{1,k} \quad x_{2,k} \quad x_{3,k}\}_{\mathrm{OC}}) \tag{8-49}$$

其中,第一部分计算是开路、短路模态振型节径谱的相似程度;第二部分计算的是单个扇区振动的相似程度;指标 m 和 k 分别对应短路和开路振型中变形最大的扇区编号;F_{dt}是指对周向变形构成的数组进行离散傅里叶变换,其返回结果为复数,因此需要求模后再进行下一步操作;M_{ac}是指计算“模态置信因子”,这里用来表示两个向量的相似程度,其定义为

$$M_{\mathrm{ac}}(\boldsymbol{x},\boldsymbol{y}) = \frac{|\boldsymbol{x}^{\mathrm{H}}\boldsymbol{y}|}{|\boldsymbol{x}||\boldsymbol{y}|} \tag{8-50}$$

其取值范围为[0,1],因此式(8-49)中的 S 因子取值范围为[0,2],越接近2表示两种叶盘结构的振型越相似。该因子不仅可用于计算 MEMCF,也适用于在两种失谐模式之间寻找最相似的振型。

由图 8-10 可见,分支电路的各模态机电耦合系数,在图 8-9 所示的失谐模式的影响下变化不大。并联网络(导纳 Y_2 总是开路,下同)总体上保持着与谐调结果的一致,例如对零节径振动 B 的机电耦合系数为零。这是由于大部分模态振型并未发生剧烈的变化,图 8-11 给出了 C 点处的失谐模态振型,可以发现仍然保持着节径 1 的主要特征。然而,对零节径振动 A 的模态机电耦合系数却远大于谐调的情况,这是由于该模态振型在失谐后发生了剧烈的变化,其振动只集中在了少数几个扇区[图 8-12(a)],当接入并联网络后,强制各扇区电压一致,因此在一定程度上达成了对振动能量的重新分配[图 8-12(b)],缓解了局部化。

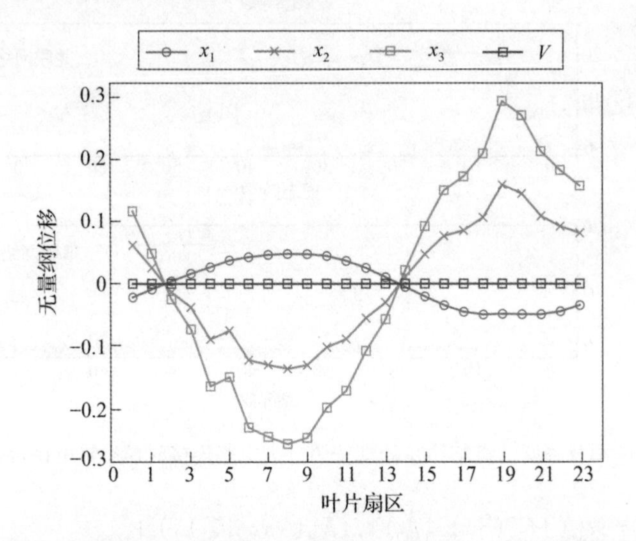

图 8-11 失谐叶盘结构第 25 阶模态的振型(压电网络闭合),对应于图 8-10 中的 C 点

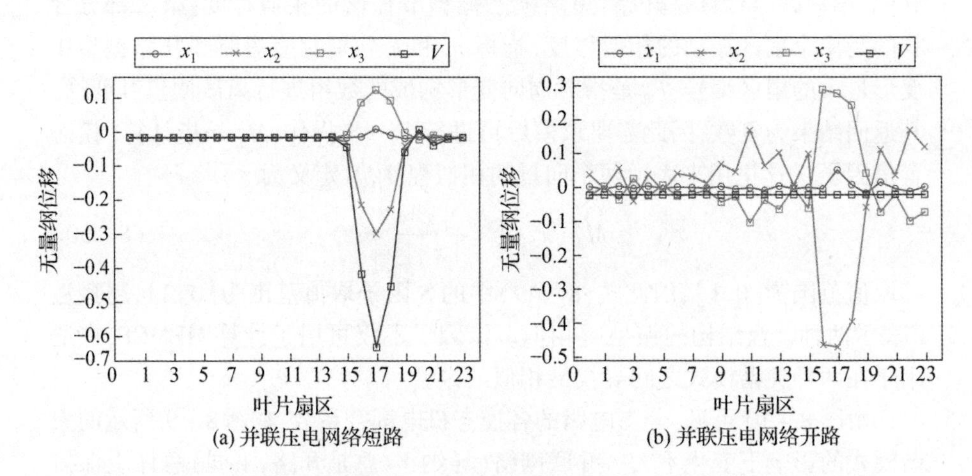

(a) 并联压电网络短路

(b) 并联压电网络开路

图 8-12 失谐叶盘结构的第 3 阶节圆型模态振型,对应于图 8-10 中的 A 点

串联网络叶盘结构在图 8-9 失谐模式下，除了仍然保持对节圆型振动的耦合（D 点），对少量节径型振动也产生耦合（E 点），这是由于失谐模态振型的节径谱不再单一。

为了进一步探究上述规律的普适性，我们对失谐叶盘的失谐模式进行了概率投点，共分为 11 种失谐强度（0～10%），均采用正态分布模型，每种失谐强度下，生成 1000 个样本，分别计算每个失谐模式样本在分支、并联网络和串联网络下的各阶模态机电耦合系数。统计同一失谐强度下各样本的模态机电耦合系数在几个区间内出现的频次，将结果按照外接电路的不同整理为三份结果，如图 8-13 所示。每张表格的最后一行对应于谐调即失谐强度为 0 的情况，其余各行与之对比可以看出模态机电耦合系数随失谐强度的变化。

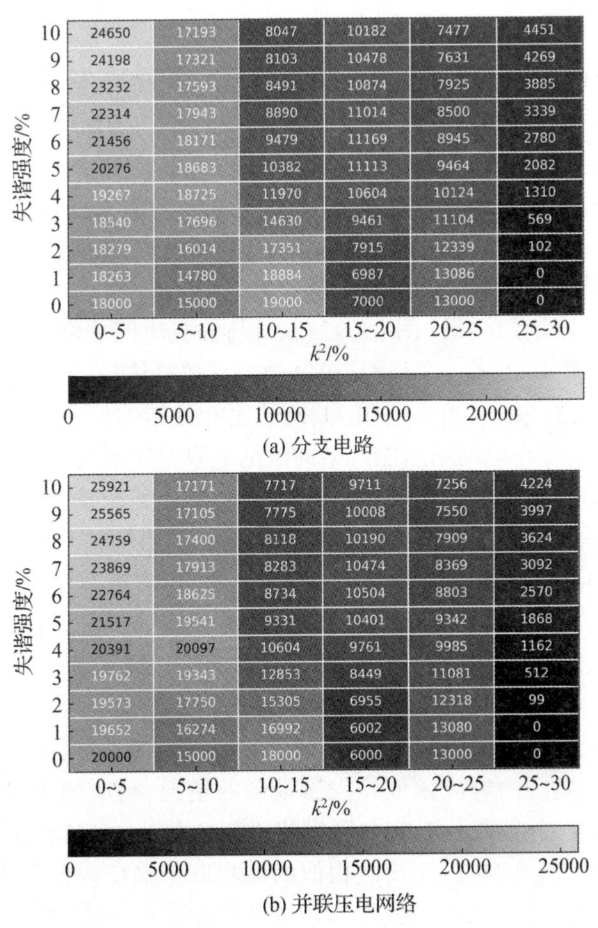

(a) 分支电路

(b) 并联压电网络

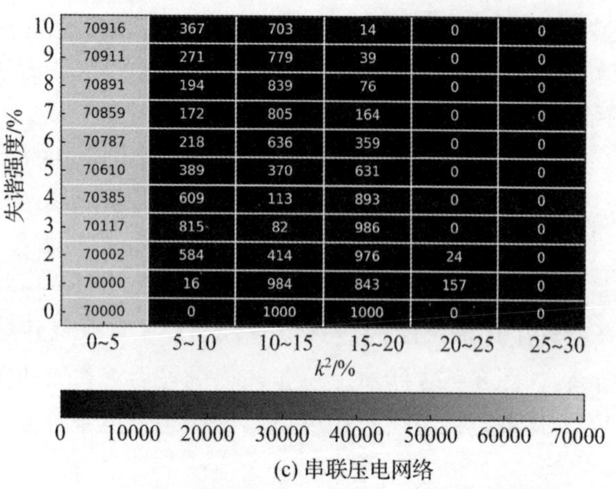

(c) 串联压电网络

图 8 - 13　失谐叶盘的模态机电耦合系数的分布频次统计

可以发现对于压电分支电路[图 8 - 13(a)],随着失谐强度的增加,模态机电耦合系数逐渐向较小(0 ~ 5%)和较大(25%~ 30%)的区间分布。当失谐量较小时,整体的分布规律变化不大,例如围绕图 8 - 9 失谐模式的结果就是来自 3% 失谐量的样本之一。随着失谐强度的增大,弱阻尼的模态增加了约 6000 个,而强阻尼的模态(机电耦合系数大于 25%)增加了约 4000 个,这也导致了处于中间取值的模态数量减少。

并联压电网络的结果[图 8 - 13(b)]与分支电路非常相似。串联压电网络的结果[图 8 - 13(c)]显示其机电耦合系数整体较弱,且随失谐强度的变化不敏感。这些结果初步表明:①失谐使叶盘结构的动力学特性有所改变;②压电分支和压电网络所能产生的阻尼上限差异不大。

由于失谐模态的受迫振动往往由多阶非节径型振动叠加而成,因此仅从模态机电耦合系数——作为最佳模态阻尼比的直接体现——这条线索来间接地评估压电网络的减振性能是不完善的,还需进行强迫响应的计算。失谐模式仍然沿用图 8 - 9。根据图 8 - 6 中的频率转向区,取激励的阶次为 3,其实部和虚部沿周向的分布如图 8 - 14 所示;激振力的频率范围涵盖图 8 - 6 中的第一个频率转向区(无量纲模态频率为 0.5 ~ 0.7)。

在分支电路开路的情况下,各扇区的频率响应曲线如图 8 - 15 所示,可以发现大部分扇区的响应幅值均大于谐调的情况;响应幅值最大的是扇区 5。在此基础上,分别在分支和并联网络上接入值为 1Ω、500Ω 和 1000Ω 的电阻,再次分析强迫响应,并按照相似的流程取出响应幅值最大的扇区(最坏扇区),汇总结果见图 8 - 16。

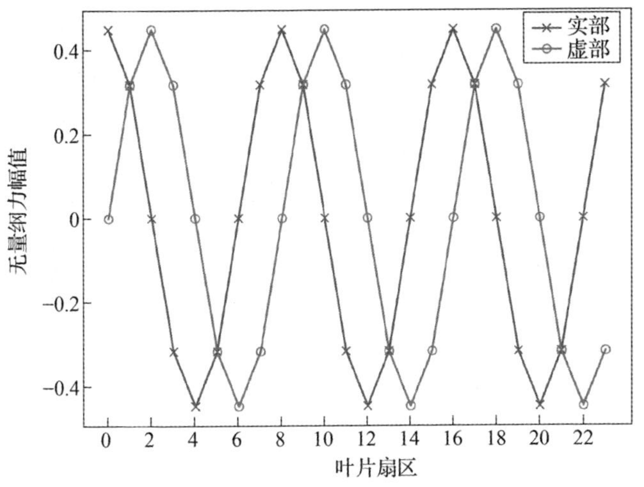

图 8-14　在强迫响应中所施加激振力实部和虚部沿周向的分布
（按照阶次为 3 生成。）

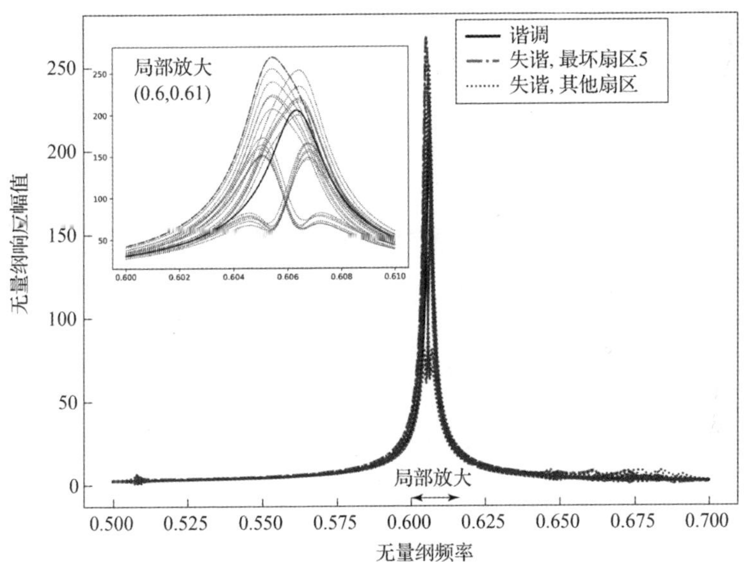

图 8-15　失谐叶盘结构各叶片的频率响应曲线
（对响应幅值最大的数据进行了标记，还画出了谐调的数据作为对比。）

随着电阻的引入，响应幅值得到了显著降低；进一步加大电阻，频带内的响应反而会增大，最终成为开路状态下的响应（简洁起见在图 8-16 中未显示），其幅值与短路的情况非常接近。对比两种电路的作用发现并联网络与压电分支的数据几乎重合，说明网络连接在这里起到的是耗能的作用，没有起到能量平衡的作用。这一点同样可以通过比较有/无电阻及有/无网络连接时的响应振型来体现,如图 8-17 所示。可以发现加入网络后并未对振型产生显著影响,这里主要是电阻起作用。

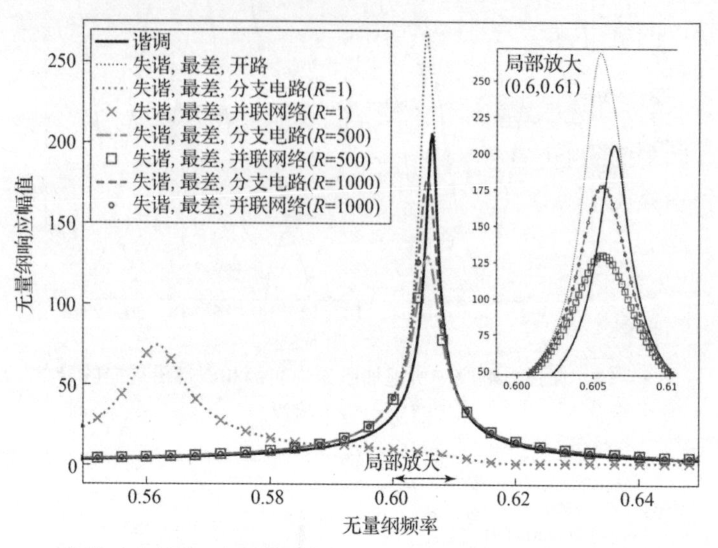

图 8-16 失谐叶盘结构(失谐模式如图 8-6)在分别施加各种电路及电导纳时,最坏扇区的频率响应曲线(图中电阻为无量纲,图 8-17 也是如此。)

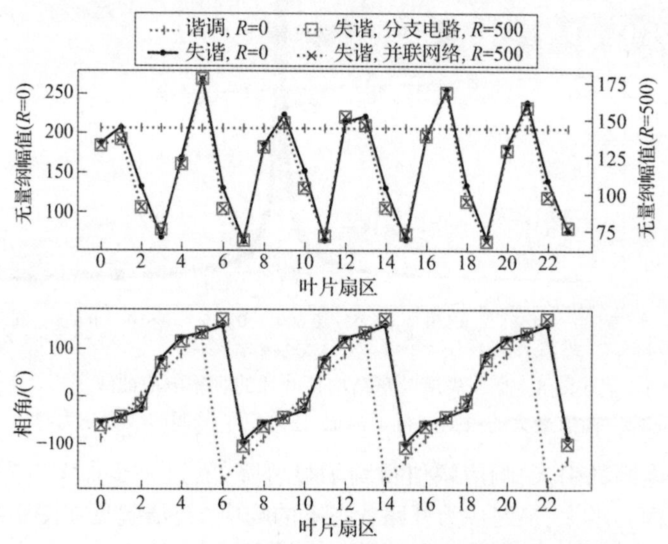

图 8-17 在外接不同电路时叶盘结构各扇区的响应幅值和相角
[幅值图用了两个 Y 轴,分别对应有电阻($R=500$)和无电阻($R=0$)。]

8.4　循环周期结构中的非周期压电网络

上述针对谐调及失谐叶盘的研究表明，无论失谐与否，将所有叶片连入同一个压电网络，其作用主要体现在：①结合外接电导纳产生阻尼，这一效果不会超过压电分支；②不接导纳直接闭合网络，对于特定的叶盘（如图 8 - 9 中失谐模式）这一效果有可能仅相当于将各模态固有频率从开路调向短路，无法改变频带内的响应幅值，也就无法使响应放大。

为了探究压电网络在力学原理上理应起到的能量平衡作用，有必要进一步对非周期并联压电网络进行探索。此时仍针对某个特定的失谐模式（图 8 - 9）和特定的激振力（图 8 - 14），但并联压电网络中不再包含所有叶片，其余没有在网络中的叶片作短路处理。为了与能量耗散机理区分，这里也不再考虑任何电路元件，即直接用导线将选中的压电片并联起来。

我们先计算了从 24 个叶片中选 2 个构造并联压电网络，一共有 $C_{24}^2=276$ 种情况。各种情况下最坏叶片的频率响应曲线如图 8 - 18（a）所示，其中有 48 种情况抑制了响应放大（标记为蓝色），其余则相对加剧了响应放大（标记为黄色）。由此我们获得了对响应放大最具抑制作用的前 3 种网络连接，所连接的叶片编号分别是（4，19）、（3，20）、（0，7）。它们分别可以将失谐叶盘的最坏叶片响应峰值从 261 降低到 228、229 和 230。由于此时电路中没有任何电路，因此这一效应是完全由扇区间网络连接所导致的能量流产生的。

为了便于总结这些可抑制响应放大的压电网络中两个叶片的选择规律，将图 8 - 17 中分支开路状态下失谐叶盘各扇区两两之间的位移差的幅值和相角进行了绘图，分别见图 8 - 19（a）和（b）。在图中还标记了所有可抑制响应放大的二组件压电网络（用白色的 × 标记），最佳的 3 个压电网络用白色的○标记。可以发现这些有利的网络连接几乎都是沿着相对位移较小的区域分布；但反之又不完全成立，即相对位移最小的组合不一定降低响应幅值。从位移差的相位上不能看出明显的趋势。这一规律虽然不能使我们在不进行任何试算之前，仅凭各扇区的相对位移就确定最佳的二组件并联网络连接，但至少可以使我们在以后的优化中缩小搜索的范围（例如直接排除相对位移大于某个阈值的候选网络）。

在已经具有最佳二组件压电网络（4，19）的叶盘结构上，我们继续进行了优化，即从剩下的 22 个叶片中继续选出 2 个组成第二个压电网络，此时需计算 $C_{22}^2=231$ 种情况，只有少数几种情况可以使响应进一步降低，最佳叶片组合是（3，20），同时也恰好是第一次优化时第二好的组合。响应幅值进一步降至 221。

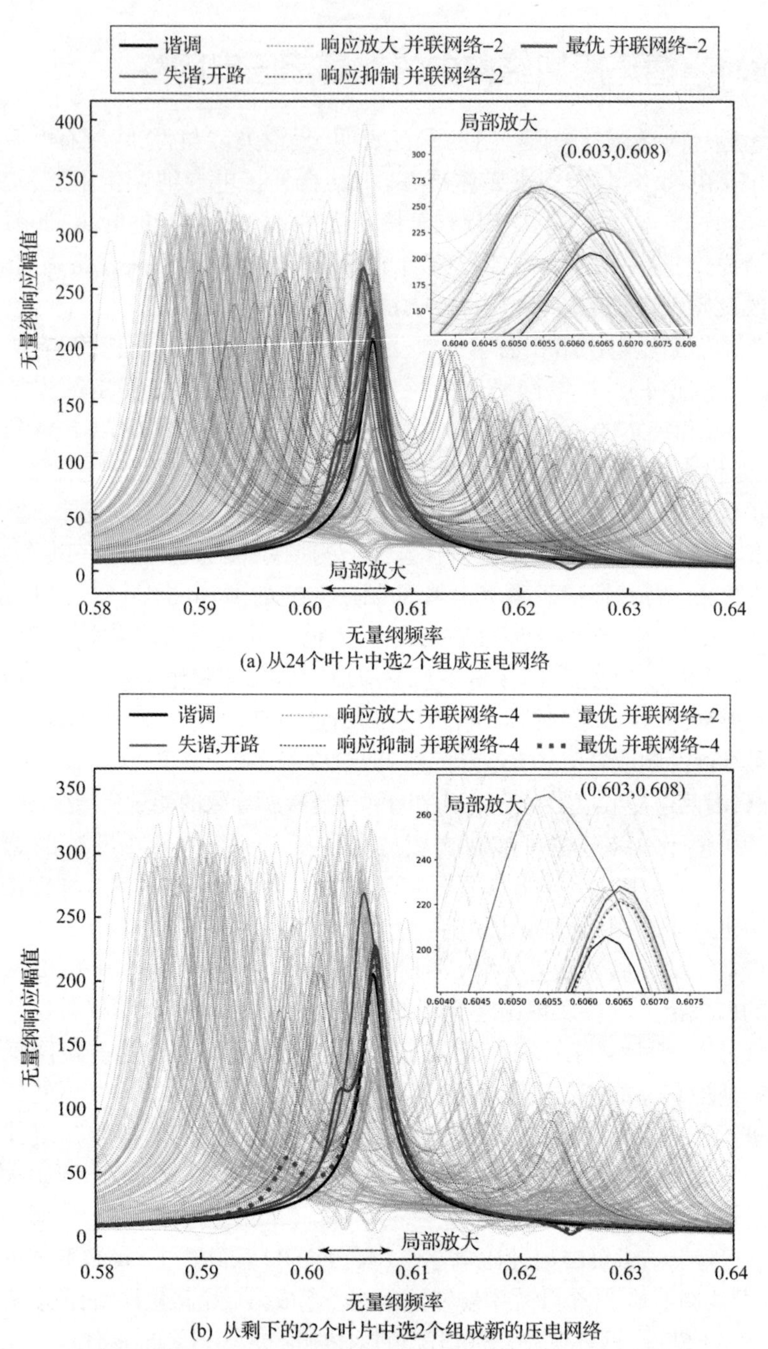

(a) 从24个叶片中选2个组成压电网络

(b) 从剩下的22个叶片中选2个组成新的压电网络

图 8-18 所有可能的二组件压电网络的频率响应曲线(附彩插)

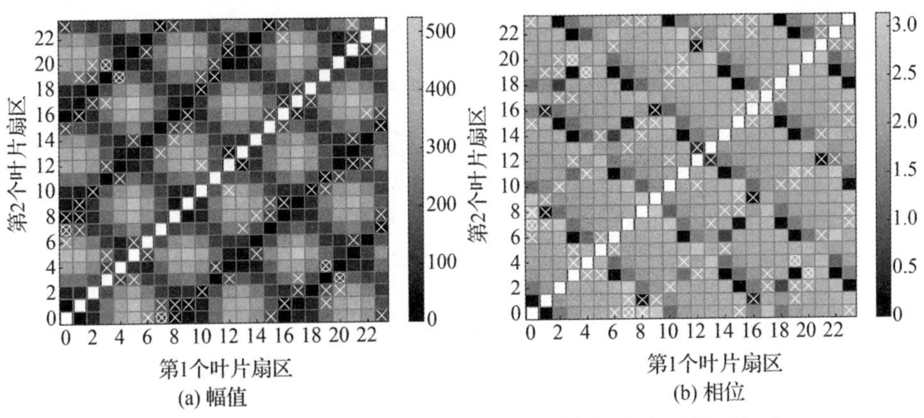

图 8－19　失谐叶盘(失谐模式如图 8－9 所示)各扇区相对位移

谐调、失谐并分支开路、失谐并最佳二组件并联网络(4,19),失谐并最佳双压电网络[(4,19),(20,3)]情况下叶盘结构的最坏频率响应曲线如图 8－20(a)所示,在峰值频率处的响应振型如图 8－20(b)所示,可以清晰地发现压电网络的引入改变了响应相位差、原响应最大的第 5 扇区现在的峰值很接近谐调响应。值得注意的是,在图 8－20(a)中我们看到,二组件最佳压电网络中加入电阻后居然破坏了已有的"去局部化"效果,导致响应幅值的增大。这说明能量平衡和能量耗散机理似乎无法轻易共存。

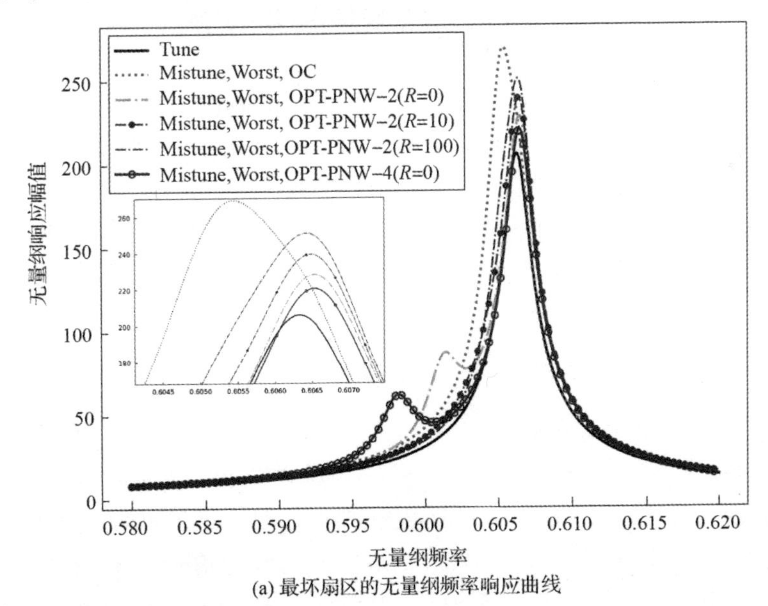

(a) 最坏扇区的无量纲频率响应曲线

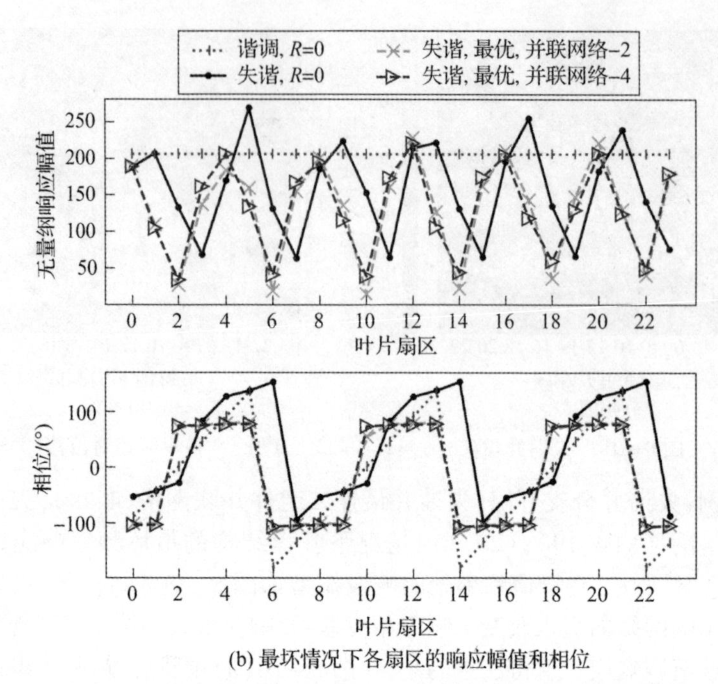

(b) 最坏情况下各扇区的响应幅值和相位

图 8－20 失谐叶盘结构(失谐模式如图 8－9 所示)在分别施加各种电路时的响应

8.5 循环压电周期结构减振性能实测

本节介绍对一个模拟叶盘实验件减振性能的测试。航空发动机中旋转叶盘结构减振抑振实验研究的难点在于静止的单点激励不能激起叶盘工作时的节径型或节圆型振动。在航空发动机转静干涉流场中工作的叶盘所受到的激励是行波激励。在以下介绍的实验中,我们采用了一种行波激励的模拟方法,即用各扇区间具有相位差的分布式激励来模拟行波激励,用于激起叶盘的节径型和节圆型振动。

8.5.1 实验系统的设计与实现

8.5.1.1 实验整体框架

实验整体框架示意图如图 8－21 所示,主要分为行波激励系统、实验件系统和动态信号测试、采集与分析系统三部分。行波激励系统实现对实验件的激励,使实验件产生节径型或节圆型振动;动态信号测试、采集与分析系统用于对实验件加压电网络前后的振动响应信号进行测试、采集与分析。

图 8－22 为整个实验系统的实物照片，实验件固定在一个隔振平台上面，压电片引出的导线用胶布固定住，防止实验振动过程中与压电片连接处脱落；每个叶片的振动测试与信号采集的位置都在叶尖处；整个实验过程中除了根据实验方案改变网络电路外，实验装置及实验件均保持不变，以保证实验装置状态及实验件前后的一致性。下面对各个系统仪器设备等作详细分析介绍。

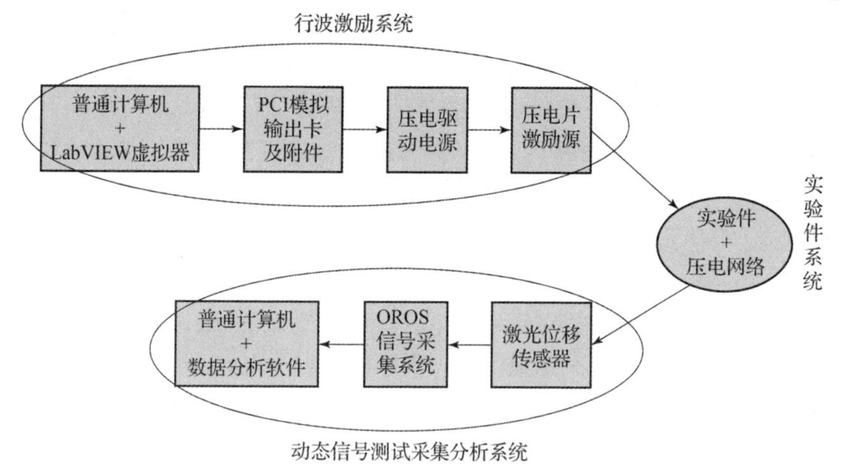

图 8－21　实验整体框架示意图

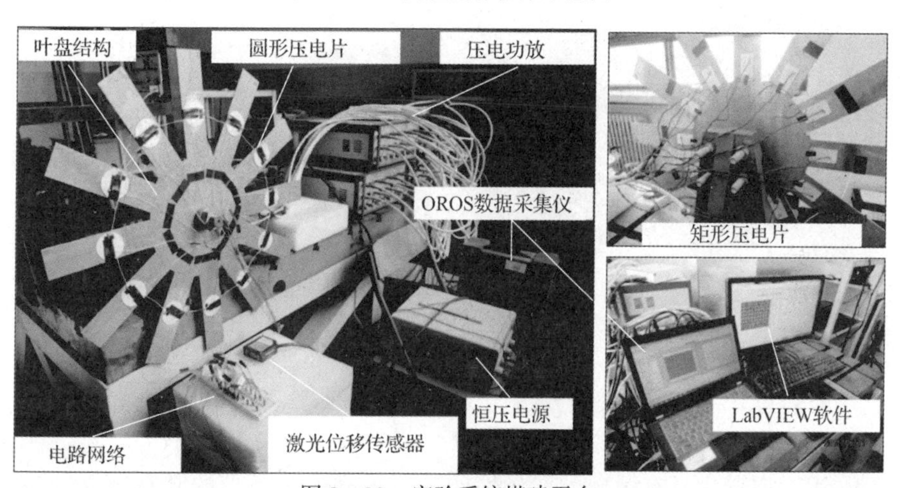

图 8－22　实验系统搭建平台

8.5.1.2　行波激励系统

发动机中的转动叶盘在工作时受到来自流体的行波激励，激励在各个叶片上的幅值相等，但叶片之间存在相位差，相位差由叶片数和行波的波数共同确定。满足该特点的激励可借助 LabVIEW 虚拟器来实现。LabVIEW 虚拟器是美国国家仪器公司(简称 NI 公司)开发的一款图形化程序语言,编程采用流程图,而不是程序代码。基于此图形化程序语言可设计并实现不同通道谐波激励信号之间的相位差[31]。如图 8-21 所示,首先在计算机上用 LabVIEW 虚拟器产生一组频率一定、电压幅值相等、各信号间具有特定相位差的多通道虚拟谐波信号;每个通道的谐波信号经过 PCI 模拟输出卡及附件,传送给压电驱动电源,将电压放大到所需的幅值,最后作用到对相应叶片进行激励的压电片上,实现对实验件的激励。

如图 8-23 所示的 PCI 卡安装于计算机主箱插槽上,它包含 32 条输出通道。具有 12 个扇区的实验件仅用到其中的 12 条通道。将信号通过 PCI 卡输出给其他设备时还需要附件系统,它包含 CB-68LPR 接线板和 SHC68.68.EPM 数据线,通过该附件系统可以实现数据的传送。

压电驱动电源主要给激励源压电片提供驱动电压,如图 8-24 所示。每台压电驱动电源包含 4 个通道,每个通道上包括一个输入端和两个输出端,最下面各有粗调旋钮和细调旋钮,通过它们可以实现输入和输出电压的放大,该电源是根据需求定制的,输出稳定可靠,频率响应特性好。

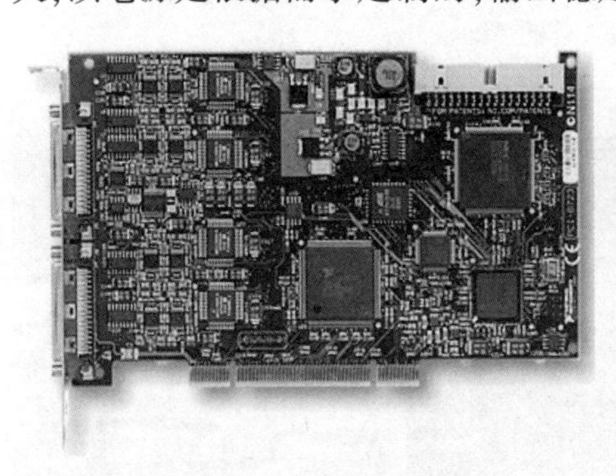

图 8-23 PCI-6723 模拟输出卡

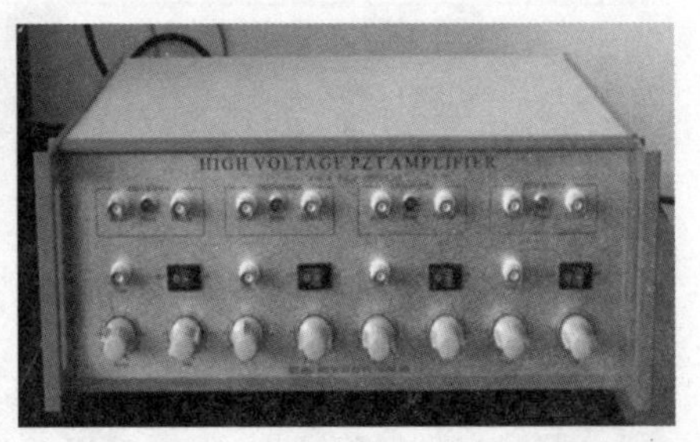

图 8-24 压电驱动电源

8.5.1.3 实验件系统

1. 实验件和压电片

用几何形状具有循环周期特性的平板结构作为模拟的叶盘结构,比较容易加工成型,经常用于与叶型和展向弯扭度相关较小的叶盘实验研究中,如叶盘结构动态特性相关方面的机理研究[32-34],或理论方法的验证性实验[35-37]。本实验也采用该形式的实验件,其形状如图 8-25 所示。该图中有 12 个模拟叶片,也就是 12 个扇区,每个叶片正反各粘有 1 个压电片,长方形压电片[实物如图 8－26(a)所示]连接电源作为激振源,直接对叶片激励。圆形压电片[实物如图 8－26(b)所示]用于构建压电分支和网络电路,外部串联一个仅包含电阻的分支电路(RC 电路),或者 RC 电路之间并联形成并联压电网络电路。两种压电片为了连接电路方便,其参考电极都被设置到同一面上(接地)。模拟叶盘实验件与压电片的尺寸和材料属性见表 8－2。

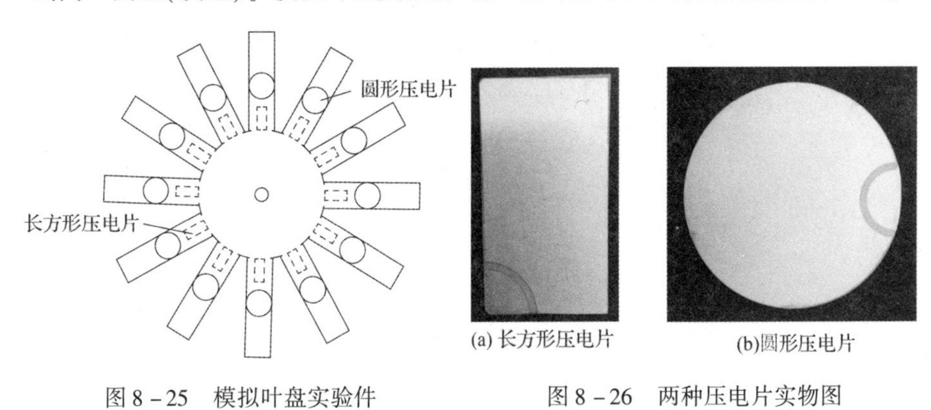

(a) 长方形压电片　(b)圆形压电片

图 8－25 模拟叶盘实验件　图 8－26 两种压电片实物图

表 8－2 模拟叶盘实验件与压电片的尺寸和材料属性

<table>
<tr><th>实验件</th><th>尺寸/10^{-2}m</th><th>材料特性</th></tr>
<tr><td>模拟叶盘实验件</td><td>轮盘安装孔直径:2.5
轮盘直径:12
叶片长度:18
叶片宽度:5
叶盘结构厚度:0.2</td><td>密度:2.7×10^3kg/m^3
杨氏模量:7.0×10^{10}MPa
泊松比:0.33</td></tr>
<tr><td>长方形压电片</td><td>长度:4
宽度:2
厚度:0.08</td><td rowspan="2">压电材料种类:YT－5L
相对介电常数:1730
机电耦合系数 k_{31}:0.39
压电应变常数:195×10^{12}m/V
密度:7.5×10^3
杨氏模量:6.0×10^{10}MPa</td></tr>
<tr><td>圆形压电片</td><td>直径:4.8
厚度:0.06</td></tr>
</table>

2. 压电片粘贴位置的设计

基于图 8－27 所示的单扇区有限元模型计算得到的模拟叶盘实验件的节径－频率图如图 8－28 所示。实验件有 12 个扇区,其最大节径数为 6;实验件频率可以分为若干簇,图的右侧下方标出了前六簇的叶片振型:1B、2B、

3B 和 4B 分别表示垂直于实验件表面的弯曲振动;1E 表示在实验件平面内的振动;1T 表示实验件叶片是扭转振动。本实验重点考察的是叶片弯曲振动的消减,因此选择了第二簇上的二阶弯曲振动作为研究对象。

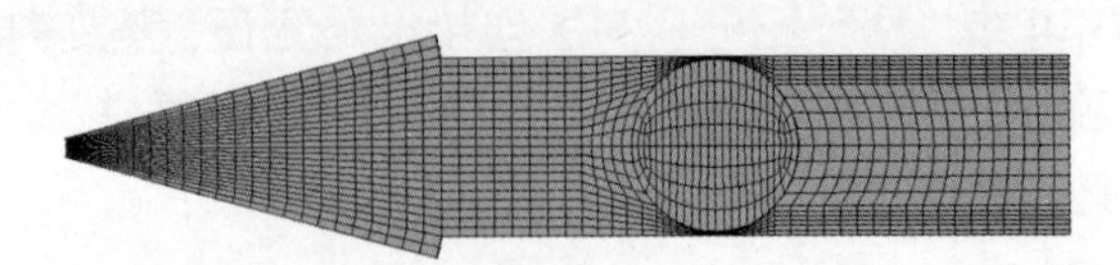

图 8 - 27　模拟叶盘实验件单扇区有限元模型

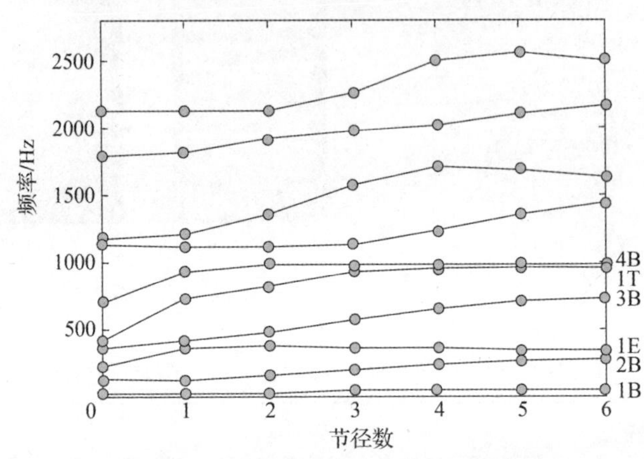

图 8 - 28　模拟叶盘实验件节径 - 频率图

为获得具有显示度的实测效果,首先计算与分析了压电片大小(即用量)和粘贴位置对叶片二弯振动的影响,结果如图 8 - 29 所示。横坐标是压电材料体积与叶片体积的比 V_r,纵坐标是压电材料的减振效果系数 κ,其定义如下:

$$\kappa = \iota / V_r \tag{8-51}$$

其中

$$V_r = V_{PZT} / V_b \tag{8-52}$$

$$V_r = V_{PZT} / V_b \tag{8-53}$$

$$\iota = 1 - R_{sp1} / R_{sp2} \tag{8-54}$$

式中:V_{PZT}为压电材料的体积;V_b 为叶片的体积;R_{sp1} 和 R_{sp2} 分别为实验件不设压电网络和设置压电网络时叶尖位置的响应幅值。根据以上定义,κ 值越大,则减振效果越好。图 8 - 29 中右上角显示的是实验件的二弯振型;其他 4 个实验件图形分别代表 4 个计算模型,其上的紫色部分为压电材料,其用量和位置在每个模型上各不相同。由图 8 - 29 可以看到,压电材料用量并不是越多越好,而是存在一个极值,对应的材料位置在叶片振动模态弯曲最显著的地方,也就是使压电片应变能最大的地方,其他远离此处的压电片的应变能很小,压电片转化机械能的能力很小,作用不大。图 8 - 29 中显示了最大 κ 值对应的压电材料用量及位置;综合考虑压电片粘贴误差以及供应商的加工能力之后,用于构建压电网络的压电片采用的是直径为 48mm 的圆形片,如表 8 - 2 所示。

3. 压电网络

压电网络如图 8 - 30 所示,用于连接网络的圆形压电片负极全部接地,正极连接导线,导线外各接一个电阻元件,电阻另一端连到一起,如此就形成了一种并联压电网络。

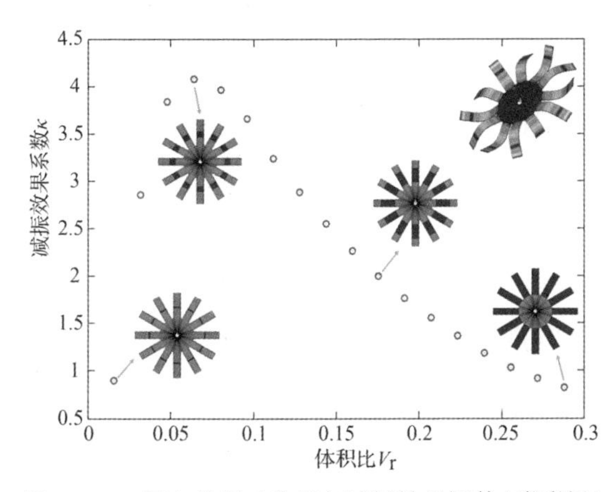

图 8 - 29　压电片尺寸位置与减振效果评估(附彩插)

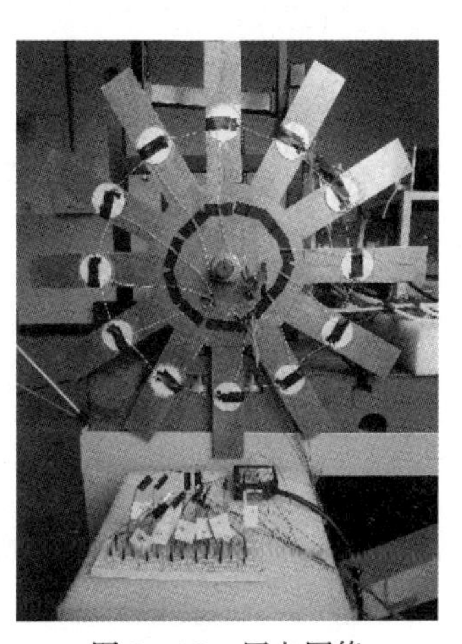

图 8 - 30　压电网络

8.5.1.4　动态信号测试、采集与分析系统

动态信号测试、采集与分析系统如图 8 - 21 所示,包含三个部分,激光位移传感器用于拾取叶尖振动响应信号,通过 OROS 系统采集,传入计算机后用与 OROS 配套的 NVGate 软件进行数据分析。

为了尽量减小测试仪器对被测结构系统的影响,因此采用了非接触式的激光位移传感器,其型号为 Panasonic 旗下 HL - G108. S - J 型传感器,其测量范围为 - 20 ~ 20mm,分辨率为 2. 5μm,测量的中心距离为 85mm,其工作需要一个电压为 24V 的外接直流电源。该型号的激光位移传感器工作稳定可靠,抗干扰能力强,能够满足实验的需要。

数据采集和分析主要采用图 8 - 31 所示的 OROS 动态信号分析仪和 NVGate 数据处理软件,该 OROS 分析仪包含 16 个通道,最高采样频率为

102.4kHz，接入类型 AC/DC/Float/ICP；通道间相位差为 ±0.1°，振幅为 ±0.5dB，频率为 ±0.04%。

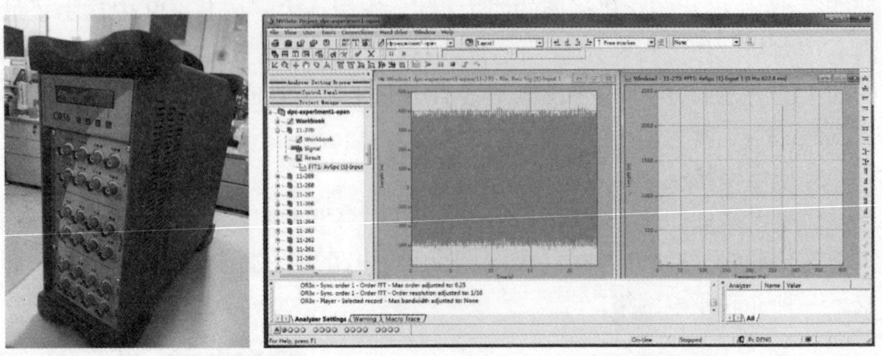

图 8-31　OROS 动态信号分析仪和 NVGate 数据处理软件

8.5.2　模拟叶盘实验件减振抑振效果的实测

为了测试压电分支和压电网络对叶盘结构的减振抑振能力，在实验过程中首先测量了未设置压电电路时叶盘实验件的振动响应，将其作为参考；然后在实验件上分别设置压电分支电路和压电网络、对实验件进行测试、并将两种不同工况的振动响应进行比较。测量值均取单一行波激励下叶尖响应的最大值。

图 8-32～图 8-34 分别从不同角度展示了实测结果。图 8-32 中给出在相同的行波激励条件下，测得的三种不同系统各个叶片叶尖处在共振频率附近的响应。可以看出，具有压电分支电路的系统[图 8-32(b)]和具有压电网络的系统[图 8-32(c)]的响应要比未设压电电路的叶盘[图 8-32(a)]的响应小很多，结果表明这两种压电系统都有很好的减振抑振能力。同时还注意到，加工的实验件显然不满足理想循环周期结构条件，即各扇区间存在加工误差；因此实际上实验件是一个失谐的循环周期结构。由于失谐的影响，各个叶片的响应并不相同，尤其是未设压电电路的叶盘，叶片之间响应差异很大，振动局部化现象显著。

图 8-33 给出在不同行波激励条件下，三种不同系统共振频率响应的最大值随电阻值的变化。结果表明压电分支的减振效果略强于压电网络，两种系统都存在最优的电阻值；在最优电阻值条件下，系统的响应值最小。根据实验结果，两种系统的最优电阻值都是 22kΩ，后续的实验都是在这个电阻值工况下进行的。

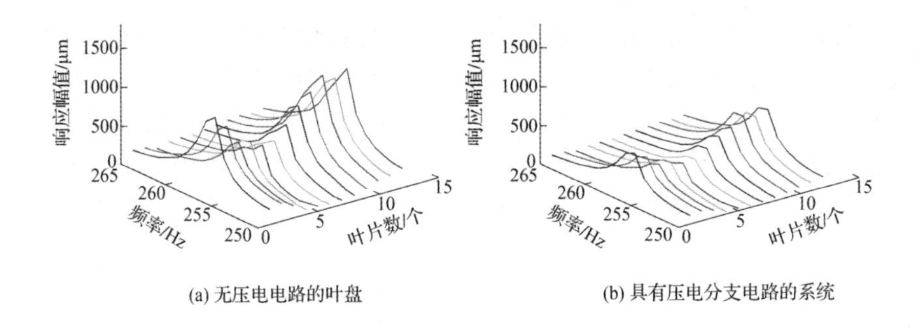

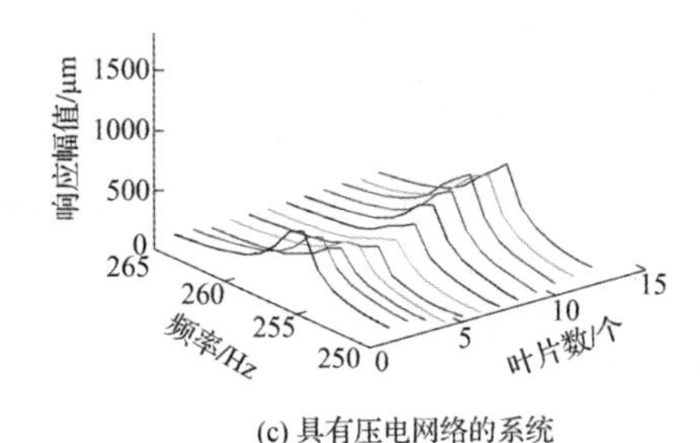

图 8－32　三种系统对波数为 6 的行波激励的响应

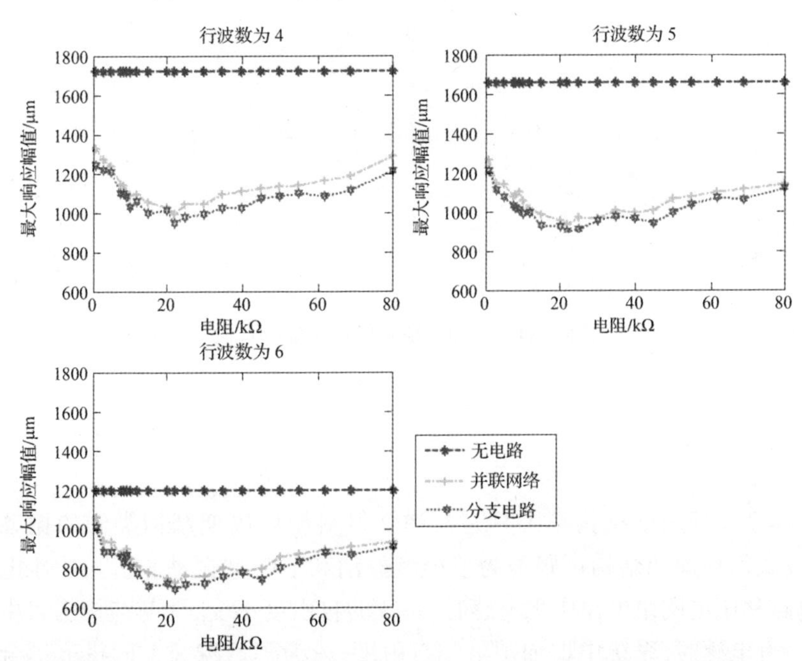

图 8－33　三种系统在不同行波激励下共振最大响应幅值随电阻的变化

图 8-34 展示的是所测得的三种不同系统在共振频率点各个叶片的响应幅值。圆圈实线为未连电路网络的系统，星号虚线代表具有压电网络的系统，加号点划线是具有压电分支电路的系统。由图 8-34 可以看到，压电分支电路对振动大小的控制要优于压电网络；但是对于振动局部化的抑制，压电网络有明显的优势。这一实测结果验证了 8.3 节中的理论分析结论。

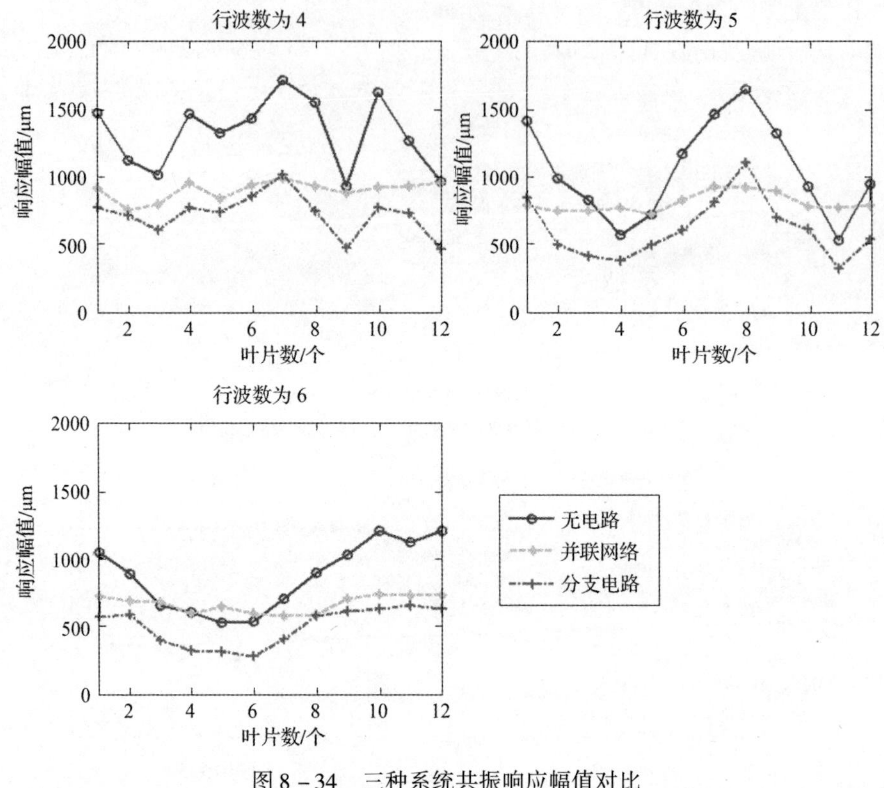

图 8-34　三种系统共振响应幅值对比

8.6　小结

压电循环周期结构系统具有与弹性材料循环周期结构类似的振动模式，盘式循环周期结构可归类为节径型振动和节圆型振动。引入的压电分支电路和压电网络电路中无电感时，系统的自由度不变，即与结构的自由度相同；有电感时，系统中增加了电学自由度，成为理论意义上的机电耦合系统。分支电路和网络电路的引入，无论有无电阻都相当于在系统中引入了一种新的阻尼——压电阻尼。本章基于集总参数模型,结合带有分支电路、并联网络、串联网络三类电路的一种典型循环压电周期结构——航空发动机叶盘结构的振动消减问题,通过数值分析,详解了压电网络的能量消耗和分配两种作用,用于阐明压电阻尼减振机理,所得结论如下:

(1)模态机电耦合系数决定了唯一由改变电路导纳所能产生的模态阻尼比的上限。对分支电路、串联网络和并联网络系统的模态机电耦合系数的对比表明:无论是压电分支还是压电网络,可达到的最佳模态阻尼相差无几。从简化工艺、提高可靠性的角度来看,循环周期结构的减振问题应首选压电分支方案。

(2)压电网络的能量平衡效应可以用于失谐循环周期结构的振动抑制。对于某个特定的循环周期结构,在其失谐模式和外部激振力已知且不变的情况下,只将少数扇区连入压电网络,无须加入任何电路元件就可以达到降低失谐响应放大效应的目的。在建立二组件压电网络时,倾向于选择相对位移较小的扇区进行连接。

(3)针对叶盘结构开展的研究工作表明,能量平衡和能量耗散机理似乎无法轻易共存。为了达成能量平衡,只需将少数的叶片连接到网络中,且不需要设置电阻消耗能量;为了达成能量耗散,却需要把所有叶片连入。如果在以能量平衡为目的的连接了少数叶片的网络中加入电阻,就会破坏能量的交换,但因此带来的能量损耗又远不及将所有叶片连入的情况,因此无法有效降低振动。

还可以深入研究的工作包括:对非周期压电网络的完整优化,考虑更多的组件数目,随之而来的计算量的激增;寻求上述关于失谐叶盘压电网络相关结论的理论证明或解释;等等。

参考文献

[1]王建军, 李其汉. 航空发动机叶盘结构流体激励耦合振动[M]. 北京:国防工业出版社, 2017.

[2]姚建尧, 高阳, 王建军. 航空发动机失谐叶盘动态特性研究进展[J]. 航空制造技术, 2016(21): 76 - 85.

[3]李琳, 刘久周, 李超. 航空发动机中的干摩擦阻尼器及其设计技术研究进展[J]. 航空动力学报, 2016(10): 2305 - 2317.

[4]RIZVI A, SMITH C, RAJASEKARAN R, et al. Dynamics of dry friction damping in gas turbines: literature survey [J]. Journal of Vibration and Control, 2016, 22(1): 296 - 305.

[5]GRIPP J A B, RADE D A. Vibration and noise control using shunted piezoelectric transducers: a review[J].

Mechanical Systems and Signal Processing, 2018, 112: 359 - 383.
[6] YAN B, WANG K, HU Z, et al. Shunt damping vibration control technology: a review [J]. Applied Sciences, 2017, 7: 494.
[7] MIN J B, DUFFY K P, CHOI B B, et al. Numerical modeling methodology and experimental study for piezoelectric vibration damping control of rotating composite fan blades [J]. Computers & Structures, 2013, 128: 230 - 242.
[8] SÉNÉCHAL A. Réduction de vibrations de structure complexe par shunts piézoélectriques - application aux turbomachines [D]. Paris: CNAM, 2011.
[9] MOKRANI B. Piezoelectric shunt damping of rota - tionally periodic structures [D]. Brussels: Univer - sité libre de Bruxelles, 2015.
[10] BACHMANN F, OLIVEIRA R DE, SIGG A, et al. Passive damping of composite blades using embed - ded piezoelectric modules or shape memory alloy wires: a comparative study [J]. Smart Materials and Structures, 2012, 21(7): 075027.
[11] THOMAS O, DUCARNE J, DEÜ J F. Performance of piezoelectric shunts for vibration reduction [J]. Smart Materials and Structures, 2012, 21(1): 015008.
[12] DUCARNE J, THOMAS O, DEÜ J F. Placement and dimension optimization of shunted piezoelectric patches for vibration reduction [J]. Journal of Sound and Vibration, 2012, 331(14): 3286 - 3303.
[13] PARK C H, INMAN D J. Enhanced Piezoelectric Shunt Design [J]. Shock and Vibration, 2003, 10: 127 - 133.
[14] MARNEFFE B DE, PREUMONT A. Vibration damping with negative capacitance shunts: theory and ex - periment [J]. Smart Materials and Structures, 2008, 17(3): 035015.
[15] JI H, QIU J, CHENG L, et al. Semi - active vibration control based on unsymmetrical synchronized switch damping: analysis and experimental validation of control performance [J]. Journal of Sound and Vibration, 2016, 370: 1 - 22.
[16] 李琳，马皓晔，范雨，等. 用于叶片减振的压电材料分布拓扑优化[J]. 航空动力学报，2019，34(2): 257 - 266.
[17] 李琳，田开元，范雨，等. 基于拓扑优化的叶盘压电阻尼器性能研究[J]. 推进技术，2020，41(8): 1831 - 1840.
[18] LIU J, LI L, FAN Y. A comparison between the fric - tion and piezoelectric synchronized switch dampers for blisks [J]. Journal of Intelligent Material Systems and Structures, 2018, 29(12): 2693 - 2705.
[19] XIE W, WANG X. Vibration mode localization in one - dimensional systems [J]. AIAA Journal, 1997, 35(10): 1645 - 1652.
[20] 臧朝平，兰海强. 失谐叶盘结构振动问题研究新进展[J]. 航空工程进展，2011，2(2): 133 - 142.
[21] 段勇亮，臧朝平，PETROV E P. 主动失谐叶盘振动特性及鲁棒性研究[J]. 航空发动机，2015，41(6): 6 - 10.
[22] TAN Y, ZANG C, PETROV E P. Mistuning sensitivi - ty and optimization for bladed disks using high - fidelity models [J]. Mechanical Systems and Signal Processing, 2019, 124: 502 - 523.
[23] LI L, DENG P, FAN Y. Dynamic characteristics of a cyclic - periodic structure with a piezoelectric

network [J]. Chinese Journal of Aeronautics, 2015, 28(5): 1426 - 1437.

[24]LIU J, LI L, FAN Y, et al. Research on vibration suppression of a mistuned blisk by a piezoelectric network [J]. Chinese Journal of Aeronautics, 2018, 31(2): 286 - 300.

[25]MOKRANI B, BASTAITS R, HORODINCA M, et al. Parallel piezoelectric shunt damping of rotationally periodic structures [J]. Advances in Materials Science and Engineering, 2015, 2015: 1 - 12.

[26]YU H, WANG K W. Vibration suppression of mistuned coupled - blade - disk systems using piezoelectric circuitry network [J]. Journal of Vibration and Acoustics, 2009, 131(2): 021008.

[27]DENG P, LI L, LI C. Study on vibration of mistuned bladed disk with bi - periodic piezoelectric network [J]. Proceedings of the Institution of Mechanical Engineers, Part G: Journal of Aerospace Engineering, 2017, 231: 350 - 363.

[28]FAN Y, LI L. Vibration Dissipation Characteristics of Symmetrical Piezoelectric Networks With Passive Branches [C]. ASME Turbo Expo 2012 Turbine Tech. Conf. Expo. Vol. 7 Struct. Dyn. Parts A B. ASME, Copenhagen,2012.

[29]PREUMONT A. 机电耦合系统和压电系统动力学[M]. 李琳, 范雨, 刘学, 译. 北京:北京航空航天大学出版社, 2014.

[30]王建军,李其汉. 航空发动机失谐叶盘振动减缩模型与应用[M]. 北京:国防工业出版社, 2009.

[31]王帅. 整体叶盘结构失谐识别方法和动态特性实验研究[D]. 北京:北京航空航天大学, 2010.

[32]KRUSE M J, PIERRE C. An Experimental Investigation of Vibration Localization in Bladed Disks, Part I, Part II[C]//Proceedings of the ASME TURBO EXPO. Orlando,1997.

[33]JUDGE J, PIERRE C, MEHMED O. Experimental investigation of mode localization and forced response amplitude magnification for a mistuned bladed disk[J]. Journal of Engineering for Gas Turbines and Power, 2001, 123(4): 940 - 950.

[34]JONES K W, CROSS C J. Traveling wave excitation system for bladed disks[J]. Journal of propulsion and power, 2003, 19(1): 135 - 141.

[35]KENYON J A, GRIFFIN J H. Experimental demonstration of maximum mistuned bladed disk forced response[C]. ASME Turbo Expo 2003, collocated with the 2003 International Joint Power Generation Conference. American Society of Mechanical Engineers, Atlanta,2003.

[36]SEVER I A. Experimental validation of turbomachinery blade vibration predictions[D]. London: Imperial College London (University of London), 2004.

[37]ROSSI M R, FEINER D M, GRIFFIN J H. Experimental study of the fundamental mistuning model for probabilistic analysis[C]. ASME Turbo Expo 2005: Power for Land, Sea, and Air. American Society of Mechanical Engineers, Reno,2005.

第 9 章 循环压电周期结构的优化设计理论与方法

9.1 引言

在第 8 章中我们分别从理论和实验两方面证明了在循环周期结构中引入压电材料,并以此为基础构建周期性的压电电路/网络可以抑制原周期结构的振动,改善周期结构的动力学特性。这一结果为在机械工程结构中旋转机械的振动问题提供了新的解决思路。接下来的问题是如何设计与构建压电材料及压电网络,以使结构的振动消减最大。在第 8 章中我们基于集总参数模型,对比了不同的压电电路/网络连接方式(分支电路、串联电路、并联电路)。然而,在应用中必须考虑的一个更核心的问题是压电材料的用量及分布。特别是在航空航天飞行器结构中,人们希望对于同样的减振效果,新引入的材料及元器件越轻越好,越少越好。从压电阻尼产生的机理不难理解,压电结构的机电耦合程度越高,减振效果就会越好,因为结构中的振动能量可以更多地通过压电材料转换成电能,进而或通过电路中的电阻消耗,或通过电路的谐振吸收。机电耦合系数是刻画压电结构系统机电耦合程度的一个参数,这个系数的值越大,说明压电结构的机电耦合程度越高。提高机电耦合系数的方法主要可以分为三类:电路设计、压电片的电极形状设计,以及结构上压电材料的拓扑分布设计。

通过电路设计提高机电耦合系数主要是指“负电容”设计。负电容不是一个单一的电学元件,而是一种对电路所具有属性的定义,即伏安特性可等效为一个具有负值的电容的电路。根据目前的研究进展,往往需要构造一个较为复杂的模拟电路(甚至需要包括一些数字电路)才能稳定、精确地实现负电容。在动力学特性上,负电容可以使压电系统的等效电容减小,进而使系统等效的机电耦合系数提高。有关负电容的电路形式及其提高系统机电耦合系数的原理可参见本书第 2 章。

一般压电片的电极与其基底材料的形状是一致的。电极设计是指电极镀层的形状与基底材料的形状不同(小于基底压电材料的面积),且具有与压电材料某阶模态变形匹配的形状。匹配是指对应哪一阶模态的变形,电极上汇集的电荷最多。这种匹配也可通过将电极离散、根据振型变换电极连接方向获得。有关压电片的电极形状设计原理在本书第 2 章已有论述。

本章重点介绍第三类方法,即压电材料在结构上的拓扑分布设计方法。

此外,本章还将阐述关于压电网络布局的设计理论。第 8 章的研究表明,针对特定失谐的循环周期结构,基于压电网络的能量传递和再分配功能,用很少的压电电路即可达到较好的抑制失谐周期结构振动局部化的效果。然而实际情况中,各扇区失谐量是由一些不可控的因素导致的,在设计阶段是未知的随机变量。针对这一情况,本章讨论压电网络的周期小于结构周期的情况,希望对于同样的减振效果,新引入的元件更少。

压电材料的拓扑分布针对的是一个扇区(即一个结构周期)上的压电材料用量分布;压电网络的布局设计则是在上述扇区拓扑优化的基础上探讨整个循环结构上压电材料及元件的周期分布形式。

9.2　压电材料在结构上分布的拓扑优化设计理论与方法

压电阻尼是由压电材料和与其相连的电路共同工作产生的,人们发现无论采用何种电路形式,其阻尼减振效果都与压电材料的形状、厚度、位置等密切相关[1,3]。必须对结构上压电材料的形状、分布方式进行优化才能获得最佳减振效果。目前已有的一些相关研究[1,4-5],都是预先假定压电材料的几何形状,只优化布置位置、布置朝向等少量几何参数,不是完整的拓扑优化。对于航空航天飞行器,附加质量的考虑是结构设计的关键之一,人们总是希望用尽可能少的压电材料达到好的阻尼效果。下面结合航空发动机中的叶盘结构,介绍一种较为通用的压电分支阻尼拓扑优化方法。该方法以压电片总质量为约束条件,以模态机电耦合系数为目标变量。其理论基础是:压电阻尼的性能由“模态机电耦合系数”决定,该系数表征了机械能和电能在确定的模态变形发生时的耦合程度,而它却又只与压电材料的拓扑构型和材料参数有关。

9.2.1 压电材料分布拓扑优化的原理

9.2.1.1 模态机电耦合系数的推导

模态机电耦合系数的表达式可以从只有两个电极(一个电压自由度)的压电结构的自由振动方程中导出。该结构自由振动的有限元离散动力学方程的形式为

$$\begin{cases} \boldsymbol{M}\ddot{\boldsymbol{x}} + \boldsymbol{C}\dot{\boldsymbol{x}} + \boldsymbol{K}\boldsymbol{x} - \boldsymbol{\eta}V = \boldsymbol{0} \\ C_{\mathrm{p}}V + \boldsymbol{\eta}^{\mathrm{T}}\boldsymbol{x} = Q(t) \end{cases} \tag{9-1}$$

式中:$\boldsymbol{M}$、$\boldsymbol{C}$、$\boldsymbol{K}$ 分别为结构的质量、阻尼和刚度矩阵;C_{p} 为压电材料的固有电容;$\boldsymbol{\eta}$ 为耦合系数矩阵;$\boldsymbol{x}$ 为位移向量;V 为压电材料电极两端的电压;Q 为与压电材料相连的电路中的电量。根据外接电路的电学边界条件,补充 V 和 Q 的关系,即可使方程组闭合,具备求解的条件。

以短路状态下的 N 个模态位移 $\phi_{i,i=1,2,\cdots,N}$ 为基向量,可构造坐标变换关系:

$$x_i(t) = \sum_{i=1}^{N} \phi_i q_i(t) \tag{9-2}$$

将式(9-2)代入式(9-1),并利用振型正交性,可获得降阶模型:

$$\begin{cases} \ddot{q}_j + 2\xi_j \dot{q}_j + (\omega_j^{\mathrm{SC}})^2 q_j - \chi_j V = 0 \quad (j = 1,2,\cdots,N) \\ C_{\mathrm{p}}V + \sum\limits_{i=1}^{N} \chi_i q_i = Q \end{cases} \tag{9-3}$$

式中:ξ_j 为由结构阻尼产生的第 j 阶模态阻尼比;χ_j 为第 j 个模态坐标与压电材料之间的机电耦合系数;ω_j^{SC} 是短路($V=0$)状态下第 j 阶模态频率。

在式(9-3)中消去 V,并引入系数 k_i^2:

$$k_i^2 = \left(\frac{\chi_i}{\omega_i^{\mathrm{SC}} \sqrt{C_{\mathrm{P}}}} \right)^2 \tag{9-4}$$

只考虑压电材料与第 j 阶模态的耦合($\chi_i = 0, \forall i \neq j$)时,则式(9-3)成为

$$\ddot{q}_j + 2\xi_j \omega_j^{\mathrm{SC}} \dot{q}_j + (\omega_j^{\mathrm{SC}})^2 q_j + (\omega_j^{\mathrm{SC}} k_j)^2 q_j - \frac{\chi_j}{C_{\mathrm{p}}} Q = 0 \quad (j = 1,2,\cdots,N) \tag{9-5}$$

令 $Q=0$,并忽略结构阻尼,可得开路模态频率 ω_j^{OC}:

$$\omega_j^{\mathrm{OC}} = \omega_j^{\mathrm{SC}} \sqrt{1 + k_j^2} \tag{9-6}$$

根据式(9-6),k_j^2 还可写成以下形式:

$$k_j^2 = \frac{(\omega_j^{\mathrm{OC}})^2 - (\omega_j^{\mathrm{SC}})^2}{(\omega_j^{\mathrm{SC}})^2} \approx 2\,\frac{\omega_j^{\mathrm{OC}} - \omega_j^{\mathrm{SC}}}{\omega_j^{\mathrm{SC}}} \tag{9-7}$$

这就是第2章中提到的ANSI/IEEE176—1987标准[3]约定的结构尺度下模态机电耦合系数的定义。从式(9-7)可以看出,机械场和电场耦合越强,则对应的模态频率在短路和开路时的相对差别就越大。

9.2.1.2 压电分支电路的最佳阻尼与模态机电耦合系数的关系

当压电材料的电极外接具有耗散特性的电路时,就会对结构振动能量产生耗散作用。外接电路可用一个电路方程来描述,对于电阻分支:

$$V = R\dot{Q} \tag{9-8}$$

对于电感-电阻分支:

$$V = L\ddot{Q} + R\dot{Q} \tag{9-9}$$

将式(9-8)或(9-9)分别代入式(9-1)中,就可以研究电路参数对振动抑制效果的影响。Thomas 等[3]分别从根轨迹图和强迫响应出发,解析了电阻以及电感-电阻分支电路的最佳模态阻尼比,发现其只与目标模态的机电耦合系数相关,且两者之间有以下近似关系:

$$\xi_{\mathrm{opt},j}^{\mathrm{R}} \approx k_j^2/4 \tag{9-10}$$

$$\xi_{\mathrm{opt},j}^{\mathrm{RL}} \approx k_j/2 \tag{9-11}$$

因此,要使压电材料及分支电路对第 j 阶模态产生尽可能好的阻尼效果,就要使结构在布置压电材料之后,其第 j 阶模态机电耦合系数 k_j^2 尽可能大。而又由于模态机电耦合系数只与压电材料的选择、分布等有关,如式(9-4)和式(9-7)所示,其是一种固有属性。因此在获得最佳压电分支阻尼设计压电材料的几何参数时,可以用模态机电耦合系数 k_j^2 作为优化目标,将几何设计和电路设计分离,简化设计流程。

9.2.2 几何参数对机电耦合系数的影响

在第2章中我们谈到模态机电耦合系数有三种能量解释,其中一种是储存在固有电容中的电势能与仅由机械场产生的弹性势能的峰值的比。在压电材料用量较少时,压电片的位置、形状等几何参数通常不会显著影响系统的弹性势能,但对其电势能有决定性的作用。

电压 V 与电场强度 E 的关系为

$$V = Ed \tag{9-12}$$

式中:d 为电极之间的距离。根据压电材料的本构关系,开路时,压电材料内部的电场强度是由各方向的应力线性叠加而成的：

$$E_i = \sum_{j=1}^{6} h_{ij} S_j \tag{9-13}$$

式中：h_{ij}代表压电常数。i 根据压电材料电场方向与极化方向的关系确定，如图 9－1 所示。约定压电材料沿 3 方向极化，若电场沿 3 方向建立，则式(9－12)中 $E=E_3$；若电场沿 1 方向（横向）建立，则式(9－13)中 $E=E_1$。压电材料铺设位置、形状的不同意味着材料中应变大小的不同，从而影响转换的电能，导致机电耦合系数发生变化。

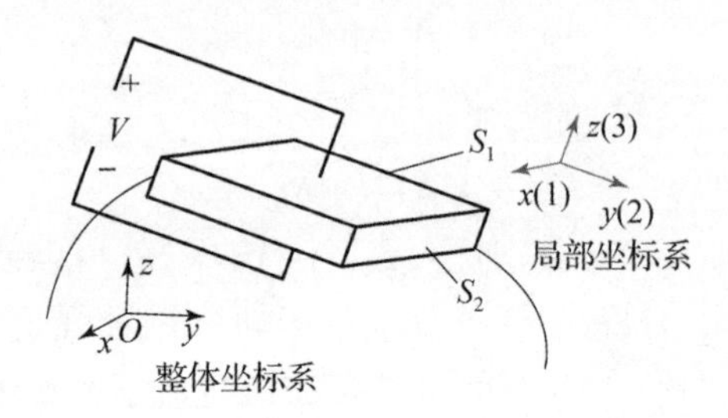

图 9－1　按压电材料的极化方向(3)定义局部坐标系

这里给出的基于压电材料的减振设计，是基于结构的模态应力/应变场给出压电材料铺设位置。压电材料与其直接覆盖的结构材料之间的约束关系可近似处理为应变相等，因此，可以用未覆盖压电材料的结构的应力场 $\tilde{S}_i$ 作为 S_i 代入式(9－13)进行计算；同样质量的压电材料，铺设在 $|E_i|$ 越高的地方就能获得越大的机电耦合系数，即其能达到的阻尼效果就越好。

9.2.3　基于有限元模型的实现方法

9.2.3.1　约束条件和目标函数

为了控制压电材料的加入对结构刚度与质量的影响，我们取压电材料质量 m_{PZT}与叶片质量 m_{b}的比值作为约束条件。定义质量比 MR 为

$$\mathrm{MR} = \frac{m_{\mathrm{PZT}}}{m_{\mathrm{b}} + m_{\mathrm{PZT}}} \tag{9-14}$$

对于叶片一类的结构，当其振动时产生的应变主要沿着叶片表面的切向，沿表面法向上的应变较小。对按“3－1”模式作动的压电片，结构上压电单元的极化方向是沿着该区域表面的法向。如图 9－2 所示，为方便分析，默认为沿着法向向外。

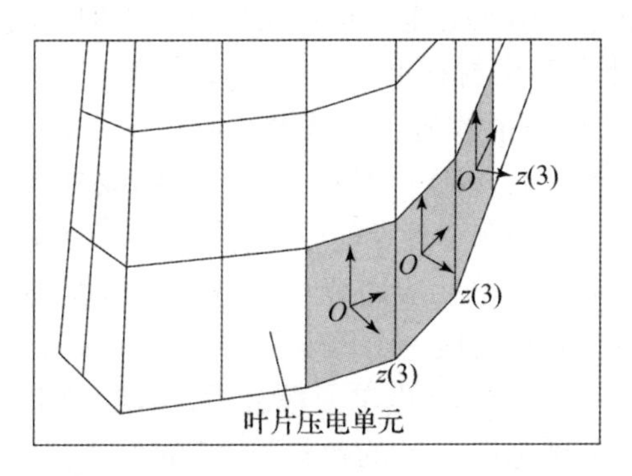

图9-2　叶片压电单元的极化方向示意图

优化设计的目的是在给定压电材料用量下取得尽可能好的阻尼效果。根据前述压电分支电路的减振原理,其核心是对目标模态机电耦合系数 k_j^2 的优化,而对 k_j^2 的优化就是使压电材料尽可能覆盖在[依据式(9-13)] $|E_3|$ 较大的区域,据此,我们的优化目标函数取为

$$\text{Obj}:\max\left(\sum_{\text{elem}}|E_3|\right) \tag{9-15}$$

9.2.3.2　优化设计流程

我们通过替换单元的形式来实现这一过程。不失一般性,以叶片减振为例阐述这一过程。首先确定以叶片振动为主导的模态,将此时每个叶片单元的 $|E_3|$ 作为参照数据,以提高压电叶盘的模态机电耦合系数为优化目标,进行压电材料的优化分布。具体步骤如下:

(1)确定由叶片主导的模态为目标模态。在此阶模态下,提取叶片上所有表面单元在其单元坐标系下3个方向的应变,并由此计算每个单元的 E_3 值,将这些单元的编号按 $|E_3|$ 从大到小的顺序排列。每个单元的单元坐标系设置方式如图9-2所示。

(2)将叶片上的所有单元的单元坐标系的 z 方向都设置为沿表面法向向外。由于叶片的基底材料为各向同性材料,其材料特性不受单元坐标系方向影响。在替换成压电材料后,预先设置的单元坐标系使该单元的极化方向指向所需方向。

(3)根据之前排列的单元表,从 $|E_3|$ 值最大的单元开始,将单元的原始材料替换成压电材料。每替换一次单元,计算压电材料质量占叶片质量的比例,直至质量比达到限定指标。

(4)对压电单元进行电极耦合。围绕 $|E_3|$ 值最大的区域一般需设置多

个压电单元。注意这些单元是建立有限元分析模型时人为划分的。实际该区域是连续的,其上的压电材料也是连续布置的;而对于一块连续的压电材料,它产生的电压只有一个数值。在减振的应用中,为了获得压电阻尼,在每块独立的压电材料片上,或压电材料片之间还需要外接分支电路,压电材料片的电压就是分支电路在连接点的电压;为了模拟这一状态,在有限元分析时需将同一区域中各个单元表面节点的电压自由度进行耦合(以下称电极耦合),这样的处理就使对应一个压电材料连续分布的区域只有一个电压值。一般来说,将一个区域的压电单元耦合后,压电结构的机电耦合系数会有所下降。但是考虑到电路元件的数量,这样的处理是合理的。为了减小这种损失,可以利用计算结果将单元内部具有相同电流方向的压电单元的电极用电路连接起来,具体的方式如图 9-3 所示。

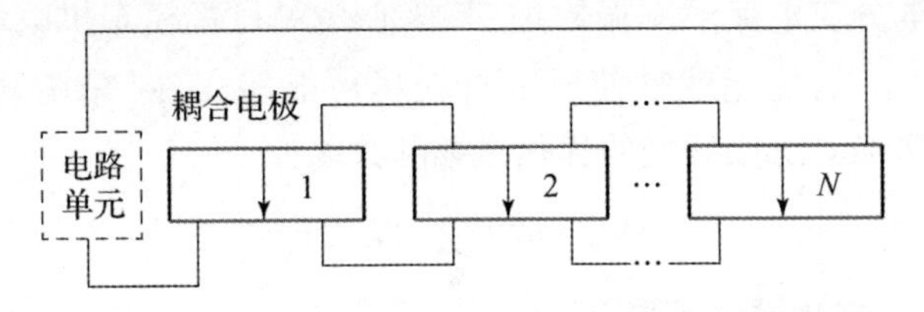

图 9-3　压电单元之间的虚拟电路连接方式示意图

图 9-3 中箭头代表压电材料因正压电效应在其内部产生的电流方向。这种连接方式可以防止由于电荷抵消而导致机电耦合系数下降的情况发生。可通过 E_3 值的正负来判断所替换的压电单元内部的电流方向,并通过设置箭头远离面上节点的电压为 0,将所有箭头指向面上的节点的电压耦合,从而在有限元层面上实现上述的并联方式。需要指出的是,这样的处理只是为在分析层面上提供参考(可以了解将电极耦合带来的损失),实现的难度较大。

(6)分别在电路开路与短路的条件下,对此模型进行模态分析。计算完后,利用式(9-7)计算模态机电耦合系数。优化流程(图 9-4)是一个寻优过程。按此流程,只需给定欲分析的模态(以下称目标模态)以及压电材料的用量,就能得到在此模态下使机电耦合系数最大的压电材料分布形式。

针对多个目标模态来进行压电材料布置优化的方法与单目标模态类似。与其不同的是,需要给出每个目标模态下压电材料的限定质量比 $\mathrm{MR1}_i$,并对多个模态族依次使用上述方法进行压电材料的优化布置。

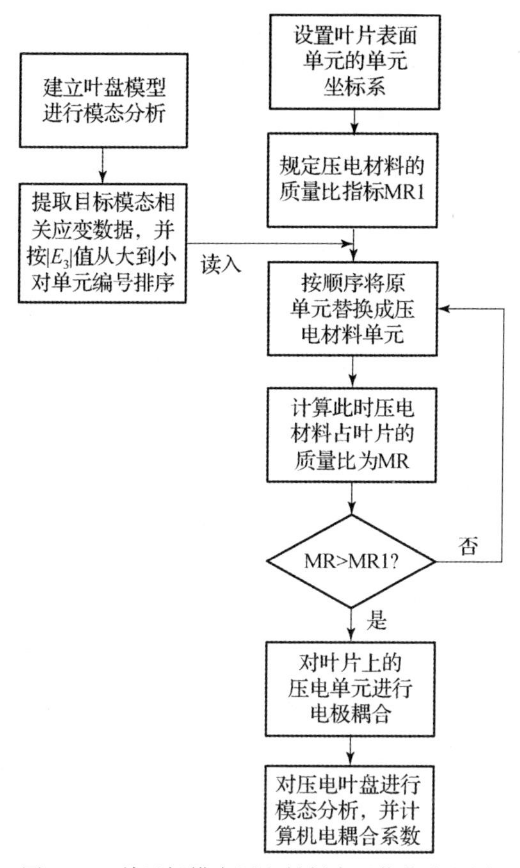

图 9 – 4　单目标模态压电材料布置优化流程图

9.3　优化设计实例——针对航空发动机中叶盘结构减振的压电材料拓扑分布

9.3.1　叶盘结构的振动模态

以基于 NASA rotor37 叶片设计的叶盘模型为例，取其一个扇区进行模态分析，按图 9 – 5 所示添加周期性边界条件；然后将结果扩展至整个叶盘。叶盘扇区数为 36，材料参数为：$E = 280\text{GPa}$，$\mu = 0.3$，$\rho = 7600\text{kg/m}^3$。模型的边界条件为叶盘结构内径处各节点完全约束。计算中未考虑轮盘旋转的影响，因为转速对振型的影响很小。

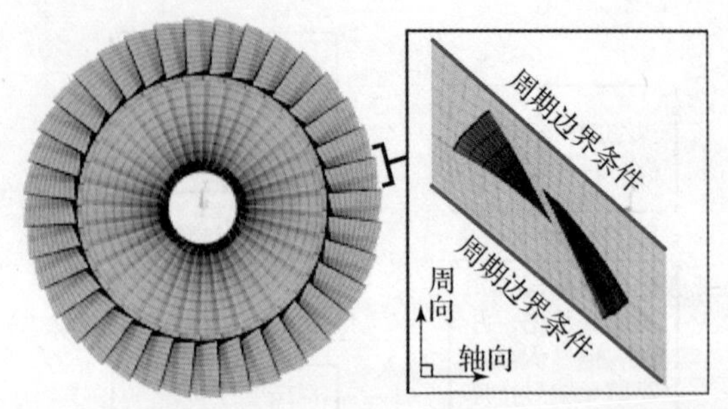

图 9-5　叶片/轮盘组合结构有限元模型及其扇区示意图

对其进行模态分析,得到的节径-频率图如图 9-6 所示。

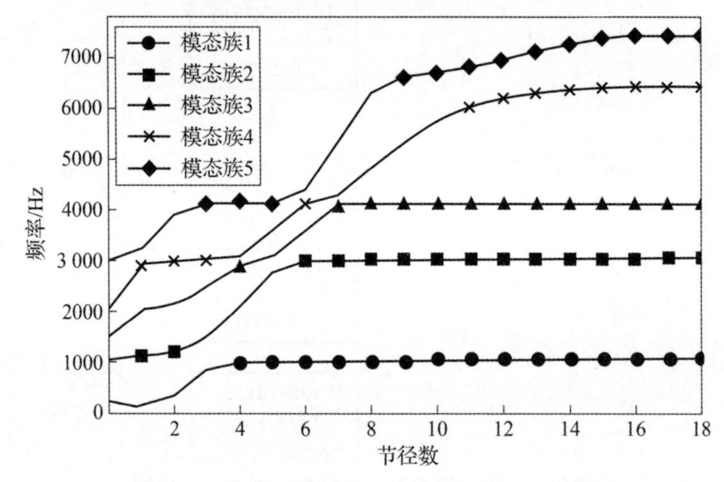

图 9-6　无压电材料时叶盘振动的节径-频率图

叶盘结构的振动模态可以分成三类:第一类是由轮盘振动主导的模态,如图 9-7(a)所示,在节径-频率图上的特征为频率迹线的斜率较大。第二类是由叶片振动主导的模态,如图 9-7(b)所示,在节径-频率图上的特征是随着节径数增大,频率的变化不是很明显,称为模态密集区,对应图 9-6 中频率迹线上标注的共振点的位置。虽然在模态密集区内的模态具有近似的频率,但对于旋转机械来说,一种谐波阶次激励只能激起其中一阶模态的振动,故式(9-7)仍适用。第三类是轮盘与叶片耦合振动的模态,简称盘片耦合振动模态,如图 9-7(c)所示,其频率对应节径-频率图上两条频率迹线最为接近的区域,即频率转向区的模态频率。与第 8 章中提到的频率转向区不同的是,这里的频率转向涉及的是盘片耦合模态;而第 8 章中的频率转向涉及的是机电耦合模态。

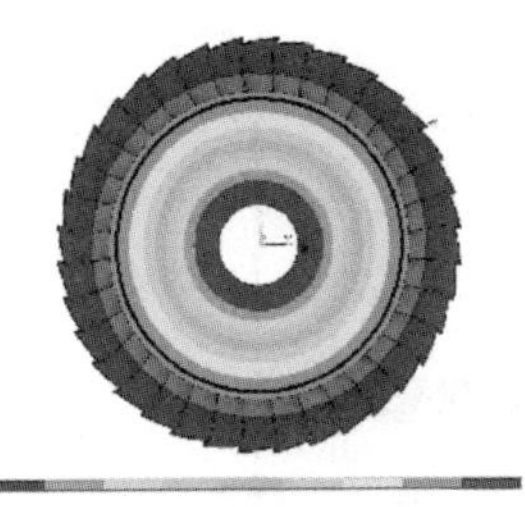
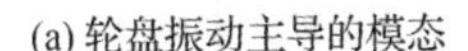

(a) 轮盘振动主导的模态

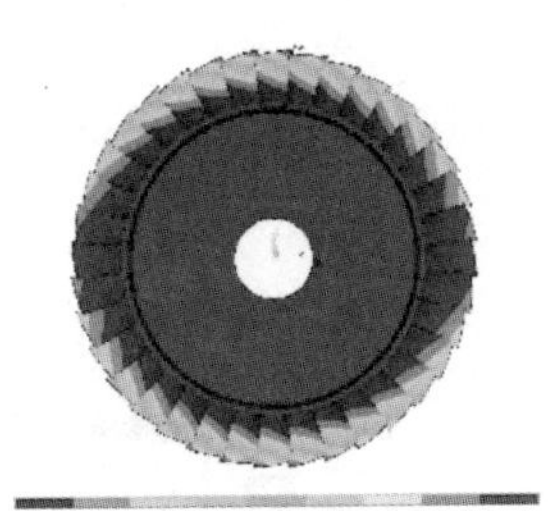

(b) 叶片振动主导的模态

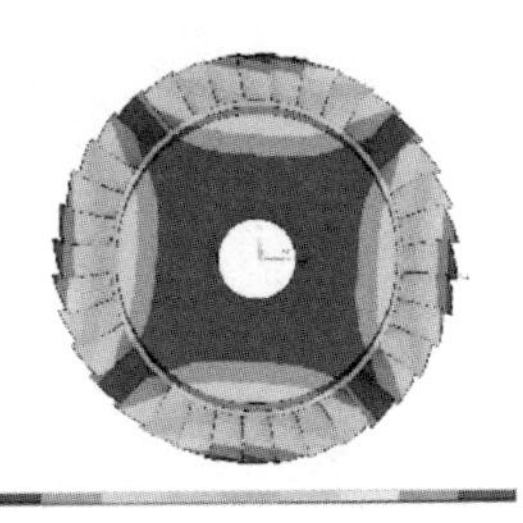

(c) 盘片耦合振动模态

图9－7 叶片/轮盘组合结构的典型振动模态

9.3.2 针对叶片减振的压电材料拓扑优化

对于叶片振型相似的模态,可以通过优化其中一阶模态下压电材料的分布,来提高这些模态下的机电耦合系数。

在以下两种情况中,以不同频率振动的叶片具有相似的振型:

(1)在同一个模态密集区内,不同节径数使相邻叶片的相位差不同,但是其叶片振型相似。

(2)在“频率转向区”,由于相近两个模态族之间的振型发生交换,相邻模态族之间存在频率近似的模态密集区,其叶片的振型相似。

针对如图9－5所示的叶盘模型的单扇区,运用流程图9－4所示的方法,确定压电材料的分布位置,将对应的单元(应用有限元软件ANSYS时可用Solid 185)替换成为压电单元(应用有限元软件ANSYS时可用Solid 5),并改变相应的材料参数。然后进行模态分析,获得开路与短路工况下的模态频率,再通过式(9－7)获得其机电耦合系数,进而预估此时该压电叶盘能达到的最佳阻尼效果。在本算例中,压电材料的型号为PZT－5H,其材料参数已在第7章的表7.2中给出。

9.3.2.1 单目标模态族的拓扑优化

1. 单目标模态族优化后的机电耦合系数

以第一模态族18节径的点为优化的目标模态,取压电材料的限定质量比MR1＝10%,对压电材料的分布进行优化,得到如图9－8所示的压电叶盘单扇区模型。此模态下的优化结果中,压电材料均位于叶背处,故图9－8中未展示叶盆的情况。图中红色单元为电流与极化方向一致的单元,反之为紫色。

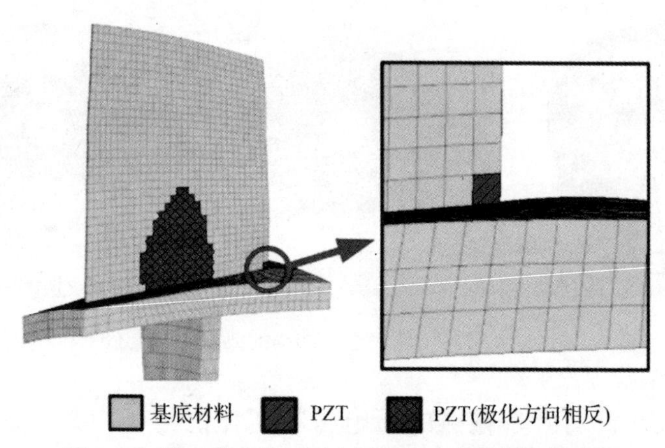

图 9-8　第一模态族下压电材料在叶片上的优化分布

分别计算开路与短路时的模态频率，并计算未进行电极耦合时的模态机电耦合系数。从图 9-9 中可以看出，与目标模态相似的模态(包括第一模态族的模态密集区与第二模态族中节径数为 1、2 的模态)，其机电耦合系数都处于较高的水平。

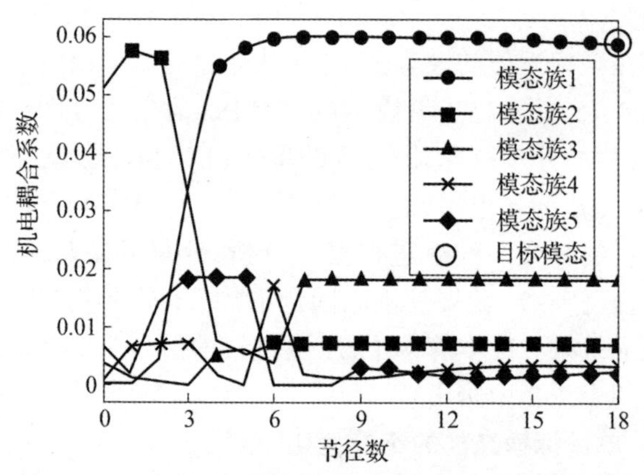

图 9-9　未进行电极耦合时压电叶盘的机电耦合系数

利用如图 9-3 所示的方式，将处于同一区域内的压电材料进行电极耦合；考虑到应用上的方便(一个叶片仅接一个分支电路)，将不同区域的压电材料之间用并联的方式进行电路连接，计算得到的机电耦合系数如图 9-10(a)所示，基于此按式(9-11)计算 RL 分支电路所能提供的最佳阻尼比，结果如图 9-10(b)所示，其值可以达到 12%。

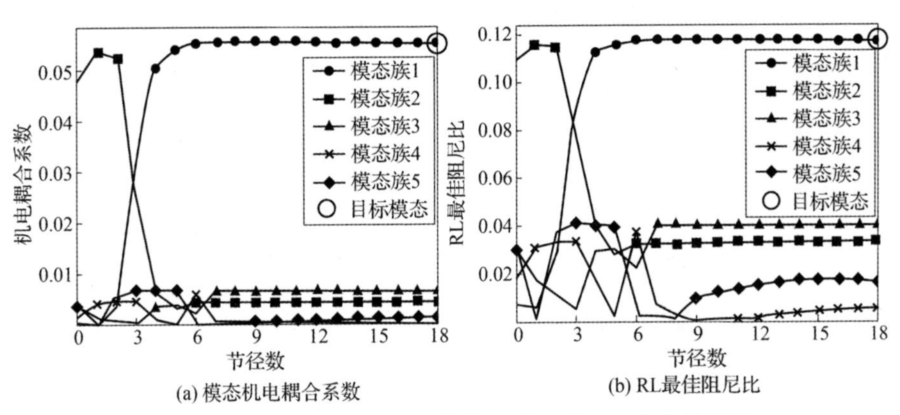

(a) 模态机电耦合系数　　(b) RL最佳阻尼比

图 9－10　电极耦合后压电材料针对第一模态族优化的结果

将图 9－10(a)与图 9－9 进行比较,可以看到在计算中对同一区域的压电材料单元做了耦合电极处理并将不同区域的压电材料之间用并联电路连接后,模态机电耦合系数有不同程度的下降;对于与目标模态相差较大的模态,下降量更明显。这是由于耦合电极相当于对整个耦合面上的电压进行了平均,原本 $|E_3|$ 大的位置的电势下降。叶片振型相差较大时,其 $|E_3|$ 的分布与目标模态并不一致,这些模态下非最优位置的压电单元的 $|E_3|$ 值较小,因此做了耦合电极的处理之后模态机电耦合系数降低得更明显。

由于压电材料机电耦合特性及横观各向异性,根据前述推导,以 $|E_3|$ 为优化准则给出压电材料优化分布的位置。由式(9－13)可知,指标 $|E_3|$ 实际上是一种特殊的等效应力,一般不包含在通用有限元程序的标准后处理中,需要研究人员自行编程进行获取。为了方便,我们是否可以直接利用有限元软件 ANSYS 中包含的标准等效应变,即冯·米塞斯应变为优化准则?其影响为多大?图 9－11 给出了以冯·米塞斯应变为优化准则时压电材料在叶片上的分布形式。可见此时第一模态族机电耦合系数明显低于以 $|E_3|$ 为优化准则时的结果,如图 9－12 所示。这说明以 $|E_3|$ 为指标的合理性和必要性。

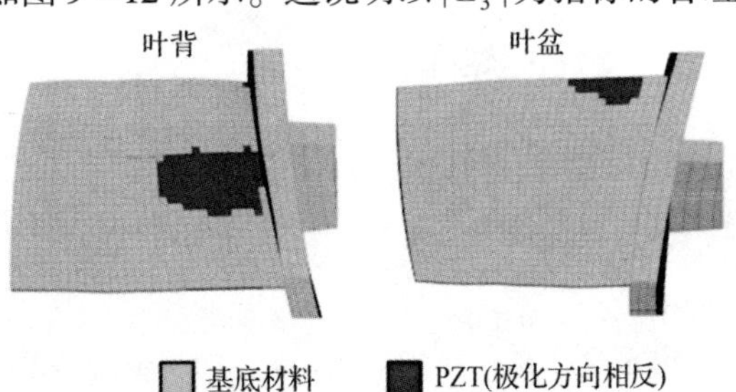

图 9－11　以冯·米塞斯应变为优化准则时压电材料在叶片上的优化分布

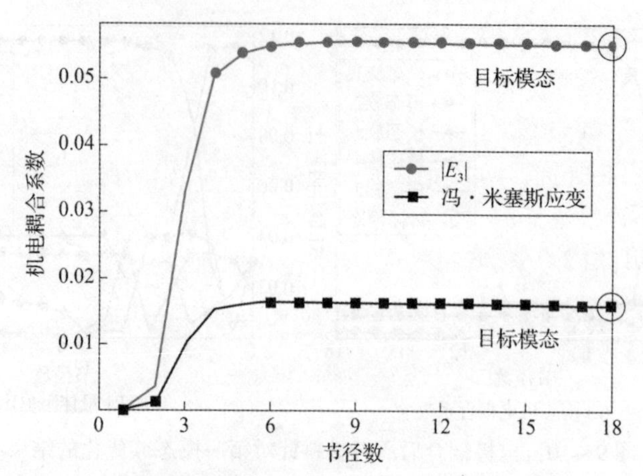

图 9-12　不同优化准则下第一模态族机电耦合系数比较图

2. 压电片分布及可实现的最佳阻尼比预估

分别以第 2 ~5 模态族中节径数为 18 的共振点为目标模态，运用图 9-4 所示方法进行压电材料的优化分布，得到对应上述各目标模态的压电材料的分布形式，如图 9-13 所示。将同一区域压电片的电极耦合并将不同区域压电材料连接电路后，可得对应各目标模态的机电耦合系数。

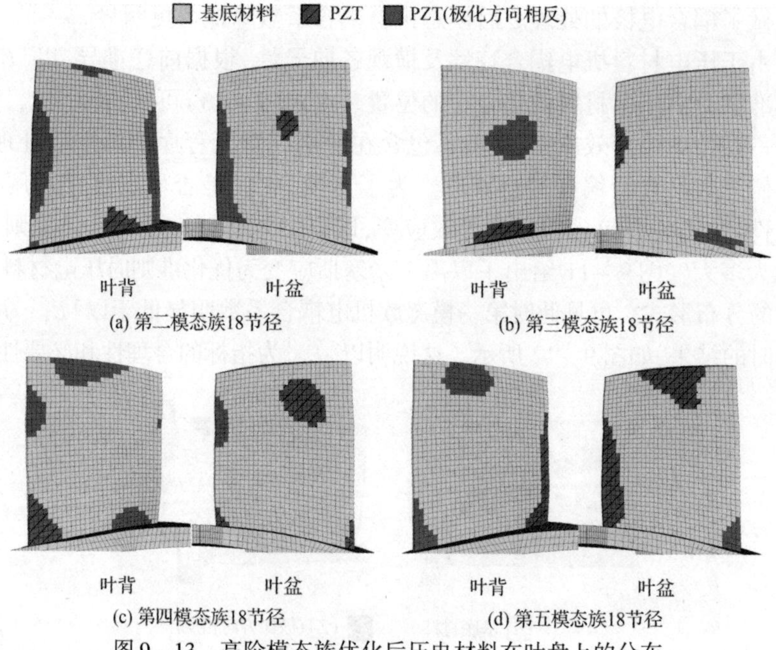

(a) 第二模态族18节径　(b) 第三模态族18节径

(c) 第四模态族18节径　(d) 第五模态族18节径

图 9-13　高阶模态族优化后压电材料在叶盘上的分布

表 9－1 反映了电极耦合与电路连接对模态机电耦合系数的影响。可以看出,将不同区域的压电材料并联会导致机电耦合系数下降。但是为减少叶片上电路元件的数量,牺牲一部分压电材料的减振效果是可以接受的。以第三模态族为例,拓扑优化的结果显示,需在 5 个不同区域铺设压电材料。这 5 个区域之间不连接电路时,目标模态的机电耦合系数 $k_j^2=0.0493$,对应 $\xi_{\text{opt}}^{\text{RL}}=11.1\%$;连接电路后对应 $\xi_{\text{opt}}^{\text{RL}}=9.5\%$,此时压电叶盘仍有较好的减振效果,而所需的电路元件数量从 10 减少到 2(RL 分支按一个电感和一个电阻计)。

表 9－1　不同电路状态下 k_j^2 和 $\xi_{\text{opt},j}^{\text{RL}}$ 的比较

目标/关注模态	耦合电极并连接电路	k_j^2	$\xi_{\text{opt},j}^{\text{RL}}$
第二模态族 18 节径	否	0.0234	7.7%
	是	0.0143	6.0%
	仅耦合电极	0.0200	7.1%
第三模态族 18 节径	否	0.0513	11.3%
	是	0.0360	9.5%
	仅耦合电极	0.0493	11.1%

9.3.2.2　多模态族共同优化

单目标模态优化时,只有同族模态(或振型类似的模态)的机电耦合系数较高,一般这些模态所在的频率段较窄,而实际叶盘的工作频率范围较宽。为了使优化结果能覆盖较宽的频带范围,本节讨论多目标模态共同优化的可行性。

图 9－14 为双目标模态(第 1、2 模态族中的 18 节径模态)时的压电材料的优化分布图,其中目标模态 1、2 的限定质量比分别为 3%、7%。蓝色区域为基底材料;紫色、红色区域分别为按目标模态 1、2 优化替换的压电材料,橙色区域为两者的重合部分,即在两个目标模态下都具有较大的 $|E_3|$。

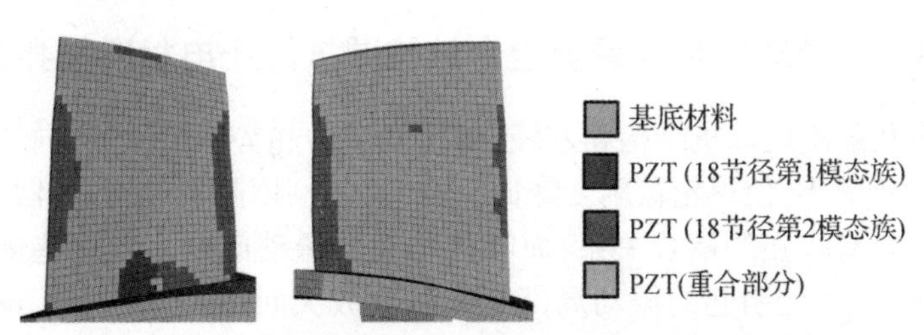

图 9－14　双目标模态时压电材料的优化分布图(附彩插)

分别计算不同区域连接和不连接电路时的机电耦合系数，并与以第1模态族18节径为目标模态进行优化的结果进行比较，如表9－2所示。从表9－2中可以看出，未进行电极耦合的情况下，按双目标模态优化的第1模态族的机电耦合系数与按单目标模态优化得到的机电耦合系数相比略小，而第2模态族的机电耦合系数得到了明显的提升。仅电极耦合的情况下，按双目标模态优化的机电耦合系数略有下降；但将各压电片用电路并联后，该值明显下降，原因如下：对应一个目标模态，该振型下其他目标模态压电材料的分布位置产生的相关应变较小，而将不同处压电材料的电极耦合后由于电压平均使得整体机电耦合系数明显下降。由此可见，此情况下即使采用如图9－3所示的电路及连接方式也不能改善效果，反而会使结果更差。

表9－2　单、双目标模态法下 k_j^2 和 $\xi_{\mathrm{opt},j}^{\mathrm{RL}}$ 的比较

目标模态	关注模态	耦合电极并连接电路	k_j^2	$\xi_{\mathrm{opt},j}^{\mathrm{RL}}$
单目标模态：第1模态族18节径	第1模态族18节径	否	0.0595	12.2%
		是	0.0552	11.7%
	第2模态族18节径	否	0.0073	4.3%
		是	0.0044	3.3%
双目标模态：第1、2模态族18节径	第1模态族18节径	否	0.0426	10.3%
		是	0.0005	1.1%
		仅耦合电极	0.0389	9.8%
	第2模态族18节径	否	0.0235	7.6%
		是	0.0092	4.8%
		仅耦合电极	0.0192	6.9%

9.3.3　针对叶片－轮盘组合结构减振的压电材料拓扑优化

在现代航空发动机结构朝着轻、薄化发展的趋势下，轮缘径向和厚度尺寸将进一步减小，使得轮盘刚度降低，与叶片的刚度越发接近。叶片和轮盘的振动将具有较强的耦合关系，而叶盘结构的振动问题多与这些耦合振动模态有关（如失谐引起的振动局部化和响应放大问题）。因此，无论是在叶片上还是在轮盘上分布压电材料，都可以抑制叶盘结构的振动，尤其是抑制

盘片耦合振动。在轮盘上分布压电材料可以避免对气动效率产生负面影响,从工艺的角度来看也更容易实现。

考虑压电材料在轮盘上的拓扑优化分布时,需取以轮盘振动为主导的模态或盘片耦合振动模态,其典型振型如图 9 - 6(a)、(c)所示。仍以基于 NASA rotor37 叶片设计的叶盘结构模型为例进行说明。根据其振动的节径 - 频率图和模态振型图,可分辨出轮盘主导模态和盘片耦合振动模态,并按照模态族的顺序整理,结果如表 9 - 3 所示。

表 9 - 3　轮盘主导模态和盘片耦合模态阶次

模态族阶次 S	节径数
1	0、1、2
2	0、1、4、5
3	0、1、2、3、4、6、7、8、9、10
4	0、4、5、6、7、8
5	1、2、3、4、8、9、10

取一个叶盘扇区作优化设计时,所取叶盘扇区模型如图 9 - 15 所示。

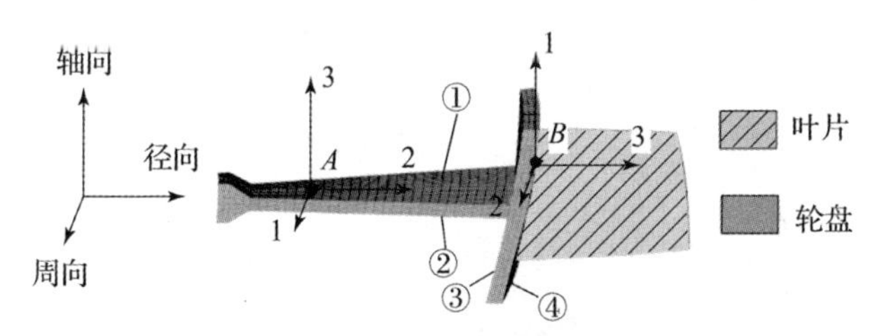

①—轮盘正面;②—轮盘背面;③—轮缘内侧;④—轮缘外侧。

图 9 - 15　叶盘扇区模型

9.3.3.1　单目标模态优化

设定压电材料质量占轮盘总质量的比例 $M = 5\%$,替换压电材料后进行模态分析,获取开路和短路的频率,并计算模态机电耦合系数和最佳阻尼比。图 9 - 16 给出了以第 1 阶模态族 0 节径作为目标模态的压电材料分布的拓扑优化结果。

对应这种分布,采用电感 - 电阻分支电路时预估可达到的最佳阻尼比如图 9 - 17 所示。

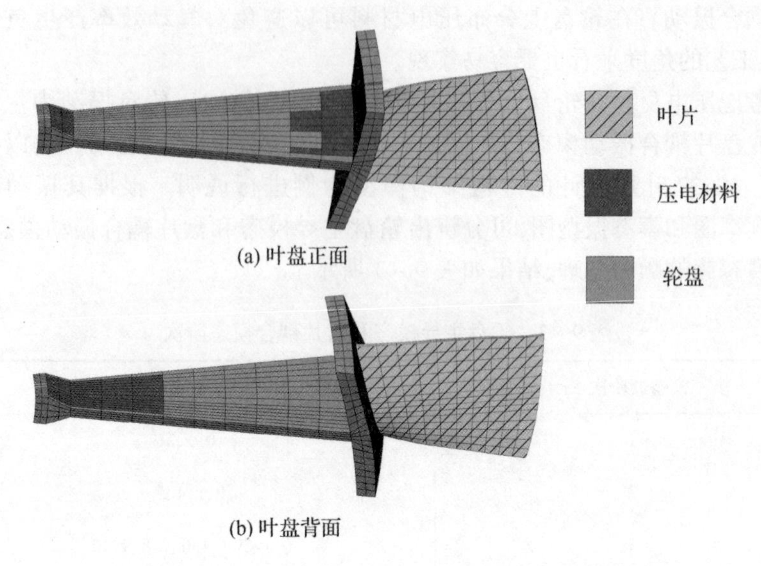

图 9-16　单目标模态的压电材料拓扑优化分布

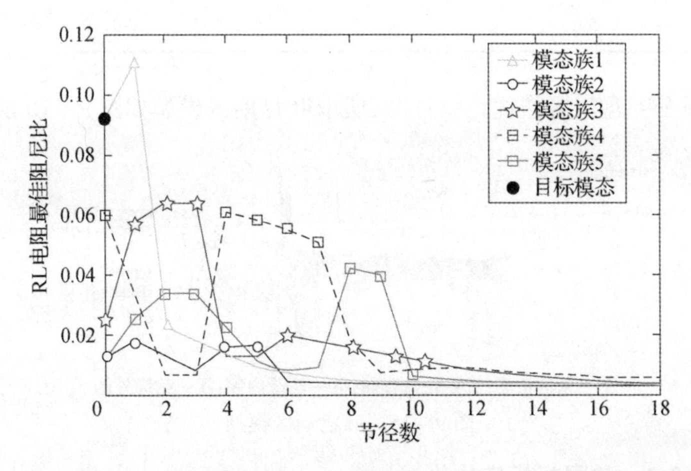

图 9-17　以第 1 阶模态族 0 节径为目标模态的节径-最佳阻尼比($M=5\%$)

若增加压电材料用量,使压电材料质量占轮盘总质量的比例为 $M=10\%$ 时,所得到的最佳阻尼比如图 9-18 所示。将图 9-17 和图 9-18 进行对比不难看出,设置更多的压电材料后,第 1 阶模态族 0 节径对应的最佳阻尼比并不能成倍增加。这说明分布更多压电材料带来的减振效果边际效应是递减的。

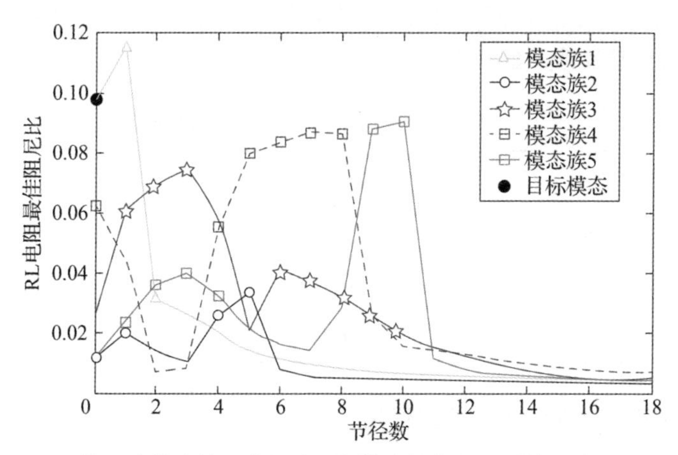

图9－18　以第1阶模态族0节径为目标模态的节径－最佳阻尼比($M=10\%$)

9.3.3.2　多目标模态优化

图9－19给出了以第3阶模态族第3节径为“目标模态1”，第3阶模态族第10节径为“目标模态2”时，压电材料分布拓扑优化结果。压电材料的质量与轮盘结构材料的质量比仍为5%。

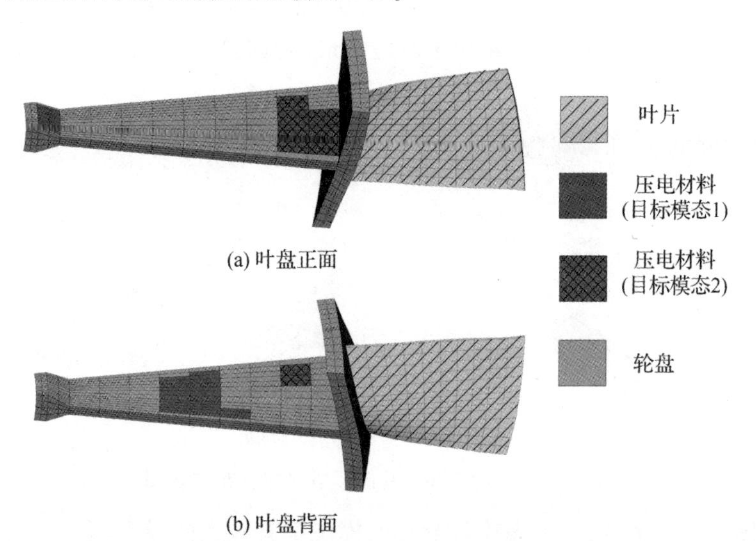

图9－19　多目标模态优化时轮盘上压电材料的拓扑分布

将单目标模态优化和多目标模态优化的拓扑分布可实现的最佳阻尼比进行对比，结果如表9－4所示。上述结果表明，无论是取单目标模态优化还是取多目标模态优化，目标模态的最佳阻尼比均可达到较高水平。单目标模态优化分布可实现的阻尼比更大;多目标模态优化分布可实现的阻尼比虽相对较低,但其涉及的模态多、频率范围宽。

表 9-4 两阶模态处于同一模态族的最佳阻尼比

最佳阻尼比	ξ(目标模态1)	ξ(目标模态2)
目标模态1	0.0916	0.0394
目标模态2	0.0256	0.1086
同时考虑	0.0754	0.0927

9.3.3.3 轮盘和叶片共同优化

在轮盘上分布压电材料只对轮盘主导模态及叶盘耦合振动模态减振效果较好;若想在叶盘工作的宽频范围内叶片和轮盘都取得较好的减振效果,应考虑同时在叶片和轮盘上分布压电材料。以第1阶模态族0节径模态(轮盘主导模态)为"目标模态1",在轮盘上分布占轮盘质量5%的压电材料,再以第1阶模态族18节径模态(叶片主导模态)为"目标模态2",在叶片上分布占叶片质量10%的压电材料;图9-20给出了这种优化方式下压电材料位置的分布,图9-21给出了对应的最佳阻尼比。

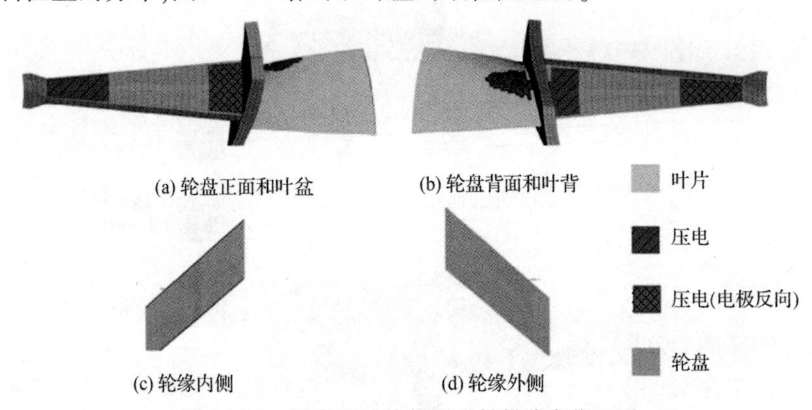

图 9-20 轮盘和叶片的压电材料分布位置图

图9-21中,第1模态族各节径的模态都有较大的模态阻尼比,其中轮盘主导模态及叶盘耦合振动模态最大有13%的阻尼比,叶片主导模态最大有8%的阻尼比。对于其他模态族进行类似的优化时也可得出相同的结论,证明这种优化方法对于同时提高轮盘主导模态、叶片主导模态和叶盘耦合振动模态的阻尼是有效的。

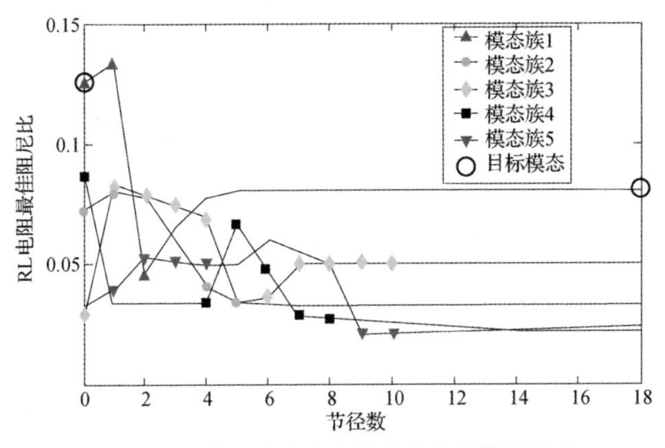

图 9-21 轮盘和叶片共同优化的最佳阻尼比

9.4 循环压电网络周期布局的设计理论

我们在讨论循环压电周期结构动力学特性及应用时,一般假设循环周期结构的每个扇区中都布置了压电片,也就是说假设压电分支电路或压电网络的周期与循环周期结构的周期相同。关于压电网络能量传递功能的研究提示我们,仅布置很少的压电电路甚至非周期设置也可以实现减振。采用尽可能少的附加结构系统实现振动控制,在航空航天结构设计中具有重要的意义。特别是航空发动机中的叶盘,还可能有扇区密集、空间有限,不能保证在每个扇区中都能布置压电片,只能够在一部分扇区中布置压电片的情况(比如高压压气机转子整体叶盘);或者由于部分压电片失效,利用剩余压电片减振的情况等;在这些情况下,压电网络的周期数可能与结构的周期数不同。为了区别电场与结构同周期的情况,我们称电场与结构周期不同的循环压电结构为异周期循环压电结构。本节讨论异周期循环压电结构中压电网络的布局问题;结合对异周期Ƿ型压电网络布局的讨论给出异周期压电网络布局的设计理论。

9.4.1 具有异周期压电网络的循环周期结构模型

9.4.1.1 集总参数模型

本节基于 2 自由度模拟结构扇区的集总参数模型展开分析,设在扇区数为 N 的结构中,每隔 n 个扇区布置一个压电片(图 9-22),并利用电学元件将所有的压电片并联在一起形成一个压电网络(图 9-23),则此时压电网络

的电学周期数为 $p=N/n$（n 的取值应保证 p 为整数）。当 $n=1$ 时，意味着每个扇区中都具有压电片，也就是说压电网络的电学周期数与叶盘结构的机械周期数相同，我们称这种压电网络为同周期Ƥ型压电网络；当 $n>1$ 时，意味着只在部分扇区布置压电片，对应的压电网络称为异周期Ƥ型压电网络，参数 p 为电学周期数。

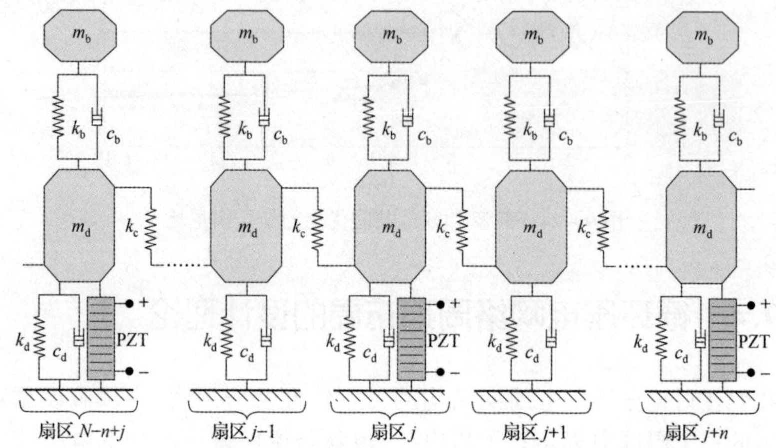

图 9-22　具有异周期压电网络的循环周期结构集总参数模型

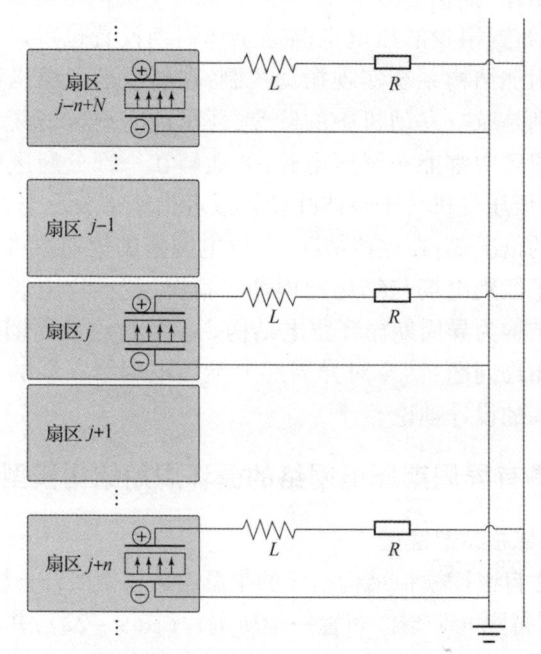

图 9-23　异周期Ƥ型压电网络电路模型

9.4.1.2 动力学方程

具有异周期Ｐ型压电网络的循环周期结构扇区可以分为两类,一类有压电片,另一类没有压电片。对于没有压电片的扇区,即 $j\neq 1,n+1,2n+1,\cdots,N-n+1$ 时,其机电耦合方程为

$$\begin{cases}\lambda^2 y''_{\mathrm{b},j}+2\lambda\xi_{\mathrm{cb}}y'_{\mathrm{b},j}-2\lambda\xi_{\mathrm{cb}}y'_{\mathrm{d},j}+y_{\mathrm{b},j}-y_{\mathrm{d},j}=g_j(\tau)\\ \lambda^2(\delta_{\mathrm{m}}+\delta_{\mathrm{e}})y''_{\mathrm{d},j}-2\lambda\xi_{\mathrm{cb}}y'_{\mathrm{b},j}+2\lambda(\xi_{\mathrm{cb}}+\xi_{\mathrm{cd}})y'_{\mathrm{d},j}-y_{\mathrm{d},j}+\\ (1+\gamma_{\mathrm{d}}+\gamma_{\mathrm{oc}}+2\gamma_{\mathrm{c}})y_{\mathrm{d},j}-\gamma_{\mathrm{c}}y_{\mathrm{d},j-1}-\gamma_{\mathrm{c}}y_{\mathrm{d},j+1}=\delta_{\mathrm{f}}g_j(\tau)\end{cases} \tag{9-16}$$

对于有压电片的扇区,即 $j=1,n+1,2n+1,\cdots,N-n+1$ 时,单扇区无量纲机电耦合方程为

$$\begin{cases}\lambda^2 y''_{\mathrm{b},j}+2\lambda\xi_{\mathrm{cb}}y'_{\mathrm{b},j}-2\lambda\xi_{\mathrm{cb}}y'_{\mathrm{d},j}+y_{\mathrm{b},j}-y_{\mathrm{d},j}=g_j(\tau)\\ \lambda^2(\delta_{\mathrm{m}}+\delta_{\mathrm{e}})y''_{\mathrm{d},j}-2\lambda\xi_{\mathrm{cb}}y'_{\mathrm{b},j}+2\lambda(\xi_{\mathrm{cb}}+\xi_{\mathrm{cd}})y'_{\mathrm{d},j}-y_{\mathrm{d},j}+(1+\gamma_{\mathrm{d}}+\gamma_{\mathrm{oc}}+2\gamma_{\mathrm{c}})y_{\mathrm{d},j}-\\ \gamma_{\mathrm{c}}y_{\mathrm{d},j-1}-\gamma_{\mathrm{c}}y_{\mathrm{d},j+1}-\gamma_{\mathrm{e}}q_j+\dfrac{1}{p}\displaystyle\sum_{l=1}^{p}(\gamma_{\mathrm{e}}q_{(l-1)n+1})=\delta_{\mathrm{f}}g_j(\tau)\\ \lambda^2\delta_{\mathrm{L}}q''_j+2\lambda\xi_{\mathrm{R}}q'_j+\gamma_{\mathrm{s}}q_j-\dfrac{1}{p}\displaystyle\sum_{l=1}^{p}(\gamma_{\mathrm{s}}q_{(l-1)n+1})-\gamma_{\mathrm{e}}y_{\mathrm{d},j}+\dfrac{1}{p}\displaystyle\sum_{l=1}^{p}(\gamma_{\mathrm{e}}y_{\mathrm{d},(l-1)n+1})=0\end{cases} \tag{9-17}$$

当用统一的矩阵形式表示时为

$$\lambda^2\boldsymbol{M}\boldsymbol{y}''(\tau)+\lambda\boldsymbol{C}\boldsymbol{y}'(\tau)+\boldsymbol{K}\boldsymbol{y}(\tau)=\boldsymbol{g}(\tau) \tag{9-18}$$

此时系统中的电学自由度数为 p,因此式(9-18)中的向量 $\boldsymbol{y}(\tau)$ 维数为 $(2N+p)\times 1$,而系统的无量纲质量矩阵 $\boldsymbol{M}$,阻尼矩阵 $\boldsymbol{C}$ 以及刚度矩阵 $\boldsymbol{K}$ 的维数均为 $(2N+p)\times(2N+p)$。

刚度矩阵子块 $\mathbf{K}_{\mathrm{m},j}$ 的具体形式为

$$\mathbf{K}_{\mathrm{m},j}=\begin{cases}\begin{pmatrix}1 & -1\\ -1 & 1+\gamma_{\mathrm{d}}+2\gamma_{\mathrm{c}}\end{pmatrix} & (j\neq 1,n+1,2n+2,\cdots,N-n+1)\\ \begin{pmatrix}1 & -1\\ -1 & 1+\gamma_{\mathrm{d}}+\gamma_{\mathrm{oc}}+2\gamma_{\mathrm{c}}\end{pmatrix} & (j=1,n+1,2n+2,\cdots,N-n+1)\end{cases} \tag{9-19}$$

其他无量纲参数的定义方式及取值均与8.1.2节一致。

9.4.2 具有异周期Ｐ型压电网络的循环周期结构固有特性

对具有同周期Ｐ型压电网络的循环周期结构模态进行空间傅里叶分析可以发现,其机械固有模态只含单一的节径成分(图9-24);而对具有异周

期Ƥ型压电网络的循环周期结构模态进行空间傅里叶分析可以发现,结构的机械固有模态的空间节径成分(图9-25)除了对应原有机械周期的节径成分之外,还出现了新的节径成分,且电学周期数 p 的值越小,周期结构机械模态的空间节径成分越丰富。这说明,Ƥ型压电网络的周期会对结构固有模态的空间振型节径成分产生显著的影响。

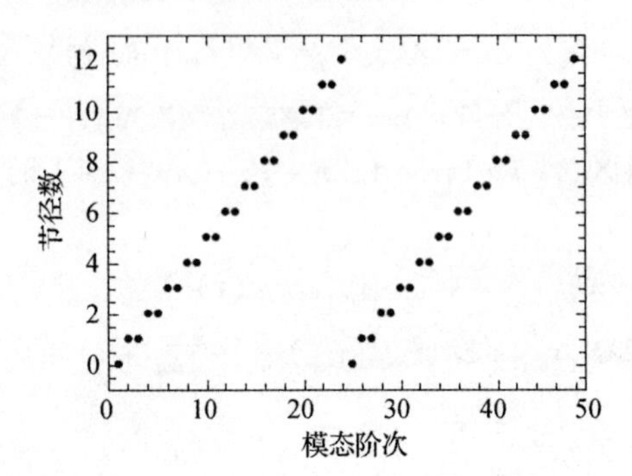

图9-24　具有同周期Ƥ型压电网络的循环周期结构机械模态的节径成分($N=24$)

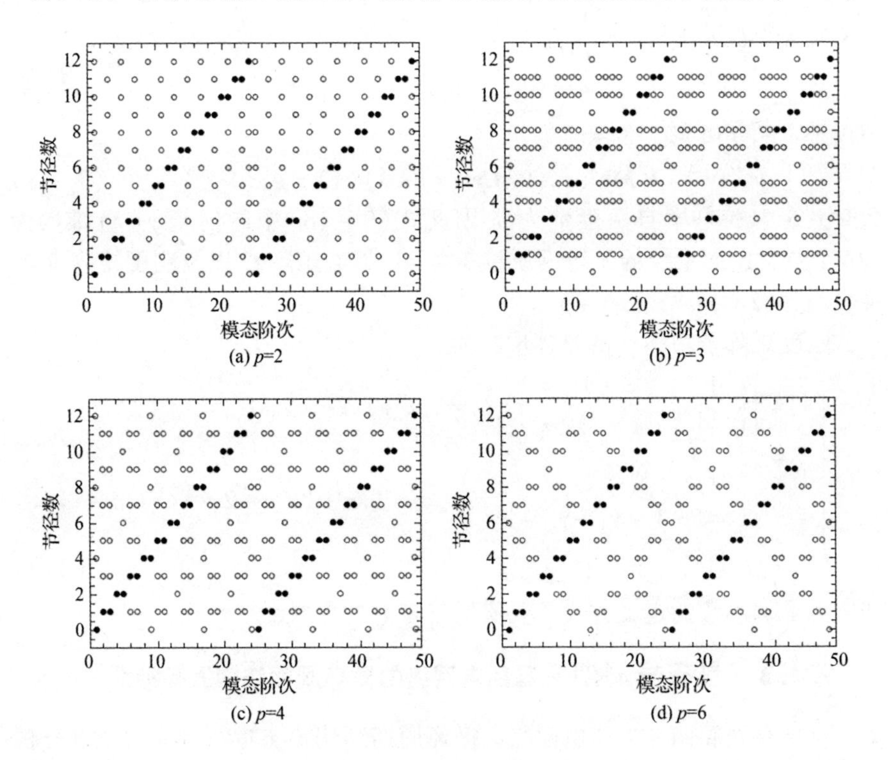

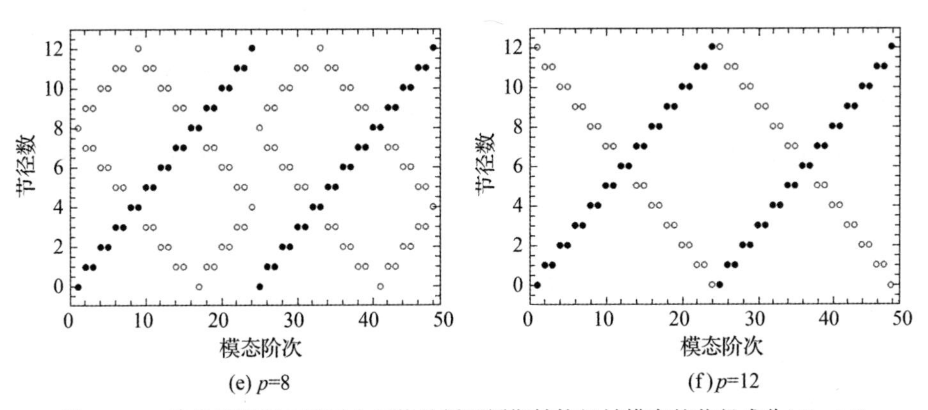

图9－25 具有异周期P型压电网络的循环周期结构机械模态的节径成分（$N=24$）

通过空间傅里叶分析还可以获得各节径成分所占的比例。以电学周期数为 $p=12$ 时为例，利用空间傅里叶变换获得叶盘结构第2阶模态和第8阶模态的节径成分如图9－26（a）和（b）所示。可以看出，第2阶模态的节径成分包括节径数1和节径数11，但是对应于节径数11的节径成分的幅值远小于对应于节径数1的节径成分的幅值。类似地，第8阶模态的节径成分包括节径数4和节径数8，但是对应于节径数8的节径成分的幅值远小于对应于节径数8的节径成分的幅值。这表明虽然异周期P型压电网络的周期使叶盘结构的节径成分变得更加复杂，但是各阶模态振型的节径谱中占主导成分的仍然是结构周期所对应的节径数。

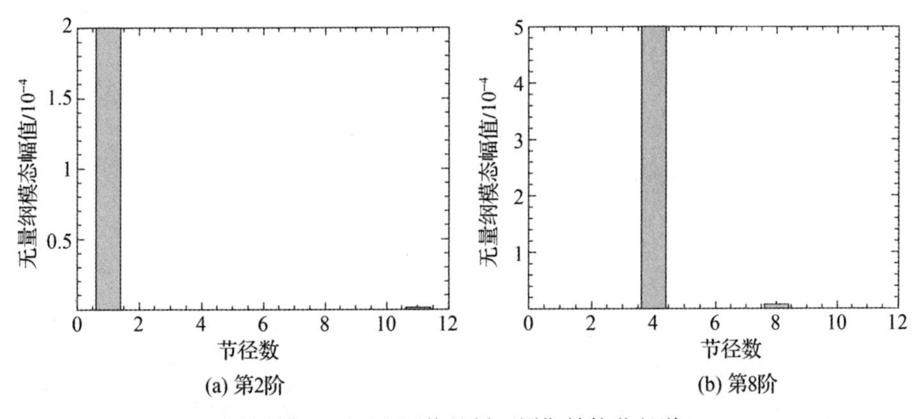

图9－26 具有异周期P型压电网络的循环周期结构节径谱（$p=12$，$N=24$）

需要注意的是，对于具有异周期P型压电网络的系统，并非所有机械模态振型的节径成分都发生改变，成分增加。从图9－25（f）中可以看到，当电学周期数为 12 时,系统的第 12、13、36 和 37 阶振型的节径成分仍是单一节径成分,并没有增加。其原因在于,在这种情况下压电片的粘贴位置恰好位于轮盘振型的节径处(第 12 阶振动的模态振型及压电片位置如图 9－27(a)所示),此时压电片失去了作用,因此不会对叶盘结构的空间节径成分产生影响。系统的第 13 阶振型如图 9－27(b)所示,其与第 12 阶模态为共轭模态,虽然压电片的电极电压不为 0,但所有扇区中压电片电极电压完全相同,电路中没有电流流过,因此压电片同样失去作用,也不会对叶盘结构的空间节径成分产生影响。同理,可以解释第 36、37 阶机械模态空间节径成分没有增加的原因。

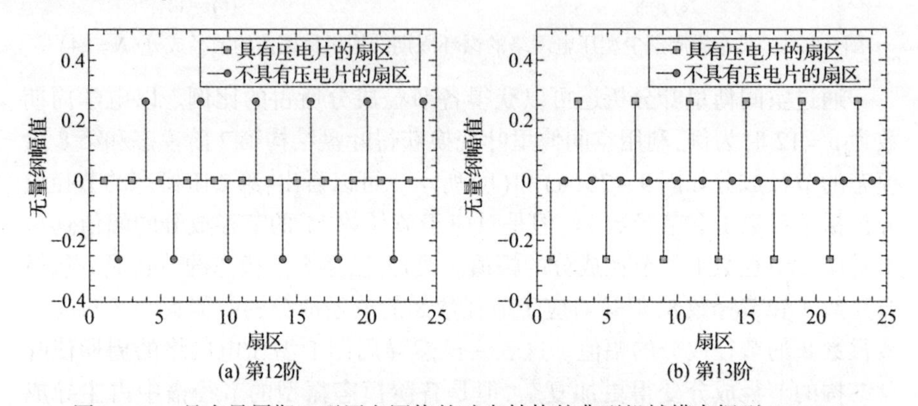

图 9－27 具有异周期Ƥ型压电网络的叶盘结构的典型机械模态振型($N=24$)

9.4.3 异周期压电网络布局的设计理论

下面结合航空发动机中叶盘结构的减振抑振,阐述异周期Ƥ型压电网络的布局设计理论,设叶盘结构扇区数 $N=24$。

9.4.3.1 谐调周期结构

当只有部分扇区贴有压电片时,对应于不同激励阶次下,不同电学周期数的Ƥ型压电网络对叶片一阶振动峰值的抑制效果对比如图 9－28 所示(激励阶次为 1～6)。可以看出,当激励阶次小于叶盘结构的频率转向节径数(5)时,每个扇区都贴有压电片时(同周期Ƥ型压电网络)的振动抑制效果最好。但是当只有少数几个扇区贴有压电片时,Ƥ型压电网络依然具有较好的振动抑制效果。这一结果告诉我们,在受到空间等因素的限制,无法在叶盘结构的每个扇区都布置压电片时,或部分压电片失效时,仍有可能利用少量的压电片获得较为可观的振动抑制效果。

值得注意的是，从图 9 - 28 中的计算结果发现，当只有部分扇区分布压电片时，并非压电片的数量越多，P 型压电网络的振动抑制效果越好。P 型压电网络的振动抑制效果与电学周期数和激振力的空间分布相关。例如，当叶盘结构受到激励阶次为 3 的阶次激励时，电学周期数为 4、8、12 的 P 型压电网络具有较好的振动抑制效果，而电学周期数为 2、3、6 的 P 型压电网络的振动抑制效果则很差。接下来我们用不同激励阶次激起的各扇区振动的相位差来解释这一现象。

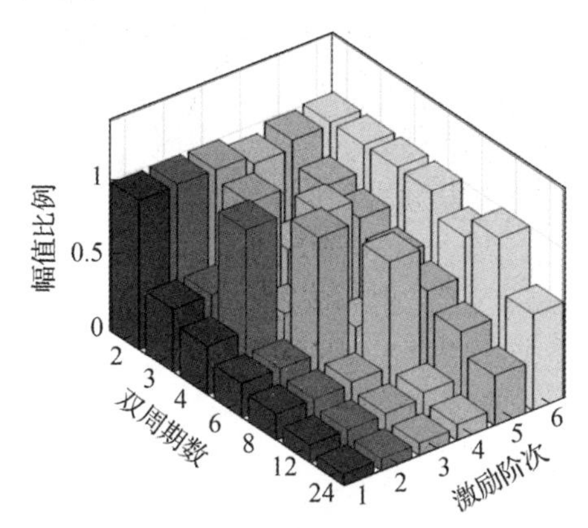

图 9 - 28　异周期 P 型压电网络的最优振动抑制效果

各扇区电荷自由度之间的位移相位差可以表示为

$$\varphi_{\mathrm{e}}=\frac{2\pi \cdot E}{p} \tag{9-20}$$

电荷自由度之间的相位差 φ_{e} 与激励阶次 E 和电学周期数 p 相关。如果 φ_{e} 是 π 的整数倍，则 P 型压电网络各扇区之间的电荷会相互抵消，这样会大大降低压电网络的振动抑制特性。例如叶盘所受的激励阶次 $E=3$，当 P 型压电网络的电学周期数分别为 2、3 和 6 时，根据式(9 - 20)可得对应的 φ_{e} 值分别为 3π、2π 和 π，均为 π 的整数倍，此时压电网络只对有压电片的扇区(下文简称为“压电扇区”)或者与压电扇区相位差为 $\Delta\varphi_{\mathrm{m}}=k\cdot\pi$ 的扇区($\Delta\varphi_{\mathrm{m}}$ 表示该扇区与距离最近的压电扇区之间机械自由度的振动相位差，且 k 为正整数)具有较好的振动抑制效果，而对于与压电扇区相位差为 $\Delta\varphi_{\mathrm{m}}=k\cdot(\pi/2)$ 的扇区则没有振动抑制效果。因此，此时 P 型压电网络相当于对于整个叶盘没有振动抑制效果，如图 9 - 29(a)、(b)、(d)所示。而电学周期数为 4、8、12 时，对应的 φ_{e} 值分别为 $3\pi/2$、$3\pi/4$ 和 $\pi/2$，此时 P 型压电网络对叶盘结构的每个扇区都具有较好的振动抑制效果，如图 9 - 29(c)、(e)、(f)

所示。同理，当叶盘结构所受激励阶次 $E=1$ 时，电学周期数为3、4、6、8、12的Ƥ型压电网络具有较好的振动抑制效果。$E=2$ 时，电学周期数应设计为3、6、8、12。$E=4$ 时，电学周期数应取3、6、12。$E=5$ 时，电学周期数应取2、3、6、12。

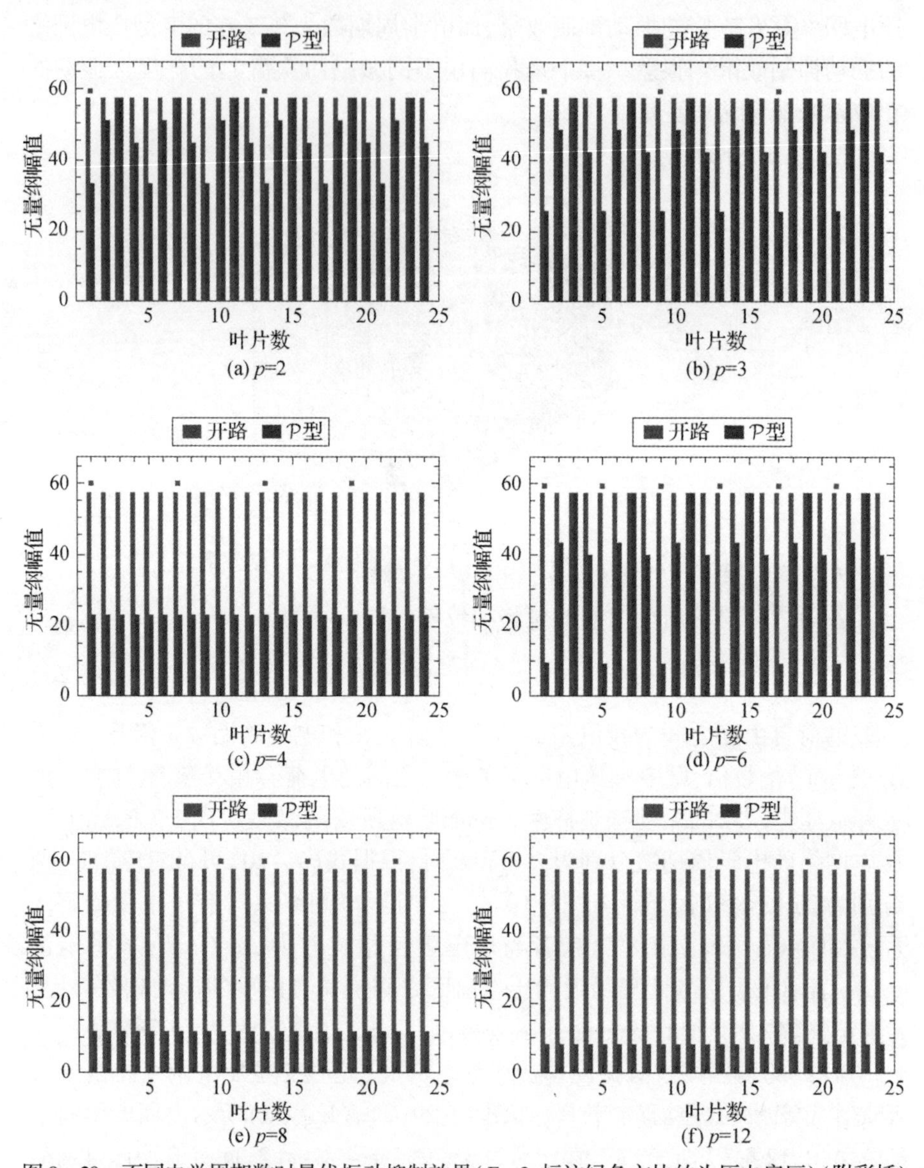

图9-29 不同电学周期数时最优振动抑制效果($E=3$，标注绿色方块的为压电扇区)(附彩插)

9.4.3.2　失谐的周期结构

设叶片刚度具有 5% 的随机失谐。在此情况下,失谐叶盘结构和谐调叶盘结构叶片第 8 阶模态振型的对比如图 9－30 所示。对图 9－30 中的振型进行空间傅里叶分析,可以得到该模态振型对应的节径谱(图 9－31)。由谐调叶盘结构节径谱可知,第 8 阶振动为 4 节径振动,而失谐情况下,叶盘结构第 8 阶模态的节径谱成分则较为复杂。对比发现,虽然失谐叶盘结构的节径谱成分比谐调情况复杂,但失谐叶盘结构的节径谱中仍以对应的谐调叶盘结构的节径成分为主。

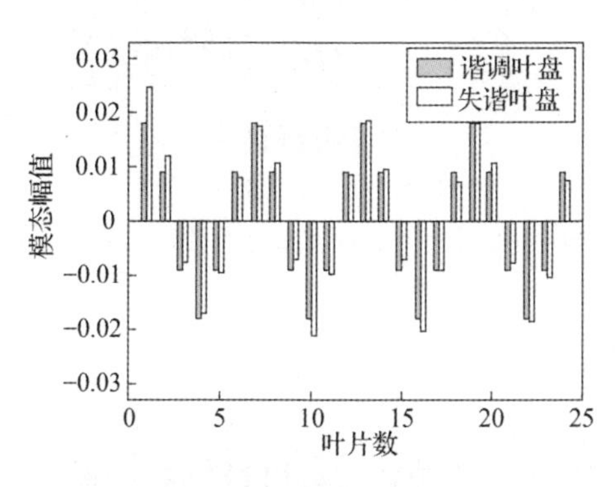

图 9－30　谐调/失谐叶盘结构第 8 阶模态振型

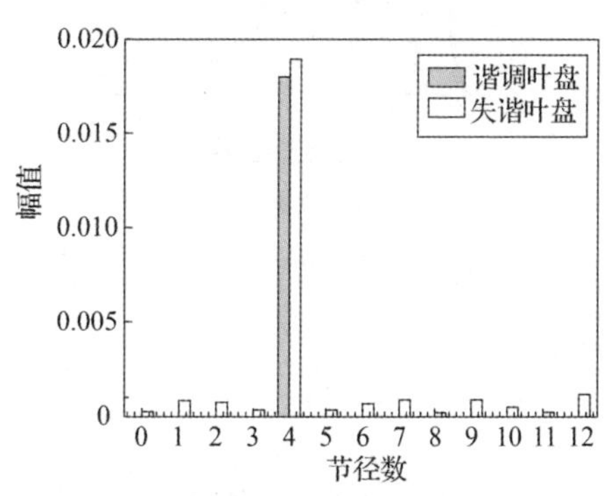

图 9－31　谐调/失谐叶盘结构第 8 阶模态节径谱

因此,根据模态分析的结果可以推测,当失谐叶盘结构所受的激振力阶次为 4 时,由于其激励起的主模态为节径数为 4 的模态,因而设计电学周期数为 12、6、3 的Ƥ型压电网络很可能对其具有较好的抑制作用。而由于失谐叶盘结构响应的节径成分中除了 4 节径,还包含了其他的节径成分,因此电学周期数为 8、4、2 的Ƥ型压电网络并非完全没有振动抑制效果,而是其效果相对较差。

图 9－32 给出了在失谐强度为 5% 时,具有不同电学周期数的Ƥ型压电网络的失谐响应放大因子的概率密度曲线。可以看出,在激励阶次为 4 的时候,电学周期数为 12、6、3 的Ƥ型压电网络对失谐叶盘结构的响应放大具有较好的抑制作用[图 9－32(a)],甚至可以从统计意义上消除失谐叶盘结构的响应放大因子(所有的响应放大因子都小于 1)。异周期为 8、4、2 的Ƥ型压电网络对失谐叶盘结构的响应放大也具有一定的抑制作用[图 9－32(b)],只是效果相对较差。这表明,即使只在部分扇区贴有压电片,依然能够对叶盘结构的失谐响应放大具有较好的抑制效果。需要强调的是,与谐调叶盘相

同,压电周期的选择应遵循压电扇区的振动相位差:

$$\varphi_{e}\left(=\frac{2\pi \cdot E}{p}\right)\neq k \cdot \pi \tag{9-21}$$

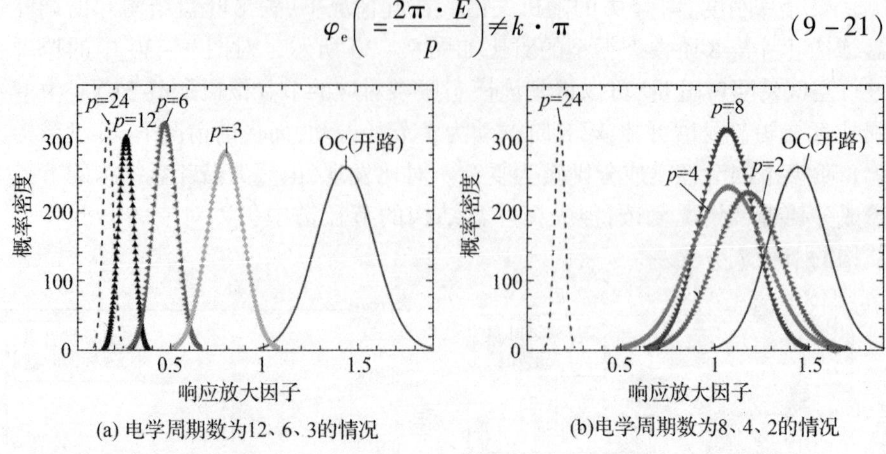

(a) 电学周期数为12、6、3的情况

(b)电学周期数为8、4、2的情况

图 9-32 具有异周期Ƥ型压电网络的失谐响应放大因子的概率密度曲线($E=4$)

9.5 小结

(1)本章给出了如何确定循环压电周期结构扇区中压电材料分布位置的拓扑优化设计方法:将沿着结构表面法向向外的方向作为压电材料的极化方向(3 方向),以沿 3 方向的电场强度的绝对值$|E_3|$为优化准则,优先考虑$|E_3|$大的位置,从而获得对应的压电材料分布形式,改善压电结构的减振抑振效果。

(2)作为拓扑优化方法的应用实例,本章针对基于航空发动机 NASA rotor37 叶型的叶盘结构减振给出了在限制压电材料用量的条件下压电片在叶盘扇区的优化布置方案。结果表明,针对叶片一弯振型,仅使用质量占叶片质量 10% 的压电材料,可提供 12% 的阻尼比;对于叶片“弯扭耦合”及“二弯”振型,采用压电材料优化布置方案也能获得较大的阻尼比,分别为 6% 与 9.5%。为了在较宽频域对多模态减振,可以采用多目标模态优化,以改善只对单目标模态优化时所产生的其他某些模态阶次机电耦合系数过小的问题。为了使叶片和轮盘均获得较好的减振效果,需要同时在叶片和轮盘上布置压电材料。

(3)在扇区压电材料分布拓扑优化的基础上,本章分析了具有异周期压电网络的循环周期结构固有特性,为异周期压电网络的优化布局奠定了理论基础。异周期并联Ƥ型压电网络会改变叶盘结构固有振型的空间节径成分,使叶盘结构的振型除了含有同周期情况下的空间节径成分外,又增加了新的节径成分,且电学周期数越小,固有振型的节径成分越复杂,但振型节径谱中占主导成分的仍然是同周期系统所对应的节径数。

(4)采用异周期压电网络意味着采用较少的压电材料及电学元件。分析表明其振动抑制效果与叶盘结构所受的激励阶次和压电片分布扇区间的空间关系相关。异周期网络的分布原则是:压电扇区之间的相位差,在协调情况下满足式(9-21),在失谐情况下满足式(9-22)。

(5)统计分析表明,通过对异周期 P 型压电网络进行合理的设计,即使利用较少的压电片,也能降低叶盘结构的响应放大因子。其设计原则同对谐调周期结构的异周期 P 型压电网络设计。

参考文献

[1] DUCARNE J, THOMAS O, DEÜ J F. Placement and dimension optimization of shunted piezoelectric patches for vibration reduction[J]. Journal of Sound and Vibration, 2012, 331(14): 3286-3303.

[2] LI L, YIN S H, LIU X, LI J. Enhanced electromechanical coupling of piezoelectric system for multimodal vibration[J]. Mechatronics, 2015, 31: 205-214.

[3] THOMAS O, DUCARNE J, DEÜ J F. Performance of piezoelectric shunts for vibration reduction[J]. Smart Materials and Structures, 2012, 21(1): 015008-1-015008-16.

[4] MIN J B, DUFFY K P, CHOI B B, et al. Numerical modeling methodology and experimental study for piezoelectric vibration damping control of rotating composite fan blades[J]. Computers & Structures, 2013, 128: 230-242.

[5] NEUBAUER M, WALLASCHEK J. Vibration damping with shunted piezoceramics: Fundamentals and technical applications[J]. Mechanical Systems and Signal Processing, 2013, 36(1): 36-52.

[6] 李琳, 田开元, 范雨, 等. 基于拓扑优化的叶盘压电阻尼器性能研究[J]. 推进技术, 2020, 41(8): 1831-1840.

[7] 李琳, 马皓晔, 范雨, 等. 用于叶片减振的压电材料分布拓扑优化[J]. 航空动力学报, 2019, 34(2): 257-266.

[8] FAN Y, MA H Y, WU Y G, et al. Topological optimization of piezoelectric transducers for vibration reduction of bladed disks[J]. American Society of Mechanical Engineers, 2021, 85031: V09BT29A023.

[9] LI L, DENG P, FAN Y. Dynamic characteristics of a cyclic-periodic structure with a piezoelectric network[J]. Chinese Journal of Aeronautics, 2015, 28(5): 1426-1437.

[10] LIU J Z, LI L, FAN Y, et al. Research on vibration suppression of a mistuned blisk by a piezoelectric network[J]. Chinese Journal of Aeronautics, 2018, 31(2): 285-299.

第10章 非线性压电阻尼循环周期结构

10.1 引言

由压电材料与电学元件构成的压电分支电路或压电网络对压电结构的振动所起的作用类似一种阻尼作用。因此在结构减振的研究中,基于压电材料的减振技术又被称为压电阻尼技术。根据是否需要外界能量源,可将压电阻尼技术划分为被动压电阻尼技术、主动压电阻尼技术和半主动压电阻尼技术三类[1-2]。被动压电阻尼的电路中仅包含被动电学元件(电阻、电感、电容)。被动压电阻尼技术具有简单、可靠的优点,目前应用最为广泛;明显的不足是,一旦设计参数确定,系统的阻尼特性就很难调节,不能适应外部环境的变化。主动压电阻尼是以压电材料作为受控结构的传感器与作动器,根据传感信号和控制规律产生控制信号,经放大后施加于作动器,从而实现振动控制的目的。这种方法基于现代控制理论,它的优点是设计出的控制系统具有很强的灵活性和环境适应能力、系统的附加质量小、可控频率范围宽、响应速度快的特点,同时也存在系统复杂度高、支持设备较多等问题,在应用中受到很大限制。半主动压电阻尼技术介于主动和被动压电阻尼技术之间,因其具有主动压电阻尼技术的宽频、可控、高效等优势,同时又不需要大量的外接设备,近年来逐渐受到了人们关注。半主动压电阻尼的电路一般是非线性的,这为压电结构动力学特性的分析与设计提出了挑战。

压电同步开关阻尼(synchronized switch damping,SSD)是一种非线性半主动阻尼。该技术最早由 Richard 等[3-4]提出,很快就受到了国内外研究人员的广泛关注。此技术的基本原理是:在设置于结构上压电片两电极之间连接同步开关电路,当压电片的电极电压达到极值时(对应于结构的振动位移或应变达到极值时)开关闭合,此时压电片两电极之间的电压发生“转向”,然后开关即刻断开,这样便使压电的电极电压与结构振动速度始终保持方向相反,压电片产生一个始终阻碍结构振动的阻力,进而达到振动抑制的目的。在一个振动周期中同步开关的作动过程如图 10-1 所示,在实际中开关电路可以利用含有二极管和三极管的集成电路实现。

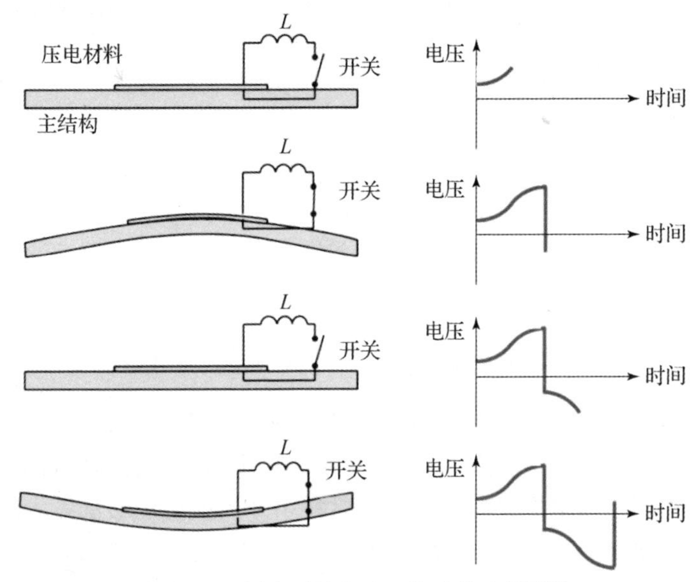

图 10-1　同步开关电路工作过程示意图[5]

与被动压电阻尼技术相比,以同步开关阻尼技术为代表的半主动压电阻尼技术更适用于结构的多模态振动抑制,且其振动抑制效果稳定,不易受外界环境改变的影响,另外控制系统非常简单,仅需要较少的电子器件,具有很好的应用前景。本章内容的核心是研究具有压电同步开关分支电路的循环周期结构动力学特性及压电同步开关分支电路的阻尼效果;同步开关电路是非线性电路,它所提供的阻尼是半主动的非线性阻尼。因此本章内容还将涉及非线性结构系统的分析方法。

10.2　压电同步开关分支电路的类型及其工作原理

在弹性结构表面设置压电片(图 10-2),将同步开关电路与压电片的两个电极相连,控制好开关开启与闭合的时间即可以使压电材料产生一个始终阻碍弹性结构变形的力,由此形成的阻尼称为同步开关阻尼。常见的同步开关阻尼技术包括:基于短路电路的同步开关阻尼(synchronized switch damping based on short circuit,SSDS)技术、基于电感电路的同步开关阻尼(synchronized switch damping based on inductor,SSDI)技术,以及基于负电容电路的同步开关阻尼(synchronized switch damping based on negative capacitor,SSDNC)技术。本节介绍不同类型同步开关阻尼的原理及数学模型。

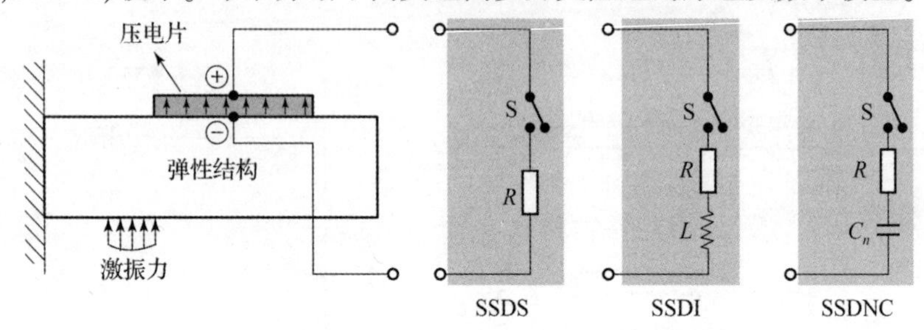

图 10-2 基于压电功能材料的同步开关阻尼技术示意图

10.2.1 基于短路电路的同步开关阻尼(SSDS)

当压电片处于开路状态时,在弹性结构振动位移从 0 逐渐增大到最大值的过程中(即第一个 1/4 振动周期内),由于压电材料的正压电效应,系统部分机械能将转化为电能并储存在压电材料中。当振动位移从最大值减小到 0 的过程中(即第二个 1/4 振动周期内),压电材料中的电能又转化为弹性结构的机械能。因此,在一个振动周期中,压电材料的耗能总和为 0,开路状态下的压电片并不能降低结构的振动水平。

如果在压电片两电极之间连接一个同步开关(如图 10-2 所示,同步开关用 S 表示,实际中可由二极管及三极管电路实现。另外,实际电路中的电阻不可能为 0,因此用 R 表示电路中存在的电阻),就形成了 SSDS。SSDS 是最早被提出的一类同步开关阻尼。当弹性结构的振动位移达到极值时(即第一个 1/4 振动周期的峰值时刻),正压电效应下压电片两极之间的电压也达到峰值;此时令开关由断开状态变为闭合状态,于是就在压电片两电极之间形成了一个短路电路,使压电片电极电压瞬间变为 0,再令开关即刻断开,使能量转换始终保持为正向,即机械能转换为电能。在结构的一个振动周期内,同步开关会作动两次;连续 3 个振动周期内压电材料电极电压 $V(t)$ 及 SSDS 电路中的电流 $I(t)$ 随时间的变化规律如图 10-3 所示;而在同步开关闭合阶段,电压和电流随时间的变化规律如图 10－4 所示。同步开关的作动时间非常短,远小于结构的振动周期,即在一个振动周期中,开关处于闭合状态的时间远小于开关处于断开状态的时间[6]。后续为了方便,在进行理论分析时忽略开关闭合的瞬间。

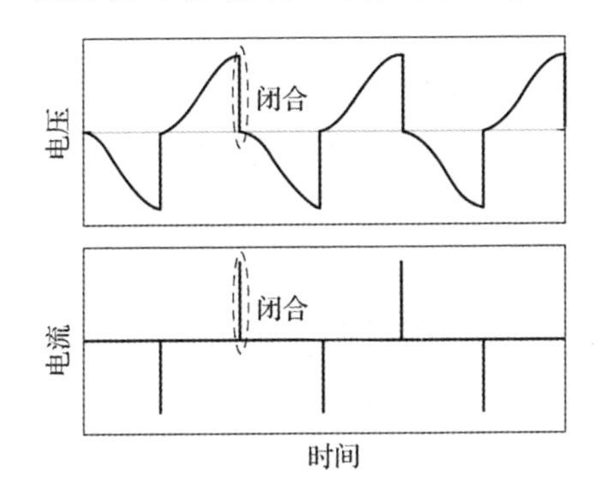

图 10－3　SSDS 时域电压及电流

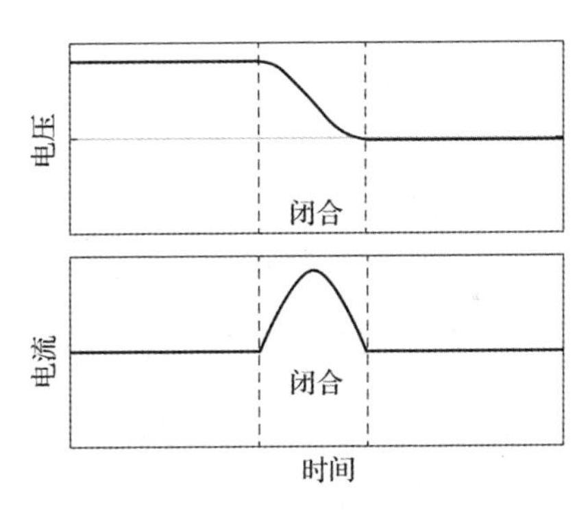

图 10－4　在闭合阶段 SSDS 电压及电流

在一个振动周期中,压电片电极电压 $V(t)$ 与结构的振动位移 $x(t)$ 之间的关系如图 10－5 所示。

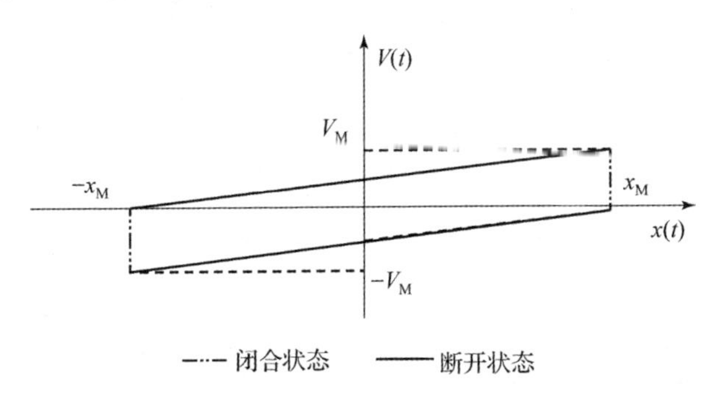

图 10－5　SSDS 电路中压电片电极电压的“迟滞曲线”

由压电片的传感方程可知[2],在开关闭合的时刻,压电材料电极电压的幅值 V_M 与弹性结构此时的振动位移幅值 x_M 之间具有以下关系:

$$V_M = \frac{\alpha}{C_p} x_M \tag{10-1}$$

式中:α 为压电片的力系数,表示压电片在单位电压下产生的力的大小,实际中可以通过实验方法获得 α 的大小;C_p 为压电片的内置电容。结合电压 $V(t)$ 与振动位移 $x(t)$ 之间的关系[图 10－5)及开关闭合时刻的电压幅值 V_M

与振动位移幅值 x_M 之间的关系(式(10-1)],可以求得 SSDS 电路的瞬时电压与振动位移之间满足以下关系:

$$V_{SSDS}(x,\dot{x},t) = -\frac{\alpha}{C_p}\cdot x_M \cdot \mathrm{sign}(\dot{x}(t)) + \frac{\alpha}{C_p}x(t) \tag{10-2}$$

从式(10-2)中可以看出,SSDS 电路的瞬时电压 $V_{SSDS}(x,\dot{x},t)$ 为结构振动位移 $x(t)$ 与振动速度 $\dot{x}(t)$ 的非线性函数,因此具有 SSDS 的机电耦合系统是一个非线性系统。在式(10-2)中,由于 $x_M \geqslant x(t)$,因此等号右边第一项的绝对值始终大于或等于第二项的绝对值,也就是说电压 $V_{SSDS}(x,\dot{x},t)$ 的方向始终与弹性结构的振动速度 $\dot{x}(t)$ 的方向相反。

10.2.2 基于电感电路的同步开关阻尼(SSDI)

如果在 SSDS 电路中再串联一个电感元件 L(图 10-2),则开关闭合时,由于压电片本身存在内置电容,压电片两电极之间就形成了一个 LC 振荡电路,此即 SSDI 电路。一旦压电片电极电压的方向由于电路 LC 振荡实现转向,再令开关断开,电路又成为开路状态。在结构的一个振动周期内,SSDI 电路的电压将发生两次转向;在连续 3 个振动周期内,SSDI 电路的电压和电流随时间的变化规律如图 10-6 所示;在同步开关闭合阶段,电路中的电压和电流随时间的变化规律如图 10-7 所示。

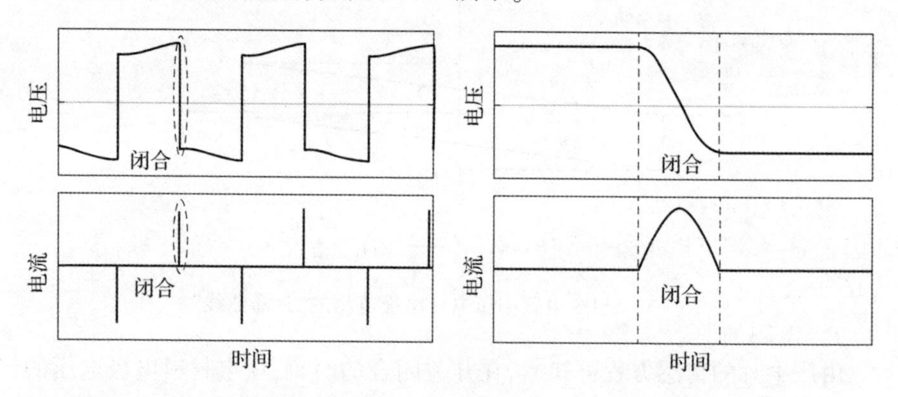

图 10-6 SSDI 时域电压及电流　　图 10-7 在闭合阶段 SSDI 电压及电流

SSDI 电路中的电压与结构振动位移之间的关系如图 10-8 所示。在同步开关作动的过程中,开关闭合时间为半个 LC 振荡周期,即

$$T_{LC} = \pi\sqrt{LC_p} \tag{10-3}$$

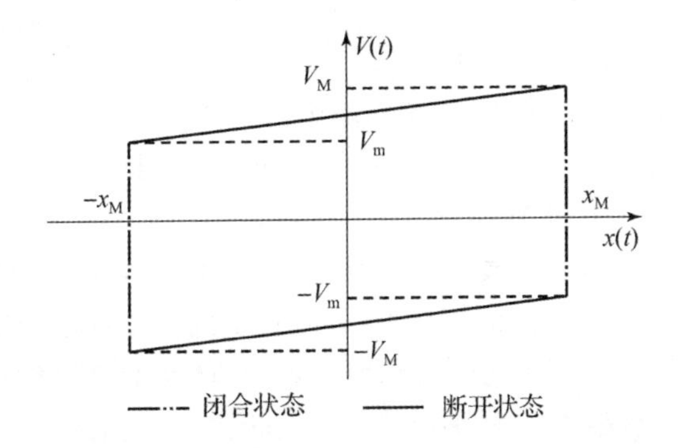

图 10－8　SSDI 电路中压电片电极电压的“迟滞曲线”

理论上，开关作动前后压电片电极电压幅值大小保持不变，只是方向发生转向。但是在实际的开关电路中不可避免地存在能耗，特别是电路中存在电阻元件时，转向后的电压幅值 V_m 总是小于转向前的电压幅值 V_M（图 10－8），且二者之间具有以下关系[2]：

$$V_m = \gamma V_M \tag{10-4}$$

式中：γ 为电压转向系数，其具体表达式为

$$\gamma = e^{-\frac{\pi}{2Q}} \tag{10-5}$$

式中：Q 为电路品质因子，其大小主要由压电片本身的性质以及电学元件值的大小决定，具体关系式为

$$Q = \frac{1}{R}\sqrt{\frac{L}{C_p}} \tag{10-6}$$

由式（10－6）和式（10－5）可以看出，当电路中的电阻 $R \to 0$ 时，电路品质因子 $Q \to \infty$，电压转向系数 $\gamma \to 1$，即 $V_m \to V_M$。然而只要电路中的电阻不为 0，则总有 $V_m < V_M$。

LC 电路的振动频率一般远大于结构的振动频率，即同步开关的闭合时间远小于结构的振动周期（前者约为后者的 1/50～1/20），因此在进行理论计算的过程中忽略同步开关的闭合时间。由图 10－8 可知，SSDI 电路开关闭合前后的电压幅值 V_M、V_m 以及结构振动幅值之间存在以下关系：

$$V_M = V_m + \frac{\alpha}{C_p} x_M \tag{10-7}$$

结合式（10－4）、式（10－7）以及图 10－8，可以求得 SSDI 电路的瞬时电压与压电片瞬时振动位移之间满足以下关系：

$$V_{\mathrm{SSDI}}(x,\dot{x},t) = -\frac{(1+\gamma)\alpha}{(1-\gamma)C_{\mathrm{p}}} \cdot x_{\mathrm{M}} \cdot \mathrm{sign}(\dot{x}(t)) + \frac{\alpha}{C_{\mathrm{p}}}x(t) \quad (10-8)$$

从表达式(10－8)可以看出,SSDI 电路中的电压 $V_{\mathrm{SSDI}}(x,\dot{x},t)$ 同样是结构振动位移 $x(t)$ 与振动速度 $\dot{x}(t)$ 的非线性函数。与 SSDS 技术类似,由于 SSDI 电路的作用,压电片的电极电压始终与结构的振动速度方向相反。相对于 SSDS 电路,SSDI 电路电压最大幅值被放大了 $(1+\gamma)/(1-\gamma)$ 倍。另外,由于电压转向系数 γ 的大小取决于电路的品质因子 Q,因此 SSDI 的振动抑制效果除了取决于压电片的机电耦合系数,还取决于电路的品质因子。由式(10－5)可知,Q 越大,γ 的值越接近 1,电压的幅值也越大。因此,设法提升机电耦合系数以及电路的品质因子可以提升 SSDI 技术的效果。

10.2.3 基于负电容电路的同步开关阻尼(SSDNC)

由式(10－6)可知电路品质因子 Q 与电感电路自身参数相关,是电感电路的固有属性。通常情况下,电感电路的品质因子很难超过 20,因此限制了 SSDI 的振动抑制效果。近几年,研究人员通过实验研究发现,如果用负电容 C_{n} 来代替 SSDI 电路中的电感 L(如图 10－2 所示),同样可以实现电压的转向和放大,同时避免了 SSDI 振动抑制效果受电路品质因子限制,这种同步开关阻尼技术被称为基于负电容的同步开关阻尼技术。SSDNC 电路的负电容不是一个实体电子元件,而是具有负电容效果的模拟电路(图 10－9),基于该电路获得的负电容的绝对值为

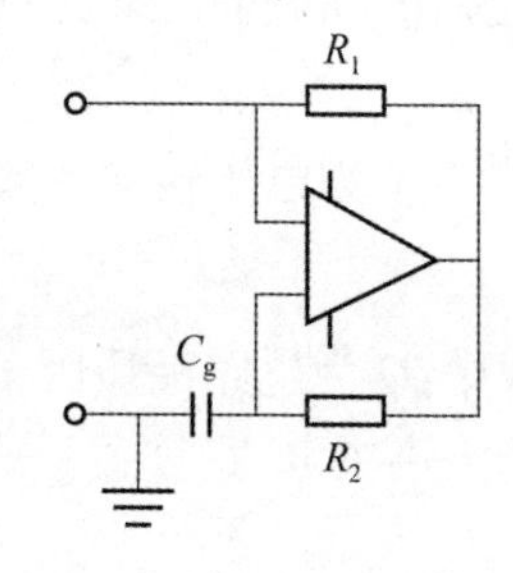

图 10－9　负电容电路

$$C_{\mathrm{n}} = \frac{R_2}{R_1}C_{\mathrm{g}} \quad (10-9)$$

在连续 3 个振动周期内,SSDNC 电路的电压和电流随时间的变化曲线如图 10－10 所示。在开关闭合阶段,电路中电压和电流随时间的变化曲线如图 10－11 所示。

与 SSDS 和 SSDI 类似,SSDNC 电路中的开关也是在结构振动位移达到最大的时刻闭合。开关闭合后,压电片电极电压与结构位移幅值之间的关系为

$$V_{\mathrm{m}} = \frac{C_{\mathrm{p}}}{(C_{\mathrm{n}} - C_{\mathrm{p}})} \cdot \frac{\alpha}{C_{\mathrm{p}}} \cdot x_{\mathrm{M}} \quad (10-10)$$

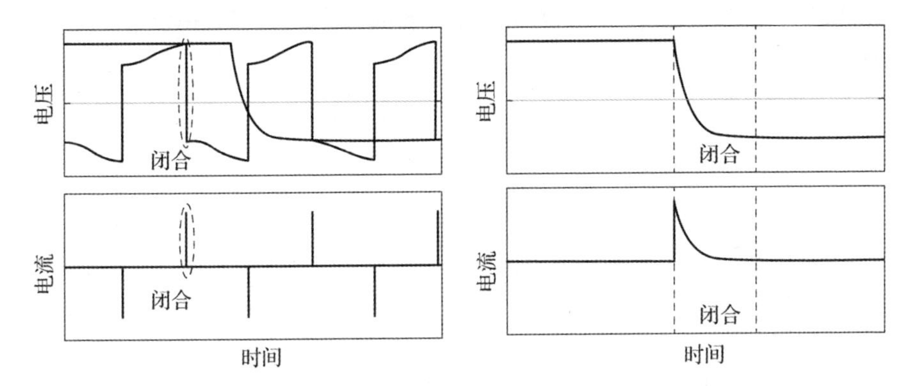

图 10-10　SSDNC 时域电压及电流　　图 10-11　在闭合阶段 SSDNC 电压及电流

结合式(10-7)与式(10-10),并忽略开关的闭合时间,可得 SSDNC 电路的电压的表达式为

$$V_{\mathrm{SSDNC}}(x,\dot{x},t) = -\frac{\alpha}{(1-\chi_{\mathrm{c}})C_{\mathrm{p}}}\cdot x_{\mathrm{M}}\cdot \mathrm{sign}(\dot{x}(t)) + \frac{\alpha}{C_{\mathrm{p}}}x(t) \quad (10-11)$$

式中:χ_{c} 为 SSDNC 电路中负电容值的大小与压电片内置电容值的比。

$$\chi_{\mathrm{c}} = \frac{C_{\mathrm{n}}}{C_{\mathrm{p}}} \quad (10-12)$$

相对于 SSDS 电路,SSDNC 电路电压幅值被放大了 $1/(1-\chi_{\mathrm{c}})$ 倍。从式(10-12)中可以看出 SSDNC 产生的非线性电压最大的幅值不再受电路的品质因子限制,而是与负电容和压电片本身电容的比值 χ_{c} 相关。

10.3　具有压电同步开关分支电路的结构系统动力学特性

10.3.1　分析模型

我们基于一个 2 自由度的简单系统,分析具有同步开关分支电路的结构系统动力学的基本特性。分析模型如图 10-12 所示,系统中共包含 2 个自由度,m_1 和 m_2 分别为自由度 1 和自由度 2 的质量,k_1 和 k_2 分别为自由度 1 和自由度 2 的接地刚度,而 k_3 为两自由度之间的耦合刚度,c_1 和 c_2 为系统的机械阻尼系数,$f_1(t)$ 和 $f_2(t)$ 分别为作用在 2 个自由度上的激振力。假设压电单元(包括压电片及 SSD 电路)与自由度 1 的接地刚度 k_1 并联,且考虑压电片的机械刚度为 k_e，则 SSD 产生的机电耦合作用力与自由度 1 的位移 x_1 和速度 $\dot{x}_1$ 相关，且作用在自由度 1 上。

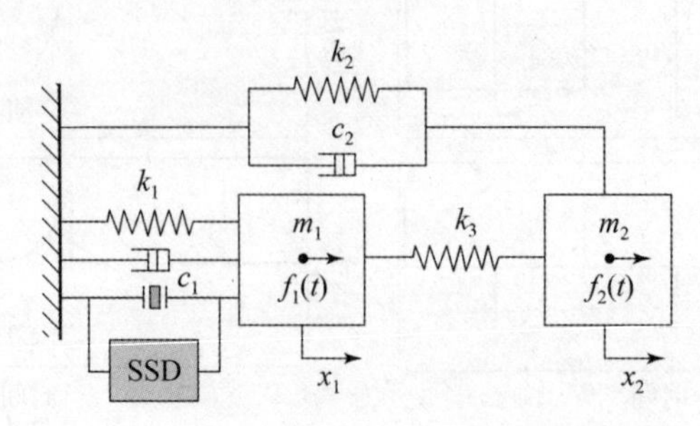

图 10－12　具有 SSD 的二自由度机电耦合系统

当不考虑 SSD 的时候，该二自由度机械系统的动力学方程为

$$\begin{cases} m_1\ddot{x}_1 + c_1\dot{x}_1 + (k_1 + k_3)x_1 - k_3x_2 = f_1(t) \\ m_2\ddot{x}_2 + c_2\dot{x}_2 + k_2x_2 + k_3(x_2 - x_1) = f_2(t) \end{cases} \tag{10-13}$$

由压电材料本构关系可以推导出压电片对结构的机电耦合作用力 $f_e(t)$ 与 SSD 电路中压电片电极电压 $V_{SSD}(t)$ 之间的关系为

$$f_e(t) = k_e x_1(t) - \alpha V_{SSD}(t) = k_e x_1(t) + f_{nl}(x_1, \dot{x}_1, t) \tag{10-14}$$

式中：$f_{nl}(x_1, \dot{x}_1, t)$ 为与 SSD 相关的非线性力。

将机电耦合作用力 $f_e(t)$ 作用在自由度 x_1 上，则可获得该二自由度非线性机电耦合系统的动力学方程组：

$$\begin{cases} m_1\ddot{x}_1 + c_1\dot{x}_1 + (k_1 + k_e + k_3)x_1 - k_3x_2 + f_{nl}(x_1, \dot{x}_1, t) = f_1(t) \\ m_2\ddot{x}_2 + c_2\dot{x}_2 + k_2x_2 + k_3(x_2 - x_1) = f_2(t) \end{cases} \tag{10-15}$$

结合式（10－2）、式（10－8）和式（10－11）中不同类型的同步开关阻尼的非线性电压的表达式，可得对应的非线性力 $f_{nl}(x_1, \dot{x}_1, t)$ 的表达式为

$$f_{nl}(x_1, \dot{x}_1, t) = \alpha V_{SSD}(t) = \begin{cases} -\dfrac{\alpha^2}{C_p} \cdot x_1^M \cdot \mathrm{sign}(\dot{x}_1(t)) + \dfrac{\alpha^2}{C_p} x_1(t) & \text{(SSDS)} \\ -\dfrac{(1+\gamma)\alpha^2}{(1-\gamma)C_p} \cdot x_1^M \cdot \mathrm{sign}(\dot{x}_1(t)) + \dfrac{\alpha^2}{C_p} x_1(t) & \text{(SSDI)} \\ -\dfrac{\alpha^2}{(1-\chi_c)C_p} \cdot x_1^M \cdot \mathrm{sign}(\dot{x}_1(t)) + \dfrac{\alpha^2}{C_p} x_1(t) & \text{(SSDNC)} \end{cases} \tag{10-16}$$

对方程（10－15）进行无量纲化，无量纲原则如下：

$$\begin{cases}\tau=\omega t\\ \lambda=\omega/\omega_1\\ \omega_1=\sqrt{k_1/m_1}\\ \delta_{\mathrm{m}}=m_2/m_1\\ \gamma_{\mathrm{k}}=k_2/k_1\\ \gamma_{\mathrm{c}}=k_3/k_1\\ \gamma_{\mathrm{e}}=k_{\mathrm{e}}/k_1\\ \gamma_{\mathrm{p}}=\alpha^2/(k_1C_{\mathrm{p}})\end{cases},\quad \begin{cases}\xi_1=c_1/2\sqrt{m_1k_1}\\ \xi_2=c_2/2\sqrt{m_2k_2}\\ \bar{x}=f_1/k_1\\ y_1=x_1/\bar{x}\\ y_2=x_2/\bar{x}\\ g_1(\tau)=f_1(\tau)/f_1\\ g_2(\tau)=f_2(\tau)/f_1\end{cases}\tag{10-17}$$

将式(10-17)代入方程(10-15)中可得无量纲形式的机电耦合方程组：

$$\begin{cases}\lambda^2y_1''+2\lambda\xi_1y_1'+(1+\gamma_{\mathrm{e}}+\gamma_{\mathrm{c}})y_1-\gamma_{\mathrm{c}}y_2+g_{\mathrm{nl}}(y_1,y_1',\tau)=g_1(\tau)\\ \lambda^2\delta_{\mathrm{m}}y_2''+2\lambda\xi_2y_2'-\gamma_{\mathrm{c}}y_1+(\gamma_{\mathrm{k}}+\gamma_{\mathrm{c}})y_2=g_2(\tau)\end{cases}\tag{10-18}$$

式中非线性力的无量纲表达形式为

$$g_{\mathrm{nl}}(y_1,\dot{y}_1,\tau)=\begin{cases}-\gamma_{\mathrm{p}}\cdot y_1^{\mathrm{M}}\cdot\mathrm{sign}(\dot{y}_1(\tau))+\gamma_{\mathrm{p}}\cdot y_1(\tau) & \text{(SSDS)}\\ -\dfrac{(1+\gamma)\gamma_{\mathrm{p}}}{(1-\gamma)}\cdot y_1^{\mathrm{M}}\cdot\mathrm{sign}(\dot{y}_1(\tau))+\gamma_{\mathrm{p}}\cdot y_1(\tau) & \text{(SSDI)}\\ -\dfrac{\gamma_{\mathrm{p}}}{(1-\chi_{\mathrm{g}})}\cdot y_1^{\mathrm{M}}\cdot\mathrm{sign}(\dot{y}_1(\tau))+\gamma_{\mathrm{p}}\cdot y_1(\tau) & \text{(SSDNC)}\end{cases}\tag{10-19}$$

写成矩阵的形式为

$$\lambda^2\boldsymbol{M}\boldsymbol{y}''(\tau)+2\lambda\boldsymbol{C}\boldsymbol{y}'(\tau)+\boldsymbol{K}\boldsymbol{y}(\tau)+\mathbf{g}_{\mathrm{nl}}(\boldsymbol{y}(\tau),\boldsymbol{y}'(\tau),\tau)=\boldsymbol{g}_1(\tau)\tag{10-20}$$

其中质量矩阵 $\boldsymbol{M}$、刚度矩阵 $\boldsymbol{K}$、阻尼矩阵 $\boldsymbol{C}$ 的形式分别为

$$\boldsymbol{M}=\begin{pmatrix}1 & 0\\ 0 & \delta_{\mathrm{m}}\end{pmatrix},\quad \boldsymbol{K}=\begin{pmatrix}1+\gamma_{\mathrm{e}}+\gamma_{\mathrm{c}} & -\gamma_{\mathrm{c}}\\ -\gamma_{\mathrm{c}} & \gamma_{\mathrm{k}}+\gamma_{\mathrm{c}}\end{pmatrix},\quad \boldsymbol{C}=\begin{pmatrix}\xi_1 & 0\\ 0 & \xi_2\end{pmatrix}\tag{10-21}$$

表10-1给出了以下对二自由度非线性机电耦合系统进行分析时所采用的无量纲参数。

表10-1　二自由度非线性机电耦合系统无量纲参数取值

变量	δ_{m}	γ_{k}	γ_{c}	γ_{e}	ξ_1	ξ_2
取值	1	2	0.4	0.05	0.05	0.05

10.3.2 时域响应

采用 Newmark 法对非线性方程组(10－20)进行求解。Newmark 法是一种隐式时间推进法,具有求解精度高、计算稳定性好的特点。其基本流程可以归纳为以下几点。

(1)初始响应计算。

①获得系统的质量矩阵 $\boldsymbol{M}$、刚度矩阵 $\boldsymbol{K}$ 和阻尼矩阵 $\boldsymbol{C}$。

②给定时间推进计算的初始值,包括系统的初始位移 $\boldsymbol{y}(\tau)$、初始速度 $\boldsymbol{y}'(\tau)$、根据初始位移和初始速度计算的初始加速度 $\boldsymbol{y}''(\tau)$。

③选择时间步长 $\delta\tau$,并计算 Newmark 法的积分常数 $\hat{c}_0 \sim \hat{c}_7$:$\hat{c}_0=\dfrac{1}{\hat{\beta}\delta\tau^2}$,$\hat{c}_1=\dfrac{\hat{\gamma}}{\hat{\beta}\delta\tau}$,$\hat{c}_2=\dfrac{1}{\hat{\beta}\delta\tau}$,$\hat{c}_3=\dfrac{1}{2\hat{\beta}}-1$,$\hat{c}_4=\dfrac{\hat{\gamma}}{\hat{\beta}}-1$,$\hat{c}_5=\delta\tau\left(\dfrac{\hat{\gamma}}{2\hat{\beta}}-1\right)$,$\hat{c}_6=\delta\tau(1-\hat{\gamma})$,$\hat{c}_7=\delta\tau\hat{\gamma}$

其中,$\hat{\beta}$ 和 $\hat{\gamma}$ 为 Newmark 法的基本参数,其取值为 $\hat{\beta}=0.25$ 和 $\hat{\gamma}=0.5$。

④获得系统的有效刚度矩阵:$\hat{\boldsymbol{K}}=\boldsymbol{K}+\hat{c}_0\boldsymbol{M}+\hat{c}_1\boldsymbol{C}$。

(2)计算时间 $\tau+\delta\tau$ 的响应。

①计算 $\tau+\delta\tau$ 时刻的有效载荷:$\hat{\boldsymbol{Q}}_{\tau+\delta\tau}=\boldsymbol{Q}_{\tau+\delta\tau}+\boldsymbol{M}(\hat{c}_0\boldsymbol{y}_\tau+\hat{c}_2\boldsymbol{y}'_\tau+\hat{c}_3\boldsymbol{y}''_\tau)+\boldsymbol{C}(\hat{c}_1\boldsymbol{y}_\tau+\hat{c}_4\boldsymbol{y}'_\tau+\hat{c}_5\boldsymbol{y}''_\tau)$,其中 $\hat{\boldsymbol{Q}}_{\tau+\delta\tau}$ 为 $\tau+\delta\tau$ 时刻的激振力与压电片对结构的机电耦合作用力的合力。

②求解时刻 $\tau+\delta\tau$ 的位移:$\hat{\boldsymbol{K}}\boldsymbol{y}_{\tau+\delta\tau}=\hat{\boldsymbol{Q}}_{\tau+\delta\tau}$。

③计算时间 $\tau+\delta\tau$ 的加速度和速度:$\begin{cases}\boldsymbol{y}''_{\tau+\delta\tau}=\hat{c}_0(\boldsymbol{y}_{\tau+\delta\tau}-\boldsymbol{y}_\tau)-\hat{c}_2\boldsymbol{y}'_\tau-\hat{c}_3\boldsymbol{y}''_\tau\\ \boldsymbol{y}'_{\tau+\delta\tau}=\boldsymbol{y}'_\tau+\hat{c}_6\boldsymbol{y}''_\tau+\hat{c}_7\boldsymbol{y}''_{\tau+\delta\tau}\end{cases}$。

(3)利用当前时间步的响应结果作为下一个时间步的计算初始值,依次进行时间推进计算,直至获得时域上的稳态响应。

当不考虑系统的结构阻尼以及外激励时,系统的自由振动将在同步开关阻尼的作用下逐渐消减。以 SSDI 为例(机电耦合系数 $\gamma_p=0.01$,电压转向系数 $\gamma=0.9$),图 10－13 给出了自由振动系统的振动幅值和电压随时间变化的曲线,可以看出同步开关阻尼的效果。

当系统受到简谐激励的时候,三种压电同步开关系统的振动位移响应与电路开路时振动位移响应的对比如图 10－14 所示(机电耦合系数 $\gamma_p=0.01$,电压转向系数 $\gamma=0.9$,电容比 $\chi_C=0.9$)。由图可见三种系统的阻尼效果:SSDNC 的效果优于 SSDI,而 SSDI 的效果又优于 SSDS。

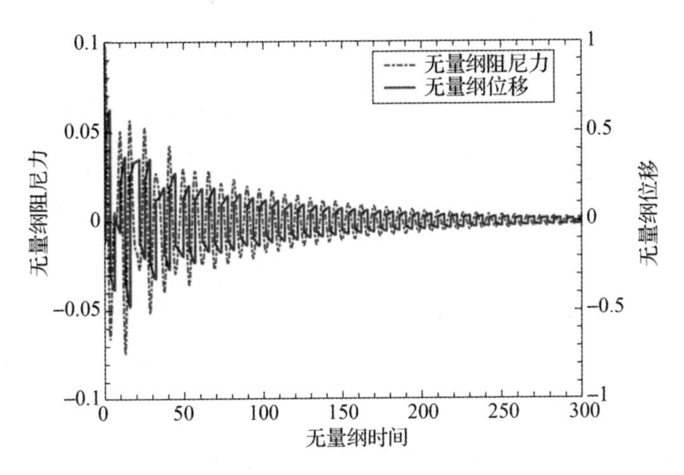

图 10－13　具有 SSDI 的二自由度系统自由振动的位移响应和阻尼力

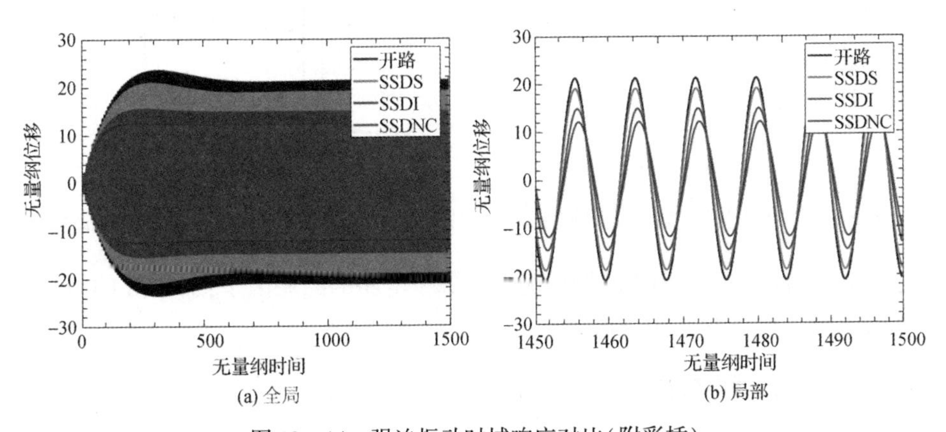

(a) 全局　(b) 局部

图 10－14　强迫振动时域响应对比(附彩插)

图 10－15～图 10－17 给出了分别设有三种不同的同步开关的结构振动时压电片作用于结构的力与结构振动位移的时域关系。直观观察不难看出:①三种系统中,SSDNC 系统的振动位移幅值最小,压电片的作用力幅值最大;SSDS 系统的振动位移幅值最大,压电片作用力幅值最小。②三种系统的压电片作用力的变化周期均与振动位移的变化周期相同,但均相差 π/2 的相位。正是这一相位差确定了压电片作用力的阻尼作用,它使压电片作用力的变化总是与振动速度方向(位移曲线的斜率方向)相反。不同系统中压电片作用力的做(负)功能力可用如图 10－18 所示的迟滞曲线包围的面积来反映,面积越大,表示做(负)功能力越强。

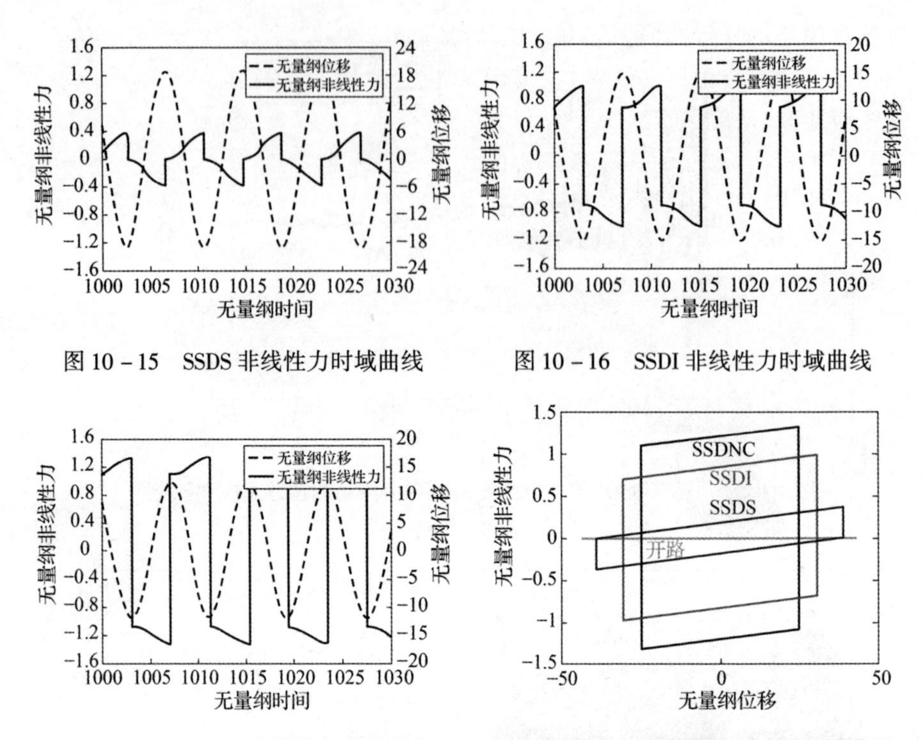

图 10-15 SSDS 非线性力时域曲线

图 10-16 SSDI 非线性力时域曲线

图 10-17 SSDNC 非线性力时域曲线

图 10-18 SSDS、SSDI、SSDNC 迟滞曲线

需要强调的是,SSDI 的做功能力取决于电路的品质因子;SSDNC 的做功能力取决于负电容电路的稳定性。

10.3.3 模态特性

引入同步开关阻尼的结构是一个非线性的机电耦合系统。有关非线性动力学系统的模态理论及分析方法至今仍在发展中。

10.3.3.1 非线性模态的概念

Rosenberg 等[7-8]最早提出了非线性模态(nonlinear normal mode,NNM)的概念,并对无阻尼的非线性离散系统模态特性进行了研究。他们在线性模态概念的基础上,将非线性模态定义为非线性保守自治系统所有自由度同时达到位移最大或平衡位置的振动状态,且非线性模态具有周期性。随后,Pierre 等[9-11]将 Rosenberg 的非线性模态定义扩展到了非线性非保守系统中,将非线性模态定义为发生在相空间中二维不变流形上的运动,并指出:在相空间中线性模态为一个平面,而非线性模态则是一个二维曲面,且非线性模态的二维曲面在平衡位置与对应的线性模态平面相切。图 10－19 给出了一个二自由度非线性系统相空间中的二维不变流形及对应的线性模态。近年来,研究人员将原来仅仅存在于理论研究中的非线性模态理论扩展到了工程实际中,为非线性系统的动力学特性设计提供了理论支持和可行的方法[13－16]。

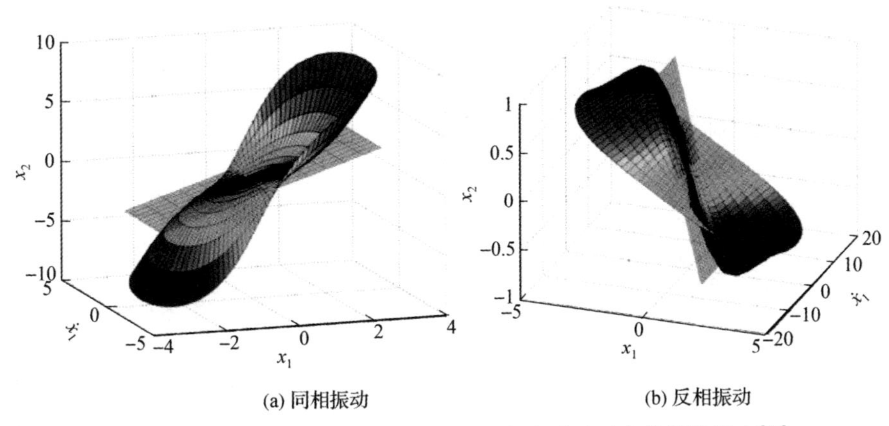

(a) 同相振动　　(b) 反相振动

图 10－19　二自由度非线性系统二维不变流形及对应的线性模态[12]

10.3.3.2　非线性模态分析方法

求解非线性系统复模态信息的难度远大于线性系统,这里我们采用基于时频转换法的高阶谐波平衡法对非线性系统的复模态信息进行求解,并采用弧长延拓技术提升算法的收敛性。与非线性频域响应的求解方法的一个显著不同是在分析响应时,系统的振动频率为已知数,而这里的振动频率是未知数。

典型离散非线性系统的振动方程可以表示为以下形式:

$$\boldsymbol{M}\ddot{\boldsymbol{x}}(t)+\boldsymbol{C}\dot{\boldsymbol{x}}(t)+\boldsymbol{K}\boldsymbol{x}(t)+\boldsymbol{f}_{\mathrm{nl}}(\boldsymbol{x},\dot{\boldsymbol{x}},t)=0 \tag{10-22}$$

设振动系统具有周期解。首先将系统振动的周期解展开成傅里叶级数的形式:

$$\boldsymbol{x}(t)=\boldsymbol{X}^0+\sum_{n=1}^{N_{\mathrm{h}}}\mathrm{e}^{-n\beta t}\{\boldsymbol{X}^{n,c}\cos(n\omega t)+\boldsymbol{X}^{n,s}\sin(n\omega t)\} \tag{10-23}$$

式中:N_{h} 为计算过程中保留的谐波阶次;β 为待求的非线性振动系统阻尼参数,后文将其称为非线性振动模态阻尼比,简称模态阻尼比;ω 为待求的频率参数,其物理意义是非线性系统振动的基本频率,后文将其称为非线性振动模态频率,简称模态频率。需要强调的是这里的模态频率与线性系统的模态固有频率具有完全不同的含义：线性系统的模态固有频率是系统自由振动时的特征频率，而非线性系统的模态频率是系统振动表达式(10－23)中谐波展开的基频。

将非线性系统振动幅值的傅里叶系数写成向量的形式如下：

$$\boldsymbol{X}=[\boldsymbol{X}^{0},\boldsymbol{X}^{1,c},\boldsymbol{X}^{1,s},\cdots,\boldsymbol{X}^{N_{\mathrm{h}},c},\boldsymbol{X}^{N_{\mathrm{h}},s}]^{\mathrm{T}} \tag{10-24}$$

利用“伽辽金法”可以将非线性系统的动力学方程从时域转换到频域中，整理可得非线性系统的频域方程为

$$\boldsymbol{H}(\omega,\beta)\boldsymbol{X}+\boldsymbol{F}_{\mathrm{nl}}(\boldsymbol{X},\omega,\beta)=0 \tag{10-25}$$

其中，$\boldsymbol{H}$ 为动刚度矩阵，其表达式为

$$\boldsymbol{H}(\omega,\beta)=\mathrm{Bdiag}(\boldsymbol{K},\boldsymbol{H}^{1}(\omega,\beta),\cdots,\boldsymbol{H}^{N_{\mathrm{h}}}(\omega,\beta)) \tag{10-26}$$

其中矩阵子块 $\boldsymbol{H}^{k}(\omega,\beta)$ 为

$$\boldsymbol{H}^{k}(\omega,\beta)=\begin{bmatrix}\boldsymbol{K}-k\beta\boldsymbol{C}+(k^{2}\beta^{2}-k^{2}\omega^{2})\boldsymbol{M} & k\omega\boldsymbol{C}-2k\beta\omega\boldsymbol{M}\\ -k\omega\boldsymbol{C}+2k\beta\omega\boldsymbol{M} & \boldsymbol{K}-k\beta\boldsymbol{C}+(k^{2}\beta^{2}-k^{2}\omega^{2})\boldsymbol{M}\end{bmatrix} \tag{10-27}$$

设在一个周期内，系统振动幅值由线性阻尼引起的衰减量很小，这意味着在利用“时频转换”法获得此时系统的非线性力幅值的时候，可以假设在本周期内的振动幅值不变，此时式(10－23)可以写成式(10－28)的形式：

$$\boldsymbol{x}(t)=\boldsymbol{X}^{0}+\sum_{n=1}^{N_{\mathrm{h}}}\{\boldsymbol{X}^{n,c}\cos(n\omega t)+\boldsymbol{X}^{n,s}\sin(n\omega t)\} \tag{10-28}$$

这样，利用“时频转换”法就可以获得非线性力的傅里叶系数向量：

$$\boldsymbol{F}_{\mathrm{nl}}=[\boldsymbol{F}_{\mathrm{nl}}^{0},\boldsymbol{F}_{\mathrm{nl}}^{1,c},\boldsymbol{F}_{\mathrm{nl}}^{1,s},\cdots,\boldsymbol{F}_{\mathrm{nl}}^{N_{\mathrm{h}},c},\boldsymbol{F}_{\mathrm{nl}}^{N_{\mathrm{h}},s}]^{\mathrm{T}} \tag{10-29}$$

与利用 MHBM－AFT 法求响应时的非线性代数方程组相比，方程(10－25)中的未知数除了傅里叶系数向量 $\boldsymbol{X}$ 之外，还有 $\boldsymbol{H}(\omega,\beta)$ 中的两个待定参数 ω 和 β，因此要想完成对方程(10－25)的求解，还需要补充两个方程。第一个补充方程可以通过给定非线性振动的相位来获得，即可以通过令非线性系统自由度 k 的第 n 阶谐波系数的实部和虚部相等[17]，因此可获得补充方程如下：

$$\boldsymbol{X}^{n,c}(k)=\boldsymbol{X}^{n,s}(k) \tag{10-30}$$

补充方程(10－30)后，还需要再补充一个方程才能完成对方程(10－25)的求解，但是实际操作中我们不必这样[18]。因为与非线性系统响应的求解方法类似，为了确保非线性模态求解方法的收敛性，可以引入弧长延拓技术。在利用弧长延拓技术对方程(10－25)进行求解的时候，可以将如式(10－31)所示的校正方程作为另一个补充方程。也就是说，弧长延拓技术在提高求解收敛性的同时，还扮演了补充方程的角色。

$$\| \boldsymbol{X}_j - \boldsymbol{X}_{j-1} \|^2 + |\beta_j - \beta_{j-1}|^2 + |\omega_j - \omega_{j-1}|^2 = |\Delta s|^2 \quad (10-31)$$

通过求解式(10－25)、式(10－30)和式(10－31)联立的非线性代数方程组即可获得非线性系统的任意阶模态信息向量 $\boldsymbol{Z}$:

$$\boldsymbol{Z} = [\boldsymbol{X}^{\mathrm{T}}, \omega, \beta]^{\mathrm{T}} \quad (10-32)$$

在应用弧长延拓技术的过程中,预测点的位置可以通过割线法来获得,其表达式如下:

$$\boldsymbol{Z}_{\mathrm{p}} = \boldsymbol{Z}_{j-1} + \Delta s \cdot \frac{(\boldsymbol{Z}_{j-1} - \boldsymbol{Z}_{j-2})}{\| \boldsymbol{Z}_{j-1} - \boldsymbol{Z}_{j-2} \|} \quad (10-33)$$

式中:$\boldsymbol{Z}_{\mathrm{p}}$ 为预测点信息,可以作为校正方程的初始值。可以看出,要获得 $\boldsymbol{Z}_{\mathrm{p}}$ 需要之前的两个点的信息初始值。而对于初始点,由于前面没有已知的解,因此无法获得初始点的 $\boldsymbol{Z}_{\mathrm{p}}$,此时可以采用派生系统的模态信息作为初始值。

$$\boldsymbol{M}\ddot{\boldsymbol{x}}(t) + \boldsymbol{C}\dot{\boldsymbol{x}}(t) + \boldsymbol{K}\boldsymbol{x}(t) = 0 \quad (10-34)$$

根据线性系统的复模态理论可知,要获得该线性系统的复模态信息,可以将方程(10－34)转化到状态空间中,因此定义状态向量为

$$\boldsymbol{y}(t) = [\boldsymbol{x}(t) \quad \dot{\boldsymbol{x}}(t)]^{\mathrm{T}} \quad (10-35)$$

式(10－34)对应的状态空间方程为

$$\boldsymbol{A}\dot{\boldsymbol{y}}(t) + \boldsymbol{B}\boldsymbol{y}(t) = 0 \quad (10-36)$$

其中矩阵 $\boldsymbol{A}$ 和 $\boldsymbol{B}$ 的表达式分别为:

$$\boldsymbol{A} = \begin{pmatrix} \boldsymbol{C} & \boldsymbol{M} \\ \boldsymbol{M} & \boldsymbol{0} \end{pmatrix}, \boldsymbol{B} = \begin{pmatrix} \boldsymbol{K} & \boldsymbol{0} \\ \boldsymbol{0} & -\boldsymbol{M} \end{pmatrix} \quad (10-37)$$

对状态空间中的方程(10－36)进行求解,就可以获得线性机电耦合系统的任意阶复模态信息:

$$\begin{cases} \boldsymbol{\Phi}_0 = \boldsymbol{\Phi}_0^c + \mathrm{i}\boldsymbol{\Phi}_0^s \\ \lambda_0 = -\beta_0 + \mathrm{i}\omega_0 \end{cases} \quad (10-38)$$

将线性系统的模态振型向量(质量归一)乘以一个较小的系数 ε,就可以获得如式(10－39)所示的非线性方程组的初始条件[19-20]:

$$\boldsymbol{Z}_0 = [0, \varepsilon \cdot \boldsymbol{\Phi}_0^c, \varepsilon \cdot \boldsymbol{\Phi}_0^s, 0, \cdots, 0, \omega_0, \beta_0]^{\mathrm{T}} \quad (10-39)$$

如此获得的一组解 $\boldsymbol{Z} = [\boldsymbol{X}^{\mathrm{T}}, \omega, \beta]^{\mathrm{T}}$,我们称其为非线性系统的模态信息。而且在本节后续的研究论述中,将根据非线性系统所对应的线性系统(即派生系统)的模态阶次来定义非线性系统的模态阶次。例如,利用线性系统的第一阶振动模态作为初始值,获得的非线性系统的模态为非线性系统的第一阶振动模态。

值得注意的是,对于一个无阻尼线性系统的模态信息 $\widehat{\boldsymbol{Z}}=[\widehat{\boldsymbol{X}}^{\mathrm{T}},\widehat{\omega}]^{\mathrm{T}}$,每个满足自由振动特征方程的$\widehat{\boldsymbol{X}}$是一组比例不变的数,且固有频率 $\widehat{\omega}$ 以及特征向量 $\widehat{\boldsymbol{X}}$ 中各元素之间的比例关系(即线性系统的模态振型)均与 $\widehat{\boldsymbol{X}}$ 中元素的具体取值大小无关。但是,在非线性系统的模态信息 $\boldsymbol{Z}=[\boldsymbol{X}^{\mathrm{T}},\omega,\beta]^{\mathrm{T}}$ 中,非线性模态向量 $\boldsymbol{X}$ 中各元素之间不存在固定的比例关系,ω 和 β 的值都有可能随着 $\boldsymbol{X}$ 中元素具体值的变化而变化,这是非线性系统与线性系统模态特性的本质区别。后文的研究中,我们将展示非线性系统的模态频率以及模态阻尼比等模态信息随 $\boldsymbol{X}$ 中元素具体值的变化规律。为了方便论述,我们统一将非线性系统第1个自由度的振动幅值定义为非线性系统的模态幅值,并给出非线性系统各模态信息随模态幅值变化的规律。

10.3.3.3 模态特性

采用10.3.3.2节中的方法对具有SSDNC的二自由度系统进行分析。不同电容比 χ_c 下系统两阶模态对应的模态频率和模态阻尼比随模态振幅的变化规律如图10-20和图10-21所示。从图中可以看出,SSDNC系统虽然是非线性系统,但其模态频率和模态阻尼比与系统振动状态下的模态幅值无关。当非线性电路处于开路状态时,系统的两阶模态频率分别为0.7786和1.2464(均为无量纲参数),而当电容比 χ_c 为0.9的时候,系统的两阶模态频率分别为0.7825和1.2439(均为无量纲参数),非线性电路对两阶模态频率的最大影响分别为0.5%和0.2%。由此可见,同步开关阻尼电路的引入对于机械系统的振动频率影响很小,且电容比 χ_c 对非线性系统的频率影响也非常小,因此在采用同步开关阻尼技术对系统进行振动抑制的时候,不必担心非线性电路会对原机械结构的固有频率产生较大的影响。

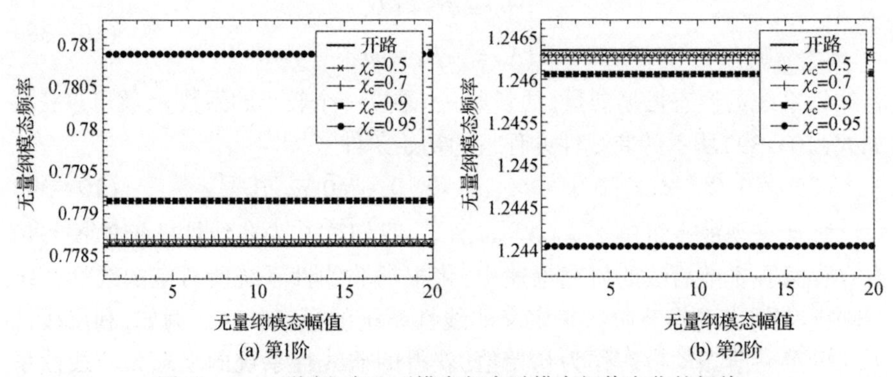

图10-20 不同电容比下模态频率随模态幅值变化的规律

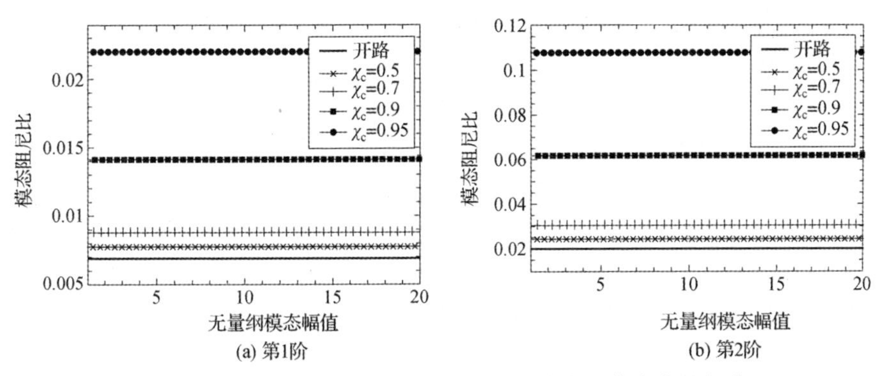

图 10-21　不同电容比下模态阻尼比随模态幅值变化的规律

当选择合适的电容比χ_c时,SSDNC 可以大幅度提升系统的模态阻尼比,且模态阻尼比随着电容比的增大而增大。SSDNC 系统的模态阻尼比与模态幅值无关,这意味着其在任何激励水平下都可以具有较好的振动抑制效果。

当电容比为$\chi_c=0.95$时,取 5 个不同模态幅值[图 10-22(a)],以自由度 1 的模态幅值为归一化标准,绘制对应的非线性模态振型[图 10-22(b)]。结果表明 SSDNC 系统的非线性模态振型也不随模态幅值发生变化。

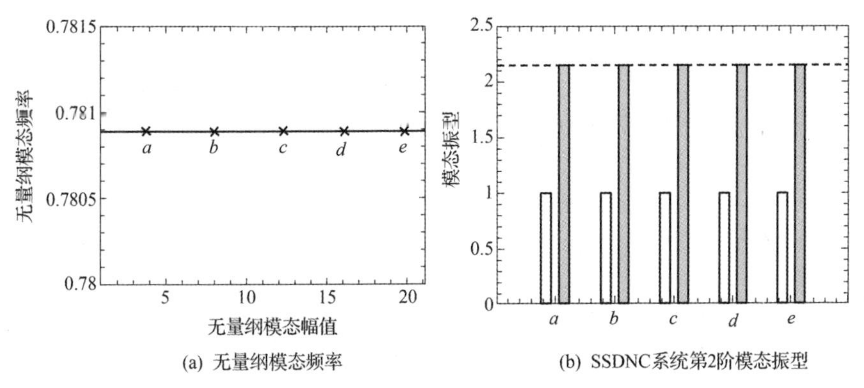

图 10-22　非线性模态振型随模态幅值变化的规律($\chi_c=0.95$)

这一结果提示我们,SSDNC 技术虽然是一种非线性阻尼技术,但其在模态特性方面与线性压电阻尼技术方面有很多相似之处。利用 SSDNC 阻尼技术的这一性质,在对计算规模较大的循环周期结构,如具有 SSDNC 的叶盘结构进行分析时,还可以进一步减缩计算量。

10.3.3.4　同步开关阻尼与线性压电阻尼模态特性对比

同步开关阻尼系统的两阶模态阻尼比随电容比χ_c变化的关系如图 10-23

所示。作为对比，压电分支电路最优参数下的模态阻尼比以及系统开路状态下的模态阻尼比也画在了图 10－23 中。图 10－23(a)和(b)中的虚线分别为压电分支阻尼对应于第 1 阶振动峰值的最优参数下的第 1 阶模态阻尼比和第 2 阶模态阻尼比，而图 10－23(c)和(d)中的虚线分别为压电分支阻尼对应于第 2 阶振动峰值的最优参数下的第 1 阶模态阻尼比和第 2 阶模态阻尼比。从对比分析结果可以看出，当压电分支电路的电学参数取第 1 阶振动峰值对应的最优参数时(最优无量纲电感以及最优无量纲电阻分别为 $\delta_L=0.164$ 和 $\xi_R=0.0222$)，能够显著提高机电耦合系统的第 1 阶模态阻尼比(模态阻尼比从 0.0069 提升到了 0.0238)，对第 2 阶模态阻尼比的提升作用非常微弱(模态阻尼比从 0.0200 提升到了 0.0282)；而当压电分支电路的电学参数取第 2 阶振动峰值对应的最优参数时(最优无量纲电感以及最优无量纲电阻分别为 $\delta_L=0.062$ 和 $\xi_R=0.0219$)，能够显著提高机电耦合系统的第 2 阶模态阻尼比(模态阻尼比从 0.0200 提升到了 0.1017)，对第 1 阶模态阻

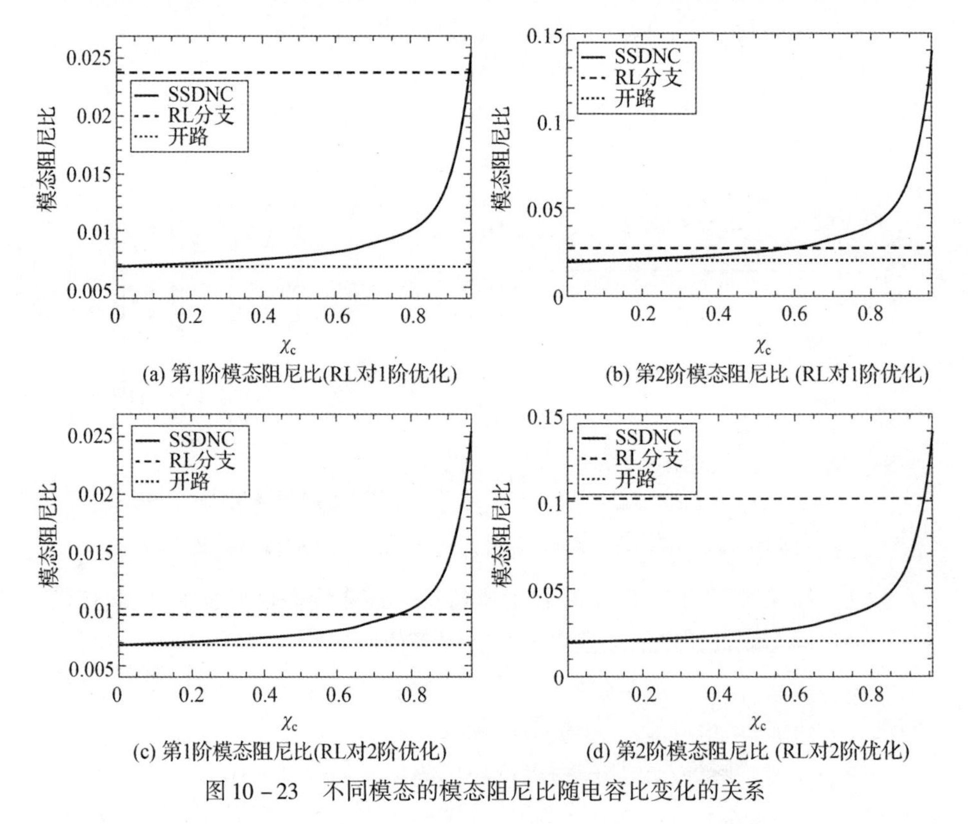

(a) 第1阶模态阻尼比(RL对1阶优化)　(b) 第2阶模态阻尼比 (RL对1阶优化)

(c) 第1阶模态阻尼比(RL对2阶优化)　(d) 第2阶模态阻尼比 (RL对2阶优化)

图 10－23　不同模态的模态阻尼比随电容比变化的关系

尼比的提升作用非常微弱（模态阻尼比从 0.0069 提升到了 0.0094）。而当电容比取值足够大时（如$\chi_c>0.9$时）非线性压电阻尼对两阶模态阻尼比都有很大的提升。

10.3.4　压电同步开关阻尼的多模态振动抑制特性

采用 MHBM－AFT 方法对非线性系统进行分析时，谐波阶次 N_h 的确定需要仔细权衡，特别是考虑系统的多模态振动时，N_h 取得太大会大大增加求解的计算量；取得不够大，又会影响结果的精度。利用 MHBM－AFT 法（$N_h=7$）与 Newmark 法获得的同步开关阻尼力时域曲线对比如图 10－24 所示，采用两种方法获得的 SSDNC 迟滞曲线对比如图 10－25 所示。可以看出，当保留足够的谐波阶次的时候，采用 MHBM－AFT 法能够较好地刻画出非线性力的形式。利用 Newmark 法获得的 SSDNC 的迟滞曲线为一个平行四边形，当保留的谐波阶次为 $N_h=1$ 时，采用 MHBM－AFT 法获得的迟滞曲线为一个椭圆，而随着保留谐波阶次的增加，利用 MHBM－AFT 法获得的迟滞曲线逐渐趋近 Newmark 法获得的精确结果。

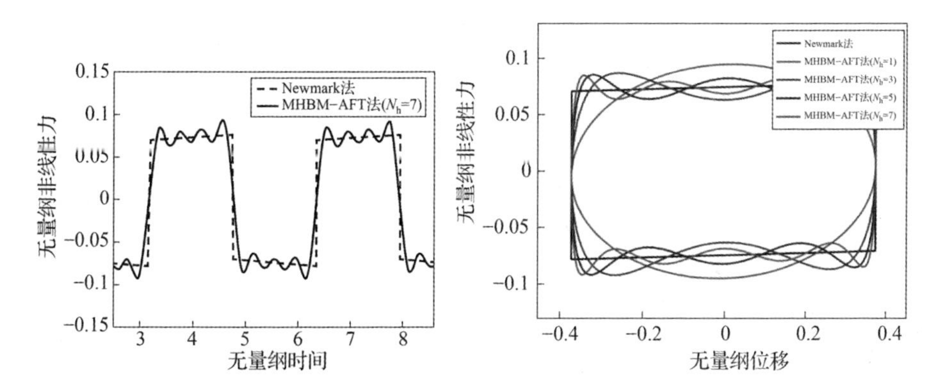

图 10－24　MHBM－AFT 法与 Newmark 法获得的非线性力时域曲线对比

图 10－25　MHBM－AFT 法与 Newmark 法获得的 SSDNC 迟滞曲线对比（附彩插）

采用 MHBM－AFT 法（$N_h=7$）和 Newmark 法的频率响应曲线计算结果对比如图 10－26 所示，可以看出当保留足够的谐波阶次时，MHBM－AFT 法能够非常精确地获得非线性系统的频域响应。同时，对于该非线性模型，MHBM－AFT 的计算时间只是 Newmark 法的 7.73%。

为了突出 SSDNC 在振动抑制方面的特点，选择 RL 型压电分支电路作为对比，分别利用两种阻尼方式对该二自由度系统的振动进行抑制。RL 型分支电路的电学参数分别针对自由度 m_1 的第一阶和第二阶振动具有最优抑制效果，SSDNC 和 RL 型压电分支阻尼的振动抑制效果对比如图 10－27 所示，从中可以看出，线性压电阻尼针对一个振动峰值达到最优振动抑制效果时，对其他振动峰值的抑制效果较差，而且每组电学参数只针对一个振动峰值具有最优振动抑制效果。而非线性压电阻尼的振动抑制效果则不受系统参数变化的影响，且非线性压电阻尼具有更好的多模态振动抑制效果。

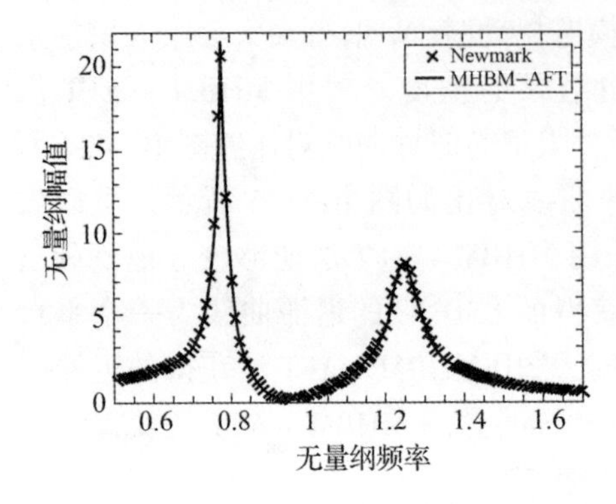

图 10－26　MHBM－AFT 法与 Newmark 法的频域曲线计算结果对比

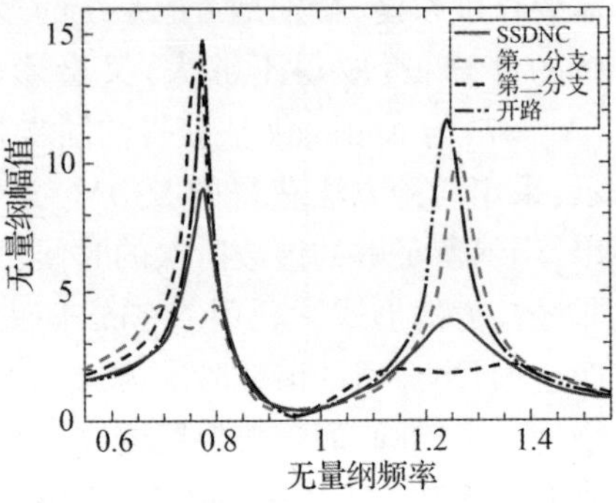

图 10－27　SSDNC 与 RL 型压电分支阻尼的振动抑制效果对比

10.3.5　压电同步开关阻尼的参数敏感性

在实际应用中，磨损、温差等因素可能会使结构的机械参数及固有特性发生改变。由被动压电分支阻尼技术的减振原理可知，被动压电阻尼技术中最常用的 RL 型压电分支阻尼的振动抑制效果对于系统的机械参数以及电路参数本身的变化都非常敏感。假设某种原因导致 10.3.1 节中的二自由度系统的刚度 k_1 比原来增大 15%，则原机电耦合系统的振动响应曲线与刚度增大后的振动响应曲线对比如图 10－28 所示（虚线代表刚度增大的系统）。可以看出，当系统的结构参数（刚度）发生变化的时候，由于此时 RL 型压电分支阻尼的电路参数仍然是相对于原系统的最优参数，因此其振动抑制效果明显下降，而 SSDNC 的振动抑制效果却没有出现较为明显的下降。取系统的刚度变化范围为－30%～30%，在该范围内分别获得具有 RL 型压电分支阻尼（对于原系统进行优化）、SSDNC 的机电耦合系统的振动响应幅值的变化规律（图 10－29）以及振动响应幅值比（系统刚度改变后与原系统的振动幅值的比）的变化规律（图 10－30）。由此可见，相对于 RL 型压电分支阻尼技术，SSDNC 的减振效果对于系统机械结构的变化不敏感。这一特性使 SSDNC 在失谐叶盘结构的振动抑制方面具有突出的优势,10.4 节将详细论述 SSDNC 的这一特点用于对失谐叶盘结构响应放大抑制效果。

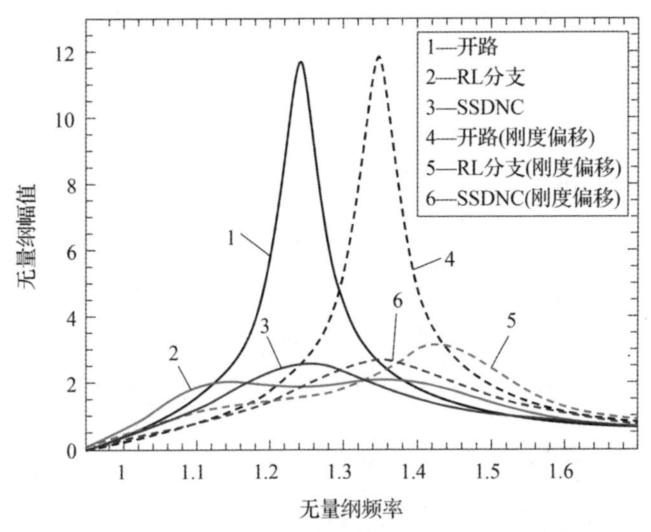

图 10-28　刚度偏移系统响应曲线与原系统响应曲线对比

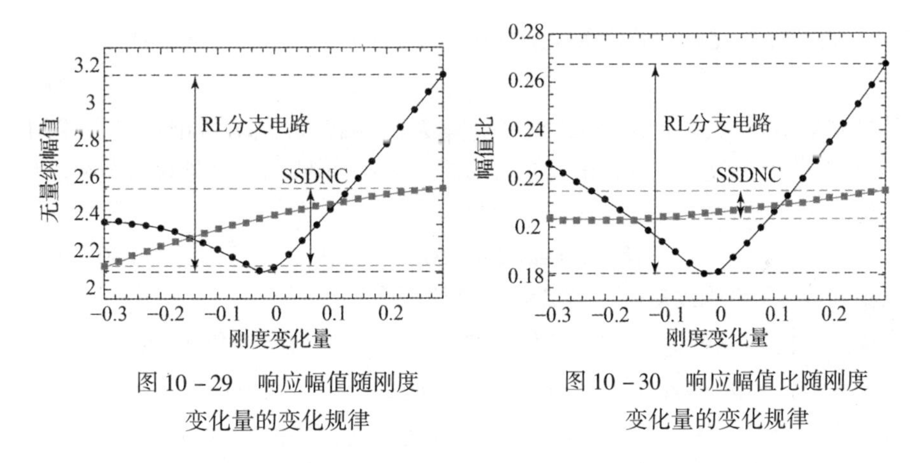

图 10-29　响应幅值随刚度变化量的变化规律

图 10-30　响应幅值比随刚度变化量的变化规律

10.4　非线性压电阻尼循环周期失谐结构的振动消减

10.4.1　非线性压电阻尼循环周期失谐结构的动力学方程

我们仍以航空发动机中叶盘结构为背景,采用每扇区三自由度的集总参数模型开展分析(图 10-31)。压电单元(压电片及 SSD 分支)设在叶根处,假设结构失谐量为叶片自由度的刚度值。为了便于分析,叶身自由度刚度以及叶根自由度刚度采用同一组随机失谐量,即扇区 j 的无量纲失谐刚度值表示为

$$\Delta\gamma_{b1,j}=\Delta\gamma_{b2,j}=\Delta\gamma_{b,j} \tag{10-40}$$

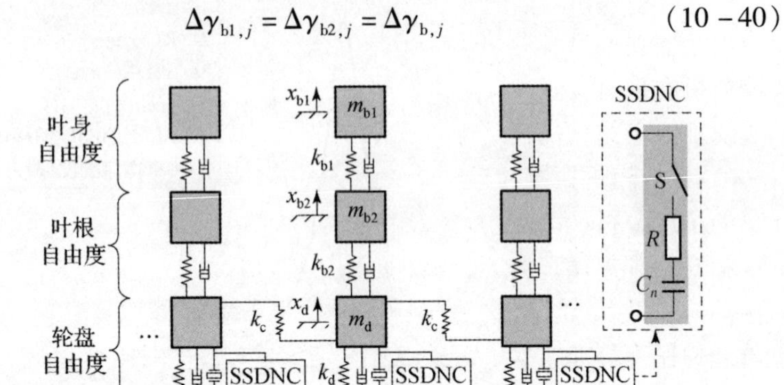

图 10-31　具有 SSDNC 的叶盘结构集总参数模型

具有 SSDNC 阻尼的循环周期随机失谐结构无量纲动力学方程的矩阵形式为

$$\boldsymbol{M}\boldsymbol{y}''(\tau)+\boldsymbol{C}\boldsymbol{y}'(\tau)+(\boldsymbol{K}+\Delta\boldsymbol{K})\boldsymbol{y}(\tau)+\boldsymbol{g}_{nl}(\boldsymbol{y}(\tau),\boldsymbol{y}'(\tau),\tau)=\boldsymbol{g}(\tau) \tag{10-41}$$

其中质量矩阵 $\boldsymbol{M}$,阻尼矩阵 $\boldsymbol{C}$,刚度矩阵 $\boldsymbol{K}$ 的形式,以及无量纲定义方式均与 10.3 节中一致。方程(10-41)中的失谐刚度矩阵 $\Delta\boldsymbol{K}$ 也是块对角阵,其表达式为

$$\Delta\boldsymbol{K}=\mathrm{Bdiag}(\Delta\boldsymbol{K}_1,\Delta\boldsymbol{K}_2,\cdots,\Delta\boldsymbol{K}_N) \tag{10-42}$$

其中扇区 j 失谐刚度矩阵子块 $\Delta\boldsymbol{K}_j$ 的具体形式为

$$\Delta\boldsymbol{K}_j=\begin{bmatrix} 1+\delta\gamma_{b,j} & -(1+\delta\gamma_{b,j}) & 0 \\ -(1+\delta\gamma_{b,j}) & 1+\gamma_b+2\delta\gamma_{b,j}+\gamma_e & -(\gamma_b+\delta\gamma_{b,j}+\gamma_e) \\ 0 & -(\gamma_b+\delta\gamma_{b,j}+\gamma_e) & \gamma_b+\delta\gamma_{b,j}+\gamma_e+\gamma_d+2\gamma_c \end{bmatrix} \tag{10-43}$$

在分析过程中,无量纲参数的取值如表 10-2 所示。

表 10-2　叶盘机电耦合系统无量纲参数的取值

变量	N	δ_{mb}	δ_{md}	γ_b	γ_d	γ_c	γ_e	γ_p	α_c	β_c	δ_{fb}	δ_{fd}
取值	24	1	12	1	1.5	30	0.05	0.01	10^{-6}	0.05	1	0

10.4.2　压电同步开关阻尼对随机失谐结构振动局部化的抑制功效

由于非线性系统频域响应求解困难，目前关于非线性叶盘结构的失谐统计分析在现有文献中非常少见。文献[21]提出的 NCMS 法为具有 SSDNC 的非线性叶盘结构的统计分析提供了可能，因此，接下来将利用该方法对具有 SSDNC 的随机失谐叶盘结构振动进行蒙特卡罗（Monte Carlo）分析，从统计学的角度分析 SSDNC 的失谐响应放大抑制效果。

相对于理想循环周期结构，失谐循环周期结构的振动特性是某些扇区的振动响应放大、振动局部化；对其振动抑制的效果也应从两方面评估：①与理想循环周期结构的关注点相同，考察振动幅值消减的效果；②针对失谐周期结构的特点，评估振动局部化的抑制效果。本节重点分析同步开关阻尼对失谐循环周期结构振动局部化的抑制效果，采用振动响应放大因子对失谐循环周期结构引入压电同步开关阻尼前后振动局部化的改善进行评估。

振动响应放大因子定义为有（或无）压电阻尼失谐结构的最大响应幅值与相应的有（或无）压电阻尼谐调结构的响应幅值的比，以下记：

$$\begin{cases} \mathrm{AMF}_1 = \dfrac{A_{\mathrm{m}}}{A_{\mathrm{t}}} \\ \mathrm{AMF}_2 = \dfrac{A_{\mathrm{m}}^e}{A_{\mathrm{t}}^e} \end{cases} \tag{10-44}$$

式中：A_{m}^e 为具有压电同步开关阻尼 SSDNC 的失谐结构最大响应幅值；A_{t}^e 为具有同样压电阻尼的谐调结构（理想周期结构）的响应幅值；A_{m} 和 A_{t} 分别为无压电阻尼的失谐结构最大响应幅值和谐调结构扇区响应幅值。

AMF_1反映的是无压电阻尼失谐叶盘模型的响应放大程度，即振动局部化程度；AMF_2反映的是有压电阻尼失谐叶盘模型的响应放大程度；二者都是大于 1 的数。对比 AMF_1和 AMF_2即可得到压电同步开关阻尼对失谐周期结构振动局部化的抑制作用。对图 10－31 所示具有叶片刚度随机失谐的叶盘结构集总参数模型的强迫响应进行蒙特卡罗分析，每组随机失谐模式服从正态分布，失谐量均值均为 0，失谐强度为 0～15%，增量为 0.5%，每个失谐强度的样本量为 500。由此获得置信因子为 99.9% 的响应放大因子统计值 AMF_1 和 AMF_2。

不同激励阶次及不同失谐强度下，AMF_2 和 AMF_1 的统计分析结果对比如图 10－32 所示。可以看出，在所考虑的所有情况下 AMF_2 的值均小于 AMF_1 的值。为了使结果更加直观，取激励阶次 $E=2$ 的情况，将 AMF_2 和 AMF_1 统计分析结果的曲线绘制于图 10－33 中。图 10－33 在表明压电同步开关阻尼具有抑制随机失谐循环周期结构局部化振动的功能的同时（对本例使最大响应放大因子从 1.7850 降到 1.4139），给出了这一改善的程度对结构失谐强度的敏感性：当失谐强度的变化范围为 0～15% 时，AMF_1 的变化范围为 78.50%（最大响应放大因子为 1～1.7850），而 AMF_2 的变化范围为 41.39%（最大响应放大因子为 1～1.4139）。这说明，在失谐循环周期结构（如实际的发动机叶盘结构）中引入 SSDNC 之后，不仅叶盘结构的振动局部化程度会大大改善，而且结构对失谐的敏感性也会下降，也就是说 SSDNC 能够提升循环周期结构对机械失谐的鲁棒性。

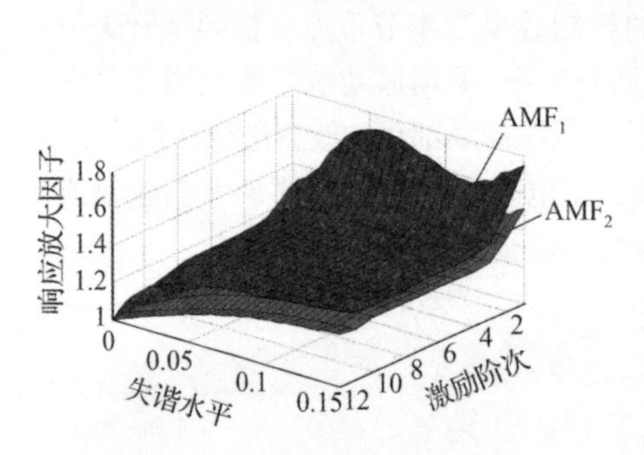

图 10－32　响应放大因子的对比
［AMF_1（黑色）：无压电阻尼；
AMF_2（灰色）：有压电同步开关阻尼。］

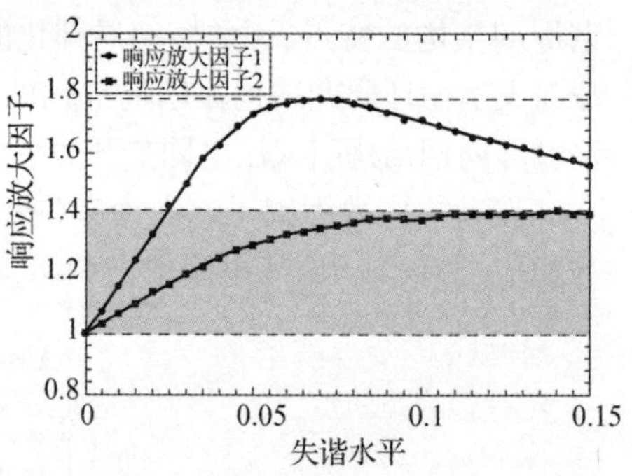

图 10－33　当激励阶次为 2 时，
不同失谐强度下的响应
放大因子对比

10.5　同步开关电路失谐的循环压电周期结构

10.5.1　同步开关电路失谐模式

在实际中，由于不同扇区中压电片的内置电容值以及不同扇区中 SSDNC 的负电容值都可能存在微小的差异，因此不同扇区的电容比 χ_c 之间也可能存在微小的差异，且这种差异也是随机的。在分析电路失谐对 SSDNC 响应放大抑制效果的影响时，假定叶盘结构的机械场是谐调的。具有随机失谐 SSDNC 电路的谐调叶盘结构的动力学方程为

$$\boldsymbol{M}\boldsymbol{y}''(\tau)+\boldsymbol{C}\boldsymbol{y}'(\tau)+\boldsymbol{K}\boldsymbol{y}(\tau)+\boldsymbol{g}_{\mathrm{nl}}(\boldsymbol{y}(\tau),\boldsymbol{y}'(\tau),\tau,\Delta\boldsymbol{\chi}_{\mathrm{c}})=\boldsymbol{g}(\tau) \tag{10-45}$$

式中：$\Delta\boldsymbol{\chi}_{\mathrm{c}}$ 为失谐电容比向量，由各个扇区的电容比的失谐量组成：

$$\Delta\boldsymbol{\chi}_{\mathrm{c}}=[\delta\chi_{\mathrm{c},1},\delta\chi_{\mathrm{c},2},\cdots,\delta\chi_{\mathrm{c},N}] \tag{10-46}$$

10.5.2 电路失谐的循环压电周期结构的振动特性

设不同扇区电容比随机失谐量 $\delta\chi_{\mathrm{c},j}$ 服从正态分布，均值为0，失谐强度为2%。一组典型的电路随机失谐模式如图10-34所示。需要指出的是，从SSDNC的原理可知，电路的电容比不可能无限接近1，否则会造成SSDNC电路的失稳，因此分析中在生成SSDNC电路的随机失谐模式时，控制电容比不超过0.96。在这组失谐模式下，叶盘各扇区的最大响应幅值如图10-35所示（激励阶次 $E=2$）。从图中可以看出，由于机电耦合的作用，电容比的失谐也会导致叶盘结构各扇区的响应存在差异。以下分析在这种情况下循环压电周期结构振动响应的变化。

不同的激励阶次下，取电容比的失谐强度范围为0~5%，失谐强度的增量为0.25%，进行蒙特卡罗分析，每种情况抽样计算500次，由此获得置信因子为99.9%的结构中最大强迫响应幅值，将其绘制于图10-36中；以压电片开路状态下的谐调叶盘扇区响应为归一化基准，作为对比同时还给出了具有谐调SSDNC的叶盘扇区响应。通过对比可以看出，相对电路的谐调状态，电路失谐会使SSDNC的振动抑制效果有所下降，但是依然具有良好的振动抑制效果。

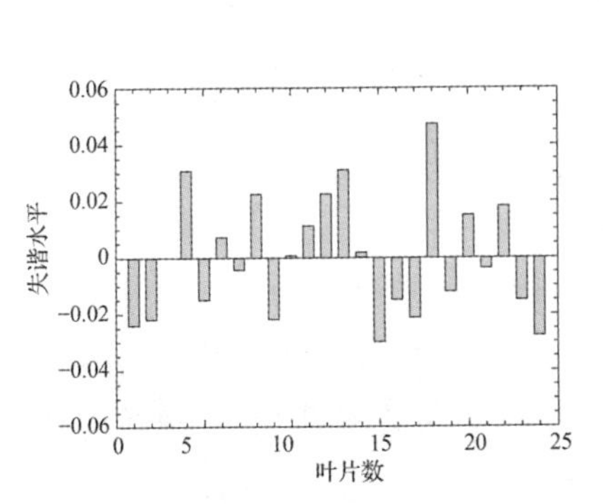

图10-34 一组典型的电容比随机失谐模式

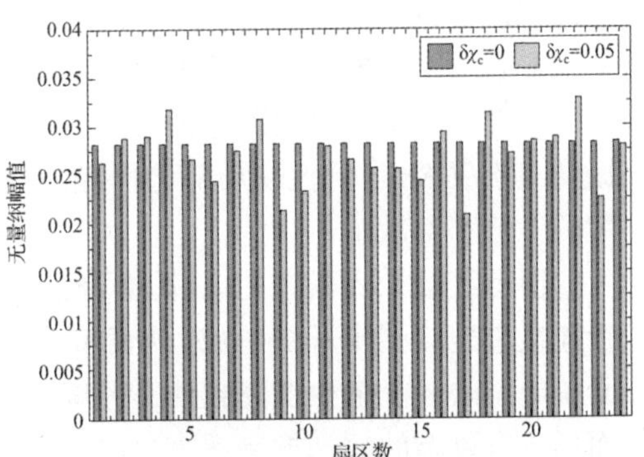

图10-35 电路失谐时叶盘结构各扇区的最大响应幅值

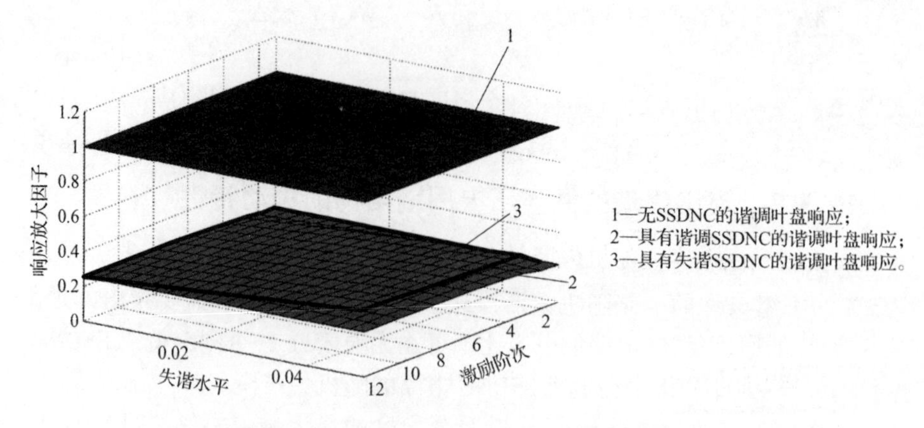

图 10 - 36　电路失谐时叶盘响应幅值(归一化)

10.6　小结

以同步开关分支电路为代表的一类非线性压电阻尼在结构振动的同时产生了一个与振动速度反向的力。具有这类非线性压电阻尼的循环周期结构具有以下特点:①结构固有频率的改变很小;②减振效果不受激振力水平影响;③减振效果对电学参数的扰动不敏感;④具有多谐波多模态减振功能。

由于同步开关电路是非线性电路,引入同步开关分支电路的循环周期结构理论上就成为一个非线性机电耦合循环周期结构系统,其动力学方程的求解是一个非线性方程组的求解问题,可以采用 MHBM - AFT 方法求解。

统计分析结果表明压电同步开关阻尼技术能够抑制循环周期失谐结构振动响应放大,降低振动局部化程度,而且抑制效果对于结构参数和电学参数的失谐都不敏感。

值得继续深入研究的问题:能否借鉴压电网络的思想,先进行压电片进行连接再连接同步开关电路,从而节省所需要的开关电路的通道数?同步开关电路的耗能最少能降到什么程度,是否可以用振动能量为其供能?(从而形成自供能的振动抑制系统)

参考文献

[1]王建军, 李其汉. 具有分支电路的可控压电阻尼减振技术[J]. 力学进展, 2003, 33(3): 389 -403.

[2]季宏丽. 飞行器结构压电半主动振动控制研究[D]. 南京: 南京航空航天大学, 2012.

[3]RICHARD C, GUYOMAR D, AUDIGIER D, et al. Semi - passive damping using continuous switching of a piezoelectric device[J]. SPIE, 1999, 3672: 104 - 111.

[4]RICHARD C. Enhanced semi - passive damping using continuous switching of a piezoelectric device on an inductor[J]. Proceedings of SPIE - The International Society for Optical Engineering, 2000, 3989: 104 - 111.

[5]LALLART M, YAN L, RICHARD C, et al. Damping of periodic bending structures featuring nonlinearly interfaced piezoelectric elements[J]. Journal of Vibration and Control, 2016, 22(18): 3930 - 3941.

[6]BAO B, GUYOMAR D, LALLART M. Vibration reduction for smart periodic structures via periodic piezoelectric arrays with nonlinear interleaved - switched electronic networks[J]. Mechanical Systems and Signal Processing, 2017, 82: 230 - 259.

[7]ROSENBERG R M. Normal modes of nonlinear dual - mode systems[J]. Journal of Applied Mechanics, 1960, 27(2): 263 - 268.

[8]ROSENBERG R M. The normal modes of nonlinear n - degree - of - freedom systems[J]. Journal of Applied Mechanics, 1962, 29(1): 7 - 14.

[9]SHAW S W, PIERRE C. Non - linear normal modes and invariant manifolds[J]. Journal of Sound and Vibration, 1991, 150(1): 170 - 173.

[10]SHAW S, PIERRE C. Normal modes for non - linear vibratory systems[J]. Journal of Sound and Vibration, 1993, 164(1): 85 - 124.

[11]SHAW S W, PIERRE C. Normal modes of vibration for non - linear continuous systems [J]. Journal of Sound and Vibration, 1994, 169(3): 319 - 347.

[12]KERSCHEN G, PEETERS M, GOLINVAL J C, et al. Nonlinear normal modes, Part I: A useful framework for the structural dynamicist[J]. Mechanical Systems and Signal Processing, 2009, 23(1): 170 - 194.

[13]VAKAKIS A F, GENDELMAN O V, BERGMAN L D, et al. Nonlinear targeted energy transfer in mechanical and structural systems[M]. Dordrecht: Springer Netherlands, 2009.

[14]LAXALDE D, THOUVEREZ F. Complex non - linear modal analysis for mechanical systems: Application to turbomachinery bladings with friction interfaces[J]. Journal of Sound and Vibration, 2009, 322(4/5): 1009 - 1025.

[15]HUANG X R, JEZEQUEL L, BESSET S, et al. Nonlinear hybrid modal synthesis based on branch modes for dynamic analysis of assembled structure[J]. Mechanical Systems & Signal Processing, 2018, 99: 624 - 646.

[16]KRACK M, SCHEIDT P V, WALLASCHEK J. A method for nonlinear modal analysis and synthesis: Application to harmonically forced and self - excited mechanical systems[J]. Journal of Sound and Vi-

bration, 2013, 332(25): 6798 -6814.

[17] LAXALDE D, THOUVEREZ F. Complex non - linear modal analysis for mechanical systems: Application to turbomachinery bladings with friction interfaces[J]. Journal of Sound and Vibration, 2009, 322(4/5): 1009 - 1025.

[18] JOANNIN C, CHOUVION B, THOUVEREZ F, et al. A nonlinear component mode synthesis method for the computation of steady - state vibrations in non - conservative systems[J]. Mechanical Systems & Signal Processing, 2016, 83: 75 -92.

[19] HUANG X. Optimization of dynamic behavior of assembled structures based on generalized modal synthesis[D]. Lyon: Ecole Centrale de Lyon, 2016.

[20] JOANNIN C, CHOUVION B, THOUVEREZ F, et al. A nonlinear component mode synthesis method for the computation of steady - state vibrations in non - conservative systems[J]. Mechanical Systems & Signal Processing, 2016, 83: 75 -92.

[21] LIU J Z, LI L, FAN Y, et al. A modified nonlinear modal synthesis scheme for mistuned blisks with synchronized switch damping[J]. International Journal of Aerospace Engineering, 2018: 15.

后 记

作为航空发动机结构强度实验室的教授,我们关注结构减振技术与方法的发展早已深度融入了日常的教学科研生活之中。这不能不拜航空发动机的重要性能参数——“推重比”所赐。追求高的推重比要求使用尽可能轻的结构达到预定的功能和可靠性。然而,随之带来的振动问题也越来越突出,结构动力学的研究与设计人员面临的挑战越来越严峻。

10 多年前,基于压电材料的各种应用研究就已经是一个非常活跃的领域了。尤其是在主动振动控制方面,压电材料作为传感器和作动器已大量应用于实际工作中。这一态势很自然地让我们想到:为什么不试一试把压电材料引入发动机的零部件中,以解决其中越来越突出的振动问题呢?正如本书试图呈现给读者的那样,压电材料为振动控制研究打开了一扇大门,将其与航空发动机零部件相结合又把我们引向了一大片未开垦的领域。在这片领域的辛勤耕耘,不仅使我们收获了研究成果,也让我们站在了国际学术前沿。

然而,不得不承认现实离我们的初衷很遥远。航空发动机中苛刻的工作条件使压电材料的应用举步维艰。特别是面对航空发动机高可靠性的设计要求,我们的研究在最初阶段似乎是一厢情愿,难以得到未来应用方的支持与资助。值得欣慰的是,10 余年过去了,尽管基于压电材料实现对发动机零部件的减振仍局限于实验室环境,但是国际上基于智能材料与结构(特别是压电阻尼)的振动控制方法与技术在航空发动机这一类最为复杂的机械结构中的应用已经形成显而易见的发展趋势。在研究过程中,我们也定位了一些较为基础的力学问题,对它们的研究具有较好的普适性,可以为相关研究领域提供参考。

十年磨一剑不足以形容航空发动机中任何一个零部件的定型,但用其形容这本因发动机结构减振而起、最终以《压电周期结构动力学原理与应用》为题的专著的形成是不为过的。

李琳　范雨

2024 年 3 月

内 容 简 介

周期结构由于较好的比刚度特性常出现在各类工程结构中,近年来由于其禁带特性又受到了学术界的广泛关注。本书阐述了多种用于调控周期结构动力学特性被动/半主动压电技术。围绕一维、二维和循环这3种典型的周期结构形式,本书给出了对其进行动力学分析和调控的理论基础、计算模型、设计方法和工程应用,具体包括:从弹性波传导和模态振动两个层面阐明了压电技术作用于周期结构的原理,建立了普适的压电材料的几何/拓扑设计方法,发展了多种新的波有限元格式,结合航空发动机叶盘结构的振动抑制等实际应用需求展示了这些压电技术的性能和应用前景。

本书可供航空发动机、车辆、船舶等科研、制造的研究院所与企业研究人员和工程技术人员参考;同时,可作为飞行器动力工程、航空宇航推进理论与工程、固体力学等专业的高年级本科生与研究生学习周期结构理论或压电分支技术的教学参考书,也可作为动力学与控制、耦合场力学等学科研究复杂振动问题的参考书。

Periodic structures appear in various engineering scenarios due to excellent stiffness - to - mass ratio, and they have received extensive attention from the academic community in recent years due to their band gap characteristics. This book describes a variety of passive/semi - active piezoelectric techniques to control the dynamic characteristics of periodic structures. Focusing on one - dimensional, two - dimensional and cyclic periodic structures, the theoretical basis, numerical models, design methods and engineering applications are given. Specifically, the book presents: the principle of piezoelectric technology acting on periodic structures, from the perspectives of wave propagation and structural modes, respectively; a generalized topological design method for piezoelectric materials; several new wave finite element formats. Finally, based on the practical applications such as vibration suppression of the blisks in aero - engines, the performance and application prospects of these piezoelectric technologies are demonstrated.

This book can be used as a reference for researchers and engineering technicians in research institutes and enterprises engaged in scientific research and manufacturing of aircraft engines, vehicles, ships, etc. At the same time, it can be used as a teaching reference book for senior undergraduate and graduate students majoring in aircraft power engineering, aerospace propulsion theory and engineering, solid mechanics and other majors to study cycle structure theory or piezoelectric technology. It can also be used as a reference for the study of complex vibration problems in dynamics and control, coupled field mechanics and other disciplines.

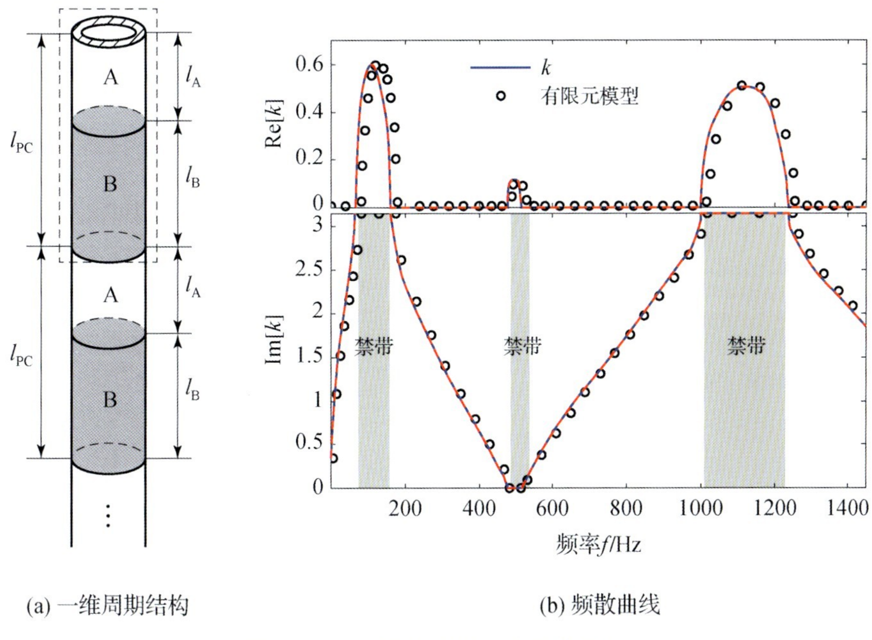

图 1－7　一维周期结构及频散曲线[51]

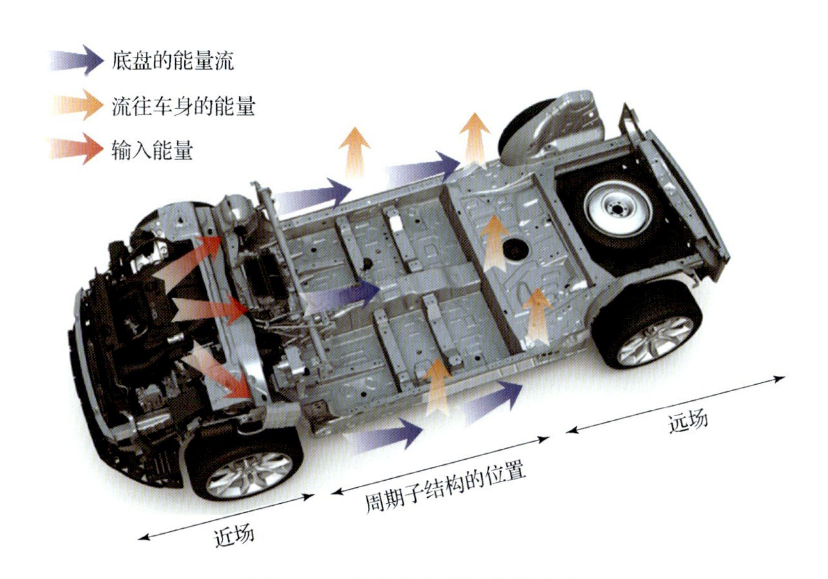

图 4－1　汽车底盘中的能量流动

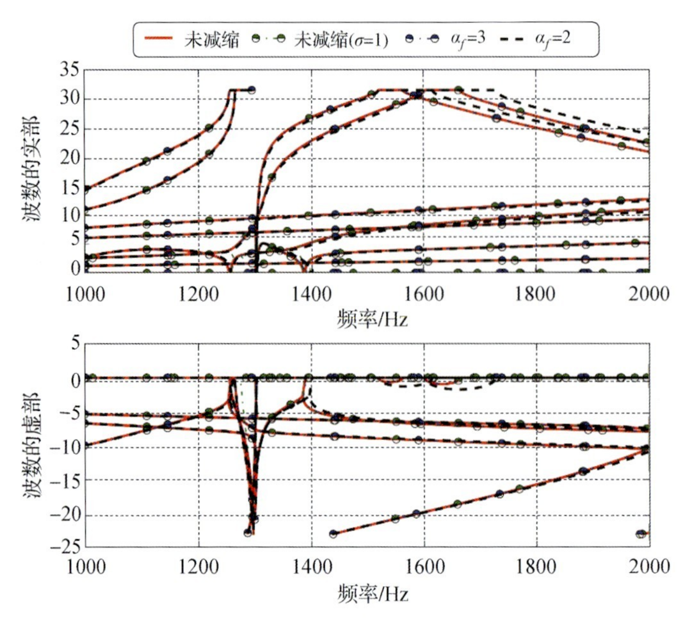

图 4－9　压电片外接电感的频散曲线(正行波)

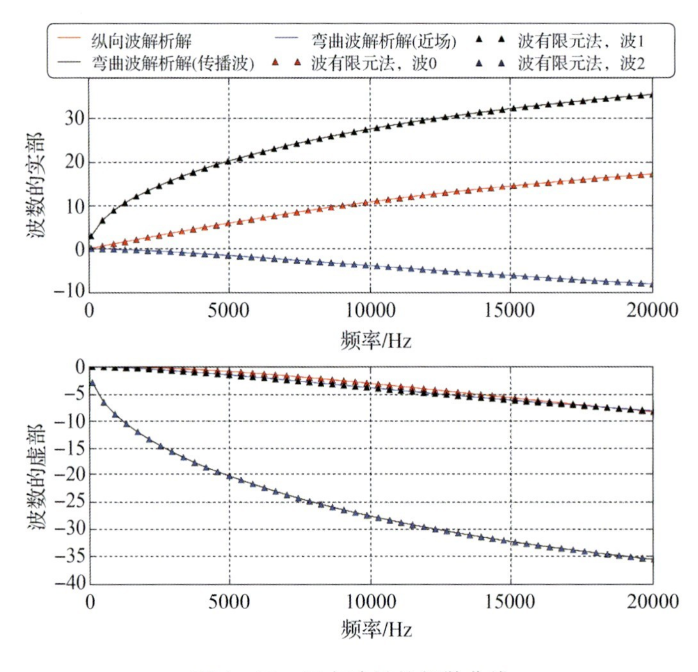

图 4－15　正向波导的频散曲线

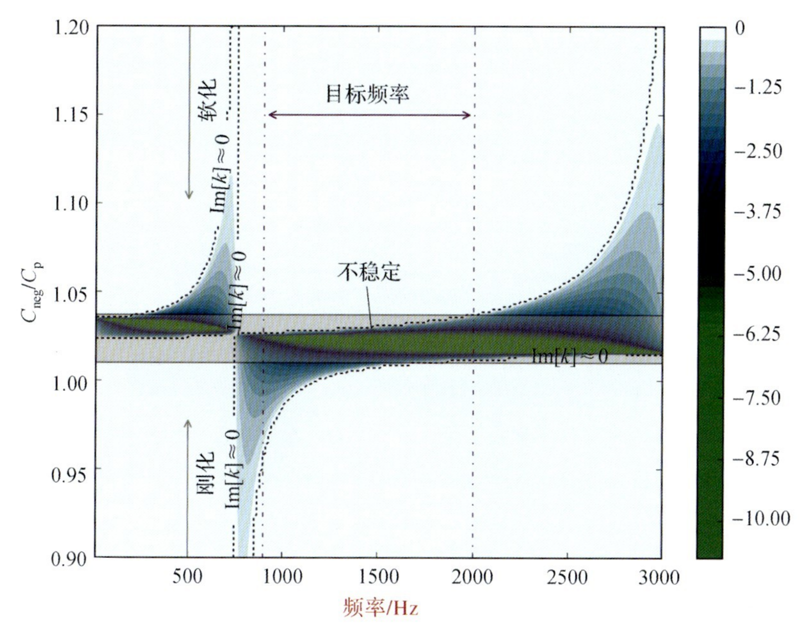

图 5-22 构型 A：衰减常数随负电容及频率变化图（不存在最终解。）

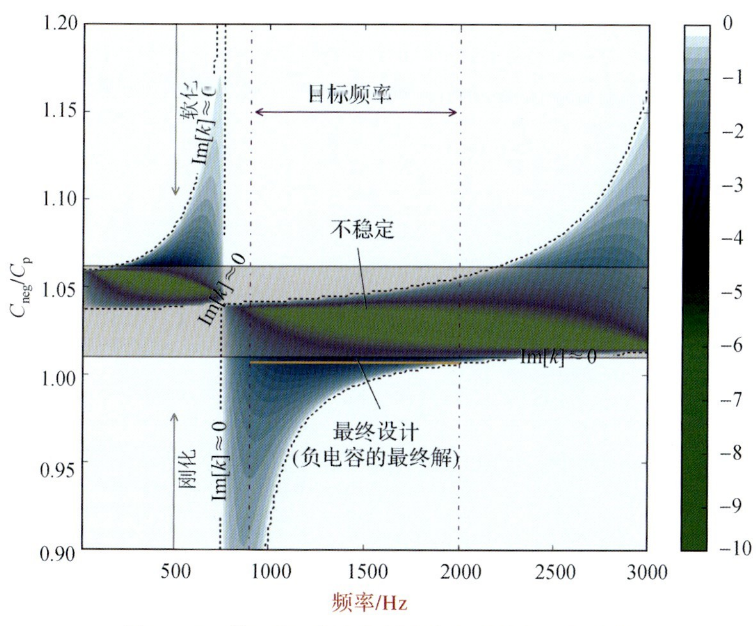

图 5-23 构型 B：衰减常数随负电容及频率变化图

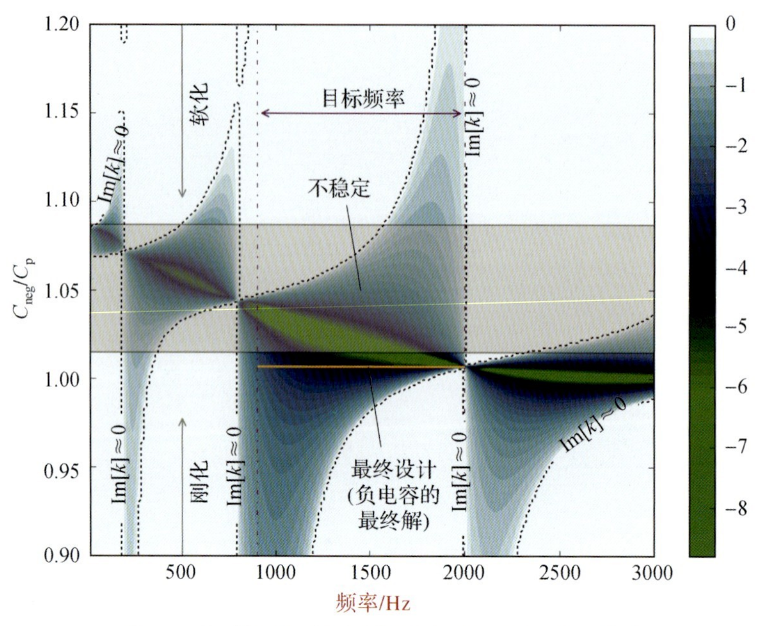

图 5－24　构型 D:衰减常数随负电容及频率变化图

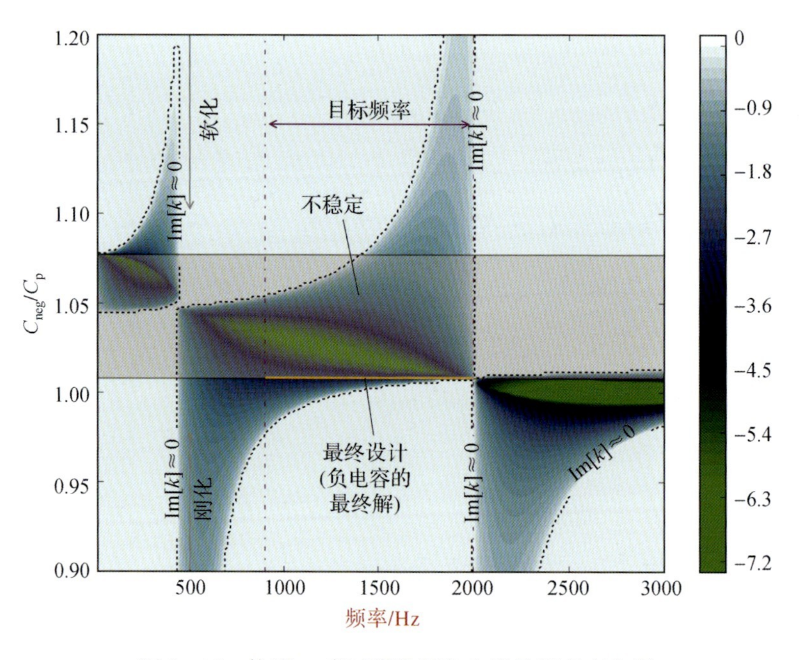

图 5－25　构型 E:衰减常数随负电容及频率变化图

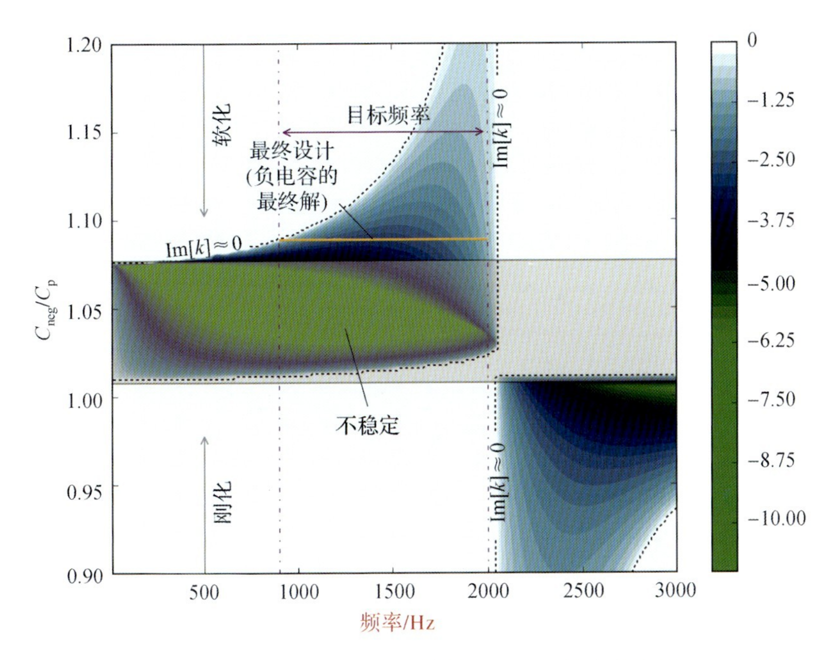

图 5-26　构型 F:衰减常数随负电容及频率变化图

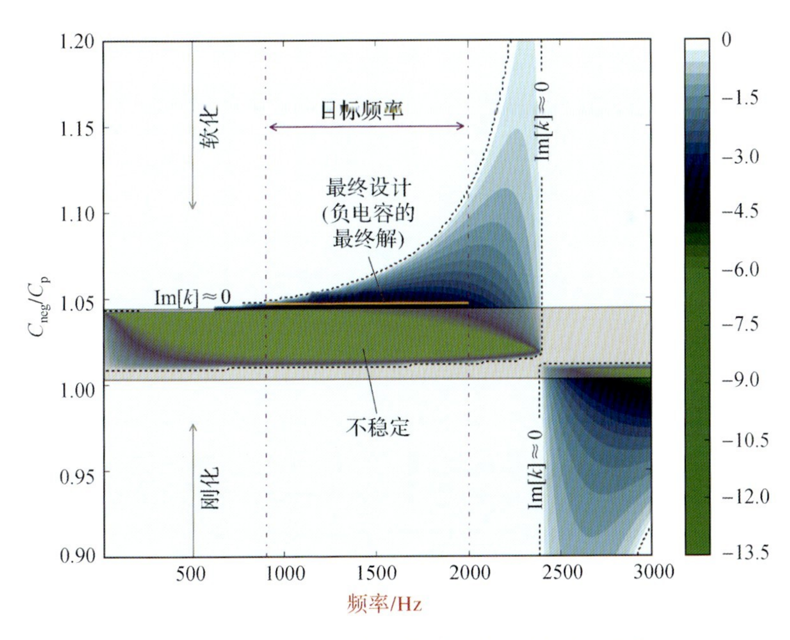

图 5-27　构型 E:衰减常数随负电容及频率变化图

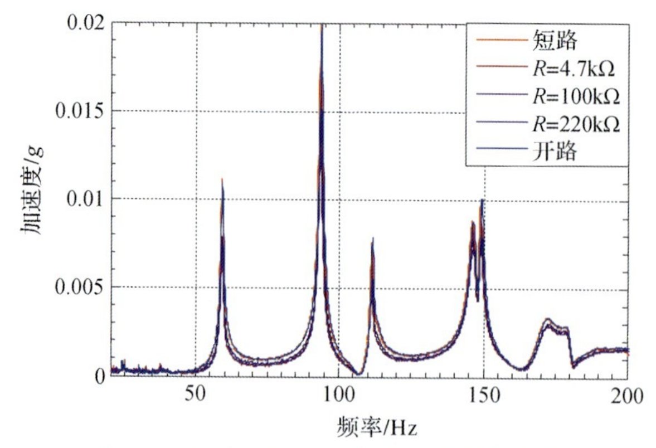

图 6-36　R-PEM 的频率响应测试曲线

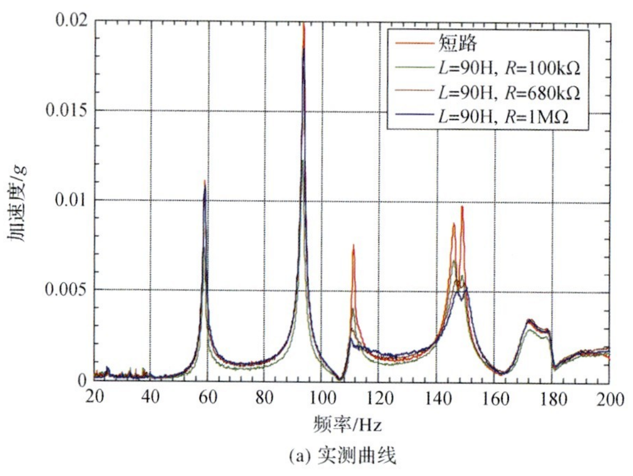

(a) 实测曲线

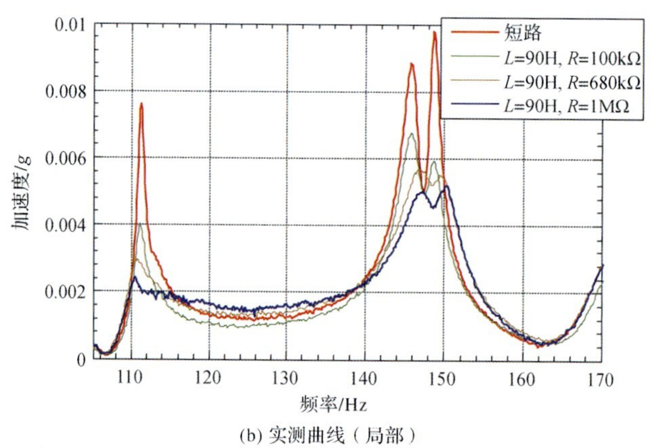

(b) 实测曲线（局部）

图 6-38　LR-PEM 板的实测频率响应曲线

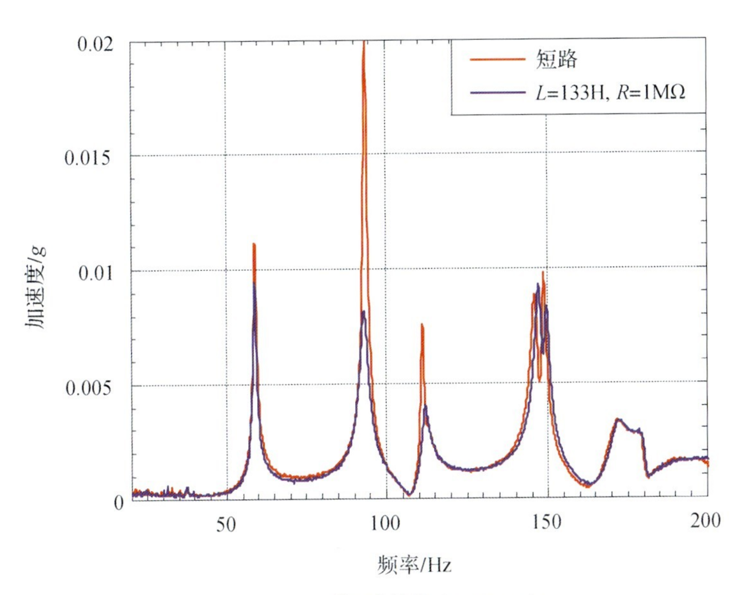

(a) 第2阶最优（L=133H）

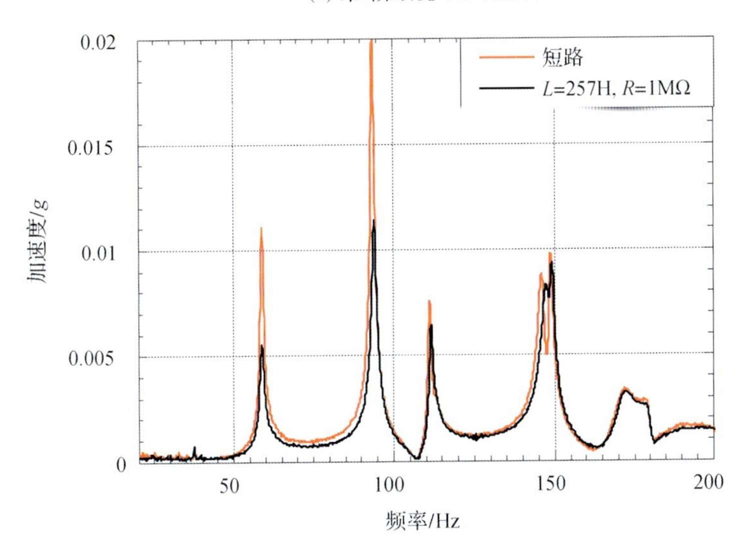

(b)第1阶最优（L=257H）

图 6-40　最优参数下的频率响应曲线

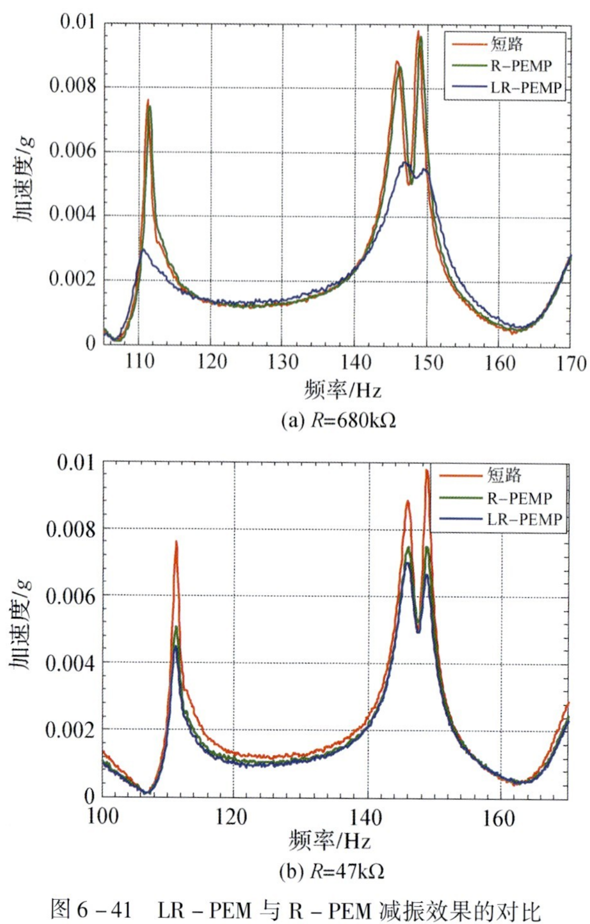

图 6－41　LR－PEM 与 R－PEM 减振效果的对比

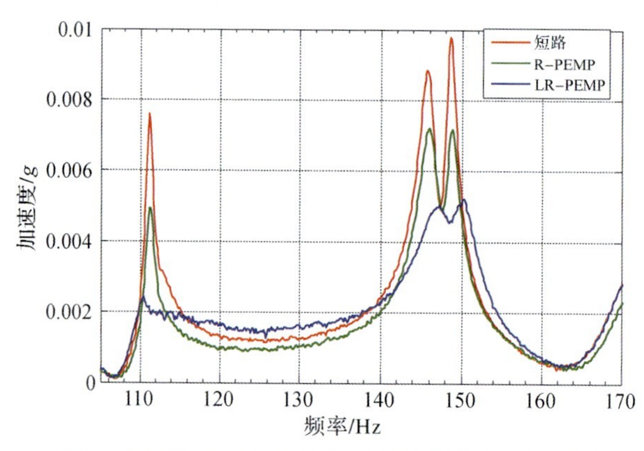

图 6－42　LR－PEM 和 R－PEM 的电阻均取最优值时的减振效果对比

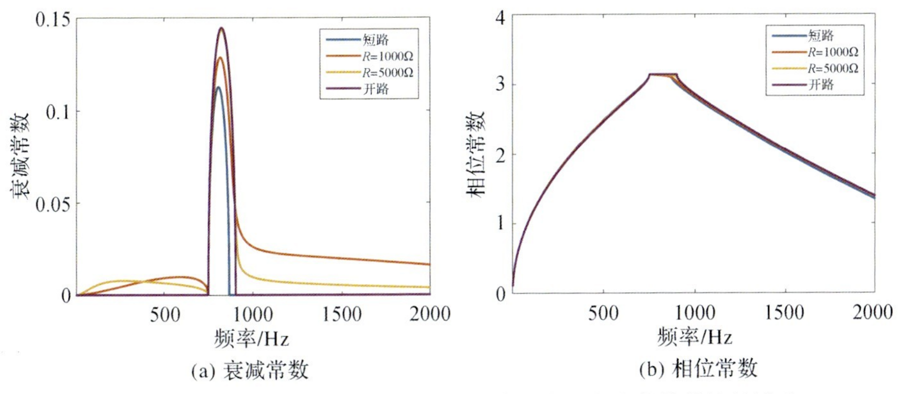

(a) 衰减常数　　(b) 相位常数

图 7-11　电阻对周期压电分支电路复合板水平方向禁带特性的影响

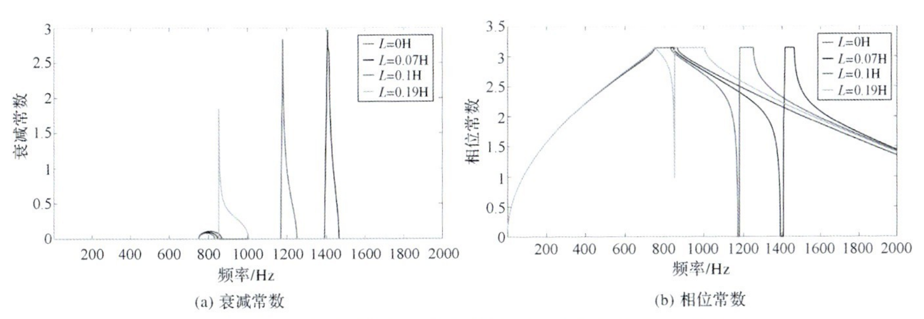

(a) 衰减常数　　(b) 相位常数

图 7-13　具有电感的压电分支复合板弯曲波在水平方向传播的频散曲线(高频区域)

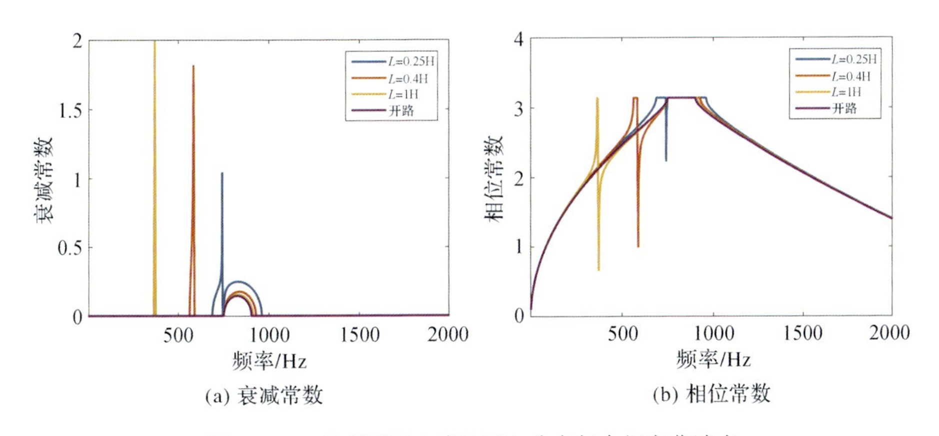

(a) 衰减常数　　(b) 相位常数

图 7-15　具有不同电感的压电分支复合板弯曲波在水平方向的传播禁带(低频区域)

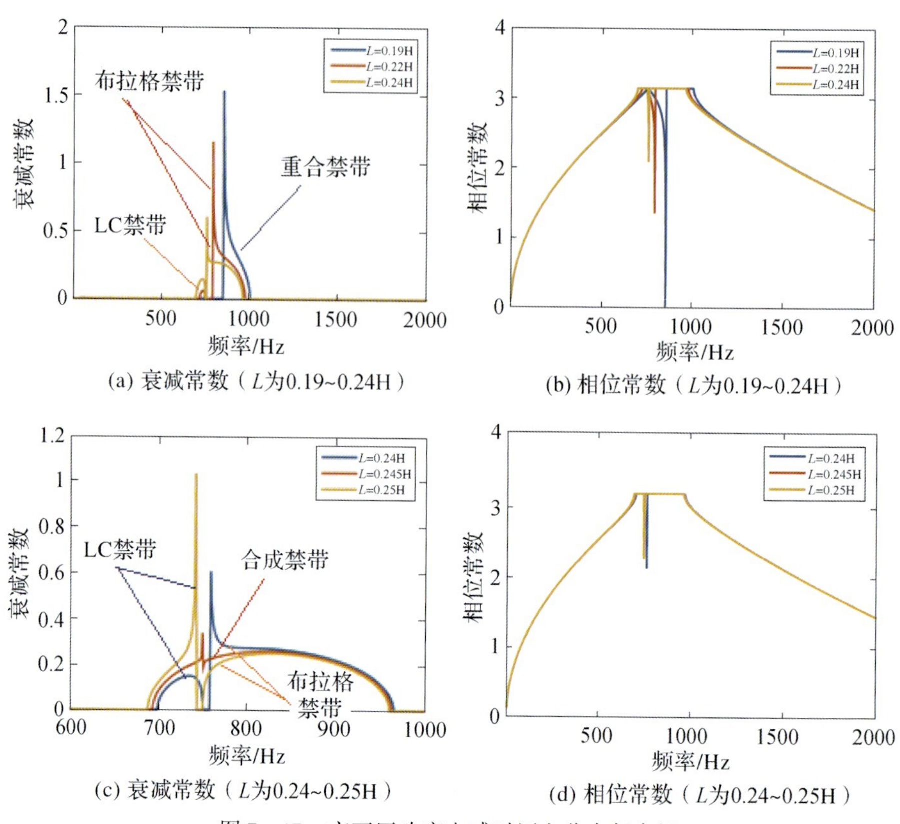

(a) 衰减常数（L为0.19~0.24H）

(b) 相位常数（L为0.19~0.24H）

(c) 衰减常数（L为0.24~0.25H）

(d) 相位常数（L为0.24~0.25H）

图 7－17　交互区改变电感时压电分支复合板水平方向传播波的禁带特性

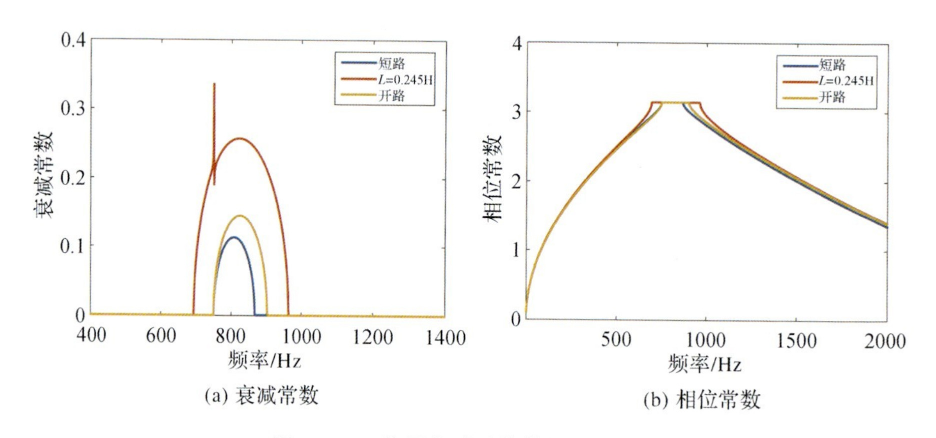

(a) 衰减常数

(b) 相位常数

图 7－18　临界电感对禁带的拓宽效果

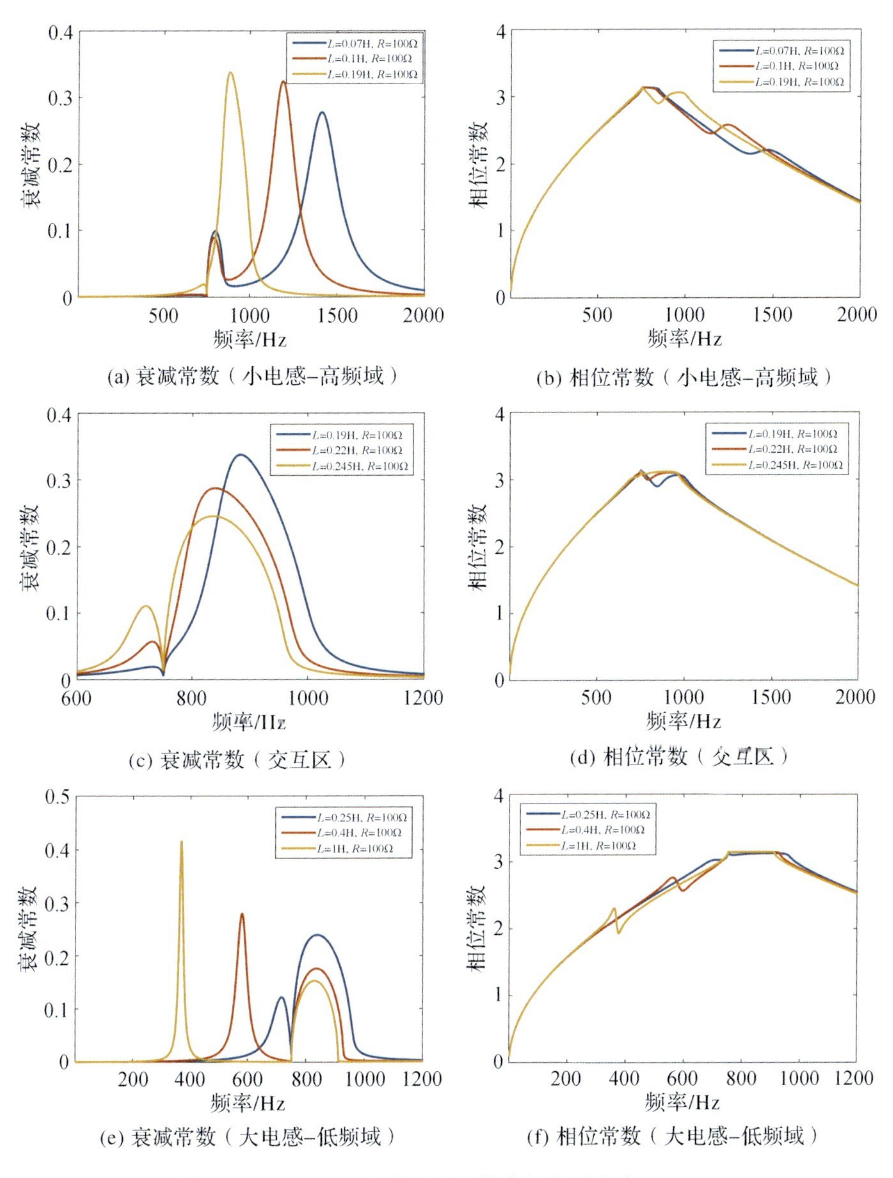

图7-19 电阻-电感型压电分支板水平方向($\theta=0$)传播波的禁带特性

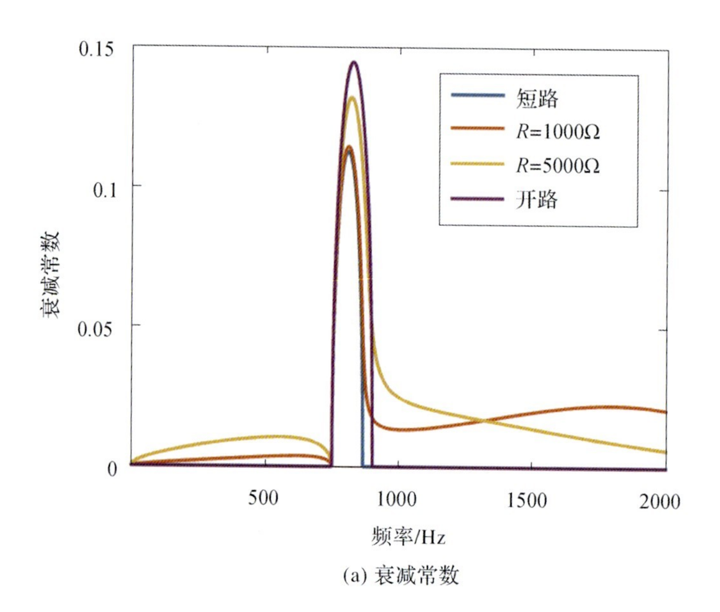

(a) 衰减常数

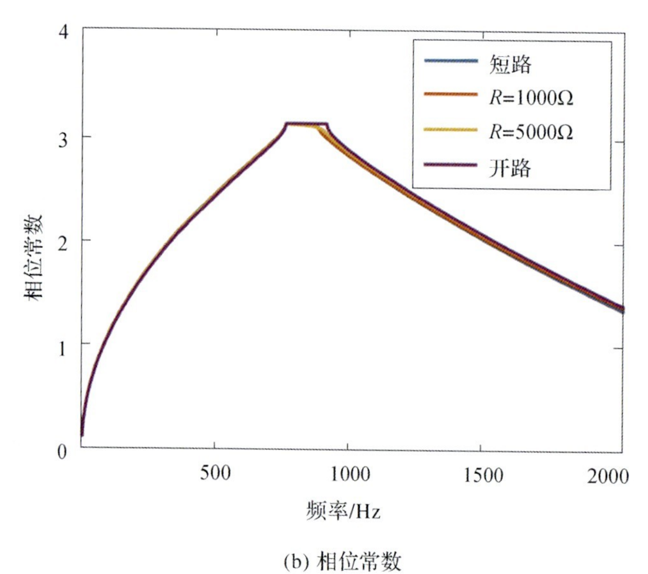

(b) 相位常数

图 7－22　电阻对周期压电网络复合板水平方向禁带特性的影响

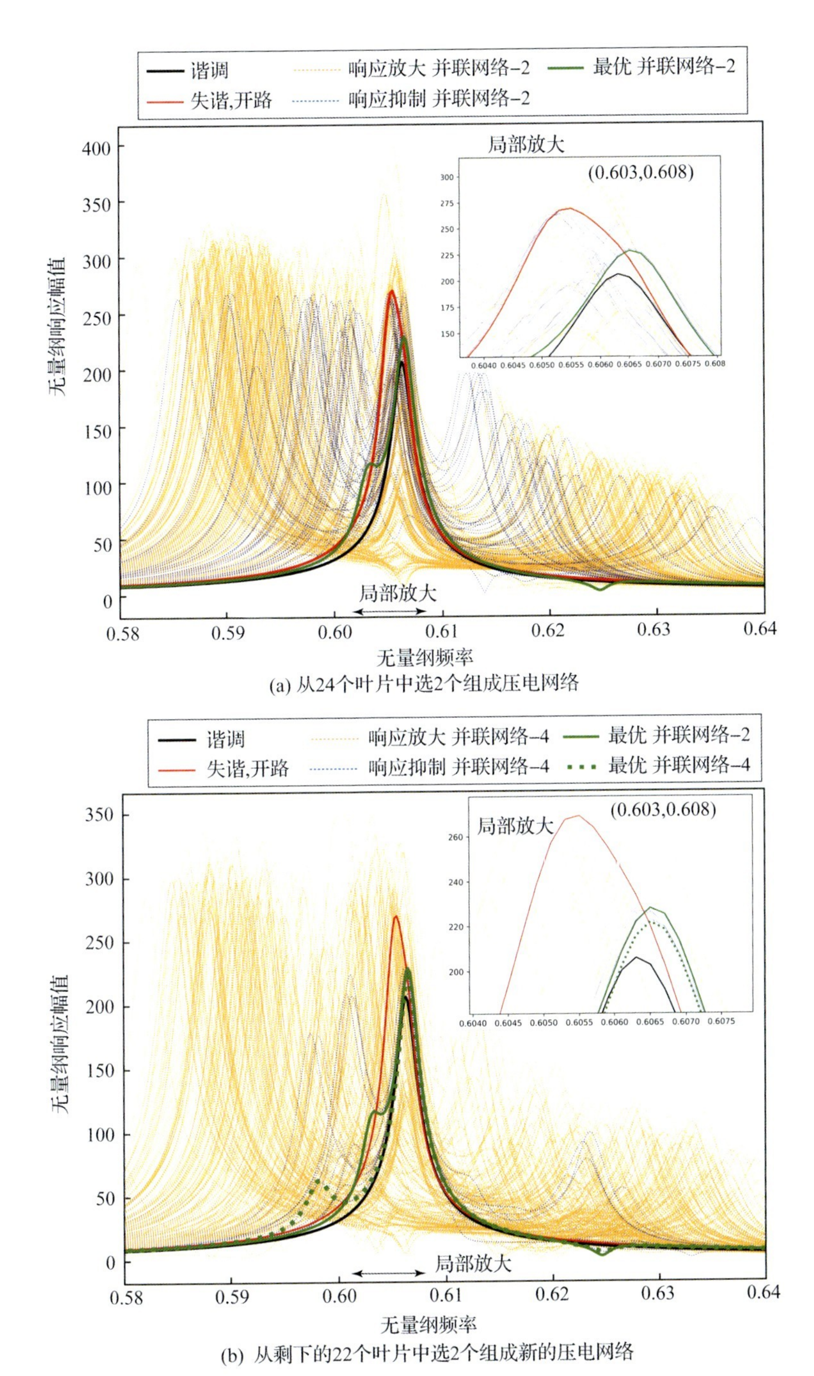

图 8-18　所有可能的二组件压电网络的频率响应曲线

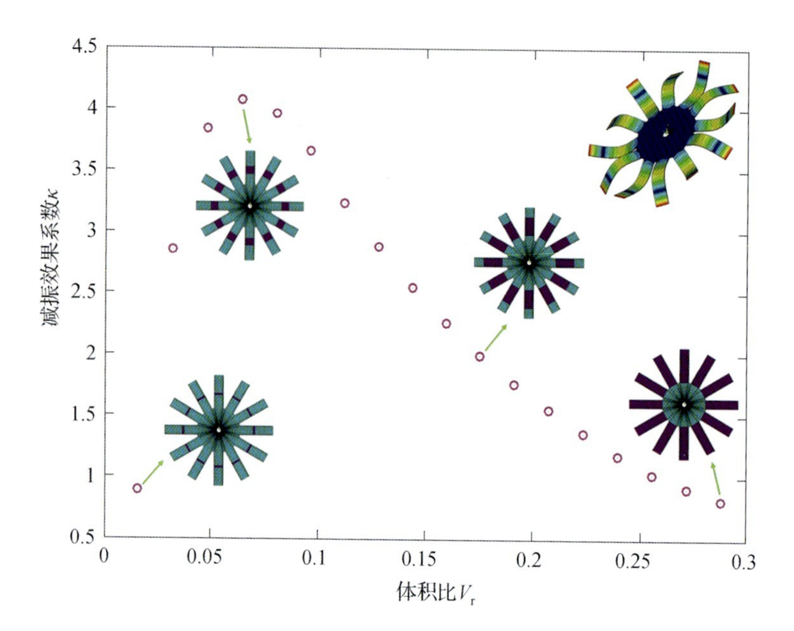

图 8 - 29　压电片尺寸位置与减振效果评估

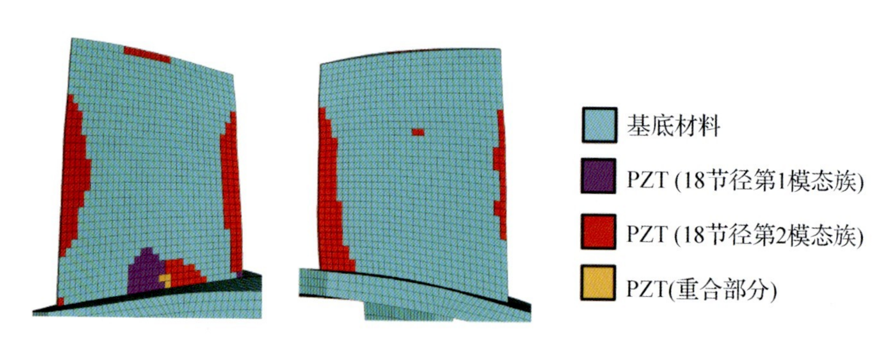

图 9 - 14　双目标模态时压电材料的优化分布图

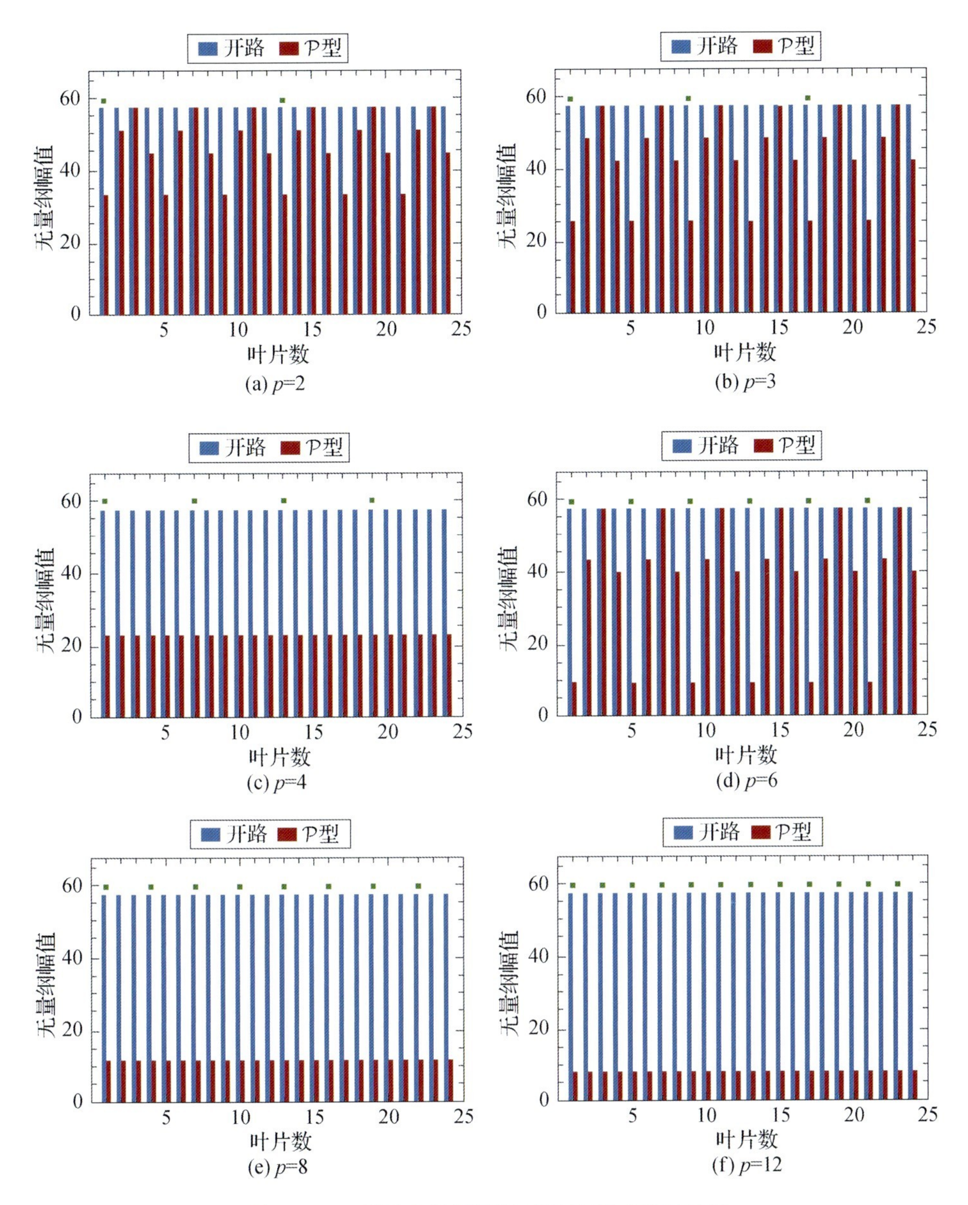

图 9－29　不同电学周期数时最优振动抑制效果

（$E=3$，标注绿色方块的为压电扇区）

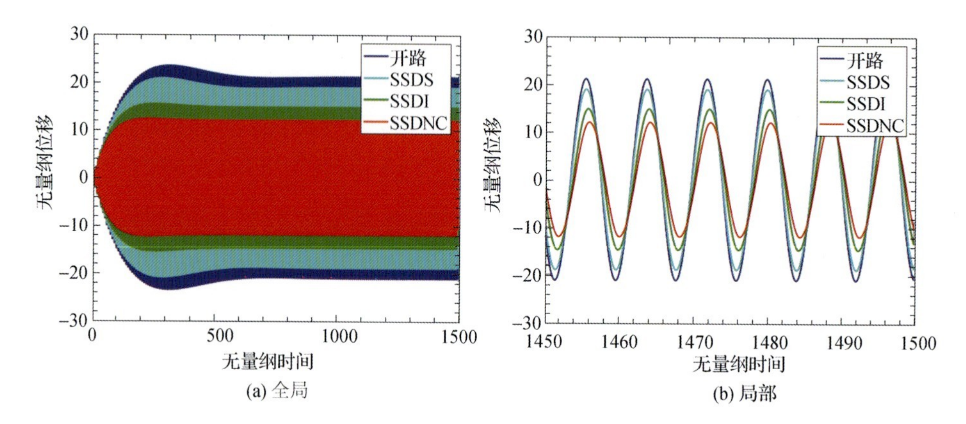

图 10－14　强迫振动时域响应对比

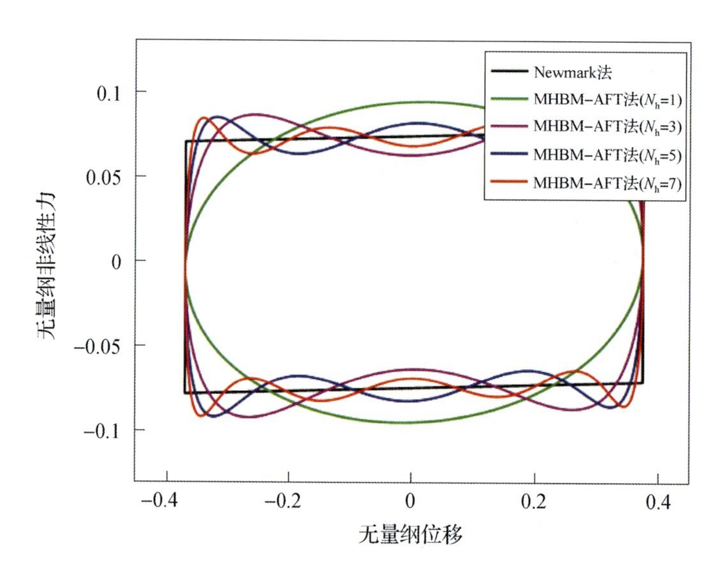

图 10－25　MHBM－AFT 法与 Newmark 法获得的 SSDNC 迟滞曲线对比